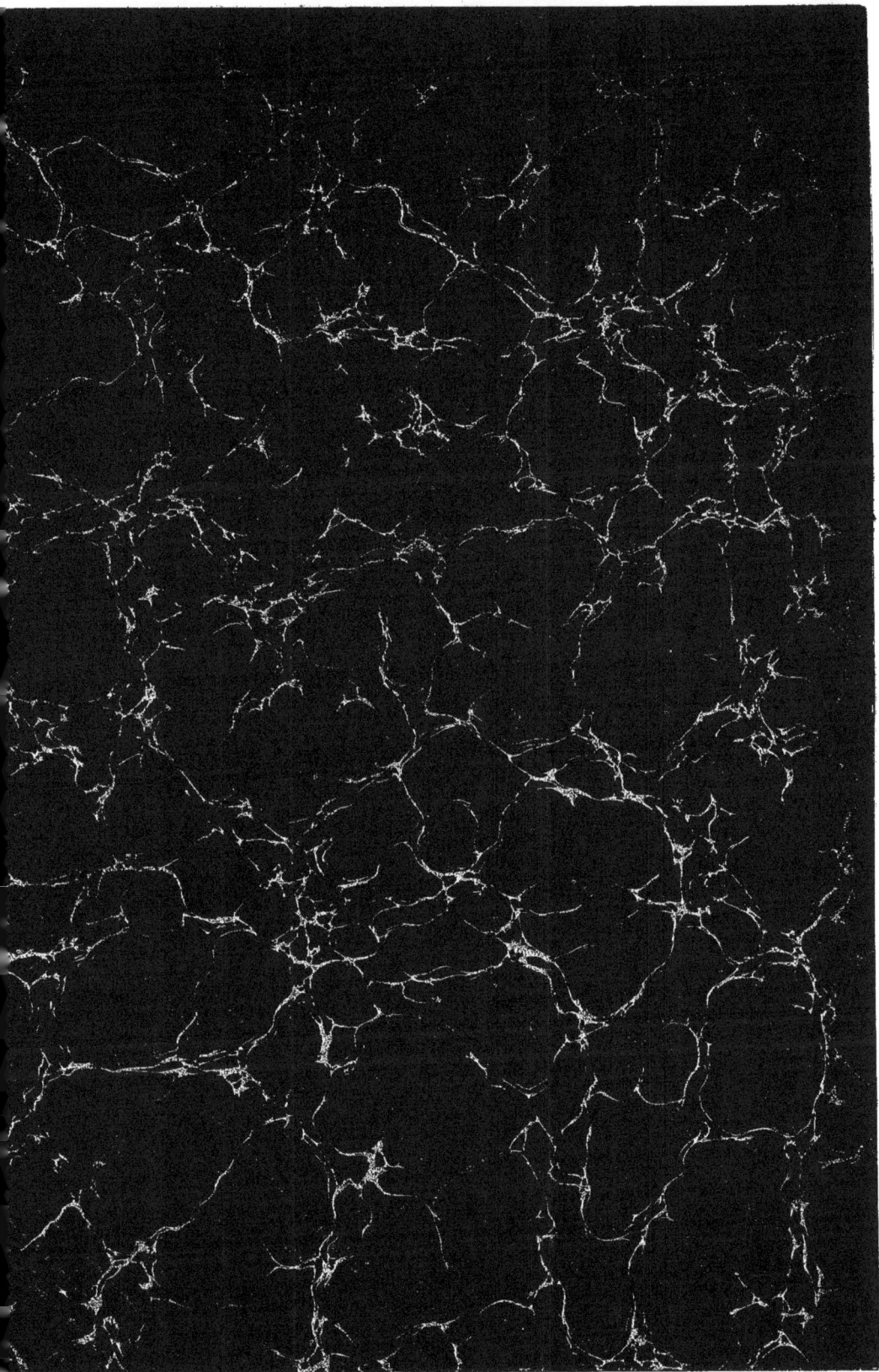

Causeur la (Couverture)

TRAVAUX ET MÉMOIRES

DU

BUREAU INTERNATIONAL DES POIDS ET MESURES,

PUBLIÉS SOUS LES AUSPICES

DU

COMITÉ INTERNATIONAL,

PAR

LE DIRECTEUR DU BUREAU.

TOME XIV.

PARIS,

GAUTHIER-VILLARS, IMPRIMEUR-LIBRAIRE

DU BUREAU INTERNATIONAL DES POIDS ET MESURES,

Quai des Grands-Augustins, 55.

1910

Fo. V

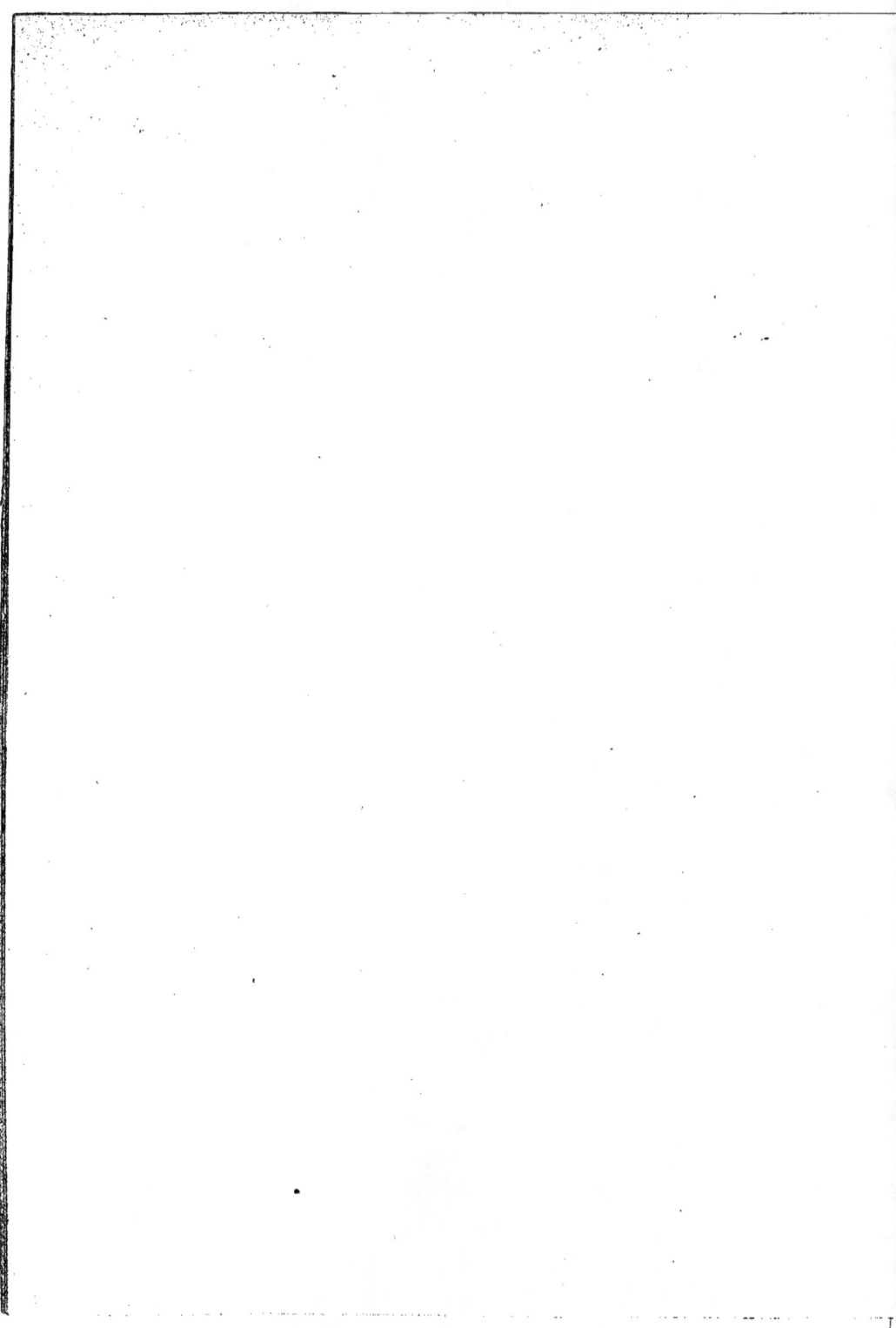

TRAVAUX ET MÉMOIRES

DU

BUREAU INTERNATIONAL DES POIDS ET MESURES.

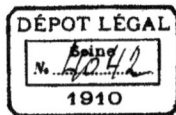

TRAVAUX ET MÉMOIRES

DU

BUREAU INTERNATIONAL DES POIDS ET MESURES,

PUBLIÉS SOUS LES AUSPICES

DU

COMITÉ INTERNATIONAL,

PAR

LE DIRECTEUR DU BUREAU.

TOME XIV.

PARIS,

GAUTHIER-VILLARS, IMPRIMEUR-LIBRAIRE

DU BUREAU INTERNATIONAL DES POIDS ET MESURES,

Quai des Grands-Augustins, 55.

1910

SOMMAIRE.

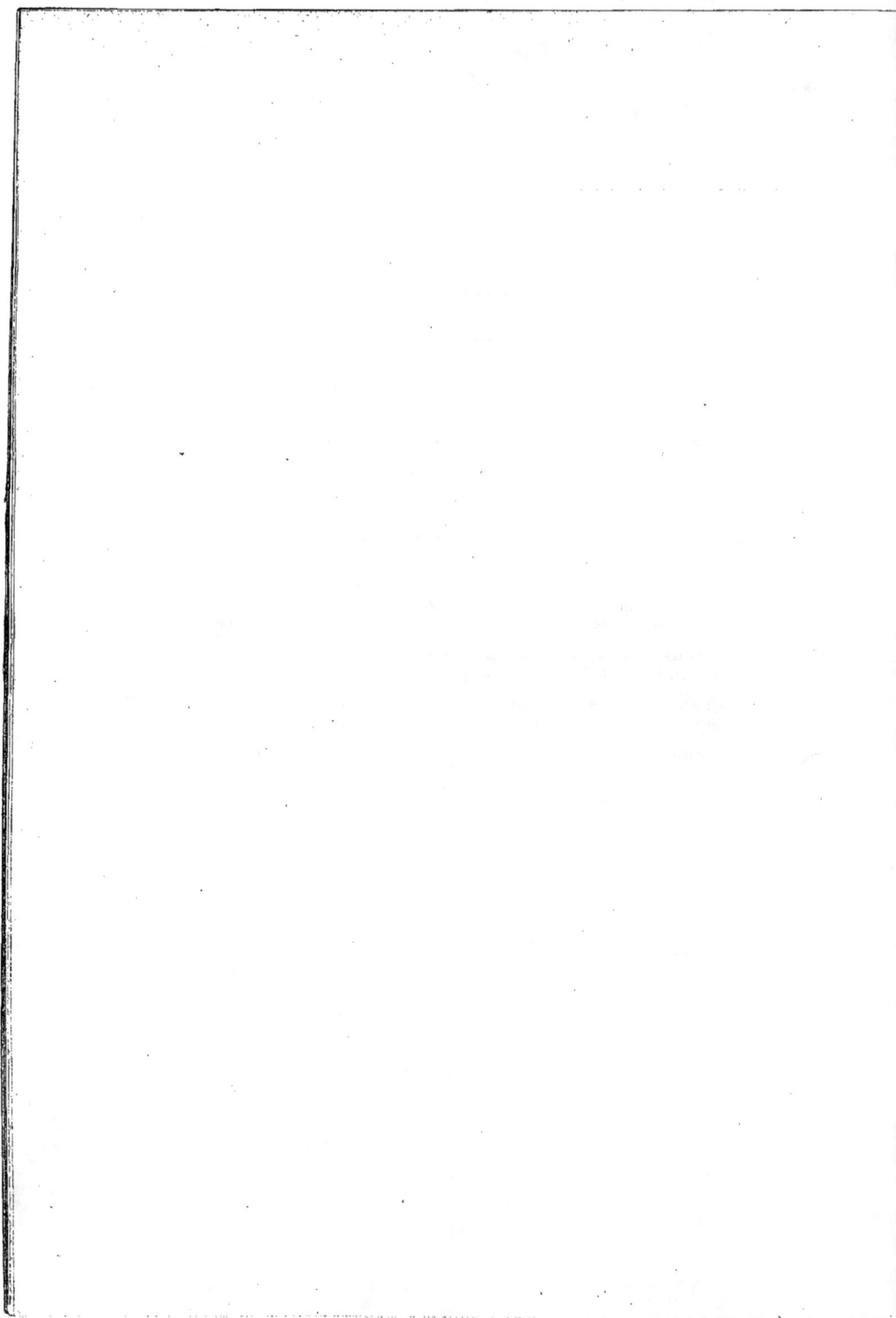

LISTE DES MEMBRES

DU

COMITÉ INTERNATIONAL DES POIDS ET MESURES

AU 1er JUILLET 1910.

Président :

1. M. W. Foerster, Professeur à l'Université, Ahorn Allee, 3a, Westend, *Berlin-Charlottenbourg*.

Secrétaire :

2. M. P. Blaserna, Sénateur du Royaume d'Italie, Président de l'Académie dei Lincei, Professeur à l'Université, via Panisperna, 89b, *Rome*.

Membres :

3. M. A. Arndtsen, Directeur général des Poids et Mesures, *Christiania*.
4. M. F. de P. Arrillaga, Membre de l'Académie des Sciences, 16, Valverde, *Madrid*.
5. M. L. de Bodola, Professeur à l'École Polytechnique, 9, Horansky Utca, *Budapest*.
6. M. G. Darboux, Secrétaire perpétuel de l'Académie des Sciences, Palais de l'Institut de France, 3, rue Mazarine, *Paris*.
7. M. N. Egoroff, Directeur de la Chambre centrale des Poids et Mesures de l'Empire russe, 19, Zabalkanski, *Saint-Pétersbourg*.
8. M. R. Gautier, Professeur à l'Université, Directeur de l'Observatoire, *Genève*.
9. Sir David Gill, Membre de la Société Royale de Londres. 34, De Vere Gardens, *Londres W*.
10. M. H.-B. Hasselberg, Président de l'Académie des Sciences, *Stockholm*.
11. M. St-C. Hépitès, Directeur supérieur du Service central des Poids et Mesures, 43a, boulevard Coltei. *Bucarest*.
12. M. V. von Lang, Membre de la Chambre des Seigneurs, Membre de l'Académie des Sciences, Professeur à l'Université, Türkenstrasse. 3, *Vienne*.
13. M. Samuel-W. Stratton, Directeur du Bureau of Standards, *Washington*.
14. M. A. Tanakadate. Professeur à l'Université impériale. *Tokyo*.
15. M. J.-René Benoît, Directeur du Bureau international des Poids et Mesures, *Sèvres*.

Membre honoraire :

1. M. A.-A. Michelson, Professeur à l'Université, *Chicago*.

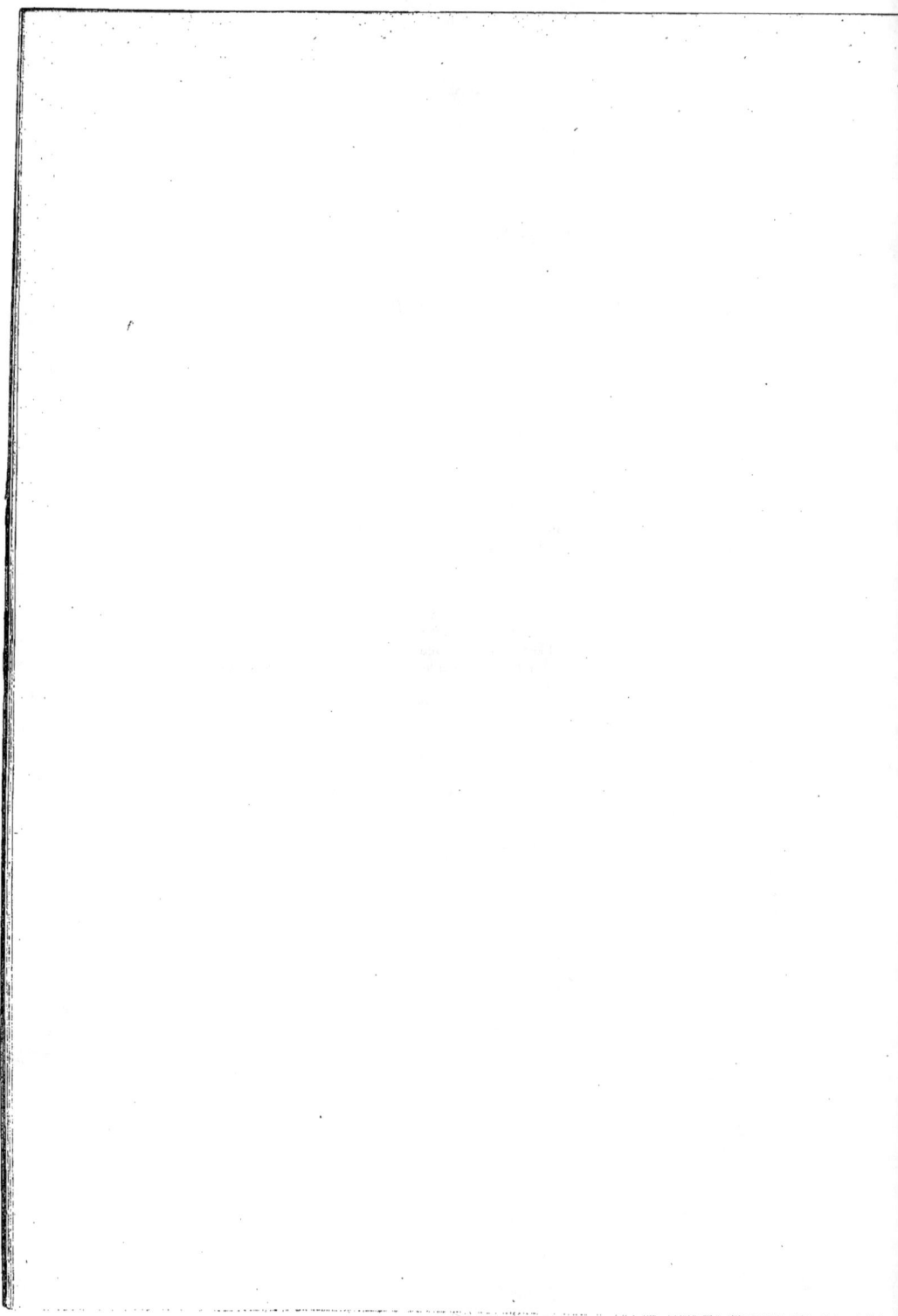

LISTE DU PERSONNEL SCIENTIFIQUE

BUREAU INTERNATIONAL DES POIDS ET MESURES

Au 1er juillet 1910.

Directeur....................	MM. J.-René Benoît.
Directeur adjoint........	Ch.-Éd. Guillaume.
Assistants...................	L. Maudet.
	A. Pérard.
	H. Perrotin.
Calculateurs................	V. Viard.
	R. Sermantin.

Membre honoraire du Bureau international :

M. P. Chappuis, 34, Sevogelstrasse, à *Bâle*.

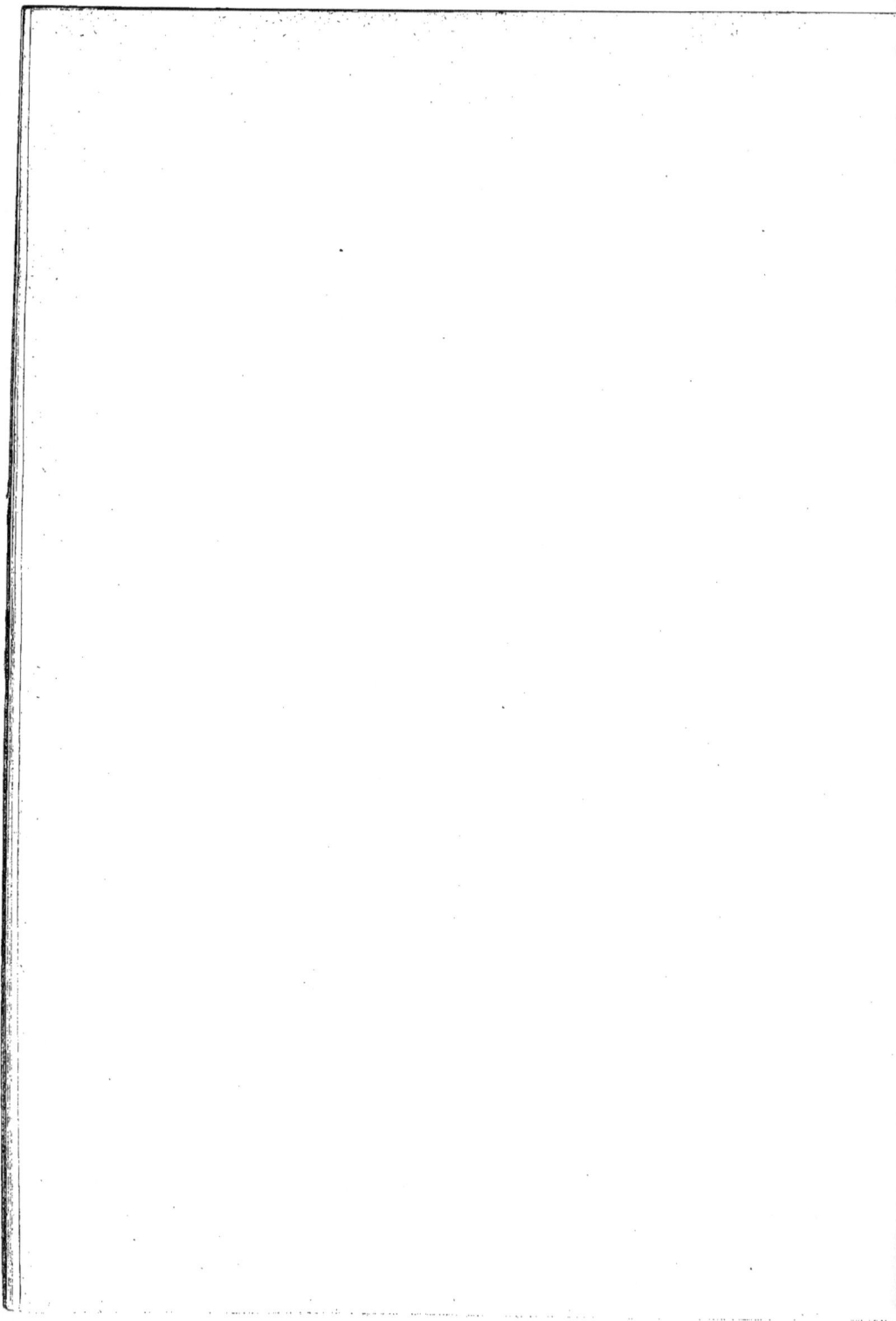

DÉTERMINATION

DU

VOLUME DU KILOGRAMME D'EAU,

Par Ch.-Éd. GUILLAUME,

DIRECTEUR-ADJOINT DU BUREAU.

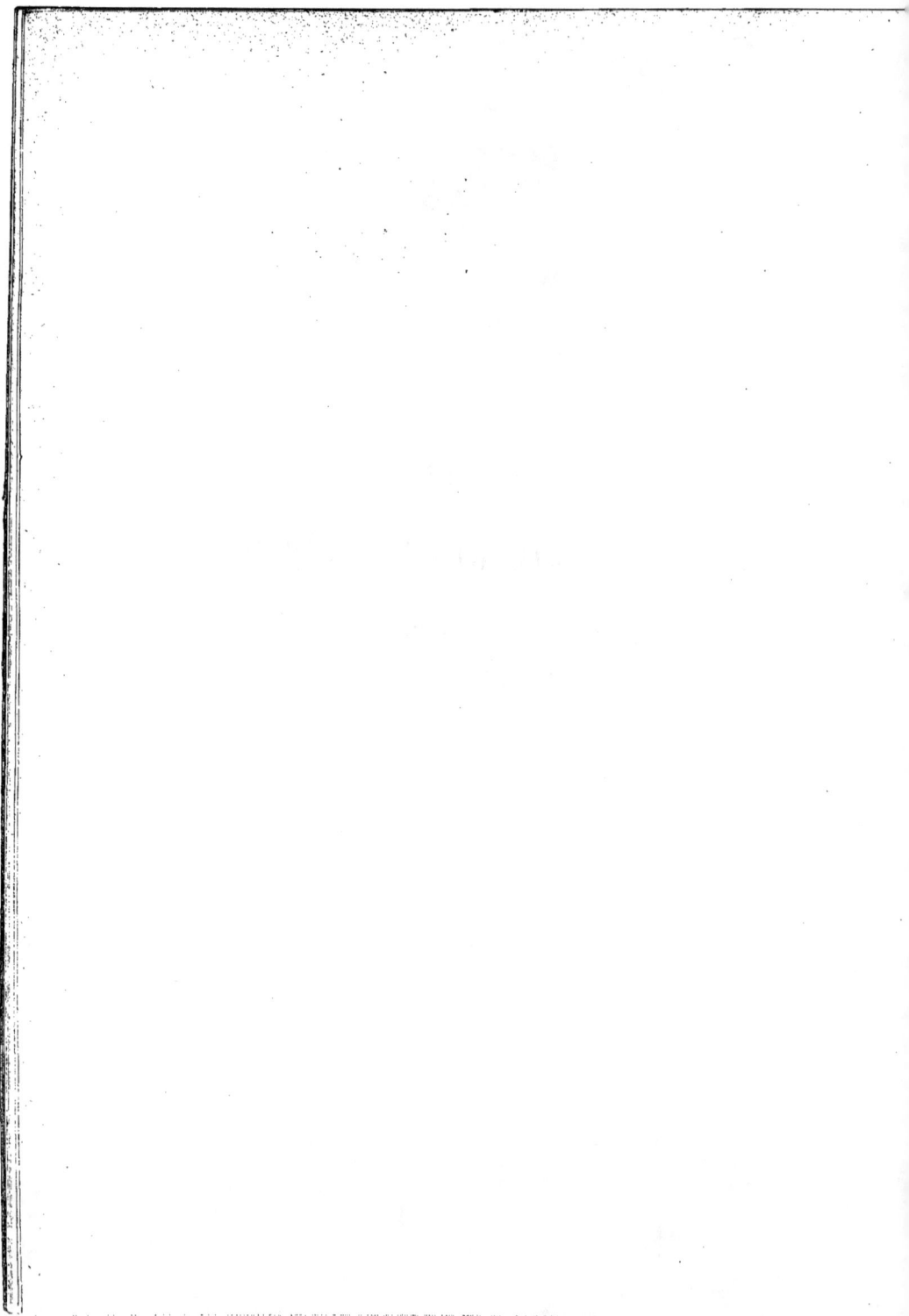

DÉTERMINATION

DU

VOLUME DU KILOGRAMME D'EAU.

INTRODUCTION.

L'adoption, pour la mesure des volumes, du cube construit sur l'unité linéaire semble être une conséquence nécessaire de la représentation de l'espace en fonction de trois longueurs rectangulaires. L'unité étant ainsi choisie, le produit des trois dimensions d'un parallélépipède rectangle, exprimées en fonction de l'unité de longueur, sera la valeur numérique de l'espace qu'il occupe, rapporté lui-même à l'unité de volume du système.

Si simple que doive être un ensemble dans lequel les unités de mesure des longueurs et des espaces soient unies par une telle relation, l'idée d'une complète coordination des unités n'est cependant apparue qu'à une époque relativement récente ; la raison doit en être cherchée dans le fait que, si elle est seule satisfaisante au point de vue théorique, une relation numériquement définie entre les longueurs et les volumes ne peut prendre une réelle valeur pratique que si l'on a fondé, sur des données métrologiques certaines, les moyens de passer avec une suffisante exactitude de l'expression des longueurs à celle des espaces à trois dimensions.

L'intermédiaire tout désigné pour effectuer ce passage est la pesée d'un liquide type, dont une masse donnée occupe l'espace égal à l'unité de mesure des volumes ; car, tandis qu'un jaugeage par l'intermédiaire d'une pesée est une opération courante et facile, la détermination précise des dimensions extérieures d'un solide ou intérieures d'un vase est toujours difficile et souvent impossible.

Dans les transactions les plus ordinaires, il est rare que l'on ait à se préoccuper des dimensions linéaires du cube contenant l'unité pratique de volume des liquides, et les systèmes anciens de poids et mesures, d'un emploi limité aux échanges commerciaux usuels, ont pu consister en un ensemble d'unités disparates sans que l'on ressentît trop vivement l'absence de relations connues entre les longueurs et les volumes.

Mais, à l'époque de la fondation du Système métrique, un complexe d'unités arbitraires était déjà manifestement insuffisant. Ses illustres créateurs, jugeant avec une grande perspicacité les nécessités à venir, voulurent donc fonder un ensemble irréprochable, en établissant une suite ininterrompue de liaisons entre toutes les unités. La technique métrologique de leur temps était déjà assez avancée pour qu'ils pussent relier avec précision les volumes d'une part aux longueurs et d'autre part aux masses, de manière à satisfaire à la fois aux conditions logiques d'un système d'unités, et aux nécessités pratiques du jaugeage par la pesée d'un liquide facile à reproduire identique à lui-même.

En faisant ainsi, les savants célèbres qui élaborèrent le Système nouveau assumaient la tâche ardue d'établir, par de difficiles expériences, les relations entre les longueurs, les volumes et les masses. Mais cette difficulté, acceptée par avance, n'est pas propre au Système métrique; le développement de la Métrologie a conduit à rechercher, après coup, dans les autres systèmes, les relations entre les longueurs et les volumes, primitivement déduits des masses. C'est ainsi que, le Gallon britannique ayant été défini d'abord comme étant le volume de dix livres d'eau, il est devenu plus tard nécessaire d'en connaître la valeur en pouces cubes, comme il a aussi fallu déterminer l'équivalent en pouces cubes du Védro, volume de trente livres russes d'eau.

La différence entre le Système métrique et les métrologies anciennes réside dans le fait que, le lien ayant été cherché *a posteriori* dans les ensembles arbitraires d'autrefois, les relations s'y sont trouvées exprimées par des nombres compliqués, et non, comme dans le Système métrique, par le plus simple de tous les nombres.

La réalisation pratique des étalons métriques n'allait assurément pas sans de grosses difficultés; pour que les relations si simples, adoptées par les créateurs du Système, eussent toute l'importance qu'ils leur attribuaient, il était nécessaire qu'elles fussent matérialisées avec une grande perfection; il fallait que le Kilogramme fût aussi voisin de la masse du décimètre cube d'eau pure, à son maximum de densité, que les expériences les plus précises pussent le donner, de telle sorte que, dans les applications ordinaires ou moyennement précises de la science, on pût conserver l'égalité entre l'unité de volume déduite de l'unité linéaire et celle qui résulte du jaugeage à l'aide de 1 kilogramme d'eau. Seules, les applications les plus exactes pouvaient exiger, dans un avenir plus ou moins éloigné, de petites corrections, qu'on devait laisser aux métrologistes futurs le soin de déterminer.

Lavoisier et Haüy établirent d'abord un étalon provisoire; puis Lefèvre-Gineau et Fabbroni furent chargés, par la Commission des Poids et Mesures, de construire le prototype définitif.

Les auteurs n'ont laissé aucune relation de leur travail, dont les détails sont connus surtout par le Rapport que Trallès présenta à la Commission, le 11 prairial an VII (30 mai 1799), par certaines parties d'un Rapport de Van Swinden portant la même date, enfin par des gravures préparées en vue d'une publication complète, et qui ont été conservées, ainsi qu'une partie des instruments employés à cette mesure.

Le travail entier avait été discuté avec le plus grand soin par les Commissaires, avant l'adoption définitive de son résultat; et le Rapport de Trallès exprime en ces termes leur opinion sur l'ensemble de cette détermination fondamentale :

« Par l'examen très scrupuleux que les Commissaires, spécialement chargés de ce travail, ont fait des opérations du citoyen Lefèvre-Gineau, il ne peut être douteux pour eux que ces expériences, faites par des physiciens aussi exercés dans l'art d'observer que le sont les citoyens Lefèvre-Gineau et Fabbroni, ne soient au dernier degré d'exactitude où nous puissions actuellement parvenir. »

Cependant, l'absence d'une relation détaillée engagea quelques métrologistes à reprendre la question. Kater répétant, en Angleterre, des expériences de Shuckburgh contemporaines du travail de Lefèvre-Gineau et Fabbroni, fournit bientôt un résultat nouveau; Stampfer en Autriche, Svanberg en Suède, Kupffer en Russie, essayèrent, avec une entente plus ou moins complète de la Métrologie, des vérifications qui eurent surtout pour effet de montrer par leurs écarts l'extrême difficulté du problème (¹); et, lorsque la Commission internationale du Mètre se réunit en 1872, elle se trouva en présence d'une série de résultats discordants, entre lesquels elle fut impuissante à faire un choix. Le Kilogramme semblait peu certain; mais aucune donnée n'eût permis de le modifier utilement.

Plusieurs des membres de la Commission jugeaient prudent d'attendre une nouvelle détermination de la masse du décimètre cube d'eau pour modifier

---

(¹) Ainsi que nous le verrons, la plupart de ces déterminations eurent pour but principal d'établir, entre les unités de volume et les unités de masse des divers systèmes de poids et mesures, une relation numérique analogue à celle que nous cherchons, et qu'on aurait déduite plus simplement de la comparaison des unités de longueur et de masse, si l'on avait eu, dans les résultats de Lefèvre-Gineau et Fabbroni la confiance qu'ils méritaient; on préféra, en général, procéder inversement, et, faisant la réduction aux unités métriques, chercher dans des mesures nouvelles un contrôle des expériences de Lefèvre-Gineau et Fabbroni.

éventuellement la valeur du Kilogramme, et le rapprocher de sa définition théorique ; mais, ainsi que le Mètre venait d'être définitivement rattaché à l'étalon
des Archives de France, de même, on décida que le Kilogramme serait donné
par le poids dans le vide — ultérieurement par la masse — du Kilogramme
prototype.

Voici le texte de cette résolution :

« Considérant que la relation simple, établie par les auteurs du Système métrique, entre l'unité de poids et l'unité de volume est représentée par le Kilogramme actuel, d'une manière suffisamment approchée pour les usages ordinaires de l'industrie et du commerce et même pour la plupart des besoins ordinaires de la science ;

» Considérant que les sciences exactes n'ont pas le même besoin d'une relation numérique simple, mais seulement d'une détermination aussi parfaite que
possible de cette relation ;

» Considérant enfin les difficultés que ferait naître un changement de l'unité
actuelle de poids métrique :

» Il est décidé que le Kilogramme international sera déduit du Kilogramme
des Archives dans son état actuel. »

La détermination de la masse spécifique de l'eau n'en conservait pas moins
un grand intérêt. En dehors de l'importance que présentait, pour la connaissance du Système métrique, la vérification d'une mesure aussi fondamentale,
on ne pouvait oublier que la détermination pratique des volumes repose tout
entière sur la relation entre les masses et les volumes, exprimés respectivement en kilogrammes et en décimètres cubes.

Le Comité international des Poids et Mesures a tourné, il est vrai, la difficulté,
au moins pour la métrologie usuelle, en définissant l'unité de capacité, le *Litre*,
comme étant le volume de 1 kilogramme d'eau, dans les conditions mêmes
indiquées pour la détermination du Kilogramme ([1]) ; et cette définition, sanc-
tionnée par les lois en plusieurs pays, a conduit à substituer dans la pratique
ce volume au décimètre cube, dont il diffère extrêmement peu. Mais, dans une
foule de déterminations de volumes ou de surfaces par des jaugeages ou des
pesées, la valeur de la relation en question entre directement dans le calcul et
doit, par conséquent, être connue.

On voit donc que si, depuis la fondation du Système métrique, le problème
expérimental qui nous occupe est resté le même, en revanche sa signification
théorique s'est pour ainsi dire inversée.

([1]) Troisième Conférence générale des Poids et Mesures, réunie à Sèvres en 1901 (*Travaux et Mémoires*, t. XII, p. 37).

Pour Lefèvre-Gineau et Fabbroni, il s'agissait de constituer la nouvelle unité de masse. Au contraire, depuis l'abandon de la définition théorique du Kilogramme, représenté désormais seulement par son étalon prototype, l'intérêt d'une nouvelle recherche réside tout entier dans la connaissance plus parfaite du volume vrai, rapporté au cube de l'unité linéaire, de l'unité métrique de masse de l'eau à son maximum de densité.

Brièvement exposé, le problème ancien était la détermination de la masse du décimètre cube d'eau; la recherche moderne se rapporte au volume du Kilogramme d'eau, en vue des jaugeages que permet la connaissance de sa valeur. C'est pour bien marquer ce retournement du problème, correspondant à l'échange des termes d'un quotient, que le titre de ce Mémoire diffère, suivant la proposition de M. Fœrster, de celui par lequel la recherche qui nous occupe avait été jusqu'ici désignée, et qui le rattachait à sa nature primitive.

La masse spécifique de l'eau étant connue, on pourra déterminer, par son moyen, le volume intérieur d'un réservoir de forme quelconque; et, le connaissant, s'en servir pour le calcul de la masse spécifique d'un autre liquide. Ce procédé classique donne, suivant le mode de calcul adopté et la signification attribuée aux nombres que l'on utilise, soit la densité, soit la masse spécifique du liquide étudié. Dans le Système métrique seul, les nombres exprimant ces deux grandeurs sont les mêmes en principe; ils ne diffèrent que par l'erreur inévitable commise dans l'établissement du Kilogramme, et c'est le taux de cette erreur qu'il faut connaître si l'on veut pouvoir, en toute rigueur, passer des densités aux masses spécifiques et inversement.

Quelques-unes des difficultés de la mesure dont nous allons nous occuper ont été mises nettement en lumière dans le Rapport déposé par la huitième Sous-Commission (¹) constituée en vue de l'adoption du Kilogramme international par la Commission internationale du Mètre.

« La détermination du poids du décimètre cube d'eau, dit le Rapport, est sans doute un des problèmes les plus délicats dans le domaine des sciences physiques, car elle exige non seulement les moyens les plus précis pour déterminer la dilatation et les valeurs absolues de la température et des dimensions d'un corps solide de forme régulière, mais aussi la connaissance exacte de la dilatation de l'eau, la détermination rigoureuse de la température d'une masse assez grande de ce liquide, ainsi que des pesées hydrostatiques très délicates. En outre, la nécessité de se procurer de l'eau absolument pure et surtout d'éva-

(¹) G. Govi, président; C. Holton, vice-président; Edm. Becquerel; H. Fizeau; de Jolly; W.-H. Miller; Eug. Poligot; C. de Szily; H. Wild, rapporteur (Commission internationale du Mètre, Réunions générales en 1872, Procès-Verbaux, p. 106).

luer l'influence de la condensation du liquide à la surface du corps immergé augmente encore les difficultés de la solution de ce problème. »

Si l'on se reporte à l'état de la Métrologie au moment de la réunion de la Commission internationale, on voit qu'en effet chacune des mesures énumérées dans le Rapport pouvait introduire des causes importantes d'incertitude dans le résultat final. Ainsi, pour ne parler que de questions résolues depuis plusieurs années par un ensemble de travaux auxquels le Bureau international a apporté son concours, il est intéressant de noter que les déterminations de la dilatation de l'eau, faites par les célèbres métrologistes Stampfer en 1831 et Kopp en 1847, donnent, pour la réduction de 20° à 4°, une divergence supérieure à 120^{mg} par litre. En 1872, la mesure des températures laissait des incertitudes de l'ordre du dixième de degré, correspondant, au voisinage de 20°, à 20^{mg} par litre.

Il était donc nécessaire, avant d'entreprendre une nouvelle détermination de la masse du décimètre cube d'eau, de faire disparaître de telles incertitudes par une élaboration complète des méthodes thermométriques, et par une mesure plus précise de la dilatabilité de l'eau.

Grâce à de longues et délicates recherches dans le domaine de la thermométrie, grâce aussi à de nouvelles déterminations de la dilatation de l'eau, ces deux éléments de la mesure sont actuellement soumis à des incertitudes ne dépassant pas le cinquantième de celles qui les affectaient encore en 1872, et ce n'est pas là que l'on devra chercher les grosses difficultés du problème.

Sans doute, les pesées hydrostatiques nécessiteront toujours, pour être précises, des soins minutieux; mais, les précautions nécessaires étant prises, on pourra, sans multiplier énormément les observations, abaisser sûrement, jusqu'à l'ordre du milligramme par litre, l'incertitude de la poussée que subit un corps immergé, à la condition, bien entendu, qu'il n'éprouve, par le séjour dans l'eau, aucune modification permanente ou passagère d'un ordre supérieur.

Il n'en est pas de même pour la mesure des longueurs, ainsi qu'un exemple le fera immédiatement comprendre.

Supposons un gravimètre ([1]) constitué par un cube de 1^{dm} au côté. Une erreur systématique de 1^{µ} sur ses dimensions absolues entraînera, sur l'évaluation de son volume, une erreur de 30^{mm³}, correspondant à 30^{mg} sur le Kilogramme. Or, on ne peut être garanti contre des erreurs de cet ordre, dans le

---

([1]) Le terme *gravimètre* a été employé par quelques auteurs, et notamment par Kupffer, pour désigner, sans en préciser la forme, un corps servant à déterminer la masse spécifique d'un liquide par sa poussée. Je le conserverai dans ce Mémoire, bien qu'il manque évidemment de rigueur.

passage d'une mesure à traits à une épaisseur matérielle, que par l'emploi d'un appareil rigoureusement bien réglé, manœuvré avec une entente complète de la mesure des longueurs.

C'est donc, soit dans une mesure nouvelle, soit dans la discussion des anciennes, à l'évaluation des volumes faite en partant des dimensions linéaires que l'on devra surtout attribuer les erreurs du résultat. Malheureusement, pour les déterminations anciennes, les données sont souvent insuffisantes, et l'on en est généralement réduit à estimer le degré de leur incertitude par la limite d'erreur admise dans les bonnes mesures à l'époque où elles furent exécutées.

Les déterminations antérieures aux réunions de 1872 ont été soigneusement discutées par la Commission du Mètre. Le même examen peut être repris aujourd'hui, et poussé un peu plus loin, grâce à la connaissance beaucoup plus parfaite de certains éléments de réduction.

Le but de la Commission, en examinant les mesures anciennes, était de chercher à évaluer l'erreur commise dans l'établissement du Kilogramme. Le nôtre est différent; les déterminations dont on trouvera la relation dans ce Volume ont fourni une base précise à la connaissance de cette erreur, que l'on ne cherchera plus dans les résultats anciens, incomparablement moins certains. Il s'agira bien plutôt, dans la rapide revision qui précédera l'exposé des travaux récents et lui servira d'introduction, de montrer la diversité des procédés employés, de discuter leur degré d'incertitude, et de faire toucher du doigt les réelles difficultés de la mesure qui nous occupe.

EXPOSÉ ET DISCUSSION DES DÉTERMINATIONS ANCIENNES.

Lefèvre-Gineau et Fabbroni.

Comme il a été dit plus haut, la relation des mesures fondamentales ayant servi à l'établissement du Kilogramme ne 'nous a été conservée que par le Rapport de Trallès ([1]). L'appareil de mesure des longueurs — comparateur à palpeurs de Fortin — n'y est que mentionné ([2]), et le Rapport insiste surtout sur la description du gravimètre, sur ses dimensions et sur les pesées dans l'air et dans l'eau.

Lefèvre-Gineau et Fabbroni se sont servis d'un seul cylindre en laiton, creux et muni d'une carcasse intérieure. Ses dimensions étaient approximativement de $243^{mm},5$ en hauteur et diamètre, son volume de $11^{dm^3},290$; l'épaisseur de ses parois avait été calculée de telle façon qu'il chargeât le moins possible la balance ; on l'avait, en effet, allégé de telle sorte que, immergé dans l'eau, il ne pesait plus que 200^g environ.

([1]) *Rapport de M. Trallès à la Commission, sur l'unité de poids du Système métrique décimal, d'après le travail de M. Lefèvre-Gineau,* le 11 prairial an VII (3o mai 1799). Le Rapport était signé : Laplace, Lagrange, Brisson, Darcet, Trallès, Méchain, Coulomb, Van Swinden, Multedo, Legendre, Pedrayes, Vassali, Ænoae, Mascheroni et Fabbroni (*Base du Système métrique décimal,* t. III, p. 558).

Le mot *poids,* employé couramment par Trallès dans son Rapport, pourrait faire croire que, dans l'idée des fondateurs du Système métrique, le Kilogramme était une unité de poids, dans le sens où nous l'entendons aujourd'hui, c'est-à-dire une unité de *force,* et non une unité de *masse* ou de quantité de matière. Mais quelques éclaircissements donnés dans ce Rapport lui-même aussi bien que dans celui de Van Swinden détruisent cette hypothèse. Pour les fondateurs du Système, le Kilogramme était l'unité de masse. A cet égard, il n'existait, dans leur esprit, aucune confusion ; les termes seuls qu'ils employaient manquaient encore de la netteté qu'ils ont acquise depuis lors. Et c'est par une fausse assimilation que, lorsqu'on eut attribué aux mots *masse* et *poids* le sens précis qu'ils ont aujourd'hui, on voulut donner au Kilogramme le sens de l'unité de force, parce qu'il avait été désigné dès le début comme unité de poids. (*Voir* mon Ouvrage : *La Convention du Mètre,* etc., p. 195, 1902 et le Rapport de M. Benoît : *Modification de la Législation française relative aux unités fondamentales des Poids et Mesures,* réimprimé comme Annexe aux Procès-Verbaux des séances du Comité international, session de 1905.)

([2]) Au sujet du comparateur (*ibid.,* p. 568), Trallès s'exprime comme suit : « Il (Fortin) a également exécuté... une machine propre pour prendre les dimensions du cylindre. Comme ces mesures doivent être connues avec une précision extrême, pour que les erreurs linéaires ne produisent pas trop d'incertitude dans le volume, cette machine est une des plus essentielles de l'appareil nécessaire pour les expériences sur le poids d'un volume d'eau, et mériterait d'être décrite ici si cela n'exigeait pas trop de détail dans ce Rapport. »

Ce comparateur est figuré dans le bel Ouvrage de M. Bigourdan, *Le Système métrique des Poids et Mesures* (p. 110 et suiv.), d'après des planches faites en vue du Mémoire complet, et conservées à l'Observatoire de Paris.|

Les hauteurs du cylindre furent mesurées en douze points de trois cercles tracés sur les bases, et au centre de celles-ci. Les plus grands écarts des deux déterminations faites en un même point furent de 0,0035 de la ligne ancienne, soit environ 8^μ.

Les diamètres furent mesurés à huit hauteurs différentes et, pour chaque section droite, en six azimuts. L'examen des résultats montre que les bases du cylindre étaient légèrement inclinées l'une par rapport à l'autre, les plus grandes divergences des hauteurs, sur le cercle situé à 11^{mm} du bord, atteignant 54^μ. En outre, les bases étaient très faiblement creuses ; les hauteurs diminuaient régulièrement, mais seulement de 4^μ de la circonférence au centre.

Dans une seule des sections droites, les diamètres différaient au maximum de 20^μ, mais la variation d'un azimut à l'autre était régulière, indiquant une forme nettement elliptique. Dans les autres sections droites, les divergences étaient moindres, et, pour plusieurs d'entre elles, ne dépassaient pas les limites des erreurs d'observation.

Le cylindre était régulièrement conique ; la différence moyenne des diamètres d'un bout à l'autre atteignait 56^μ.

En résumé, la forme du cylindre dont se sont servis Lefèvre-Gineau et Fabbroni était remarquablement parfaite pour l'époque ; les mesures furent nombreuses et étaient combinées de manière à renseigner très complètement sur sa forme.

Les mesures furent rapportées à des règles à bouts, en laiton, que l'on choisit à dessein un peu différentes pour les diamètres et les hauteurs, et qui furent comparées chacune à 15 règles, à l'aide de l'appareil ayant servi aux mesures du cylindre. La longueur formée par chaque série de 16 règles, mises bout à bout, fut comparée aux étalons employés à la mesure des bases de Melun et de Perpignan.

Le cylindre était maintenu en communication avec l'atmosphère par un petit tube en laiton, de $1^{mm},3$ de diamètre extérieur, vissé dans l'une des bases. L'équilibre de la balance étant établi à l'aide de poids en laiton, on pouvait, dans le calcul des pesées dans l'air, négliger complètement la poussée. Dans les pesées hydrostatiques, au contraire, il fallait en tenir compte. Pour ces dernières, le vase rempli d'eau était plongé dans la glace. Les poids avaient été ajustés d'avance très près de la valeur présumée du Kilogramme, afin de faciliter l'établissement ultérieur de celui-ci. Ces poids avaient été comparés entre eux avec des soins extrêmes.

On voit ainsi que le travail de Lefèvre-Gineau et Fabbroni fut exécuté avec une entente parfaite des conditions que doit remplir une mesure de précision.

Leur gravimètre était de grandes dimensions, et la distribution des mesures de ses diamètres et de ses hauteurs devait permettre une estimation rationnelle de son volume. Le passage des étalons fondamentaux ayant servi à la mesure de la Terre aux étalons auxiliaires était direct; la comparaison du cylindre avec ces derniers était faite par une méthode différentielle, éliminant en grande partie les erreurs systématiques, et comportant une précision élevée pour une époque où $\frac{1}{100}$ de ligne était considéré comme une limite difficile à dépasser.

On pourrait, il est vrai, après un siècle de travaux métrologiques, trouver à critiquer, sur quelques points de détail, la détermination de Lefèvre-Gineau et Fabbroni. Ainsi, le tube de communication avec l'atmosphère, qui présentait des avantages indéniables, rendait les pesées hydrostatiques plus incertaines, en raison des actions capillaires, que ne l'eût fait un fil de suspension. On doit aussi considérer comme plus nuisibles qu'utiles les pesées faites au voisinage de o", qui rendent les opérations difficiles et nécessitent de fortes réductions à partir de la température de mesure des dimensions linéaires. Peut-être enfin eût-il convenu de faire une mesure des hauteurs plus près des bords des bases, et des diamètres au voisinage immédiat des extrémités ; le plus grand cercle des bases était, en effet, à 11^{mm} du bord, et les sections extrêmes mesurées, à 13^{mm} des bases. Mais ce sont là des détails de peu d'importance dans l'ensemble du travail.

On regrettera davantage que les deux habiles opérateurs n'eussent pas eu la possibilité de répéter leurs mesures sur un deuxième gravimètre, de dimensions sensiblement différentes du premier. Ils eussent ainsi fourni un document indiscutable pour l'évaluation de la précision de leur mesure, et permis de laisser de côté toutes les déterminations ultérieures dont l'exactitude eût été, d'une façon certaine, inférieure à celle qu'ils avaient réalisée.

La suite des travaux relatés dans ce Volume montrera que cette exactitude était tout à fait remarquable, et qu'il fallut créer toute une métrologie nouvelle pour la dépasser sensiblement.

Le Rapport de Tralles a été souvent discuté; l'examen approfondi auquel l'a soumis le Dr O.-J. Broch a montré quelles pouvaient être les petites incertitudes du travail de Lefèvre-Gineau et Fabbroni ([1]).

Le but que s'est proposé le Dr Broch, dans cette discussion, était de déterminer le sens probable de l'erreur commise dans l'établissement du Kilogramme, ainsi que la limite possible de son incertitude. Il fallait, pour cela,

---

([1]) O.-J. Broch, *Note sur la détermination, par M. Lefèvre-Gineau, du poids du décimètre cube d'eau au maximum de densité et dans le vide* (*Commission internationale du Mètre. Réunions des Membres français*, 1873-1874. IVe annexe, p. 122).

examiner l'un après l'autre tous les éléments de la mesure et, mettant tout au pire, faire la somme des corrections possibles.

S'il s'agit, au contraire, de déterminer le volume le plus probable du Kilogramme d'eau en nous appuyant uniquement sur les observations de Lefèvre-Gineau et Fabbroni, nous choisirons, parmi toutes les hypothèses, les plus vraisemblables, en donnant même une certaine préférence à celles qui entraînent les moindres changements. C'est la marche que je suivrai ici, en utilisant la très fine et très profonde analyse du Dr Broch.

Tout d'abord, l'évaluation d'un volume en partant de dimensions linéaires, mesurées en un nombre limité de points, peut être faite par des voies différentes. Celle qu'avaient choisie Lefèvre-Gineau et Fabbroni était un peu rudimentaire. Mais elle se trouve justifiée par le fait, démontré par le Dr Broch, qu'on ne modifie pas le résultat d'une façon appréciable en reprenant le calcul par des méthodes plus élaborées. Nous n'avons donc pas à nous y arrêter.

Au sujet de la longueur des étalons intermédiaires, le Rapport contient une erreur typographique, qui peut laisser planer un léger doute sur leur valeur.

Il est dit en effet (p. 573) : « La longueur totale des seize règles de hauteur est plus grande que seize fois la règle de hauteur fondamentale h de 0,01425 partie, et les seize règles des diamètres sont ensemble plus petites de 0,01475 que seize fois la règle principale d. »

Or la suite du calcul n'est exacte que si l'on admet, dans la phrase ci-dessus, une interversion des indications « plus grande » et « plus petite ». Il faut donc supposer soit une erreur d'inadvertance ou d'impression dans l'indication littérale des relations entre les règles d'un même groupe, soit une erreur de calcul dans leur évaluation.

Pour juger sainement cette équivoque, il est nécessaire de rappeler que, d'après les termes mêmes du Rapport, les Commissaires reprirent en détail le calcul déjà exécuté par Lefèvre-Gineau et Fabbroni, et qu'une erreur de signe, qui eût été grossière, leur aurait difficilement échappé. Une inadvertance dans la rédaction du Rapport est plus probable ; elle a pu passer inaperçue dans la correction des épreuves, où l'on contrôle surtout les données essentielles, et où la revision pour ainsi dire machinale ne fait apercevoir, en dehors d'elles, que les erreurs réellement typographiques, qui déforment un mot ou enlèvent à une phrase tout sens acceptable.

On trouve dans le Rapport quelques erreurs de même nature. Il contient, par exemple au sujet de la température de l'eau servant aux pesées hydrostatiques, les phrases suivantes (p. 577) : « L'eau distillée dans laquelle le cylindre devait être pesé a été refroidie en tenant constamment le vase qui la contenait entouré de glace pilée. Quelleque (*sic*) peine que le citoyen Lefèvre-Gineau se soit donnée pour obtenir la température de la glace, il n'a pas pu la porter au-dessus de $0°,25$..... »

Le mot *au-dessus* est évidemment écrit pour *au-dessous*, et cette erreur indéniable est d'une espèce tout à fait analogue à celle des indications rappelées ci-dessus.

Le Dr Broch a poussé jusqu'au bout le calcul dans les deux hypothèses et trouve qu'elles conduisent, pour la masse du décimètre cube d'eau, à des résultats qui diffèrent de 18^{mg}; l'hypothèse contraire à celle qui est admise dans le Rapport abaisse la masse cherchée. On ne peut nier la possibilité de cette erreur, mais elle apparait, à l'examen, comme peu probable.

Une autre incertitude a plané longtemps sur la vraie valeur des deux règles constituant, par leur ensemble, le « Module » de Borda, et sur la température à laquelle se rapportent les mesures du cylindre. Borda a donné lui-même [1] la description des expériences faites en vue de déterminer la dilatation de ses étalons, et la correspondance entre les thermomètres à mercure et les thermomètres bimétalliques constitués par l'ensemble des deux règles de platine et de laiton. Les règles étaient placées dans une auge de bois doublée de plomb, que l'on remplit d'abord d'eau et de glace pilée, et dans laquelle on versa ensuite de l'eau chaude. Dans la première série d'expériences, on admit que les règles avaient une température très voisine de $0°$, et dans la seconde seulement, la température fut mesurée au moyen de trois thermomètres à mercure. La température moyenne de la deuxième série était de $36°,4$, et le coefficient de dilatation résultant des expériences de Borda était, suivant une note de Van Swinden, égal à $0,0000856$.

Or, la Commission, ayant exprimé des doutes sur la possibilité d'obtenir une température voisine de $0°$ dans les expériences telles que les avait faites Borda, les répéta dans des conditions semblables. Voici ce que dit à ce sujet Van Swinden [2] : « Borda, pour trouver le point de départ, a rempli, comme l'ont fait aussi vos commissaires, l'auge de glace pilée et d'eau. Il n'a pas marqué dans son Mémoire si les thermomètres indiquaient exactement zéro; il aura cru peut-être, comme vos commissaires le croyaient au premier abord, que ce degré s'obtenait facilement, et cependant ceux-ci n'ont pu parvenir à faire baisser le thermomètre dans l'auge au-dessous de $0°,6$. Ils travaillaient cependant dans une saison moins chaude que ne l'était celle dans laquelle Borda a fait ses expériences, si l'on en excepte le temps où il a fait celles sur

---

[1] *Base du Système métrique décimal*, t. III, p. 315 et suiv.
[2] *Ibid.*, p. 444.

la règle du pendule ; aussi la différence est-elle moindre pour celles-ci, et néanmoins Borda dit simplement une température très voisine du terme de la glace. Il est donc vraisemblable que la température de l'auge aura été d'un degré ou d'un degré et demi au-dessus de la glace, et qu'il faut rapporter ce point de départ des thermomètres métalliques, non à zéro, mais à $1°\frac{1}{4}$ ou à $1°\frac{1}{2}$ du thermomètre centigrade au-dessus de la glace fondante ; d'où il résulte que la température à laquelle on a rapporté les bases pour le calcul ne sera pas $13°$ du thermomètre Réaumur ou $16°\frac{1}{4}$ du thermomètre centigrade, mais $17°,6$ de celui-ci.... »

Cette question fut discutée de nouveau en 1870 par Laugier ([1]) et par Fizeau ([2]), qui conclurent tous deux à l'exactitude des résultats donnés par Borda. Fizeau en trouve la preuve dans le fait que la dilatation du module calculée dans l'hypothèse de Van Swinden d'une erreur de $1,35$ degré dans le point de glace, conduit à la valeur $0,00000908$ pour la dilatabilité vraie du platine à $18°,2$ ou sa dilatabilité moyenne entre $0°$ et $36°,4$, valeur qu'il considère comme évidemment erronée.

Or la dilatation des règles de Borda a été déterminée avec beaucoup de soin par M. Benoit et moi, en 1894 ; et, bien que la grande flexibilité des minces lames qui les constituent rendît cette opération extrêmement difficile, la marche régulière des nombres obtenus à une série de dix températures, et la concordance des résultats pour les quatre règles dont le plus grand écart est de 6 unités sur le troisième chiffre significatif, laisse peu de marge d'erreur. La valeur trouvée pour le Module est $0,00000897$, qui partage, à peu près dans le rapport de 1 à 4, la distance entre celles de Borda et de Van Swinden.

Les critiques de Laugier et de Fizeau ne semblent donc justifiées que pour une faible part ; les corrections appliquées par la Commission aux résultats de Borda sont probablement un peu exagérées, mais elles améliorent considérablement les nombres primitifs.

Dans sa discussion des expériences de Lefèvre-Gineau et Fabbroni, antérieure à la nouvelle étude des règles de Borda, le Dr Broch, se ralliant à l'opinion de Laugier et de Fizeau, admet que la température moyenne de détermination des règles types correspond aux indications de Borda et non point à celles de Trallès, et adopte la température de $16°,9$ au lieu de $17°,6$ indiquée dans le Rapport. Il résulterait de cette opinion que la réduction du volume du cylindre entre la température des mesures et celle des pesées hydrostatiques eût été de

---

([1]) E. LAUGIER, *Note relative aux expériences de Borda sur la dilatation des règles destinées à la mesure des bases de l'arc terrestre* (*Commission internationale du Mètre. Réunions des Membres français en 1869 et 1870, Procès-Verbaux, Notes* p. 1).

([2]) H. FIZEAU, *Sur le coefficient de dilatation qu'il convient d'attribuer au Mètre en platine des Archives d'après une nouvelle discussion des expériences anciennes de Borda* (*Ibid.* p. 6).

o$^{cm^2}$,43 trop forte, et que le Kilogramme devrait être diminué de 39^{mg}. Mais nous venons de voir que la correction apportée par Fizeau et Laugier n'est exacte que pour un cinquième environ de sa valeur, de telle sorte que cette correction peut probablement être réduite à 8 ou 10 milligrammes.

Lefèvre-Gineau avait admis, pour la réduction des volumes de l'eau de o°,3, température moyenne des pesées hydrostatiques, à 4°, température normale, une variation de densité égale à 0,000 127 57.

Le Dr Broch, adoptant les indications données dans l'ouvrage de Herr, *Ueber das Verhältniss des Bergkristall-kilogrammes zum Kilogramme der kaiserlichen Archive zu Paris*, réduit cette variation à 0,000100. Il en résulterait, pour le Kilogramme, une nouvelle correction de 28^{mg}, toujours dans le même sens. Or la réduction, résultant, entre les mêmes limites de température, des nombres de M. Chappuis, est de 0,000113. La correction admise par le Dr Broch doit donc être diminuée de moitié.

Enfin, le creux du cylindre indiqué par Trallès correspond à 7,620 pour la densité du laiton, valeur un peu faible et que le Dr Broch considère comme peu vraisemblable. Il adopte la valeur 8,427, qui lui paraît plus probable, celle du Rapport pouvant, dans son opinion, être entachée d'une erreur de calcul. Si l'on admet cette manière de voir, on sera conduit à adopter une correction positive de 16^{mg}. Cependant le nombre du Rapport ne sort pas des limites possibles pour la densité de certains laitons poreux, et la correction, tout en étant très probable, n'est pas absolument certaine.

Nous ne ferons que mentionner une autre correction indiquée par le Dr Broch, concernant l'air dissous dans l'eau, qu'il suppose, conformément aux données admises il y a trente ans, pouvoir affecter sa densité de $\frac{30}{1000000}$ dans le sens d'une *augmentation* ; or, des mesures très précises, faites dans ces dernières années, ont montré que la différence entre les densités de l'eau saturée ou privée d'air ne dépasse pas $\frac{3}{1000000}$. On peut donc n'en pas tenir compte.

En résumé, le Dr Broch considère comme certaines, dans ses conclusions, les indications relatives à la dilatation du platine et de l'eau adoptées par Fizeau et Laugier ou données par Herr, et comme hypothétiques et susceptibles de diverses interprétations celles qui se rapportent à l'erreur d'impression de la page 573, ainsi que celles qui concernent la densité du laiton. Les corrections considérées par lui comme certaines, combinées avec les diverses modifications hypothétiques qui peuvent affecter les résultats, le conduisent à admettre, pour la masse du décimètre cube d'eau, déduite des expériences de Lefèvre-Gineau et Fabbroni, des nombres compris entre o^{ks},999947 et o^{ks},999913 pour l'eau aérée. Sa conclusion est, en définitive, la suivante :

« Tout ce qu'on peut tirer du Rapport de Trallès, c'est que probablement le décimètre cube d'eau distillée à la température du maximum de densité et dans le vide pèse moins que le Kilogramme, mais que la différence n'excède pas 120^{mg} comme limite extrême, et n'excède pas même 90^{mg} pour l'eau saturée d'air. »

Or, nous venons de voir que certaines des corrections appliquées par le Dr Broch aux résultats anciens sont exagérées. L'erreur sur la dilatation de l'eau doit être réduite de 13^{mg}; la correction pour la température des règles est probablement trop forte de 30^{mg}; enfin, l'erreur de calcul motivant une correction de 18^{mg} est peu probable. L'écart entre les densités de l'eau privée ou saturée d'air est négligeable.

La limite extrême de 90^{mg} pour l'eau saturée d'air, considérée par le Dr Broch comme représentant le maximum de la correction posssble, en ne tenant compte que des erreurs systématiques, est donc beaucoup trop écartée et peut être abaissée d'au moins 40^{mg}. Si, de plus, on admet le calcul de Trallès, en considérant le texte comme entaché d'une faute typographique, on revient encore de 18^{mg} en arrière. Il ne resterait donc qu'une trentaine de milligrammes d'erreur sur le résultat de Lefèvre-Gineau et Fabbroni, quantité que l'on diminuera encore un peu dans l'hypothèse d'une erreur dans la densité qu'ils ont admise pour le laiton du cylindre.

Telles sont, sans aucun doute, les conclusions auxquelles le Dr Broch se rallierait aujourd'hui, et qui diffèrent des siennes surtout grâce à la connaissance plus parfaite de la dilatabilité de l'eau et à l'étude, reprise récemment, de la dilatation des règles de Borda.

Mais on peut pousser encore un peu plus loin la discussion. En même temps que leur dilatation, nous avons mesuré, M. Benoît et moi, la vraie longueur des règles de Borda, en les comparant à des étalons dont la valeur avait été établie par rapport au Mètre international. Cette valeur est intéressante à connaître, surtout pour le Module, puisque c'est à lui qu'ont été rapportés les étalons de Lefèvre-Gineau et Fabbroni.

Au sujet du passage du Module au Mètre des Archives, Van Swinden s'exprime dans les termes suivants (p. 433) :

« Nous sommes d'avis, et voici en deux mots le résumé de tout notre travail, que, pour tirer de l'opération qui vient d'être faite en France et en Espagne le résultat le plus naturel et le plus vrai pour l'unité de mesure, il conviendra d'établir cette unité, nommée *Mètre,* et qui est la dix-millionième partie du quart du méridien, de $0,256537$ module. » Il ne faut pas oublier, en effectuant la réduction, que la valeur du Module était définie à $13°$ Réaumur, tandis que le Mètre devait être représenté par son étalon à $0°$.

XIV.   B 3

On conclut, des indications précédentes, que le Module doit avoir, à 13° Réaumur ou à 16°,25 C., une longueur égale à $\frac{1^m}{0.250537}$ ou 3^m,898073.

Borda exprime, dans son Rapport (p. 327), les valeurs du Module à 0° en fonction des trois autres règles par des équations qui, ramenées aux unités métriques, sont les suivantes ([1]) :

$$N^o\ 1 = N^o\ 2 + 4^\mu = N^o\ 3 + 8^\mu = N^o\ 4 + 8^\mu.$$

Or, les mesures faites par M. Benoît et moi en 1894 ont donné :

		Différence.
A 16°,25,	N° 1 = 3^m,898 068	— 5^μ
	N° 2 = 3^m,898 014	— 55^μ
	N° 3 = 3^m,898 057	— 8^μ
	N° 4 = 3^m,898 084	+ 19^μ

Les nombres inscrits à la suite des valeurs des règles sont leurs différences par rapport à celles qui résulteraient des mesures de Borda. On voit d'abord que le n° 2 s'écarte seul considérablement dans les deux groupes de comparaisons. Or, on sait qu'au cours d'une mesure de base effectuée en 1823 aux environs de Brest, cette règle tomba sur les chevalets et dut être redressée, ainsi que le constate un procès-verbal conservé aux Archives du Bureau des Longitudes ([2]).

Les valeurs nouvelles des autres règles divergent dans les deux sens de celles qui résultent des comparaisons de Borda. Ces écarts, qui englobent à la fois les erreurs des mesures et les variations passagères de longueur des règles dues aux frottements, n'ont rien d'excessif. La valeur moyenne des trois règles pour lesquelles des causes certaines de variations permanentes n'ont pas été notées a été trouvée, par nos mesures, identique au demi-millionième près à celle qu'avait indiquée Borda, quantité dont la petitesse pourrait paraître invraisemblable si l'on ne savait que les opérations métrologiques bénéficient souvent d'une heureuse compensation des erreurs. Pour le Module, l'écart dépasse très peu le millionième, quantité pour laquelle interviennent le passage de la règle primitive de Borda au Mètre des Archives, et de celui-ci

---

([1]) Les comparaisons faites par la Commission (*Base*, t. 1, p. 413) ultérieurement à celles de Borda conduisirent à des équations pratiquement équivalentes pour les règles n°° 1, 2 et 3, et à une différence n° 4 — n° 1 = + 9^μ, sensiblement inverse de celle que Borda avait admise.

([2]) *Voir* C. WOLF, *Recherches historiques sur les étalons de poids et mesures de l'Observatoire et les appareils qui ont servi à les construire* (*Annales de l'Observatoire de Paris*, t. XVII, p. C. 57). Mathieu et Arago, ayant comparé les règles n° 2, n° 3 et n° 4 à la règle n° 1, ne trouvèrent aucun changement relatif des trois dernières, mais estimèrent que la règle n° 2 s'était raccourcie d'environ 15^μ, quantité fortement sous-évaluée.

au Mètre international par l'intermédiaire du Mètre provisoire; puis l'établissement, par nos soins, d'un étalon de 4^m à traits; enfin sa comparaison avec
le Module, prolongé par des palpeurs dont la somme était déterminée par une
opération indépendante.

Sans insister sur l'heureuse chance qui a conduit, après un siècle, à une
concordance aussi remarquable, j'en tirerai la seule conclusion qui nous intéresse pour l'examen du travail de Lefèvre-Gineau et Fabbroni : c'est qu'il n'y a
lieu de faire subir à leur résultat aucune correction relative à la valeur de
l'étalon duquel ils sont partis.

Ainsi, en reprenant, dans tout ce qu'il a d'essentiel, le calcul de Lefèvre-
Gineau et Fabbroni, vérifié par la Commission, on arrive, en appliquant
quelques corrections indiquées par des études ultérieures, à conclure que le
Kilogramme excède d'une trentaine de milligrammes la valeur résultant de sa
définition ([1]).

Mais il reste bien des éléments de cette détermination fondamentale dont il
est impossible aujourd'hui d'évaluer l'erreur systématique ou fortuite. Comment, en particulier, a été effectué le passage du Module aux règles d et h,
employées pour la détermination des diamètres et des hauteurs du cylindre?
Avec quelle exactitude réelle le comparateur de Fortin a-t-il permis de passer de
ces règles au cylindre? Quelles ont été les déformations de ce dernier, posé sur
son support ou suspendu à la balance hydrostatique, et soumis à la pression
de l'eau? Telles sont quelques-unes des questions que l'on peut poser sur les
erreurs systématiques qui ont pu affecter la mesure.

Quant aux erreurs fortuites, c'est-à-dire à l'ordre de précision des résultats,
son appréciation résulte de l'ensemble des données contenues dans le récit
détaillé des opérations exécutées en vue de l'établissement des étalons
métriques. On considérait alors le deux-centième de ligne comme la limite
extrême de ce qu'il était possible de garantir ([2]). Mais les bonnes opérations

---

([1]) C'est à très peu près le nombre indiqué par M. Mendeleef [*On the weight of a cubic decimetre
of water at its maximum density* (*Proc. Roy. Soc. of Lond.*, t. LIX, 1895, p. 143)], d'après un calcul
de revision dont il n'indique pas le détail; il ajoute toutefois que l'erreur résultant d'une insuffisante
pureté de l'eau pourrait fort bien l'augmenter de 200^{mg} ; les expériences modernes sur l'eau distillée
avec soin conduisent à penser que cette évaluation est très exagérée.

([2]) Ainsi, on trouve, dans le Rapport sur la comparaison des toises du Pérou, du Nord, de Mairan,
et des quatre règles qui ont servi à mesurer les bases de Melun et de Perpignan (*Base du Système
métrique*, t. III, p. 404), l'indication suivante :

« Dans toutes nos comparaisons faites de cette manière, et par cinq à six personnes successivement, nous avons été toujours d'accord pour le $\frac{1}{100000}$, et nous n'avons jamais différé entre nous
dans l'estime que de $\frac{1}{150000}$ à $\frac{1}{100000}$. Or, comme $\frac{1}{100000}$ de toise ne répond qu'à $\frac{1}{14}$ environ de
la ligne, ancienne division, il est probable que nos résultats ne s'écartent pas de la rigoureuse préci-
sion de $\frac{1}{200}$ de la ligne, ce qui est insensible. » (Rapport lu le 21 floréal an VI, signé Multedo, Vassali,
Coulomb, Mascheroni, Méchain, et approuvé par Delambre, Laplace, Lefèvre-Gineau, Lagrange, Fabbroni, Van Swinden, Brisson, Ciscar, Trallès, Darcet, Pedrayes, Aeneæ, Méchain.)

donnaient souvent mieux. Ainsi, le Mètre de l'Observatoire et celui du Conser-
vatoire, qui étaient considérés comme égaux au Mètre des Archives, ont été
trouvés, par M. Benoît et moi, plus longs que le Mètre international respectivement de 2^μ et 5^μ. Dans les déterminations des hauteurs de leur cylindre,
Lefèvre-Gineau et Fabbroni ont trouvé un écart maximum de 8^μ pour des contacts répétés au même point. Une erreur moyenne de 2^μ à 3^μ peut être considérée sans doute comme représentant à peu près l'ordre de précision de
leurs mesures. Cette quantité correspond à $\frac{1}{100000}$ des dimensions linéaires du
cylindre. En y ajoutant les autres causes d'incertitude de l'opération, et si l'on
ne possédait pas d'autres déterminations de la masse du décimètre cube d'eau
que celle d'où le Kilogramme a été déduit, on pourrait donc dire que l'unité
de masse du Système métrique excède probablement sa valeur de définition
d'une trentaine de milligrammes, mais que cette quantité est incertaine de
toute sa valeur ou même au delà. Ainsi, le Kilogramme resterait dans les
limites de possibilité de sa définition primitive.

Shuckburgh et Kater.

Sir Georges Schuckburgh ([1]) avait conçu, dès l'année 1780, le projet de
constituer un système d'unités repérées sur des constantes naturelles. C'est
dans ce but qu'il voulut déterminer la relation entre le Yard et le pendule
battant la seconde à Londres, et entre la masse du pouce cube d'eau et celle
du grain. Ayant d'abord établi la longueur de deux pendules, effectuant respectivement 42 et 84 oscillations par minute, il fonda la relation entre les
masses et les volumes sur des mesures effectuées au moyen de trois gravimètres : un cube de 5 pouces au côté, un cylindre de 6 pouces de hauteur sur 4
de diamètre, et une sphère de 6 pouces de diamètre. Quelques années plus
tard, Kater répéta les mesures des volumes, qu'il considérait comme susceptibles d'être perfectionnées ([2]).

Pour les deux premiers de ces corps on amenait, contre les extrémités de la
ligne à mesurer, deux plaques de laiton portant des points non loin du bord
intérieur. Ces plaques étaient ensuite appliquées l'une contre l'autre, et l'on
mesurait la distance des deux mêmes points.

Kater se servait de deux microscopes montés sur un cadre en bois, et qui

---

([1]) Sir GEORGE SHUCKBURGH EVELYN, *An account of some endeavours to ascertain a standard of weights and measures* (*Phil. Trans. Lond.*, 1798, p. 133).
([2]) Captain HENRY KATER, *An account of the re-measurement of the cube, cylinder and sphere used by the late Sir George Shuckburgh Evelyn, in his inquiries respecting a standard of weights and measures* (*Phil. Trans.*, 1821, p. 316).

pouvaient être déplacés par des vis micrométriques. Les distances mesurées étaient reportées sur la règle divisée de Shuckburgh.

La sphère fut introduite dans un cadre de laiton, dont deux côtés étaient munis de vis micrométriques. On substituait à la sphère une règle à bouts de 6 pouces.

Kater limita ses opérations à une mesure de chacune des douze arêtes du cube, à trois mesures de quatre hauteurs prises près du bord du cylindre, et à deux mesures faites à chacune de ses extrémités, sur deux diamètres en croix. Pour la sphère, trois diamètres rectangulaires furent déterminés chacun trois fois.

Le résultat de ces mesures, combinées avec les pesées de Shuckburgh sur lesquelles je reviendrai ([1]), est indiqué par Kater dans les termes suivants : le poids d'un pouce cube d'eau distillée, dans le vide et à 62°F., semble être,

$$
\begin{array}{llll}
\text{D'après le cube} \ldots \ldots & 252,907 & \text{grains de Shuckburgh} \\
\text{D'après le cylindre} \ldots \ldots & 252,851 & » & » \\
\text{D'après la sphère} \ldots \ldots & 252,907 & » & » \\
\hline
\text{Moyenne} \ldots \ldots & 252,888 \\
\end{array}
$$

équivalant à 252,722 grains du Parliamentary Standard.

Ces nombres diffèrent entre eux d'une quantité correspondant à 224^{mg} pour 1^{kg}. Quant à la valeur absolue du résultat, en mesures métriques, on la déduit immédiatement des données suivantes ([2]) :

$$
\begin{array}{ll}
1 \text{ pouce anglais} = & 2^{cm},539\,998 \\
1 \text{ pouce cube} \ \ = & 16^{cm^3},38\,702 \\
1 \text{ grain} \ \ \ \ \ \ = & 0^{g},064\,798\,92 \\
\end{array}
$$

$$\frac{\text{Densité de l'eau à } 62° \text{ F.}}{\text{Densité de l'eau à } 4° \text{ C.}} = 0,998\,860,$$

ce qui donne :

$$\text{Masse du décimètre cube d'eau à } 4° = 1^{kg},000\,475.$$

Ce résultat est certainement très éloigné de la vérité ; et, bien que les chiffres trouvés avec le cube et la sphère d'une part et avec le cylindre d'autre part soient sensiblement différents, on n'aperçoit pas immédiatement la cause de l'erreur

---

[1] Les nombres originaux de Shuckburgh étaient rapportés aux pesées dans l'air. J'ai vérifié, en répétant les réductions, que les nombres donnés par Kater sont exprimés en fonction des poids réduits au vide. Il était utile de faire cette vérification, la loi britannique définissant, comme nous le verrons, la valeur du gallon par des pesées faites dans l'air sous une pression et à une température déterminées.

[2] J. René Benoît, *Détermination du Rapport du Yard au Mètre* (*Trav. et Mém.*, t. XII).

commise par Kater, et qui, pour le cube par exemple, correspondrait à plus de 30^k sur chaque arête.

Les mesures ont été rapportées à une règle dont la valeur nominale la plus voisine du Yard était, il est vrai, remarquablement approchée, mais dont les erreurs de division semblent n'avoir pas été connues; on ne devrait pas être surpris que, dans un étalon construit au xvme siècle, elles eussent atteint une valeur d'un ordre peu inférieur ([1]).

Le fait de supporter les microscopes sur un cadre de bois, et de limiter les mesures à un très petit nombre de dimensions des gravimètres indique que ni Shuckburgh ni Kater ne recherchaient un degré de précision élevé.

Une partie importante de l'erreur pourrait aussi être attribuée aux pesées hydrostatiques, au sujet desquelles, contrairement à ce qu'en pensait Kater, Shuckburgh ne semble pas avoir pris toutes les précautions nécessaires dans un travail précis. Ainsi, l'eau dont il se servait avait été distillée dans l'officine de l'Hôpital Saint-George, probablement, suivant l'opinion de Miller, dans un alambic servant à la rectification de l'alcool.

Shuckburgh dit aussi que, dans une des pesées du cylindre, le poids augmenta de 4 grains, c'est-à-dire 260^{mg}, lorsqu'il eut enlevé quelques petites bulles d'air restées jusque-là inaperçues. Le volume de son cylindre étant de 1$^{dm^3}$,232, la présence de ces bulles entraînait une erreur de 211^{mg} par litre.

Dans une discussion sur laquelle je reviendrai, M. Mendeleef attribue toute l'erreur de Shuckburgh à la densité beaucoup trop forte de l'eau dont il se servait. Il s'appuie, pour motiver son jugement, sur l'indication donnée par Shuckburgh, d'un essai lui ayant fourni, pour la densité de son eau distillée, la valeur 1,000 5.

Mais il ne semble pas que l'on puisse tirer aucune conclusion de cette indication. Shuckburgh dit, en effet, p. 155 : « De plus, on peut noter que l'eau distillée dans laquelle ces expériences ont été faites ayant été examinée ensuite à l'aide de mon hydromètre (de Martin), à la température de 60°,5, pesait, à l'échelle, 1,000 5, de telle sorte que je ne vois aucune raison de me méfier de

---

([1]) Cette règle est l'une de celles qui servirent à reconstituer la valeur du Yard, après la destruction de son étalon principal dans l'incendie du Parlement, en 1834. Elle appartient aujourd'hui à la Société Royale de Londres.

Une comparaison de cette règle, avec la Règle normale N du Bureau international, faite en décembre 1888 par MM. Benoît et Defforges, a donné, pour l'intervalle [0–39,4] pouces, la valeur, ramenée à 62" F. : 1^m,0007619. Or la vraie valeur définitivement adoptée pour le Yard étant comprise entre deux longueurs prises sur cette règle, et nominalement égales à l'unité britannique, on restera dans la plus grande probabilité en admettant que la valeur nominale de 39,4 pouces comparée au Mètre représente la fraction $\frac{39.4}{36}$ en fonction du Yard. La valeur du Yard qui s'en déduit en fonction du Mètre est : 914^{mm},4017, nombre très voisin de celui (914^{mm},3992) trouvé ultérieurement par M. Benoît. *Voir* Général J.-T. WALKER, *On the unit of length of a standard scale by sir George Shuckburgh, appertaining to the Royal Society* (*Proc. Roy. Soc.*, t. XLVII, 1890, p. 186).

la qualité de l'eau. » Shuckburgh pensait donc que son eau avait la densité normale. Dans ces conditions, il est assez difficile de voir à quoi correspondait l'indication de l'hydromètre ([1]).

Je citerai, en terminant, l'opinion exprimée par Miller dans une lettre adressée à Tresca le 14 août 1870 ([2]) :

« Probablement il n'est jamais entré dans l'intention de Sir George Shuckburgh de faire des observations comportant le degré d'exactitude qui est demandé aujourd'hui, et ce serait être injuste à sa mémoire que de lui adresser le moindre reproche, parce que ses résultats ne sont pas tels qu'ils puissent servir à une évaluation exacte du Kilogramme.

» Le champ des recherches du capitaine Kater a été limité à un nouveau mesurage des dimensions linéaires de la sphère, du cube et du cylindre, qui ont servi à établir les volumes. Il en résulte, dans mon opinion, que ces observations, qui conduisent pour le poids du décimètre cube d'eau à une valeur plus grande que toutes les autres, ne méritent pas une grande confiance. »

C'est, en effet, la seule conclusion raisonnable que l'on puisse tirer de l'examen de ce travail, auquel cependant deux métrologistes de grande valeur ont consacré quelques efforts.

Svanberg.

Le travail entrepris par Svanberg vers 1820 ([3]), et auquel ont coopéré Cronstrand pour les mesures linéaires, Berzélius et Åkerman pour les pesées, poursuivait un but analogue à celui que s'était proposé Shuckburgh : l'établissement d'une relation entre l'unité linéaire et le pendule, et la détermination de la masse d'eau contenue dans le cube de l'unité de longueur.

Les observateurs suédois employèrent un seul cylindre de laiton ayant environ 6 pouces anglais de hauteur et 4 pouces de diamètre. Ce cylindre avait été

([1]) On considère comme infiniment plus facile aujourd'hui de purifier de l'eau par distillation que de faire, au moyen d'un densimètre, le contrôle de sa densité dans les mêmes limites de précision. Peut-être n'en était-il pas de même pour Shuckburgh. M. Mendeleef adopte cette hypothèse, et, considérant l'indication de l'hydromètre comme donnant la densité de l'eau, il déduit, des nombres de Shuckburgh et Kater, une valeur de la masse du décimètre cube d'eau égale à $1^k,00006$.
En partant des réductions que j'ai faites, on trouverait $0,999975$, valeur qui se trouve être par hasard pratiquement identique à celle qu'ont donnée les recherches récentes; mais une opération faite avec l'eau très impure que supposerait la densité donnée par l'hydromètre de Shuckburgh, préalablement contrôlée par un instrument d'origine inconnue, serait très suspecte.

([2]) Commission internationale du Mètre, Session de 1870. Procès-Verbaux des séances, p. 46.

([3]) Jöns Svanberg, Berättelse öfver försök till bestämmande af secundpendelns längd och vatnets tyngt (Kongl. Vetenskaps-Academiens Handl., för år 1825, p. 1).

construit par Troughton à Londres, ainsi que l'échelle divisée à laquelle ses dimensions furent rapportées, et dont la longueur totale avait été comparée par Kater à celle du Parliamentary Standard.

Après un étalonnage rapide destiné à fournir la valeur des intervalles de 4 pouces et de 6 pouces de la règle, les dimensions du cylindre furent déterminées au voisinage des arêtes, savoir pour quatre diamètres équidistants à chaque bout, et pour les hauteurs reliant leurs extrémités.

Les auteurs indiquent, pour le volume de leur cylindre, 75,90097 pouces cubes (britanniques) ou $1^{dm^3},2437286$, et pour la poussée relative au décimètre cube à 16°,67C. : 2,350595 livres de Suède. Le plus grand écart entre les trois pesées, faites respectivement par Berzélius, Svanberg et Åkerman, correspond à 20^{mg} environ. Les pesées dans l'eau avaient été faites à des températures comprises entre 17°,0 et 17°,5, et ramenées à la température normale à l'aide des Tables de Hällström.

Or, d'après Kupffer([1]), la livre de Suède vaut $0^{kg},425083$, ce qui donne, pour la masse du décimètre cube d'eau à 16°,67, $0^{kg},999197$, quantité qu'il faut augmenter de 16^{mg} pour tenir compte de l'erreur des Tables de Hällström. Puis, adoptant le rapport du pouce anglais au décimètre, tel qu'il résulte des mesures de M. Benoît (p. 21), on trouve, pour le volume du cylindre, $1^{dm^3},243791$, nombre supérieur de 0,000051 en valeur relative à celui qui avait été admis.

Enfin, réduisant à 4°, en admettant que la température de 16°,67, mesurée à l'aide d'un thermomètre à mercure, corresponde en réalité à 16°,6, température à laquelle la densité de l'eau est 0,998871, on trouve

$$\text{Masse du décimètre cube d'eau à } 4° = 1^{kg},000290.$$

La plus évidente critique que l'on puisse faire aux déterminations de Svanberg est la suivante : les mesures des dimensions linéaires ont été trop peu nombreuses pour pouvoir renseigner sur la forme et, par conséquent, sur le volume exact du cylindre, que l'on a admis comme étant géométriquement parfait. On peut ajouter que, pour la réduction aux unités métriques, les intermédiaires sont multiples, et il n'est pas certain que les équivalents employés s'appliquent exactement aux étalons des métrologistes suédois.

([1]) A.-Th. KUPFFER, *Travaux de la Commission pour fixer les mesures et les poids de l'Empire de Russie*, t. I, p. 94, 1841). Les relations établies par Kupffer sont les suivantes : 1 livre de Suède vaut 1 livre russe 3 solotniks 62,42 doli; 1 livre russe comprend 96 solotniks à 96 doli; et 1 kilogramme vaut 22504,86 doli, ou 1 doli = $0^g,04443484$ (*voir* p. 28 l'équivalent presque identique admis aujourd'hui).

Stampfer.

Le gravimètre de Stampfer (¹) était un cylindre en laiton de 3 pouces de Vienne ou 79^{mm} de hauteur et de diamètre. Pour le mesurer, il se servit d'un comparateur à levier, et rapporta ses dimensions à trois réglettes, sensiblement égales aux longueurs à mesurer; il établit ensuite la longueur des réglettes par des visées directes des extrémités, faites à l'aide d'une machine à diviser portant un microscope muni d'un fil fixe et un microscope micrométrique. Ces longueurs furent rapportées aux divisions d'une règle comparée à l'étalon de la Toise de Vienne.

La valeur trouvée par Stampfer pour la masse spécifique de l'eau est la suivante. Un pouce cube d'eau pèse $18^g,26886$ à $0°$, et $18^g,27092$ à son maximum de densité, c'est-à-dire à $3°,75$. Pour cette réduction, il utilisa les résultats de ses propres mesures, qui sont parmi les meilleures de la première moitié du XIXᵉ siècle.

Pour réduire en unités métriques la masse que Stampfer attribue au pouce cube d'eau, il est nécessaire de connaître la longueur de la Toise de Vienne. On peut utiliser, dans ce but, la détermination faite par lui-même, en 1850, par rapport à l'étalon principal de la Toise de Vienne, de quatre règles de fer appartenant à l'Institut géographique de l'Empire d'Autriche (²) et rapportées au Mètre, en 1894, par M. Benoît et moi.

Les mesures de Stampfer ont été faites à la température de $17° \frac{2}{3}$ Réaumur, ou $22°,075$ centigrades, à laquelle sont rapportés les résultats ci-après :

Règles.	Stampfer.	Benoît et Guillaume.	Toise de Vienne.
	toises	m	m
I	2,057714	3,902496	1,896520
II	2,057673	3,902388	1,896505
III	2,057737	3,902508	1,896505
IV	2,057671	3,902418	1,896521
		Moyenne	1,896513

Valeurs.

La dernière colonne contient les valeurs de la Toise de Vienne que l'on déduit des deux colonnes précédentes. Il en résulte :

Pouce de Vienne .... $2^{cm},634046$

Pouce cube .... $18^{cm^3},275485$

Masse du décimètre cube d'eau à $4° = 0^{kg},999750$.

(¹) S. STAMPFER, *Versuche zur Bestimmung des absoluten Gewichtes des Wassers, der Temperatur seiner grössten Dichtigkeit und der Ausdehnung desselben* (*Pogg. Ann.*, t. XXI, p. 75, 1831).

(²) Major H. HARTL, *Materialien zur Geschichte der astronomisch-trigonometrischen Vermessung der Oesterreichisch-ungarischen Monarchie* (*Mittheilungen des kaiserlich-königlichen militär-geographischen Institutes in Wien*, t. VIII, p. 144, 1888).

Stampfer était un observateur habile et soigneux, et son résultat eût mérité d'être pris en sérieuse considération, avant les déterminations récentes, s'il avait employé une bonne méthode d'observation. Mais on remarquèra d'abord que son cylindre était de dimensions très restreintes ; puis que le passage de la Toise de Vienne aux règles auxiliaires a été effectué par un procédé peu digne de confiance. En effet, à moins d'employer dans la confection d'un étalon à bouts les procédés les plus perfectionnés de la technique moderne, on n'est pas assuré d'avoir réalisé, à un ou deux microns près, l'égalité des longueurs prises entre divers points correspondants des faces terminales. Les bords, en particulier, sont presque forcément rabattus, et les étalons sont plus courts sur la périphérie qu'au centre des faces.

Les visées directes tangentiellement à une surface sont sujettes à de notables incertitudes. Enfin, à l'époque où opérait Stampfer, on n'avait pas appris à se méfier suffisamment des irrégularités dans la division des étalons, de telle sorte que le passage d'une unité représentée par un étalon à une de ses fractions, prise sur une échelle divisée, pouvait entrainer aussi des erreurs importantes.

Étant donnée la petitesse du cylindre de Stampfer, un écart systematique de 5^{μ} entre les valeurs vraies de ses dimensions et celles qu'il lui attribuait aurait suffi pour fausser son nombre final des 250^{ing} qui le séparent de l'unité. Or sa méthode de mesure ne permet, en aucune façon, de garantir qu'il n'a pas commis d'erreurs au moins de cet ordre. Il n'y a donc pas lieu de retenir son résultat.

Kupffer.

Nous arrivons à des données beaucoup plus sûres avec les mesures de Kupffer ([1]), qui passa de longues années à déterminer, par d'excellentes méthodes, les relations entre les unités russes et la plupart des unités étrangères.

Ses déterminations de la masse spécifique de l'eau furent faites au moyen de deux cylindres de laiton ayant respectivement 80^{mm} et 100^{mm} environ de hauteur et de diamètre.

Les hauteurs de chaque cylindre furent mesurées en douze points sur chacun des deux cercles situés respectivement près du bord, au milieu de la distance du bord au centre et au centre même. Les diamètres furent mesurés en six azimuts de cinq sections droites équidistantes en partant des extrémités.

([1]) A.-Th. KUPFFER, *Travaux de la Commission pour fixer les mesures et les poids de l'Empire de Russie*, t. II, 1841.

L'appareil servant aux mesures se composait d'un bâti de marbre blanc portant deux microscopes fixes, munis de micromètres. Sur la même plate-forme étaient montées deux colonnes de laiton terminées par des fourchettes avec des ouvertures circulaires que l'on avait parfaitement alignées par un rodage fait à l'aide d'une tige d'acier. Ces fourchettes supportaient des règles cylindriques d'acier, munies à leur partie supérieure d'échelles en laiton, et terminées, à leurs extrémités en regard, par des parties coniques coupées par des calottes sphériques.

Le cylindre à mesurer était placé sur un support, muni de tous les organes de réglage, et situé entre les colonnes, en contre-bas des fourchettes. Ce support pouvait éprouver des déplacements en hauteur ou d'avant en arrière, de manière que le cylindre vînt présenter une hauteur ou un diamètre quelconque entre les extrémités des palpeurs. La pression de ces derniers était assurée par des poids agissant sur des cordes passant sur des poulies.

Les déplacements des palpeurs étaient déterminés par l'observation des réglettes en laiton.

Kupffer employa deux paires de réglettes ; les premières, auxquelles furent rapportées les dimensions du premier cylindre, étaient divisées en millimètres ; les autres, qui servirent à la mesure du second cylindre, étaient divisées en dixièmes de ligne. Ces deux dimensions furent finalement rapportées aux étalons du yard de Kater, et exprimées en lignes.

Les pesées hydrostatiques furent faites dans de l'eau distillée bouillie, qu'on laissait refroidir avant d'y plonger le cylindre.

Dans une première série de déterminations faites à l'aide de chacun des deux cylindres, Kupffer n'avait pas pris toutes les précautions désirables pour obtenir de l'eau tout à fait pure. Dans la suite, il soumit son eau distillée à l'épreuve de Bonsdorf, consistant à répandre, à la surface de l'eau, de la limaille de plomb, et à examiner la manière dont elle s'oxyde. Il semble que l'eau employée d'abord par Kupffer contenait des chlorures, ce qui le conduisit à rejeter ses premières expériences, et à ne conserver que celles qui avaient été faites avec de l'eau purifiée avec grand soin par les chimistes Hess et Fritsche. Il convient donc, à l'exemple de Kupffer, de ne tenir compte que des expériences faites avec l'eau la plus pure, et dont le résultat est sensiblement plus faible que celui des premières expériences.

Les nombres donnés par Kupffer sont les suivants :

Un pouce cube d'eau, à la température de $13°\frac{1}{5}$R., ou $16°\frac{2}{3}$C., pèse, dans le vide :

	doli.
D'après le premier cylindre	368,380
D'après le second	368,341

En raison de la précision avec laquelle il avait été effectué, le travail de Kupffer a été souvent discuté. La revision la plus complète à laquelle il ait été soumis est due à M. Mendeleef ([1]), et, en raison de l'autorité de l'éminent chimiste, ses conclusions ont été généralement adoptées. Il convient donc de nous y arrêter tout d'abord

M. Mendeleef commence par recalculer les pesées de Kupffer, en utilisant une valeur plus exacte pour la masse spécifique de l'air et pour la dilatation de l'eau. Ce travail de revision conduit à admettre les valeurs 368,377 et 368,326 respectivement pour le petit et le grand cylindre, nombres que nous adopterons. Mais M. Mendeleef, estimant que les pesées du petit cylindre ont été faites en séries moins symétriques que celles du grand, laisse de côté le premier nombre, pour se limiter au dernier. Or, comme nous l'avons vu, les petites erreurs fortuites des pesées sont certainement négligeables par rapport aux erreurs systématiques des mesures de dimensions; il ne semble donc pas qu'un défaut de méthode justifie suffisamment le rejet d'une partie des résultats; il parait plus rationnel de donner, comme on le verra pour mes propres mesures, des poids proportionnels aux dimensions linéaires des cylindres, c'est-à-dire, dans le cas présent, les poids 4 et 5 aux nombres trouvés par les deux cylindres. On arrive ainsi à la moyenne pondérée 368,349.

Pour réduire ce résultat aux unités métriques, on peut adopter, à la suite de M. Mendeleef, la valeur du doli donnée par des comparaisons récemment faites à la Chambre centrale des Poids et Mesures de Saint-Pétersbourg, savoir ([2]) :

$$\text{Un doli} \dots\dots\dots\dots\dots \quad 0^{\text{g}},044\ 434\ 9.$$

Kupffer déduisit la sagène, de 7 pieds anglais, d'un yard qui lui avait été remis par Kater, et que nous supposerons exact, son erreur ne pouvant pas intervenir sensiblement pour fausser les dimensions des cylindres mesurés par Kupffer.

En revanche, il ne semble pas qu'on puisse adopter la relation entre le Yard et le Mètre donnée par Kater; car l'erreur commise dans cette comparaison faite pour deux étalons inégaux, et sur une copie du Mètre suspecte, est indépendante de celle à laquelle le yard remis à Kupffer a pu être exposé. On adoptera de préférence le résultat des comparaisons de M. Benoit, et que nous avons déjà utilisé (p. 21).

Pour la réduction au maximum de densité de l'eau, il est nécessaire de connaitre, autant qu'on le peut aujourd'hui, la température réelle à laquelle correspond la valeur $13°\frac{1}{3}$ de l'échelle de Kupffer. Au voisinage de cette tempé-

([1]) D. MENDELEEF, *On the weight of a cubic decimeter of water at its maximum density* (*Proc. Roy. Soc. Londres*, t. LIX, p. 143, 1895).

([2]) *Procès-verbaux des séances du Comité international*, Session de 1901, p. 117.

rature, un écart de 1 degré C. entraine une variation de 170^{mg} environ dans la masse du décimètre cube d'eau. Or il est à peu près certain que le thermomètre dont se servait Kupffer indiquait une température supérieure à celle que donne l'échelle normale. M. Mendeleef admet, entre un thermomètre en verre facilement fusible et le thermomètre à hydrogène, un écart de 0,25 degré, à 20° C. Mais on sait qu'à l'époque où opérait Kupffer on se servait généralement de thermomètres faits en un verre de qualité sensiblement meilleure qu'à des époques ultérieures, et cette correction est presque certainement exagérée. En adoptant le nombre 0,1 degré, peu supérieur à celui qui correspond au verre vert, on se trouvera probablement plus près de la vérité.

La température normale de Kupffer serait ainsi de 16°,57, à laquelle la densité de l'eau est égale à 0,998876.

En effectuant ces réductions, on trouve :

Masse du décimètre cube d'eau à 4° = 0^{kg},99993 1,

avec des écarts individuels des deux cylindres de 76^{mg} et 63^{mg} (^{1}).

En dehors des corrections indiquées par M. Mendeleef, on peut relever, dans l'appareil de Kupffer ou dans sa méthode de mesure, quelques petits défauts qui ont pu altérer légèrement son résultat.

La disposition des échelles à la partie supérieure des palpeurs n'est pas, comme nous le verrons plus tard, la plus avantageuse. Les points visés sont trop au-dessus de la ligne des centres des calottes sphériques, et de petites variations dans les angles des palpeurs peuvent entrainer des erreurs appréciables d'un caractère constant, mais dont il est impossible de déterminer le sens. La forme arrondie des fourchettes occasionne des frottements considérables, qu'on ne peut vaincre que par des poids assez forts. Les pressions exercées par les palpeurs peuvent donc différer sensiblement suivant la vitesse avec laquelle ils arrivent au contact, et il peut en résulter des erreurs fortuites sensibles.

En revanche, on peut soupçonner, dans les mesures de Kupffer, trois erreurs d'un caractère constant et d'un sens déterminé : les pressions dont il vient d'être question produisent des écrasements plus considérables dans les mesures sur les cylindres que dans la détermination de la constante des palpeurs; les dimensions des cylindres ont donc pu être estimées un peu trop faibles. Ensuite, il ne semble pas que Kupffer ait pris des précautions particulières pour protéger l'appareil et les thermomètres contre l'influence de l'observateur. Le thermomètre montant plus vite, il est probable que les températures

---

(^{1}) Ces écarts correspondent à 2$^\mu$ sur les dimensions linéaires des cylindres.

ont été évaluées trop hautes pendant les mesures des dimensions. Un écart
d'un dixième de degré, qui a pu être sensiblement dépassé, correspondrait à 5^{mg}
sur le décimètre cube. Le signe de cette erreur est contraire à celui de la précédente. Enfin, les pesées montrent que les deux cylindres ont perdu, au cours
des opérations, quelques milligrammes, entraînant une petite erreur néga-
tive.

En résumé, on peut prévoir le sens de quelques corrections peu importantes
qu'il conviendrait d'appliquer aux mesures de Kupffer, mais l'estimation de leur
ordre de grandeur est trop incertaine pour qu'on puisse indiquer, avec sûreté,
le signe de leur somme algébrique.

La mesure de Kupffer fut ainsi la première, depuis celle de Lefèvre-Gineau et
Fabbroni, qui, par l'ensemble des procédés employés et par la sûreté d'une
technique perfectionnée, fournit un résultat digne d'être pris en sérieuse considération. Le sens de l'erreur qu'il indique, dans la construction du Kilogramme, est le même que celui qui résulte d'une discussion minutieuse des
mesures fondamentales. L'ordre de précision de la mesure est indiqué par
l'écart relativement faible des nombres obtenus avec les deux cylindres.

On aurait pu, avant les déterminations récentes, évaluer l'erreur possible
des mesures de Kupffer comme étant comprise entre 50 et 100 milligrammes,
de telle sorte que, si sa double détermination indique, comme celle de Lefèvre-
Gineau et Fabbroni, une erreur probablement positive dans la construction du
Kilogramme, ce sens n'en ressort pas encore avec une certitude absolue.

H.-J. Chaney.

Les mesures de M. Chaney ([1]) avaient pour but de fixer la valeur légale du
Gallon, dont la définition est la suivante : « Le Gallon est le volume occupé par
dix livres avoir-du-pois d'eau distillée, pesée à Londres, avec des poids en
laiton, l'air et l'eau étant à la température de 62° F. et la pression barométrique étant de 30 pouces. »

Ces mesures n'étaient pas, dans l'esprit de leur auteur, destinées à fournir
une valeur de la masse spécifique de l'eau assez exacte pour les applications
précises de la science ; il avait seulement en vue l'établissement d'une relation
numérique utile dans les applications pratiques du Système britannique, et
pouvait employer des procédés plus expéditifs que ceux de Kupffer ou ceux

---

([1]) H.-J. CHANEY, *Re-determination of the mass of a cubic inch of distilled water* (*Phil. Trans.
Lond.*, t. CLXXXIII, p. 331, 1893).

auxquels nous avons eu ultérieurement recours. Il serait donc injuste de reprocher à M. Chaney certains défauts de son travail, qu'il ne pouvait être dans ses
plans d'éliminer complètement. Il est néanmoins intéressant d'en donner une
description sommaire.

M. Chaney eut à sa disposition trois gravimètres : un cylindre en bronze
des canons, ayant 9 pouces dans les deux directions, une sphère en laiton
de 6 pouces, et un cylindre de quartz de 3 pouces. Les deux premiers corps
étaient creux, et l'épaisseur des parois du cylindre n'était que de 6^{mm}. Le
cylindre de bronze portait des sillons marquant huit rayons sur les bases,
huit génératrices, trois cercles parallèles et un cercle sur chaque base, d'un
rayon égal à la moitié de celui du cylindre. La sphère portait deux grands
cercles.

Le cylindre de bronze fut mesuré à l'aide d'un comparateur à palpeurs, la
sphère par la méthode optique par réflexion, la mise au point étant contrôlée
par le procédé Cornu. Dans toutes les mesures, les longueurs étaient rapportées
à des étalons à bouts que l'on substituait aux gravimètres. Le cylindre fut
mesuré en vingt-cinq diamètres et vingt-cinq hauteurs, et l'on détermina huit
diamètres différents sur la sphère.

Les diamètres du cylindre de quartz furent mesurés, en cinq sections droites
et dans quatre azimuts, par le procédé optique, les hauteurs à l'aide des palpeurs, dans l'axe du cylindre et en huit points de deux cercles situés près du
bord et à la demi-distance du bord au centre.

Les pesées hydrostatiques furent faites dans de l'eau distillée avec soin et
bouillie avant l'immersion des gravimètres. Elles furent, en général, répétées
à des jours différents sans que les corps eussent été retirés de l'eau.

Les résultats donnés par M. Chaney sont les suivants :

Un pouce cube d'eau distillée, pesée dans l'air, avec des poids en laiton de
densité 8,143, l'air et l'eau étant à la température de 62°F. ([1]) et la pression
barométrique de 3o pouces, est :

	Grains.
D'après le grand cylindre	252,267
» la sphère	252,3o1
» le petit cylindre	252,261

M. Chaney, considérant les mesures faites avec la sphère comme les plus
exactes, leur attribue le poids 3 et adopte la moyenne pondérée 252,286 grains.

([1]) Température mesurée par le thermomètre en verre dur. Par dérogation aux dispositions légales,
la pression du mercure est réduite à o°, à 45° de latitude, et au niveau de la mer ; l'air est aux deux
tiers de la saturation (*loc. cit.*, p. 33g).

Si l'on réduit ce nombre aux conditions ordinaires, on trouve :

$$\text{Masse du décimètre cube d'eau à } 4° = 0^{kg},999\,805,$$

avec un écart individuel maximum de 100^{mg}.

Le travail de M. Chaney a été, comme celui de Kupffer, et avec l'approbation de son auteur, revisé par M. Mendeleef, qui rejette d'abord complètement le résultat trouvé au moyen du cylindre de quartz. M. Chaney dit, en effet, que ce cylindre n'était pas de forme très régulière, et que sa hauteur ne pouvait être déterminée qu'approximativement, ce qui, en raison de ses faibles dimensions, a pu avoir eu une influence fâcheuse sur le résultat. De plus, si l'on réduit séparément les trois pesées hydrostatiques de ce cylindre, on trouve que l'une d'entre elles, faite immédiatement après la seconde immersion, à une température de 6 degrés environ plus élevée que la précédente, donne un poids qui diffère de 5 grains de la moyenne des deux autres. Cet écart pourrait s'expliquer soit par le fait que les bulles entraînées par le cylindre n'avaient pas encore été résorbées, soit par l'oubli d'une pièce de 5 grains dans l'inscription des poids. La poussée étant de 5812 grains, la moyenne est modifiée en valeur relative, par cette seule pesée, de 0,000287. Or, comme le cylindre de quartz donne déjà, en comprenant cette pesée dans le résultat, une valeur de 100^{mg} inférieure à la moyenne, il conduit, après cette correction, à une valeur de la masse du décimètre cube d'eau égale à 0,999418.

En faisant un nouveau calcul complet au moyen des nombres originaux de M. Chaney, M. Mendeleef trouve 0,999374, résultat peu différent de celui auquel nous conduit un calcul approximatif.

Examinant ensuite les pesées du grand cylindre, on constate, dans les poussées réduites, des différences atteignant 40 grains, qu'on peut attribuer aux bulles d'air entraînées. Cette opinion est corroborée par le fait que, dans les pesées hydrostatiques, le cylindre s'est alourdi régulièrement ([1]) depuis le moment de l'immersion jusqu'à la dernière pesée, pour arriver, après plusieurs jours, à un poids réduit presque identique pour les deux immersions. La présence des bulles sur le cylindre pendant les pesées est d'ailleurs signalée par M. Chaney, et l'on peut craindre, en effet, que les sillons assez profonds ([2]), tracés sur sa surface, aient mis plusieurs jours à se remplir, après la dissolution

---

([1]) Cet alourdissement progressif n'a pas échappé à M. Chaney, qui l'attribue à la diminution graduelle de la densité de l'eau par dissolution de l'air. Mais il faudrait, pour expliquer la grandeur de cette action, adopter une variation de densité très supérieure à celle qui a été donnée par d'autres observateurs.

([2]) Sillons triangulaires, de $0^{mm},25$ de largeur, $0^{mm},40$ de profondeur et $6^{m},50$ de longueur totale ; volume total 325^{mm^3}.

complète de l'air entraîné. Il semble donc rationnel, comme M. Mendeleef
l'a fait, d'abandonner toutes les pesées à l'exception de celles qui ont donné
la valeur la plus forte du poids dans l'eau. La poussée est ainsi corrigée de
19,08 grains; et, comme le volume du cylindre est de 572,7 pouces cubes,
le résultat se trouve modifié de 0,033 grain par pouce cube. Cette correction,
à laquelle on doit ajouter celle d'une petite erreur de calcul dans les pesées,
amène à 0,999841 pour la masse du décimètre cube d'eau déduite du grand
cylindre, dans les conditions ordinaires.

M. Mendeleef ne fait aucune correction importante aux opérations concernant la sphère, et trouve, au moyen de ce gravimètre, la valeur 0,999855, que
nous accepterons ([1]).

Les opérations de M. Chaney peuvent être examinées au point de vue de leur
précision et à celui du résultat probable auquel elles conduisent. Sur quelques
points, sa publication manque malheureusement de détails, de telle sorte
qu'il est souvent difficile de comprendre le lien entre la suite des nombres
qu'il donne. M. Mendeleef a discuté surtout les résultats des pesées et montré,
comme nous venons de le voir, qu'on pouvait les corriger utilement de quantités notables.

Si l'on examine de près les mesures linéaires, on constate que leur accord
laisse à désirer. Ainsi, sur les mêmes dimensions du cylindre, les pointés faits à
des jours différents s'écartent jusqu'à 25$^\mu$, de telle sorte que les erreurs probables des moyennes atteignent plusieurs microns. Or, comme nous le verrons
à propos des mesures récentes, la plus grande probabilité des erreurs sur des
dimensions de corps limitées par des plans parallèles est dans le sens positif.

Pour la sphère, où le procédé optique de réflexion a été employé, une erreur
positive est encore probable, puisque, dans le cas d'un miroir convexe, l'image
de l'objet se trouve plus près de la surface réfléchissante que l'objet lui-même.
Il semble donc y avoir, dans les résultats de M. Chaney, et indépendamment
des incertitudes dues à la présence des sillons, comme à d'autres causes fortuites, des erreurs constantes ayant eu pour effet d'augmenter les dimensions des
gravimètres, c'est-à-dire de diminuer le quotient de la poussée par le volume.

La comparaison des nombres obtenus d'une part au moyen des gravimètres
de grandes dimensions, d'autre part au moyen du petit cylindre, corrobore cette
manière de voir. Les erreurs des dimensions, supposées de nature systématique,

---

([1]) La revision des anciennes mesures avait conduit M. Mendeleef à penser que la masse du décimètre cube d'eau à 4° était fixée avec une assez grande certitude à 0^{kg},999 84, et ce nombre a été
adopté dans le Royaume-Uni comme équivalent officiel du litre et du décimètre cube (*Order in Coun-
cil*, 9th May 1898, App. 3 au *Report of Proceedings under the Weights and Measures Acts*, 1878
and 1889).

ont agi beaucoup plus fortement sur le résultat fourni par le petit gravimètre
que sur les autres, et le premier s'est trouvé considérablement abaissé.

Il ne serait pas difficile, au prix d'une hypothèse sur le caractère systématique des erreurs, de combiner les résultats de manière à obtenir un nombre
duquel ces erreurs puissent sembler éliminées. Mais les mesures sur les trois
corps employés par M. Chaney ont été effectuées par des procédés trop différents pour qu'on soit autorisé à admettre que ces erreurs hypothétiques ont été
de même valeur.

La seule conclusion, qui résulte avec certitude, de cette discussion, est la
suivante : la masse du décimètre cube d'eau, déduite des mesures de M. Chaney,
dans l'hypothèse d'erreurs systématiques mises en évidence par la comparaison
des résultats obtenus par ses trois gravimètres, est supérieure à $0^{kg},999\,85$.

Résumé.

Si l'on voulait, en partant des expériences anciennes, donner la valeur la
plus probable de la masse du décimètre cube d'eau, on éprouverait un sérieux
embarras. D'une part, les diverses déterminations de cette constante effectuées
dans l'espace d'un siècle ont une valeur métrologique très différente, et l'on ne
peut pas dire que les procédés employés soient allés constamment en progressant; d'autre part, les renseignements que l'on possède sur plusieurs de ces
déterminations sont trop peu complets pour qu'on puisse appliquer, après coup,
aux nombres publiés, toutes les corrections que permettrait aujourd'hui la
connaissance plus parfaite de certains éléments de réduction. On peut ajouter
que, pour plusieurs mesures, une correction poussée trop loin serait sans aucun intérêt, car les défauts systématiques que l'on pourrait ainsi corriger
sont considérablement dépassés par la grandeur des erreurs inconnues de la
mesure.

La détermination fondamentale de Lefèvre-Gineau et Fabbroni conduirait à
un résultat un peu inférieur à l'unité, mais dont la possibilité d'erreur dépasse
certainement la distance qui l'en sépare.

Les mesures de Shuckburgh et Kater donnent soit un nombre très supérieur
à l'unité, soit un résultat qui lui est un peu inférieur, suivant que l'on admet
l'indication littérale d'après laquelle l'eau dont s'est servi Sir G. Shuckburgh
était à peu près pure, soit celle qui lui a été donnée par son hydromètre, sur
lequel on ne possède aucun renseignement. En somme, le nombre que l'on
déduit de cette détermination peut osciller entre des limites distantes de
500^{mg}, suivant que l'on se rallie à l'une ou à l'autre de ces deux hypothèses.
Connaissant aujourd'hui la valeur à laquelle on doit arriver, on adoptera de

préférence la seconde; mais, si l'on ne possédait aucun guide, on s'en tiendrait très probablement à la première.

Les opérations de Berzélius, Svanberg et Åkerman ont été trop sommaires pour qu'on puisse leur attribuer quelque valeur métrologique; et, malgré le soin apporté par Stampfer à sa détermination, on ne peut guère retenir son résultat, obtenu par des observations faites sur un cylindre trop petit, mesuré par un procédé peu digne de confiance.

Avec Kupffer, nous retrouvons des mesures qui, par leur étendue, la sûreté de leur point de départ, la qualité des méthodes employées, en un mot l'entente profonde de la Métrologie que possédait leur auteur, peuvent être mises sensiblement en parallèle avec celles de Lefèvre-Gineau. La moyenne pondérée des résultats obtenus sur deux cylindres conduit à attribuer au décimètre cube d'eau une masse inférieure de 70^{mg} environ à celle qui résulte de sa définition. Mais l'écart des résultats partiels est suffisant pour qu'on puisse considérer la valeur de définition comme ne sortant pas, à la rigueur, des possibilités données par les mesures de Kupffer.

Les résultats corrigés des mesures de H.-J. Chaney sont, pour ses gravimètres les plus volumineux, dans le sens indiqué par les mesures corrigées de Lefèvre-Gineau et de Kupffer; mais les nombres fournis par le plus petit gravimètre révèlent une erreur assez notable; et, si l'on considère cette erreur comme ayant agi sur toutes les déterminations, on sera conduit à calculer la masse du décimètre cube d'eau par une extrapolation, qui fournira des nombres sensiblement en excès sur ceux que donnent les gros gravimètres. Dans ces conditions, ces derniers n'auraient fourni qu'une limite inférieure éloignée du nombre cherché, et celui-ci pourrait dépasser légèrement l'unité.

En somme, tous les résultats anciens permettent de comprendre l'unité comme valeur possible de la masse du décimètre cube d'eau, mais les meilleurs d'entre eux conduiraient à admettre que cette masse est un peu inférieure au Kilogramme. L'écart est si incertain qu'il est impossible de savoir si, en s'éloignant de l'unité, on améliore véritablement le résultat.

C'est en face du même embarras que s'est trouvée la Commission du Mètre réunie en 1872, et c'est l'une des raisons qui l'engagèrent à conserver l'intégrité des étalons métriques, incertaine de rapprocher les unités pratiques de leur définition théorique en modifiant la valeur du Kilogramme. Il a fallu encore près de trente ans de travaux métrologiques pour que le sens et la valeur approximative de l'erreur commise dans la construction de celui-ci apparussent avec certitude.

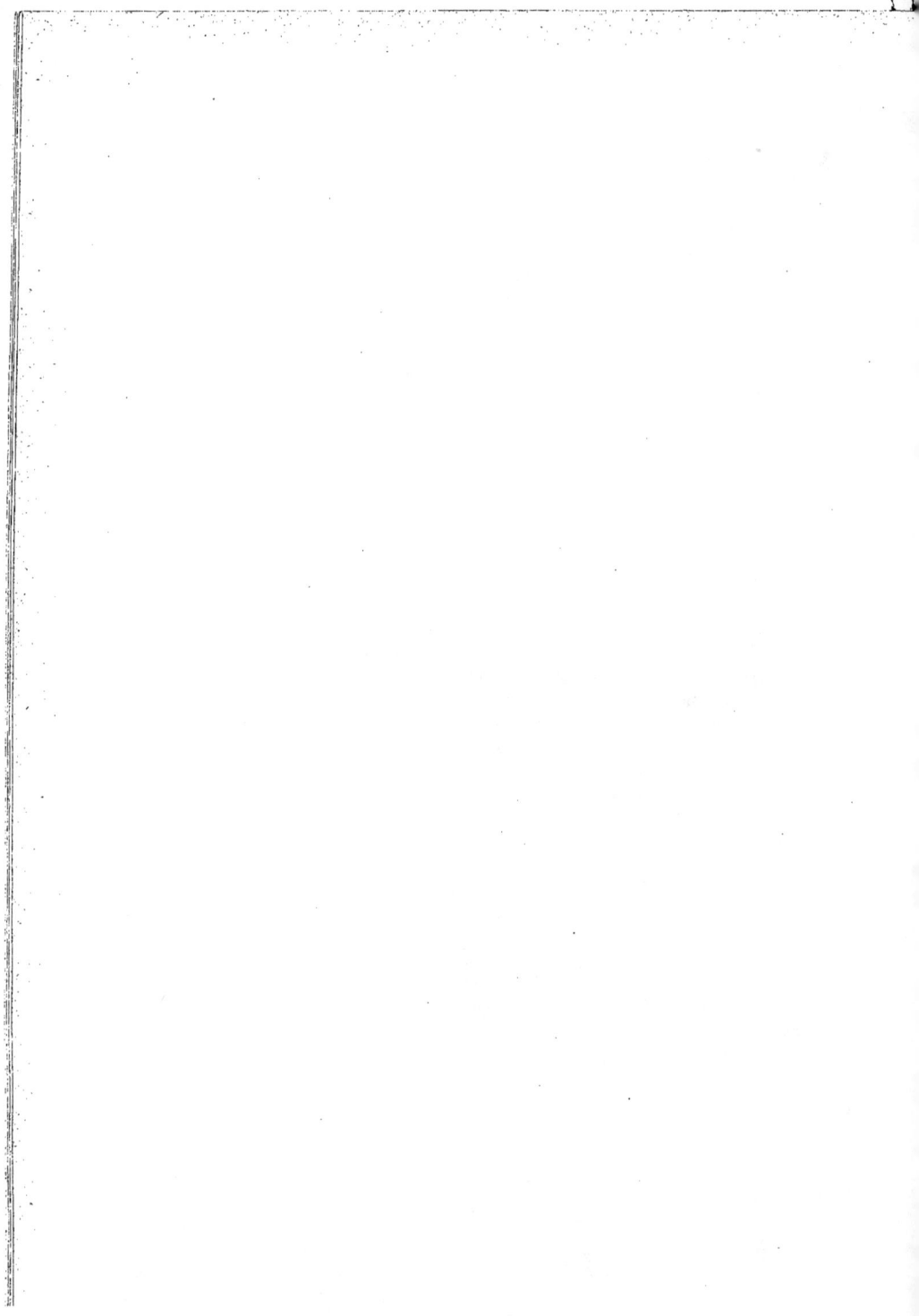

PREMIÈRE PARTIE.

MÉTHODE ET APPAREILS.

PRÉLIMINAIRES.

Nature du Problème.

Des deux méthodes que l'on peut employer à la détermination de la masse spécifique de l'eau : pesée du contenu d'un vase ou mesure de la poussée subie par un corps immergé, la seconde est seule susceptible d'une haute précision. En effet, le résultat cherché est, en définitive, le quotient de la masse d'une certaine quantité d'eau par le volume qu'elle occupe; or, tandis que la mesure précise des dimensions extérieures d'un corps, bien que difficile, est possible par de bonnes méthodes, on ne possède aucun bon procédé de mesure directe du creux d'un vase, quelle que soit sa forme.

Pour faciliter la mesure et rendre plus sûr le calcul sur lequel repose l'évaluation du volume, il est nécessaire que les corps utilisés à cette détermination soient de forme aussi régulière que possible, et se rapprochent, autant que le permet la technique, de figures géométriquement bien définies. Le cube, la sphère ou le cylindre sont à peu près les seuls corps auxquels on puisse songer, et l'on choisira l'un ou l'autre suivant les facilités de leur exécution, ou l'exactitude des mesures auxquelles ils se prêtent dans la méthode employée pour la détermination de leurs dimensions linéaires.

La matière qui les constitue doit être assez dure pour résister aux causes ordinaires de déformation; l'immersion dans l'eau ne doit pas leur faire perdre ou gagner des quantités considérables de matière, par dissolution, ou par oxydation, ou encore par absorption de liquide ; enfin, il est nécessaire que les corps étudiés aient un poli définissant leur surface aussi parfaitement que possible, sans aspérités ni cavités, qui feraient discorder les dimensions mesurées et celles qui sont définies par le contact parfait avec l'eau dans les pesées hydrostatiques.

L'ensemble de ces conditions est difficile à remplir; on peut même dire que quelques-unes d'entre elles ne le sont jamais parfaitement ; il en résulte, pour la détermination qui nous occupe, des incertitudes que l'on s'efforcera de réduire au minimum, et dont on évaluera le résidu si l'on n'a pas pu l'éliminer complètement.

Méthodes de mesure des épaisseurs; recherches contemporaines.

Les méthodes de pesée des corps, dans l'air ou dans un liquide, sont depuis longtemps assez élaborées pour qu'il n'y ait pas lieu d'insister ici sur leurs caractères généraux ; les détails des procédés sont allés naturellement en se perfectionnant avec le temps, et nous verrons, au cours de ce Mémoire, quelles sont les précautions nécessaires.

Les méthodes de mesure des dimensions linéaires ont fait, au contraire, dans ces dernières années, de très grands progrès, et il était difficile, à l'époque de la préparation du travail dont je vais rendre compte, de faire un choix parfaitement sûr entre les divers procédés employés couramment à ces déterminations.

La visée directe d'une surface étant rejetée, pour des raisons d'optique élémentaire, on pouvait hésiter entre le procédé de contact et la méthode optique utilisant la réflexion d'un objet dans la surface dont on veut déterminer la position, et qu'un microscope vise tangentiellement.

La méthode des contacts, beaucoup employée par les anciens métrologistes, était tombée dans le discrédit, et on lui avait substitué, plus récemment, le procédé par réflexion, auquel M. Benoît a donné la forme pratique la meilleure, en choisissant, comme objet servant à former l'image, un fil d'araignée tendu perpendiculairement à l'axe du microscope, parallèlement à la surface dont on veut connaître la position, et à une distance très petite de celle-ci. La théorie enseigne que, par le fait de l'emploi d'une moitié seulement de l'objectif, dont l'autre est couverte par le corps dont on veut déterminer la limite, le pointé est sans erreur seulement lorsque l'objet et son image sont parfaitement au point ; et l'on doit à Cornu un procédé assurant, pour ainsi dire automatiquement, la mise au point dans le cas d'un objectif aplanétique.

Mais, malgré tous ces perfectionnements, la méthode n'a pas donné tout ce qu'on en espérait. On peut, sans sortir des conditions d'une mise au point parfaitement acceptable, arriver à des pointés qui diffèrent de plusieurs microns ; de plus, si les objectifs ne sont pas aplanétiques, l'erreur systématique des mesures peut atteindre des valeurs notables.

Nous en avons fait l'expérience, M. Benoît et moi, dans l'étude des mètres à bouts ([1]) demandés par quelques Gouvernements; après un travail de plusieurs mois, auquel nous avions apporté tous nos soins, nous nous sommes aperçus, en faisant des mesures de contrôle conformément à une décision du Comité international, que nos résultats moyens avaient été constamment faussés par les imperfections des objectifs. L'emploi d'autres objectifs nous donna des résultats plus exacts; mais, comme, à moins d'une étude nouvelle, on n'était pas parfaitement garanti contre des erreurs notables, il était tout indiqué de renoncer aux procédés par réflexion puisqu'on voulait être assuré de mesures exactes à une petite fraction de micron.

La méthode des contacts, que nous avions employée au cours du même travail, nous avait donné plus de satisfaction. Bien que nos appareils fussent d'un modèle déjà ancien, et susceptibles de nombreux perfectionnements, ils nous avaient conduits à des nombres assez exacts en moyenne, et il nous avait semblé dès lors qu'en étudiant de plus près les meilleures conditions d'application de la méthode, on en obtiendrait des résultats tout à fait satisfaisants.

Les projets des appareils destinés à la mesure des gravimètres étaient à peu près terminés, lorsque la construction, dans les ateliers de la Section technique de l'Artillerie à Paris, du comparateur automatique imaginé par le commandant Hartmann, vint apporter des éléments nouveaux et fort importants de progrès à la construction et à l'emploi des étalons à bouts dans l'industrie. La facilité et la sûreté avec lesquelles le nouveau comparateur effectuait la comparaison précise de ces étalons rendait désirable leur étude par les procédés précis de la Métrologie, et motivait l'emploi, pour la détermination des étalons fondamentaux destinés à être reproduits avec le contrôle du comparateur automatique, des méthodes les plus parfaites de passage des mesures à traits aux mesures à bouts.

Cette étude fut conduite de front avec celle de la mesure des gravimètres, et les appareils que je fis construire furent combinés de manière à répondre à ce double problème. De nombreuses déterminations d'étalons furent, dans la suite, intercalées entre les mesures des gravimètres, et les contrôles qui en résultèrent, par le fait des comparaisons exécutées par M. Benoît à l'aide du comparateur automatique, servirent plus d'une fois de guide pour le perfectionnement du réglage de mon appareil. C'est ainsi que les deux problèmes, poursuivis simultanément, ont pu se prêter un mutuel appui.

A l'époque de la première préparation des mesures qui nous occupent, le regretté Macé de Lépinay avait commencé des recherches dans le but de déter-

---

([1]) J.-R. Benoît et Ch.-Éd. Guillaume, *Mètres à bouts* (*Travaux et Mémoires*, t. XIII, 1901).

miner des longueurs d'ondes lumineuses par un procédé interférentiel utilisant la formation des franges de Talbot entre deux faisceaux passant respectivement dans une lame épaisse de quartz, et parallèlement à sa face latérale. L'épaisseur de la lame, dont on étudiait successivement les trois directions formant les trois épaisseurs d'un parallélépipède approximativement cubique, était déduite de la poussée qu'elle subissait dans l'eau. Ainsi, dans l'idée de l'éminent physicien, la connaissance de la masse du décimètre cube d'eau devait servir à la mesure précise d'un volume, d'où se déduiraient trois longueurs rectangulaires et, finalement, la longueur d'onde de la lumière dont on faisait interférer des faisceaux traversant ces longueurs dans des milieux d'indices différents.

Mais le projet de Macé de Lépinay subit bientôt un retournement complet, à la suite de la détermination de la longueur d'onde des raies du cadmium par les belles méthodes imaginées par M. Michelson et appliquées au Bureau international, avec la collaboration de M. Benoit. La valeur des longueurs d'onde étant beaucoup mieux connue que celle de la masse du décimètre cube d'eau, cette dernière pouvait en être déduite, et c'est sous cette forme que, finalement, Macé de Lépinay donna une première solution du problème. Ce fut la genèse d'un travail important, auquel, après une transformation de la méthode optique, MM. Benoit et Buisson ont plus tard coopéré, et dont on trouvera le détail dans ce Volume.

Une idée analogue, mais dont le principe d'application était entièrement différent, et certainement plus direct, a été élaborée par M. Chappuis et menée à bonne fin au Bureau international. Le travail de M. Chappuis, comme la première recherche de Macé de Lépinay, a été, en grande partie, contemporain de mes premiers travaux. Ces trois ordres de déterminations ont progressé simultanément, et leurs résultats provisoires furent connus à peu près à la même époque.

Les divergences furent plus considérables qu'on n'eût pu l'attendre de déterminations auxquelles nous avions tous donné des soins minutieux. Il en résulta des études de longue durée, qui permirent de découvrir, dans l'une ou l'autre des recherches, de petites imperfections que l'on rectifia dans de nouvelles mesures. Pour M. Chappuis, l'erreur se trouva être dans une fausse concordance qui l'avait trompé sur l'ordre des franges employées. Pour mes mesures, une construction insuffisamment parfaite des gravimètres et de petits défauts de réglage de l'appareil ajoutant leurs effets avaient faussé mes résultats. Enfin, dans le travail de MM. Macé de Lépinay, Benoit et Buisson, on put réaliser, par rapport à la première recherche, et indépendamment du changement de la méthode, un ensemble de perfectionnements qui rendirent plus certains tous les éléments de la mesure.

Ces deux recherches, faites par des procédés extrêmement précis, m'ont été très utiles pour le perfectionnement de mes propres mesures. J'avais, au cours de mon travail, découvert la plupart des causes d'erreur auxquelles il était soumis, et dont le sens n'était pas douteux, mais j'en avais sous-évalué l'importance. Une construction toute nouvelle des gravimètres, le remplacement de plusieurs pièces de l'appareil de mesure, un réglage plus parfait de celui-ci, l'observance de minutieuses précautions dont quelques-unes avaient été négligées dans le premier travail, permirent d'arriver au bout de cette deuxième détermination avec la certitude de n'avoir rien négligé pour la rendre aussi parfaite que possible ; et, comme on le verra au cours de ce Volume, la concordance des résultats obtenus dans les trois groupes de recherches a, cette fois, dépassé notre attente.

Bien que les résultats de mon premier travail doivent être considérés comme n'ayant plus grande valeur, il me parait utile d'en donner plus loin le détail. Certaines particularités de la méthode employée méritent, il me semble, d'être retenues ; et, de plus, il n'est pas superflu de montrer comment, dans une recherche aussi difficile que celle dont il s'agit, le moindre défaut peut prendre une considérable importance.

Étude de la méthode de mesure par contact.

Description de la méthode. — Diverses raisons, parmi lesquelles il faut citer en première ligne la facilité relative de leur construction, m'engagèrent à adopter, pour mes gravimètres, des cylindres, employés déjà seuls ou en combinaison avec d'autres corps réguliers par tous les observateurs antérieurs. C'est donc spécialement en vue de la mesure de cylindres que la méthode des contacts devait être étudiée.

Cette méthode a été appliquée jusqu'ici sous des formes diverses qui, toutes, se ramènent finalement à la comparaison directe des dimensions du corps à mesurer avec une longueur représentant une fraction déterminée de l'étalon fondamental.

Le passage de l'étalon aux longueurs directement utilisées était effectué autrefois à l'aide d'un certain nombre de règles que l'on comparait entre elles, et que l'on aboutait pour comparer leur somme à l'étalon fondamental. Les mesures à traits nous offrent des moyens beaucoup plus commodes et plus précis de passer de l'étalon à l'une de ses subdivisions ; et c'est en tenant compte de cet élément, qui a transformé toute la Métrologie depuis plus d'un demi-siècle, que l'on devra substituer aux procédés anciens, tels que les employèrent Lefèvre-Gineau et Fabbroni (p. 11), des méthodes nouvelles de mesure des épaisseurs.

XIV.   B.G

La méthode du sphéromètre ou, plus exactement, du micromètre à contact et à vis, est souvent employée pour les petites épaisseurs ; mais, lorsqu'on veut l'appliquer à la mesure de dimensions considérables, comme celles d'un gravimètre de grandeur pratique, on ne saurait penser à les rapporter directement à celles de la vis, considérée comme étalon transitoire de mesure. Celle-ci ne peut servir qu'à évaluer des différences entre les longueurs cherchées et celle d'un étalon intermédiaire de valeur connue. Or, indépendamment des erreurs inhérentes aux mesures directes par une vis (jeu dans l'écrou, pression au contact incertaine, etc.), la difficulté n'est que déplacée, puisqu'il faut, en définitive, déterminer l'étalon intermédiaire à bouts en fonction de l'étalon fondamental à traits. Il est beaucoup plus simple d'employer, à la mesure directe du gravimètre, la méthode qui eût servi à déterminer l'étalon transitoire, et d'éviter ainsi un intermédiaire dans l'ensemble du travail.

La méthode consiste alors simplement à appliquer, contre les surfaces dont on veut déterminer la distance, deux palpeurs portant des traits, dont l'écartement est mesuré à l'aide de deux microscopes, et rapporté immédiatement à une longueur très voisine, prise sur une règle divisée. Rapprochant ensuite les palpeurs jusqu'au contact, on mesure la distance des deux mêmes traits de repère. La différence des deux distances ainsi mesurées donne l'épaisseur du corps étudié.

Une description aussi simple de la méthode suppose des réglages parfaits. Nous allons voir dans quelle mesure pratique cette condition peut être réalisée.

Théorie de la méthode. — Supposons deux palpeurs à bouts sphériques, placés au contact l'un de l'autre ; soient O_1, O_2 les centres des sphères, P_1, P_2 des repères marqués sur les palpeurs, AB la règle divisée. Les longueurs AB, $P_1 P_2$, se substituant l'une à l'autre sous les microscopes, on devra supposer leur parallélisme exactement réalisé.

Si, de plus, $P_1 P_2$ est parallèle à $O_1 O_2$, et si les déplacements des palpeurs

Fig. 1.

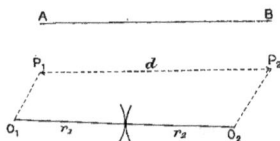

sont rigoureusement parallèles à cette même direction, il est clair que les points P_1 et P_2 peuvent occuper des positions quelconques, en restant seulement liés à la condition du parallélisme des trois droites. Leurs déplacements mesureront toujours ceux des palpeurs, et les variations de leur distance, à partir du contact des sphères, indiquera l'écartement de celles-ci. Mais aucune des conditions supposées, soit de la position de la droite $P_1 P_2$, soit des déplacements par rapport à la ligne des centres, n'est rigoureusement satisfaite ; et, pour la grandeur des erreurs qui en résultent, la position des points P_1 et P_2 n'est pas indifférente.

Nous allons chercher les conditions que doit remplir la position de ces derniers pour que les défauts de construction de l'appareil faussent le moins possible les mesures.

Soient r_1, r_2 les rayons des sphères de contact ; l_1, l_2 les distances $O_1 P_1$ et $O_2 P_2$.

Prenons, comme direction de départ de tous les angles, celle de la règle étalon AB, à laquelle nous supposerons toujours celle de $P_1 P_2$ parallèle pour la comparaison des longueurs. Désignons par φ_1 et φ_2 les angles des droites l_1 et l_2 avec cette direction, par ψ l'inclinaison de la droite $O_1 O_2$.

La distance des points $P_1 P_2$ est

(1) $$d = (r_1 + r_2) \cos \psi - l_1 \cos \varphi_1 + l_2 \cos \varphi_2.$$

L'angle ψ est donné par la condition

(2) $$\sin \psi = \frac{l_1 \sin \varphi_1 - l_2 \sin \varphi_2}{r_1 + r_2} = \frac{y_2}{r_1 + r_2},$$

y_2 étant l'ordonnée du point O_2 rapportée à un système dont l'origine est en O_1.

Écartons maintenant (*fig. 2*) les deux palpeurs, autant que possible parallèlement à la direction AB. Par le fait des défauts de réglage de l'appareil, ils

Fig. 2.

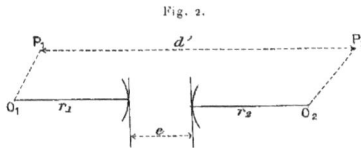

effectuent en même temps des mouvements transversaux et des rotations de très faible amplitude.

Soient ε_1, ε_2 les rotations, y_2' la nouvelle ordonnée du point O_2, en supposant toujours l'origine des coordonnées en O_1.

Nous donnons, à tout le système, une rotation $-\varepsilon$ qui ramène en direction la droite P_1P_2, rotation égale et de signe contraire à l'inclinaison qu'a prise cette droite en raison des défauts de réglage de l'appareil.

Soit e la distance qui sépare les palpeurs dans le sens des abscisses.

La distance des deux repères est maintenant égale à

(3) $d' = r_1 + r_2 + e - l_1 \cos(\varphi_1 + \varepsilon_1 - \varepsilon) + l_2 \cos(\varphi_2 + \varepsilon_2 - \varepsilon).$

La valeur de ε est donnée par

(4) $\tang \varepsilon = \dfrac{y'_2 + l_2 \sin(\varphi_2 + \varepsilon_2) - l_1 \sin(\varphi_1 + \varepsilon_1)}{r_1 + r_2 + e + l_2 \cos(\varphi_2 + \varepsilon_2) - l_1 \cos(\varphi_1 + \varepsilon_1)}.$

La distance cherchée résulte de la différence $d' - d$, que l'on peut écrire, en remarquant que ψ_1, ε_1, ε_2, ε sont très petits :

(5) $\begin{cases} d' - d = e + \dfrac{y_2^2}{2(r_1 + r_2)} \\[2mm] \quad - \dfrac{1}{2} l_1 (\varepsilon_1 - \varepsilon)^2 \cos\varphi_1 + \dfrac{1}{2} l_2 (\varepsilon_2 - \varepsilon)^2 \cos\varphi_2 + l_1 (\varepsilon_1 - \varepsilon) \sin\varphi_1 - l_2 (\varepsilon_2 - \varepsilon) \sin\varphi_2. \end{cases}$

Or, dans le calcul, on assimile e à $d' - d$, puisque les mouvements transversaux et les rotations qui résultent des défauts de réglage sont censés ne pas se produire. Les termes additionnels de l'équation expriment donc, dans leur ensemble, l'erreur commise dans la mesure, par le fait des imperfections de l'appareil.

Le premier de ces termes provient du défaut que l'on pourrait désigner sous le nom de *décalage au départ*. L'erreur qui en résulte est inversement proportionnelle à la somme des rayons des sphères de contact.

Les termes suivants sont sensiblement proportionnels aux distances longitudinales ou transversales des repères aux centres respectifs des sphères. Ces erreurs seraient nulles si les repères occupaient les centres mêmes des sphères, c'est-à-dire si l_1 et l_2 étaient nuls. Dans ces conditions, l'erreur de décalage s'annulerait aussi, puisque y_2 deviendrait nul, et la mesure serait absolument correcte. Mais, pour cette dernière erreur, les déplacements transversaux importent seuls ; et, dans les termes suivants, ceux qui en dérivent sont multipliés par les rotations, alors que ceux qui proviennent des écarts longitudinaux des points $O_1 P_1$, $O_2 P_2$, ont pour facteurs les carrés des rotations. Il en résulte que, si l'on veut réduire au minimum les erreurs des mesures, il faut s'attacher à placer les repères le plus près possible des centres des sphères dans le sens transversal, et qu'il suffit de ne pas s'en éloigner trop dans le sens longitudinal.

Les erreurs diminuent aussi lorsque r_1 et r_2 augmentent. Dans le mode de mesure que nous avons supposé, c'est-à-dire dans l'hypothèse de la détermination d'une lame à faces parallèles, orientée perpendiculairement à la direction $P_1 P_2$, on aura donc tout avantage à augmenter autant que possible les rayons de courbure des surfaces de contact.

Mais on est bientôt arrêté dans cette voie par des considérations d'un autre ordre. D'abord, l'expérience enseigne que le contact s'opère mal lorsque les surfaces sont à trop faible courbure. Ensuite, les repères étant au voisinage des centres des sphères, on fera intervenir une longueur additionnelle à celle que l'on veut mesurer d'autant plus grande que les rayons sont plus grands, ce qui augmente les erreurs dues aux dilatations thermiques et au défaut de connaissance de la température des diverses parties de l'appareil. Enfin, l'hypothèse du réglage parfait de la lame à mesurer n'est pas exactement satisfaite, et il en résulte des erreurs d'une autre nature, dont nous allons trouver l'expression.

Supposons maintenant, pour simplifier, que nous ayons réglé l'appareil de

Fig. 3.

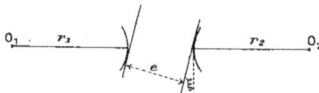

manière à placer les repères au centre des sphères de contact, ce qui annule ψ, l_1 et l_2, et introduisons, entre les palpeurs, une lame à faces parallèles insuffisamment réglée. Soit ξ (*fig.* 3) l'angle très petit qu'elle forme avec a perpendiculaire à la ligne des centres. La distance des centres sera

$$d'' = (r_1 + r_2 + e)\sec \xi.$$

Retranchant $r_1 + r_2$, qui est la distance mesurée au contact dans l'hypothèse d'un bon réglage de l'instrument, on trouve, pour l'épaisseur cherchée,

$$e' = d'' - d = e + \frac{1}{2}(r_1 + r_2 + e)\xi^2.$$

L'erreur est donc proportionnelle à la distance des centres, et, pour la réduire autant que possible, on sera conduit à adopter des rayons faibles. On est ainsi limité dans les deux sens pour le choix des rayons de courbure, et l'on s'arrêtera à une valeur plus ou moins élevée suivant la perfection présumée du réglage de l'appareil, des pièces additionnelles ou de la mesure des températures.

On remarquera encore que, s'il s'agit de mesurer des corps sphériques, ou si, dans la mesure d'un cylindre, on craint de ne pas prendre le contact exactement sur des points diamétraux, on aura avantage à avoir de grands rayons. Enfin, les écrasements sont d'autant plus faibles que les rayons sont plus grands.

En résumé, la réduction au minimum possible de l'effet des erreurs de réglage de l'appareil est obtenue lorsque les repères sont situés au centre des calottes sphériques terminant les palpeurs ; toutefois un écart de cette position dans le sens longitudinal est sans grande importance dans un appareil bien réglé. Pour le choix des rayons de courbure, on est limité dans les deux sens, certaines erreurs augmentant en même temps que ces rayons, d'autres marchant en sens contraire. On ne peut fixer la valeur la plus avantageuse des rayons qu'après une étude pratique très approfondie de chacune des causes d'erreurs et avec la connaissance de la perfection des réglages.

Gravimètres.

Dimensions utiles des gravimètres. — Le choix des dimensions des gravimètres est important. Il est, naturellement, avantageux de les faire aussi volumineux que possible, afin de diminuer l'action relative des petites erreurs des mesures. Mais des conditions pratiques imposent bientôt une limite de dimensions infranchissable sans une construction encore inusitée des appareils de la Métrologie.

Les gravimètres doivent rester maniables pour l'opérateur chargé de les mettre en place sur l'appareil de mesure ou de les suspendre à la balance; ils doivent aussi rester dans des limites de poids qui permettent l'emploi de balances délicates. On peut, dans le cas de corps en métal, pratiquer des cavités intérieures qui les allègent considérablement; mais on ne saurait aller trop loin dans cette voie sans arriver bientôt à des solides dont les dimensions ou le volume dépendraient, dans une mesure appréciable, de leur mode de support, de telle sorte que les déterminations des longueurs ne pourraient plus s'accorder avec le volume de l'eau réellement déplacée. Au delà d'une certaine dimension, on ne peut plus que perdre, par les inconvénients résultant du poids trop fort ou des déformations trop incertaines, au delà de ce qu'on gagne par une mesure relativement plus précise des dimensions.

Le volume auquel on s'arrêtera devra dépendre de la précision des mesures linéaires ; plus celles-ci sont parfaites, plus on peut diminuer la grandeur des gravimètres. Un état moins avancé de la Métrologie devait conduire, au contraire, à les augmenter le plus possible, tout en restant au-dessous de la limite où les erreurs produites par les déformations pouvaient devenir prépondérantes.

C'est ce qu'avaient admirablement compris Lefèvre-Gineau et Fabbroni, lorsqu'ils établirent un cylindre dont les dimensions seraient certainement trop grandes pour la Métrologie d'aujourd'hui, mais qui convenait parfaitement à l'état de cette science à la fin du xviiie siècle. En revanche, il est certain que les deux gravimètres employés par Kupffer, et plus encore celui de Stampfer étaient plus petits qu'il n'eût convenu à l'époque de leurs mesures.

L'emploi, par un même observateur, de plusieurs gravimètres, est très avantageux. S'ils sont de dimensions comparables, et de même forme ou de formes diverses, ils indiquent le degré de précision atteint, et peuvent mettre en lumière les erreurs inhérentes à la mesure des diverses formes géométriques, ou l'action plus ou moins prononcée des surfaces. S'ils sont de dimensions suffisamment différentes et de forme analogue, ils mettent en évidence les erreurs systématiques, et donnent le nombre cherché comme une fonction des différences et des valeurs absolues des résultats individuels.

Exactitude des résultats en fonction des dimensions des gravimètres. — On pourrait penser que la précision du résultat augmente comme le volume des gravimètres, c'est-à-dire comme la poussée qu'ils subissent dans les pesées hydrostatiques. Nous allons voir qu'il n'en est rien.

Les plus fortes erreurs relatives étant dues aux mesures des dimensions, on peut, dans une première discussion, négliger les erreurs des pesées et se limiter aux premières.

Soient δ et η les erreurs commises dans la mesure du diamètre et de la hauteur d'un cylindre.

Le volume vrai $V = \frac{\pi}{2} d^2 h$ sera remplacé, dans le calcul, par

$$V' = \frac{\pi}{2}(d + \delta)^2 (h + \eta),$$

et l'erreur relative sur le volume du cylindre sera :

$$\frac{V' - V}{V} = \frac{2\delta}{d} + \frac{\eta}{h},$$

les quantités de second ordre étant négligées. L'effet, sur le résultat final, des erreurs commises sur la mesure du cylindre est donc inversement proportionnel à ses dimensions linéaires.

Si donc les erreurs sont de nature fortuite, l'intérêt d'augmenter les dimensions ne croîtra que proportionnellement à celles-ci, et sera bientôt contrebalancé par les inconvénients résultant du poids exagéré des gravimètres.

Élimination des erreurs constantes. — Si les erreurs peuvent être considérées comme de nature constante, et tiennent, par exemple, à un défaut du point de départ dans l'emploi de la méthode des contacts, on pourra combiner les déterminations faites sur divers gravimètres de manière à éliminer cette erreur, en opérant, pour ainsi dire, sur les différences des dimensions ou des volumes mesurés. Il y aura intérêt, dans ce cas, tout en poussant au maximum pratique les dimensions des gravimètres, à opérer aussi sur des corps de faibles dimensions, de manière à augmenter autant que possible les différences.

Supposons, pour simplifier, que l'erreur sur les dimensions linéaires contienne un élément constant λ, le même sur les deux dimensions de tous les cylindres.

Le quotient cherché, que les mesures donnent immédiatement comme étant égal à

$$Q' = \frac{M}{V'},$$

pourra être remplacé par

$$Q = \frac{M}{V},$$

V étant la valeur corrigée de V' ou

$$V'\left(1 - \frac{2\lambda}{d} - \frac{\lambda}{h}\right) = V'(1 - \lambda A).$$

Pour deux cylindres différents, le quotient directement obtenu sera :

$$Q'_1 = \frac{M_1}{V_1}(1 - \lambda A_1), \qquad Q'_2 = \frac{M_2}{V_2}(1 - \lambda A_2).$$

Comme les volumes V_1 et V_2 sont les volumes exacts, et les autres éléments de la détermination supposés sans erreur, on aura :

$$\frac{M_1}{V_1} = \frac{M_2}{V_2} = \frac{Q'_1}{1 - \lambda A_1} = \frac{Q'_2}{1 - \lambda A_2} = Q.$$

Éliminant la quantité inconnue λ, on aura :

$$Q = \frac{Q'_1 A_1 - Q'_2 A_1}{A_2 - A_1}.$$

Ainsi, en opérant par différence, on pourra, dans le cas d'une erreur constante de départ, obtenir une valeur correcte du nombre cherché. Mais on ne pourra mettre en évidence une erreur constante supérieure aux erreurs fortuites qu'au moyen d'une série de cylindres de dimensions graduées. Si les résultats bruts obtenus par chacun d'eux présentent une marche régulière en fonction de leur grandeur, et si, de plus, cette marche est dans le sens prévu par l'examen minutieux des causes d'erreurs possibles, on pourra chercher à tirer, de la combinaison des résultats individuels, un résultat final rectifié. Dans les autres cas, l'amélioration sera douteuse, mais on aura gagné, à ce mode opératoire, une indication limite sur la valeur possible des erreurs systématiques.

Conditions du présent travail. — Les considérations qui précèdent sont d'ordre tout à fait général. Mais, dans le cas particulier de mon travail, j'avais à compter aussi avec les conditions de l'outillage du Bureau. Ainsi, pour les pesées des cylindres, je devais me limiter à 5^{kg} environ, maximum de la charge supportée par notre plus grande balance de précision, et aux dimensions compatibles avec l'espace laissé libre dans le Comparateur universel pour installer l'appareil de mesure des épaisseurs. La limite donnée par ces deux instruments imposait de ne pas dépasser 14 à 15 centimètres pour les dimensions des cylindres, supposés à parois juste assez épaisses pour s'opposer aux causes ordinaires de déformation, dans les limites de l'exactitude cherchée. Ces dimensions sont, d'ailleurs, celles au-dessus desquelles un cylindre, saisi entre les deux mains de l'opérateur, devient difficilement maniable, et peut être exposé à des accidents.

C'est donc à cette grandeur maxima que je me suis arrêté; et c'est aussi en vue de cette dimension que les appareils servant aux mesures linéaires et aux pesées ont été construits.

Remarque relative à la température dans la mesure des gravimètres. — Le maximum de densité de l'eau a été choisi, pour la définition de sa densité normale, parce que, dans son voisinage immédiat, une petite erreur dans la connaissance de la température vraie est sans importance pour l'exactitude du résultat. Dans la pratique des pesées hydrostatiques, cette conséquence métrologique de l'anomalie de dilatation de l'eau se trouve transportée à une température plus élevée, qui est celle du maximum de poussée sur un corps immergé dont la dilatation n'est pas nulle. Pour le laiton, par exemple, dont le coefficient de dilatation cubique est voisin de 56.10^{-6}, le maximum de poussée se produit à $7°,6$ environ, et c'est au voisinage de cette température que l'on trouvera les conditions les plus avantageuses pour les pesées hydrostatiques d'un gravimètre en laiton. Toutefois, on pourra s'en écarter un peu sans que les petites erreurs ordinaires dans la mesure des températures faussent sensiblement les résultats. Le tableau

XIV.   B.7

suivant montre, au surplus, quelles sont, à partir du maximum, les variations
de poussée que subit un gravimètre en laiton :

Températures.	Variations de la poussée de l'eau sur un gravimètre en laiton de 1^{dm³} à partir de 7°,6.
8	2
9	13
10	38
11	76
12	128
13	192
13	268
15	357
16	458
17	570
18	694
19	828
20	973

On voit donc que la variation de poussée, qui n'est que de 11^{mg} par litre
entre 8° et 9°, atteint déjà 145^{mg} entre 19° et 20°. Ainsi, tandis que la recherche
du millionième exige seulement, vers 8°,5, une précision de 0,1 degré dans la
mesure de la température, une erreur de 0,007 degré ne pourra plus être
tolérée entre 19° et 20°.

DESCRIPTION DES APPAREILS.

Comparateur.

Le Comparateur universel, que devait compléter l'appareil destiné à la mesure des cylindres, se compose essentiellement (*fig.* 4) (vue en bout simplifiée) de deux microscopes A, portés, par l'intermédiaire de deux robustes chariots B, sur une double poutre d'acier C, posée sur deux piliers de pierre, et d'un solide bâti de fonte D, susceptible de se déplacer dans le sens perpendiculaire à la poutre. Les chariots peuvent être amenés jusqu'au contact,

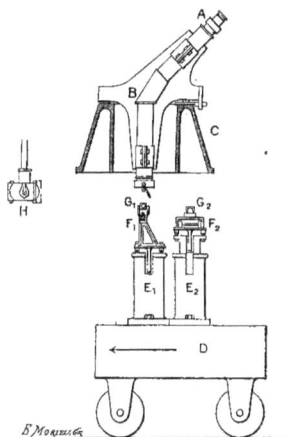

Fig. 4. — Vue en bout et coupe simplifiée du Comparateur universel.

ou éloignés jusqu'aux extrémités de la poutre. Lorsque les chariots se touchent, les axes des microscopes sont à 18^{cm} environ, tandis qu'à leur plus grand écartement, ils sont à un peu plus de 2^m.

Chacun des chariots se compose de deux pièces réunies par une vis horizontale. L'une d'elles peut être serrée sur la poutre, de manière à servir d'appui fixe pour le déplacement de l'autre, qui s'effectue au moyen de la vis. Ainsi, chacun des microscopes peut éprouver des déplacements de grande amplitude, suivis de mouvements micrométriques.

Les microscopes sont coudés; ils contiennent des prismes à réflexion totale, qui redressent les images dans le sens d'avant en arrière. Leur grossissement est de 8o diamètres environ.

Le bâti inférieur porte entre autres deux paires de colonnes E_1, E_2 à l'intérieur desquelles des pistons peuvent se déplacer verticalement. Ces derniers sont munis, à leur partie supérieure, de fortes vis dont la tête émerge de manière à former des appuis sur lesquels viennent se poser deux bancs longitudinaux F_1, F_2, parallèles à la poutre C et portant les étalons G_1, G_2, que l'on compare.

Pour les emplois habituels du comparateur, les deux bancs sont semblables à F_2. Le banc F_1, tel qu'il est représenté ici, a été construit spécialement pour la mesure des cylindres. G_1 figure des palpeurs, G_2 la règle de comparaison, portée par un chariot pour le déplacement longitudinal.

Tous les organes de commande des réglages sont situés à l'arrière de l'instrument, en dessous des oculaires des microscopes. Ils comprennent des manettes pour le déplacement d'avant en arrière du bâti et pour le déplacement vertical des pistons. La nécessité, pour l'observateur, d'avoir les organes de réglage à portée de la main, tout en observant à l'un ou l'autre des microscopes, a conduit à doubler les manettes d'une même commande, et à les relier par des tringles longitudinales transportant les mouvements d'un bout à l'autre de l'instrument.

Le comparateur ne possède aucun organe de réglage des bancs en azimut. Ces déplacements d'avant en arrière, indépendants de ceux du bâti, doivent être faits à la main, ou à l'aide de vis montées sur les bancs; pour cela, il est nécessaire d'opérer par la partie antérieure du comparateur.

L'instrument est complètement enfermé dans une double caisse d'acajou, portant, à la partie supérieure, une glace étroite destinée à éclairer son intérieur en cas de besoin, mais qui, pendant les opérations, est couverte de lames de bois arrêtant le rayonnement qui entre dans la salle par une fenêtre située verticalement au-dessus du comparateur. Une large glace le ferme à l'avant, supportée dans un cadre, que l'on peut abaisser pour atteindre directement l'intérieur de la cage.

Dans mon premier travail, les microscopes étaient éclairés au moyen de lampes à essence placées derrière de larges lentilles; plus tard, les lampes furent remplacées par des projecteurs électriques H. Des écrans en papier métallisé, percés d'ouvertures peu étendues, arrêtent, à l'entrée de l'instrument, les radiations inutiles. Les autres sont recueillies sur des miroirs concaves placés au-dessous des objectifs, et envoyées sur la règle.

L'organisation générale du comparateur, imposait à l'appareil à mesurer les cylindres une série de conditions assez difficiles à concilier. Le banc postérieur devant être conservé pour porter la règle de comparaison, il restait, pour installer l'instrument à la place du banc antérieur, l'étroit espace compris entre le deuxième banc et la glace antérieure d'une part, et, d'autre part, entre la double poutre portant les microscopes, et les organes de réglage montés sur le bâti. Ces particularités expliquent certaines irrégularités de forme de l'appareil, construit de manière à utiliser au maximum tout l'espace disponible, à permettre la mesure des plus gros cylindres compatibles avec l'organisation du comparateur, et à conserver cependant une suffisante rigidité et un équilibre parfait.

Le banc que remplaçait le nouvel appareil n'a que 10^{cm} de largeur, et les vis sur lesquelles il est supporté ne sont distantes que de 9^{cm}; les bancs sont à 10^{mm} l'un de l'autre. Il était donc impossible de conserver la symétrie relativement aux supports, si l'on voulait pouvoir mesurer des cylindres d'un diamètre supérieur à 10^{cm}. Il fallait placer en avant du plan de symétrie des supports, celui de l'appareil, au moins dans sa partie centrale, et rejeter le poids vers l'arrière pour les parties accessoires, de manière à charger à peu près également les quatre supports.

Voici comment l'ensemble de ces conditions a pu être réalisé. Un banc de bronze (*fig.* 5, 6, 7 et 8) de 140^{cm} de longueur, renforcé par une nervure

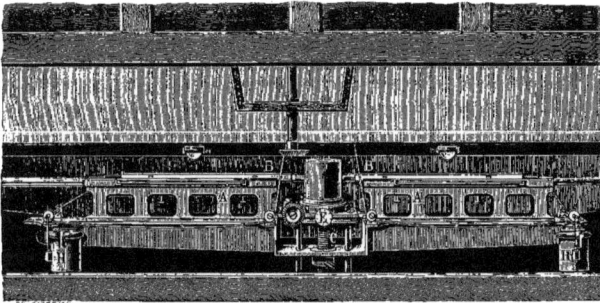

Fig. 5. — Comparateur à palpeurs. Ensemble.

verticale, est surmonté, à droite et à gauche d'un creux central, de deux coulisses AA surélevées, destinées à porter les palpeurs BB.

Le support de la pièce à mesurer est disposé dans la dépression centrale du banc, dont les flancs verticaux sont soutenus par une forte barre horizontale placée en arrière du banc, à défaut d'une nervure qu'il eût été impossible de loger au-dessous. Ce support est monté sur une forte vis C, passant dans un

54   CH.-ÉD. GUILLAUME.

écrou qui occupe une creusure du banc. Une pince élastique, embrassant
l'écrou, permet de le faire tourner lorsqu'elle est serrée; desserrée, la pince
tourne autour de l'écrou sans l'entraîner.

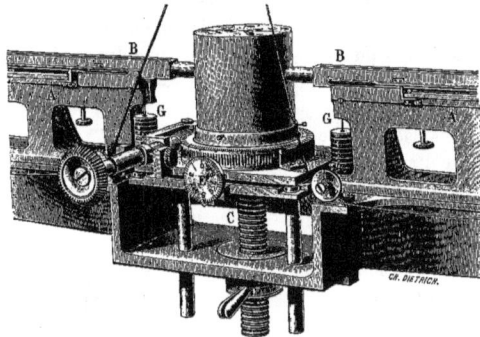

Fig. 6. — Comparateur à palpeurs. Support du cylindre vertical.

La plate-forme qui surmonte la vis est munie, en outre, de deux tiges cylindriques passant à frottement doux dans deux ouvertures du banc, et empêchant

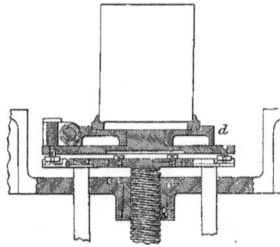

Fig. 7. — Comparateur à palpeurs. Support du cylindre vertical (coupe).

sa rotation. C'est sur cette dernière plate-forme que sont placés les supports
proprement dits des cylindres à mesurer.

L'un d'eux (*fig.* 5, 6 et 7), destiné à porter les cylindres dans la position verticale de l'axe, se compose d'une tablette, de 14^{cm} sur 19^{cm}, montée sur trois
vis calantes, et munie d'une surélévation venue de fonte, qui sert d'axe à un
disque d (*fig.* 7), creusé à la partie supérieure, divisé sur le bord, et taillé, à la

périphérie, de manière à pouvoir être actionné par une vis tangente. Cette dernière est montée sur la tablette, autour d'un axe qui en permet le déclenchement. L'arbre de la vis tangente porte, en outre, une roue d'angle destinée à engrener

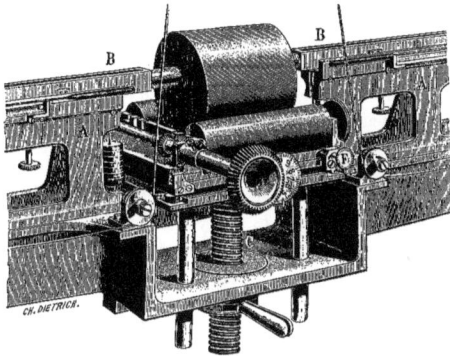

Fig. 8. — Comparateur à palpeurs. Support du cylindre couché.

avec une autre roue, montée sur un arbre vertical coulissant de haut en bas dans deux colliers. Cette dernière n'est abaissée jusqu'au contact avec la roue de commande du disque que pour l'actionner ; aussitôt le mouvement achevé, elle est remontée de manière à dégager complètement le banc dans ses déplacements d'avant en arrière. Un index formant vernier sert au repérage des angles.

En avant, la tablette est munie d'une vis horizontale à tête divisée E, dont le collet est engagé dans un palier fixé à la plate-forme inférieure. Ainsi, les mouvements d'avant en arrière de la tablette sur son support peuvent être déterminés avec précision.

Dans le creux du disque s'adaptent diverses bagues dont chacune est destinée à supporter un cylindre. Ceux-ci entrent librement dans les bagues, qui portent, à leur rebord supérieur, trois vis horizontales servant à les centrer. On interpose, entre le cylindre et les pointes des vis, de petites cales de carton qui le protègent.

Pour supporter les cylindres dans la position horizontale de l'axe, on place, sur la plate-forme, une autre tablette (*fig.* 8) qui lui est reliée également par une vis horizontale, et qui supporte une deuxième tablette semblable, montée sur un axe, et susceptible d'effectuer de petites rotations autour de sa position normale, dans laquelle elle recouvre exactement la première. Ces rotations sont commandées par une vis latérale F, qui pousse la tablette d'avant en arrière. Un ressort placé à l'autre angle de la tablette l'appuie constamment contre la vis.

A droite et à gauche de la tablette règnent deux saillies entaillées en six couples de points en regard, de manière à former des paliers pour deux rouleaux que l'on peut placer parallèlement à l'axe longitudinal du banc, et à égale distance de sa ligne médiane. L'un de ces rouleaux porte, à gauche, une roue d'angle que l'on actionne par une autre roue montée sur un axe allant d'avant en arrière, et que l'on peut commander à la main ou à l'aide d'une roue d'angle actionnée, comme celle de la première tablette, par la roue montée sur l'arbre vertical mobile.

A droite, les axes des rouleaux portent des poulies à gorge, réunies par un fil qui rend leurs mouvements connexes. Un cylindre étant posé sur les rouleaux peut ainsi être mis en rotation, sans aucun frottement, par le mouvement de l'axe d'entraînement.

Les palpeurs (*fig.* 9, 10 et 11) sont constitués par des réglettes, de 5o^{cm} de

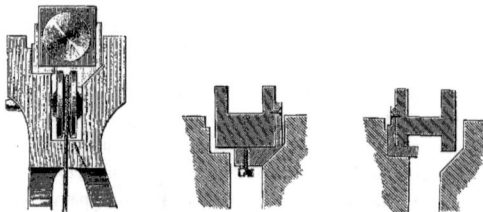

Fig. 9, 10 et 11. — Section et supports des palpeurs.

longueur, à section carrée de 18^{mm}, à l'exception des parties extrêmes, tournées en forme de cylindres de 15^{mm} de diamètre. Ils sont creusés, à la partie supérieure de leur section carrée, jusqu'au milieu de leur épaisseur, de manière à mettre à découvert leur plan médian horizontal. On les a également évidés en dessous pour les alléger.

Les palpeurs portent trois pieds, dont un au milieu (*fig.* 10), taillé en pan coupé, et les deux autres à 125^{mm} de part et d'autre du premier (*fig.* 11), avec deux faces rectangulaires. Ces trois pieds épousent, dans leur ensemble, la section de la coulisse, sur laquelle ils s'appliquent exactement.

La pièce à mesurer étant placée entre les palpeurs, il est nécessaire d'assurer un contact constant de ces derniers. Dans ce but, des fils lisses, fixés par une vis au pied central de chaque palpeur (*fig.* 9 et 10) et passant sur deux poulies, placées aux extrémités de chacune des coulisses, supportent des poids G (*fig.* 6) qui descendent dans la partie centrale du banc.

Les premiers essais ayant montré que, pour entraîner sûrement les palpeurs, les poids auraient dû être considérables et auraient produit des écrasements trop forts, j'ai fixé, au fond des coulisses, des galets (*fig.* 12) montés sur des

Fig. 12. — Galet allégeant un palpeur.

ressorts que l'on peut tendre à volonté au moyen de vis placées en dessous, de manière à diminuer le poids portant sur les pieds des réglettes, et à réduire dans la même proportion les frottements. Grâce à ce dispositif, j'ai pu descendre jusqu'à 170ᵍ les poids d'entraînement. Toutefois, il m'a paru avantageux de remonter plus tard jusqu'à 200ᵍ afin d'éviter toute hésitation dans la diminution nécessaire de la pression des réglettes dans les coulisses. Avec le poids de 170ᵍ, je me suis trouvé, en effet, lorsque le graissage des coulisses était insuffisant, très près de la limite où la réglette n'est plus entraînée de façon certaine, ou bien où elle est soulevée sur les galets.

A l'extérieur, les fils passent sur des treuils qui permettent de les ramener en arrière. Des poids H (*fig.* 5), suspendus à l'axe des treuils, peuvent s'opposer aux poids G ou agir dans le même sens, suivant que la corde passe ou non par-dessus l'axe du treuil. Dans le premier cas, les palpeurs restent en place, à l'endroit des coulisses où ils ont été amenés; dans l'autre, l'axe du treuil est ramené vers l'intérieur, de manière à détendre complètement le fil entraînant la réglette ; les poids G sont alors complètement libres d'agir.

Ce dispositif, qui permet de manœuvrer très facilement les réglettes à la main, donne aussi la possibilité de commander de l'extérieur du comparateur tous les mouvements nécessaires au changement d'azimut du cylindre. Dans ce but, des fils attelés aux treuils se réfléchissent sur des poulies et traversent le couvercle de l'instrument. On peut, en agissant sur eux, ramener les réglettes en arrière, et les arrêter dans une position quelconque, en fixant les extrémités des fils. La roue de commande des rotations peut alors être descendue jusqu'au contact de la roue portée par la plate-forme. La rotation obtenue, on relâche doucement les fils, et les palpeurs reviennent en contact avec le cylindre. Ce mouvement doit être exécuté avec précaution si l'on veut éviter des chocs durs. Il est contrôlé à l'aide des microscopes visant les traits des réglettes.

Lorsque l'axe du cylindre est vertical, les angles sont lus par la position de

XIV.   B.8

l'index sur la division du disque. Pour les plus grands cylindres seulement, dont le support déborde le disque, les lectures sont faites sur le pourtour, à l'aide d'une division auxiliaire.

Lorsque le cylindre est couché, les angles sont marqués sur des bandes de papier divisées, fixées au cylindre comme des colliers. Un index en carton suffit à cette lecture, destinée seulement à indiquer l'endroit des bases où s'effectue le contact, et n'exigeant par conséquent qu'une très médiocre précision.

Dans les mesures, le banc antérieur étant d'abord amené sous les microscopes, on détermine la distance des deux traits des palpeurs, en contact l'un avec l'autre ou avec la pièce à mesurer, puis on substitue la règle divisée aux palpeurs. Cette opération, répétée cinq fois pour les palpeurs, quatre fois pour la règle étalon, constitue une unité de mesure.

Nous verrons plus tard comment les résultats immédiats de ces comparaisons sont combinés entre eux pour conduire au volume du cylindre.

Balance hydrostatique.

La balance dont je me suis servi (*fig.* 13) a été construite par Rueprecht, à Vienne. Elle est agencée de manière à permettre les lectures par réflexion d'une échelle sur un miroir, mais ne possède pas d'organes de transposition des charges. Elle est portée par une forte plaque de bronze, qui repose sur une cage en acajou montée sur deux chevalets de fer, fixés sur un pilier en maçonnerie. La cage est également appuyée sur le pilier; elle est assez spacieuse pour contenir un vase de grandes dimensions.

Le procédé le plus commode d'exécution des pesées hydrostatiques consiste à suspendre à la balance le corps à peser, par l'intermédiaire d'un étrier entièrement immergé; puis, la pesée étant faite, à soulever le corps et à décharger complètement l'étrier, qui reste seul suspendu à la balance. Les poids qu'il est nécessaire de mettre sur le plateau pour obtenir l'équilibre représentent la quantité dont le corps immergé chargeait la balance.

Lorsqu'on se propose de peser un grand nombre de corps de mêmes dimensions, il est avantageux de se servir d'un étrier exactement ajusté, et s'appliquant parfaitement sur leur surface. Mais, dans le cas actuel, il était plus commode de constituer l'étrier de manière à lui permettre de s'adapter aux dimensions de chacun de mes cylindres. Les plus gros de ceux-ci étant très difficiles à placer sur le plateau, il était tout indiqué aussi de se servir de l'étrier pour les pesées dans l'air. Comme les cylindres les plus volumineux chargeaient la balance presque à sa limite, il fallait faire l'étrier très léger.

Fig. 13. — Balance Rueprecht. Vue d'ensemble.

La figure 14 représente, avec ses organes auxiliaires, l'ensemble du vase, de 29^{cm} de hauteur et 28^{cm} de diamètre extérieur, destiné à ces pesées. L'étrier est constitué par un croisillon de nickel, taillé en biseau en dessous pour permettre aux bulles d'air de remonter à la surface. Deux barrettes transversales sont montées à frottement sur les bras du croisillon, sur lesquels elles peuvent être serrées par des vis. Les barrettes sont en deux parties, réunies par trois vis, et entre lesquelles on peut serrer deux sangles formées d'une lame flexible de nickel; les sangles, d'une longueur appropriée, s'appliquent d'elles-mêmes sur le cylindre qu'elles supportent.

Deux autres sangles sont serrées, de la même façon, dans deux barres horizontales supportées par des vis occupant deux génératrices diamétrales du vase, et auxquelles sont fixées des roues dentées, engrenant avec une roue plus grande, montée sur un axe au fond du vase. Ainsi, les mouvements des deux vis sont nécessairement concordants, et les sangles effectuent, à leurs deux extrémités, des déplacements verticaux égaux.

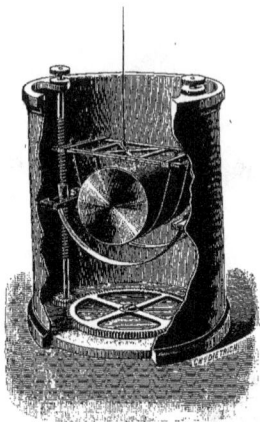

Fig. 14. — Vase servant aux pesées hydrostatiques.

Le vase est posé (*fig.* 15) sur un plan de verre dépoli qui peut recevoir une cloche de verre. Le plan de verre est porté sur un chariot glissant sur des rails

Fig: 15. — Vase pour les pesées hydrostatiques, et chariots pour son transport.

fixés à un deuxième chariot. Celui-ci sert à déplacer le vase dans le laboratoire, et, en particulier, à l'amener à la trompe servant à faire le vide sur l'eau distillée. Puis, la cloche ayant été enlevée, on pousse le chariot inférieur contre la cage de la balance, et l'on déplace seulement le chariot supérieur, qui roule sur ses rails, et amène le vase exactement au-dessous du plateau.

Les appareils construits spécialement pour la mesure des cylindres et pour les pesées ont été exécutés dans les ateliers Bariquand et Marre à Paris.

Je suis heureux d'exprimer toute ma gratitude à M. Ch. Marre pour le concours très précieux qu'il m'a prêté en cette circonstance. Non seulement il s'est occupé personnellement de l'exécution des instruments, mais il m'a donné d'excellentes indications pratiques pour l'élaboration définitive des projets. Je dois aussi de vifs remerciements à M. Paul Aubry, alors ingénieur de la Maison Bariquand et Marre, plus spécialement chargé de surveiller la construction de mes appareils; M. Aubry a suivi ce travail avec un intérêt qui a achevé d'en assurer la réussite.

Thermomètres

Dans les mesures des dimensions des cylindres, la température était déterminée au moyen de quatre thermomètres, d'une série spécialement affectée au Comparateur universel. Les deux premiers, portés par le banc d'avant, sont observés à travers la glace antérieure à l'aide d'une lunette appuyée contre cette dernière; les deux autres, posés sur le banc d'arrière, sont lus par le haut du comparateur au moyen de la lunette coudée d'observation employée aussi pour la lecture de la rotation du disque. La température est mesurée au début et à la fin de chaque comparaison.

Les figures 5, 6 et 8 laissent voir les deux thermomètres placés en avant. Les réservoirs de tous les thermomètres étaient soigneusement protégés contre le rayonnement des lampes ou des projecteurs.

Au cours même des mesures, deux thermomètres furent remplacés par des instruments de réserve. Tous ces thermomètres, construits par Tonnelot, font partie de la série dont l'étude, exécutée dans les années 1883 à 1886, a été minutieusement décrite dans un précédent Mémoire ([1]).

Ces thermomètres, qui portent les numéros 4254, 4255, 4257, 4401, 4402 et 4403, sont à deux ampoules; la portion continue de leur échelle, étudiée entre − 2° et 38°, est divisée en dixièmes de degré; la longueur du degré est, pour chacun d'eux, voisine de 8^{mm}.

Dans les pesées hydrostatiques, je me suis servi des deux thermomètres

---

([1]) Ch.-Éd. Guillaume, *Recherches thermométriques* (*Travaux et Mémoires*, t. V, 1886).

62

CH.-ÉD. GUILLAUME.

Baudin en verre dur, n°s 14348 et 14349, que l'on suspendait à des niveaux différents, comprenant entre eux celui de l'axe du cylindre. Ces thermomètres, étudiés par M. Chappuis, portent une division continue en dixièmes de degré, respectivement de — 10°,4 à + 26°,0 et de — 10°,6 à + 25°,8 ; la longueur du degré est de 6^{mm} environ ; sa valeur thermométrique a été déterminée par des comparaisons avec des thermomètres étalons comparés eux-mêmes avec le thermomètre à gaz. Les points intermédiaires ont été atteints par un calibrage.

Enfin, pour la mesure de la température dans la cage supérieure de la balance, j'ai employé le thermomètre n° 9, de Fuess, divisé en cinquièmes de degré, étudié autrefois par M. Marek ([1]).

Les précautions ordinaires, indiquées dans d'autres Mémoires, ont été prises pour la mesure des températures ; je n'y reviendrai pas.

([1]) Thermomètre désigné par G dans les publications antérieures [*voir* W.-J. Marek, *Pesées* (*Trav. et Mém.*, t. I, p. D.15, 1881)].

DEUXIÈME PARTIE.

PREMIÈRE DÉTERMINATION. — 1895-1901.

AJUSTAGE ET ÉTUDE PRÉLIMINAIRE DES APPAREILS.

Banc et coulisses.

Flexion. — Les défauts de rectitude du banc produisant les déplacements et les rotations des palpeurs dont nous avons calculé les effets, il était important d'en connaître la grandeur possible. Dans ce but, le banc étant porté comme dans le comparateur (*fig.* 16), on faisait passer, sur les poulies extrêmes

Fig. 16. — Examen de la rigidité du banc.

du treuil, un fil de cocon fortement tendu, puis on chargeait de poids croissants la plate-forme centrale. Une échelle divisée, fixée à cette dernière, s'abaissait progressivement devant le fil, indiquant, par son mouvement, les flexions du banc.

L'essai a été fait par l'avant et par l'arrière du banc. Les charges ont atteint 20^{kg}. Les observations, bien concordantes, ont donné, pour la face antérieure, une flexion de 0^{mm},023 par kilogramme, et, pour la face postérieure, renforcée par la barrette, 0^{mm},018 par kilogramme.

L'inclinaison moyenne qui en résulte, pour chacune des moitiés de l'appareil, est de 0,000035 par kilogramme pour l'avant et de 0,000027 pour l'arrière.

La vérification, faite au moyen d'un niveau, a donné 0,00001 comme inclinaison d'avant en arrière de la plate-forme centrale pour chaque kilogramme de surcharge. Ce résultat est bien d'accord avec la différence des flexions à l'avant et à l'arrière.

Ainsi, en raison de la construction dissymétrique du banc, les charges produisent à la fois des flexions et des torsions; mais les unes et les autres sont extrêmement faibles dans le cas de charges modérées, et ne peuvent pas fausser les résultats d'une façon appréciable. Cependant, je me suis astreint à éviter les trop grands écarts de la charge; et, lorsque le banc ne portait aucun cylindre, ou lorsque l'appareil servait à la mesure de l'un des plus légers, on plaçait, dans le creux central, des plaques de plomb qui ramenaient, dans tous les cas, à des flexions peu différentes.

La rectification du banc, dont il va être question, a été faite également sous la charge maxima qu'il était appelé à supporter.

Une autre série de mesures a été effectuée en fixant le repère à une barrette posée sur les extrémités intérieures des coulisses, tandis que le fil de cocon passait sur deux rouleaux posés sur leurs extrémités extérieures. L'abaissement moyen de l'index a été trouvé de $0^{mm},013$ par kilogramme, correspondant à une variation de $0,000026$ de l'inclinaison moyenne de chacune des coulisses par rapport au plan horizontal.

Rectification des coulisses. — Pour examiner la rectitude de la coulisse, j'ai employé un procédé consistant à mesurer les déplacements, par rapport à un fil de cocon fortement tendu, d'un repère, horizontal ou vertical, porté par une règle qui glissait dans la coulisse. Cette règle était montée sur deux pieds à 24^{cm}, s'appliquant exactement sur les faces de la glissière. On posait, en un endroit choisi de cette règle, au-dessus de l'un des deux pieds, un étrier de laiton portant deux plaques réglables (*fig.* 17), auxquelles on avait fixé des

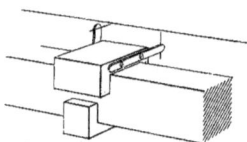

Fig. 17. — Dispositif pour la vérification de la rectitude des coulisses.

aiguilles dirigées respectivement dans le sens vertical et dans le sens horizontal. On mesurait au micromètre la distance de la pointe de l'aiguille au fil, dans les deux directions. L'un des micromètres était monté sur la règle, l'autre accompagnait un cathétomètre que l'on déplaçait pour chaque mesure.

Le fil de cocon pouvait être tendu à l'avant ou à l'arrière de la coulisse, de manière à permettre la séparation de l'effet de ses divers guidages; les pointes étaient déplacées en même temps. La charge du fil de cocon était voisine de celle qui eût provoqué sa rupture, et le calcul indique que sa flèche était de 15^k environ.

Les premières mesures montrèrent que les coulisses, sensiblement recti-lignes, formaient entre elles un angle, aussi bien dans le sens horizontal que dans le sens vertical. Ce dernier, le plus fort des deux, les amenait, au début, à dévier de la ligne droite de $0^{mm},64$.

Les coulisses furent alors démontées, limées par dessous, et les vis qui les fixaient au banc remplacées par d'autres, après que l'on eut agrandi les trous Les écarts étant alors très faibles, on fixa définitivement les coulisses sur le banc, en introduisant, dans des trous bien alésés, des goujons coniques en nickel les remplissant exactement.

Le reste de la retouche fut continué par un rodage des coulisses, constam-ment guidé par des mesures faites de la manière suivante :

La pièce portant les aiguilles étant posée au-dessus du premier pied, on pla-çait la règle dans trois positions équidistantes sur chaque coulisse; puis on posait l'étrier sur le second pied et l'on revenait en arrière. Le point central de chaque coulisse était atteint successivement par les deux pieds, et permettait de faire le raccordement.

Les mesures faites sur les deux bords d'une même coulisse ayant montré, dès le début, que les deux guidages étaient bien parallèles, il n'y avait aucune réaction apparente des erreurs de l'une sur l'examen de l'autre, et l'inter-prétation des résultats était relativement facile.

La série des retouches, combinées avec l'examen des coulisses, a finalement conduit aux résultats représentés par la figure 18.

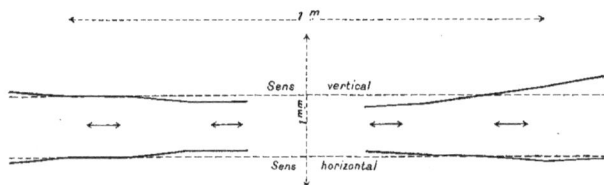

Fig. 18. — Défauts de rectitude des coulisses.

L'examen de ce diagramme dans lequel les inclinaisons sont représentées, ainsi que l'indiquent les échelles, dans le rapport de 300 à 1 montre que le dressage horizontal des coulisses est presque parfait. Les déviations de la ligne moyenne sont inférieures à $0^{mm},03$, quantité qui, comme nous le verrons bien-tôt, n'entraîne aucune erreur appréciable dans l'application de la méthode des palpeurs. Dans le sens vertical, le réglage est un peu moins bon, surtout pour la

XIV.   B.9

coulisse de droite, dont l'extrémité intérieure est de $0^{mm},07$ environ en contre-bas de sa partie centrale. Il en résultait un léger défaut de continuité entre les deux coulisses, en même temps qu'une inclinaison faible, mais cependant appréciable, de celle de droite.

Comme les déplacements des pieds des réglettes dans la coulisse, aux endroits des flèches, sont de peu d'amplitude, les défauts d'ajustage auraient été sans aucune importance si j'avais, dès le début, attribué chacun des palpeurs à l'une d'elles, en regagnant ce léger déplacement parallèle par les dimensions des pieds. Mais, pour assurer un contrôle dont, au surplus, je n'ai pas fait usage faute de temps, j'avais projeté de faire toutes les mesures en double, en plaçant les palpeurs alternativement sur les deux coulisses. J'ai été ainsi con-duit à retoucher leurs pieds de telle sorte que le décalage fût à peu près par-tagé. L'erreur était très faible et pouvait passer pour négligeable. Cependant, lorsque j'appliquai, dans le comparateur, des procédés de vérification indépen-dants, j'acquis la conviction qu'il en était résulté quelques défauts dans les mesures.

Les pieds des palpeurs furent réglés eux-mêmes par des retouches succes-sives, contrôlées par un niveau sensible, par le fil de cocon, ou par une règle bien droite, que l'on appliquait sur les deux palpeurs à la fois. La dépendance des mouvements et l'effet complexe d'une retouche a rendu ce travail assez long et pénible, surtout par le fait de la condition d'interchangeabilité que je m'étais imposée à tort, comme je l'ai reconnu depuis.

Étude des plates-formes. — J'avais l'intention de chercher la position de l'axe du cylindre à mesurer, et de l'amener dans l'axe du disque servant à le sup-porter, par un procédé consistant à faire exécuter à celui-ci un demi-tour, et à déterminer, par rapport à un trait tracé à la surface supérieure de chacun des palpeurs, le chemin fait par un point de la surface du cylindre marqué par un index tel qu'un petit filament de verre fixé à l'arcanson. Le cylindre aurait été déplacé sur son support jusqu'à ce que l'index passât exactement de l'axe d'un palpeur à l'axe de l'autre, dans une rotation égale à un demi-trou.

L'application de cette méthode exigeait une mesure précise des angles et, par conséquent, la connaissance des erreurs de centrage et de division du disque.

N'ayant pas de goniomètre à ma disposition, je plaçai, au centre du support, un des cubes de crown utilisés plus tard par M. Chappuis pour la détermina-tion de la masse du décimètre cube d'eau, et mesurai les déplacements de l'image formée dans une des faces du cube, d'une échelle située à $2^m,73$ du centre du disque, lorsqu'on faisait exécuter à celui-ci des rotations successives d'un quart de tour, mesurées au vernier. Ces mesures, faites en prenant comme points de départ o et 5o grades, ont montré que tous les angles droits étaient exacts à moins de o,o3 grade, quantité assez petite pour n'introduire aucune erreur appréciable dans les déterminations fondées sur le procédé de réglage que je comptais employer. Le centrage du disque se trouvait en même temps vérifié. Le résultat de cet examen a permis des contrôles intéressants, dont il sera bientôt question (p. 95).

La seule vérification à faire pour l'autre tablette était celle du parallélisme dans le mouvement des rouleaux. Cet examen fut effectué en introduisant, entre les rouleaux, des plaques de laiton taillées en biseau allongé, qui indiquaient, par la différence de leur enfoncement, les défauts de parallélisme des axes, et à l'aide d'un niveau qui révélait les erreurs dans le sens vertical. La division du niveau correspondant à un angle de o,oooo7, on pouvait, par son moyen, découvrir de très petits défauts. En échangeant les rouleaux bout pour bout, on voyait si ces derniers étaient dus au palier ou à l'axe.

Les paliers ont été rodés individuellement ou en même temps que les axes, suivant les retouches à faire, et l'on n'a abandonné le travail que lorsque la pièce n'a plus présenté que des imperfections à peine mesurables.

L'intérêt d'une bonne construction des rouleaux deviendra évident lorsque j'aurai parlé de la vérification des cylindres.

Cylindres.

Ajustage des cylindres. — La fabrication d'un cylindre creux présente quelques difficultés, si l'on veut obtenir à la fois du métal assez dur pour éviter les déformations au travail et assez sain pour que les piqûres superficielles ne modifient pas d'une quantité appréciable le volume apparent.

J'avais pensé réaliser les plus gros cylindres en faisant couler, autour d'un noyau soutenu dans le moule par quatre supports, une coquille de bronze portant, sur les bases, des goujons venus de fonte et destinés à monter la pièce sur le tour. Les évents résultant de l'enlèvement des supports devaient être obturés avec des tiges de bronze, bien ajustées dans les trous alésés, puis soudées de façon à obtenir l'étanchéité.

Les divers essais faits dans ce sens ont donné des coulées en général assez piquées pour que les pièces fussent à peu près inutilisables. Cependant, un cylindre, qui n'avait qu'un nombre restreint de piqûres un peu fortes, put être conservé. On reperça les piqûres, qui furent bouchées avec des chevilles de bronze. Cette pièce constitua le cylindre n° 3. Mais les difficultés du travail engagèrent à ne pas pousser plus loin les essais.

Trois autres cylindres furent construits au moyen de tubes étirés en laiton, dont les extrémités, bien dressées, reçurent les bases, prises dans du laiton en planche épaisse, ajustées sur la partie cylindrique et soudées à l'étain. On obtint ainsi les cylindres n° 1, n° 4 et n° 5.

Pour le cylindre n° 2, on fit couler un tube cylindrique en laiton et deux plaques avec des goujons venus de fonte, et qui furent ajustées sur le cylindre comme pour les précédents. Ce dernier cylindre fut longuement martelé en toutes ses parties avant d'être mis sur le tour.

Enfin, une pièce de bronze blanc (alliage de cuivre et de nickel), primitivement destinée à faire un étalon secondaire de 2ᵏᵍ, fut utilisée pour le cylindre n° 6.

Les dimensions approximatives de ces cylindres sont les suivantes :

N°ˢ.	Matière.	Hauteur.	Diamètre.
		mm	mm
1.	Laiton étiré........	129,5	144,7
2.	Laiton martelé....	116,3	120,5
3.	Bronze...........	119,4	100,0
4.	Laiton étiré.......	100,4	97,9
5.	Laiton martelé....	85,3	83,2
6.	Bronze blanc......	65,2	64,6

Les cylindres ainsi constitués furent tournés sur un tour de précision ; on dressa les faces jusqu'au goujon central, venu de fonte pour deux des cylindres, et qu'on avait soudé sur les faces des quatre autres. Le pourtour fut rodé dans des bagues que l'on pouvait serrer à volonté (*fig.* 19), puis poli au drap. Les

Fig. 19. — Rodage d'un cylindre.

goujons furent ensuite sciés ou dessoudés ; on lima avec précaution, avec une lime à sabot, le milieu des bases, puis on roda les faces sur un tour d'opticien, à l'aide de plans d'émeri fin aggloméré.

Ce travail minutieux fut exécuté avec beaucoup de persévérance par M. Huetz dans l'atelier du Bureau, dans des conditions aussi parfaites que le permettait notre outillage un peu rudimentaire.

L'étude, dont on trouvera plus loin le détail, montre que tous les cylindres, à l'exception du cinquième, étaient des corps de révolution presque parfaits, mais dont la courbe méridienne présentait d'assez fortes variations. Le cylindre n° 5, qui était irrégulier, fut rejeté après une étude sommaire.

Les cylindres n° 3 et n° 6 étaient faits en un métal assez sec pour que le rodage des faces ne produisit aucun refoulement appréciable sur le pourtour. Pour les autres, on voyait, lorsqu'on les posait sur un plan, un mince filet de lumière interrompu seulement près des bouts, par un bourrelet de peu d'étendue. On reprit alors les cylindres dans des mandrins, et l'on passa la pierre douce sur le bourrelet de manière à le faire disparaître.

Les cylindres ne portaient pas de marques indiquant des hauteurs ou des azimuts ; on fit seulement, sur le bord de l'une des faces, un petit trait radial au diamant et, sur l'autre face, à l'extrémité de la même génératrice, un double trait. Dans les dossiers, cette dernière face fut désignée par A, l'autre par B.

Étude préliminaire des cylindres. — Lorsqu'un cylindre de forme très parfaite a été réglé sur son support, on peut, sans avoir besoin de nouveaux réglages, le faire tourner autour de son axe et atteindre d'autres points de sa surface pour en mesurer la distance. Si, au contraire, la forme du cylindre présente de grosses imperfections, les mesures, pour être suffisamment exactes, nécessitent un réglage spécial en chaque point. Or, le comparateur a été combiné, ainsi qu'on l'a vu, de manière à permettre les rotations du cylindre autour de son axe, sans qu'il soit nécessaire d'ouvrir l'instrument, et de subir les pertes de temps causées par la nécessité de laisser se rétablir l'équilibre de la température. Mais on ne peut être dispensé de vérifier ce réglage après chaque rotation que si le cylindre est d'une forme bien régulière, ce qui motive l'examen préliminaire des gravimètres.

Une notable inclinaison des faces, qui amènerait, après une rotation du cylindre couché, à des conditions de mesure analogues à celles qui sont indiquées dans la figure 3 (p. 45), fausserait les résultats dans un sens toujours le même, quel que soit le réglage initial, et obligerait à de continuelles retouches.

J'ai employé, pour l'examen des cylindres, un procédé permettant de déterminer la direction de leurs faces par rapport aux génératrices en utilisant les appareils dont je disposais.

Un cylindre étant porté par la deuxième tablette (*fig.* 8, p. 55), on fait tourner le rouleau de commande, en observant, avec une lunette, les déplacements de l'image d'une échelle, formée sur une de ses bases. Les mouvements de cette image indiquent les changements d'inclinaison de cette base, qui résultent de la somme des irrégularités du cylindre et des rouleaux.

Mais, si l'on fait exécuter au cylindre un certain nombre de tours, en observant toujours les mêmes points de la surface, le retour de chacun d'eux correspondra chaque fois à une autre position des rouleaux ; et, lorsque ceux-ci, après un nombre de révolutions variable avec leur diamètre, seront revenus en même temps que le cylindre à leur position initiale, la moyenne de toutes les positions de l'échelle, correspondant à une même plage du cylindre, sera caractéristique de son inclinaison relative à l'axe. Les défauts systématiques des rouleaux, qui, pour une même position du cylindre, seront intervenus dans une série de positions équidistantes devront, en effet, être complètement éliminés.

Pour fermer complètement et très exactement le cycle de ces opérations, il faudrait, en général, faire exécuter au cylindre un nombre de tours très grand, ce qui rendrait l'opération démesurément longue. Mais, pour tous les cylindres que j'ai étudiés, le cycle se fermait *suffisamment*, après un petit nombre de révolutions, pour qu'il n'y eût pas lieu de prolonger les opérations.

Pour le cylindre n° 1, dont le diamètre était exactement le quadruple de celui des rouleaux, la méthode se trouvait en défaut, puisque le cycle se fermait sur un seul tour. Les mesures étant faites dans huit azimuts du cylindre, les rouleaux revenaient alternativement dans deux positions diamétrales. Il était alors nécessaire, après avoir fait faire au cylindre un tour entier, de décaler les rouleaux et de recommencer l'opération. Des mesures ainsi effectuées, avec des décalages successifs d'un angle droit, ont donné les résultats suivants, la visée étant faite au centre de la face A :

16 avril 1896.

Azimut.	Rouleaux.					
	0.	100.	200.	300.	Moyenne.	0.
grades	mm	mm	mm	mm	mm	mm
0.......	5,3	4,7	2,8	3,8	4,15	5,3
50.......	2,7	3,7	5,0	4,7	4,02	2,7
100.......	5,3	4,5	2,6	3,8	4,05	5,3
150.......	2,4	3,8	5,0	4,3	3,88	2,7
200.......	5,3	4,3	2,3	3,8	3,92	5,1
250.......	2,8	4,0	5,2	4,4	4,10	2,7
300.......	5,7	4,8	2,8	4,1	4,35	5,3
350.......	3,0	4,2	5,3	4,8	4,32	3,0
0........	5,3	4,8	2,8	3,9	4,20	5,3

La comparaison des chiffres des colonnes o montre que le retour à la position initiale a donné sensiblement les mêmes résultats qu'au départ.

On voit que, dans les moyennes, le plus grand écart est un peu inférieur à $0^{mm},5$. Or, la distance de l'échelle au cylindre étant de 2696^{mm}, l'angle mesuré est approximativement égal à $\frac{0,5}{2 \times 2696}$. Cet angle étant double de celui que forme la base du cylindre avec les génératrices, ce dernier est $\beta = 0,000046$.

Les déviations maxima du cylindre, dues à la somme des imperfections de ce dernier et des rouleaux, sont environ six fois plus fortes. Donc, si le cylindre a été réglé dans une position quelconque des rouleaux, ses faces pourront, dans le cas le plus défavorable, faire, avec le plan perpendiculaire à la ligne des centres de courbure des palpeurs, un angle égal à $0,00027$.

On a trouvé, de même, au centre de la face B :

16 avril 1896.

Rouleaux.

Azimut.	0.	100.	200.	3oo.	Moyenne.	o.
grades	mm	mm	mm	mm	mm	mm
0	4,8	4,1	2,3	3,o	3,55	4,7
5o	2,8	3,2	4,8	4,o	3,7o	2,4
100	5,2	4,6	2,4	3,3	3,88	4,9
15o	2,7	3,3	4,8	4,o	3,7o	4,5
200	5,2	4,3	2,4	3,3	3,8o	4,8
25o	2,7	3,7	5,o	4,3	3,92	2,6
3oo	5,2	4,3	2,3	3,3	3,78	4,9
35o	2,6	3,3	4,7	4,o	3,65	2,3
0	5,2	4,3	2,3	3,3	3,78	4,8

$$\beta_{max} = 0,000034.$$

Les mesures faites en d'autres points des deux bases du cylindre ont donné des résultats équivalents ou meilleurs. Nous verrons que des irrégularités de l'ordre constaté dans ces mesures ne peuvent fausser les déterminations du cylindre que d'une quantité à peine appréciable.

Les observations faites sur les autres cylindres (le n° 5 étant éliminé), ont donné les résultats ci-après :

15 avril 1896.

Cylindre n° 2. — Face A.

Azimut.	1er tour.	2e tour.	3e tour.	4e tour.	Moyenne.	Position initiale.
grades	mm	mm	mm	mm	mm	mm
0	6,o	5,9	4,4	4,8	5,27	5,8
5o	5,8	4,5	5,8	6,7	5,70	5,9
100	5,4	6,7	6,o	4,8	5,72	5,4
15o	5,7	4,2	4,5	5,4	4,95	6,o
200	3,3	4,3	5,3	4,6	4,37	3,2
25o	4,7	3,9	2,5	3,2	3,57	4,3
3oo	3,1	2,9	4,o	4,8	3,7o	3,9
35o	4,4	5,2	4,7	3,2	4,37	3,9

$$\beta_{max} = 0,00018.$$

Face B.

Azimut.	1er tour.	2e tour.	3e tour.	4e tour.	Moyenne.	Position initiale.
grades	mm	mm	mm	mm	mm	mm
0	6,6	6,3	4,8	5,1	5,7o	6,1
5o	4,8	4,o	5,o	5,9	4,92	5,3
100	3,3	4,7	4,3	3,o	3,82	3,3
15o	4,3	3,1	3,9	4,o	3,82	4,7
200	3,o	4,o	5,1	4,7	4,20	2,9
25o	5,3	5,1	3,7	4,2	4,58	5,3
3oo	5,o	4,8	5,8	6,8	5,6o	5,9
35o	5,8	6,9	6,3	4,8	5,95	5,4

$$\beta_{max} = 0,00019.$$

13 avril 1896.

Cylindre n° 3. — Face A.

Azimut. grades	1ᵉʳ tour. mm	2ᵉ tour. mm	3ᵉ tour. mm	4ᵉ tour. mm	5ᵉ tour. mm	Moyenne. mm	Position initiale. mm
0	4,8	3,7	3,3	4,7	5,2	4,34	4,3
50	4,8	5,3	4,5	3,4	4,1	4,42	4,8
100	3,7	4,1	5,0	5,2	4,2	4,44	3,6
150	5,3	4,2	3,7	5,1	5,8	4,82	5,2
200	5,0	5,7	5,1	4,0	4,0	4,76	5,2
250	3,9	5,7	4,9	4,3	4,3	4,44	3,7
300	5,3	4,3	3,3	5,0	5,0	4,44	5,0
350	4,1	4,9	4,7	3,3	3,3	4,14	4,7

$$\beta_{max} = 0,000\ 06.$$

Face B.

Azimut. grades	1ᵉʳ tour. mm	2ᵉ tour. mm	3ᵉ tour. mm	4ᵉ tour. mm	5ᵉ tour. mm	Moyenne. mm	Position initiale. mm
0	4,2	3,1	2,8	3,7	4,3	3,62	4,0
50	3,8	4,3	3,8	2,7	2,7	3,46	3,8
100	3,0	3,0	4,1	4,4	3,7	3,64	3,0
150	4,8	3,9	3,3	4,0	4,7	4,14	4,7
200	4,5	5,3	5,0	3,9	3,7	4,48	4,8
250	3,9	3,7	4,7	5,2	4,8	4,46	3,8
300	5,1	4,3	3,3	3,7	4,6	4,20	4,9
350	3,4	4,3	4,3	3,5	2,9	3,68	3,9

$$\beta_{max} = 0,000\ 09.$$

Cylindre n° 4. — Face A.

Azimut. grades	1ᵉʳ tour. mm	2ᵉ tour. mm	3ᵉ tour. mm	4ᵉ tour. mm	5ᵉ tour. mm	Moyenne. mm	Position initiale. mm
0	4,9	3,8	3,0	5,0	5,3	4,40	4,7
50	5,2	5,5	4,7	3,7	3,4	4,50	5,3
100	3,4	3,7	5,3	5,3	4,3	4,40	3,1
150	5,1	4,1	3,0	4,2	5,3	4,34	5,1
200	4,1	5,1	4,8	3,7	3,0	4,14	4,7
250	3,7	3,0	4,8	5,3	4,5	4,26	3,6
300	5,3	4,4	3,3	3,4	5,3	4,34	5,3
350	3,7	5,1	5,0	3,8	2,7	4,06	4,3

$$\beta_{max} = 0,000\ 04.$$

Face B.

Azimut. grades	1ᵉʳ tour. mm	2ᵉ tour. mm	3ᵉ tour. mm	4ᵉ tour. mm	5ᵉ tour. mm	Moyenne. mm	Position initiale. mm
0	4,3	3,2	3,3	4,3	4,7	3,96	4,0
50	4,6	4,7	3,9	3,0	2,7	3,78	4,4
100	2,9	3,0	4,3	4,6	3,5	3,66	2,5
150	4,3	3,3	2,3	3,4	4,3	3,52	4,1
200	4,3	4,7	4,2	3,2	2,5	3,78	4,3
250	3,1	2,7	4,4	4,7	3,7	3,72	2,7
300	4,7	3,6	2,6	3,3	4,4	3,72	4,4
350	3,7	4,6	4,3	3,3	2,3	3,64	4,1

$$\beta_{max} = 0,000\ 04.$$

9 avril 1896.

Cylindre n° 6. — Face A.

Azimut.	1er tour.	2e tour.	3e tour.	4e tour.	5e tour.	Moyenne.	Position initiale.
grades	mm	mm	mm	mm	mm	mm	mm
0	7,2	5,7	4,9	6,1	6,6	6,10	7,0
50	8,0	8,6	7,1	6,2	7,1	7,40	7,9
100	7,1	8,3	8,8	7,3	6,5	7,60	7,0
150	6,4	6,7	8,3	8,6	7,3	7,46	6,4
200	6,3	5,6	5,3	7,6	7,4	6,44	6,3
250	6,7	5,8	5,2	4,3	7,0	5,80	6,7
300	6,5	5,9	5,7	4,7	3,8	5,32	6,3
350	4,2	6,3	5,9	6,1	4,8	5,46	4,1

$$\beta_{max} = 0{,}000\,22.$$

Face B.

Azimut.	1er tour.	2e tour.	3e tour.	4e tour.	5e tour.	Moyenne.	Position initiale.
grades	mm	mm	mm	mm	mm	mm	mm
0	7,6	6,2	5,3	7,1	7,2	6,74	7,6
50	6,8	7,3	5,8	5,0	6,2	6,22	6,7
100	5,6	6,6	7,2	5,7	4,8	5,98	5,7
150	5,6	6,2	7,3	7,8	6,7	6,72	5,7
200	6,4	5,7	5,8	7,3	7,7	6,58	6,5
250	8,6	7,6	6,8	6,4	8,8	7,64	8,7
300	9,0	8,8	8,0	7,3	6,7	7,96	9,2
350	6,3	9,2	8,6	8,3	7,3	7,94	6,6

$$\beta_{max} = 0{,}000\,19.$$

Les observations ci-dessus ont été faites avec la collaboration de M. Hann, alors Aide du Bureau, qui amenait le cylindre dans ses positions successives, tandis que je lisais les déviations à la lunette. Répétées par M. Hann, ces lectures ont donné des résultats pratiquement identiques aux miennes.

Palpeurs.

Étude du métal. — Les palpeurs ont été pris dans une tige ronde de nickel laminé. La dilatation de cette tige, déterminée en juin 1895, a été déduite des comparaisons suivantes avec la Règle n° 13 en platine iridié :

Numéro de la mesure.	Température.	Ni — [13].	
		Obs.	O. — C.
	°	μ	μ
7	0,506	— 269,64	+ 0,05
8	7,460	— 242,46	+ 0,01
6	11,094	— 228,16	— 0,14
1	16,754	— 205,30	— 0,09
5	21,639	— 184,98	+ 0,23
2	28,068	— 158,45	+ 0,01
4	32,840	— 138,38	— 0,09
3	37,933	— 116,46	+ 0,01

On tire de ces nombres, par la méthode des moindres carrés,

$$\text{Ni} - [13] = -271^{\mu},65 + 3^{\mu},867\,t + 0^{\mu},00591\,t^2;$$

et, la dilatation de la Règle n° 13 étant exprimée par

$$\alpha_{13} = (8,582 + 0,00170\,t)\,10^{-6},$$

on trouve finalement

$$\alpha_{\text{Ni}} = (12,449 + 0,00761\,t)\,10^{-6}.$$

Ces résultats sont rapportés à l'échelle du thermomètre à mercure en verre dur.

Des expériences de flexion ont donné, pour le module d'élasticité du nickel de cette barre,

$$E = 21\,600\,\frac{\text{kg}}{\text{mm}^2}.$$

Ces résultats sont bien d'accord avec ceux que j'ai trouvés sur un certain nombre d'échantillons de nickel de diverses provenances ([1]).

Construction des palpeurs. — Cette étude préliminaire étant faite, les palpeurs furent taillés dans la barre, à la forme indiquée précédemment (p. 56), puis munis, par les soins de la Société genevoise, d'une division en millimètres occupant toute la longueur qu'il a été possible de polir dans le creux supérieur des réglettes. Les divisions sont chiffrées en centimètres, les traits 25 et 75 occupant très sensiblement les milieux des palpeurs, dont la longueur finale devait être de 50cm.

Les pieds ayant été fixés et approximativement ajustés, on procéda au travail des extrémités, pour lesquelles un rayon de 250mm avait été choisi.

On commença par creuser un bassin de laiton, en se guidant au moyen d'un gabarit tourné sur un diamètre de 50cm; puis on tourna un boulet ayant la même courbure extérieure. Ces deux surfaces furent ensuite rodées l'une sur l'autre.

On fit alors un autre boulet de bronze, garni, sur la face antérieure, d'une plaque de nickel et portant en arrière une pièce cylindrique, taraudée à l'extérieur, fendue par deux traits de scie à angle droit, et sur laquelle s'engageait un écrou. Le boulet fut percé d'un canal central dans lequel s'ajustaient les terminaisons cylindriques des réglettes, que l'on pouvait serrer fortement dans le boulet au moyen de l'écrou (*fig.* 20). Le boulet ayant été tourné et rodé seul

---

([1]) Ch.-Éd. GUILLAUME, *Recherches sur le nickel et ses alliages.* Gauthier-Villars, 1898.

dans le bassin, et les réglettes approximativement ajustées, on roda le tout en-

Fig. 20. — Palpeur muni de son boulet.

semble (*fig.* 21) pour arriver aux surfaces terminales définitives. Chacun des palpeurs fut ainsi achevé par ses deux extrémités.

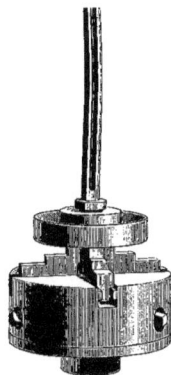

Fig. 21. — Dispositif pour le rodage de l'extrémité des palpeurs.

Par construction, les centres des sphères dont font partie les calottes terminales devaient être sur la surface divisée, ainsi que l'indique la théorie de la méthode. Il était utile, cependant, de vérifier *a posteriori* si cette condition était satisfaite.

Avant l'achèvement des palpeurs, on les avait montés entre les pointes d'un tour, et constaté ainsi que, en les faisant tourner autour des centres ayant servi au tournage des bouts cylindriques, l'excentricité d'aucun des points du pourtour n'excédait $0^{mm},1$.

Puis, ayant placé sur la surface supérieure, dans sa partie carrée, une lame de verre bien plane, on introduisit, entre la lame et le cylindre, un coin de 0,02 de pente. La lame étant retirée peu à peu en arrière, on constata que le coin enfonçait sensiblement de la même quantité, à l'exception de quelques parties où il entrait un peu plus profondément, accusant des dépressions de l'ordre de $0^{mm},05$.

La règle étant montée sur le boulet, il est très aisé de déterminer l'endroit où se trouve le centre de courbure de celui-ci. Dans ce but, on le pose dans le bassin, serré dans un mandrin (*fig.* 21) et bien huilé. Le boulet glissant dans le bassin de manière à pivoter autour de son centre, il suffit de rechercher le point du système qui reste immobile. Ce point n'est pas, en général, exactement sur une surface visible ; mais on peut déterminer ses coordonnées, par rapport à la surface portant la division, en employant le procédé suivant. Procédant par tâtonnements, on cherche d'abord le point de la surface qui semble n'éprouver aucun déplacement quand on fait balancer le boulet de droite à gauche. Visant alors, au moyen d'un cathétomètre, ce point, qui est le pied de la perpendiculaire abaissée du centre cherché sur la surface, on déplace le boulet d'avant en arrière. Si, dans ce mouvement, le point visé se meut de haut en bas, c'est que le centre de courbure est en arrière de la surface. Une mesure analogue peut être effectuée en faisant tourner la règle autour de son axe vertical. Le point visé se déplace alors de droite à gauche ou inversement, d'une quantité qu'on peut mesurer, et qui donne une nouvelle valeur de la distance cherchée.

Des mesures ainsi faites sur la dernière extrémité terminée, celle du palpeur n° 1, bout A, ont montré que le centre était à 228^{mm} de l'extrémité de la réglette et en apparence à $0^{mm},6$ environ au-dessous de la surface.

La raison de l'écart entre le rayon cherché et le rayon finalement obtenu est que, dans le rodage, le bassin, plus travaillé au centre que sur les bords, se creuse peu à peu. La dernière mesure faite devait donc donner le rayon minimum, et l'on peut en conclure que les rayons des quatre palpeurs sont compris entre 250^{mm} et 228^{mm}.

Des vérifications faites après avoir retourné le boulet d'une demi-circonférence, ont montré que l'écart entre le centre de la sphère et la surface de la règle était dû, pour moitié environ, au boulet, c'est-à-dire à l'écart de direction du canal central, et pour moitié au cylindre terminal ; le centre était donc à peu près à la moitié de la distance de la surface indiquée par la première mesure, c'est-à-dire à $0^{mm},3$.

Une mesure, faite au sphéromètre, du boulet qui avait servi à rectifier le bassin, a donné 232^{mm} pour son rayon de courbure. Celui-ci avait donc diminué encore de 4^{mm} dans le dernier rodage.

D'autres vérifications, dont il sera parlé plus tard (p. 95), ont confirmé les valeurs admises pour les rayons de courbure.

Les écarts des conditions que l'on avait cherché à réaliser sont sans aucune importance, comme il est facile de le voir en appliquant, aux résultats ci-dessus, la théorie précédemment exposée.

Règle normale.

Description. — A l'époque du début de mes mesures, la seule bonne règle divisée que possédât le Bureau était la Règle normale N en bronze, à l'étude de laquelle M. Benoit avait consacré un long travail dans les années 1882 et 1883. Cette règle, dont la section est représentée figure 22, est tracée sur une bande

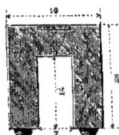

Fig. 22.

d'argent incrustée à la partie supérieure de la barre. La division est en millimètres pour les huit décimètres moyens, en demi-millimètres pour les extrêmes; le premier et le dernier millimètres sont divisés en dixièmes.

Le poli de cette règle est mat. Les traits sont larges, comparés à ceux des étalons récemment tracés, mais ils sont, pour la plupart, assez réguliers. Malheureusement, les nombreux nettoyages que l'on a dû faire subir à la règle dans le cours du temps, et surtout après ses rares immersions dans l'eau, ont légèrement altéré l'aspect de quelques-uns d'entre eux. C'est à cette altération qu'il faut attribuer le changement, déjà signalé, de quelques longueurs fournies par cette règle, et notamment de l'intervalle [999-1000] qui fut, pendant plusieurs années, le millimètre étalon du Bureau.

Des déterminations de contrôle ont montré que les millimètres qui en furent dérivés, et, en particulier, tous ceux de la première série des prototypes, ont été mesurés sans erreur appréciable. La modification constatée ne s'est produite que plus tard, et probablement vers l'année 1890.

Dilatation et équation. — La dilatation de la Règle normale a été déterminée par M. Benoit en juillet 1882; elle est représentée par la formule [1]

$$\alpha = (17513 + 0,00679 t) 10^{-6},$$

dans laquelle la température est rapportée au thermomètre en verre dur.

[1] J.-R. BENOIT, *Mesures de dilatation et comparaison des Règles métriques* (*Trav. et Mém.*, t. III, p. C.23). Les nombres originaux sont donnés dans l'échelle du thermomètre en cristal.

L'équation de la Règle normale a été déterminée à diverses époques, ainsi que l'indique le Tableau suivant ([1]) :

Observateurs.	Dates.	N à o°.
Pernet.......................	1880	$1^m + 48^\mu,03$
Benoît.......................	1882	$1 + 48,56$
Boinot.......................	1888	$1 + 48,68$
Benoît et Guillaume.............	1894	$1 + 48,87$

Combinant les deux dernières déterminations, nous avions admis, pour la longueur de la règle dans l'eau, à o°, $1^m + 48^\mu,8$, et, pour sa longueur dans l'air, $1^m + 49^\mu,0$ ([2]).

La discordance de certaines données obtenues d'une manière indépendante par la Règle normale et par d'autres règles divisées, étudiées ultérieurement au Bureau, m'engagea à faire, en juin et juillet 1902, après l'achèvement de mes mesures relatives aux cylindres, une nouvelle détermination de l'équation de la Règle normale.

Pour mettre celle-ci dans les conditions précises de son emploi dans la mesure des cylindres, je la laissai sur le deuxième banc du comparateur, tandis que la règle de comparaison était portée sur deux cales placées dans les coulisses supportant des palpeurs. Les règles Type 3 et n° 26 du Bureau ont servi à ces comparaisons, résumées dans les Tableaux ci-après, dans lesquels les températures attribuées aux deux règles sont celles qu'indiquent les thermomètres portés par le même banc. Les deux groupes de quatre mesures se distinguent par la position de la règle de comparaison, retournée bout pour bout entre les deux séries d'opérations :

Numéro de la mesure.	Températures		$[N] - [T_3]$.	$[N] - [T_3]$ à 18°.
	T_3.	N.		
	°	°	μ	μ
1..........	17,480	17,517	+ 203,04	+ 207,43
2..........	17,703	17,721	+ 204,52	+ 206,97
3..........	17,997	18,053	+ 207,86	+ 207,38
4..........	18,080	18,110	+ 208,59	+ 207,59
5..........	18,302	18,360	+ 211,60	+ 208,32
6..........	18,360	18,431	+ 212,35	+ 208,43
7..........	18,032	18,091	+ 208,93	+ 208,10
8..........	18,081	18,123	+ 208,90	+ 207,78
			Moyenne...............	+ 207,75

([1]) J.-R. BENOÎT et CH.-ÉD. GUILLAUME, *Nouvelles déterminations des mètres étalons du Bureau international*, p. 24 (*Travaux et Mémoires*, t. XI).

([2]) La différence de ces deux équations est due au fait que la règle est tracée en dehors du plan des fibres neutres et qu'elle est portée sur des pieds situés plus près du centre que les positions assurant la verticalité des tranches extrêmes.

L'équation complète de la Règle T_3 étant :

$$T_3 = 1^m + 1^\mu,50 + (8,583 + 0,00170\,t)10^{-6},$$

on trouve :

$$N \text{ à } 0^o = 1^m + 46^\mu,85.$$

Numéro de la mesure.	Températures		[N] — [26].	[N] — [26] à 18°.
	N° 26.	N.		
	o	o	μ	μ
1............	18,080	18,139	+ 209,44	+ 207,67
2...........	18,108	18,163	+ 209,80	+ 207,84
3............	17,776	17,825	+ 206,51	+ 207,68
4............	17,823	17,870	+ 206,72	+ 207,50
5............	17,980	18,027	+ 207,87	+ 207,22
6...........	18,014	18,079	+ 208,60	+ 207,32
7............	17,759	17,803	+ 206,17	+ 207,58
8...........	17,915	17,949	+ 206,82	+ 206,99
		Moyenne..............		+ 207,47

Or,

$$N° 26 = 1^m + 0^\mu,80 + (8,596 + 0,00170\,t)10^{-6},$$

d'où

$$N \text{ à } 0^o = 1^m + 46^\mu,11.$$

La moyenne de ces deux déterminations donne donc

$$N \text{ à } 0^o = 1^m + 46^\mu,5,$$

valeur inférieure de $2^\mu,5$ à celle qui résultait des comparaisons de 1888 à 1894, mais de $1^\mu,5$ seulement à celle que l'on déduit des comparaisons de 1880.

Les comparaisons avec la Règle T_3 ont été répétées en septembre et octobre 1903, au moyen du comparateur à dilatation, les deux règles étant plongées dans l'eau. Ces mesures, faites dans les huit positions relatives des deux règles, ont conduit aux résultats suivants :

Numéro de la mesure.	Températures.	[N] — [T_3].	[N] — [T_3] à 16°,5.
	o	μ	μ
1...........	16,396	+ 193,40	+ 194,35
2.........	16,394	+ 192,23	+ 193,89
3...........	16,425	+ 193,60	+ 194,28
4...........	16,483	+ 193,96	+ 194,11
5...........	16,544	+ 194,74	+ 194,34
6...........	16,634	+ 195,10	+ 193,88
7...........	16,683	+ 195,72	+ 194,06
8...........	16,729	+ 196,01	+ 193,93
	Moyenne..		+ 194,10

Il en résulte :

$$N \text{ à } 0^o = 1^m + 46^\mu,87,$$

valeur de $1^\mu,9$ inférieure à celle qui avait été admise pour la Règle normale dans l'eau.

L'ensemble de ces déterminations s'accorde donc pour indiquer que la Règle normale N s'est raccourcie dans un intervalle de temps qui comprend celui pendant lequel j'en ai fait usage pour la mesure des cylindres. La divergence entre les résultats obtenus par les deux comparateurs peut s'expliquer par la différence d'aspect des traits dans l'air et dans l'eau, et par la légère incertitude de la température dans les mesures au Comparateur universel ([1]).

Les causes de ce changement sont encore obscures. Il est possible que nos comparaisons de 1894, dont les résultats étaient un peu plus élevés que ceux des comparaisons de 1880 et de 1882, aient été faussées par quelque déformation des traits, due à un peu d'incrustation par du carbonate de chaux, et qu'en réalité la Règle normale ait subi la contraction lente avec le temps, commune à la grande majorité des métaux ou alliages ; ce retrait, s'ajoutant plus tard à une usure dissymétrique des traits, due aux nettoyages, aurait produit le changement total qui résulte du rapprochement des résultats ci-dessus.

Étant donnée l'incertitude de ces hypothèses, je conserverai, dans la suite des calculs relatifs aux cylindres, l'équation ancienne employée pour toutes les réductions, et nous verrons, dans la discussion finale, le sens et la grandeur probable des modifications que ces changements entraînent dans les résultats. Il n'est pas inutile de faire remarquer dès à présent qu'il s'agit de très petites quantités, ramenées aux dimensions des cylindres.

Étalonnage. — Ayant eu à me servir d'un nombre limité de traits de la Règle normale, j'ai jugé inutile de faire une étude complète de ses erreurs de division. Son étude partielle s'est cependant imposée, après que j'eus constaté que certaines longueurs, rapportées à des intervalles différents, divergeaient sensiblement si l'on prenait la valeur de ces derniers dans le premier étalonnage. Une fois même la divergence atteignit 2^μ, quantité considérable. Or, dans ce cas particulier, la nouvelle étude donna, pour chacun des traits utilisés, un écart de $0^\mu,5$ environ par rapport aux nombres anciens, et il se trouva, par un hasard remarquable, que ces quatre quantités ajoutaient leurs effets. Les résultats qui viennent d'être rapportés rendent bien compte de la possibilité d'un changement de cet ordre dans la position de l'axe d'un trait, après plusieurs années d'usage de la règle.

L'étalonnage nouveau a consisté d'abord en une détermination complète de

---

([1]) Les écarts relativement considérables, entre les résultats individuels obtenus au Comparateur universel, sont dus en partie à la grande différence de dilatation des règles, combinée avec les erreurs de température, dans des mesures faites au début de l'été, alors que nos salles d'observation se réchauffent assez rapidement. Les mesures des cylindres ont été faites dans des conditions meilleures.

la position des traits décimétriques. Puis, à l'intérieur de chaque décimètre, les traits utilisés ont été rapportés aux traits décimétriques voisins, par des comparaisons faites avec le décimètre étalon AN2, en acier-nickel, admirablement divisé par M. Benoît, et dont l'étude avait été faite avec beaucoup de soin par M. Maudet, suivant un diagramme indiqué dans un précédent Mémoire (¹). Pour de petits intervalles, je me suis servi aussi d'une réglette en nickel, de 1ᶜᵐ de longueur, dont les intervalles avaient été déterminés par M. Benoît en fonction des longueurs d'onde du cadmium.

Pour la détermination des décimètres, chacun d'eux a été comparé au décimètre auxiliaire AN3 également en acier-nickel, puis les intervalles de deux, trois, etc. décimètres ont été comparés entre eux par le procédé de déplacement longitudinal (²), chaque intervalle étant mesuré quatre fois, après des déplacements alternés de la règle.

Le Tableau suivant résume l'ensemble de ces comparaisons, faites en mars 1899, à une température voisine de 7°,5.

Détermination des décimètres de la Règle normale N.

	[0·10].	[10·20].	[20·30].	[30·40].	[40·50].	[50·60].	[60·70].	[70·80].	[80·90].	[90·100].
[0·10]	0,00	− 6,62	−11,76	−12,27	− 8,71	−15,85	− 7,98	−13,23	+ 6,68	−18,00
[10·20]	+ 6,62	0,00	− 5,69	− 6,98	− 3,52	−10,39	− 2,64	− 7,76	+ 12,85	−12,84
[20·30]	+11,76	+ 5,69	0,00	− 0,26	+ 2,72	− 4,29	+ 3,41	− 1,51	+ 18,61	− 5,80
[30·40]	+12,27	+ 6,98	+ 0,26	0,00	+ 3,37	− 3,32	+ 4,34	− 0,64	+ 19,40	− 9,32
[40·50]	+ 8,71	+ 3,52	− 2,72	− 3,37	0,00	− 6,36	+ 0,84	− 3,78	+ 15,87	− 9,32
[50·60]	+15,85	+10,39	+ 4,29	+ 3,32	+ 6,36	0,00	+ 6,71	+ 2,57	+ 22,50	− 2,48
[60·70]	+ 7,98	+ 2,64	− 3,41	− 4,34	− 0,84	− 6,71	0,00	− 4,23	+ 15,57	− 9,69
[70·80]	+13,23	+ 7,76	+ 1,51	+ 0,64	+ 3,78	− 2,57	+ 4,23	0,00	+ 19,75	− 5,16
[80·90]	− 6,68	−12,85	−18,61	−19,40	−15,87	−22,50	−15,57	−19,75	0,00	−24,90
[90·100]	+18,00	+12,84	+ 6,88	+ 5,80	+ 9,32	+ 2,48	+ 9,69	+ 5,16	+ 24,90	0,00
	+87,74	+30,35	−29,28	−36,86	− 3,39	−66,51	+ 3,06	−43,17	+156,13	−95,07

Erreurs résiduelles.

+0,88								
+0,06	−0,27							
−0,19	+0,26	−0,50						
−0,40	+0,15	−0,13	−0,02					
+0,12	+0,40	+0,27	+0,05	−0,25				
−0,49	−0,09	−0,21	−0,35	−0,19	+0,55			
+0,14	+0,41	+0,12	+0,01	−0,20	+0,06	−0,39		
+0,16	−0,27	−0,07	−0,10	+0,08	+0,06	−0,26	+0,18	
−0,28	+0,30	+0,30	−0,02	+0,15	−0,08	−0,12	−0,03	−0,22

(¹) CH.-ÉD. GUILLAUME, *L'étalonnage des Règles divisées*, p. 30 (*Travaux et Mémoires*, t. XIII).
(²) *Ibid.*, p. 40.

CH.-ÉD. GUILLAUME.

Les corrections qui en résultent pour les traits décimétriques, rapportés à une équation nulle de la règle, sont donnés ci-après, en regard des résultats trouvés par M. Benoît en 1882 et 1883.

Divisions.	Excès sur la valeur nominale.		
	Benoît 1883.	Guillaume 1899.	B.-G.
	μ	μ	μ
100	+ 8,71	+ 8,77	—0,06
200	+12,04	+11,81	+0,23
300	+ 8,91	+ 8,88	+0,03
400	+ 4,96	+ 5,19	—0,23
500	+ 4,66	+ 4,86	—0,20
600	— 2,25	— 2,10	—0,15
700	— 1,94	— 1,79	—0,15
800	— 6,52	— 6,11	—0,41
900	+ 9,13	+ 9,51	—0,32

Les intervalles, rapportés à la règle entière, sont ainsi un peu plus grands, en moyenne, d'après mon étalonnage, que d'après l'étude antérieure de M. Benoît. Les intervalles partiels seraient donc modifiés moins fortement que ne l'indique le changement de l'équation, et cette divergence relative est bien d'accord avec l'hypothèse d'une modification dans l'aspect des traits extrêmes. Toutefois, une faible contraction générale de la règle parait certaine ; car, si l'on considère des intervalles marqués par des traits décimétriques quelconques, en tenant compte du changement de l'équation, on les trouve tous légèrement raccourcis, à l'exception de [200.300] et [200.400]. Il est donc de plus en plus probable que le changement constaté dans l'équation de la Règle normale est dû à la somme de deux effets distincts, qui ont agi dans le même sens.

Pour la détermination de la position des traits à l'intérieur des décimètres, la Règle normale et le décimètre auxiliaire, placés sur le chariot à déplacement longitudinal, étaient disposés comme suit (*fig.* 23) :

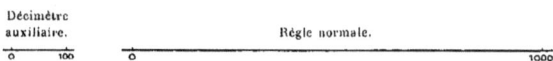

Fig. 23.

Le coefficient de dilatation de décimètre AN2, que j'ai déterminé sur une barre de 1^m,05 de longueur, est

$$\alpha = (0,959 - 0,00009 \, t)10^{-6}.$$

Les comparaisons avec la Règle normale ont été faites à des températures peu éloignées de 7°,5 et ramenées à cette température, à laquelle les erreurs de la réglette AN2 sont les suivantes :

Divisions.	Excès sur la valeur nominale à partir du zéro.	Divisions.	Excès sur la valeur nominale à partir du zéro.
1...	+ 0,43	20...	+ 0,40
2...	+ 0,28	30...	— 0,58
3...	+ 0,04	40...	— 0,94
4...	+ 0,05	50...	— 1,18
5...	+ 0,17	60...	— 1,37
6...	0,00	70...	— 2,21
7...	— 0,12	80...	— 3,32
8...	— 0,12	90...	— 3,27
9...	+ 0,06	100...	— 1,98
10...	+ 0,19		

Les intervalles mesurés partent des traits décimétriques de la Règle normale dont la position à 7°,5, reproduite ci-après, résulte des données des Tableaux précédents :

Divisions.	Excès sur la valeur nominale à partir du zéro. μ
100...	+ 26,84
200...	+ 47,95
300...	+ 63,09
400...	+ 77,47
500...	+ 95,21
600...	+ 106,33
700...	+ 124,70
800...	+ 138,45
900...	+ 172,13
1000...	+ 180,70

Les Tableaux suivants, où tous les nombres sont ramenés à la température de 7°,5, contiennent les résultats des comparaisons, faites en mars et avril 1899, et, dans la dernière colonne, les nombres cherchés, c'est-à-dire les excès de longueur, sur la valeur nominale, des intervalles compris entre le zéro de la Règle normale et chacun des traits indiqués. Les données nécessaires au calcul sont contenues dans les Tableaux qui précèdent.

Intervalles déterminé.	auxiliaire.	Différence des intervalles. R.N. — AN 2. μ	Valeur de l'intervalle de la Règle normale. μ	Position du point cherché. mm μ
[80·100]	[0·20]	+ 4,52	+ 4,92	80 + 21,92
»		+ 4,46	+ 4,86	+ 21,98
»	[20·40]	+ 5,77	+ 4,43	+ 22,41
»	»	+ 6,20	+ 4,86	+ 21,98

Moyenne... + 22,07

Intervalles		Différence des intervalles R.N. — AN 2.	Valeur de l'intervalle de la Règle normale.	Position du point cherché.	
déterminé.	auxiliaire.	μ	μ	mm	μ
[180 200]	[0·20]	— 0,95	— 0,15	180 +	48,40
»	»	— 1,25	— 0,85		+ 48,80
»	[20·40]	+ 0,53	— 0,81		+ 48,76
»	»	+ 0,49	— 0,85		+ 48,80
				Moyenne...	+ **48,69**
[300·350]	[0·50]	+ 16,81	+ 15,63	350 +	78,72
»	[50·100]	+ 16,08	+ 15,28		+ 78,37
[350·400]	»	+ 0,96	+ 0,16		+ 77,31
»	[0·50]	+ 0,92	— 0,26		+ 77,73
				Moyenne...	+ **78,03**
[300·370]	[0·70]	+ 13,92	+ 11,71	370 +	74,80
»	»	+ 14,36	+ 12,15		+ 75,24
[370·400]	[70·100]	+ 3,65	+ 3,88		+ 73,59
»	»	+ 3,13	+ 3,36		+ 74,11
				Moyenne...	+ **74,44**
[400·430]	[0·30]	+ 7,79	+ 7,21	430 +	84,68
»	»	+ 7,49	+ 6,91		+ 84,38
[430·500]	[30·100]	+ 13,21	+ 11,81		+ 83,40
»	»	+ 13,26	+ 11,86		+ 83,35
				Moyenne...	+ **83,95**
[490·500]	[0·10]	+ 2,89	+ 3,08	490 +	92,13
»	[10·20]	+ 3,11	+ 3,32		+ 91,89
»	[20·30]	+ 4,14	+ 3,16		+ 92,05
»	[30·40]	+ 3,71	+ 3,35		+ 91,86
				Moyenne...	+ **91,98**
[680·700]	[0·20]	+ 3,22	+ 3,62	680 +	121,08
»	[20·40]	+ 4,57	+ 3,23		+ 121,47
»	[40·60]	+ 3,58	+ 3,15		+ 121,55
»	[60·80]	+ 5,00	+ 3,04		+ 121,66
				Moyenne...	+ **121,44**
[798·800]	[0·2]	+ 0,17	+ 0,45	798 +	138,00
»	[2·4]	+ 0,71	+ 0,48		+ 137,97
»	[4·6]	+ 0,42	+ 0,37		+ 138,08
»	[6·8]	+ 0,65	+ 0,53		+ 137,92
				Moyenne...	+ **137,99**

Intervalles		Différence des intervalles R.N. — AN2.	Valeur de l'intervalle de la Règle normale.	Position du point cherché.
déterminé.	auxiliaire			
[799-800]	[1-2]	$+ 0,02$	$- 0,13$	799 $+ 138,58$
»	[3-4]	$+ 0,24$	$+ 0,25$	$+ 138,20$
»	[5-6]	$+ 0,17$	$0,00$	$+ 138,45$
»	[7-8]	$+ 0,22$	$+ 0,21$	$+ 138,24$
			Moyenne...	$+ 138,37$
[900-930]	[0-30]	$- 3,46$	$- 4,04$	930 $+ 168,09$
»	[30-60]	$- 3,94$	$- 4,73$	$+ 167,40$
[930-1000]	[0-70]	$+ 15,83$	$+ 13,62$	$+ 167,08$
»	[30-100]	$+ 15,17$	$+ 13,77$	$+ 166,93$
			Moyenne...	$+ 167,37$
[990-1000]	[0-10]	$+ 1,78$	$+ 1,97$	990 $+ 178,73$
»	[10-20]	$+ 2,14$	$+ 2,35$	$+ 178,35$
»	[20-30]	$+ 3,62$	$+ 2,64$	$+ 178,06$
»	[30-40]	$+ 2,73$	$+ 2,37$	$+ 178,33$
			Moyenne...	$+ 178,37$
[994-1000]	[0-6]	$+ 4,62$	$+ 4,62$	994 $+ 176,08$
»	[1-7]	$+ 4,68$	$+ 4,13$	$+ 176,57$
»	[2-8]	$+ 5,02$	$+ 4,62$	$+ 176,08$
»	[3-9]	$+ 4,77$	$+ 4,79$	$+ 175,91$
			Moyenne...	$+ 176,16$
[995-1000]	[1-6]	$+ 3,45$	$+ 3,02$	995 $+ 177,68$
»	[2-7]	$+ 3,34$	$+ 2,94$	$+ 177,76$
»	[3-8]	$+ 3,25$	$+ 3,08$	$+ 177,62$
»	[4-9]	$+ 3,41$	$+ 3,42$	$+ 177,28$
			Moyenne...	$+ 177,58$
[998-1000]	[0-2]	$+ 2,22$	$+ 2,50$	998 $+ 178,20$
»	[2-4]	$+ 2,75$	$+ 2,52$	$+ 178,18$
»	[4-6]	$+ 2,75$	$+ 2,70$	$+ 178,00$
»	[6-8]	$+ 2,63$	$+ 2,51$	$+ 178,19$
			Moyenne...	$+ 178,14$
[999-1000]	[1-2]	$+ 1,85$	$+ 1,70$	999 $+ 179,00$
»	[3-4]	$+ 1,68$	$+ 1,69$	$+ 179,01$
»	[5-6]	$+ 2,17$	$+ 2,00$	$+ 178,70$
»	[7-8]	$+ 2,01$	$+ 2,00$	$+ 178,70$
			Moyenne...	$+ 178,85$

Pour la réduction des longueurs comparées à la réglette centimétrique en nickel n° 1, je suis parti des erreurs de division de cette réglette, qui sont les suivantes à 7°,5 :

Divisions.	Excès sur la valeur nominale à partir du zéro.
	μ
1..	— 1,28
2..	— 0,70
3..	+ 1,94
4..	— 0,76
5..	+ 0,67
6..	+ 1,91
7..	+ 0,01
8..	+ 0,40
9..	+ 0,77
10..	+ 2,48

La position des points 796 et 996, déduite des comparaisons avec la réglette Ni 1, est donnée ci-après :

Intervalles		Différence des intervalles R.N. — Ni 1.	Valeur de l'intervalle de la Règle normale.	Position du point cherché.
déterminé.	auxiliaire.			
		μ	μ	mm μ
[796·800]	[0·4]	+ 1,73	+ 0,97	796 + 137,48
»	[2·6]	— 2,44	+ 0,17	+ 138,28
»	[4·8]	— 0,46	+ 0,70	+ 137,75
»	[6·10]	+ 0,06	+ 0,63	+ 137,82
				Moyenne... **+ 137,83**
[996·1000]	[0·4]	+ 4,35	+ 3,59	996 + 177,11
»	[2·6]	+ 0,88	— 3,49	+ 177,21
»	[4·8]	+ 2,47	+ 3,63	+ 177,07
»	[6·10]	+ 3,76	+ 4,33	+ 176,37
				Moyenne... **+ 176,94**

Enfin, la position du point 380 a été déterminée par la comparaison des intervalles [350·380] et [380·400] aux diverses longueurs égales, précédemment mesurées sur la Règle normale.

Intervalles		Différence des intervalles.	Valeur de l'intervalle cherché.	Position. du point cherché.
déterminé.	auxiliaire.			
		μ	μ	mm μ
[380·380]	[900·930]	+ 0,90	— 3,86	380 + 74,17
[380·400]	[680·700]	+ 0,43	+ 3,69	+ 73,78
»	[180·200]	+ 4,30	+ 3,56	+ 73,91
»	[80·100]	— 1,42	+ 3,35	+ 74,12
				Moyenne... **+ 74,00**

La position des traits 994,5 et 999,5, utilisés dans les mesures des cylindres n° 1 et n° 6, a été déterminée par interpolation au moyen des micromètres du Comparateur universel.

On pointait, à la suite, les trois traits du même millimètre ; la mesure de chacun des intervalles était faite cinq fois, le microscope étant déplacé d'un dixième de millimètre après chaque mesure. Ces déterminations ont été répétées douze fois pour chacun des intervalles étudiés.

Une première détermination, faite en mars 1897, pour le trait 994,5, avait conduit à lui assigner une position qui avait été d'abord admise pour le calcul des dimensions du cylindre n° 6. Puis, lorsque ce trait eut été employé, en 1899, à la mesure du cylindre n° 1, je conçus quelques doutes sur l'exactitude de sa correction, et je recommençai des mesures semblables aux premières.

Les deux résultats diffèrent, en effet, plus que les erreurs possibles des observations n'autoriseraient à le penser, et il me paraît certain qu'à la suite de nombreux nettoyages, la position de l'axe du trait 994,5 par rapport aux traits voisins s'est légèrement modifiée. J'avais admis, pour les premiers calculs, la position des traits 994 et 995 telle qu'elle avait été déterminée par M. Benoît, et ce n'est qu'en 1899 que j'ai mesuré de nouveau leur correction. La détermination de 1897 n'est donc pas complète, et la variation constatée a pu tout aussi bien porter sur les traits desquels il dérive que sur le trait 994,5 lui-même. C'est pourquoi, après avoir d'abord calculé les longueurs trouvées au moyen des deux positions du trait 994,5, je me suis finalement décidé à adopter, dans un nouveau calcul, la moyenne de tous les résultats. L'incertitude qui en peut résulter, si l'on met tout au pire, est de l'ordre de $0^{\mu},3$; nous verrons plus tard quelles sont les modifications qui peuvent en résulter pour la connaissance du nombre cherché.

Les observations et le calcul relatifs à cette détermination sont donnés ci-après :

TRAIT 994,5.

Mars 1897.   Température moyenne 9°,8.

[994·994,5].	[994,5·995].	Différences.
10,0556	10,0128	+0,0428
10,0542	10,0122	+0,0420
10,0462	10,0114	+0,0348
10,0488	10,0126	+0,0362
10,0514	10,0086	+0,0428
10,0484	10,0038	+0,0446
10,0550	10,0148	+0,0402
10,0512	10,0108	+0,0404
10,0484	10,0132	+0,0352
10,0500	10,0150	+0,0350
10,0462	10,0138	+0,0324
10,0466	10,0116	+0,0350

Moyenne..... +0,0384 = +1$^{\mu}$,90

La correction est la moitié de la différence, soit + 0^{μ},95.

CH.-ÉD. GUILLAUME.

Mars 1899.   Température moyenne 7°,8.

[994·994,5].	[994,5·995].	Différences.
10,0694	9,9972	+0,0722
10,0672	9,9978	+0,0694
10,0646	9,9980	+0,0666
10,0618	9,9988	+0,0630
10,0606	10,0008	+0,0598
10,0624	10,0008	+0,0616
10,0646	9,9976	+0,0670
10,0610	10,0010	+0,0600
10,0646	10,0016	+0,0630
10,0702	10,0000	+0,0702
10,0648	9,9994	+0,0654
10,0634	10,0032	+0,0602

Moyenne..... +0,0649 = +3μ,23

La correction est donc + 1μ,62.

TRAIT 999,5.

Mars 1899.   Température moyenne 7°,9.

[999·999,5].	[999,5·1000].	Différences.
10,0242	10,0466	−0,0224
10,0204	10,0492	−0,0288
10,0236	10,0494	−0,0258
10,0180	10,0468	−0,0288
10,0226	10,0476	−0,0250
10,0202	10,0456	−0,0254
10,0222	10,0474	−0,0252
10,0214	10,0508	−0,0294
10,0198	10,0468	−0,0270
10,0232	10,0484	−0,0252
10,0232	10,0490	−0,0258
10,0306	10,0502	−0,0196

Moyenne..... −0,0257 = −1μ,28

La correction est − 0μ,64.

Valeurs des intervalles de la Règle normale. — Les positions des traits de la Règle normale utilisés soit dans la détermination de la constante des palpeurs, soit dans la mesure des cylindres sont récapitulées dans le Tableau suivant :

Divisions.	Excés sur la longueur nominale		Valeurs anciennes à 0°.
	à 7°,5.	à 0°.	
	μ	μ	μ
80.............	+ 22,07	+11,53	+12,11
100.............	+ 26,84	+13,67	+13,61
180.............	+ 48,69	+24,98	+25,51

Divisions.	Excès sur la longueur nominale		Valeurs anciennes
	à 7,5.	à 0°.	à 0°.
	μ.	μ.	μ.
200...........	+ 47,93	+21,60	—21,84
300...........	+ 63,99	+23,57	+23,61
350...........	+ 78,03	+31,92	+32,17
370...........	+ 74,44	+23,70	+25,76
380...........	+ 74,00	+23,91	+24,40
400...........	+ 77,47	+24,78	+24,55
430...........	+ 83,93	+27,31	+27,16
490...........	+ 91,98	+27,43	+27,91
500...........	+ 93,21	+29,34	+29,13
600...........	+106,33	+27,29	+27,13
680...........	+121,44	+31,86	+32,27
700...........	+124,70	+32,49	+32,34
796...........	+137,83	+32,97	+32,80
798...........	+137,99	+32,87	+32,19
799...........	+138,37	+33,12	+32,79
800...........	+138,45	+33,07	+32,65
900...........	+172,13	+53,58	+53,26
930...........	+167,37	+44,86	+44,74
990...........	+178,37	+47,96	+48,52
994...........	+176,16	+45,22	+45,27
994,5..........	+178,16	+47,14	
995...........	+177,58	+46,51	+46,62
996...........	+176,94	+45,74	+46,08
998...........	+178,14	+46,67	+47,13
999...........	+178,85	+47,25	+47,20
999,5..........	+179,13	+47,47	
1000...........	+180,70	+48,97	+48,97

Étalons de masse.

Les pesées étaient effectuées, ainsi qu'il a été dit (p. 58), par la méthode de substitution. On plaçait, sur le plateau de droite de la balance, une charge composée de poids en nickel, dont la valeur était approximativement connue, et qui équilibrait l'ensemble du cylindre, de l'étrier et des organes de suspension. Lorsque le cylindre était soulevé sur les sangles, on ramenait l'équilibre en chargeant le plateau de gauche de poids étalons en platine iridié.

Les pièces qui m'ont servi dans toutes les opérations sont les Kilogrammes C et S (cylindre et sphère), les Kilogrammes n° 9 et n° 31, attribués au Bureau par la Conférence générale de 1889, enfin la presque totalité des pièces de la série Oe, ajustée par Oertling à Londres.

Pour toutes ces pièces j'avais admis, dans les premiers calculs, les valeurs trouvées dans les déterminations ou les étalonnages primitifs. Mais de nouvelles comparaisons des kilogrammes et un plus récent étalonnage de la série Oe exécutés par M. Benoit, dans les années 1899 à 1904 ([1]), ont conduit à des valeurs un peu différentes des anciennes, en raison de la faible usure subie par une partie des pièces, en usage presque constant au Bureau. Les écarts sont surtout sensibles pour les kilogrammes C et S, pour lesquels ils atteignent $0^{mg},1$. Lorsque je m'en servis pour la première fois, ils portaient des rayures bien visibles, et il n'est pas douteux que la plus grande partie de leur variation s'était produite à une époque antérieure à mes mesures. C'est pourquoi, après avoir calculé les poussées en partant des anciennes valeurs, je les ai corrigées pour les mettre d'accord avec les nouvelles Les corrections sont d'ailleurs très faibles et ne modifient en aucun cas d'une unité le sixième chiffre du résultat final. Voici les constantes des pièces employées, masses et volumes à 0°.

	Kilogrammes.	
	Masse.	Volume à 0°.
	g	ml
C	1000,00015	46,5074
S	1000,00033	46,6406
N° 9	1000,00028	46,4203
N° 31	1000,00014	46,4056

Série Oc.

Pièces.	Masse.	Volume à 0°.
	g	ml
500	499,99987	23,2274
200	200,00002	9,2914
200*	199,99973	9,2919
100	100,00013	4,6517
50	50,00023	2,3225
20	20,00011	0,9300
20*	20,00011	0,9293
10	10,00006	0,4644
5	5,00011	0,2324
2	2,00004	0,0929
2*	2,00002	0,0929
1	1,00005	0,0465
0,5	0,49999	0,0232
0,2	0,20002	0,0093
0,2*	0,20000	0,0093
0,1	0,10003	0,0046
0,05	0,05002	0,0023
0,02	0,02005	0,0009
0,02*	0,02002	0,0009
0,01	0,01005	0,0005
0,005	0,00502	0,0002

[1] *Procès-verbaux des Séances du Comité international*, session de 1900, p. 26 et session de 1905, p. 47.

Réglages.

Après de nombreux essais de réglage par des procédés optiques, j'ai abandonné ces derniers, très laborieux et pénibles, et j'ai eu recours, dans la suite, à l'emploi des pièces de contact elles-mêmes pour la mise en place des cylindres dans le sens horizontal, tandis que, dans le plan vertical, je me servais concurremment d'un niveau et de l'observation de la hauteur du point de contact sur les extrémités des palpeurs.

Réglages dans le plan horizontal. — Les réglages dans le plan horizontal sont purement mécaniques. Lorsque le cylindre est debout, sa position d'avant en arrière doit être assurée de telle sorte que la droite joignant les centres de courbure des palpeurs passe le plus près possible de son axe. Lorsqu'il est couché, son axe doit être parallèle à cette droite.

Le premier de ces réglages est effectué de la manière suivante : la plate-forme mobile est d'abord amenée, au moyen de sa vis micrométrique, à 2^{mm} environ en avant de la position qu'elle doit finalement occuper. Puis, tandis qu'un aide, agissant sur la vis micrométrique, la dévisse de quatre ou cinq dixièmes de tour successifs, l'observateur mesure les cordes correspondantes, qui vont en croissant. La plate-forme est ensuite reculée de plusieurs tours de la vis, de manière à amener le cylindre dans une position que l'on juge être à peu près symétrique de la dernière dans laquelle une corde a été mesurée. On détermine une deuxième série de cordes, distantes également d'un dixième de tour de la vis, après avoir, au besoin, commencé par des mouvements de plus grande amplitude, qui amènent le cylindre dans une position approximativement symétrique de la précédente.

Les positions de la plate-forme sont alors portées en abscisses et les valeurs des cordes en ordonnées. On trace les courbes joignant les points successifs ainsi obtenus, puis on détermine, à l'aide de ces dernières, les abscisses de quelques couples de cordes égales. L'abscisse moyenne correspond à la position cherchée.

Voici, à titre d'exemple, les positions observées dans le premier réglage effectué par ce procédé, pour la mise en place du cylindre n° 6, mesuré le premier, en raison de ses faibles dimensions qui rendaient les manipulations relativement faciles. Les mesures sont exprimées en divisions du micromètre, approximativement équivalentes à $0^{\mu},5$.

Position. t.	Corde mesurée. div.	Position. t.	Corde mesurée. div.
0,7	32,6	5,0	39,5
0,8	34,1	5,1	37,8
0,9	36,8	5,2	35,3
1,0	38,4	5,3	34,0
		5,4	32,6

Le diagramme (*fig.* 24) représente l'ensemble de ces nombres. On lit maintenant sur les courbes les indications suivantes :

Cordes. div.	Avant. t.	Abscisses Arrière. t.	Moyenne. t.
38	0,98	5,08	3,03
36	0,86	5,19	3,03
34	0,77	5,30	3,04
32	0,69	5,40	3,04

La position du cylindre dans laquelle l'axe coupe la ligne des centres est donc

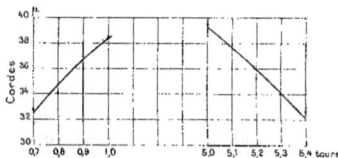

Fig. 24. — Diagramme du réglage d'un cylindre debout.

3t,03 ou 3t,04, valeur déterminée, à ce qu'il semble, à moins de un centième de tour près de la vis micrométrique, dont le pas est égal à 0mm,75. C'est, en général, dans ces limites de probabilité que la position de l'axe du cylindre était assurée par ce mode de réglage. Nous verrons bientôt que cette précision est bien plus que suffisante.

Au début, je m'astreignais à faire un réglage toutes les fois que je modifiais la position du cylindre en hauteur; mais j'ai constaté bientôt, par la concordance des positions indiquées par la vis horizontale, que le mouvement d'ascension était à très peu près vertical; dans la suite, je n'ai plus fait de vérifications du réglage qu'après deux ou trois déplacements en hauteur.

Contrairement à ce qui se passe pour la mesure des diamètres, la position correcte du cylindre couché entre les palpeurs fournit une valeur minima de la hauteur mesurée. Cette position est encore déterminée comme moyenne d'une série de positions donnant des hauteurs apparentes égales, et formant, par conséquent, des angles égaux, avec la position correcte.

Les déplacements effectués au moyen de la vis poussant la tablette supérieure mesureraient la tangente de l'angle de déviation par rapport à la position normale, si la pointe de la vis agissait sur un point situé dans l'alignement de l'axe, par rapport à la direction gauche-droite de l'instrument. Mais, la vis s'appuyant contre la face antérieure de la tablette, il en résulte une légère dissymétrie entre les écarts qui se produisent vers l'avant et vers l'arrière, de telle sorte que les déviations mesurées doivent subir une petite correction avant de pouvoir être employées à la détermination de la position normale.

Soient O (*fig.* 25) l'axe de rotation de la tablette, A le pied de la perpendi-

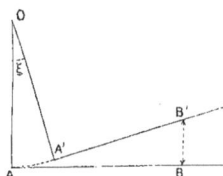

Fig. 25. — Diagramme de la rotation de la plate-forme.

culaire abaissée de O sur sa face antérieure, B le point où s'appuie la vis. Après une rotation d'un angle ξ, la tablette prend la position OA'B' et la distance BB' mesurée par la vis a pour expression

$$BB' = \left(AB - OA \tang \frac{\xi}{2}\right) \tang \xi.$$

Si la déviation se produit vers l'avant, B″ étant le point de contact (non figuré) la distance mesurée est

$$BB'' = \left(AB + OA \tang \frac{\xi}{2}\right) \tang \xi.$$

Le procédé le plus simple pour déduire, des mesures faites, la position correcte de la plate-forme, consiste à calculer un Tableau des valeurs de BB' et BB″ en fonction de ξ, puis d'appliquer, aux quantités mesurées, une correction qui les fasse correspondre à des déplacements symétriques.

Les longueurs OA et AB étant respectivement de 70^{mm} et 71^{mm}, et la valeur du tour de la vis de $0^{mm},75$, on trouve, par exemple, que, pour une déviation égale à deux tours, quantité qui donne à BB' ou BB″ une valeur pratique pour le réglage, la correction est de 2 centièmes de tour environ.

Voici encore, à titre d'exemple, les mesures qui ont servi au premier réglage du cylindre n° 6 couché :

Vis.	Hauteur mesurée.	Vis.	Hauteur mesurée.
t.	div.	t.	div.
0,5......	75,3	4,0......	11,7
0,6......	57,7	4,1......	30,6
0,7......	37,5	4,2......	48,4
0,8......	20,0	4,3......	67,6

La figure 26 conduit aux nombres suivants :

	Déviations brutes.		
Hauteurs.	Avant.	Arrière.	Moyenne.
div.	t.	t.	t.
60.........	0,58	4,26	2,42
50.........	0,63	4,21	2,42
40.........	0,68	4,15	2,41
30.........	0,74	4,10	2,42
20.........	0,80	4,04	2,42
			2,42
	Correction...........		+ 0,02
	Position normale.......		2,44

La précision du réglage est, ici encore, de l'ordre du centième de tour, correspondant à un angle ξ voisin de 0,0001.

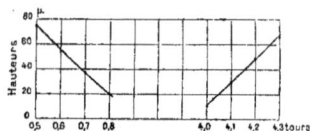

Fig. 26. -- Diagramme du réglage du cylindre couché.

Réglage dans le sens vertical. — Dans l'emploi d'un appareil parfaitement réglé, la meilleure vérification dans le sens vertical serait fournie par un niveau sensible. Mais la manière dont avaient été ajustés les pieds des palpeurs, pour permettre l'échange de ceux-ci, laissait subsister entre eux un très petit angle, qui rendait les indications du niveau un peu incertaines.

J'ai donc employé, en même temps que le niveau, l'observation de la position des points de contact, consistant à estimer la hauteur, rapportée à l'ensemble des goujons terminaux, du point où la calotte sphérique touche le cylindre. En s'éclairant à l'aide d'un miroir placé derrière le cylindre, on voit, au contact, une interruption peu étendue et bien nette de la mince ligne lumineuse envoyée par le miroir dans la direction horizontale. Si la forme cylindrique des goujons est conservée, le contact doit apparaître au milieu de leur hauteur. Mais j'avais pratiqué, à la partie supérieure des goujons, de petits méplats sur lesquels j'avais tracé des traits marquant la position du plan vertical médian des palpeurs. Ces traits devaient servir au réglage par rotation du cylindre (p. 66), auquel j'ai substitué ultérieurement la mesure des cordes égales. Il en résultait que le point de contact était situé un peu au-dessus du milieu de l'ombre formée par le corps des goujons.

Considérons d'abord le cas d'un goujon cylindrique complet, et d'un appareil parfaitement ajusté. Il est impossible qu'un observateur exercé tolère une erreur de position du contact faisant différer de $0^{mm},5$ la grandeur des deux plages lumineuses, supérieure et inférieure, et fausse, par conséquent, de $0^{mm},25$ la position du contact. L'angle formé par le cylindre avec la normale aux points de contact serait, dans cette hypothèse peu vraisemblable, de $0,001$.

Vérification du rayon de courbure des palpeurs. — On pourrait utiliser les deux réglages des cylindres pour la détermination du rayon de courbure des surfaces de contact des palpeurs. Mais j'ai eu l'occasion de faire cette vérification d'une façon plus directe en mesurant un cube de crown, de 50^{mm} d'épaisseur, qui était porté sur le disque divisé de la première plate-forme.

Les observations faites en vue du réglage du cube sont reproduites ci-après.

Position du disque.	Excès de l'épaisseur mesurée sur la distance des microscopes.	Différence par rapport à la position normale.
grades	μ	μ
27,5	+116,7	+203,4
27,6	+ 94,1	+180,8
27,7	+ 72,5	+159,2
27,8	+ 51,0	+137,7
30,8	+ 54,0	+140,7
30,9	+ 76,0	+162,7
31,0	+100,6	+187,3
31,1	+118,6	+205,3

Le procédé des épaisseurs égales donne, pour la position normale du cube, $29,29$ grades, et l'épaisseur relative trouvée pour cet azimut est $-86^{\mu},7$. Les excès de longueur apparente du cube, dus à l'écartement de la position normale, sont portés à la dernière colonne du Tableau. Ces excès étant égaux (p. 45) à $(\sec \xi - 1)(r_1 + r_2 + e)$, on peut mettre en regard les valeurs des sécantes et des épaisseurs, déduites du Tableau précédent, et dont les quotients deux à deux donnent chacun une valeur de $r_1 + r_2 + e$. Ce calcul est effectué ci-après :

Angles.	Sécξ — 1.	Excès.	$r_1 + r_2 + e$.
grade		μ	mm
1,5	0,000278	139	500
1,6	0,000316	161	510
1,7	0,000357	184	515
1,8	0,000400	204	510
		Moyenne pondérée.....	510

On en déduit : $r_1 + r_2 = 460^{mm}$, et en admettant l'égalité des courbures, $r = 230$, nombre très voisin de celui qui avait été trouvé directement (p. 76).

On remarquera que les angles de déviation très petits employés pour ce réglage n'ont été mesurés qu'au vernier au dixième, sur un cercle divisé en grades, de telle sorte qu'il était difficile de garantir une précision moyenne de l'ordre du centième des quantités mesurées. La vérification peut donc être considérée comme très satisfaisante.

Évaluation des erreurs. — En résumé, les rayons de courbure des palpeurs étaient de 230^{mm} environ, tandis que les points visés étaient à 250^{mm} des extrémités. Les centres de courbure se trouvaient très près de la surface, et certainement à moins de $0^{mm},5$. Les variations de la direction des palpeurs lorsqu'on les déplaçait dans la coulisse pour la mesure des cylindres était, au maximum, de l'ordre de $0,0002$, et leur changement de position dans le sens transversal de $0^{mm},05$. Enfin, le réglage des cylindres dans le sens horizontal pouvait être fait à $0^{mm},01$ près environ d'avant en arrière, et à $0,0001$ en azimut.

On voit tout d'abord que le réglage au moyen de la vis horizontale de déplacement d'avant en arrière est plus que suffisant. Supposons, par exemple, que, dans le réglage d'un cylindre de 100^{mm}, on ait commis, par impossible, une erreur de $0^{mm},1$. L'angle $\alpha = COO'$ (*fig.* 27), compris entre la droite des centres et l'une des droites passant par le point de contact sera $\alpha = \frac{0,1}{280}$. La distance des centres des palpeurs, qui devrait être égale à 560^{mm}, sera

$$560 \cos 0,00035 = 560 - 0^{\mu},03.$$

L'erreur étant proportionnelle au carré de l'écart, tout défaut de réglage inférieur à $0^{mm},1$ entraînera une erreur inappréciable.

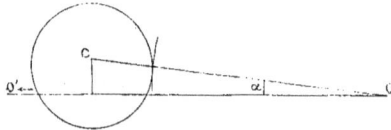

Fig. 27. — Contact excentrique du cylindre et des palpeurs.

Pour l'erreur en azimut, le calcul ne diffère du précédent que par la substitution de la sécante au cosinus. Le résultat est donc le même, puisque l'erreur possible sur l'angle horizontal est certainement inférieure à celle que nous avons supposée dans le calcul.

La série des exemples qui précèdent, et qui représentent le type moyen des réglages, montre que la position des cylindres dans le sens horizontal, aussi bien dans les déplacements parallèles que dans les rotations, peut être fixée avec une grande précision, et comporte des vérifications intéressantes.

Le réglage dans le plan vertical est un peu moins sûr. Nous avons vu que, pour des palpeurs bien réglés, terminés par des cylindres complets, une erreur de 0,001 de l'angle des plans touchés par rapport au plan perpendiculaire à la ligne des centres, est inadmissible. Mais, dans le cas de mon appareil, les observations étaient rendues difficiles par l'existence du méplat supérieur et par le très faible défaut de réglage des coulisses et des palpeurs. Il est facile de voir que, dans ce cas, l'égalité de hauteur des contacts amène le cylindre à bissecter l'angle formé par les palpeurs.

L'évaluation que j'avais faite des erreurs pouvant provenir de ce défaut de réglage m'avait conduit à penser qu'elles étaient sans importance. C'est seulement au cours de mon travail que, par des contrôles répétés, faits soit à l'aide de niveaux sensibles, soit en faisant réfléchir, sur les faces d'un cylindre couché, des faisceaux lumineux guidés par une série d'écrans placés dans les coulisses, je suis arrivé à conclure qu'il en résultait des erreurs appréciables. C'est là, sans aucun doute, que gît le plus gros défaut de mon premier travail, et la vraie raison de l'erreur de mes résultats en ce qui concerne la mesure des volumes. On verra que j'ai pu l'éviter dans la suite de mes recherches.

Je me hâte d'ajouter que les erreurs résultant de ce petit défaut de construction sont propres à la mesure des dimensions d'un corps limité par des plans. Dans le cas d'étalons terminés par des calottes sphériques, ce défaut n'intervient pas, de telle sorte que les mesures très nombreuses d'étalons à bouts, effectuées au moyen du même appareil, ne peuvent pas être suspectées. Elles ont été, d'ailleurs, soumises à des vérifications par des procédés interférentiels, qui ont fourni des résultats pratiquement identiques à ceux que j'avais trouvés.

Température des mesures. — Pour rester dans les meilleures conditions conformément à la remarque de la page 50, j'ai évité d'opérer pendant les grandes chaleurs, mais il ne m'a pas été possible, ainsi que je l'aurais voulu, d'effectuer toutes mes mesures à une température inférieure à 10°.

Plusieurs de mes gravimètres ont été construits sans que j'eusse à ma disposition des barres du même alliage permettant la détermination de leur dilatation. Il régnait donc, sur leur dilatabilité, une légère incertitude, qui m'a obligé, pour en réduire autant que possible l'action, à effectuer à des températures très peu différentes les mesures des dimensions et les déterminations de la poussée. Ainsi qu'on le verra par le détail des résultats, les erreurs dues aux dilatations sont certainement restées entre des limites très étroites.

XIV.

DÉTERMINATIONS PRINCIPALES.

Tares des micromètres.

Ainsi qu'il a été dit (p. 74), les palpeurs étaient divisés en millimètres; comme, d'autre part, les cylindres avaient été tournés et rodés sans qu'on eût cherché à réaliser des dimensions millimétriques déterminées, les longueurs à rapporter à la Règle normale pouvaient avoir des valeurs quelconques, comprises entre deux millimètres consécutifs. Dans certaines mesures, j'ai fait intervenir des traits qui, dans les décimètres extrêmes de la Règle normale, subdivisent en deux les millimètres (p. 87). Mais je me suis servi le plus souvent des traits millimétriques, ce qui m'a obligé plus d'une fois à comparer entre elles des longueurs différant d'une quantité peu inférieure à $0^{mm},5$. Dans ces conditions, la tare des micromètres intervenait pour des longueurs relativement grandes, et il était nécessaire d'en connaître la valeur avec une exactitude élevée. C'est pourquoi j'en ai fait de nombreuses déterminations, résumées dans le Tableau ci-après.

Les premières valeurs de la série ont été obtenues à l'aide des deux millimètres de la Règle n° 26; pour les autres, on s'est servi des dix millimètres de la petite échelle en nickel n° 1, étudiée par M. Benoit (p. 86).

Dates.	Intervalles.	Valeur de 1 tour.	
		Microscope gauche.	Microscope droit.
		μ	μ
1896 22 juin............	26 A, 26 B	50,213	49,968
1898 27 mai............	Ni 1 [0·1][1· 2]	50,159	49,931
27 mai............	[2·3][3· 4]	50,166	49,945
12 juillet.........	[4·5][5· 6]	50,170	49,948
12 juillet.........	[6·7][7· 8]	50,178	49,957
23 septembre.....	[8·9][9·10]	50,186	49,958
24 septembre.....	[0·1][1· 2]	50,188	49,953
31 octobre........	[2·3][3· 4]	50,166	49,927
31 octobre........	[4·5][5· 6]	50,173	49,937
1899 10 février......	[6·7][7· 8]	50,177	49,935
11 février........	[8·9][9·10]	50,194	49,949
	Moyennes......	50,179	49,946

On voit, d'après la concordance des résultats, qu'une erreur de $0^{\mu},01$ par tour moyen des micromètres est peu probable sur les moyennes.

Constante des palpeurs.

Les mesures des palpeurs ont été très nombreuses, puisque, depuis le 6 mars 1895, tout au début de mon travail, jusqu'au 25 avril 1902, époque où ces palpeurs ont été définitivement abandonnés, il a été fait 180 comparaisons de leur longueur de référence avec la Règle normale. Toutefois, les premiers résultats m'ayant paru incertains, je n'ai conservé, pour la réduction des mesures faites sur les cylindres, que les déterminations des palpeurs postérieures au 18 mars 1897. Le Tableau suivant en contient le résumé. Après la date et la température moyenne de la détermination, qui a consisté invariablement en cinq mesures des palpeurs et quatre de la Règle normale (p. 58), on y trouve la différence brute mesurée, puis cette différence ramenée à o°, l'indication de l'intervalle de la Règle normale auquel les palpeurs ont été rapportés avec l'excédent de sa valeur sur 500mm (*voir* p. 88), la valeur vraie des palpeurs à o°, diminuée également de 500mm, enfin la moyenne de quatre déterminations successives, rapportées au même intervalle de la Règle normale.

Entre deux déterminations consécutives, les palpeurs étaient toujours écartés et ramenés au contact. Les microscopes étaient déplacés systématiquement, de manière à couvrir autant que possible un tour entier dans les quatre mesures successives. Les écarts de celles-ci tiennent en partie aux erreurs périodiques des vis, qui n'ont pas été corrigées, mais qui s'éliminent sensiblement dans le résultat des quatre mesures réunies dans une même moyenne.

La réduction de ces observations, comme d'une grande partie de celles qui seront reproduites au cours de ce Mémoire, a été effectuée par M. Maudet, qui a apporté, dans ce travail, un soin et un dévouement dont je suis heureux de lui réitérer ici tous mes remerciements. J'ai pu ainsi me vouer presque entièrement aux recherches expérimentales, ce qui a considérablement allégé ma tâche. J'ai, naturellement, fait moi-même tous les calculs exigés par la synthèse des résultats immédiats.

Numéro de la mesure.	Dates. 1897.	Tempér.	P — N		$N_0 - 500^{mm}$.	$P_0 - 500^{mm}$.	
			à $t°$.	à o°.			
		°	μ	μ		μ	
1....	18 mars	8,997	—112,00	— 89,26	[430·930]	—71,71	
2....	19 »	8,731	—110,82	— 88,75		—71,20	
3....	»	8,814	—111,20	— 88,92	+17μ,55	—71,37	
4....	»	9,267	—113,09	— 89,66		—72,11	—71,60
5....	23 octobre	13,082	—115,54	— 82,49	[200·700]	—71,60	
6....	»	13,094	—115,77	— 82,69		—71,80	
7....	»	13,092	—116,01	— 82,94	+10,89	—72,05	
8....	25 octobre	12,696	—114,49	— 82,42		—71,53	—71,74
9....	13 novembre	10,894	—120,36	— 92,83	[490·990]	—72,30	
10....	»	10,915	—120,59	— 93,01		—72,48	
11....	16 »	10,601	—120,18	— 93,39	+20,53	—72,86	
12....	»	10,618	—120,28	— 93,45		—72,92	—72,64
13....	23 décembre	9,725	—114,77	— 90,19	[430·930]	—72,64	
14....	»	9,837	—114,57	— 89,70		—72,15	
15....	»	9,922	—114,65	— 89,57	+17,55	—72,02	
16....	»	9,991	—114,78	— 89,52		—71,97	—72,19

Numéro de la mesure.	Dates. 1898.	Tempér.	P — N à t°.	P — N à 0°.	N$_e$ — 500^{mm}.	P$_e$ — 500^{mm}.
		^{o}	μ	μ		μ
17....	18 février	6,947	— 96,29	— 78,72	[180·680]	—71,84
18....	»	6,973	— 96,39	— 78,76		—71,88
19....	»	6,996	— 96,34	— 78,65	+ 6$^\mu$,88	—71,77
20....	»	7,010	— 96,69	— 78,96		—72,08 —71,89 μ
21....	19 février	6,844	—100,56	— 83,25	[200·700]	—72,36
22....	»	6,862	—100,50	— 83,15		—72,26
23....	»	6,901	—100,70	— 83,25	+10,89	—72,36
24....	»	6,925	—100,60	— 83,09		—72,20 —72,29
25....	26 mai	12,886	—114,62	— 82,07	[200·700]	—71,18
26....	»	12,902	—114,54	— 81,95		—71,06
27....	27 »	12,746	—114,35	— 82,15	+10,89	—71,26
28. ..	»	12,761	—114,51	— 82,28		—71,39 —71,22
29....	27 mai	12,829	—113,69	— 81,29	[300·800]	—71,79
30...	»	12,843	—113,85	— 81,42		—71,92
31....	»	12,863	—113,52	— 81,04	+ 9,50	—71,54
32....	»	12,879	—113,33	— 80,81		—71,31 —71,64
33....	15 juillet	16,200	—121,28	— 80,38	[300·800]	—70,88
34....	»	16,233	—121,13	— 80,14		—70,64
35....	»	16,251	—121,50	— 80,47	+ 9,50	—70,97
36....	»	16,316	—121,47	— 80,27		—70,77 —70,81
37....	18 juillet	16,958	—124,31	— 81,49	[200·700]	—70,60
38....	»	16,977	—123,99	— 81,12		—70,23
39....	»	17,006	—124,46	— 81,52	+10,89	—70,63
40...	»	17,030	—124,45	— 81,55		—70,66 —70,53
41....	23 septembre	17,106	—125,62	— 82,43	[200·700]	—71,54
42....	»	17,134	—125,74	— 82,48		—71,59
43....	»	17,239	—126,21	— 82,68	+10,89	—71,79
44....	»	17,257	—126,86	— 83,29		—72,40 —71,83
45....	1er octobre	15,562	—122,87	— 83,58	[100·600]	—69,96
46....	»	15,578	—123,17	— 83,84		—70,22
47....	»	15,601	—123,71	— 84,32	+13,62	—70,70
48....	»	15,622	—124,03	— 84,58		—70,96 —70,46
49....	28 octobre	14,760	—136,99	— 99,71	[400·900]	—70,91
50...	»	14,771	—137,08	— 99,75		—70,95
51....	»	14,785	—136,64	— 99,29	+28,80	—70,49
52....	»	14,817	—136,71	— 99,28		—70,48 —70,71
53....	29 octobre	14,594	—117,14	— 80,28	[300·800]	—70,78
54....	»	14,610	—117,68	— 80,78		—71,28
55....	»	14,573	—118,40	— 81,56	+ 9,50	—72,06
56....	»	14,584	—118,42	— 81,58		—72,08 —71,55
57....	31 octobre	14,340	—118,92	— 82,70	[200·700]	—71,81
58....	»	14,347	—118,44	— 82,20		—71,31
59....	»	14,359	—118,84	— 82,57	+10,89	—71,68
60....	»	14,373	—119,08	— 82,77		—71,88 —71,67
61....	31 octobre	14,444	—122,11	— 85,62	[100·600]	—72,00
62....	»	14,451	—122,20	— 85,70		—72,08
63....	»	14,477	—122,38	— 85,81	+13,62	—72,19
64....	»	14,483	—122,71	— 86,13		—72,51 —72,19

Numéro de la mesure.	Dates. 1899.	Tempér.	$P - N$ à $t°$.	$P - N$ à $0°$.	$N_0 - 500^{mm}$.	$P_0 - 500^{mm}$.
65....	8 mars	7,538	−104,15	− 85,09	[100·600]	−71,47
66....	»	7,574	−104,22	− 85,07		−71,45
67...	»	7,578	−104,29	− 85,13	+13μ,62	−71,51
68...	»	7,596	−104,10	− 84,99		−71,37 −71,45
69....	8 mars	7,772	−101,05	− 81,39	[200·700]	−70,50
70....	»	7,794	−100,98	− 81,27		−70,38
71....	»	7,824	−101,68	− 81,89	+10,89	−71,00
72....	»	8,051	−102,24	− 81,88		−70,99 −70,72
73...	8 mars	8,216	−101,51	− 80,73	[300·800]	−71,23
74....	»	8,225	−102,04	− 81,24		−71,74
75...	9 »	7,558	− 99,98	− 80,87	+ 9,50	−71,37
76. .	»	7,561	− 99,91	− 80,79		−71,29 −71,41
77....	9 mars	7,669	−119,38	− 99,99	[400·900]	−71,19
78....	»	7,685	−119,39	− 99,95		−71,15
79....	»	7,729	−119,62	−100,07	+28,80	−71,27
80....	»	7,734	−119,43	− 99,87		−71,07 −71,17
81...	10 mars	7,454	−118,83	− 99,98	[400·900]	−71,18
82....	»	7,465	−119,03	−100,15		−71,35
83..	»	7,492	−118,79	− 99,84	+28,80	−71,04
84....	»	7,525	−118,86	− 99,83		−71,03 −71,15
85....	11 mars	7,416	− 99,33	− 80,58	[300·800]	−71,08
86....	»	7,429	− 99,28	− 80,49		−70,99
87....	»	7,441	− 99,18	− 80,36	+ 9,50	−70,86
88....	»	7,455	− 99,38	− 80,53		−71,03 −70,99
89....	11 mars	7,520	−101,19	− 82,17	[200·700]	−71,28
90....	»	7,514	−101,26	− 82,26		−71,37
91....	»	7,524	−101,87	− 82,84	+10,89	−71,95
92....	»	7,550	−101,49	− 82,40		−71,51 −71,53
93....	11 mars	7,603	−104,88	− 85,65	[100·600]	−72,03
94....	»	7,611	−104,82	− 85,57		−71,95
95....	»	7,623	−105,10	− 85,82	+13,62	−72,20
96....	»	7,636	−105,24	− 85,93		−72,31 −72,12
	1902.					
97....	28 février	9,604	−115,83	− 91,55	[500·1000]	−71,92
98....	»	9,638	−115,30	− 90,94		−71,31
99....	»	9,673	−115,80	− 91,36	+19,63	−71,73
100....	»	9,696	−115,96	− 91,46		−71,83 −71,70
101....	28 février	9,712	−125,06	−100,51	[400·900]	−71,71
102....	»	9,735	−124,70	−100,10		−71,30
103....	»	9,758	−124,97	−100,31	+28,80	−71,51
104..	»	9,772	−124,41	− 99,72		−70,92 −71,36
105....	28 février	9,774	−105,47	− 80,76	[300·800]	−71,26
106....	»	9,780	−105,37	− 80,65		−71,15
107....	»	9,797	−106,05	− 81,28	+ 9,50	−71,78
108....	»	9,809	−105,55	− 80,75		−71,25 −71,36
109....	24 avril	13,170	−115,25	− 81,98	[200·700]	−71,09
110....	»	13,182	−115,55	− 82,25		−71,36
111....	»	13,192	−115,61	− 82,29	+10,89	−71,40
112....	»	13,212	−115,41	− 82,04		−71,15 −71,25

Numéro de la mesure.	Dates. 1902.	Tempér.	P — N à t°.	à 0°.	$N_0 - 500^{mm}$.	$P_0 - 500^{mm}$.	
113....	24 avril	13,234	— 118,12	— 84,69	[100·600]	—71,07	
114....	»	13,260	—118,86	— 85,37	μ	—71,75	
115....	»	13,268	—118,47	— 84,96	+13,62	—71,34	
116....	»	13,289	—118,34	— 84,77		—71,15	—71,33
117....	25 avril	12,947	—133,42	—100,52	[0·500]	—71,18	
118....	»	12,968	—133,80	—101,04		—71,70	
119....	»	13,009	—133,95	—101,09	+29,34	—71,75	
120....	»	13,042	—133,91	—100,97		—71,63	—71,56

Les nombres ci-dessus montrent, avec une assez bonne concordance moyenne, quelques divergences qui peuvent s'expliquer soit par le fait que les palpeurs n'étaient pas parfaitement propres (divergences positives), soit parce qu'ils présentaient un petit défaut de réglage (divergences négatives); ces dernières peuvent être attribuées à ce que, pour assurer la parfaite liberté des palpeurs, il m'est arrivé, surtout au début du travail, de tendre trop fortement les ressorts portant les galets sur lesquels roulent les réglettes, de telle sorte que celles-ci ont pu, quelquefois, ne pas reposer parfaitement sur la coulisse.

Lorsque j'eus constaté la possibilité de cette erreur, j'y fis la plus grande attention, et pense l'avoir complètement évitée plus tard. On voit, en effet, que les résultats vont en se resserrant, et que, vers la fin du travail, les écarts sont assez faibles pour rester entièrement compris dans la somme des incertitudes possibles des observations au micromètre et des erreurs d'étalonnage de la Règle normale.

En groupant les moyennes par dix, dans l'ordre chronologique, on obtient les valeurs suivantes des palpeurs à 0°:

Du 18 mars 1897 au 18 juillet 1898..................... $500^{mm} - 71,66$

Du 23 septembre 1898 au 9 mars 1899.................. $500 \quad - 71,32$

Du 10 mars 1899 au 25 avril 1902.................... $500 \quad - 71,43$

La succession de ces nombres permet de conclure que, si les extrémités des palpeurs se sont écrasées dans le cours du temps, leur variation a été extrêmement faible, et certainement d'un ordre inférieur à celui des erreurs d'observation. Les trois moyennes partielles sont peu divergentes, et l'on ne voit pas de raisons pour adopter, aux diverses époques du travail, des valeurs différentes. J'ai donc admis, pour toutes les réductions, le résultat suivant :

Valeur des palpeurs à $0^v = 500^{mm} - 71^\mu,47$.

Cylindres.

Mesures des dimensions. — Les mesures des dimensions des cylindres ont été faites, pour chacun d'eux, suivant un plan répartissant uniformément, sur toute la surface, les points touchés par les palpeurs. Au voisinage des bords, les mesures ont été doublées, en ce sens que, pour les diamètres, on a fait faire au cylindre un tour complet, et que les hauteurs ont été déterminées dans les deux positions inverses du cylindre.

Lorsque les mesures exécutées conformément au diagramme établi d'avance révélaient des irrégularités, on a serré les points dans les régions correspondantes, de manière à en déterminer la forme aussi bien que possible.

Chaque détermination d'une dimension consistait en cinq mesures de l'ensemble constitué par le cylindre et les palpeurs et quatre mesures de la Règle normale. Avant d'effectuer le premier pointé, on écartait légèrement les palpeurs en agissant sur les fils de commande des treuils, et on les laissait revenir au contact du cylindre tout en observant, au microscope, les mouvements du trait de repère. Lorsque tout fonctionnait parfaitement, on voyait le trait s'arrêter brusquement. On faisait alors exécuter au chariot un rapide mouvement d'avant en arrière, pour donner à tout l'appareil de petites trépidations, et assurer ainsi l'équilibre parfait des palpeurs par l'élimination des frottements. Au début et à la fin de chaque mesure, on lisait les quatre thermomètres placés deux à deux sur les deux bancs.

En général, on a pris, pour indication de la température commune des deux longueurs mesurées, la moyenne des températures indiquées par les quatre thermomètres. Ce n'est que lorsqu'il semblait exister une petite différence systématique, que l'on a admis deux températures différentes et attribué à chacune des longueurs la température indiquée par le couple de thermomètres le plus voisin. En aucun cas les divergences constatées n'ont dépassé quelques centièmes de degré.

Pesées. — Les pesées dans l'air et dans l'eau ont été faites alternativement, en commençant et finissant toujours par les pesées dans l'air. En général, il a été fait cinq groupes alternés de six pesées complètes, soit, en tout, trente pesées pour chaque cylindre. Lorsque les moyennes des groupes homologues montraient un écart trop considérable, on a effectué des pesées de contrôle.

Le premier cylindre sur lequel j'ai opéré, le n° 6, a été d'abord placé dans l'eau chaude, sur laquelle on a fait le vide de manière à produire une ébullition violente. Dans la suite des pesées, j'ai trouvé qu'il avait perdu une très petite quantité de matière, ce qui a obligé à appliquer une correction aux résultats bruts.

Plus tard, les cylindres ont été immergés dans l'eau froide, et j'ai renoncé à provoquer l'ébullition proprement dite. L'eau restait pendant une dizaine d'heures sous la pression de 2^{cm} de mercure environ, sous laquelle il se dégageait pendant longtemps d'abondantes bulles d'air, dont la majeure partie remontaient à la surface. Quelques-unes restaient attachées au cylindre ou à l'étrier jusqu'à la fin de l'opération; mais, aussitôt qu'on rendait la pression, elles s'écrasaient, et ne tardaient pas à disparaître complètement.

Le vase était alors placé dans la balance, l'étrier était accroché au plateau, et les tares étaient établies. Les pesées proprement dites commençaient en général une heure après, et se poursuivaient pendant un ou plusieurs jours.

L'eau employée dans les pesées était obtenue, par redistillation, dans un appareil à réfrigérant de platine, d'eau distillée du commerce.

Dans les pesées hydrostatiques, l'étrier était suspendu à un fil de platine platiné, suivant le procédé indiqué par M. F. Kohlrausch, de manière à éviter presque complètement la décroissance rapide et irrégulière des oscillations, que produisent les phénomènes capillaires.

Malgré cette précaution, l'amortissement, dû alors en plus grande partie aux remous produits dans l'eau par le mouvement du cylindre et de l'étrier, était encore considérable, et les oscillations successives étaient assez différentes pour qu'on ne pût pas considérer la moyenne de deux élongations consécutives comme représentant suffisamment la position d'équilibre correspondant à l'élongation opposée. Il était donc nécessaire, pour combiner entre elles les élongations, d'appliquer à chacune d'elles une correction d'amortissement, que l'on calculait comme suit :

Soient

$$l_1 = a.10^0, \qquad l'_1 = a.10^{-\gamma},$$
$$l_2 = a.10^{-2\gamma}, \qquad l'_2 = a.10^{-3\gamma},$$
$$l_3 = a.10^{-4\gamma},$$
$$\dots\dots\dots, \qquad \dots\dots\dots,$$

les élongations successives à droite et à gauche de la position d'équilibre.

L'élongation l_1, par exemple, doit être associée à une élongation symétrique, comprise entre l_1 et l_2, mais dont la valeur, représentée par A' (*fig.* 28), est un peu inférieure à leur moyenne, qui est celle des ordonnées de A et B. On devra donc substituer, dans le calcul,

$$a.10^{-\gamma} \text{ à } \frac{a}{2}(10^0 + 10^{-2\gamma}),$$

c'est-à-dire corriger de

$$-\frac{a}{2}\left[\frac{1}{2}(10^0 + 10^{-2\gamma}) - 10^{-\gamma}\right]$$

la moyenne brute

$$\frac{1}{2}\left(\frac{l_1 + l_2}{2} + l'_1\right).$$

Le calcul consiste à déterminer d'abord une position d'équilibre approximative, qui fournit immédiatement les valeurs provisoires des élongations. Le rapport $\frac{l_2}{l_1} = 10^{-2\gamma}$ donne 2γ, γ et $\frac{1 + 10^{-2\gamma}}{2} - 10^{-\gamma}$, facteur qui, multiplié successivement par l_1, l_2, l_3, servira à corriger

$$\frac{1}{2}\left(\frac{l_1 + l_2}{2} + l'_1\right), \qquad \frac{1}{2}\left(\frac{l_2 + l_3}{2} + l'_2\right), \qquad \ldots$$

Les moyennes, qui donnent chacune une position d'équilibre corrigée, sont ensuite combinées entre elles pour l'établissement de l'équilibre adopté.

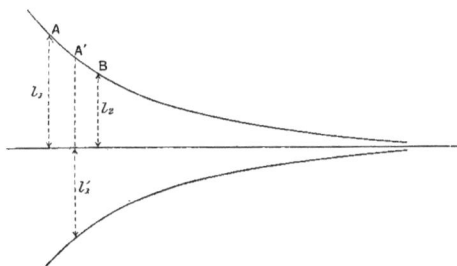

Fig. 28. — Diagramme des oscillations amorties d'une balance.

Nous verrons, dans la suite, le détail des quelques modifications suggérées par la pratique des pesées. Le détail des calculs sera donné à propos du premier cylindre. Il suffira de dire que, comme pour les dimensions, les réductions ont été faites d'abord à une température de référence, qui a été exprimée dans l'échelle normale, afin de pouvoir utiliser sans modifications les Tables de la dilatation de l'eau calculées par M. Chappuis. On a appliqué, à la densité de l'eau, la correction de compressibilité, et tenu compte de la différence de hauteur des poids. Ces deux corrections sont très faibles, et la première devrait être diminuée de la compressibilité des cylindres. Mais, comme celle-ci se combine avec les déformations produites par le contact des palpeurs, son évaluation sera reportée à la discussion générale des résultats.

La différence moyenne de hauteur des poids et du cylindre était de 75^{cm}; d'autre part, la variation relative de g déterminée autrefois par M. Thiesen étant de $0,000000278$ par mètre, la correction résultante était d'environ $0^{mg},21$ par kilogramme.

XIV.   B.14

On a employé, pour la tare, des poids en nickel, dont la valeur n'était qu'approximativement connue, tandis que, pour établir l'équilibre de la balance après l'avoir déchargée du cylindre, on s'est servi de poids en platine iridié, dont la valeur avait été parfaitement bien déterminée (p. 90).

Je passe maintenant au détail des mesures de chacun des cylindres.

CYLINDRE N° 1.

Description. — Ce cylindre a été construit en soudant, aux extrémités d'un tube en laiton étiré de 7^{mm} environ d'épaisseur, des plaques de laiton de 8^{mm}; ces dimensions se sont trouvées très légèrement réduites par le tournage et le rodage. La hauteur du cylindre était, comme il a été dit, de $129^{mm},5$ et son diamètre de $144^{mm},7$.

Bien que, conformément au principe indiqué, le cylindre ait été mesuré et pesé à des températures très voisines, il m'a paru intéressant de chercher à déterminer directement sa dilatation au moyen du comparateur à palpeurs.

Dilatation. — Les mesures de dilatation ont été faites en hiver, et, pour arriver aux températures les plus hautes, la salle a été chauffée autant qu'il était possible. On a fait, à chaque groupe de températures, quatre séries de mesures indépendantes, en tournant chaque fois le cylindre d'un quart de circonférence.

Le point de contact était situé au voisinage des centres des faces. La longueur mesurée se composait, pour $129^{mm},5$, du cylindre de laiton, et pour 500^{mm}, des palpeurs. La longueur de comparaison était un intervalle de $629^{mm},5$ sur la Règle normale. Les variations de longueur du cylindre étaient obtenues en corrigeant les variations trouvées de celles des longueurs auxiliaires.

Les résultats de ces mesures, toutes réductions faites, sont les suivants :

Numéro de la mesure.	Tempér.	Variations du cylindre (origine arbitraire).	
		Obs.	O. — C.
	n	μ	μ
2......	4,624	0,87	+ 0,12
1......	4,858	1,13	— 0,23
3......	8,561	11,13	+ 0,14
10......	10,550	16,43	+ 0,27
4......	11,444	18,22	— 0,24
9.....	13,241	23,45	+ 0,30
5......	14,314	25,65	— 0,29
6......	15,215	27,94	— 0,36
7......	16,737	32,22	— 0,02
8......	16,768	32,63	+ 0,31

On en tire

$$\frac{\Delta l}{\Delta t} = + 2,600 \text{ microns par degré};$$

et, en divisant par $0^m,1295$

$$\alpha = 20,08.10^{-6}.$$

Ce nombre est certainement trop élevé. Mais comme il est déduit d'observations bien concordantes, on ne peut pas le considérer comme très erroné.

On peut s'expliquer, au moins partiellement, l'excès sur les valeurs moyennes des dilatations du laiton, en remarquant que la variation de force élastique de l'air intérieur produit une déformation des faces, qui atteint son maximum en leur centre. En supposant le cylindre plein d'air à la pression atmosphérique, la variation par degré correspond à $3^g,7$ par centimètre carré, ou à 600^g environ par degré pour la surface entière. La déformation se produit sur les deux fonds, et les formules qui seront données plus loin montrent que le déplacement résultant a été d'un ordre voisin de $0^\mu,08$ par degré. Le coefficient trouvé a donc été faussé, de ce fait, de $0,6.10^{-6}$ environ par degré et par mètre.

Dans l'incertitude du coefficient de dilatation vrai du laiton employé, il m'a semblé qu'il y avait lieu de tenir compte, au moins partiellement, du résultat de la mesure directe, en adoptant un coefficient moyen entre les nombres usuels et le résultat ci-dessus ; j'ai donc pris, pour les réductions, la valeur $19^\mu,3$ par degré et par mètre. On verra d'ailleurs que ce coefficient pourrait être modifié sensiblement sans qu'il en résultât d'erreurs appréciables, puisque les mesures de longueur et les pesées hydrostatiques ont été faites à des températures moyennes très peu différentes.

Mesures des dimensions. — Suivant le plan adopté, le cylindre devait être mesuré en 14 sections droites, distantes de 10^{mm} l'une de l'autre, à l'exception des sections extrêmes, situées à 2^{mm} des bouts ; mais la rapide variation du diamètre près des bases, due à un écrasement du métal au cours du polissage des faces, a conduit à intercaler, entre les sections voisines des extrémités, des mesures non prévues au programme. Une irrégularité sensible a conduit à substituer à un des diamètres mesurés (à 10^{mm} de B), la moyenne de deux diamètres voisins.

Pour les hauteurs, les mesures ont été faites le long de 12 circonférences, dont on a déterminé 8 points, à l'exception des plus petites pour lesquelles on s'est limité à 4 points.

Dans les Tableaux ci-après, les deux premières colonnes désignent la position dans laquelle la mesure a été faite ; savoir, pour les diamètres, la distance de la section droite mesurée à la base tournée vers le haut, et l'azimut de la génératrice de repère, comptée à partir du palpeur de gauche ; pour les hauteurs, le rayon de la circonférence sur laquelle sont situés les points de contact, et l'azimut du rayon de repère; les deux suivantes, la différence des longueurs comparées, c'est-à-dire la quantité (Palpeurs + Cylindre — Règle normale), à la température de la mesure, et à la température de repère (8°,5); la dernière contient les moyennes. Les mesures ont été faites du 13 février au 6 mars 1899.

Les réductions à 8°,5 sont faites au moyen du coefficient de dilatation global calculé comme suit:

Pour les diamètres

Cylindre............	$\alpha = 19,30$ pour	$0,1446$.....................	$+ 2,79$
Palpeurs...........	$\alpha = 12,58$ »	$0,5000$.....................	$+ 6,29$
Règle normale.......	$\alpha = 17,63$ »	$0,6446$.	$-11,36$
Coefficient global..			$- 2,28$

Pour les hauteurs

Cylindre	pour	$0,1294$......................................	$+ 2,50$
Palpeurs	»	$0,5000$......................................	$+ 6,29$
Règle normale	»	$0,6294$......................................	$-11,10$
Coefficient global...			$- 2,31$

DIAMÈTRES. — A dessus.

Section.	Azimut.	Température.	P + C — N [350·994,5] à t°.	à 8°,5.	Moy. à 8°,5.
A — 2.....	0	8,269	$+ 121,93$	$+ 121,40$	
	50	8,270	$+ 119,54$	$+ 119,02$	
	100	8,274	$+ 120,88$	$+ 120,36$	
	150	8,275	$+ 120,77$	$+ 120,26$	
	200	8,274	$+ 120,40$	$+ 119,88$	
	250	8,275	$+ 119,16$	$+ 118,65$	
	300	8,279	$+ 120,61$	$+ 120,11$	
	350	8,282	$+ 121,30$	$+ 120,80$	$+ 120,06$
A — 6.....	0	8,273	$+ 115,88$	$+ 115,36$	
	50	8,279	$+ 115,91$	$+ 115,41$	
	100	8,290	$+ 117,23$	$+ 116,75$	
	150	8,305	$+ 117,24$	$+ 116,79$	$+ 116,08$
A — 20....	0	7,937	$+ 115,24$	$+ 113,95$	
	50	7,956	$+ 114,37$	$+ 113,13$	
	100	7,974	$+ 114,61$	$+ 113,41$	
	150	7,991	$+ 115,53$	$+ 114,37$	$+ 113,71$
A — 40. ..	0	8,046	$+ 117,40$	$+ 116,36$	
	50	8,064	$+ 116,61$	$+ 115,61$	
	100	8,069	$+ 115,88$	$+ 114,90$	
	150	8,074	$+ 116,92$	$+ 115,95$	$- 115,70$
A — 60....	0	8,109	$+ 115,18$	$+ 114,29$	
	50	8,126	$+ 114,40$	$+ 113,55$	
	100	8,134	$+ 114,33$	$+ 113,49$	
	150	8,136	$+ 114,61$	$+ 113,78$	$+ 113,78$

DIAMÈTRES. — A *dessus.*

Section.	Azimut.	Température.	P + C — N [350·994,5]		
			à *t°*.	à 8°,5.	Moy. à 8°,5.
A — 80....	0	8,395	+ 112,72	+ 112,48	
	50	8,407	+ 112,35	+ 112,14	
	100	8,423	+ 111,95	+ 111,77	
	150	8,440	+ 111,10	+ 110,98	+ 111,84
A — 10....	25	8,371	+ 114,43	+ 114,14	
	75	8,370	+ 113,59	+ 113,29	
	125	8,195	+ 115,25	+ 114,55	
	175	8,215	+ 116,01	+ 115,36	+ 114,33
A — 30. ..	25	8,331	+ 116,19	+ 115,80	
	75	8,330	+ 114,59	+ 114,20	
	125	8,335	+ 115,24	+ 114,86	
	175	8,342	+ 115,89	+ 115,53	+ 115,10
A — 50....	25	8,448	+ 115,08	+ 114,96	
	75	8,450	+ 114,44	+ 114,33	
	125	8,454	+ 115,24	+ 115,13	
	175	8,457	+ 115,36	+ 115,26	+ 114,92

DIAMÈTRES. — B *dessus.*

Section.	Azimut.	Température.	à *t°*.	à 8°,5.	Moy. à 8°,5.
B — 2.....	25	7,905	+ 122,41	+ 121,05	
	75	7,924	+ 122,40	+ 121,08	
	125	7,943	+ 122,73	+ 121,46	
	175	8,071	+ 121,65	+ 120,67	
	225	8,103	+ 121,70	+ 120,79	
	275	8,133	+ 122,09	+ 121,25	
	325	8,153	+ 122,11	+ 121,32	
	375	8,174	+ 121,99	+ 121,25	+ 121,11
B — 6.....	25	8,253	+ 116,77	+ 116,21	
	75	8,257	+ 116,64	+ 116,08	
	125	8,082	+ 117,34	+ 116,38	
	175	8,078	+ 117,25	+ 116,29	+ 116,24
B — 20....	25	8,173	+ 111,82	+ 111,07	
	75	8,193	+ 112,13	+ 111,43	
	125	8,212	+ 112,44	+ 111,78	
	175	8,233	+ 111,82	+ 111,21	+ 111,37
B — 40. ..	25	8,314	+ 111,81	+ 111,38	
	75	8,323	+ 112,10	+ 111,70	
	125	8,336	+ 112,22	+ 111,85	
	175	8,345	+ 112,21	+ 111,86	+ 111,70
B — 60. ..	25	8,270	+ 113,53	+ 113,00	
	75	8,272	+ 113,09	+ 112,57	
	125	8,278	+ 112,78	+ 112,27	
	175	8,288	+ 113,69	+ 113,21	+ 112,76

Diamètres. — B *dessus*.

Section.	Azimut.	Température.	P + C — N [350·994,5]		Moy. à 8°,5.
			à t°.	à 8°,5.	
B — 10....	0	7,997	+ 113,55	+ 112,40	
	25	8,093	+ 115,27	+ 114,34	
	75	8,135	+ 113,96	+ 113,13	
	100	8,029	+ 114,09	+ 113,01	
	150	8,054	+ 113,82	+ 112,78	+ 112,98
B — 30....	0	8,330	+ 112,51	+ 112,12	
	50	8,329	+ 112,66	+ 112,27	
	100	8,330	+ 112,71	+ 112,32	
	150	8,334	+ 112,05	+ 111,67	+ 112,09

Hauteurs. — A *à gauche*.

Rayon.	Azimut.	Température.	P + C — N [370·999,5]		Moy. à 8°,5.
			à t°.	à 8°,5.	
3.¼.......	0	8,266	— 156,41	— 156,95	
	100	8,307	— 157,38	— 157,83	
	200	8,292	— 156,93	— 157,41	
	300	8,278	— 156,97	— 157,48	— 157,41
8.........	0	8,344	— 157,55	— 157,91	
	100	8,344	— 156,43	— 156,79	
	200	8,338	— 156,28	— 156,65	
	300	8,350	— 157,23	— 157,58	— 157,23
24........	0	8,409	— 151,66	— 151,87	
	100	8,437	— 151,86	— 152,01	
	200	8,426	— 152,48	— 152,65	
	300	8,414	— 152,95	— 153,15	— 152,42
40........	0	8,901	— 144,67	— 143,74	
	50	9,028	— 144,08	— 142,86	
	100	9,017	— 144,03	— 142,84	
	150	8,989	— 144,33	— 143,20	
	200	8,973	— 146,18	— 145,09	
	250	8,957	— 147,28	— 146,22	
	300	8,941	— 146,71	— 145,69	
	350	8,916	— 145,97	— 145,01	— 144,32
56........	0	8,634	— 134,87	— 134,56	
	50	8,785	— 133,60	— 132,94	
	100	8,766	— 133,42	— 132,81	
	150	8,750	— 134,37	— 133,79	
	200	8,738	— 136,18	— 135,63	
	250	8,700	— 137,72	— 137,26	
	300	8,677	— 137,65	— 137,24	
	350	8,652	— 136,25	— 135,90	— 135,00

HAUTEURS. — A *à gauche*.

Rayon. mm	Azimut. °	Température. °	P + C − N[370·990,5] à t°. μ	à 8°,5. μ	Moy à 8°,5.
70........	0	8,871	− 129,16	− 128,30	
	50	9,030	− 127,05	− 125,83	
	100	8,957	− 126,79	− 125,73	
	150	8,943	− 128,27	− 127,25	
	200	8,933	− 130,77	− 129,77	
	250	8,930	− 132,04	− 131,05	
	300	8,913	− 131,29	− 130,34	
	350	8,878	− 131,40	− 130,53	− 128,70* μ

HAUTEURS. — A *à droite*.

Rayon. mm	Azimut. °	Température. °	à t°. μ	à 8°,5. μ	Moy à 8°,5. μ
3........	25	8,624	− 157,70	− 157,41	
	125	8,629	− 157,55	− 157,25	
	225	8,635	− 157,24	− 156,93	
	325	8,574	− 157,46	− 157,29	− 157,22
16........	25	8,752	− 156,03	− 155,45	
	125	8,755	− 155,49	− 154,90	
	225	8,767	− 157,15	− 156,53	
	325	8,781	− 156,63	− 155,98	− 155,69*
32........	25	8,543	− 149,21	− 149,11	
	75	8,553	− 149,32	− 149,20	
	125	8,567	− 149,44	− 149,29	
	175	8,582	− 150,15	− 149,96	
	225	8,601	− 151,30	− 151,07	
	275	8,617	− 151,74	− 151,47	
	325	8,634	− 151,39	− 151,08	
	375	8,649	− 150,54	− 150,20	− 150,18*
48........	25	8,822	− 139,76	− 139,02	
	75	8,820	− 139,49	− 138,75	
	125	8,845	− 139,94	− 139,14	
	175	8,855	− 141,53	− 140,71	
	225	8,848	− 143,21	− 142,41	
	275	8,856	− 143,62	− 142,80	
	325	8,871	− 143,22	− 142,36	
	375	8,885	− 141,44	− 140,55	− 140,73*
64........	25	9,005	− 130,48	− 129,31	
	75	9,014	− 129,69	− 128,50	
	125	9,036	− 130,02	− 128,78	
	175	9,069	− 132,32	− 131,01	
	225	8,739	− 133,97	− 133,42	
	275	8,745	− 132,48	− 131,91	
	325	8,758	− 134,02	− 133,42	
	375	8,773	− 132,08	− 131,45	− 131,25*

HAUTEURS. — A *à droite.*

Rayon.	Azimut.	Température.	P + C — N[370-999,5] à t°.	à 8°,5.	Moy. à 8°.5.
mm 70..	25	8,951	— 126,85	— 125,81	
	75	8,958	— 125,87	— 124,81	
	125	8,971	— 127,30	— 126,21	
	175	8,988	— 129,02	— 127,89	
	225	8,947	— 132,04	— 131,01	
	275	8,951	— 132,85	— 131,81	
	325	8,965	— 132,24	— 131,17	
	375	8,976	— 129,83	— 128,73	— 128,55*

Les moyennes portées dans la dernière colonne du Tableau, ne sont pas calculées de la même façon pour toutes les sections droites et pour tous les cercles mesurés sur les bases.

Les résultats immédiats des mesures montrent que le cylindre est un corps de révolution à peu près parfait. La moyenne des diamètres mesurés est donc à très peu près le diamètre moyen de la section; et nous verrons, de plus, que ce diamètre peut être employé sans aucune correction au calcul de la section droite moyenne (p. 114).

Mais il n'en est pas de même pour les hauteurs; les bases ne sont ni très

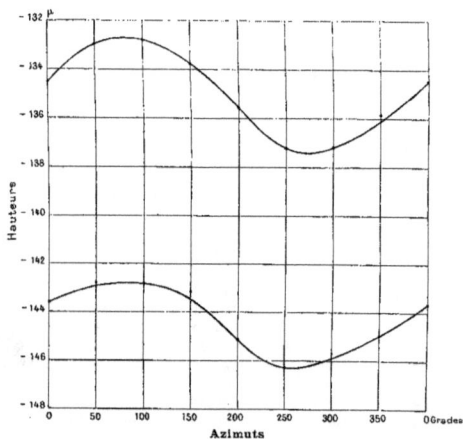

Fig. 29. — Valeurs relatives des hauteurs du cylindre n° 1 à 40ᵐᵐ et à 56ᵐᵐ de l'axe.

planes, ni parfaitement parallèles, et la moyenne brute de mesures faites en des points assez largement espacés ne peut pas donner avec une très grande exactitude la hauteur moyenne prise sur la circonférence qu'ils occupent. C'est pourquoi il m'a semblé nécessaire de calculer cette hauteur par la cote moyenne d'une courbe tracée en prenant les coordonnées des points mesurés.

L'aspect des courbes (*fig.* 29) déterminées par les huit points mesurés à 40^{mm} et 56^{mm} de l'axe du cylindre, et reproduites à titre d'exemple, montre, par leur extrême régularité, que la considération de leur cote moyenne conduit à une évaluation précise des hauteurs du cylindre.

Les courbes ont été dessinées à grande échelle, et leurs ordonnées ont été lues de 10 grades en 10 grades ; c'est la moyenne des nombres ainsi relevés, et dont il est inutile de donner le détail, qui a fourni les résultats marqués d'un astérisque dans la dernière colonne du Tableau relatif à la mesure des hauteurs. Les nombres non marqués sont les moyennes brutes.

La suite du calcul est reproduite ci-après.

$$\text{Palpeurs à } o^e \dots\dots\dots\dots\dots\dots\dots\dots\dots\dots\dots \quad 500^{mm} \quad - \quad 71^\mu,47$$
$$\text{Allongement de } o^e \text{ à } 8^e,5\dots\dots\dots\dots\dots\dots\dots\dots\dots \quad\quad + \quad 53^\mu,19$$
$$\text{Palpeurs à } 8^e,5\dots\dots\dots\dots\dots\dots\dots\dots\dots \quad 500^{mm} \quad - \quad 18^\mu,28$$

N à o^e.	Allongement de o^e à 8e,5.	P à 8e,5.	[−P + N] à 8e,5.
[380·994,5] = 644^{mm},5 + 15$^\mu$,22	+ 96$^\mu$,25	500^{mm} − 18$^\mu$,28	144 629$^\mu$,75
[370·999,5] = 629^{mm},5 + 21$^\mu$,77	+ 94$^\mu$,02	»	129 634$^\mu$,07

Sections.	Diamètres moyens à 8e,5.
mm	$^\mu$
A — 2	144 749,81
6	144 745,83
10	144 744,08
20	144 743,46
30	144 744,85
40	144 743,45
50	144 744,67
60	144 743,53
80	144 741,59
B — 2	144 750,86
6	144 745,99
10	144 742,73
20	144 741,12
30	144 741,84
40	144 741,45
60	144 742,51

Ces nombres permettent de tracer la courbe des diamètres, dont la courbe méridienne (*fig.* 30) du cylindre est la réduction de moitié en ordonnées; cette courbe, lue de millimètre en millimètre (^{1}), en tenant compte de l'excé-

---

(^{1}) Dans la courbe reproduite ici, les abscisses sont en vraie grandeur, et les ordonnées amplifiées mille fois; pour le calcul, l'échelle des abscisses a été doublée, et celle des ordonnées quintuplée par rapport à celle de la figure ci-dessus. Il en est de même pour la figure des hauteurs, pour ce cylindre comme pour tous les autres.

dent fractionnaire, conduit au résultat

$$\text{Diamètre moyen à } 8°,5 = 144\,743^\mu,69.$$

Il est facile de voir que, dans les limites de divergence des diamètres du cylindre n° 1, le calcul de la section moyenne en partant du diamètre moyen est pratiquement équivalent à la détermination de la section moyenne par la moyenne des sections droites.

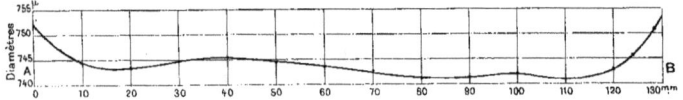

Fig. 3o. — Diamètre du cylindre n° 1.

En effet, soient deux diamètres $D + \delta$ et $D - \delta$. La section moyenne calculée par la moyenne des diamètres est $\frac{\pi}{4}\,D^2$, tandis que, déduite de la moyenne des sections, elle est donnée par

$$\frac{\pi}{4}(D^2 + \delta^2) = \frac{\pi}{4}\,D^2\left(1 + \frac{\delta^2}{D^2}\right).$$

Or, dans le cas actuel, $\dfrac{\delta}{D}$ est égal, au maximum, à $\dfrac{7,2}{144\,750} < \dfrac{1}{20\,000}$, dont le carré est absolument négligeable.

Un calcul semblable justifie la considération du cercle moyen, en lieu et place de l'ellipse qui est la forme géométrique très approchée des sections droites du cylindre n° 1.

En ajoutant, aux différences trouvées pour les hauteurs, la longueur $129\,634^\mu,07$ calculée à la page précédente, on trouve les nombres reproduits ci-après :

Positions.	Rayons des circonférences.	Hauteurs moyennes à 8°,5.	
	mm	μ	μ
A à gauche......	3	129 467,63	0,00
	8	129 476,84	0,00
	24	129 481,65	— 0,02
	40	129 489,75	— 0,02
	56	129 499,07	— 0,02
	70	129 505,37	— 0,02
A à droite.......	3	129 476,85	0,00
	16	129 478,37	— 0,01
	32	129 483,89	— 0,01
	48	129 493,34	— 0,02
	64	129 502,82	— 0,02
	70	129 505,52	— 0,02

On voit tout d'abord que les bases du cylindre présentent un creux accentué, et l'on peut se demander si l'obliquité des surfaces touchées par les palpeurs n'a pas pu fausser les mesures d'une quantité appréciable. L'angle total des deux plages en regard sur les deux bases est approximativement égal à 0,0006 dans la majeure partie de la surface des bases; et, si on le suppose également partagé sur les deux faces, on trouve (p. 44) que les mesures doivent être corrigées de $\eta = 2r(\sec\xi - 1) = r\sin^2\xi = 230 \times 0,0003^2 = 0^{mm},00002$, pour toute la zone extérieure à la circonférence de rayon $\rho = 24^{mm}$. Une autre hypothèse sur la répartition des angles sur les deux faces augmenterait la correction; celle-ci doit donc être considérée comme un minimum, et, bien qu'elle soit très petite, il semble indiqué de l'appliquer; cette correction est portée dans la dernière colonne du Tableau ci-dessus ([1]).

Le procédé le plus simple pour le calcul du volume du cylindre consiste à lui substituer d'abord un cylindre ayant un rayon moyen égal au sien, et une hauteur peu différente de sa hauteur moyenne; puis de calculer le volume d'une série d'anneaux rectangulaires et d'une série complémentaire d'anneaux à section triangulaire dont la surface externe suive aussi bien que possible celle du cylindre.

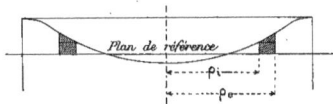

Fig. 31. — Diagramme du calcul des excédents de volume d'un cylindre.

Soient ρ_e, ρ_i (*fig.* 31) les rayons extérieur et intérieur de l'anneau triangulaire, h sa hauteur. Son volume est

$$v = 2\pi h \int_{\rho_i}^{\rho_e} \rho \frac{\rho - \rho_i}{\rho_e - \rho_i}\, d\rho = \frac{1}{3}\pi h (2\rho_e + \rho_i)(\rho_e - \rho_i).$$

Prenons comme hauteur de référence : $129^{mm},490$. Le volume de référence du cylindre sera

$$V_{réf.} = \pi(72^{mm},37184)^2 \times 129^{mm},490 = 2\,130\,714^{mm^3},83.$$

Les données pour le calcul des excédents sont lues sur la courbe (*fig.* 32)

---

dont les abscisses sont les rayons, et les ordonnées les hauteurs correspondantes du cylindre à partir de $129\,490^{\mu}$.

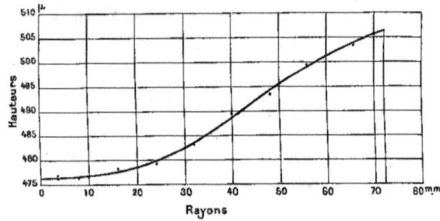

Fig. 32. — Hauteurs du cylindre n° 1.

Le Tableau suivant contient les valeurs des excédents sur la hauteur de référence et des excédents de volume rectangulaires et triangulaires.

Rayons.	Hauteurs excédentes.	Excédents rectangulaires $\pi(\rho_e^2-\rho_i^2)h_i$.	Excédents triangulaires $\frac{1}{3}\pi(h_e-h_i)(2\rho_e+\rho_i)(\rho_e-\rho_i)$.
mm	μ	mm³	mm³
0............	−13,30	− 1,045	+ 0,004
5............	−13,21	− 3,113	+ 0,039
10............	−12,92	− 5,074	+ 0,113
15............	−12,38	− 6,806	+ 0,288
20............	−11,38	− 8,044	+ 0,682
25............	− 9,52	− 8,225	+ 1,122
30............	− 7,00	− 7,147	+ 1,477
35............	− 4,18	− 4,924	+ 1,854
40............	− 1,10	− 1,469	+ 2,273
45............	+ 2,24	+ 3,343	+ 2,520
50............	+ 5,56	+ 9,170	+ 2,379
55............	+ 8,40	+15,174	+ 2,364
60............	+10,98	+21,559	+ 2,368
65............	+13,30	+42,314	+ 4,695
72,37............	+14,45		
Sommes..................		+45,713	+22,178

Le volume du cylindre, à la température de repère, est donc

$$V = 2\,130\,782^{mm^3},72.$$

La température a été exprimée en fonction de l'échelle du thermomètre à mercure en verre dur, qui à 8°,5 est de 0,045 degré en avance sur l'échelle normale. L'augmentation de volume résultant du changement d'échelle est : $+5^{mm^3},46$. Le volume à 8°,5 de l'échelle normale est donc

$$V_{8°,5} = 2\,130\,788^{mm^3},18.$$

Pesées. — Les Tableaux suivants résument toutes les données ayant servi à déterminer la poussée de l'eau sur le cylindre n° 1.

Les pesées sont inscrites dans l'ordre chronologique, par groupes alternés de déterminations dans l'air et dans l'eau. Pour chaque pesée, on trouvera, à la suite du numéro d'ordre et de la date, l'indication des charges qui se succèdent sur le plateau de gauche ; la température prise dans la cage de la balance et au niveau du cylindre (T_h et T_b) ; la pression atmosphérique H ; l'état hygrométrique f ; puis les positions d'équilibre de la balance correspondant aux charges A et B, et à la charge auxiliaire pour la détermination de la sensibilité, dans deux opérations symétriques ; dans la dernière colonne enfin, la valeur des poids remplaçant le cylindre (*voir* p. 90), la différence des deux charges (cylindre et poids) déduites des positions d'équilibre, et la réduction au vide.

La somme des trois derniers nombres est le résultat de la pesée, c'est-à-dire la valeur à laquelle elle conduit pour la masse du cylindre.

On s'est servi, pour la réduction au vide, des Tables de Broch, déduites des expériences de Regnault ([1]).

La masse du litre d'air à o° et sous la pression atmosphérique normale est admise comme étant égale à $1^g,29305$. La fraction de saturation est multipliée par la pression de la vapeur d'eau saturante à la température de la pesée et par $0,3779$; le produit est ensuite retranché de la pression atmosphérique.

Les Tableaux sont disposés de la même façon pour les pesées hydrostatiques ; les masses équivalentes dans l'air sont ramenées au vide, et le résultat final indique la masse apparente du cylindre dans l'eau, à la température et sous la pression indiquées. La réduction complète des pesées dans l'eau est faite plus loin (p. 123). Les chiffres relatifs à la première pesée dans l'eau sont donnés en détail, à titre d'exemple.

Pesées dans l'air.

13 mars 1899.   N° 1.

A = Cylindre + étrier.
B = Kg(C + S + n° 9 + n° 31) + Oe(500 + 100 + 50 + 20 + 5 + 0,05) + étrier.

$T_h = $ 7°,298	A	296,05	295,27	295,66	B =	4675051,36 ᵐᵍ
$T_b = $ 7°,392	B	302,28	303,31	302,79	A − B = +	12,07
H = 767ᵐᵐ,06	(B + 0,02)	290,94	290,97	290,95	P = +	2422,01
f = 93 pour 100						4677485,44

14 mars 1899.   N° 2.

Mêmes charges.

$T_h = $ 7°,343	A	295,41	294,66	295,03	B =	4675051,36
$T_b = $ 7°,114	B	302,69	303,35	303,02	A − B = +	13,53
H = 765ᵐᵐ,84	(B + 0,02)	291,15	291,21	291,18	P = +	2420,93
f = 94,5						4677485,82

([1]) *Travaux et Mémoires*, t. I.

           CH.-ÉD. GUILLAUME.

Pesées dans l'air.

14 mars 1899.

N° 3.
Mêmes charges.

$T_h = $ 7",403	A	293,98	293,88	293,93	$B = $	4675051,36
$T_b = $ 7",189	B	302,95	303,54	303,24	$A - B = +$	16,11
$H = 765^{mm},60$	$(B + 0,02)$	291,13	291,31	291,22	$P = +$	2419,36
$f = 95,5$						
						4677486,83

14 mars 1899.

N° 4.
$B = B$ initial $+ Oc\,0,02$

$T_h = $ 7",483	B	296,99	296,44	296,62	$B = $	4675071,42
$T_b = $ 7",255	A	300,37	300,24	300,30	$A - B = -$	6,47
$H = 765^{mm},89$	$(A + 0,02)$	289,30	288,48	288,89	$P = +$	2419,31
$f = 97$						
						4677484,26

15 mars 1899.

N° 5.
Mêmes charges.

$T_h = $ 7",318	B	297,03	296,80	296,91	$B = $	4675071,42
$T_b = $ 7",220	A	299,78	300,39	300,08	$A - B = -$	5,38
$H = 766^{mm},00$	$(A + 0,02)$	288,80	288,58	288,69	$P = +$	2420,33
$f = 94,5$						
						4677486,17

15 mars 1899.

N° 6.
Mêmes charges.

$T_h = $ 7",433	B	297,42	296,77	297,10	$B = $	4675071,42
$T_b = $ 7",253	A	300,20	299,99	300,10	$A - B = -$	5,19
$H = 765^{mm},94$	$(A + 0,02)$	288,94	288,10	288,52	$P = +$	2419,79
$f = 95,5$						
						4677486,01
					Moyenne.....	**4677485,75**

Pesées dans l'eau.

16 mars 1899.   N° 1.

$A = $ Cylindre $+$ étrier.
$B = Kg(C + S) + Oc(500 + 20 + 20^* + 5 + 2 + 0,2 + 0,05 + 0,02 + 0,01) -$ étrier.

Thermomètres					Moyennes	
dans l'eau.		dans la cage.			brutes.	corr.
14348	14349	9				
7,880	7,880	8,380	A	310,58 307,68 303,90 301,16 280,92 285,42 288,56	295,39	295,33
			B	312,70 309,66 307,04 305,03 289,04 291,36 293,46	299,90	299,82
7,880	7,885	8,640	$(B + 0,02^*)$	297,03 293,96 291,03 289,13 269,20 272,04 274,46	282,29	282,22
			$(B + 0,02^*)$	262,84 267,00 270,30 273,02 299,70 295,90 292,64	282,24	282,35
7,890	7,890	8,600	B	288,90 290,97 292,62 293,96 309,96 307,97 306,56	299,91	299,96
7,880	7,890	8,700	A	274,34 280,58 285,06 288,26 312,88 307,04 303,40	295,04	295,25
Moy. 7,882	7,886	8,580				
Moy. corr. 7,773	7,766	7,873				
7,769						

H.	avant.........	765,90	8,0	$f.$	avant.....	95
	après.........	766,10	8,9		après.....	94
Moyennes.........		766,00	8,45			94,5

$$B = 2547280,86 \text{ mg}$$
$$A - B = +\quad 5,23$$
$$P = -\quad 149,48$$
$$\overline{\qquad\quad 2547136,61}$$

H corrigé.........	765,21
Corr. hygrométrique.	— 2,83
H équivalent.......	762,38

16 mars 1899.

N° 2.
Mêmes charges.

$T_{cage} = 8°,099$ A   294,11   294,79   294,45
$T_{eau} = 7°,777$ B   299,52   299,34   299,43
$H = 763^{mm},13$ $(B + 0,02^*)$ 282,04   282,28   282,16
$f = 95$

$$B = 2547280,86$$
$$A - B = +\quad 5,77$$
$$P = -\quad 149,83$$
$$\overline{\qquad\quad 2547137,30}$$

16 mars 1899.

N° 3.
Mêmes charges.

$T_{cage} = 8°,294$ A   295,74   295,89   295,81
$T_{eau} = 7°,783$ B   299,90   300,25   300,07
$H = 764^{mm},80$ $(B + 0,02^*)$ 282,09   282,99   282,54
$f = 96$

$$B = 2547280,86$$
$$A - B = +\quad 4,86$$
$$P = -\quad 149,15$$
$$\overline{\qquad\quad 2547136,57}$$

16 mars 1899.

N° 4.
$$B = B \text{ initial} + Oe(0,02^* - 0,01).$$

$T_{cage} = 8°,109$ B   290,22   289,72   289,97
$T_{eau} = 7°,785$ A   295,02   294,56   294,79
$H = 763^{mm},48$ $(A + 0,02^*)$ 277,49   277,62   277,55
$f = 95$

$$B = 2547290,83$$
$$A - B = -\quad 5,60$$
$$P = -\quad 149,01$$
$$\overline{\qquad\quad 2547136,22}$$

16 mars 1899.

N° 5.
Mêmes charges.

$T_{cage} = 8°,069$ B   294,45   294,59   294,52
$T_{eau} = 7°,786$ A   297,91   298,75   298,33
$H = 763^{mm},62$ $(A + 0,02^*)$ 281,14   281,80   281,47
$f = 96$

$$B = 2547290,83$$
$$A - B = -\quad 4,52$$
$$P = -\quad 148,52$$
$$\overline{\qquad\quad 2547137,79}$$

17 mars 1899.

N° 6.
Mêmes charges.

$T_{cage} = 7°,779$ B   293,18   294,16   293,67
$T_{eau} = 7°,632$ A   297,75   298,13   297,94
$H = 764^{mm},59$ $(A + 0,02^*)$ 281,26   281,02   281,14
$f = 94$

$$B = 2547290,83$$
$$A - B = -\quad 5,09$$
$$P = -\quad 149,42$$
$$\overline{\qquad\quad 2547136,32}$$

Pesées dans l'air.

17 mars 1899.

N° 7.

A = Cylindre + étrier.
B = Kg(C + S + n° 9 + n° 31) + Oe(500 + 100 + 50 + 20 + 5 + 0,05 + 0,02 + 0,01).

$T_A = 8°,634$ A   296,90   296,09   296,50
$T_B = 9°,101$ B   303,68   303,45   303,56
$H = 762^{mm},17$ $(B + 0,02^*)$ 291,77   291,90   291,84
$f = 93$

$$B = 4675081,46$$
$$A - B = +\quad 12,06$$
$$P = +\quad 2390,48$$
$$\overline{\qquad\quad 4677484,00}$$

Pesées dans l'air.

17 mars 1899.   N° **8**.

Mêmes charges.

$T_h =$	$8°,544$	A	296,21	295,48	295,84	B =	4675081,46 mg
$T_b =$	$8°,845$	B	302,81	302,98	302,89	A − B = +	12,22
$H =$	$761^{mm},56$	(B + 0,02*)	291,80	291,38	291,34	P = +	2391,02
$f =$	$93,5$						4677484,70

17 mars 1899.   N° **9**.

Mêmes charges.

$T_h =$	$8°,589$	A	295,64	294,75	295,19	B =	4675081,46
$T_b =$	$8°,788$	B	303,17	303,87	303,52	A − B = +	14,41
$H =$	$761^{mm},35$	(B + 0,02*)	291,75	292,16	291,95	P = +	2390,84
$f =$	$94,5$						4677486,71

18 mars 1899.   N° **10**.

B = B initial + Oe(0,1 − 0,05 − 0,02 − 0,01).

$T_h =$	$8°,284$	B	295,27	295,89	295,58	B =	4675101,38
$T_b =$	$7°,990$	A	298,10	297,54	297,82	A − B = −	3,82
$H =$	$757^{mm},59$	(A + 0,02*)	286,40	285,78	286,09	P = +	2386,73
$f =$	95						4677484,29

18 mars 1899.   N° **11**.

Mêmes charges.

$T_h =$	$8°,237$	B	296,10	296,08	296,09	B =	4675101,38
$T_b =$	$8°,001$	A	296,27	296,63	296,45	A − B = −	0,62
$H =$	$757^{mm},49$	(A + 0,02*)	284,62	285,00	284,81	P = +	2386,18
$f =$	96						4677486,94

18 mars 1899.   N° **12**.

Mêmes charges.

$T_h =$	$8°,254$	B	296,78	295,86	296,32	B =	4675101,38
$T_b =$	$8°,020$	A	297,48	295,01	296,24	A − B = +	0,14
$H =$	$757^{mm},33$	(A + 0,02*)	285,81	283,17	284,49	P = +	2385,62
$f =$	95						4677487,14

Moyenne. **4677485,63**

Pesées dans l'eau.

19 mars 1899.   N° **7**.

A = Cylindre + étrier.
B = Kg(C + S) + Oe(500 + 20 + 20* + 5 + 2 + 0,2 + 0,1) + étrier.

$T_{cage} =$	$8°,263$	A	299,27	300,17	299,72	B =	2547300,77
$T_{eau} =$	$8°,578$	B	294,75	295,11	294,93	A − B = −	5,68
$H =$	$755^{mm},69$	(B − 0,02*)	310,98	312,65	311,81	P = ·	147,41
$f =$	$92,5$						2547147,68

Pesées dans l'eau.

20 mars 1899.   N° **8.**
                                    Mêmes charges.

$T_{cage} =$ 8°,634   A   309,37   310,88   310,12   B = 2547300,77 mg
$T_{eau} =$ 8°,110   B   298,64   298,80   298,72   A − B = − 13.41
H = 750mm,59   (B − 0,02*)   315,95   315,54   315,74   P = − 146,20
f = 93
                                                             2547141,16

20 mars 1899.   N° **9.**
                                    Mêmes charges.

$T_{cage} =$ 8°,473   A   301,19   301,87   301,53   B = 2547300,77
$T_{eau} =$ 8°,126   B   289,07   289,08   289,07   A − B = − 14,25
H = 750mm,41   (B − 0,02*)   306,02   307,12   306,57   P = − 146,25
f = 92,5
                                                             2547140,27

20 mars 1899.   N° **10.**
                                    Mêmes charges.

$T_{cage} =$ 8°,654   B   284,50   286,64   285,57   B = 2547300,77
$T_{eau} =$ 8°,131   A   298,27   298,33   298,30   A − B = − 14,95
H = 749mm,93   (A − 0,02*)   281,44   281,08   281,26   P = − 146,07
f = 92
                                                             2547139,75

20 mars 1899.   N° **11.**
                                    Mêmes charges.

$T_{cage} =$ 8°,639   B   290,68   290,75   290,71   B = 2547300,77
$T_{eau} =$ 8°,162   A   302,16   302,49   302,32   A − B = − 13,55
H = 749mm,02   (A + 0,02*)   285,15   285,19   285,17   P = − 145,89
f = 93
                                                             2547141,33

20 mars 1899.   N° **12.**
                                    Mêmes charges.

$T_{cage} =$ 8°,554   B   295,10   294,32   294,71   B = 2547300,77
$T_{eau} =$ 8°,172   A   307,16   305,49   306,32   A − B = − 13,56
H = 748mm,76   (A + 0,02*)   289,94   288,43   289,18   P = − 145,88
f = 93,5
                                                             2547141,33

Pesées dans l'air.

21 mars 1899.   N° **13.**
                          A = Cylindre + étrier.
        B = Kg(C + S + n° 9 + n° 31) + Oe(500 + 100 + 50 + 20 + 5 + 0,1) + étrier.

$T_h =$ 8°,214   A   299,23   295,84   297,53   B = 4675101,38
$T_b =$ 8°,250   B   308,66   307,88   308,27   A − B = + 19,01
H = 751mm,77   (B + 0,02*) 297,40   296,53   296,96   P = + 2365,94
f = 92
                                                             4677486,33

21 mars 1899.   N° **14.**
                                    Mêmes charges.

$T_h =$ 8°,259   A   296,72   295,70   296,21   B = 4675101,38
$T_b =$ 8°,245   B   307,97   308,07   308,62   A − B = + 20,27
H = 751mm,03   (B + 0,02*) 296,46   296,27   296,36   P = + 2363,80
f = 93
                                                             4677485,45

XIV.   B.16

Pesées dans l'air.

21 mars 1899.   N° 15.

B = B initial + Oe 0,01.

$T_h =$	8°,246	A	296,43	296,04	296,23	B =	4 675 111,43
$T_b =$	8°,175	B	302,56	302,68	302,62	A — B = +	11,35
H =	750ᵐᵐ,79	(B + 0,02*)	291,41	291,30	291,35	P = +	2 363,55
f =	93						4 677 486,33

22 mars 1899.   N° 16.

Mêmes charges.

$T_h =$	7°,809	B	302,87	302,93	302,90	B =	4 675 111,43
$T_b =$	7°,632	A	296,38	296,69	296,53	A — B = +	11,16
H =	749ᵐᵐ,13	(A — 0,02*)	308,27	307,66	307,96	P = +	2 363,31
f =	93						4 677 485,90

22 mars 1899.   N° 17.

B = B initial + Oe 0,02*.

$T_h =$	7°,804	B	296,40	296,80	296,60	B =	4 675 121,39
$T_b =$	7°,659	A	296,46	297,08	296,77	A — B = —	0,29
H =	749ᵐᵐ,43	(A + 0,02*)	284,82	285,35	285,08	P = +	2 363,93
f =	93,5						4 677 485,03

22 mars 1899.   N° 18.

Mêmes charges.

$T_h =$	7°,909	B	297,51	296,30	296,90	B =	4 675 121,39
$T_b =$	7°,708	A	296,88	296,29	296,58	A — B = +	0,55
H =	749ᵐᵐ,51	(A — 0,02*)	308,96	307,46	308,21	P = +	2 363,87
f =	93						4 677 485,81

Moyenne.................... **4 677 485,80**

L'accord entre les trois valeurs moyennes trouvées pour la masse du cylindre montre que son séjour dans l'eau ne l'a pas sensiblement modifié. On pourrait, dans ces conditions, adopter la moyenne générale des pesées dans l'air, pour la réduction de toutes les pesées dans l'eau. Toutefois, pour me conformer à une règle que j'ai suivie autant que cela m'a été possible, j'ai combiné ces dernières avec les moyennes faites deux à deux des trois groupes de pesées entre lesquels elles sont comprises.

Tout le calcul de réduction est fait dans le Tableau ci-après : la différence entre la masse du cylindre et la masse apparente dans l'eau donne la poussée; la connaissance de la température et de la pression fournit les coefficients de réduction aux conditions adoptées, c'est-à-dire à 8°,5 et à 760ᵐᵐ de mercure. La pression est, elle-même, calculée en ajoutant à l'indication du baromètre l'équivalent en hauteur de mercure de la colonne d'eau surmontant le milieu du cylindre. La moyenne de toutes les poussées réduites, après la correction d'altitude, est la valeur adoptée pour la masse de l'eau déplacée.

Numéro de la pesée.	Masse du cylindre.	Masse apparente dans l'eau.	Masse de l'eau déplacée.	Temp.	Press.	(Coeff. de réduct. à 8°,5)10⁶.			Masse de l'eau déplacée à 8°,5 et 760mm.
						Temp.	Press.	Somme.	
		mg	mm	°	mg				mg
1		2 547 136,61	2 130 349,07	7,769	781,7	—2,71	—1,44	—4,15	2 130 340,23
2		2 547 137,30	2 130 348,38	7,777	781,6	—2,77	—1,43	—4,20	2 130 339,43
3	4 677 485,68 mg	2 547 136,57	2 130 349,11	7,783	781,3	—2,82	—1,41	—4,23	2 130 340,10
4		2 547 136,22	2 130 349,46	7,785	779,9	—2,74	—1,32	—4,06	2 130 340,81
5		2 547 137,79	2 130 347,89	7,786	780,1	—2,80	—1,33	—4,13	2 130 339,09
6		2 547 136,32	2 130 349,36	7,632	781,1	—2,44	—1,39	—3,83	2 130 341,20
7		2 547 147,68	2 130 338,03	8,578	772,2	÷0,77	—0,80	—0,03	2 130 337,97
8		2 547 141,16	2 130 344,55	8,110	767,1	—2,43	—0,47	—2,90	2 130 338,37
9	4 677 485,71	2 547 140,27	2 130 345,44	8,126	766,9	—2,36	—0,46	—2,82	2 130 339,43
10		2 547 139,75	2 130 345,96	8,131	766,4	—2,35	—0,42	—2,77	2 130 340,06
11		2 547 141,33	2 130 344,38	8,162	765,5	—2,25	—0,36	—2,61	2 130 338,82
12		2 547 141,33	2 130 344,38	8,172	765,2	—2,13	—0,35	—2,48	2 130 339,10

Moyenne................	2 130 339,55
Correction d'altitude.....	—0,42
Masse corrigée.........	**2 130 339,13**

Dans des pesées aussi difficiles que celles dont il s'agit ici, et qui sont sujettes à tant de causes d'erreur, on ne saurait être surpris de trouver des écarts extrêmes par rapport à la moyenne, d'une valeur peu inférieure à 2^{mg}, soit un peu moins du millionième de la grandeur cherchée. Mais la moyenne elle-même semble n'être pas affectée, à beaucoup près, d'une incertitude égale au millionième.

Dans chacun des deux groupes de pesées, on ne constate aucune marche systématique des résultats. Ainsi, les moyennes des deux premières et des deux dernières pesées sont respectivement, en unités du milligramme : 9,83 et 10,14, 8,17 et 8,99. Les deux écarts sont, il est vrai, de même sens, mais inférieurs à l'erreur moyenne des résultats partiels.

Résultats. — Le quotient de la masse de l'eau déplacée par le volume précédemment trouvé est

$$\frac{M}{V} \text{ à } 8°,5 = 0,999\,789\,2 ;$$

et, la densité de l'eau à 8°,5 étant, d'après les mesures de M. Chappuis, égale à 0,999 844 5, on a finalement, d'après le cylindre n° 1 :

Masse du décimètre cube d'eau à 4° = 0^{kg},999 944 7 ;
Volume du kilogramme d'eau à 4° = 1^{dm³},000 055 3.

CYLINDRE N° 2.

Description. — On s'est servi, pour construire ce cylindre, d'un tube et de deux plaques circulaires de laiton fondu, resté relativement mou, malgré le

XIV. B. 16*

martelage auquel il a été soumis, de telle sorte que les bords des faces ont assez fortement cédé au polissage. L'épaisseur des parois était comprise entre 10^{mm} et 11^{mm}.

Dilatation. — Une barre de 102^{cm} de longueur, coulée en même temps que le cylindre, a permis de déterminer la dilatation du laiton dont il est formé. Comme le résultat de cette détermination devait s'appliquer à la réduction, dans un intervalle de température restreint, d'une longueur environ huit fois moindre, j'ai pu me contenter d'un petit nombre de mesures, résumées ci-après :

Numéro de la mesure.	Température.	L — N° 13.	O — C.
	°	μ	μ
4	0,678	—306,64	+0,01
3	11,255	—207,16	—0,03
2	21,818	—106,72	+0,03
1	32,748	— 1,83	—0,01

On tire de ces observations la valeur de l'équation relative des deux règles :

$$L - [13] = -312^\mu,99 + 9^\mu,355\,t + 0^\mu,004\,48\,t^2,$$

d'où (p. 74)

$$\alpha_L = (17,947 + 0,006\,18\,t)\,10^{-6}.$$

La courbure des faces de ce cylindre sous l'action de la pression est, par le fait de ses moindres dimensions et de la plus forte épaisseur du métal, le huitième environ de celle qui se produit pour le cylindre n° 1. J'ai donc adopté le résultat brut des mesures ci-dessus pour la réduction à la température de référence.

Mesures des dimensions. — Les mesures des diamètres ont été faites de centimètre en centimètre. Le point de départ des sections mesurées devait être à 1^{mm},5 des faces; mais de petites irrégularités au voisinage de la base B ont fait abandonner les premières mesures et les ont fait remplacer par des déterminations à 3^{mm} de cette face.

Les bases ayant été polies en dernier lieu, on a pu mesurer les hauteurs jusqu'à 1^{mm},5 du bord. Elles ont été déterminées au centre et au bord dans les deux positions du cylindre, et pour trois circonférences intermédiaires dans chacune des positions. Les mesures ont été faites du 8 mai au 18 juin 1898.

Les réductions sont faites, dans les Tableaux ci-après, à la température de 13°, comprise entre celle des mesures et celle des pesées. Les coefficients de réduction, calculés comme il a été dit précédemment (p. 108), sont par degré :

Pour les diamètres...................... —2$^\mu$,48
Pour les hauteurs...................... —2$^\mu$,47

Les Tableaux sont disposés comme pour le cylindre n° 1. De petites irrégularités dans les résultats ont conduit à faire quelques mesures en plus de celles que comportait le plan primitif du travail. La signification des astérisques est donnée page 113.

DIAMÈTRES. — À en haut.

Section.	Azimut.	Température.	P + C — N [180-796]		
			à t°.	à 13°.	Moy. à 13°.
A — 1,5...	0	14,148	+ 128,61	+ 131,15	
	50	14,169	+ 127,57	+ 130,47	
	100	14,186	+ 127,51	+ 130,45	
	150	14,210	+ 130,11	+ 133,11	
	200	14,279	+ 126,83	+ 130,00	
	250	14,301	+ 128,26	+ 131,48	
	300	14,326	+ 127,72	+ 131,00	
	350	14,341	+ 131,58	+ 134,90	+ 130,81 (1)
A — 20.....	0	14,312	+ 122,67	+ 125,92	
	50	14,336	+ 121,52	+ 124,83	
	100	14,358	+ 120,80	+ 124,17	
	150	14,388	+ 121,26	+ 124,70	+ 124,90
A — 40.....	0	14,537	+ 123,83	+ 127,64	
	50	14,558	+ 122,91	+ 126,77	
	100	14,580	+ 121,66	+ 125,58	
	150	14,611	+ 122,12	+ 126,11	+ 126,52
A — 60.....	0	14,446	+ 121,82	+ 125,40	
	50	14,462	+ 121,41	+ 125,04	
	100	14,488	+ 118,49	+ 122,18	
	150	14,504	+ 119,50	+ 123,23	+ 123,96
A — 80.....	0	14,587	+ 119,10	+ 123,04	
	50	14,598	+ 117,68	+ 121,65	
	100	14,620	+ 116,88	+ 120,90	
	150	14,638	+ 117,05	+ 121,11	+ 121,67
A — 10.....	25	14,793	+ 123,34	+ 127,78	
	75	14,771	+ 123,01	+ 127,40	
	125	14,756	+ 122,79	+ 127,14	
	175	14,773	+ 124,01	+ 128,40	+ 127,68
A — 30.....	25	14,900	+ 121,88	+ 126,59	
	75	14,885	+ 120,80	+ 125,47	
	125	14,874	+ 120,59	+ 125,23	
	175	14,867	+ 121,68	+ 126,30	+ 125,90

(1) L'excès du diamètre (150.350) a été considéré comme dû à un défaut local; on n'en a pas tenu compte.

CH.-ÉD. GUILLAUME.

DIAMÈTRES. — B *en haut.*

Section.	Azimut.	Température.	P + C — N [380·996]		Moy. à 13°.
			à *t°*.	à 13°.	
B — 3.....	0	15,089	+ 103,26	+ 108,43	
	50	15,111	+ 102,05	+ 107,38	
	100	15,135	+ 101,73	+ 107,02	
	150	15,155	+ 102,53	+ 107,87	
	200	15,154	+ 102,49	+ 107,83	
	250	15,171	+ 100,34	+ 105,72	
	300	15,213	+ 99,46	+ 104,94	
	350	15,229	+ 99,64	+ 105,16	
	0	14,967	+ 102,94	+ 107,81	
	50	14,991	+ 101,46	+ 106,39	
	100	15,021	+ 100,75	+ 105,76	
	150	15,044	+ 101,94	+ 106,00	+ 106,68
B — 20.....	0	15,151	+ 100,81	+ 106,14	
	50	15,163	+ 100,60	+ 105,96	
	100	15,189	+ 100,49	+ 105,91	
	150	15,214	+ 101,00	+ 106,48	+ 106,12
B — 10.....	25	14,773	+ 100,21	+ 104,60	
	75	14,788	+ 100,29	+ 104,62	
	125	14,816	+ 101,24	+ 105,74	
	175	14,847	+ 101,39	+ 105,97	+ 105,23
B — 30.....	25	14,952	+ 101,34	+ 106,18	
	75	14,979	+ 100,97	+ 105,87	
	125	15,042	+ 101,43	+ 106,49	
	175	15,056	+ 102,67	+ 107,76	+ 106,57
B — 50.....	25	15,141	+ 102,93	+ 108,23	
	75	15,155	+ 102,10	+ 107,44	
	125	15,174	+ 102,70	+ 108,08	
	175	14,967	+ 104,62	+ 109,49	+ 108,31
B — 70.....	25	15,141	+ 107,17	+ 112,47	
	75	15,168	+ 107,05	+ 112,42	
	125	15,185	+ 106,82	+ 112,23	
	175	15,200	+ 107,73	+ 113,18	+ 112,57

HAUTEURS. — A *à gauche.*

Rayon.	Azimut.	Température	P + C — N [80·700]		Moy. à 13°.
			à *t°*.	à 13°.	
0.........	25	13,777	+ 355,92	+ 357,84	
	125	13,784	+ 355,73	+ 357,67	
	225	13,800	+ 356,12	+ 358,10	
	325	13,818	+ 356,28	+ 358,30	+ 357,98
18.........	25	13,440	+ 357,36	+ 358,45	
	125	13,462	+ 356,49	+ 357,63	
	225	13,509	+ 357,85	+ 359,11	
	325	13,539	+ 358,16	+ 359,49	+ 358,67*

HAUTEURS. — A à gauche.

P + C — N [80·700]

Rayon.	Azimut.	Température.	à t°.	à 13°.	Moy. à 13°.
mm 34........	25	13,645	+ 359,01	+ 360,61	
	75	13,660	+ 358,04	+ 359,67	
	125	13,677	+ 358,63	+ 360,31	
	175	13,689	+ 358,96	+ 360,67	
	225	13,512	+ 361,08	+ 362,35	
	275	13,541	+ 361,76	+ 363,10	
	325	13,574	+ 361,49	+ 362,91	
	375	13,608	+ 360,72	+ 362,22	+ 361,48°
80........	25	13,890	+ 360,72	+ 362,92	
	75	13,906	+ 359,12	+ 361,36	
	125	13,931	+ 360,28	+ 362,58	
	175	13,971	+ 361,81	+ 364,21	
	225	13,984	+ 362,43	+ 364,86	
	275	14,001	+ 363,82	+ 366,30	
	325	14,027	+ 363,37	+ 365,91	
	375	14,045	+ 362,24	+ 364,83	+ 364,13°
56,5........	25	13,861	+ 361,07	+ 363,20	
	75	13,887	+ 359,70	+ 361,90	
	125	13,921	+ 361,32	+ 363,60	
	175	13,949	+ 361,67	+ 364,02	
	225	13,980	+ 363,68	+ 366,11	
	275	14,029	+ 366,32	+ 368,87	
	325	14,045	+ 363,89	+ 366,48	
	375	14,063	+ 362,68	+ 365,31	+ 364,80°

HAUTEURS. — A à droite.

P + C — N [180·800]

Rayon.	Azimut.	Température.	à t°.	à 13°.	Moy. à 13°.
mm 0..........	0	13,573	+ 370,43	+ 371,85	
	100	13,639	+ 370,09	+ 371,67	
	200	13,616	+ 369,78	+ 372,30	
	300	13,596	+ 370,07	+ 371,55	+ 371,84
10..........	50	14,074	+ 369,15	+ 371,81	
	150	14,078	+ 367,73	+ 370,40	
	250	14,081	+ 368,37	+ 371,05	
	350	14,077	+ 369,47	+ 372,14	+ 371,34°
26..........	0	13,398	+ 373,14	+ 374,12	
	50	13,561	+ 371,29	+ 372,68	
	100	13,545	+ 371,18	+ 372,53	
	150	13,527	+ 371,96	+ 373,26	
	200	13,504	+ 372,94	+ 374,19	
	250	13,487	+ 373,87	+ 375,08	
	300	13,456	+ 374,32	+ 375,45	
	350	13,420	+ 374,05	+ 375,09	+ 374,04°

HAUTEURS. — A *à droite*.

Rayon.	Azimut.	Température.	P + C — N [180-800]		
			à t°.	à 13°.	Moy. à 13°.
mm			μ	μ	μ
42..	0	13,483	+ 374,68	+ 375,88	
	50	13,687	+ 374,31	+ 376,01	
	100	13,670	+ 373,61	+ 375,27	
	150	13,657	+ 374,64	+ 376,26	
	200	13,591	+ 374,67	+ 376,13	
	250	13,574	+ 375,98	+ 377,40	
	300	13,560	+ 376,52	+ 377,90	
	350	13,514	+ 376,44	+ 377,71	+ 376,61*
36,5	0	13,278	+ 377,05	+ 377,74	
	50	13,500	+ 375,21	+ 376,45	
	100	13,477	+ 375,24	+ 376,42	
	150	13,457	+ 376,15	+ 377,28	
	200	13,435	+ 377,36	+ 378,44	
	250	13,393	+ 379,34	+ 380,31	
	300	13,354	+ 379,48	+ 380,36	
	350	13,322	+ 378,93	+ 379,73	+ 378,36*

L'allongement des palpeurs, de 0° à 13°, étant de 81μ,57, les longueurs auxiliaires sont les suivantes :

N à 0°.	Allongements de 0° à 13°.	P à 13°.	[N — P] à 13°.
mm μ	μ	mm μ	μ
[180-796] = 616 + 7,99	+ 140,95	500 + 10,10	116 138,84
[380-996] = 616 + 21,80	»	»	116 152,65
[80-700] = 620 + 20,96	+ 141,86	»	120 152,72
[180-800] = 620 + 8,09	»	»	120 139,85

Les diamètres moyens à 13° obtenus en combinant les deux premières valeurs de N — P avec les différences observées sont donnés ci-après :

Sections.	Diamètres moyens à 13°.
mm	μ
A — 1,3	116 269,65
10	116 266,52
20	116 263,74
30	116 264,74
40	116 265,36
60	116 262,80
80	116 260,51
B — 3	116 259,33
10	116 257,88
20	116 258,77
30	116 259,22
50	116 260,96
70	116 265,22

La courbe méridienne du cylindre est représentée figure 33. En lisant, comme précédemment, ses ordonnées de millimètre en millimètre, on trouve

$$\text{Diamètre moyen à } 13° = 116\,262^{\mu},43.$$

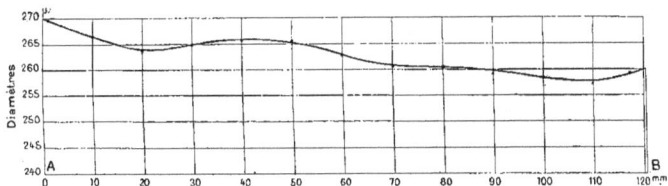

Fig. 33. — Diamètres du cylindre n° 2.

On a de même, pour les hauteurs,

Positions.	Rayons des circonférences.	Hauteurs à 13°.
	mm	μ
A à gauche..........	0	120 510,70
	18	120 511,39
	34	120 514,20
	50	120 516,84
	56,5	120 517,52
A à droite..	0	120 511,69
	10	120 511,19
	26	120 513,89
	42	120 516,46
	56,5	120 518,21

Ces valeurs sont représentées par la courbe (*fig.* 34). Il est facile de voir que, tandis que les diamètres se suivent sans discontinuité dans les deux

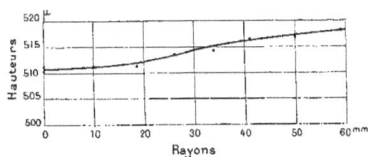

Fig. 34. — Hauteurs du cylindre n° 2.

groupes de mesures, il existe une petite différence systématique (inférieure à 1^{μ}) entre les hauteurs déterminées dans les deux positions du cylindre. Cet

XIV.   B.17

écart peut tenir à un très faible défaut de réglage ou à une petite erreur relative dans les valeurs admises pour les deux intervalles auxiliaires de la Règle normale. Ces intervalles faisant intervenir quatre traits différents, il suffirait d'erreurs extrêmement faibles sur chacun d'eux pour expliquer une bonne partie de la divergence trouvée.

En prenant, comme hauteur de référence, 120 510$^{\mu}$, on trouve

$$\text{Volume de référence à } 13^\circ = 1\,279\,356^{\text{mm}^3}, 81.$$

Le calcul des excédents est effectué ci-après :

Rayons.	Hauteurs réduites.	Excédents rectangulaires.	Excédents triangulaires.
mm	μ	mm³	mm³
0............	+ 1,20	+ 0,095	0,000
5............	+ 1,20	+ 0,283	0,000
10............	+ 1,20	+ 0,328	0,067
15............	+ 1,52	+ 0,836	0,196
20............	+ 2,20	+ 1,555	0,330
25............	+ 3,10	+ 2,678	0,378
30............	+ 3,95	+ 4,033	0,456
35............	+ 4,82	+ 5,678	0,590
40............	+ 5,80	+ 7,743	0,443
45............	+ 6,45	+ 9,623	0,454
50............	+ 7,04	+19,437	1,358
58,13..........	+ 8,00		
	Sommes....	52,289	4,272

Ajoutant ces sommes au volume de référence, nous avons, à 13° du thermomètre à mercure,

$$V'_{13} = 1\,279\,413^{\text{mm}^3}, 37\,;$$

et, la réduction à l'échelle normale faisant intervenir un écart de 0,063 degré, le volume définitif est

$$V_{13} = 1\,279\,417^{\text{mm}^3}, 72.$$

Pesées. — J'ai procédé d'abord, pour les pesées du cylindre n° 2, exactement comme pour le n° 1. Après les déterminations de la masse, le cylindre fut immergé, et le vase placé sous la cloche. Les pesées dans l'eau ne laissèrent rien remarquer d'anormal; mais la deuxième série de pesées dans l'air montra que le cylindre avait gagné près de 30^{mg} par le fait de l'eau absorbée, soit dans les pores du métal, soit dans les petites fissures de la soudure des fonds. Ces premières expériences avaient été faites en décembre 1898 et janvier 1899. La valeur trouvée pour la masse, déterminée 15 jours après l'achèvement des pesées hydrostatiques, était 4 160 607^{mg},6, bien constante pendant les 6 pesées exécutées le 25 et le 26 janvier.

Je recommençai alors une nouvelle série de pesées hydrostatiques, pour lesquelles l'eau distillée fut d'abord soumise à l'action du vide; puis le cylindre fut plongé dans l'eau, et les pesées commencèrent aussitôt que la balance eut suffisamment repris la température ambiante après des réglages qui suivirent immédiatement l'immersion. Il en fut de même des pesées dans l'air, dans cette série comme dans celles qui suivirent.

Après l'achèvement des opérations ordinaires, qui furent terminées le 4 février, on fit encore une pesée le 6 février et une autre le 4 mars 1899. Le cylindre conserva sensiblement la même masse. Le 3 juin, il fut trouvé plus léger de 4^{mg} environ. Je me décidai alors à faire une nouvelle série de pesées hydrostatiques, après lesquelles le cylindre avait repris sensiblement la masse qu'il avait à la suite de la deuxième série.

Il suffit de reproduire ici le détail des opérations sur lesquelles portera la discussion; je laisserai de côté toutes les pesées antérieures à la deuxième série dans l'eau. L'heure est indiquée partout où il est intéressant de la connaître.

DEUXIÈME SÉRIE.

Pesées dans l'eau.

Le cylindre a été immergé le 25 janvier à $9^h 0^m$.

29 janvier 1899.   N° 1.

$10^h 0^m$.   A = Cylindre + étrier.

B = kg(C + S) + Oc(500 + 200 + 100 — 50 + 20 + 10 + 1 + 0,5 + 0,2 + 0,1) + étrier.

					mg
T_{cage} = 9",044	A	298,42	293,62	296,02	B = 2 881 801,00
T_{eau} = 8",688	B	295,29	292,77	294,03	A — B = — 2,38
H = 755^{mm},69	(B — 0,02*)	311,57	309,99	310,78	P = — 165,85
f = 94					
					2 881 632,77

29 janvier 1899.   N° 2.

$6^h 50^m$.   Mêmes charges.

T_{cage} = 9",269	A	297,91	295,31	296,61	B = 2 881 801,00
T_{eau} = 8",668	B	295,30	295,42	295,36	A — B = — 1,61
H = 752^{mm},60	(B — 0,02*)	310,76	311,12	310,94	P = — 165,02
f = 96					
					2 881 634,37

30 janvier 1899.   N° 3.

$9^h 0^m$.   Mêmes charges.

T_{cage} = 8",945	A	291,33	291,05	291,29	B = 2 881 801,00
T_{eau} = 8",597	B	291,47	291,03	291,25	A — B = — 0,05
H = 752^{mm},31	(B — 0,02*)	307,48	307,33	307,40	P = — 165,16
f = 97					
					2 881 635,79

Pesées dans l'eau.

30 janvier 1899.   N° **4**.

2^{h}0^m.   Mêmes charges.

						mg
T_{cage} = 9°,024	B	295,42	293,81	294,61	B =	2 881 801,00
T_{eau} = 8°,578	A	295,88	295,01	295,44	A − B = −	1,04
H = 751^{mm},61	(A + 0,02*)	280,15	278,68	279,41	P = −	164,96
f = 95						—————
						2 881 635,00

30 janvier 1899.   N° **5**.

3^{h}45^m.   Mêmes charges.

T_{cage} = 9°,000	B	293,62	294,15	293,88	B =	2 881 801,00
T_{eau} = 8°,582	A	294,35	295,32	294,83	A − B = −	1,16
H = 751^{mm},70	(A + 0,02*)	278,11	278,87	278,49	P = −	164,99
f = 96,5						—————
						2 881 634,85

30 janvier 1899.   N° **6**.

4^{h}45^m.   Mêmes charges.

T_{cage} = 9°,005	B	293,98	293,17	293,57	B =	2 881 801,00
T_{eau} = 8°,690	A	293,82	294,30	294,06	A − B = −	0,61
H = 751^{mm},69	(A + 0,02*)	277,88	278,35	278,11	P = −	164,97
f = 98,5						—————
						2 881 635,42

Pesées dans l'air.

Retiré le cylindre le 30 à 6^h du soir; vidé et chauffé le vase.

30 janvier 1899.   N° **1**.

10^{h}0^m, p. m.

A = Cylindre + étrier.

B = Kg(C + S + n° 9 + n° 31) + Oc(100 + 50 + 5 + 2 + 2* + 0,05 + 0,02 + 0,02*) + étrier.

T_h = 8°,859	B	302,51	303,74	302,13	B =	4 159 091,52
T_b = 9°,468	A	307,63	307,23	307,45	A − B =	7,06
H = 751^{mm},01	(A + 0,02*)	294,91	293,74	294,32	P = −	1334,70
f = 89,5						—————
						4 160 419,16

31 janvier 1899.   N° **2**.

9^{h}30^m.   Mêmes charges.

T_h = 7°,913	B	304,11	303,35	303,73	B =	4 159 091,52
T_b = 8°,114	A	309,63	310,50	310,06	A − B =	9,79
H = 747^{mm},82	(A + 0,02*)	297,07	297,17	297,12	P = +	1336,15
f = 91,5						—————
						4 160 417,88

31 janvier 1899.   N° **3**.

12^{h}0^m.   Mêmes charges.

T_h = 7°,938	B	304,25	304,48	304,36	B =	4 159 091,52
T_b = 8°,064	A	308,50	308,54	308,52	A − B = −	6,33
H = 746^{mm},72	(A + 0,02*)	295,72	295,03	295,37	P = +	1334,52
f = 92						—————
						4 160 419,71

Pesées dans l'air.

31 janvier 1899.   N° **4.**

3ʰ 15ᵐ.   Mêmes charges.

$T_h =$ 9°,044	A	309,10	308,77	308,93	B = ᵐᵍ 4159091,52
$T_b =$ 8°,423	B	306,72	307,44	307,08	A — B = — 2,94
H = 745ᵐᵐ,30	(B — 0,02*)	319,66	319,66	319,66	P = + 1330,82
f = 91,5					
					4160419,40

31 janvier 1899.   N° **5.**

5ʰ 30ᵐ.   Mêmes charges.

$T_h =$ 9°,284	A	295,63	294,09	294,86	B = 4159091,52
$T_b =$ 8°,627	B	293,40	294,18	293,79	A — B = — 1,73
H = 745ᵐᵐ,33	(B — 0,02*)	305,78	306,51	306,14	P = + 1329,81
f = 92,5					
					4160419,60

1ᵉʳ février 1899.   N° **6.**

9ʰ 30ᵐ.   Mêmes charges.

$T_h =$ 7°,613	A	296,12	295,67	295,89	B = 4159091,52
$T_b =$ 7°,766	B	292,94	292,99	292,96	A — B = — 4,57
H = 744ᵐᵐ,27	(B — 0,02*)	305,82	305,78	305,80	P = + 1331,61
f = 91,5					
					4160418,56
				Moyenne.......	**4163419,05**

Pesées dans l'eau.

Le cylindre a été immergé le 2 février à 10ʰ0ᵐ du matin.

2 février 1899.   N° **7.**

11ʰ0ᵐ.

A = Cylindre + étrier.

B = Kg(C + S) + Oc(500 + 200 + 100 + 50 + 20 + 10 + 1 + 0,5 + 0,2 + 0,05 + 0 02* + 0,01) + étrier.

$T_{cage} =$ 7°,985	A	299,56	297,84	298,70	B = 2881781,04
$T_{eau} =$ 8°,468	B	304,63	303,23	303,93	A — B = + 6,53
H = 741ᵐᵐ,83	(B + 0,02)	288,48	287,28	287,88	P = — 163,48
f = 91,5					
					2881624,09

2 février 1899.   N° **8.**

12ʰ0ᵐ.   Mêmes charges.

$T_{cage} =$ 7°,740	A	296,81	297,31	297,06	B = 2881781,04
$T_{eau} =$ 8°,398	B	302,02	302,18	302,10	A — B = + 6,28
H = 741ᵐᵐ,71	(B + 0,02)	285,88	286,16	286,02	P = — 163,59
f = 94					
					2881623,73

2 février 1899.   N° **9.**

2ʰ 15ᵐ.   Mêmes charges.

$T_{cage} =$ 7°,525	A	297,12	295,82	296,47	B = 2881781,04
$T_{eau} =$ 8°,248	B	300,12	300,09	300,10	A — B = + 4,51
H = 741ᵐᵐ,78	(B + 0,02)	284,11	283,81	283,96	P = — 163,75
f = 92,5					
					2881621,80

Pesées dans l'eau.

2 février 1899.   N° **10**.

3^h 15^m.   Mêmes charges.

$T_{cage} =$ 7°,635   B   299,93   299,77   299,85   B $=$ 2881781^{mg},04
$T_{eau} =$ 8°,176   A   295,91   297,98   296,94   A $-$ B $=$ $-$ 3,49
H $=$ 742^{mm},26   (A $-$ 0,02)   313,17   314,11   313,64   P $=$ $-$ 163,78
$f =$ 93,5

2881620,75

2 février 1899.   N° **11**.

5^h 0^m.   Mêmes charges.

$T_{cage} =$ 7°,605   B   299,37   299,51   299,44   B $=$ 2881781,04
$T_{eau} =$ 8°,125   A   295,47   297,30   296,38   A $-$ B $=$ $+$ 3,61
H $=$ 742^{mm},91   (A $-$ 0,02)   312,59   314,13   313,36   P $=$ $-$ 163,94
$f =$ 94

2881620,71

2 février 1899.   N° **12**.

6^h 0^m.   Mêmes charges.

$T_{cage} =$ 7°,770   B   299,99   298,85   299,42   B $=$ 2881781,04
$T_{eau} =$ 8°,076   A   295,17   297,40   296,28   A $-$ B $=$ $+$ 3,78
H $=$ 743^{mm},23   (A $-$ 0,02)   312,43   313,48   312,95   P $=$ $-$ 163,91
$f =$ 94

2881620,91

Pesées dans l'air.

Le cylindre a été retiré de l'eau le 2 février à 7^h du soir.

3 février 1899.   N° **7**.

10^h.40^m.   A $=$ Cylindre + étrier.
                     B $=$ Kg (C + S + n° 9 + n° 31) + Oc (100 + 50 + 5 + 2 + 2* + 0,05 + 0,02) + étrier.

$T_h =$ 7°,709   A   296,92   298,92   297,92   B $=$ 4159071,50
$T_b =$ 7°,511   B   294,53   294,97   294,75   A $-$ B $=$ $-$ 4,92
H $=$ 752^{mm},21   (B $-$ 0,02)   307,74   307,63   307,68   P $=$ $+$ 1347,51
$f =$ 91

4160414,09

3 février 1899.   N° **8**.

11^h.45^m.   Mêmes charges.

$T_h =$ 8°,229   A   298,25   297,66   297,95   B $=$ 4159071,50
$T_b =$ 7°,541   B   295,49   295,92   295,70   A $-$ B $=$ $-$ 3,55
H $=$ 752^{mm},79   (B $-$ 0,02)   308,63   308,20   308,41   P $=$ $+$ 1348,56
$f =$ 91,5

4160416,51

3 février 1899.   N° **9**.

2^h 0^m.   Mêmes charges.

$T_h =$ 8°,148   A   297,35   297,92   297,63   B $=$ 4159071,50
$T_b =$ 7°,710   B   295,66   295,74   295,70   A $-$ B $=$ $-$ 3,08
H $=$ 753^{mm},29   (B $-$ 0,02)   308,35   308,22   308,28   P $=$ $+$ 1348,58
$f =$ 92

4160417,00

Pesées dans l'air.

3 février 1899.   N° 10.

$3^h 0^m$.   Mêmes charges.

$T_h =$ 8°,239	B	295,69	294,78	295,23	B =	4159071,50 (mg)
$T_b =$ 7°,776	A	298,20	298,39	298,29	A — B = —	4,62
H = $753^{mm},88$	(A — 0,02*)	311,86	311,25	311,55	P = +	1349,28
$f =$ 93						4160416,16

4 février 1899.   N° 11.

$9^h 30$.   Mêmes charges.

$T_h =$ 8°,004	B	293,98	294,60	294,29	B =	4159071,50
$T_b =$ 7°,729	A	303,12	302,12	302,62	A — B = —	13,30
H = $758^{mm},94$	(A + 0,02*)	291,02	289,14	290,08	P = +	1358,50
$f =$ 91,5						4160416,70

4 février 1899.   N° 12.

$11^h 0^m$.   Mêmes charges.

$T_h =$ 8°,098	B	294,57	293,88	294,22	B =	4159071,50
$T_b =$ 7°,766	A	302,68	301,80	302,24	A — B = —	12,65
H = $759^{mm},04$	(A + 0,02*)	290,25	288,86	289,55	P = +	1358,11
$f =$ 92						4160417,26

Moyennes.. **4160416,29**

Pesées supplémentaires dans l'air.

6 février 1899.   N° 1.

A = Cylindre + étrier,
B = Kg(C + S + n° 9 + n° 31) + Oe(100 + 50 + 5 + 2 + 2* + 0,05 + 0,02) + étrier.

$T_h =$ 6°,616	B	295,66	297,42	296,54	B =	4159071,46
$T_b =$ 6°,614	A	296,91	295,96	296,43	A — B = +	0,17
H = $749^{mm},18$	(A + 0,02*)	283,46	283,09	283,27	P = +	1346,40
$f =$ 92						4160418,03

11 mars 1899.   N° 2.

B = B initial — Oe 0,01.

$T_h =$ 7°,054	B	294,28	294,09	294,18	B =	4159061,46
$T_b =$ 6°,905	A	303,94	305,10	304,52	A — B = —	16,13
H = $764^{mm},74$	(A + 0,02*)	291,67	291,71	291,69	P = +	1372,98
$f =$ 93,5						4160418,31

TROISIÈME SÉRIE.

Pesées dans l'air.

3 juin 1899.   N° 1.

A = Cylindre + étrier.
B = Kg(C + S + n° 9 + n° 31) + Oe(100 + 50 + 5 + 2 + 2* + 0,05 + 0,02).

$T_h =$ 14°,670	A	300,14	300,16	300,15	B =	4159071,46 (mg)
$T_b =$ 14°,111	B	308,18	307,94	308,06	A — B = +	12,75
H = $760^{mm},41$	(B + 0,02*)	296,00	295,28	295,64	P = +	1330,39
$f =$ 75,5						4160414,60

Pesées dans l'air.

3 juin 1899.　　　　　　　　N° **2.**

Mêmes charges.

$T_h =$ 14°,680	A	3oo,8o	299,61	3oo,21	$B =$ 4159071,46
$T_b =$ 14°,138	B	3o8,o5	3o7,74	3o7,9o	$A - B = +$ 12,3o
$H =$ 76o^{mm},31	(B + o,o2*)	295,65	295,13	295,39	$P = +$ 1329,93
$f =$ 77					
					4160413,69

3 juin 1899.　　　　　　　　N° **3.**

B = B initial + o,o2*.

$T_h =$ 14°,850	B	295,55	295,33	295,44	$B =$ 4159091,48
$T_b =$ 14°,26o	A	299,63	299,64	299,63	$A - B = -$ 6,65
$H =$ 759^{mm},85	(A + o,o2*)	286,89	287,15	287,o2	$P = +$ 1328,49
$f =$ 77,5					
					4160413,32

3 juin 1899.　　　　　　　　N° **4.**

Mêmes charges.

$T_h =$ 14°,775	B	295,75	296,11	295,93	$B =$ 4159091,48
$T_b =$ 14°,278	A	299,17	299,01	299,09	$A - B = -$ 4,98
$H =$ 759^{mm},56	(A + o,o2*)	286,64	286,13	286,38	$P = +$ 1327,82
$f =$ 77,5					
					4160414,32

Moyenne........ **4160413,98**

Pesées dans l'eau.

Le cylindre a été immergé le 6 juin à 9^h.

6 juin 1899.　　　　　　　　N° **1.**

11^h o^m.

A = Cylindre + étrier.
B = (C + S) + Oe (5oo + 2oo + 1oo + 5o + 2o + 1o + 2 + o,2 + o,o2 + o,o1) + étrier.

$T_{cage} =$ 15°,971	A	3oo,o4	297,93	298,98	$B =$ 2882230,96
$T_{eau} =$ 14°,988	B	312,53	312,82	312,67	$A - B = +$ 17,15
$H =$ 762^{mm},o4	(B + o,o2*)	296,53	296,85	296,69	$P = -$ 163,o9
$f =$ 75,5					
					2882085,o2

6 juin 1899.　　　　　　　　N° **2.**

3^h o^m.　　　　　　B = B initial + Oe (o,o5 — o,o2 — o,o1).

$T_{cage} =$ 16°,21o	A	292,82	291,28	292,o8	$B =$ 2882250,98
$T_{eau} =$ 15°,o65	B	297,52	296,86	297,19	$A - B = +$ 6,46
$H =$ 761^{mm},o4	(B + o,o2*)	281,45	281,27	281,36	$P = -$ 162,72
$f =$ 76					
					2882094,72

6 juin 1899.　　　　　　　　N° **3.**

5^h o^m.　　　　　　Mêmes charges.

$T_{cage} =$ 16°,185	A	287,81	286,43	287,12	$B =$ 2882250,98
$T_{eau} =$ 15°,11o	B	297,43	297,13	297,28	$A - B = +$ 12,86
$H =$ 76o^{mm},82	(B + o,o2*)	281,63	281,32	281,47	$P = -$ 162,68
$f =$ 77					
					2882101,16

Pesées dans l'eau.

7 juin 1899.

$9^h 0^m$.

N° 4.

$B = B$ initial $+ Oe (+ 0,05 + 0,02^* - 0,01)$.

						mg
$T_{cage} = 16°,265$	B	288,56	288,98	288,77	$B =$	2 882 291,05
$T_{eau} = 15°,215$	A	296,86	297,14	297,00	$A - B = -$	10,77
$H = 761^{mm},74$	$(A + 0,02^*)$	281,51	281,91	281,71	$P = -$	162,81
$f = 79$						
						2 882 117,47

7 juin 1899.

$11^h 0^m$.

N° 5.

Mêmes charges.

$T_{cage} = 16°,405$	B	293,12	292,52	292,82	$B =$	2 882 291,05
$T_{eau} = 15°,242$	A	299,84	298,46	299,15	$A - B = -$	8,16
$H = 761^{mm},66$	$(A + 0,02^*)$	284,19	283,05	283,62	$P = -$	162,71
$f = 78,5$						
						2 882 120,18

7 juin 1899.

$2^h 0^m$.

N° 6.

Mêmes charges.

$T_{cage} = 16°,541$	B	293,06	292,67	292,86	$B =$	2 882 291,05
$T_{eau} = 15°,263$	A	296,84	295,46	296,15	$A - B = -$	4,23
$H = 761^{mm},58$	$(A + 0,02^*)$	280,78	280,42	280,60	$P = -$	162,61
$f = 78,5$						
						2 882 124,21

Pesées dans l'air.

Le cylindre a été retiré de l'eau le 7 juin à 10^h du soir.

8 juin 1899.

$9^h 30^m$.

N° 5.

$A =$ Cylindre $+$ étrier.

$B = Kg (C + S + n° 9 + n° 31) + Oe (100 + 50 + 5 + 2 + 2^* + 0,05 + 0,02) +$ étrier.

$T_h = 16°,609$	A	294,35	294,67	294,51	$B =$	4 159 071,50
$T_b = 15°,893$	B	305,67	305,74	305,70	$A - B = +$	18,36
$H = 763^{mm},29$	$(B + 0,02^*)$	293,40	293,60	293,50	$P = +$	1 326,52
$f = 76,5$						
						4 160 416,38

8 juin 1899.

$11^h 0^m$.

N° 6.

Mêmes charges.

$T_h = 16°,695$	A	293,98	294,00	293,99	$B =$	4 159 071,50
$T_b = 15°,969$	B	305,74	306,12	305,93	$A - B = +$	18,92
$H = 763^{mm},28$	$(B + 0,02^*)$	293,31	293,30	293,30	$P = +$	1 325,99
$f = 78$						
						4 160 416,41

8 juin 1899.

$12^h 0^m$.

N° 7.

$B = B$ initial $+ Oe\, 0,02^*$.

$T_h = 16°,856$	B	299,93	299,91	299,92	$B =$	4 159 091,52
$T_b = 16°,068$	A	300,63	300,12	300,37	$A - B = -$	0,73
$H = 763^{mm},12$	$(A + 0,02^*)$	288,34	287,73	288,03	$P = +$	1 325,32
$f = 77,5$						
						4 160 416,11

XIV.

B.18

Pesées dans l'air.

8 juin 1899.   N° **8**.

2ʰ0ᵐ.   Mêmes charges.

T_h = 16°,965 B 300,61 300,79 300,70 B = 4159091,52 (mg)
T_b = 16°,175 A 301,35 300,27 300,81 A — B = — 0,17
H = 762ᵐᵐ,54 (A+0,02*) 288,34 287,76 288,05 P = + 1323,74
f = 77,5

          4160415,09

       Moyenne....... **4160416,00**

Pesées dans l'eau.

Le cylindre a été immergé le 9 juin à midi.

10 juin 1899.   N° **7**.

8ʰ30ᵐ.

A = Cylindre + étrier.
B = Kg(C + S) + Oc(500 + 200 + 100 + 50 + 20 + 10 + 2 + 0,2 + 0,1 + 0,01) + étrier.

T_{cage} = 16°,016 A 306,73 306,10 306,41 B = 2882311,04
T_{eau} = 15°,417 B 299,52 299,46 299,49 A — B = — 9,09
H = 762ᵐᵐ,33 (B—0,02*) 314,40 315,03 314,72 P = — 163,16
f = 73

          2882138,79

11 juin 1899.   N° **8**.

10ʰ0.   B = B initial + Oc — (0,1 — 0,05).

T_{cage} = 16°,140 A 301,15 301,62 301,38 B = 2882261,03
T_{eau} = 15°,039 B 300,29 302,41 301,35 A — B = — 0,04
H = 760ᵐᵐ,70 (B—0,02*) 317,69 317,60 317,64 P = — 162,76
f = 70

          2882098,23

12 juin 1899.   N° **9**.

10ʰ0ᵐ.   B = B initial.

T_{cage} = 16°,547 B 301,76 302,59 302,17 B = 2882311,04
T_{eau} = 15°,442 A 300,24 301,33 300,78 A — B = + 1,82
H = 758ᵐᵐ,84 (A—0,02*) 316,30 315,90 316,10 P = — 162,10
f = 71

          2882150,76

12 juin 1899.   N° **10**.

11ʰ0ᵐ.   Mêmes charges.

T_{cage} = 16°,671 B 299,01 298,19 298,60 B = 2882311,04
T_{eau} = 15°,489 A 293,43 293,58 293,50 A — B = + 6,46
H = 758ᵐᵐ,56 (A—0,02*) 309,62 309,00 309,31 P = — 161,95
f = 72

          2882155,55

12 juin 1899.   N° **11**.

12ʰ0ᵐ.   Mêmes charges.

T_{cage} = 16°,835 B 298,74 298,11 298,42 B = 2882311,04
T_{eau} = 15°,520 A 290,60 291,31 290,95 A — B = + 9,60
H = 758ᵐᵐ,33 (A—0,02*) 306,63 306,43 306,53 P = — 161,80
f = 72,5

          2882158,84

Pesées dans l'eau.

12 juin 1899.

$6^h 0^m$.

N° 12.

$B = B$ initial $+ Oc\, 0,02$.

$T_{cage} = 16°,862$	A	$296,87$	$294,33$	$295,60$	$B =$	$2882331,09$
$T_{eau} = 15°,741$	B	$310,21$	$311,00$	$310,60$	$A - B = +$	$18,87$
$H = 756^{mm},36$	$(B + 0,02^*)$	$294,68$	$294,70$	$294,69$	$P = -$	$161,40$
$f = 69,5$						$2882188,56$

Pesées dans l'air.

Le cylindre a été retiré de l'eau le 12 juin à 7^h.

13 juin 1899.

$10^h 30^m$.

N° 9.

$A = $ Cylindre $+$ étrier.

$B = Kg\,(C + S + n° 9 + n° 31) + Oc\,(100 + 50 + 5 + 2 + 2^* + 0,1) +$ étrier.

$T_h = 16°,632$	A	$303,51$	$304,21$	$303,86$	$B =$	$4159101,46$
$T_b = 16°,332$	B	$306,11$	$305,83$	$305,97$	$A - B = +$	$3,41$
$H = 756^{mm},59$	$(B + 0,02^*)$	$293,50$	$293,67$	$293,58$	$P = +$	$1312,70$
$f = 71,5$						$4160417,57$

13 juin 1899.

$12^h 0^m$.

N° 10.

Mêmes charges.

$T_h = 16°,672$	A	$304,14$	$305,23$	$304,83$	$B =$	$4159101,46$
$T_b = 16°,310$	B	$306,69$	$305,73$	$306,21$	$A - B = +$	$2,20$
$H = 756^{mm},54$	$(B + 0,02^*)$	$294,09$	$293,18$	$293,63$	$P = +$	$1312,73$
$f = 72$						$4160416,39$

13 juin 1899.

$2^h 30^m$.

N° 11.

$B = B$ initial $+ Oc\, 0,01$.

$T_h = 16°,788$	B	$300,18$	$299,96$	$300,07$	$B =$	$4159111,51$
$T_b = 16°,240$	A	$304,96$	$304,77$	$304,86$	$A - B = -$	$7,66$
$H = 755^{mm},97$	$(A + 0,02^*)$	$292,43$	$292,27$	$292,35$	$P = +$	$1312,16$
$f = 73$						$4160416,01$

13 juin 1899.

$3^h 30^m$.

N° 12.

Mêmes charges.

$T_h = 16°,788$	B	$300,13$	$300,24$	$300,18$	$B =$	$4159111,51$
$T_b = 16°,248$	A	$305,51$	$304,25$	$304,88$	$A - B = -$	$7,28$
$H = 755^{mm},98$	$(A + 0,02^*)$	$292,08$	$291,84$	$291,96$	$P = +$	$1312,10$
$f = 73,5$						$4160416,33$

Moyenne............... **4160416,57**

Les pesées faites après un long repos, succédant à l'immersion du cylindre, révèlent son allègement progressif, dû au lent abandon de l'eau absorbée. La variation est même assez rapide dans l'air relativement sec pour que la marche en soit bien visible au cours d'un groupe de pesées, telles que celles de juin 1899. Dans l'air très humide, les variations n'ont rien de nettement

systématique entre les pesées d'un même groupe. On peut donc, dans ce
dernier cas, adopter les moyennes des pesées dans l'air, combinées avec les
pesées hydrostatiques qui les ont précédées. Pour les opérations de juin, au
contraire, il est tout indiqué de se limiter à la première pesée, qui fournit la
valeur la moins erronée du cylindre à associer aux pesées antérieures dans
l'eau. C'est ainsi qu'ont été faites les réductions des pesées hydrostatiques
reproduites ci-après.

29 janvier-2 février 1899.

Numéro de la pesée.	Masse du cylindre.	Masse apparente dans l'eau.	Masse de l'eau déplacée.	Temp.	Press.	(Coeff. de réd. à 13°) 10⁻⁶.			Masse de l'eau déplacée à 13° et sous 760ᵐᵐ.
						Temp.	Press.	Somme.	
		mg	mg	°	mm				mg
1...		2 881 632,77	1 278 786,28	8,688	765,8	−194,05	−0,39	−194,44	1 278 537,69
2...		2 881 634,37	1 278 784,68	8,668	762,7	−194,36	−0,18	−194,54	1 278 535,96
3...	mg	2 881 635,79	1 278 783,26	8,597	762,5	−195,43	−0,16	−195,59	1 278 533,20
4..	4 160 419,05	2 881 635,00	1 278 784,05	8,578	761,8	−195,70	−0,12	−195,82	1 278 533,69
5 ..		2 881 634,85	1 278 784,20	8,582	761,8	−195,62	−0,12	−195,74	1 278 533,95
6...		2 881 635,42	1 278 783,63	8,690	761,8	−194,06	−0,12	−194,18	1 278 535,37
7...		2 881 624,09	1 278 792,20	8,468	751,5	−197,14	+0,56	−196,58	1 278 540,87
8...		2 881 623,73	1 278 792,56	8,398	751,4	−198,05	+0,57	−197,48	1 278 540,08
9...	4 160 416,29	2 881 621,80	1 278 794,49	8,248	751,5	−199,64	+0,56	−199,08	1 278 539,97
10...		2 881 620,75	1 278 795,54	8,176	752,0	−200,33	+0,53	−199,80	1 278 540,10
11...		2 881 620,71	1 278 795,58	8,125	752,6	−200,68	+0,49	−200,19	1 278 539,64
12...		2 881 620,91	1 278 795,38	8,076	752,9	−201,13	+0,47	−200,66	1 278 538,84

6-12 juin 1899.

Numéro de la pesée.	Masse du cylindre.	Masse apparente dans l'eau.	Masse de l'eau déplacée.	Temp.	Press.	Temp.	Press.	Somme.	Masse de l'eau déplacée à 13° et sous 760ᵐᵐ.
1...		2 882 085,12	1 278 331,26	14,988	771,7	−167,93	−0,78	+167,15	1 278 541,97
2...		2 882 094,72	1 278 321,66	15,065	770,7	+175,43	−0,71	+174,72	1 278 545,05
3...		2 882 101,16	1 278 315,22	15,110	770,5	+179,78	−0,70	+179,08	1 278 544,18
4...	4 160 416,38	2 882 117,47	1 278 298,91	15,215	771,4	+190,06	−0,76	+189,30	1 278 540,94
5...		2 882 120,18	1 278 296,20	15,242	771,4	+192,80	−0,75	+192,05	1 278 541,74
6...		2 882 124,21	1 278 292,17	15,263	771,3	+194,86	−0,75	+194,11	1 278 540,35
7...		2 882 138,79	1 278 278,78	15,417	773,9	+210,18	−0,92	+209,26	1 278 546,33
8...		2 882 098,23	1 278 319,34	15,039	772,2	+172,85	−0,81	+172,04	1 278 539,30
9...	4 160 417,57	2 882 150,76	1 278 266,81	15,442	770,4	+212,71	−0,69	+212,02	1 278 537,89
10...		2 882 155,55	1 278 262,02	15,489	770,1	+217,55	−0,67	+216,88	1 278 539,31
11...		2 882 158,84	1 278 258,73	15,520	769,9	+220,67	−0,65	+220,02	1 278 540,03
12...		2 882 188,56	1 278 229,01	15,741	767,9	+243,53	−0,52	+243,01	1 278 539,71

L'examen des résultats partiels des pesées hydrostatiques montre que, à
partir de la première opération, le cylindre est allé en s'alourdissant; en effet,
les quelques inversions des nombres ne dépassent pas les erreurs possibles des
observations, et leur allure générale est toujours dans le sens d'un accroissement. On sera donc conduit, comme pour les pesées dans l'air, à préférer le
premier résultat à la moyenne, et à le considérer même comme trop élevé si

l'on envisage la masse apparente du cylindre dans l'eau, et, par conséquent, comme trop bas, si l'on considère la masse de l'eau déplacée.

En prenant les valeurs les plus élevées de cette dernière, corrigées de $-0^{mg},27$ pour l'altitude, et en divisant par le volume du cylindre, on trouve :

D'après la première série,

$$\text{Masse du décimètre cube d'eau à } 13^{o} = 0^{kg},9993144$$

et, la densité de l'eau à $13°$ étant égale à $0,9994040$,

$$\textit{Masse du décimètre cube d'eau à } 4^{o} = 0^{kg},9999103,$$
$$\textit{Volume du kilogramme d'eau à } 4^{o} = 1^{dm^{3}},0000897.$$

D'après la seconde série,

$$\text{Masse du décimètre cube d'eau à } 13^{o} = 0^{kg},9993187,$$
$$\textit{Masse du décimètre cube d'eau à } 4^{o} = 0^{kg},9999146,$$
$$\textit{Volume du kilogramme d'eau à } 4^{o} = 1^{dm^{3}},0000854.$$

La combinaison des premières pesées de chaque groupe a réduit au minimum les erreurs dues à l'absorption et à l'abandon de l'eau par le cylindre. Mais une grande partie de l'erreur subsiste, puisqu'une portion de l'eau enfermée dans les fissures du cylindre s'échappe dès que commence le séchage, tandis que, lorsqu'il est immergé, le gros de l'absorption se produit dans les premiers instants du séjour dans l'eau.

Il serait d'ailleurs illusoire de procéder par extrapolation des résultats fournis par les pesées. Au cours de celles-ci, la variation est lente, alors qu'elle est rapide aussitôt après le changement; car, bien qu'ayant mis toute diligence dans la préparation des pesées, il m'a été matériellement impossible d'éviter qu'il s'écoulât plusieurs heures entre le moment où le cylindre était retiré de l'eau et celui de la première pesée dans l'air. Les difficultés de maniement du cylindre m'avaient en effet conduit, ainsi qu'il a été dit plus haut, à me servir du mécanisme adapté au vase servant aux pesées hydrostatiques pour faire l'échange des charges dans l'air; et, après les pesées dans l'eau, il était nécessaire de sécher le vase et l'étrier en les chauffant modérément, puis de les abandonner jusqu'à ce qu'ils eussent repris la température ambiante suffisamment pour ne pas fausser sensiblement les indications de la balance.

La masse de l'eau déplacée est donc supérieure à ce qu'indiquent les pesées, et tout ce que l'on peut tirer des mesures faites avec le cylindre n° 2 est que le volume du kilogramme d'eau à $4°$ est inférieur à $1^{dm^{3}},000085$.

Cylindre n° 3.

Description. — Ce cylindre, creux comme les précédents, a été coulé en bronze, avec un noyau intérieur maintenu dans le moule par quatre supports, placés par paires sur ses faces. Des goujons centraux, venus de fonte sur ces dernières, ont servi au tournage. Les évents laissés dans les deux bases du cylindre ont été alésés, puis obturés avec des tiges de bronze de même provenance que le cylindre.

On a admis, pour la dilatation de ce cylindre, la valeur

$$\alpha = (17,46 + 0,0063\,t)\,10^{-6},$$

trouvée pour des bronzes de composition semblable. Les réductions ont porté sur un très petit intervalle de température.

Le cylindre avait, au fini, $100^{mm},0$ de diamètre et $119^{mm},4$ de hauteur; l'épaisseur des parois était de 8^{mm} environ.

Mesures des dimensions. — Les diamètres ont été mesurés de centimètre en centimètre, en commençant à 2^{mm} des extrémités et en partageant à égalité les intervalles extrêmes. Les hauteurs ont été déterminées au centre, à 1^{mm} et $1^{mm},5$ des bords, et le long de 5 circonférences intermédiaires, de rayons progressant par 8^{mm}. La variation un peu rapide des diamètres au voisinage de B a obligé à intercaler une mesure entre celles des sections prévues. Les mesures des dimensions ont été effectuées du 31 décembre 1897 au 5 mars 1898.

Dans les Tableaux suivants, qui résument ces mesures, les réductions à $8°$ ont été faites en prenant, pour les hauteurs et les diamètres, le coefficient $-2,525.10^{-6}$.

DIAMÈTRES. — A *en haut.*

Section.	Azimut.	Température.	P + C — N [100-700]		Moy. à 8°.
			à $t°$.	à $8°$.	
A — 2^{mm}....	0	7,097	— 106,52	— 108,80	
	50	7,151	— 105,94	— 108,08	
	100	7,169	— 106,80	— 108,90	
	150	7,192	— 107,00	— 109,04	
	200	7,226	— 106,68	— 108,63	
	250	7,242	— 106,28	— 108,20	
	300	7,237	— 106,88	— 108,81	
	350	7,252	— 107,52	— 109,41	— 108,73
A — 20....	0	7,055	— 100,27	— 102,66	
	50	7,072	— 98,96	— 101,30	
	100	7,092	— 99,13	— 101,42	
	150	7,115	— 100,12	— 102,35	— 101,93

DIAMÈTRES. — A *en haut.*

Section.	Azimut.	Température.	P + C — N [100·900]		
			à t°.	à 8°.	Moy. à 8°.
A — 40....	0	7,484	— 97,61	— 98,91	
	50	7,521	— 96,59	— 97,80	
	100	7,557	— 96,84	— 97,96	
	150	7,572	— 97,37	— 98,45	— 98,28
A — 60....	0	7,229	— 92,72	— 94,67	
	50	7,262	— 92,66	— 94,52	
	100	7,302	— 92,56	— 94,32	
	150	7,328	— 92,66	— 94,36	— 94,47
A — 80....	0	7,306	— 89,97	— 91,72	
	50	7,343	— 89,23	— 90,89	
	100	7,391	— 88,94	— 90,48	
	150	7,419	— 89,69	— 91,08	— 91,04
A — 11....	25	8,109	— 105,76	— 105,48	
	75	8,106	— 105,92	— 105,65	
	125	8,112	— 106,03	— 105,75	
	175	8,185	— 104,34	— 106,40	— 105,82
A — 30....	25	7,461	— 98,85	— 100,21	
	75	7,475	— 98,83	— 100,16	
	125	7,492	— 99,03	— 100,31	
	175	7,514	— 99,53	— 100,76	— 100,36

DIAMÈTRES. — B *en haut.*

Section.	Azimut.	Température.	P + C — N [200·800]		
			à t°.	à 8°.	Moy. à 8°.
B — 2....	0	8,232	— 84,96	— 84,37	
	50	8,233	— 84,95	— 84,36	
	100	8,147	— 85,19	— 84,82	
	150	8,142	— 84,85	— 84,49	
	200	8,146	— 84,47	— 84,10	
	250	8,119	— 84,58	— 84,28	
	300	8,120	— 85,05	— 84,75	
	350	8,126	— 84,86	— 84,54	— 84,46
B — 20....	0	7,971	— 80,03	— 80,10	
	50	7,793	— 80,26	— 80,78	
	100	7,694	— 79,08	— 79,85	
	150	7,696	— 79,19	— 79,96	— 80,17
B — 6....	25	12,174	— 94,32	— 83,78	
	75	12,202	— 94,47	— 83,86	
	125	12,238	— 94,48	— 83,73	
	175	12,284	— 94,41	— 83,60	— 83,74

CH.-ÉD. GUILLAUME.

DIAMÈTRES. — B *en haut.*

			P + C — N [200·800]		
Section.	Azimut.	Température.	à t°.	à 8°.	Moy. à 8°.
B — 11.... mm	25	7,651	— 79,14 μ	— 80,02 μ	
	75	7,655	— 78,95	— 79,82	
	125	7,669	— 79,61	— 80,45	
	175	7,680	— 79,20	— 80,01	— 80,07 μ
B — 30....	25	7,440	— 80,06	— 81,47	
	75	7,458	— 79,91	— 81,28	
	125	7,492	— 80,46	— 81,74	
	175	7,505	— 80,80	— 82,05	— 81,63
B — 50....	25	7,807	— 85,42	— 85,91	
	75	7,820	— 85,41	— 85,86	
	125	7,834	— 85,56	85,98	
	175	7,849	— 85,78	— 86,16	— 85,98
B — 70....	25	7,531	— 89,33	— 90,51	
	75	7,602	— 88,71	— 89,71	
	125	7,617	— 88,77	— 89,74	
	175	7,640	— 88,77	— 89,68	— 89,91

HAUTEURS. — A *à gauche.*

			P + C — N [180·799]		
Rayon.	Azimut.	Température.	à t°.	à 8°.	Moy. à 8°.
0........ mm	50	7,698	+ 328,84 μ	+ 328,08 μ	
	150	7,646	+ 329,20	+ 328,31	
	250	7,596	+ 329,32	+ 328,30	
	350	7,565	+ 329,57	+ 328,47	+ 328,29 μ
8........	25	8,062	+ 327,86	+ 328,02	
	125	8,044	+ 327,79	+ 327,90	
	225	8,020	+ 327,32	+ 327,37	
	325	7,986	+ 327,67	+ 327,63	+ 327,74*
24........	25	7,990	+ 330,32	+ 330,30	
	75	8,019	+ 330,33	+ 330,38	
	125	8,197	+ 328,58	+ 329,08	
	175	8,235	+ 327,76	+ 828,35	
	225	8,217	+ 327,47	+ 328,02	
	275	8,159	+ 328,37	+ 328,77	
	325	7,588	+ 330,52	+ 329,48	
	375	7,610	+ 331,59	+ 330,61	+ 329,47*
40........	25	7,913	+ 333,51	+ 333,29	
	75	7,920	+ 333,55	+ 333,35	
	125	7,913	+ 333,94	+ 333,72	
	175	7,926	+ 331,62	+ 331,43	
	225	7,958	+ 329,86	+ 329,75	
	275	7,998	+ 330,15	+ 330,15	
	325	8,189	+ 330,20	+ 330,68	
	375	8,209	+ 331,45	+ 331,98	+ 331,72*

HAUTEURS. — A *à gauche.*

Rayon.	Azimut.	Température.	P + C — N [180·799]		Moy. à 8°.
			à t°.	à 8°.	
mm 48,5......	25	8,270	+ 334,01	+ 334,69	
	75	8,146	+ 335,28	+ 335,65	
	125	8,000	+ 333,85	+ 333,85	
	175	7,986	+ 331,61	+ 331,57	
	225	8,121	+ 329,51	+ 329,82	
	275	8,134	+ 329,49	+ 329,83	
	325	8,106	+ 330,12	+ 330,39	
	375	8,026	+ 332,01	+ 332,08	+ 332,24*

Mesures de contrôle effectuées le 24 et le 25 mai 1898.

Rayon.	Azimut.	Température.	à t°.	à 8°.	Moy. à 8°.
24........	25	12,694	+ 318,49	+ 330,34	
	75	12,711	+ 319,02	+ 330,91	
	125	12,723	+ 318,09	+ 330,01	
	175	12,747	+ 317,18	+ 329,16	
	225	12,778	+ 316,42	+ 328,48	
	275	12,794	+ 316,36	+ 328,46	
	325	12,812	+ 316,62	+ 328,77	
	375	12,834	+ 318,11	+ 330,31	+ 329,55*

HAUTEURS. — A *à droite.*

Rayon.	Azimut.	Température.	P + C — N [180·799]		Moy. à 8°.
			à t°.	à 8°.	
mm 0........	0	7,717	+ 329,08	+ 328,37	
	100	7,793	+ 328,82	+ 328,30	
	200	7,748	+ 328,98	+ 328,34	
	300	7,697	+ 328,92	+ 328,16	+ 328,29
16........	0	8,418	+ 326,07	+ 327,13	
	50	7,691	+ 328,30	+ 327,52	
	100	7,687	+ 328,34	+ 327,55	
	150	7,676	+ 328,02	+ 327,20	
	200	8,324	+ 325,63	+ 326,45	
	250	8,331	+ 325,31	+ 326,15	
	300	8,406	+ 324,86	+ 325,89	
	350	8,426	+ 325,16	+ 326,24	+ 326,75*
32	0	7,648	+ 330,62	+ 329,73	
	50	7,943	+ 329,85	+ 329,71	
	100	7,872	+ 330,12	+ 329,80	
	150	7,814	+ 329,84	+ 329,37	
	200	7,777	+ 328,00	+ 327,44	
	250	7,714	+ 327,39	+ 326,67	
	300	7,677	+ 328,96	+ 328,14	
	350	7,660	+ 329,48	+ 328,62	+ 328,68*
49	0	8,544	+ 332,25	+ 333,62	
	50	8,624	+ 331,90	+ 333,48	
	100	8,620	+ 331,64	+ 333,21	
	150	8,556	+ 330,59	+ 331,99	
	200	8,492	+ 328,25	+ 329,49	
	250	8,499	+ 327,47	+ 328,73	
	300	8,534	+ 328,41	+ 329,76	
	350	8,557	+ 330,07	+ 331,48	+ 331,47*

XIV.   B.19

L'allongement des palpeurs de 0° à 8° étant 50$^\mu$,04, la valeur des palpeurs est 500^{mm} — 21$^\mu$,43, et les longueurs auxiliaires sont les suivantes :

N à 0°.	Allongements de 0° à 8°.	P à 8°.	[N — P] à 8°.
[100·700] = 600 + 18$^\mu$,82	+ 84$^\mu$,32	500 — 21$^\mu$,43	100 124$^\mu$,57
[200·800] = 600 + 11,47	»	»	100 117,22
[180·799] = 619 + 8,14	+ 86,99	»	119 116,56

Les diamètres moyens des diverses sections sont donnés ci-après :

Sections.	Diamètres moyens à 8°.
A — 2^{mm}	100 015$^\mu$,84
11	100 018,75
20	100 022,64
30	100 024,21
40	100 026,29
60	100 030,10
80	100 033,53
B — 2	100 032,76
6	100 033,48
11	100 037,15
20	100 037,05
30	100 035,59
50	100 031,24
70	100 027,31

La courbe des diamètres du cylindre (*fig.* 35) permet de déterminer le dia-

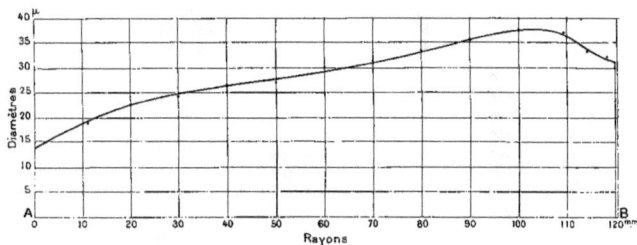

Fig. 35. — Diamètres du cylindre n° 3.

mètre moyen, qui possède la valeur suivante :

$$D \quad à \quad 8° = 100\ 028^\mu,86.$$

On a, de même, pour les hauteurs :

Positions.	Rayons des circonférences.	Hauteurs moyennes à 8°.
	mm	μ
A à gauche........	0	119 444,85
	8	119 444,30
	24	119 446,03
	40	119 448,28
	48,5	119 448,80
A à droite........	0	119 444,85
	16	119 443,31
	32	119 445,24
	49	119 448,03

En prenant pour hauteur de référence 119 443$^\mu$, on trouve :

Volume de référence............................ 938 644$^{mm^3}$,65

Le calcul des excédents, dont les éléments sont fournis par la courbe (*fig.* 36),

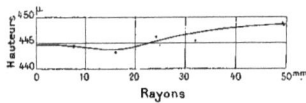

Fig. 36. — Hauteurs du cylindre n° 3.

est reproduit ci-après :

Rayons.	Hauteurs excédentes.	Excédents	
		rectangulaires.	triangulaires.
	μ	mm³	mm³
0........	+ 1,85	+ 0.144	− 0,010
5........	+ 1,65	+ 0,389	− 0,065
10........	+ 1,15	+ 0,452	− 0,088
15........	+ 0,73	+ 0,401	+ 0,026
20........	+ 0,82	+ 0,580	+ 0,371
25........	+ 1,83	+ 1,581	+ 0,587
30........	+ 3,15	+ 3,216	+ 0,445
35........	+ 4,00	+ 4,712	+ 0,349
40........	+ 4,58	+ 6,114	+ 0,340
45........	+ 5,08	+ 7,579	+ 0,334
50,01......	+ 5,52		
Sommes		25,186	+ 2,289

Le volume total est donc, à 8° du thermomètre en verre dur,

$$V'_8 = 938\,672^{mm^3},13 ;$$

et, la réduction à l'échelle normale, de 0,043 degré, correspondant à 2$^{mm^3}$,50, on a pour le volume du cylindre à 8° du thermomètre à hydrogène :

$$V_8 = 938\,674^{mm^3},61.$$

Pesées. — Pour les premières pesées dans l'air, le cylindre était posé directement sur le plateau de la balance ; puis les pesées hydrostatiques ont été effectuées comme pour les précédents cylindres ; enfin, les pesées dans l'air ont été répétées, mais, cette fois, en employant le système d'échange du vase inférieur. Après la sixième pesée hydrostatique, l'eau distillée a été changée, mais il n'a pas été fait de pesée dans l'air entre les deux séries d'opérations dans l'eau.

Les données numériques relatives aux pesées sont reproduites dans les pages qui suivent.

Pesées dans l'air.

23 novembre 1898.   N° **1.**

A = Cylindre.
B = Kg(C + S) + Oe(500 + 200 + 200* + 10 + 5 + 2 + 0,5 + 0,2 + 0,02*).

$T_h = 11°,318$	B	274,94	275,78	275,36	B = $2\,917\,720,33^{mg}$
$H = 742^{mm},27$	A	273,93	273,40	273,66	A − B = + 1,89
$f = 94$	(A + 0,01)	264,13	265,11	264,62	P = + 968,82
					$2\,918\,691,04$

24 novembre 1898.   N° **2.**

A = Cylindre − Oe 0,02.
B = B initial + Oe (0,02 − 0,02*).

$T_h = 11°,562$	B	296,85	296,35	296,60	B = $2\,917\,740,42$
$H = 733^{mm},07$	A	300,45	302,34	301,39	A − B = − 5,32
$f = 95$	(A + 0,01)	291,40	293,28	292,34	P = + 955,85
					$2\,918\,690,95$

24 novembre 1898.   N° **3.**

A = Cylindre.
B = B initial + Oe 0,02.

$T_h = 11°,489$	A	301,98	299,72	300,85	B = $2\,917\,740,39$
$H = 732^{mm},39$	(A + 0,01)	291,01	290,24	290,62	A − B = − 5,06
$f = 95$	B	295,60	295,81	295,70	P = + 955,24
					$2\,918\,690,57$

24 novembre 1898.   N° **4.**

Mêmes charges.

$T_h = 11°,203$	A	301,47	300,54	301,00	B = $2\,917\,740,39$
$H = 731^{mm},24$	(A + 0,01)	292,09	291,07	291,58	A − B = − 5,96
$f = 95,5$	B	295,32	295,50	295,41	P = + 954,74
					$2\,918\,689,17$

25 novembre 1898.   N° **5.**

Mêmes charges.

$T_h = 11°,458$	B	295,95	296,07	296,01	B = $2\,917\,740,39$
$H = 731^{mm},57$	A	299,60	299,72	299,66	A − B = − 4,05
$f = 95,5$	(A + 0,01)	290,71	290,50	290,60	P = + 954,26
					$2\,918\,690,60$

Pesées dans l'air.

25 novembre 1898.   N° 6.

Mêmes charges.

$T_A = 11°,775$	A	300,35	299,30	299,82	B =	2 917 740,36 (mg)
$H = 731^{mm},53$	(A + 0,01)	291,32	290,31	290,81	A − B = −	4,26
$f = 9°,5$	B	296,30	295,71	296,00	P = +	953,05

2 918 689,18

Moyenne.......... **2 918 690,25**

Pesées dans l'eau.

12 janvier 1899.   N° 1.

A = Cylindre + étrier.
B = KgC + Oe(500 + 200 + 200* + 50 + 20 + 10 + 0,2 + 0,1 + 0,02 − 0,01) + étrier.

$T_{cage} = 8°,171$	B	295,25	294,99	295,12	B =	1 980 310,22
$T_{eau} = 8°,369$	A	307,05	308,39	307,72	A − B = −	12,34
$H = 749^{mm},07$	(A + 0,02*)	287,62	286,95	287,28	P = −	113,45
$f = 96$						

1 980 184,43

12 janvier 1899.   N° 2.

B = B initial + Oe (− 0,02 + 0,01).

$T_{cage} = 8°,308$	B	306,71	306,99	306,85	B =	1 980 300,22
$T_{eau} = 8°,375$	A	308,02	308,47	308,24	A − B = −	1,40
$H = 747^{mm},96$	(A + 0,02*)	289,11	287,50	288,30	P = −	113,22
$f = 97$						

1 980 185,61

12 janvier 1899.   N° 3.

B = KgC + Oe(500 + 200 + 200* + 50 + 20 + 10 + 0,2 + 0,1 + 0,01) + étrier.

$T_{cage} = 8°,323$	B	296,86	296,06	296,46	B =	1 980 310,27
$T_{eau} = 8°,381$	A	307,97	308,62	308,29	A − B = −	11,53
$H = 747^{mm},71$	(A + 0,02*)	287,89	287,63	287,76	P = −	113,17
$f = 96,5$						

1 980 185,56

12 janvier 1899.   N° 4.

B = B N° 2.

$T_{cage} = 8°,418$	A	296,94	295,88	296,41	B =	1 980 300,22
$T_{eau} = 8°,399$	B	296,60	294,11	295,35	A − B = −	1,00
$H = 746^{mm},68$	(B − 0,01)	306,77	305,32	306,04	P = −	112,97
$f = 97$						

1 980 186,24

Pesées dans l'eau.

13 janvier 1899.   N° **5**.

Mêmes charges.

$T_{cage} = 8°,178$ A   295,63   294,48   295,05   B = 1 980 300,22
$T_{eau} = 8°,193$ B   292,01   290,54   291,27   A — B = —   3,38
$H = 757^{mm},22$ (B — 0,01)   301,95   303,06   302,50   P = —   114,68
$f = 96,5$

               1 980 182,16

13 janvier 1899.   N° **6**.

Mêmes charges.

$T_{cage} = 8°,398$ A   294,80   296,07   295,43   B = 1 980 300,22
$T_{eau} = 8°,215$ B   293,59   293,50   293,54   A — B = —   1,93
$H = 756^{mm},30$ (B — 0,01)   303,45   303,29   303,37   P =   114,44
$f = 97$

               1 980 183,84

L'eau distillée a été changée le 13 janvier.

14 janvier 1899.   N° **7**.

Mêmes charges.

$T_{cage} = 8°,398$ A   296,22   296,82   296.52   B = 1 980 300,22
$T_{eau} = 8°,905$ B   304,53   305,08   304,80   A — B = +   7,47
$H = 756^{mm},16$ (B + 0,01)   293,25   294,08   293,66   P = —   114,43
$f = 96$

               1 980 193,26

14 janvier 1899.   N° **8**.

Mêmes charges.

$T_{cage} = 8°,448$ A   297,25   297,41   297,33   B = 1 980 300,22
$T_{eau} = 8°,866$ B   304,32   304,73   304,52   A — B = +   7,07
$H = 756^{mm},13$ (B + 0,01)   294,29   294,31   294,30   P = —   114,40
$f = 97$

               1 980 192,89

14 janvier 1899.   N° **9**.

Mêmes charges.

$T_{cage} = 8°,458$ A   300,03   299,19   299,61   B = 1 980 300,22
$T_{eau} = 8°,797$ B   304,42   304,32   304,36   A — B = +   4,51
$H = 756^{mm},60$ (B + 0,01)   293,92   293,65   293,78   P = —   114,46
$f = 97$

               1 980 190,27

15 janvier 1899.   N° **10**.

Mêmes charges.

$T_{cage} = 8°,239$ B   293,46   294,35   293,90   B = 1 980 300,22
$T_{eau} = 8°,311$ A   294,89   295,50   295,19   A — B = —   1,31
$H = 758^{mm},16$ (A + 0,01)   284,81   285,79   285,30   P = —   114,79
$f = 98$

               1 980 184,12

Pesées dans l'eau.

15 janvier 1899.   N° **11**.

Mêmes charges.

$T_{cage} = 8°,518$	B	300,33	299,16	299,74	B =	mg 1 980 300,22
$T_{eau} = 8°,314$	A	301,54	301,20	301,37	A − B = −	1,69
H $= 756^{mm},55$	(A + 0,01)	292,04	291,29	291,66	P = −	114,43
$f = 97,5$						1 980 184,10

16 janvier 1899.   N° **12**.

Mêmes charges.

$T_{cage} = 8°,279$	B	301,35	302,20	301,77	B =	1 980 300,22
$T_{eau} = 8°,224$	A	304,76	305,51	305,13	A − B = −	3,31
H $= 750^{mm},37$	(A + 0,01)	294,44	295,42	294,93	P = −	113,60
$f = 96$						1 980 183,31

Pesées dans l'air.

26 janvier 1899.   N° **7**.

A = Cylindre + étrier.
B = Kg(C+S) + Oe(500 + 200 + 200 + 10 + 5 + 2 + 0,5 + 0,1 + 0,05 + 0,02 + 0,01) + étrier.

$T_h = 8°,964$	B	294,58	295,70	295,14	B =	2 917 680,44
$T_b = 8°,995$	A	295,11	295,69	295,40	A − B = −	0,32
H $= 766^{mm},24$	(A + 0,01)	287,32	287,42	287,37	P = +	1 009,18
$f = 94,5$						2 918 689,30

26 janvier 1899.   N° **8**.

Mêmes charges.

$T_h = 8°,884$	B	295,28	294,91	295,09	B =	2 917 680,44
$T_b = 8°,880$	A	296,05	295,00	295,52	A − B = −	0,55
H $= 765^{mm},44$	(A + 0,01)	288,21	287,18	287,69	P = +	1 008,61
$f = 94$						2 918 688,50

26 janvier 1899.   N° **9**.

Mêmes charges.

$T_h = 8°,949$	B	294,86	294,71	294,78	B =	2 917 680,44
$T_b = 8°,905$	A	296,71	296,02	296,36	A − B = −	1,85
H $= 765^{mm},44$	(A + 0,01)	287,88	287,65	287,76	P = +	1 008,52
$f = 94,5$						2 918 687,11

26 janvier 1899.   N° **10**.

Mêmes charges.

$T_h = 9°,135$	A	295,72	295,27	295,49	B =	2 917 680,44
$T_b = 8°,947$	B	294,30	295,25	294,77	A − = −	0,89
H $= 765^{mm},50$	(B − 0,01)	302,92	302,84	302,88	P = +	1 008,50
$f = 95$						2 918 688,05

Pesées dans l'air.

27 janvier 1899.   N° **11**.

Mêmes charges.

$T_h = 8°,423$	A	295,07	295,93	295,50	B = $2\,917\,680^{\text{mg}},44$
$T_b = 8°,425$	B	295,42	295,83	295,62	A — B = + 0,15
H = $764^{\text{mm}},32$	(B — 0,01)	304,02	303,76	303,89	P = + 1008,83
$f = 95$					
					$2\,918\,689,42$

27 janvier 1899.   N° **12**.

Mêmes charges.

$T_h = 8°,493$	A	299,61	299,95	299,78	B = $2\,917\,680,44$
$T_b = 8°,460$	B	299,61	299,79	299,70	A — B = — 0,10
H = $764^{\text{mm}},04$	(B — 0,01 + 0,02*)	292,01	291,57	291,79	P = + 1008,40
$f = 94$					
					$2\,918\,688,74$

Moyenne... **2918688,52**

Au cours des pesées hydrostatiques, le cylindre a perdu une très petite quantité de matière ; mais l'incertitude qui en résulte n'affecte certainement pas le chiffre du milligramme dans le quotient cherché. Les pesées hydrostatiques ont été réduites avec la moyenne des valeurs de la masse.

Numéro de la pesée.	Masse du cylindre.	Masse apparente dans l'eau.	Masse de l'eau déplacée.	Temp.	Press.	(Coeff. de réduct. à 8°) 10⁶.			Masse de l'eau déplacée à 8° et sous 760ᵐᵐ.
				°	ᵐᵐ	Temp.	Press.	Somme.	
		mg	mg						mg
1...		1 980 184,43	938 504,96	8,369	759,9	+ 3,77	0,00	+ 3,77	938 508,50
2...		1 980 185,61	938 503,78	8,375	758,8	+ 3,82	+ 0,08	+ 3,90	938 507,44
3...	2 918 689,39 mg	1 980 185,56	938 503,83	8,381	758,5	+ 3,94	+ 0,10	+ 4,04	938 507,62
4...		1 980 186,24	938 503,15	8,399	757,5	+ 4,09	+ 0,17	+ 4,26	938 507,15
5...		1 980 182,16	938 507,23	8,193	768,0	+ 1,73	— 0,53	+ 1,20	938 508,36
6...		1 980 183,84	938 505,55	8,215	767,1	+ 1,97	— 0,47	+ 1,50	938 506,96
7...		1 980 193,26	938 496,13	8,905	767,0	+12,62	— 0,46	+12,16	938 507,54
8...		1 980 192,89	938 496,50	8,866	766,9	+11,87	— 0,46	+11,41	938 507,21
9...	2 918 689,39	1 980 190,26	938 499,13	8,797	767,4	+10,51	— 0,49	+10,02	938 508,53
10...		1 980 184,12	938 505,27	8,311	768,0	+ 3,02	— 0,59	+ 2,43	938 507,55
11...		1 980 184,10	938 505,29	8,314	767,4	+ 3,07	— 0,49	+ 2,58	938 507,71
12...		1 980 183,31	938 506,08	8,224	761,2	+ 2,00	— 0,08	+ 1,92	938 507,88

Moyenne............... **938 507,70**

Correction d'altitude...... **+0,11**

Moyenne corrigée........ **938 507,81**

Le cylindre ayant été posé sur le plateau de la balance pour la moitié des pesées dans l'air, la correction d'altitude ne doit porter que sur $1^{\text{kg}},459$, alors qu'elle est relative à $1^{kg},980$ pour les pesées hydrostatiques. C'est pour cette raison que cette correction est égale à $+ 0^{mg},11$.

Résultats. — En divisant la valeur moyenne de la poussée par le volume du cylindre, on trouve :

Masse du décimètre cube d'eau à $8° = 0^{kg},999\,822\,3$,

et, la densité de l'eau à 8° étant $0,999\,876\,4$, on trouve finalement :

Masse du décimètre cube d'eau à $4° = \mathbf{0^{kg},999\,945\,9}$,

Volume du kilogramme d'eau à $4° = \mathbf{1^{dm^3},000\,054\,1}$.

Cylindre n° 4.

Description. — Ce cylindre a été constitué, comme le n° 1, à l'aide d'un tube de laiton étiré, auquel on a rapporté des fonds de 11^{mm} d'épaisseur ; ses parois latérales ont une épaisseur de 8^{mm} environ ; son diamètre est de $100^{mm},4$, et sa hauteur de $97^{mm},9$.

Sa dilatation a été admise égale à

$$\alpha = (18,43 + 0,0068\,t)10^{-6},$$

par analogie avec des laitons de semblable provenance. Nous trouverons plus tard (p. 168) une vérification de cette donnée.

Mesures des dimensions. — Les diamètres ont été déterminés en une série de sections espacées de 8^{mm}. On a mesuré les hauteurs au centre, près des bords, et le long de quatre circonférences intermédiaires. Les déterminations ont été faites du 8 au 27 octobre 1898 et du 24 mai au 14 juin 1899.

Les Tableaux qui suivent contiennent, comme pour les précédents cylindres, les résultats de ces mesures ; la réduction à 15° est faite, pour les diamètres comme pour les hauteurs, avec le coefficient $- 2,43.10^{-6}$.

DIAMÈTRES. — A dessus.

Section.	Azimut.	Température.	à $t°$.	à 15°.	Moy. à 15°.
			P + C — N [100·700]		
$A - 1,5$	0	15,024	+ 267,56	+ 267,62	
	50	15,048	+ 266,71	+ 266,83	
	100	15,085	+ 267,33	+ 267,54	
	150	15,008	+ 267,25	+ 267,27	
	200	15,130	+ 267,29	+ 267,61	
	250	15,178	+ 265,63	+ 266,06	
	300	15,205	+ 265,84	+ 266,34	
	350	15,255	+ 266,93	+ 267,55	+ 267,10

XIV.   B.20

Diamètres. — A *dessus.*

Section.	Azimut.	Température.	P + C — N [100·700]		Moy. à 15°.
			à *t*°.	à 15°.	
		°	μ	μ	
A — 17...	0	15,150	+ 262,24	+ 262,60	
	50	15,165	+ 262,10	+ 262,50	
	100	15,188	+ 262,11	+ 262,57	
	150	15,217	+ 262,49	+ 263,02	+ 262,67 μ
A — 33...	0	15,265	+ 264,70	+ 265,34	
	50	15,274	+ 264,97	+ 265,64	
	100	15,286	+ 265,08	+ 265,77	
	150	15,304	+ 264,82	+ 265,56	+ 265,58
A — 49...	0	15,118	+ 266,68	+ 266,97	
	50	15,134	+ 266,55	+ 266,88	
	100	15,165	+ 266,27	+ 266,67	
	150	15,186	+ 266,63	+ 267,08	+ 266,90
A — 65...	0	15,374	+ 266,36	+ 267,27	
	50	15,384	+ 265,84	+ 266,77	
	100	15,359	+ 265,57	+ 266,44	
	150	15,366	+ 266,14	+ 267,03	+ 266,88
A — 9...	25	15,103	+ 264,41	+ 264,66	
	75	15,123	+ 263,26	+ 263,56	
	125	15,145	+ 264,64	+ 264,99	
	175	15,176	+ 263,82	+ 264,25	+ 264,36
A — 25...	25	15,231	+ 264,43	+ 264,99	
	75	15,241	+ 264,28	+ 264,87	
	125	15,254	+ 264,14	+ 264,76	
	175	15,238	+ 264,28	+ 264,86	+ 264,87

Diamètres. — B *dessus.*

Section.	Azimut.	Température.	P + C — N [200·800]		Moy. à 15°.
			à *t*°.	à 15°.	
	mm	°	μ	μ	
B — 1,5.	25	14,254	+ 281,78	+ 279,97	
	75	14,288	+ 281,69	+ 279,96	
	125	14,351	+ 281,53	+ 279,95	
	175	14,369	+ 281,58	+ 280,05	
	225	14,409	+ 281,07	+ 279,64	
	275	14,107	+ 281,50	+ 279,33	
	325	14,172	+ 281,67	+ 279,54	
	375	14,187	+ 281,59	+ 279,62	+ 279,75 μ
B — 9...	25	16,301	+ 270,02	+ 273,18	
	75	16,376	+ 270,90	+ 274,12	
	125	16,346	+ 270,86	+ 274,13	
	175	16,359	+ 270,07	+ 273,37	+ 273,70
B — 17...	25	16,358	+ 270,91	+ 274,21	
	75	16,370	+ 271,01	+ 274,34	
	125	16,385	+ 270,53	+ 273,90	
	175	16,399	+ 270,91	+ 274,31	+ 274,19

DIAMÈTRES. — B *dessus.*

			P + C — N [200·800]		
Section.	Azimut.	Température.	à $t°$.	à 15°.	Moy. à 15°.
B — 23... mm	25	16,425	+ 269,67 μ	+ 273,13 μ	
	75	16,439	+ 270,11	+ 273,60	
	125	16,455	+ 269,45	+ 272,98	
	175	16,478	+ 269,54	+ 273,13	+ 273,21 μ
B — 41...	25	16,517	+ 269,75	+ 273,43	
	75	16,527	+ 269,05	+ 272,76	
	125	16,539	+ 269,39	+ 273,13	
	175	16,552	+ 269,54	+ 273,31	+ 273,16
B — 37 ..	25	14,756	+ 272,64	+ 272,05	
	75	14,829	+ 273,40	+ 272,98	
	125	14,857	+ 274,11	+ 273,76	
	175	14,878	+ 273,18	+ 272,88	+ 272,92

HAUTEURS. — A *à gauche.*

			P + C — N [200·798]		
Rayon.	Azimut.	Température.	à $t°$.	à 15°.	Moy. à 15°.
mm 0........	0	14,888	— 256,93 μ	— 257,20 μ	
	100	14,918	— 257,23	— 257,43	
	200	14,953	— 257,22	— 257,33	
	300	14,989	— 257,27	— 257,30	— 257,31 μ
16........	0	14,942	— 256,18	— 256,32	
	50	14,946	— 256,49	— 256,62	
	100	14,959	— 256,48	— 256,58	
	150	14,969	— 256,57	— 256,65	
	200	14,981	— 256,46	— 256,51	
	250	14,990	— 256,58	— 256,60	
	300	14,948	— 256,68	— 256,81	
	350	14,956	— 256,67	— 256,78	— 256,61
32........	0	14,760	— 252,29	— 252,87	
	50	14,773	— 252,32	— 252,87	
	100	14,791	— 252,10	— 252,61	
	150	14,810	— 252,42	— 252,88	
	200	14,836	— 250,19	— 250,59	
	250	14,848	— 250,11	— 250,48	
	300	14,862	— 251,24	— 251,58	
	350	14,765	— 251,16	— 251,73	— 251,95
48........	0	14,689	— 248,74	— 249,49	
	50	14,701	— 248,18	— 249,91	
	100	14,644	— 248,00	— 248,87	
	150	14,661	— 248,53	— 249,35	
	200	14,681	— 247,99	— 248,77	
	250	14,701	— 248,39	— 249,12	
	300	14,718	— 249,04	— 249,73	
	350	14,733	— 248,97	— 249,62	— 249,36

HAUTEURS. — A *à droite.*

Rayon. (mm)	Azimut. (°)	Température. (°)	P + C — N [400·998] à t°. (μ)	à 15°. (μ)	Moy. à 15°. (μ)
0	25	14,942	— 267,11	— 267,25	
	125	14,950	— 267,03	— 267,15	
	225	14,964	— 267,17	— 267,26	
	325	14,974	— 267,05	— 267,11	— 267,19
8	25	14,943	— 267,44	— 267,58	
	125	14,956	— 267,19	— 267,30	
	225	14,613	— 266,69	— 267,63	
	325	14,636	— 266,48	— 267,36	— 267,47
24	25	14,881	— 263,71	— 264,00	
	75	14,901	— 263,79	— 264,03	
	125	14,872	— 263,99	— 264,30	
	175	14,882	— 263,74	— 264,03	
	225	14,896	— 264,10	— 264,35	
	275	14,916	— 264,08	— 264,28	
	325	14,895	— 264,85	— 265,11	
	375	14,919	— 264,65	— 264,85	— 264,37
40	25	15,044	— 261,55	— 261,44	
	75	15,052	— 261,45	— 261,32	
	125	15,065	— 261,32	— 261,16	
	175	15,076	— 261,61	— 261,43	
	225	15,088	— 261,54	— 261,33	
	275	15,046	— 261,29	— 261,18	
	325	15,051	— 261,34	— 261,22	
	375	15,072	— 261,78	— 261,61	— 261,34
48	25	15,039	— 259,91	— 259,82	
	75	15,060	— 260,41	— 260,26	
	125	15,137	— 260,35	— 260,02	
	175	15,144	— 259,92	— 259,57	
	225	15,177	— 259,16	— 258,73	
	275	15,181	— 260,15	— 259,71	
	325	15,115	— 261,16	— 260,88	
	375	15,124	— 260,90	— 260,60	— 259,95

Les bases sont assez parallèles pour que l'on ait pu prendre, sans erreur appréciable, les moyennes brutes des résultats obtenus en quatre ou huit points d'une même circonférence comme hauteur moyenne à la distance de l'axe égale au rayon de cette dernière.

L'allongement des palpeurs de 0° à 15° étant de 94$^{\mu}$,20, leur longueur à cette dernière température est 500^{mm} + 22$^{\mu}$,73. Les longueurs auxiliaires sont donc les suivantes :

N à 0°.	Allongement de 0° à 15°.	P à 15°.	[N — P] à 15°.
[100·700] = 600 + 18,82	+ 158,53	500 + 22,73	100 154,62
[200·800] = 600 + 11,47	»	»	100 147,27
[200·798] = 598 + 11,27	+ 158,00	»	98 146,54
[400·998] = 598 + 21,89	»	»	98 157,16

En combinant les deux premiers nombres de la dernière colonne avec les différences mesurées, on trouve les valeurs suivantes des diamètres moyens.

Sections.	Diamètres moyens à 15°.
A — 1,5	100 421,72
9	100 418,98
17	100 417,29
25	100 419,49
33	100 420,20
49	100 421,52
65	100 421,50
B — 1,5	100 427,02
9	100 420,97
17	100 421,46
25	100 420,48
41	100 420,43
57	100 420,19

La courbe représentative de ces nombres (*fig.* 37) fournit le diamètre moyen :

$$D = 100\ 420^{\mu},65.$$

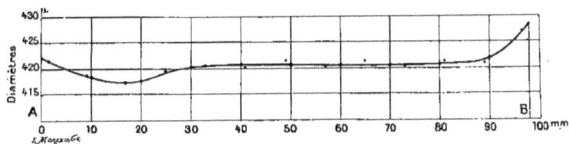

Fig. 37. — Diamètres du cylindre n° 4.

On a de même pour les hauteurs .

Positions.	Rayons des circonférences.	Hauteurs moyennes, à 15°.
A à gauche...	0	97 889,23
	16	97 889,93
	32	97 894,59
	48	97 897,18
A à droite...	0	97 889,97
	8	97 889,69
	24	97 892,79
	40	97 895,82
	48	97 897,21

En prenant $H = 97\,890^{\mu}$ comme hauteur de référence, on trouve (*fig.* 38) :

Volume de référence $= 775\,307^{mm^3}, 84$

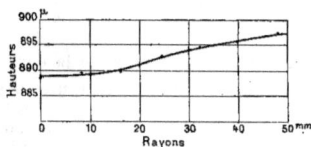

Fig. 38. — Hauteurs du cylindre nº 4.

Le calcul des excédents conduit aux nombres suivants :

Rayons.	Hauteurs excédentes.	Excédents rectangulaires.	Excédents triangulaires.
mm	μ	mm²	mm²
0.......	− 0,70	− 0,055	+ 0,004
5.......	− 0,62	− 0,146	+ 0,030
10.......	− 0,39	− 0,153	+ 0,121
15.......	+ 0,19	+ 0,110	+ 0,343
20.......	+ 1,38	+ 0,975	+ 0,539
25.......	+ 2,85	+ 2,462	+ 0,565
30.......	+ 4,12	+ 4,206	+ 0,508
35.......	+ 5,09	+ 5,996	+ 0,518
40.......	+ 5,95	+ 7,943	+ 0,545
45.......	+ 6,75	+ 10,334	+ 0,602
50,21....	+ 7,51	"	"
Sommes des excédents ..		+ 31,671	+ 3,775

Le volume total, à 15° du thermomètre en verre dur, est donc :

$$V'_{15} = 775\,343^{mm^3}, 29,$$

et, la réduction à l'échelle normale étant de − 0,070 degré, le volume définitif dans l'échelle normale est

$$V_{15} = 775\,346^{mm^3}, 33.$$

Pesées. — Une première série de déterminations de la poussée a été faite en novembre 1898 et janvier 1899. Les pesées dans l'eau furent exécutées à une température voisine de 9°, différant de 6 degrés de la température moyenne des mesures de dimensions. Comme la réduction à une température commune nécessitait une correction assez forte, je me suis décidé à abandonner le résultat de ces pesées, et à répéter une série de déterminations de la poussée, au voisinage de la température des mesures.

La combinaison des deux séries a permis de calculer le coefficient moyen de dilatation du cylindre dans l'intervalle de température des deux mesures. Il est intéressant, pour cette raison, de reproduire aussi les observations de la première série. Comme pour le cylindre n° 3, les six premières pesées dans l'air ont été faites sans le secours de l'étrier.

PREMIÈRE SÉRIE.

Pesées dans l'air.

19 novembre 1898.   N° 1.

A = Cylindre.
$B = Kg(C + S) + Oe(200° + 5 + 0,2 + 0,01).$

						mg
$T_h = 11°,263$	B	307,78	304,81	306,29	B =	2 205 210,39
$H = 757^{mm},98$	A	304,84	303,52	304,18	A − B = +	1,77
$f = 94,5$	(A − 0,01)	316,21	316,09	316,15	P = +	828,87
						2 206 041,03

21 novembre 1898.   N° 2.

Mêmes charges.

$T_h = 11°,967$	A	298,27	297,47	297,87	B =	2 205 210,39
$H = 754^{mm},42$	B	306,80	307,16	306,98	A − B = +	8,43
$f = 95,5$	(B + 0,02° − 0,01)	296,16	296,26	296,21	P = +	822,69
						2 206 041,51

22 novembre 1898.   N° 3.

$B = B\ initial + Oe(0,02° − 0,01).$

$T_h = 11°,732$	A	296,25	294,50	293,37	B =	2 205 220,36
$H = 752^{mm},23$	B	296,53	293,02	294,77	A − B = −	0,54
$f = 95$	(B + 0,01)	283,25	283,96	283,60	P = +	821,05
						2 206 040,87

22 novembre 1898.   N° 4.

Mêmes charges.

$T_h = 11°,603$	A	295,76	295,54	295,65	B =	2 205 220,36
$H = 752^{mm},37$	B	294,60	293,55	294,07	A − B = −	1,49
$f = 96$	(B + 0,01)	283,43	283,47	283,45	P = +	821,57
						2 206 040,44

22 novembre 1898.   N° 5.

Mêmes charges.

$T_h = 11°,428$	B	294,10	294,37	294,23	B =	2 205 220,36
$H = 753^{mm},23$	A	296,30	296,05	296,17	A − B = −	1,81
$f = 95$	(A + 0,01)	285,18	285,59	285,38	P = +	823,12
						2 206 041,67

23 novembre 1898.   N° 6.

$B = B\ initial + Oe0,02°.$

$T_h = 11°,628$	B	285,64	286,15	285,89	B =	2 205 230,40
$H = 747^{mm},51$	A	291,00	289,55	290,27	A − B = −	3,85
$f = 94$	(A + 0,01)	278,79	278,87	278,83	P = +	816,24
						2 206 042,79

Moyenne........ **2 206 041,38**

Pesées dans l'eau.

17 janvier 1899.   N° 1.

A = Cylindre + étrier.
B = Kg C + Oe$(200 + 200^* + 20 + 10 + 1 + 0,05 + 0,2 + 0,01)$ + étrier.

$T_{cage} = 9'',074$	B	300,59	301,71	301,15	P =	1431260,20 [mg]
$T_{eau} = 9°,609$	A	303,82	303,71	303,76	A − B = −	2,36
$H = 760^{mm},83$	(A + 0,01)	292,75	292,52	292,63	P = −	83,02
$f = 95,5$						
						1431174,82

17 janvier 1899.   N° 2.

Mêmes charges.

$T_{cage} = 9'',009$	B	301,54	301,91	301,72	B =	1431260,20
$T_{eau} = 9°,527$	A	305,60	306,55	306,07	A − B = −	3,76
$H = 761^{mm},38$	(A + 0,01)	294,04	294,84	294,44	P = −	83,10
$f = 97$						
						1431173,34

17 janvier 1899.   N° 3.

Mêmes charges.

$T_{cage} = 9°,029$	B	301,96	303,05	302,50	B =	1431260,20
$T_{eau} = 9°,487$	A	308,02	306,84	307,43	A − B = −	4,19
$H = 761^{mm},26$	(A + 0,01)	295,94	295,31	295,62	P = −	83,08
$f = 97,5$						
						1431172,93

18 janvier 1899.   N° 4.

B = B initial − Oe 0,01.

$T_{cage} = 8'',812$	A	302,56	301,75	302,15	B =	1431250,15
$T_{eau} = 8°,905$	B	297,81	297,18	297,49	A − B = −	3,90
$H = 758^{mm},48$	(B + 0,01)	284,89	286,07	285,48	P = −	82,85
$f = 96$						
						1431163,40

18 janvier 1899.   N° 5.

Mêmes charges.

$T_{cage} = 8'',839$	A	302,38	304,45	303,41	B =	1431250,15
$T_{eau} = 8°,895$	B	297,68	298,96	298,32	A − B = −	5,32
$H = 758^{mm},03$	(B − 0,01)	307,54	308,33	307,93	P = −	82,79
$f = 96$						
						1431162,04

18 janvier 1899.   N° 6.

Mêmes charges.

$T_{cage} = 9°,205$	A	303,23	301,58	302,40	B =	1431250,15
$T_{eau} = 8°,896$	B	298,21	296,57	297,39	A − B = −	4,69
$H = 757^{mm},79$	(B − 0,01)	307,17	309,10	308,13	P = −	82,64
$f = 97$						
						1431162,82

La moitié de l'eau a été remplacée le 18 janvier.

Pesées dans l'eau.

19 janvier 1899.   Nᵒ **7.**

Mêmes charges.

$T_{cage} = 8°,927$	B	298,48	298,11	298,29	B $=$ 1 431 250,15 ᵐᵍ
$T_{eau} = 9°,019$	A	302,29	303,11	302,70	A — B $= -$ 3,87
$H = 755^{mm},06$	(A + 0,01)	291,34	291,14	291,24	P $= -$ 82,43
$f = 97$					
					1 431 163,85

19 janvier 1899.   Nᵒ **8.**

Mêmes charges.

$T_{cage} = 8°,905$	B	298,42	298,20	298,31	B $=$ 1 431 250,15
$T_{eau} = 9°,008$	A	301,88	302,75	302,31	A — B $= -$ 3,49
$H = 754^{mm},55$	(A + 0,01)	290,48	291,11	290,79	P $= -$ 82,38
$f = 96,5$					
					1 431 164,28

19 janvier 1899.   Nᵒ **9.**

Mêmes charges.

$T_{cage} = 8°,915$	B	297,64	297,86	297,75	B $=$ 1 431 250,15
$T_{eau} = 9°,004$	A	302,76	302,13	302,44	A — B $= -$ 4,01
$H = 754^{mm},50$	(A + 0,01)	290,72	290,68	290,70	P $= -$ 82,38
$f = 96,5$					
					1 431 163,76

20 janvier 1899.   Nᵒ **10.**

Mêmes charges.

$T_{cage} = 8°,659$	A	305,70	306,85	306,27	B $=$ 1 431 250,15
$T_{eau} = 8°,735$	B	299,29	299,37	299,33	A — B $= -$ 6,25
$H = 756^{mm},97$	(B — 0,01)	310,61	310,35	310,48	P $= -$ 82,73
$f = 95,5$					
					1 431 161,17

20 janvier 1899.   Nᵒ **11.**

Mêmes charges.

$T_{cage} = 8°,699$	A	301,80	300,99	301,39	B $=$ 1 431 250,15
$T_{eau} = 8°,733$	B	292,43	292,08	292,25	A — B $= -$ 8,26
$H = 756^{mm},47$	(B — 0,01)	302,65	304,09	303,37	P $= -$ 82,66
$f = 96,5$					
					1 431 159,23

20 janvier 1899.   Nᵒ **12.**

Mêmes charges.

$T_{cage} = 8°,694$	A	300,96	300,00	300,48	B $=$ 1 431 250,15
$T_{eau} = 8°,726$	B	292,08	293,22	292,65	A — B $= -$ 7,74
$H = 755^{mm},57$	(B — 0,01)	302,12	303,52	302,82	P $= -$ 82,56
$f = 96$					
					1 431 159,85

XIV.   B.21

Pesées dans l'air.

23 janvier 1899.   N° **7**.

A = Cylindre + étrier.
B = Kg(C + S) + Oe(200* + 5 + 0,2 + 0,01) + étrier.

$T_h = 9°,316$	A	299,57	300,25	299,91	B =	2205210,$\overset{mg}{39}$
$T_b = 9°,315$	B	299,39	302,28	300,83	A − B = +	1,04
$H = 755^{mm},63$	(B − 0,01)	309,01	310,43	309,72	P = +	832,35
$f = 94,5$						

2206043,78

23 janvier 1899.   N° **8**.

Mêmes charges.

$T_h = 9°,435$	A	301,51	299,14	300,32	B =	2205210,39
$T_b = 9°,372$	B	300,18	300,73	300,45	A − B = +	0,13
$H = 755^{mm},80$	(B − 0,01)	310,73	309,82	310,27	P = +	832,34
$f = 95$						

2206042,86

23 janvier 1899.   N° **9**.

Mêmes charges.

$T_h = 9°,399$	A	300,56	300,34	300,45	B =	2205210,39
$T_b = 9°,399$	B	300,45	300,79	300,62	A − B = +	0,17
$H = 755^{mm},40$	(B − 0,01)	310,58	310,22	310,40	P = +	832,46
$f = 95$						

2206043,02

24 janvier 1899.   N° **10**.

A = A initial + Oe 0,005.

$T_h = 9°,241$	B	300,45	299,78	300,11	B =	2205205,37
$T_b = 9°,148$	A	305,91	305,60	305,75	A − B = −	5,74
$H = 764^{mm},42$	(A + 0,01)	296,10	295,64	295,87	P = +	842,57
$f = 96$						

2206042,20

24 janvier 1899   N° **11**.

Mêmes charges.

$T_h = 9°,314$	B	300,28	298,87	299,57	B =	2205205,37
$T_b = 9°,225$	A	305,44	305,44	305,44	A − B = −	5,80
$H = 764^{mm},41$	(A + 0,01)	295,01	295,54	295,27	P = +	842,31
$f = 96$						

2206041,88

24 janvier 1899.   N° **12**.

Mêmes charges.

$T_h = 9°,294$	B	299,98	300,49	300,23	B =	2205205,37
$T_b = 9°,260$	A	305,06	305,24	305,15	A − B = −	5,09
$H = 764^{mm},66$	(A + 0,01)	295,60	295,29	295,44	P = +	842,44
$f = 96,5$						

2206042,72

Moyenne....... **2206042,74**

Les pesées hydrostatiques ont été réduites avec la moyenne des valeurs de la masse.

Numéro de la pesée.	Masse du cylindre.	Masse apparente dans l'eau.	Masse de l'eau déplacée.	Temp.	Press.	(Coeff. de réd. à 9°) 10⁶.			Masse de l'eau déplacée à 9° et sous 760ᵐᵐ.
						Temp.	Press.	Somme.	
		mg	mg	°	mm				mg
1...		1 431 174,82	774 867,24	9,609	770,98	+13,70	—0,73	+12,97	774 877,29
2...		1 431 173,34	774 868,72	9,527	771,53	+11,56	—0,76	+10,80	774 877,09
3...	mg	1 431 172,93	774 869,13	9,487	771,40	+10,59	—0,75	+ 9,84	774 876,75
4...	2 206 042,06	1 431 163,40	774 878,66	8,905	768,63	— 1,71	—0,57	— 2,28	774 876,89
5...		1 431 162,04	774 880,02	8,895	768,18	— 1,96	—0,54	— 2,50	774 878,08
6...		1 431 162,82	774 879,24	8,896	767,93	— 1,93	—0,53	— 2,46	774 877,33
7...		1 431 163,85	774 878,21	9,019	765,21	+ 0,33	—0,34	— 0,01	774 878,20
8...		1 431 164,28	774 877,78	9,008	764,70	+ 0,15	—0,31	— 0,16	774 877,66
9...	mg	1 431 163,76	774 878,30	9,004	764,65	+ 0,08	—0,31	— 0,23	774 878,12
10...	2 206 042,06	1 431 161,17	774 880,89	8,735	767,12	— 4,46	—0,47	— 4,93	774 877,07
11..		1 431 159,23	774 882,83	8,733	766,62	— 4,55	—0,44	— 4,99	774 878,96
12...		1 431 159,85	774 882,21	8,726	765,72	— 4,66	—0,38	— 5,04	774 878,30

Moyenne................ 774 877,64

Correction d'altitude...... + 0,07

Moyenne corrigée........ **774 877,71**

Les premières pesées ayant été faites pour une même position du cylindre et des poids, la correction d'altitude ne doit porter que sur la moitié de la masse ; la correction différentielle s'applique donc à $0^{kg},33$.

DEUXIÈME SÉRIE.
Pesées dans l'air.

16 juin 1899.
N° 1.

A = Cylindre + étrier.
B = Kg(C + S) + 0e(200* + 5 + 0,2 + 0,02 + 0,01) + étrier.

$T_h = 16'',460$	A	295,37	295,98	295,67	B =	2 205 230,44 mg
$T_b = 16°,070$	B	300,12	299,38	299,85	A — B = +	4,55
H = 756ᵐᵐ,98	(B + 0,02*)	281,61	281,32	281,46	P = +	814,23
f = 71,5						

2 206 049,22

16 juin 1899.
N° 2.
Mêmes charges.

$T_h = 16°,450$	A	294,22	294,72	294,47	B =	2 205 230,44
$T_b = 16°,089$	B	299,80	300,33	300,06	A — B = +	6,08
H = 754ᵐᵐ,97	(B + 0,02*)	281,71	281,62	281,66	P = +	811,93
f = 72,5						

2 206 048,45

16 juin 1899.
N° 3.
Mêmes charges.

$T_h = 16°,551$	A	294,81	294,13	294,47	B =	2 205 230,44
$T_b = 16°,185$	B	300,42	300,55	300,47	A — B = +	6,60
H = 754ᵐᵐ,94	(B + 0,02*)	282,13	282,44	282,28	P = +	811,60
f = 72,5						

2 206 048,64

Pesées dans l'air.

17 juin 1899.   N° 4.

$$B = B \text{ initial} + Oe(0,02^* - 0,01.)$$

						mg
$T_h = 16°,437$	B	296,15	295,60	295,88	B =	2 205 240,41
$T_b = 15°,975$	A	301,55	301,05	301,30	A — B = —	5,84
$H = 756^{mm},21$	$(A+0,02^*)$	282,98	282,46	282,72	P = +	813,67
$f = 72,5$						2 206 048,24

17 juin 1899.   N° 5.

Mêmes charges.

$T_h = 16°,521$	B	295,47	296,37	295,92	B =	2 205 240,41
$T_b = 16°,081$	A	301,38	301,40	301,39	A — B = —	5,87
$H = 756^{mm},04$	$(A+0,02^*)$	283,20	282,27	282,73	P = +	813,07
$f = 74$						2 206 047,61

17 juin 1899.   N° 6.

Mêmes charges.

$T_h = 16°,640$	B	301,01	301,20	301,10	B =	2 205 240,41
$T_b = 16°,172$	A	305,03	305,44	305,24	A — B = —	4,51
$H = 755^{mm},83$	$(A+0,02^*)$	287,36	286,35	286,85	P = +	812,59
$f = 73,5$						2 206 048,49

Moyenne..... **2 206 048,44**

Pesées dans l'eau.

19 juin 1899.   N° 1.

A = Cylindre + étrier.
$$B = KgC + Oe(200 + 200^* + 20 + 10 + 1 + 0,2 + 0,2^* + 0,1 + 0,05 + 0,02 + 0,01) + \text{étrier.}$$

$T_{cage} = 16°,822$	A	292,23	288,06	290,14	B =	1 431 580,28
$T_{eau} = 15°,871$	B	295,61	296,50	296,05	A — B = +	5,29
$H = 749^{mm},26$	$(B+0,02^*)$	273,89	273,50	273,69	P = —	79,48
$f = 75,5$						1 431 506,09

20 juin 1899.   N° 2.

A = Cylindre + étrier.
$$B = KgC + Oe(200 + 200^* + 20 + 10 + 1 + 0,5 + 0,05 + 0,02 + 0,01) + \text{étrier.}$$

$T_{cage} = 16°,809$	A	294,90	291,53	293,21	B =	1 431 580,22
$T_{eau} = 15°,951$	B	306,60	306,98	306,79	A — B = +	11,91
$H = 744^{mm},22$	$(B+0,02^*)$	284,30	283,63	283,96	P = —	78,95
$f = 75$						1 431 513,18

20 juin 1899.   N° 3.

Mêmes charges.

$T_{cage} = 16°,843$	A	291,16	288,82	289,99	B =	1 431 580,22
$T_{eau} = 15°,989$	B	306,48	307,15	306,82	A — B = +	15,35
$H = 744^{mm},27$	$(B+0,02^*)$	285,08	284,68	284,88	P = —	78,94
$f = 76$						1 431 516,63

Pesées dans l'eau.

20 juin 1899.   Nº **4.**

$$B = B\ n^o\ 2 + Oe(0,1 - 0,05 - 0,02).$$

$T_{cage} = 17°,086$	B	290,51	290,43	290,47	B =	1431610,18^{mg}
$T_{eau} = 16°,069$	A	298,55	299,07	298,81	A — B = —	7,86
H $= 742^{mm},75$	(A + 0,02*)	277,94	277,17	277,56	P = —	78,70
f $= 76,5$						
						1431523,62

20 juin 1899.   Nº **5.**

Mêmes charges.

$T_{cage} = 17°,032$	B	290,13	289,74	289,94	B =	1431610,18
$T_{eau} = 16°,130$	A	293,13	292,91	293,02	A — B = —	2,80
H $= 742^{mm},75$	(A + 0,02*)	270,74	271,20	270,97	P = —	78,72
f $= 76$						
						1431528,66

20 juin 1899.   Nº **6.**

Mêmes charges.

$T_{cage} = 17°,066$	B	301,47	300,65	301,06	B =	1431610,18
$T_{eau} = 16°,155$	A	301,12	302,16	301,64	A — B = —	0,53
H $= 743^{mm},24$	(A + 0,02*)	279,34	280,04	279,69	P = —	78,76
f $= 77$						
						1431530,89

L'eau a été remplacée le 21 juin.

22 juin 1899.   Nº **7.**

Mêmes charges.

$T_{cage} = 16°,727$	A	296,14	294,15	295,14	B =	1431610,18
$T_{eau} = 16°,206$	B	300,35	300,08	300,21	A — B = +	4,59
H $= 746^{mm},91$	(B + 0,02*)	278,33	277,83	278,08	P = —	79,26
f $= 76$						
						1431535,51

22 juin 1899.   Nº **8.**

Mêmes charges.

$T_{cage} = 16°,862$	A	293,60	291,71	292,65	B =	1431610,18
$T_{eau} = 16°,212$	B	299,48	298,51	299,00	A — B = +	5,81
H $= 746^{mm},95$	(B + 0,02*)	277,19	277,03	277,11	P = —	79,22
f $= 76,5$						
						1431536,77

22 juin 1899.   Nº **9.**

Mêmes charges.

$T_{cage} = 16°,887$	A	295,17	293,85	294,51	B =	1431610,18
$T_{eau} = 16°,222$	B	302,35	300,50	301,42	A — B = +	6,33
H $= 747^{mm},02$	(B + 0,02*)	279,69	279,43	279,56	P = —	79,22
f $= 77$						
						1431537,29

22 juin 1899.   Nº **10.**

$$B = B\ précédent + Oe\ 0,02*.$$

$T_{cage} = 16°,847$	B	286,95	286,96	286,95	B =	1431630,20
$T_{eau} = 16°,227$	A	301,26	301,15	301,20	A — B = —	13,21
H $= 747^{mm},24$	(A + 0,02*)	279,33	279,90	279,61	P = —	79,25
f $= 76,5$						
						1431537,73

Pesées dans l'eau.

22 juin 1899.   N° **11**.

Mêmes charges.

$T_{cage} = 16°,882$	B	291,78	291,82	291,80	B =	1 431 630,20 (mg)
$T_{eau} = 16°,228$	A	305,70	305,83	305,76	A — B = —	12,92
H $= 747^{mm},34$	(A + 0,02*)	283,83	284,43	284,13	P = —	79,25
$f = 77$						1 431 538,03

22 juin 1899.   N° **12**.

Mêmes charges.

$T_{cage} = 16°,927$	B	289,31	289,16	289,23	B =	1 431 630,20
$T_{eau} = 16°,236$	A	302,89	303,80	303,35	A — B = —	12,96
H $= 747^{mm},57$	(A + 0,02*)	281,38	281,71	281,54	P = —	79,26
$f = 77$						1 431 537,98

Pesées dans l'air.

24 juin 1899.   N° **1**.

A = Cylindre + étrier.
B = Kg(C + S) + Oe(200* + 5 + 0,2 + 0,02).

$T_h = 16°,681$	A	298,87	297,70	298,29	B =	2 205 220,39
$T_b = 16°,341$	B	308,04	308,35	308,20	A — B = +	10,79
H $= 758^{mm},31$	(B + 0,02*)	289,79	289,84	289,82	P = +	814,51
$f = 77$						2 206 045,69

24 juin 1899.   N° **2**.

Mêmes charges.

$T_h = 16°,830$	A	297,90	298,70	298,30	B =	2 205 220,39
$T_b = 16°,450$	B	309,00	308,46	308,73	A — B = +	11,26
H $= 758^{mm},33$	(B + 0,02*)	290,48	289,90	290,19	P = +	814,18
$f = 77,5$						2 206 045,83

24 juin 1899.   N° **3**.

Mêmes charges.

$T_h = 16°,874$	A	298,35	297,89	298,12	B =	2 205 220,39
$T_b = 16°,522$	B	308,67	308,69	308,68	A — B = +	11,46
H $= 758^{mm},32$	(B + 0,02*)	290,42	290,06	290,24	P = +	813,90
$f = 78$						2 206 045,75

27 juin 1899.   N° **4**.

B = B initial + Oe 0,02*.

$T_h = 17°,165$	B	292,26	291,74	292,00	B =	2 205 240,41
$T_b = 16°,600$	A	303,46	303,61	303,53	A — B = —	12,56
H $= 761^{mm},91$	(A + 0,02*)	285,18	285,12	285,15	P = +	817,61
$f = 78,5$						2 206 045,46

Pesées dans l'air.

27 juin 1899.   N° **5.**
Mèmes charges.

$T_h = 17°,055$	B	292,17	291,76	291,96	B =	2 205 240,41 mg
$T_b = 16°,641$	A	302,31	302,44	302,37	A − B = −	11,48
$H = 761^{mm},44$	(A + 0,02*)	283,90	284,54	284,22	P = +	816,89
$f = 78,5$						2 206 045,82

28 juin 1899.   N° **6.**
Mèmes charges.

$T_h = 17°,264$	B	293,52	293,19	293,35	B =	2 205 240,41
$T_b = 16°,732$	A	298,01	296,81	297,41	A − B = −	4,39
$H = 754^{mm},71$	(A + 0,02*)	279,32	278,46	278,89	P = +	809,44
$f = 78$						2 206 045,46

Moyenne..............,........ **2 206 045,67**

Numéro de la pesée.	Masse du cylindre.	Masse apparente dans l'eau.	Masse de l'eau déplacée.	Temp.	Press.	(Coeff. de réd. à 15°) 10^6. Temp.	Press.	Somme.	Masse de l'eau déplacée à 15° et sous 760mm.
1...		1 431 506,09	774 540,97	15,871	757,70	+ 86,82	+0,15	+ 86,97	774 608,36
2...		1 431 513,18	774 533,88	15,951	752,66	+ 95,23	+0,49	+ 95,72	774 608,05
3...	2 206 047,06 mg	1 431 516,63	774 530,43	15,989	752,71	+ 99,21	+0,48	+ 99,69	774 607,68
4...		1 431 523,62	774 523,44	16,069	751,19	+107,72	+0,58	+108,30	774 607,36
5...		1 431 528,66	774 518,40	16,130	751,19	+114,30	+0,58	+114,88	774 607,42
6...		1 431 530,89	774 516,17	16,155	751,68	+117,00	+0,55	+117,55	774 607,26
7...		1 431 535,51	774 511,55	16,206	755,68	+122,54	+0,29	+122,83	774 606,73
8...		1 431 536,77	774 510,29	16,212	755,72	+123,21	+0,28	+123,49	774 605,98
9...	2 206 047,06	1 431 537,29	774 509,77	16,222	755,79	+124,25	+0,28	+124,53	774 606,27
10...		1 431 537,73	774 509,33	16,227	756,01	+124,87	+0,26	+125,13	774 606,29
11...		1 431 538,03	774 509,03	16,228	756,11	+124,91	+0,26	+125,17	774 606,02
12...		1 431 537,98	774 509,08	16,236	756,34	+125,76	+0,24	+126,00	774 606,71

Moyenne................ 774 607,01

Correction d'altitude...... + 0,16

Moyenne corrigée........ **774 606,85**

Résultats. — Les écarts entre les diverses valeurs trouvées pour la masse du cylindre dépassent de beaucoup les erreurs possibles des pesées; il n'est donc pas douteux que le cylindre ait varié au cours des opérations, probablement par absorption d'eau pendant les premières pesées, puis par oxydation à l'air, enfin par perte d'oxyde dans l'eau; mais rien n'autorise à faire un choix entre les valeurs trouvées, et à prendre, soit pour la masse, soit pour la poussée, autre chose que des moyennes brutes.

Combinant la valeur de la poussée à 15° avec celle du volume à la même température, on trouve

$$\text{Masse du décimètre cube d'eau à } 15° = 0^{\text{kg}},999\,046\,3,$$

et, la densité de l'eau à 15° étant 0,999 126 6, on a finalement

$$\textit{Masse du décimètre cube d'eau à } 4° = \mathbf{0^{kg},999\,919\,6,}$$
$$\textit{Volume du kilogramme d'eau à } 4° = \mathbf{1^{dm^3},000\,080\,4.}$$

Le nombre relatif au volume est sensiblement inférieur à ceux qu'ont donnés les cylindres n° 1 et n° 3, et se rapproche beaucoup plus de celui du cylindre n° 2. Je me bornerai, pour le moment, à cette constatation, et reviendrai plus tard sur l'interprétation possible du résultat.

Dilatation déduite des pesées hydrostatiques. — Il reste à associer les deux valeurs de la poussée pour en déduire le coefficient de dilatation du cylindre.

Le plus simple consiste à prendre, dans les quatre groupes de six pesées consécutives, les deux dont les températures sont les plus distantes, et qui donnent, au surplus, des résultats extrêmement voisins de ceux des deux autres groupes des mêmes séries. On aura ainsi, pour calculer le coefficient cherché, les valeurs conjuguées suivantes des températures et des poussées moyennes, réduites seulement pour la compressibilité de l'eau :

	Température.	Poussées.
	$8,871$	$774\,879,72$
	$16,222$	$774\,520,11$
Différences...	$7,351$	$-369,61$

On trouvera la différence de poussée ramenée à 1 litre en divisant l'écart trouvé par le volume du cylindre déduit de la poussée de l'eau à 4°, savoir 0,775 55, ce qui donne $476^{\text{mg}},58$.

La différence des masses de 1 litre d'eau aux températures respectives des mesures est $883^{\text{mg}},4$. Il reste donc, pour le cylindre, $406^{\text{mg}},8$ et, par degré, $55,34.10^{-6}$ de son volume. La dilatation linéaire est donc $18,45.10^{-6}$, alors que sa valeur à $12°,5$ déduite de la formule adoptée est $18,60.10^{-6}$. La concordance de ces nombres est satisfaisante, et l'on pourrait substituer l'un à l'autre sans modifier sensiblement le résultat; les variations du cylindre et l'incertitude qui en découle pour sa poussée, font que la valeur employée pour les calculs est parfaitement compatible avec celle que l'on déduit des pesées.

Cylindre n° 6.

Description. — Dans la construction de quelques étalons secondaires de masse en bronze blanc, nous avions été conduits à abandonner certaines pièces qui, tournées jusqu'au voisinage de leur valeur définitive, laissaient voir encore de petits défauts du métal. L'une d'elles, un peu piquée alors qu'elle était déjà très voisine de 2^{kg}, fut travaillée jusqu'à la couche saine et achevée à la forme cylindrique de $64^{mm},6$ de diamètre et $65^{mm},2$ de hauteur. Cette pièce constitua mon sixième cylindre. J'ai admis, pour sa dilatation, la valeur trouvée sur une barre de même provenance, savoir :

$$\alpha = (14,394 + 0,005\,63\,t)\,10^{-6}.$$

Mesures des dimensions. — C'est par le cylindre n° 6 que j'ai commencé mon travail de mesures, et il m'a paru tout d'abord nécessaire d'en fixer le degré de précision par des contrôles nombreux. J'ai donc serré beaucoup les points déterminés, et mesuré tous les diamètres dans leurs deux positions par rapport aux palpeurs. On verra, dans les Tableaux qui suivent, que les deux résultats ainsi obtenus pour la même dimension présentent toujours entre eux une très bonne concordance. Les mesures ont été faites du 6 mars au 9 avril, et du 20 novembre au 23 décembre 1897.

Les coefficients de réduction sont $-2,727$ et $-2,728$, respectivement pour les diamètres et pour les hauteurs.

DIAMÈTRES. — *A dessus.*

Section.	Azimut.	Température.	P + C — N [430·994,5]		
			à $t°$.	à $10°$.	Moy. à $10°$.
A — 1..... mm	0	11,261	$- 34,38$ μ	$- 30,94$ μ	
	50	11,039	$- 33,92$	$- 31,09$	
	100	11,065	$- 34,14$	$- 31,23$	
	150	11,092	$- 33,71$	$- 30,73$	
	200	11,131	$- 34,25$	$- 31,16$	
	250	11,155	$- 34,30$	$- 31,15$	
	300	11,172	$- 34,52$	$- 31,32$	
	350	11,181	$- 34,35$	$- 31,13$	$- 31,10$ μ
A — 10.....	0	11,156	$- 37,24$	$- 34,09$	
	50	11,172	$- 37,58$	$- 34,38$	
	100	11,180	$- 37,61$	$- 34,39$	
	150	11,190	$- 37,81$	$- 34,56$	
	200	11,200	$- 37,77$	$- 34,50$	
	250	11,048	$- 36,93$	$- 34,07$	
	300	11,076	$- 37,11$	$- 34,17$	
	350	11,110	$- 37,17$	$- 34,14$	$- 34,29$

DIAMÈTRES. — A *dessus*.

Section.	Azimut.	Température.	P + C — N [430·994,5] à t°.	à 10°.	Moy. à 10°.
A — 5.....	0	10,284	— 32,99	— 31,22	
	25	9,769	— 31,08	— 31,71	
	75	9,801	— 30,93	— 31,47	
	125	9,867	— 31,63	— 31,99	
	175	9,898	— 31,85	— 32,13	
	225	9,939	— 31,30	— 31,47	
	275	10,002	— 31,78	— 31,77	
	325	10,042	— 31,84	— 31,73	
	375	10,076	— 31,69	— 31,48	— 31,72
A — 15.....	25	10,058	— 35,76	— 35,60	
	75	10,093	— 36,57	— 36,32	
	125	10,151	— 36,46	— 36,05	
	175	10,191	— 36,34	— 35,82	
	225	10,249	— 36,40	— 35,72	
	275	10,282	— 36,57	— 35,80	
	325	10,313	— 36,58	— 35,73	
	375	10,339	— 36,68	— 35,76	— 35,85
A — 25.....	25	10,247	— 38,85	— 38,18	
	75	10,293	— 39,59	— 38,79	
	125	10,353	— 39,74	— 38,78	
	175	10,388	— 39,82	— 38,76	
	225	10,430	— 39,57	— 38,40	
	275	10,476	— 39,39	— 38,09	
	325	10,514	— 39,24	— 37,84	
	375	10,555	— 39,80	— 38,29	— 38,39
A = 35.....	25	10,591	— 42,09	— 40,48	
	75	10,627	— 42,58	— 40,87	
	125	10,674	— 42,32	— 40,48	
	175	10,564	— 42,27	— 40,73	
	225	10,604	— 42,49	— 40,84	
	275	10,648	— 42,31	— 40,54	
	325	10,685	— 41,80	— 39,93	
	375	10,734	— 42,18	— 40,18	— 40,50
A — 45.....	25	10,940	— 42,30	— 39,74	
	75	10,953	— 42,40	— 39,80	
	125	10,982	— 42,45	— 39,77	
	175	11,003	— 43,24	— 40,50	
	225	10,864	— 42,95	— 40,59	
	275	10,909	— 42,65	— 40,17	
	325	10,981	— 43,18	— 40,50	
	375	11,024	— 43,31	— 40,52	— 40,20

DIAMÈTRES. — B *dessus*.

Section.	Azimut.	Température.	à t°.	à 10°.	Moy. à 10°.
B — 1.....	25	11,211	— 43,16	— 39,86	
	75	11,213	— 43,07	— 39,76	
	125	11,231	— 42,73	— 39,37	
	175	11,246	— 42,36	— 38,96	
	225	10,990	— 42,88	— 40,18	
	275	11,031	— 42,44	— 39,63	
	325	11,079	— 42,48	— 39,54	
	375	11,110	— 42,83	— 39,80	— 39,76

DIAMÈTRES. — B *dessus.*

Section.	Azimut.	Température.	P + C — N [430·994,5] à t°.	à 10°.	Moy. à 10°.
B — 10..... mm	25	8,862	— 34,98	— 38,08	
	75	8,869	— 35,50	— 38,59	
	125	8,473	— 34,49	— 38,66	
	175	8,563	— 34,94	— 38,86	
	225	8,614	— 35,67	— 39,45	
	275	8,652	— 36,01	— 39,69	
	325	8,676	— 35,53	— 39,17	
	375	8,492	— 34,67	— 38,78	— 38,91
B — 5.....	0	9,833	— 38,48	— 38,94	
	50	8,603	— 35,21	— 39,02	
	100	8,653	— 35,00	— 38,67	
	150	8,674	— 35,06	— 39,68	
	200	8,604	— 35,00	— 38,81	
	250	8,742	— 35,50	— 38,93	
	300	8,491	— 34,95	— 39,07	
	350	8,544	— 34,67	— 38,64	— 38,97
B — 15.....	0	8,472	— 35,47	— 39,64	
	50	8,526	— 35,25	— 39,27	
	100	8,579	— 34,70	— 38,58	
	150	8,601	— 35,09	— 38,91	
	200	8,629	— 35,41	— 39,15	
	250	8,645	— 35,38	— 39,08	
	300	8,666	— 35,57	— 39,21	
	350	8,362	— 35,16	— 39,63	— 39,18
B — 25.....	0	8,716	— 37,17	— 40,67	
	50	8,724	— 36,62	— 40,10	
	100	8,736	— 36,59	— 40,04	
	150	8,717	— 36,42	— 39,92	
	200	8,372	— 35,70	— 40,14	
	250	8,608	— 36,75	— 40,55	
	300	8,642	— 36,60	— 40,30	
	350	8,629	— 36,49	— 40,23	— 40,24
B — 35.....	0	8,723	— 36,66	— 40,14	
	50	8,378	— 35,35	— 39,77	
	100	8,573	— 35,94	— 39,83	
	150	8,616	— 35,66	— 39,44	
	200	8,621	— 36,06	— 39,82	
	250	8,641	— 35,92	— 39,63	
	300	8,656	— 36,12	— 39,79	
	350	8,667	— 36,20	— 39,84	— 39,78
B — 45.....	0	8,235	— 31,62	— 36,43	
	50	8,465	— 32,25	— 36,44	
	100	8,701	— 32,99	— 36,53	
	150	8,745	— 32,77	— 36,19	
	200	8,392	— 32,09	— 36,48	
	250	8,583	— 32,44	— 36,31	
	300	8,695	— 32,98	— 36,54	
	350	8,724	— 33,16	— 36,64	— 36,44

HAUTEURS. — A *à gauche.*

Rayon.	Azimut.	Température.	P + C -- N [430·995]		Moy. à 10°.
			à t°.	à 10°.	
min	°	°	μ	μ	μ
0........	0	9,976	+ 130,47	+ 130,40	
	100	9,993	+ 130,78	+ 130,76	
	200	9,983	+ 130,31	+ 130,26	
	300	9,990	+ 130,37	+ 130,34	+ 130,44
11........	0	8,862	+ 132,50	+ 129,40	
	50	8,941	+ 131,96	+ 129,07	
	100	9,042	+ 131,89	+ 129,28	
	150	9,128	+ 132,33	+ 129,95	
	200	9,360	+ 132,61	+ 130,86	
	250	9,404	+ 132,32	+ 130,69	
	300	9,465	+ 131,81	+ 130,35	
	350	9,509	+ 130,72	+ 129,38	+ 129,84*
22........	0	10,063	+ 128,34	+ 128,51	
	50	10,068	+ 129,01	+ 129,20	
	100	10,074	+ 130,16	+ 130,36	
	150	10,078	+ 130,82	+ 131,03	
	200	10,086	+ 130,67	+ 130,90	
	250	10,095	+ 129,60	+ 129,86	
	300	9,778	+ 128,88	+ 128,27	
	350	9,810	+ 128,08	+ 127,56	+ 129,43*
31........	0	10,040	+ 126,35	+ 126,46	
	50	10,067	+ 128,28	+ 128,46	
	100	10,080	+ 130,53	+ 130,75	
	150	10,085	+ 131,31	+ 131,54	
	200	10,120	+ 130,92	+ 130,55	
	250	9,910	+ 129,55	+ 129,30	
	300	9,854	+ 127,74	+ 127,34	
	350	9,880	+ 126,48	+ 126,15	+ 128,82*

HAUTEURS. — A *à droite.*

0........	0	9,489	+ 132,38	+ 130,99	
	50	9,416	+ 132,28	+ 130,68	
	100	9,430	+ 132,23	+ 130,68	
	150	9,457	+ 132,03	+ 130,55	+ 130,72
6........	50	9,809	+ 131,09	+ 130,57	
	150	9,882	+ 131,18	+ 130,86	
	250	10,003	+ 130,10	+ 130,11	
	350	9,991	+ 129,41	+ 129,39	+ 130,21*
16........	25	10,525	+ 128,00	+ 129,43	
	75	10,534	+ 128,79	+ 130,25	
	125	10,563	+ 129,61	+ 131,15	
	175	10,607	+ 129,72	+ 131,38	
	225	10,191	+ 131,04	+ 131,56	
	275	10,198	+ 130,50	+ 131,04	
	325	10,220	+ 129,07	+ 129,67	
	375	10,225	+ 128,63	+ 129,24	+ 130,46*

HAUTEURS. — A *à droite.*

Rayon.	Azimut.	Température.	P + C — N [430·995]		Moy. à 10°.
			à *t*°.	à 10°.	
mm	°		μ	μ	
26.........	25	10,592	+ 125,96	+ 127,57	
	75	10,601	+ 127,53	+ 129,17	
	125	10,412	+ 130,17	+ 131,29	
	175	10,637	+ 130,12	+ 131,86	
	225	10,686	+ 130,25	+ 132,12	
	275	10,348	+ 129,67	+ 136,62	
	325	10,360	+ 128,30	+ 129,28	μ
	375	10,372	+ 127,05	+ 128,06	+ 129,99*
31.........	0	10,631	+ 125,67	+ 127,39	
	50	10,636	+ 127,66	+ 129,40	
	100	10,626	+ 129,44	+ 131,15	
	150	10,642	+ 130,20	+ 131,95	
	200	10,677	+ 129,46	+ 131,31	
	250	10,739	+ 127,24	+ 129,26	
	300	10,499	+ 126,03	+ 127,39	
	350	10,512	+ 125,70	+ 127,10	+ 129,38*

L'allongement des palpeurs de 0° à 10° étant de 62μ,62, les quantités auxiliaires sont les suivantes :

N à 0°.	Allongement de 0° à 10°.	P à 10°.	[N — P] à 10°.
mm μ	μ	mm μ	μ
[430·994,5] = 564,5 + 19,83	+ 99,24	500 — 8,85	64 627,92
[430·995] = 565 + 19,20	+ 99,33	»	65 127,38

On déduit de ces nombres et de ceux des Tableaux les valeurs suivantes des
diamètres.

Sections.	Diamètres moyens à 10°.
mm	μ
A — 1	64 596,82
5	64 596,20
10	64 593,63
15	64 592,07
25	64 589,53
35	64 587,42
45	64 587,72
B — 1	64 588,16
5	64 588,95
10	64 589,01
15	64 588,74
25	64 587,68
35	64 588,14
45	64 591,48

On déduit de la courbe méridienne (*fig.* 39) le diamètre moyen

$$D = 64\ 590^μ,30.$$

Les valeurs des hauteurs sont données ci-après :

Positions.	Rayons. des circonférences.	Hauteurs moyennes à 10°.
	mm	μ
A à gauche...	0...........................	65 257,82
	11............. :	65 257,22
	22.............	65 256,81
	31....	65 256,20
A à droite....	0......	65 258,10
	6.....	65 257,59
	16..............	65 257,84
	26..............	65 257,37
	31..............	65 256,76

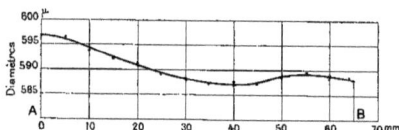

Fig. 39. — Diamètres du cylindre n° 6.

En prenant 65 256$^\mu$ comme hauteur de référence, on trouve :

$$\text{Volume de référence} = 213\,818^{mm^3},32.$$

Enfin, le calcul des excédents donne, en tenant compte des résultats fournis par la courbe (*fig.* 40).

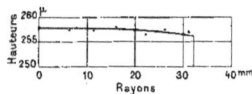

Fig. 40. — Hauteurs du cylindre n° 6.

Rayons.	Hauteurs excédentes.	Excédents rectangulaires.	Excédents triangulaires.
mm	μ	mm³	mm³
0........	1,95	+ 0,154	— 0,004
5........	1,88	+ 0,444	— 0,019
10.......	1,73	+ 0,680	— 0,044
15.......	1,52	+ 0,836	— 0,072
20.......	1,27	+ 0,898	— 0,124
25.......	0,93	+ 1,221	— 0,390
32,30....	0,36	"	"
	Sommes......	+ 4,233	— 0,653

Le volume, à 10° du thermomètre à mercure, est

$$V'_{10} = 213\,821^{mm^3},90$$

et, la réduction à l'échelle normale étant de 0,052 degré, on a finalement

$$V_{10} = 213\ 822^{\text{mm}^3}, 38.$$

Pesées. — Le cylindre a été placé, pour une première série de six pesées dans l'air, sur le plateau de la balance. Puis il a été immergé dans de l'eau distillée, chauffée à une température voisine de 50° et qu'on a fait bouillir sous basse pression. Cette opération, comme les pesées qui ont suivi, a été effectuée dans le petit appareil pour les pesées hydrostatiques, dont le vase est en platine. Après la sixième pesée, l'eau a été changée, et la même opération a été répétée. On a fait, enfin, une dernière série de six pesées dans l'air.

Le cylindre qui, avant son immersion, avait un poli assez parfait, fut retiré de l'eau complètement dépoli et avec une teinte grisâtre. On y distinguait, à la loupe, sur la presque totalité de sa surface, des piqûres extrêmement fines, avec des traces circulaires de bulles, dont le contour était resté marqué, tandis que, à l'intérieur des petits cercles qu'elles avaient formés par leur intersection avec la surface, celle-ci s'était conservée mieux qu'en d'autres endroits. Le cylindre avait donc subi une attaque dans l'eau chaude; comme on le verra par les résultats des pesées dont le détail est donné ci-après, il a perdu, en effet, par son séjour dans l'eau, une quantité bien appréciable de matière.

Pesées dans l'air

28 novembre 1898.   N° 1.

A ∷ Cylindre.
B = KgC + Oe(500 + 200 + 200* + 2 + 0,5 + 0,2 + 0,1 + 0,05 + 0,02 + 0,02*).

$T_b = 11°,343$	B	291,48	291,71	291,59	B = 1 902 889,94
H = 739ᵐᵐ,15	A	299,06	298,66	298,86	A — B = — 6,26
f = 94	(A + 0,01)	286,68	287,71	287,19	P = + 150,63
					1 903 034,31

28 novembre 1898.   N° 2.
Mêmes charges.

$T_b = 11°,122$	B	291,69	291,55	291,62	B = 1 902 889,94
H = 738ᵐᵐ,87	A	298,86	299,29	299,07	A — B = — 6,39
f = 95	(A + 0,01)	287,40	287,30	287,35	P = + 150,69
					1 903 034,24

29 novembre 1898.   N° 3.
Mêmes charges.

$T_b = 11°,348$	B	290,60	290,71	290,65	B = 1 902 889,94
H = 743ᵐᵐ,53	A	299,29	299,47	299,38	A — B = — 7,67
f = 94	(A + 0,01)	287,81	288,07	287,94	P = + 151,52
					1 903 033,79

Pesées dans l'air.

29 novembre 1898.   N° **4.**

Mêmes charges.

$T_h = 11°,168$	A	299,74	299,53	299,63	B =	1 902 889,94 (mg)
$H = 743^{mm},73$	B	290,12	290,52	290,32	A — B = —	8,18
$f = 96$	(B — 0,01)	301,39	302,11	301,75	P = +	151,65

1 903 033,41

29 novembre 1898.   N° **5.**

Mêmes charges.

$T_h = 11°,060$	A	298,60	298,56	298,58	B =	1 902 889,94
$H = 743^{mm},87$	B	289,84	288,09	288,96	A — B = —	8,98
$f = 95$	(B — 0,01)	299,60	299,84	299,72	P = +	151,75

1 903 032,70

29 novembre 1898.   N° **6.**

Mêmes charges.

$T_h = 10°,822$	A	298,70	298,97	298,83	B =	1 902 889,94
$H = 744^{mm},40$	B	288,92	289,88	289,40	A — B = —	9,36
$f = 94$	(B — 0,01)	299,11	299,93	299,52	P = +	152,01

1 903 032,59

Moyenne **1 903 033,51**

Pesées dans l'eau.

25 décembre 1898.   N° **1.**

A = Cylindre + étrier.
B = KgC + Oe(500 + 100 + 50 + 20 + 10 + 5 + 2 + 2* + 0,2 + 0,1 + 0,05 + 0,02*) + étrier.

$T_{cage} = 9°,858$	B	302,29	298,17	300,23	B =	1 689 370,81 (mg)
$T_{eau} = 9°,473$	A	312,92	310,89	311,90	A — B =	10,60
$H = 768^{mm},56$	(A + 0,02*)	290,43	289,30	289,86	P = —	98,71
$f = 91,5$						

1 689 261,50

25 décembre 1898.   N° **2.**

Mêmes charges.

$T_{cage} = 9°,998$	B	297,86	298,93	298,39	B =	1 689 370,81
$T_{eau} = 9°,435$	A	308,86	310,28	309,57	A — B = —	9,65
$H = 770^{mm},10$	(A + 0,02*)	286,94	285,80	286,37	P = —	98,85
$f = 92$						

1 689 262,31

25 décembre 1898.   N° **3.**

Mêmes charges.

$T_{cage} = 9°,973$	B	299,45	298,85	299,15	B =	1 689 370,81
$T_{eau} = 9°,526$	A	309,57	310,26	309,91	A — B = —	9,49
$H = 769^{mm},41$	(A + 0,02*)	287,68	286,75	287,21	P = —	98,77
$f = 92$						

1 689 262,55

Pesées dans l'eau.

26 décembre 1898. N° **4.**

B = B initial — Oe 0,02*.

$T_{cage} = 9°,384$	A	294,74	293,96	294,35	B =	1 689 350,79 ^(mg)
$T_{eau} = 9°,267$	B	304,09	304,35	304,22	A — B = +	8,51
H $= 766^{mm},64$	(B + 0,02*)	281,77	280,26	281,01	P = —	98,64
$f = 91,5$						

1 689 260,66

26 décembre 1898. N° **5.**

Mêmes charges.

$T_{cage} = 9°,460$	A	294,27	293,64	293,95	B =	1 689 350,79
$T_{eau} = 9°,260$	B	304,72	304,81	304,76	A — B = +	9,52
H $= 766^{mm},12$	(B + 0,02*)	282,05	282,03	282,04	P = —	98,54
$f = 91$						

1 689 261,77

26 décembre 1898. N° **6.**

Mêmes charges.

$T_{cage} = 9°,465$	A	294,80	294,68	294,74	B =	1 689 350,79
$T_{eau} = 9°,246$	B	304,52	304,10	304,31	A — B = +	8,54
H $= 764^{mm},33$	(B + 0,02*)	281,95	281,81	281,88	P = —	98,31
$f = 91$						

1 689 261,02

L'eau a été remplacée le 26 décembre.

27 décembre 1898. N° **7.**

Mêmes charges.

$T_{cage} = 8°,959$	A	302,37	299,94	301,15	B =	1 689 350,79
$T_{eau} = 9°,156$	B	306,45	306,57	306,51	A — B = +	4,60
H $= 758^{mm},26$	(B + 0,01)	294,75	294,83	294,79	P = —	97,71
$f = 91,5$						

1 689 257,08

27 décembre 1898. N° **8.**

Mêmes charges.

$T_{cage} = 8°,999$	A	300,63	298,57	299,60	B =	1 689 350,79
$T_{eau} = 9°,112$	B	306,10	305,24	305,67	A — B = +	4,82
H $= 757^{mm},33$	(B + 0,01)	292,56	293,47	293,01	P = —	97,58
$f = 91,5$						

1 689 258,03

27 décembre 1898. N° **9.**

Mêmes charges.

$T_{cage} = 9°,019$	A	300,23	301,48	300,85	B =	1 689 350,79
$T_{eau} = 9°,097$	B	305,08	306,50	305,79	A — B = +	4,12
H $= 756^{mm},19$	(B + 0,01)	293,35	294,15	293,75	P = —	97,42
$f = 91$						

1 689 257,49

XIV. B.23

Pesées dans l'eau.

28 décembre 1898.   N° 10.

$B = B$ précédent $+$ Os 0,01.

$T_{cage} = 8°,667$	B	296,65	296,26	296,45	$B =$	1 689 360,84 (mg)
$T_{eau} = 8°,649$	A	306,55	305,36	305,95	$A - B = -$	8,31
$H = 750^{mm},48$	$(A + 0,02^*)$	283,26	282,91	283,08	$P = -$	96,82
$f = 91$						
						1 689 255,71

29 décembre 1898.   N° 11.

$B = B$ n° 9.

$T_{cage} = 8°,909$	B	303,28	303,42	303,35	$B =$	1 689 350,79
$T_{eau} = 8°,688$	A	302,12	302,54	302,33	$A - B = +$	0,83
$H = 747^{mm},50$	$(A - 0,01)$	314,88	314,35	314,61	$P = -$	96,34
$f = 91,5$						
						1 689 255,28

29 décembre 1898.   N° 12.

Mêmes charges.

$T_{cage} = 9°,065$	B	297,70	297,98	297,84	$B =$	1 689 350,79
$T_{eau} = 8°,762$	A	297,19	298,74	297,96	$A - B = -$	0,10
$H = 745^{mm},40$	$(A + 0,01)$	286,90	286,05	286,47	$P = -$	96,01
$f = 92,5$						
						1 689 254,68

Pesées dans l'air.

31 décembre 1898.   N° 7.

$A = $ Cylindre $+$ étrier.

$B = KgC + Oe(500 + 200 + 200^* + 2 + 0,5 + 0,2 + 0,1 + 0,05 + 0,02) +$ étrier.

$T_h = 8°,949$	B	291,51	291,39	291,45	$B =$	1 902 869,92 (mg)
$T_b = 8°,865$	A	295,29	295,94	295,61	$A - B = -$	3,85
$H = 754^{mm},34$	$(A + 0,01)$	284,95	284,57	284,76	$P = +$	155,26
$f = 92$						
						1 903 021,33

2 janvier 1899.   N° 8.

Mêmes charges.

$T_h = 8°,680$	B	298,97	299,66	299,31	$B =$	1 902 869,92
$T_b = 8°,520$	A	298,89	298,24	298,56	$A - B = +$	0,68
$H = 733^{mm},66$	$(A + 0,01)$	287,90	287,05	287,47	$P = +$	151,22
$f = 92,5$						
						1 903 021,82

2 janvier 1899.   N° 9.

Mêmes charges.

$T_h = 8°,856$	B	299,54	299,73	299,63	$B =$	1 902 869,92
$T_b = 8°,626$	A	299,06	299,96	299,51	$A - B = +$	0,10
$H = 735^{mm},52$	$(A + 0,01)$	288,00	288,07	288,03	$P = +$	151,58
$f = 92,5$						
						1 903 021,60

Pesées dans l'air.

3 janvier 1899.   N° 10.

Mêmes charges.

$T_h = 8°,675$	A	300,07	299,58	299,82	B =	1 902 869,92 mg
$T_b = 8°,512$	B	297,15	295,18	296,16	A — B = —	3,08
$H = 749^{mm},46$	(B — 0,01)	307,35	308,83	308,09	P = +	154,49
$f = 92,5$						1 903 021,33

3 janvier 1899.   N° 11.

Mêmes charges.

$T_h = 8°,702$	A	299,15	300,74	299,94	B =	1 902 869,92
$T_b = 8°,566$	B	296,45	296,26	296,35	A — B = —	3,52
$H = 750^{mm},33$	(B — 0,01)	305,75	307,47	306,61	P = +	154,63
$f = 92$						1 903 021,03

3 janvier 1899.   N° 12.

Mêmes charges.

$T_h = 8°,530$	A	299,53	299,86	299,69	B =	1 902 869,92
$T_b = 8°,575$	B	295,86	294,61	293,23	A — B = —	4,49
$H = 754^{mm},54$	(B — 0,01)	304,64	305,77	305,20	P = +	155,41
$f = 92$						1 903 020,84

Moyenne............. **1 903 021,32**

Pour la réduction des poussées, il est essentiel de tenir compte du fait que l'attaque de la surface, constatée après les pesées hydrostatiques, s'est produite en plus grande partie avant le commencement des opérations. Il est donc tout indiqué de prendre, pour le calcul de la poussée, la masse finale. On est ainsi amené aux résultats suivants :

Numéro de la pesée.	Masse du cylindre.	Masse apparente dans l'eau.	Masse de l'eau déplacée.	Temp.	Press.	(Coeff. de réd. à 10°) 10⁶.			Masse de l'eau déplacée à 10° et sous 760ᵐᵐ.
						Temp.	Press.	Somme.	
		mg	mg	°	mm				mg
1		1 689 261,50	213 759,82	9,473	777,82	—21,48	—1,18	—22,66	213 754,99
2		1 689 262,31	213 759,01	9,435	779,36	—22,83	—1,28	—24,11	213 753,87
3	1 903 021,32 mg	1 689 262,55	213 758,77	9,526	778,67	—19,49	—1,24	—20,73	213 754,35
4		1 689 260,66	213 760,66	9,267	775,90	—28,71	—1,05	—29,76	213 754,30
5		1 689 261,77	213 759,55	9,260	775,38	—29,00	—1,02	—30,02	213 753,13
6		1 689 261,02	213 760,30	9,246	773,59	—29,50	—0,90	—30,40	213 753,80
7		1 689 257,68	213 763,64	9,156	766,79	—32,49	—0,45	—32,94	213 756,60
8		1 689 258,03	213 763,29	9,112	765,86	—33,98	—0,39	—34,37	213 755,94
9	1 903 021,32	1 689 257,49	213 763,83	9,097	764,72	—34,42	—0,31	—34,73	213 756,41
10		1 689 255,71	213 765,61	8,649	759,01	—47,36	+0,07	—47,29	213 755,50
11		1 689 255,28	213 766,04	8,688	756,03	—46,34	+0,26	—46,08	213 756,19
12		1 689 254,68	213 766,64	8,762	753,93	—44,36	+0,40	—43,96	213 757,24

XIV.   B 23*

Résultats. — Les petits écarts des résultats individuels dans chaque groupe de six pesées ne semblent rien avoir de systématique, et confirment l'idée que la perte de matière du cylindre ne s'est pas produite dans l'eau froide. En revanche, la poussée est apparemment plus forte dans le second groupe que dans le premier; ce qui signifie simplement que le cylindre s'était allégé par une perte de matière dans l'échange de l'eau effectué entre les deux groupes d'observations. On est ainsi finalement conduit à ne conserver que les six pesées du second groupe, dont le résultat moyen est $213\,756^{mg},31$; on peut admettre aussi que la masse trouvée à la fin des mesures, et à laquelle la poussée a été rapportée, était la même que pendant la dernière série de déterminations de la poussée. Le cylindre ayant été suspendu à l'étrier pour les deux opérations, la correction d'altitude est $-\,0^{mg},04$.

Il faut maintenant tenir compte de la matière dissoute, dont la masse était $12^{mg},19$ et la densité $8,90$; son volume, égal à $1^{mm^3},37$, doit être retranché de celui du cylindre. Cette correction étant faite, le quotient cherché est, d'après le cylindre n° 6,

$$\text{Masse du décimètre cube d'eau à } 10° = 0^{kg},999\,697\,4,$$

et, la densité de l'eau à 10° étant $0,999\,728\,2$, on a finalement

$$\textit{Masse du décimètre cube d'eau à } 4° = \mathbf{0^{kg},999\,969\,2},$$
$$\textit{Volume du kilogramme d'eau à } 4° = \mathbf{1^{dm^3},000\,030\,8}.$$

RÉSUMÉ ET DISCUSSION DES RÉSULTATS.

Les cinq cylindres utilisés dans la détermination qui nous occupe, ont conduit aux résultats suivants :

Numéro du cylindre.	Masse du décimètre cube d'eau à 4° et sous 760mm. (kg)	Volume du kilogramme d'eau à 4° et sous 760mm. (dm³)
1	0,999 944 7	1,000 055 3
2	> 0,999 915	< 1,000 085
3	0,999 945 9	1,000 054 1
4	0,999 919 6	1,000 080 4
6	0,999 969 2	1,000 030 8

La valeur fournie par le cylindre n° 2 n'est qu'une limite supérieure du volume cherché, et il n'y a pas lieu de nous y arrêter. Mais il convient de reprendre la discussion pour les autres cylindres, afin de déterminer le degré de confiance que l'on peut accorder aux nombres qui précèdent.

Les pesées du cylindre n° 1 et n° 3 ont marché d'une façon parfaite; les corps ont conservé sensiblement la même masse pendant toute la durée des opérations, et les pesées hydrostatiques ont fourni des nombres très concordants.

Le cylindre n° 4 a montré des variations irrégulières, sans qu'il fût possible d'en déterminer exactement la cause, qui, cependant, semble être de même nature, sinon du même ordre de grandeur que pour le n° 2. Le résultat obtenu au moyen de ce cylindre doit apparaître, *a priori*, comme un peu douteux ; et, si l'on admettait la même cause de variation, on serait encore conduit à considérer ce résultat comme une limite supérieure du volume cherché.

Le cylindre n° 6 a perdu, dans l'eau, une quantité de matière qui, en raison de ses faibles dimensions, a obligé à modifier sensiblement le résultat ramené au décimètre cube ; cependant, la correction paraît peu douteuse, et la marge de l'erreur possible sur le nombre final est extrêmement faible.

Une autre cause d'incertitude provient des imperfections de la Règle normale, divisée sur une lame d'argent, en traits relativement larges, dont quelques-uns présentent de petites irrégularités qui laissent un peu d'arbitraire dans les pointés.

Nous avons vu aussi que l'axe de quelques-uns des traits utilisés sur la règle a éprouvé un déplacement dans le cours du temps, et que, pour le trait 994,5 en particulier, employé à la détermination des cylindres n° 1 et n° 6, on a trouvé, à deux ans d'intervalle, des positions qui différaient de $0^{\mu},6$ environ, quantité bien supérieure aux erreurs que la concordance des observations permettait d'admettre.

J'ai adopté (p. 87), pour les calculs, la valeur moyenne des deux mesures. Mais la seconde est seule complète, puisque, dans la première, on avait conservé les positions des traits 994 et 995 telles qu'elles avaient été fixées autrefois par M. Benoît. Si l'on adoptait seulement les mesures les plus récentes, on serait conduit à ajouter $0^{\mu},33$ aux intervalles limités à leur extrémité supérieure par ce trait.

Une autre cause d'incertitude provient du changement de longueur de la Règle normale. Toutes les réductions ont été faites en partant de l'équation ancienne, telle que nous l'avions déterminée, M. Benoît et moi, en 1894. Mais les comparaisons que j'ai faites en 1902 et 1903 (p. 78) ont conduit à une équation plus faible de $2^{\mu},5$, pour la Règle normale employée dans les conditions de mes mesures ; et, si l'on admettait cette dernière de préférence à l'ancienne, on aurait à relever d'au moins 6^{mg} la masse du décimètre cube d'eau fournie par tous les cylindres.

D'autre part, il n'a pas été tenu compte des déformations des cylindres et des palpeurs à leur point de contact. La détermination qui vient d'être exposée ayant été considérée, dans la suite, comme provisoire, et destinée seulement à préparer une mesure nouvelle, j'ai jugé inutile de faire une étude approfondie des écrasements, et je me suis borné à une évaluation approximative, qui a conduit à diminuer les dimensions moyennes des cylindres en laiton et en bronze de $0^u,25$, et celles du cylindre en bronze blanc de $0^u,20$. Abandonnant le cylindre n° 2, il reste donc, en accumulant les corrections probables de la Règle normale et la correction approximative pour les écrasements, à modifier les diamètres des cylindres n° 1 et n° 6 de $+ 0^u,22$ et $+ 0^u,37$, leurs hauteurs de $- 0^u,07$ et $+ 0^u,04$; les volumes des deux autres cylindres restent sensiblement les mêmes.

Les quantités cherchées prennent alors les valeurs suivantes limitées au millionième :

Numéro du cylindre.	Volume approximatif.	Masse du décimètre cube d'eau à 4° et sous 760ᵐᵐ.	Volume du kilogramme d'eau à 4° et sous 760ᵐᵐ.
	dm³	kg	dm³
1.............	2,131	0,999 942	1,000 058
3.............	0,931	0,999 946	1,000 054
4.............	0,775	0,999 920	1,000 080
6.............	0,214	0,999 957	1,000 043

Les pesées hydrostatiques ayant été faites sans hâte, ces nombres se rapportent à de l'eau à peu près saturée d'air.

Si l'on examine maintenant en détail tous les éléments de la recherche, on est conduit à attribuer, aux résultats ci-dessus, une signification sur laquelle il convient d'insister.

Nous avons vu (p. 92) que, dans la mesure des dimensions, le réglage sur un diamètre est facile, et que les erreurs négatives dues à un ajustage imparfait ne peuvent être que très petites. En revanche, le réglage sur des plans, surtout dans le sens vertical, a pu laisser des erreurs appréciables, étant donné le petit défaut initial dans l'ajustage des palpeurs sur la coulisse. Pour ces raisons, le volume des cylindres a pu aisément être trouvé un peu trop grand.

D'un autre côté les inévitables défauts du polissage et les piqûres microscopiques du métal font différer légèrement le volume apparent des cylindres de leur volume réel. En effet, les palpeurs touchent la surface apparente, tandis que l'eau pénètre dans les pores du métal, dans les rayures et, d'une manière générale, dans toutes les dépressions.

Ces deux causes d'erreur sont de même sens; elles ont pu ajouter leur action pour abaisser la valeur trouvée pour la masse du décimètre cube d'eau, et augmenter celle du volume du kilogramme d'eau.

A ces erreurs d'un sens déterminé se mêlent quelques causes d'incertitude dont il est impossible de fixer par avance le signe, et que nous devons considérer comme fortuites. Telles sont les imperfections de la Règle normale, qui paraissait très satisfaisante à l'époque de sa construction, mais qui ne correspond plus à nos exigences actuelles; ses variations dans le cours du temps, le déplacement de l'axe de quelques-uns de ses traits par le fait des nettoyages, sont des quantités très petites en valeur absolue, mais qui prennent de l'importance dans une recherche où le dixième de micron affecte déjà de plusieurs unités le sixième chiffre significatif du résultat. Puis les irrégularités de la forme des cylindres au voisinage des arêtes et le long des soudures, le creux prononcé des faces, notamment du premier, ont rendu le calcul du volume un peu incertain, sans que l'on puisse dire d'avance dans quel sens l'erreur a été commise, mais, au moins pour le creux, avec une probabilité de faible exagération du volume.

On peut encore se demander comment les résultats individuels devraient être combinés pour conduire au nombre le plus probable que puisse fournir ce travail; et, en particulier, si la règle déduite des dimensions, précédemment établie (p. 48) peut être utilement appliquée à ce calcul. Plusieurs raisons conduisent à y renoncer. D'abord, la succession des nombres ne présente pas la marche systématique qui indiquerait l'erreur constante dans les mesures de longueur, sur laquelle cette formule est fondée. Ensuite, nous avons vu que les cylindres possèdent, en eux-mêmes, une valeur métrologique très différente, par le fait des plus ou moins grandes irrégularités de leur forme, ou des incertitudes provenant de leur tenue dans l'eau. Enfin, la concordance des mesures n'a pas été pour tous la même; et, pour des raisons indiquées plus haut, le nombre des distances mesurées a été très variable d'un corps à l'autre. En particulier, le résultat obtenu au moyen du plus petit cylindre, et qui, à égalité des autres conditions, devrait être le moins sûr, a été déduit d'observations très nombreuses et bien concordantes, faites sur un corps de forme très régulière, de telle sorte qu'il peut être considéré comme au moins comparable aux autres en précision.

Si ce premier travail n'avait été suivi d'aucun autre, on pourrait, en tenant compte du sens probable des erreurs de toutes natures, penser que le volume du kilogramme d'eau est voisin de 1^{dm^3},00005, ou légèrement inférieur à ce nombre.

Une discussion plus approfondie serait sans base suffisante; les erreurs qui viennent d'être énumérées doivent être acceptées comme des incertitudes inévitables dans une recherche difficile, où l'éducation de l'opérateur marche de front avec le perfectionnement des méthodes.

Malgré tous ses défauts, et peut-être en partie à cause de ses imperfections, ce premier travail a été fort utile. Il m'a permis de découvrir une à une toutes

les causes d'erreur importantes dans une recherche aussi délicate, et m'a montré la voie dans laquelle il fallait chercher leur élimination. Il m'a indiqué
quels étaient les écueils à éviter, m'a donné uné grande pratique du maniement
des appareils, et m'a permis de recommencer avec un plan bien défini un travail auquel j'ai consacré encore plusieurs années.

TROISIÈME PARTIE.

SECONDE DÉTERMINATION. — 1902-1905.

———

La nouvelle détermination du volume du Kilogramme d'eau, à laquelle j'ai consacré la majeure partie de mon temps pendant les années 1902 à 1905, a été entreprise avec l'idée de ne négliger aucune précaution pour la rendre aussi parfaite que le permet la méthode des contacts. Rien n'a été changé au principe des mesures effectuées dans les années antérieures, mais tous les organes importants de mes appareils ont été remplacés ou réglés à nouveau. Les anciens cylindres ont été abandonnés, et j'ai fait construire quatre cylindres, de grandeurs graduées, dans la confection desquels on s'est efforcé d'éviter les sources d'erreurs inhérentes aux premiers; j'ai construit aussi de nouveaux palpeurs, en invar, et employé une Règle normale polie et tracée conformément à la technique métrologique actuelle. Enfin, j'ai fait un nouveau dressage de la coulisse, de manière à en améliorer la direction.

Les mesures elles-mêmes ont été exécutées suivant un plan complètement élaboré d'avance, et comportant une parfaite symétrie. Afin d'éviter autant que possible les erreurs dues aux dilatations, je me suis astreint à n'opérer qu'en hiver, dans une salle chauffée seulement lorsque sa température descendait au-dessous de celle qui correspond au maximum de poussée de l'eau sur les cylindres. En un mot, j'ai évité, par la combinaison de tous les facteurs de la mesure, les causes d'erreurs, autant qu'il était possible de les prévoir.

CONSTRUCTION ET ÉTUDE PRÉLIMINAIRE DES APPAREILS.

Cylindres.

Construction. — Les cylindres ont été faits en un bronze dur, assez semblable à celui que l'on emploie pour les pièces principales des moteurs de torpilles. Ils ont été coulés en ma présence dans les ateliers de la Société lyonnaise à Paris, dans des moules en sable contenant un noyau cylindrique porté par des goujons placés au centre des faces. En même temps, on a coulé des jets de bronze pour obturer les évents et d'autres pour la détermination du module

XIV.   B.24

d'élasticité et du coefficient de dilatation du métal employé, ainsi que les garnitures dont il sera bientôt question, destinées à servir de gardes dans le rodage des faces ou du pourtour des cylindres.

Les cylindres n° 3 et n° 4 s'étant montrés défectueux, on fit ultérieurement une seconde coulée pour les remplacer.

Les pièces avaient été établies de manière à donner, au fini, les dimensions suivantes :

Numéros des cylindres.	Diamètres.	Hauteurs.
	mm	mm
1...............	140	130
2...............	120	115
3...............	100	100
4...............	80	80

Le premier ajustage des cylindres a été fait dans l'atelier de précision de la Section technique de l'Artillerie à Paris. Les évents ont été alésés, puis obturés avec des goujons que l'on a laissés émerger, et qui ont servi d'axes pour le reste du travail. On a tourné alors, sur les mêmes centres, les goujons eux-mêmes, le pourtour et les faces des cylindres. Puis on a monté, sur les goujons, des pièces de garde, qu'on a tournées et rodées à la meule, en même temps que le pourtour des cylindres.

C'est sous cette forme, et avec des pièces de garde pour les faces (*fig.* 41), que les cylindres ont été remis à M. Jobin, après que j'en eus fait une vérification sommaire. On les monta sur un tour d'optique, et l'on roda le pourtour

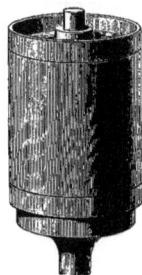

Fig. 41. — Cylindre muni de ses pièces de garde pour le rodage du pourtour.

dans une bague cylindrique flexible; puis on enleva les gardes, on scia les goujons au ras du cylindre, on monta au plâtre les gardes des faces, et l'on travailla ces dernières avec des plans de verre dépoli. Pour finir, les cylindres furent polis au drap. Leur surface ne présentait pas de rayures apparentes.

Quelques régions très piquées d'une des bases de chacun des cylindres n⁰ˢ 2 et n⁰ 3 avaient été préalablement creusées et remplacées par des pastilles de bronze.

Le cylindre n⁰ 4 présentait seul, sur une de ses faces, des marques bien apparentes d'un défaut d'homogénéité. La plus grande partie de cette face était restée légèrement rugueuse, et une région limitée avait seule pris un beau poli. Cette région accusait un creux de 5ᵘ environ par rapport au reste de la surface. Ces défauts m'obligèrent à rejeter les résultats fournis par ce cylindre, après que j'eus passé plusieurs mois à chercher à déterminer sa forme.

L'outillage très bien réglé, employé au premier tournage des cylindres, et la rare perfection du travail de M. Jobin me dispensèrent des vérifications préliminaires relatives à la direction des faces, auxquelles je m'étais astreint pour les cylindres de la première série (p. 69).

Dilatation et élasticité. — Les Tableaux suivants reproduisent les observations, faites en mars 1902, pour la mesure de la dilatation des deux tiges de bronze, coulées en même temps que les cylindres, comparées à la Règle n° 13, en platine iridié.

Tige n° 1.

Numéro de la mesure.	Température.	Br — [13].	
		Obs.	O — C.
	^{o}	$^{\mu}$	$^{\mu}$
5...............	0,548	—146,28	—0,21
4...............	8,117	— 78,42	+0,33
1...............	15,271	— 14,37	+0,08
6...............	22,924	+ 55,00	—0,07
2...............	30,153	+121,09	—0,34
3...............	37,832	+192,88	+0,21

On tire de ces observations

$$\text{Br.1} - \text{n° 13} = -150^{\mu},91 + 8^{\mu},837\,t + 0^{\mu},006\,46\,t^2\,10^{-6},$$

d'où (p. 74)

$$\alpha_{\text{Br.1}} = (+17,419 + 0,008\,16\,t)10^{-6}.$$

Tige n° 2.

Numéro de la mesure.	Température.	Br — [13].	
		Obs.	O — C.
	^{o}	$^{\mu}$	$^{\mu}$
5...............	0,600	—182,37	—0,23
4...............	8,152	—113,52	+0,43
1...............	15,203	— 49,77	—0,08
6...............	22,882	+ 21,08	+0,12
2...............	30,277	+ 89,18	—0,48
3...............	37,620	+158,78	+0,27

On déduit de ces nombres

$$\text{Br.2} - \text{n° 13} = -187^{\mu},52 + 8^{\mu},977\,t + 0^{\mu},005\,89\,t^2.$$

d'où

$$\alpha_{\text{Br},2} = (17,559 + 0,007\,58\,t)\,10^{-6}.$$

La barre n° 1, maintenue pendant trois mois à une température partie de 100° et abaissée très lentement, a montré un raccourcissement de 7ᵘ.

Le module d'élasticité a été trouvé, pour les deux tiges, respectivement égal à 10240 et 9538 $\frac{\text{kg}}{\text{mm}^2}$.

Palpeurs.

Dilatation, élasticité, étuvage. — Les palpeurs ont été pris dans une barre d'invar laminée à chaud. La mesure de la dilatation de cette barre, faite par comparaison avec la Règle n° 13, a fourni les résultats reproduits ci-après :

Numéro de la mesure.	Température.	Invar. — [13].	
		Obs.	O — C.
	°	μ	μ
6	0,227	+189,31	—0,15
4	7,808	+137,82	—0,07
1	14,546	+ 91,07	+0,79
5	22,381	+ 38,80	—0,57
2	30,189	— 15,26	—0,23
3	37,626	— 67,15	+0,23

On en déduit

$$1 - [13] = +190^{\mu},69 - 6^{\mu},762\,t - 0^{\mu},002\,24\,t^2,$$

d'où

$$\alpha_1 = (1,820 - 0,000\,54\,t)\,10^{-6}.$$

Le module d'élasticité a été trouvé égal à 14820 $\frac{\text{kg}}{\text{mm}^2}$.

Avant la détermination de sa dilatation, la règle avait été, en janvier 1898, exposée pendant 55 heures à 100°, puis pendant 185 heures à 60°. Elle avait subi des allongements de 27ᵘ et 12ᵘ; conservée ensuite à la température ambiante, elle s'allongea encore de 12ᵘ en 26 mois, dont 2ᵘ,5 pour les douze derniers mois; puis, pour la confection des palpeurs, elle fut envoyée, en avril 1900, à la Société genevoise.

Construction et vérification. — La forme des nouveaux palpeurs est la même que celle des premiers; leur exécution a été reconnue irréprochable, dans tout ce qu'elle a d'essentiel; les goujons terminaux, dont la direction est parfaite, ne sont pas, il est vrai, rigoureusement centrés sur le carré, et présentent de petites différences de diamètre; mais ces imperfections sont sans aucune importance, puisqu'on peut les corriger par l'ajustage des pieds des réglettes.

Les erreurs possibles du réglage en direction des cylindres couchés, qui m'avaient paru être prépondérantes dans mon premier travail, m'engagèrent à donner, aux surfaces terminales des palpeurs, des rayons de 150^{mm}, au lieu de ceux de 250^{mm} qu'on avait voulu réaliser la première fois. Comme pour les palpeurs en nickel, on fit un bassin et un boulet de garniture des goujons. Mais, pour pouvoir vérifier d'avance le rayon de courbure du bassin, je fis munir le boulet de rectification d'une tige centrée (*fig.* 42), dont l'extrémité fut coupée

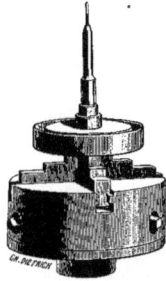

Fig. 42. — Bassin pour le rodage, et boulet de rectification.

à moitié, de manière à mettre à découvert la surface sur laquelle doit se trouver le centre de courbure. Cherchant, d'abord avec un troussequin, puis avec une lunette, le point qui restait immobile, il suffisait, sans déplacer la lunette, de substituer au boulet une échelle divisée, pour connaître le rayon de courbure. Je m'attachai à retoucher le boulet après chaque rodage, de manière à rester le plus près possible du rayon choisi; et la vérification montra qu'il avait été réalisé au dixième de millimètre près.

On avait cherché à ajuster les cylindres aussi près que possible de valeurs millimétriques entières, de manière à pouvoir éviter la mesure de notables appoints au moyen des micromètres. Cependant, les nécessités de la rectification des surfaces laissèrent subsister quelques écarts. C'est pourquoi les traits de repère des palpeurs furent accompagnés de huit autres traits, à la distance respective de 0^{mm},1. Ces tracés furent exécutés par M. Benoit avec une grande perfection.

Les pieds furent ensuite ajustés de manière que les faces supérieures et latérales fussent aussi parallèles que des observations faites à l'aide d'un fil de cocon tendu, d'une règle et d'un niveau, permirent de le constater. Pour vérifier la position des goujons, on plaçait sur l'un d'eux une glace bien plane, et l'on observait le mince filet de lumière passant entre la glace et l'autre goujon.

On retouchait alors les pieds de manière à diminuer progressivement la distance, et l'on n'abandonna ce travail de rectification que lorsqu'il fut impossible de découvrir un défaut.

L'observation d'un faisceau lumineux mince permet des réglages très délicats. Il me paraît certain qu'après les dernières retouches, mes palpeurs se suivaient au centième de millimètre près, perfection plus que suffisante.

Rectification de la coulisse.

Le dernier réglage des palpeurs fut exécuté après que la coulisse eut été examinée de nouveau, et retouchée. Pour sa vérification, je renonçai au procédé du fil tendu, et lui substituai une méthode par réflexion d'une échelle. La distance de l'échelle au milieu de la coulisse était de $6^m,80$. On déplaçait, dans cette dernière, une règle portée sur deux pieds à 250^{mm}, et sur laquelle on avait monté un miroir réglable autour d'un axe. La disposition de la salle dans laquelle j'ai opéré (salle du comparateur géodésique) obligeait à renvoyer le rayon dans la lunette par une glace fixe.

Ne possédant pas de lunette autocollimatrice, j'ai fait l'examen de la coulisse en deux opérations, l'une pour la direction horizontale, l'autre pour la direction verticale. Il est facile de voir, en effet, si, si l'échelle est excentrique à la lunette, le déplacement du miroir mobile fait varier la position de l'image, même si la coulisse est droite. Au contraire, si, pour le réglage horizontal, le trait est situé verticalement au-dessus de l'axe de la lunette et inversement, ce mouvement est éliminé.

Les observations ont été faites de 5^{cm} en 5^{cm} pour l'ensemble de la coulisse, et pour tous les centimètres dans la partie utilisée pour la mesure des cylindres.

Les plus grands écarts par rapport à la moyenne sont de $0,3$ division, ou

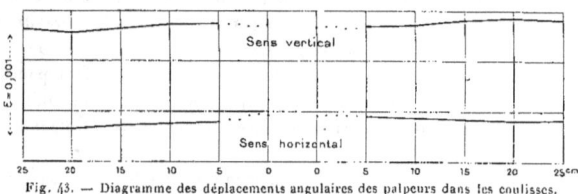

Fig. 43. — Diagramme des déplacements angulaires des palpeurs dans les coulisses.

$0^{mm},5$, et l'angle maximum par rapport à la direction moyenne des réglettes est, dans la région utilisée, de $\dfrac{0,5}{2 \times 6800} = 0,00004$, ou $8''$. Cet écart angulaire correspond, pour le déplacement latéral d'un des pieds, à $0^{mm},01$.

Lorsqu'on plaçait la règle simultanément sur les deux coulisses, on pouvait lui donner un petit mouvement de bascule, montrant que les deux bancs ne se faisaient pas exactement suite. Ce léger défaut a été regagné par l'ajustage des pieds, comme nous venons de le voir.

Le diagramme (*fig.* 43) représente les inclinaisons de la règle lorsqu'on la déplace progressivement depuis l'extrémité intérieure des coulisses jusqu'à sa position la plus écartée. Les abscisses indiquent la position du pied situé du côté de la plate-forme centrale.

Règle normale.

Description. — La longueur à mesurer étant généralement constituée par un cylindre de bronze prolongé par des palpeurs en invar, il était avantageux de construire la Règle normale en un alliage possédant une dilatation intermédiaire, de manière à réduire au minimum les corrections de température.

La matière de la nouvelle Règle normale est un alliage de fer avec 44 pour 100 de nickel environ, qui joint une stabilité presque parfaite à un coefficient de dilatation voisin de celui du platine. Cette règle, en H, de 22^{mm} au carré, divisée en millimètres sur poli spéculaire, porte le numéro 48; elle a été livrée par la Société genevoise en juin 1903.

Dilatation. — J'ai déterminé la dilatation de la Règle n° 48, par comparaison avec la Règle n° 13. Les résultats obtenus sont les suivants :

Numéro de la mesure.	Température.	[48] — [13]. Obs.	O — C.
2	0,602	— 1,97	—0,19
7	5,610	— 3,95	+0,27
1	11,379	— 7,48	—0,15
8	16,577	—10,07	+0,35
3	21,359	—13,70	—0,20
6	26,928	—17,65	—0,28
4	32,368	—21,34	+0,11
5	37,644	—25,63	+0,05

La résolution des équations donne

$$[48] = [13] - 1^{\mu},50 - (0,456 + 0,00494\,t)\,10^{-6},$$

d'où en tenant compte de la valeur $[13]_0 = 1^m + 3^{\mu},30$ ([1]), et de la dilatation

---

([1]) J.-René Benoît et Ch.-Éd. Guillaume, *Mètres prototypes et étalons*, p. 24 (*Travaux et Mémoires*, t. XI).

de la Règle n° 13 (p. 74), on trouve

$$[48] = 1^m + 1^\mu,80 + (8,126 - 0,00324\,t)\,10^{-6}.$$

Équation. — L'équation de la Règle n° 48 a été déterminée en outre, du 23 au 25 septembre 1903, par des comparaisons faites dans l'eau, avec le mètre étalon T_3. Voici le résumé de ces mesures, dans lesquelles les deux étalons ont été placés dans les huit positions relatives possibles :

Numéro de la mesure.	Température.	[48] — T_3. à $t°$.	à 16°.
1	15,810	$-8^\mu,41$	$-8^\mu,52$
2	15,846	$-8,16$	$-8,25$
3	15,949	$-8,22$	$-8,25$
4	15,990	$-8,62$	$-8,62$
5	16,067	$-8,33$	$-8,29$
6	16,082	$-8,53$	$-8,48$
7	16,082	$-8,84$	$-8,79$
8	16,134	$-8,42$	$-8,33$
		Moyenne	$-8,44$

On en tire, connaissant l'équation complète de T_3 (p. 79),

$$[48]_{16°} = 1^m + 130^\mu,82, \quad \text{et} \quad [48]_{0°} = 1^m + 1^\mu,64.$$

De nouvelles comparaisons, faites les 30 et 31 mai 1904, ont donné :

Numéro de la mesure.	Température.	48] — T_3. à $t°$.	à 17°.
1	17,123	$-8^\mu,69$	$-8^\mu,61$
2	17,128	$-8,72$	$-8,64$
3	17,129	$-8,99$	$-8,91$
4	16,737	$-8,83$	$-8,99$
5	17,123	$-8,91$	$-8,83$
6	16,686	$-8,61$	$-8,81$
7	16,688	$-8,99$	$-9,19$
8	16,710	$-9,38$	$-9,56$
		Moyenne	$-8,94$

Il en résulte

$$[48]_0 = 1^m + 1^\mu,76.$$

L'écart entre les deux équations trouvées à 8 mois de distance n'excède pas les erreurs normales des observations, et, de plus, la dernière valeur ramène presque identiquement à celle que l'on déduit de la dilatation. Prenant la moyenne des résultats obtenus par comparaison avec la Règle T_3, on aura

$$[48]_0 = 1^m + 1^\mu,70.$$

Étalonnage. — La détermination des erreurs de division de la Règle n° 48 a été faite une première fois par M. Maudet, en juillet, août et septembre 1903; puis, soupçonnant de petites erreurs dues à ce que, dans cette opération, la règle avait été supportée loin de ses points normaux afin d'annuler son léger défaut de rectitude ([1]), je fis une nouvelle détermination des erreurs des traits décimétriques; ensuite, je repris, dans des étalonnages partiels, tous les traits dont j'eus à me servir au cours de la mesure des cylindres. Les Tableaux qui suivent contiennent les résultats de ces opérations.

Pour la détermination des décimètres, j'ai fait une division en deux parties, puis un étalonnage croisé, dans lequel les décimètres [400·500] et [500·600] ont été comparés au décimètre [0·100] pour l'établissement de l'équation qui exprime leur différence.

Les quatre comparaisons complètes des deux moitiés de la Règle n° 48 ont fourni d'abord les résultats suivants :

Différence [0·500] — [500·1000].	Erreur de position du trait 500.
μ	μ
—8,97	—4,48
—8,92	—4,46
—8,89	—4,44
—8,83	—4,41
Moyenne.. —8,90	—4,45

Les observations relatives à l'étalonnage sont reproduites ci-après :

	[0·100].		[100·200].		[200·300].		[300·400].		[400·500].	
	Obs.	O — C.	Obs.	O — C.	Obs.	O — C.	Obs.	O — C.	Obs.	O — C.
[500·600]	μ —4,88	μ —0,15	μ +0,03	μ +0,03	μ —2,83	μ +0,11	μ —1,43	μ —0,03	μ —5,86	μ +0,01
[600·700]	—4,36	—0,04	+0,44	+0,08	—2,61	—0,08	—1,02	—0,03	—5,37	+0,09
[700·800]	+3,78	+0,06	+8,37	—0,08	—5,51	0,00	+7,19	+0,14	—1.44	—0,14
[800·900]	—8,29	+0,08	—3,51	+0,13	—6,51	+0,07	—5,19	—0,15	—9,64	—0,13
[900·1000]	—3,52	+0,02	+1,06	—0,13	—1,85	—0,10	—0,17	+0,04	—4,54	+0,14

En compensant par les méthodes habituelles, on trouve les valeurs ci-après des erreurs de division, avec les erreurs résiduelles inscrites en regard des observations.

([1]) Ch. Éd. Guillaume, *L'étalonnage des échelles divisées,* p. 44 (*Travaux et Mémoires,* t. XIII).

Divisions.	Excés sur la longueur nominale à partir du trait 0.
	μ
0................................	0,00
100............................	—2,63
200	—0,53
300............................	—1,38
400............................	—0,68
500............................	—4,45
600............................	—2,28
700............................	—0,50
800............................	—6,79
900............................	—0,98
1000..........................	0,00

J'ai procédé ensuite à un étalonnage croisé en cinq parties, des sections [400·500] et [900·1000], puis [0·100] et [800·900] conformément aux Tableaux suivants :

	[400·420].		[420·440].		[440·460].		[460·480].		[480·500].	
	Obs.	O — C.	Obs.	O — C.	Obs.	O — C.	Obs.	O — C.	Obs.	O — C.
	μ	μ	μ	μ	μ	μ	μ	μ	μ	μ
[900·920].........	—0,60	+0,05	—5,42	+0,19	—0,70	—0,01	+0,34	—0,26	+2,28	+0,05
[920·940]	—0,06	—0,01	—5,13	—0,12	—0,08	+0,01	+1,35	+0,15	+2,80	—0,03
[940·960].......	—0,84	+0,01	—5,90	—0,09	—0,71	+0,18	+0,15	+0,05	+1,92	—0,11
[960·980]........	—0,49	—0,10	—5,05	+0,30	—0,46	—0,03	—0,76	—0,10	+2,43	—0,06
[980·1000]......	—1,96	+0,07	—7,24	—0,25	—2,20	—0,13	—0,61	+0,17	+1,02	+0,17

	[0·20].		[20·40].		[40·60].		[60·80].		[80·100].	
	Obs.	O — C.	Obs.	O — C.	Obs.	O — C.	Obs.	O — C.	Obs.	O — C.
	μ	μ	μ	μ	μ	μ	μ	μ	μ	μ
[800·820].........	—1,67	—0,08	+1,27	+0,14	—1,86	—0,07	—1,59	0,00	—5,43	+0,01
[820·840]	—2,24	+0,03	+0,50	+0,05	—2,48	—0,01	—2,36	—0,09	—6,14	—0,02
[840·860].......	—1,76	+0,10	+0,72	—0,14	—2,02	+0,04	—1,90	—0,04	—5,68	+0,03
[860·880]......	—1,50	—0,05	+1,10	—0,17	—1,59	+0,06	—1,32	+0,13	—5,31	—0,01
[880·900].......	—0,07	—0,01	+2,76	+0,10	—0,30	—0,04	—0,08	—0,02	—3,95	—0,04

Combinant ces observations entre elles et avec les résultats de l'étalonnage en dix parties, on trouve les valeurs suivantes des erreurs de division, à l'intérieur des quatre décimètres comparés.

Divisions.	Excès.	Divisions.	Excès.
	μ		μ
0........	0,00	800.........	—6,79
20..........	—0,26	820.........	—3,49
40..........	+2,20	840.........	—3,50
60..........	+1,74	860.........	—1,92
80..........	+1,48	880.........	0,75
100..........	—2,63	900.........	—0,98
400..........	—0,68		
420..........	—1,26	920.........	—0,92
440..........	—6,80	940.........	—1,48
460..........	—7,42	960.........	—1,22
480..........	—6,75	980.........	—1,44
500..........	—4,45	1000.........	0,00

Les points 90, 450 et 505 ayant été aussi utilisés, ils ont été atteints par deux étalonnages croisés, l'un comprenant les sections [80·100], [440·450], l'autre les sections [80·100], [500·520], ainsi qu'il est indiqué ci-après.

	[80·90].		[90·100].	
	Obs.	O — C.	Obs.	O — C.
	μ	μ	μ	μ
[440·450]............	—0,34	+0,10	—1,70	—0,09
[450·460]............	—1,96	—0,09	—2,94	+0,10

	[80·85].		[85·90].		[90·95].		[95·100].	
	Obs.	O — C.	Obs.	O — C.	Obs.	O — C.	Obs.	O — C.
	μ	μ	μ	μ	μ	μ	μ	μ
[500·505]........	—0,69	+0,11	—1,62	—0,19	—1,14	+0,20	—1,90	—0,11
[505·510]........	0,56	+0,06	—1,24	+0,01	—1,11	+0,05	—1,72	—0,11
[510·515]........	—0,91	—0,07	—1,58	+0,06	—1,79	—0,24	—1,89	+0,11
[515·520]........	1,27	—0,22	—1,55	+0,13	—1,61	—0,02	—1,94	—0,10

Divisions.	Excès.		
	1re étude.	2e étude.	Moyenne.
			μ
80............			+1,48
85............	μ	+0,99	+0,99
90............	0,00	—0,13	—0,06
95............		—1,15	—1,15
100			—2,63
440............	—6,80		
450............	—7,84		
460............	—7,42		
500............		—4,45	
505............		—4,11	
510............		—3,96	
515............		—3,41	
520............		—2,83	

Valeurs des intervalles de la Règle n° 48. — En combinant les erreurs de division avec la valeur adoptée pour l'équation de la Règle n° 48, on arrive aux valeurs suivantes de ses intervalles.

Divisions.	Excès sur la valeur nominale à partir du trait o.	
	à 0°.	à 8°.
	μ	μ
0............................	0,00	0,00
20...........................	—0,23	+ 1,07
40...........................	+2,27	+ 4,86
60...........................	+1,84	+ 5,73
80...........................	+1,62	+ 6,80
85...........................	+1,13	+ 6,64
90...........................	+0,09	+ 5,92
95...........................	—0,99	+ 5,17
100..........................	—2,46	+ 4,02
200..........................	—0,19	+12,77
300..........................	—0,87	+18,57
400..........................	0,00	+25,92
420..........................	—0,55	+26,67
440..........................	—6,05	+22,46
450..........................	—7,06	+22,10
460..........................	—6,64	+23,17
480..........................	—5,93	+25,17
500..........................	—3,60	+28,80
505..........................	—3,25	+29,47
510..........................	—3,09	+29,96
515..........................	—2,53	+30,84
520..........................	—1,95	+31,74
600..........................	—1,26	+37,62
700..........................	+0,69	+46,05
800..........................	—5,43	+46,41
820..........................	—4,10	+49,04
840..........................	—2,07	+52,36
860..........................	—0,46	+55,27
880..........................	+0,75	+57,77
900..........................	+0,55	+58,87
920..........................	+0,64	+60,26
940..........................	+0,12	+61,03
960..........................	+0,41	+62,62
980..........................	+0,23	+63,73
1000.........................	+1,70	+66,50

Étalons de masse.

Dans ce second travail, je n'ai pas pu disposer d'un nombre suffisant de pièces en platine iridié pour établir l'équilibre complet de la balance; quelques-uns des étalons du Bureau, et notamment les Kilogrammes n° 9 et n° 31 étaient en effet, engagés à la même époque dans une importante série de comparaisons effectuées par M. Benoît. J'ai donc été obligé de constituer une partie

des charges avec des étalons en nickel ou en bronze blanc, dont la valeur était
un peu moins bien connue que celle des étalons de premier ordre; mais, si l'on
excepte quelques pièces d'une valeur inférieure au gramme et qui ne peuvent
entraîner aucune erreur appréciable dans les résultats, toutes les pièces de
nickel ont servi successivement à déterminer la masse du cylindre en expérience, et sa masse apparente dans l'eau. Ces deux quantités peuvent être,
par le fait de l'emploi de ces pièces, entachées d'une petite erreur; mais comme
la poussée qui en est la différence importe seule, cette erreur se trouve complètement éliminée du résultat cherché.

La valeur de quelques-unes des pièces employées a déjà été indiquée à propos
de mon premier travail (p. 90); les constantes des autres pièces sont données
ci-après, conformément aux résultats des comparaisons exécutées, en 1904, par
M. Murat pour les kilogrammes (¹); d'un étalonnage de la boîte O, fait en partie
par M. Benoit, et en partie par MM. Maudet et Murat dans la même année,
enfin, pour les séries de petits poids en nickel, d'après divers étalonnages de
M. Maudet et de M. Pérard, et dont les plus récents ont été exécutés en 1905.

	Kilogrammes.	
	Masses.	Volumes à 0°.
	g	ml
Ni 1	1000,006 00	114,5183
Ni 2	1000,004 84	114,3036
Ni 3	1000,000 53	114,7007
Bb.8 (²)	1000,007 42	112,3328

Série O.

Pièces.	Masses.	Volumes à 0°.
	g	ml
400	400,000 28	18,5837
300	300,000 28	13,9473
200	199,999 78	9,2967
100	99,999 91	4,6453
40	40,000 24	1,8589
30	30,000 27	1,3941
20	20,000 11	0,9294
10	10,000 06	0,4647
4	4,000 11	0,1859
3	3,000 07	0,1394
2	2,000 03	0,0929
1	1,000 04	0,0465

(¹) I.-St. Murat, *Étalonnage des masses en série fermée* (*Analele Institutului meteorologic al Ro-
maniei*, t. XVII, 1905, p. 107).

(²) Ce Kilogramme, déterminé en 1898, et trouvé sans grand changement en 1904, a été légèrement attaqué pendant les pesées hydrostatiques auxquelles il a été ultérieurement soumis; il a
été alors repoli, et ajusté à 1000g,000 32; je ne m'en suis servi que dans son premier état.

CH.-ÉD. GUILLAUME.

Pièces.	Séries.		Volumes à 0°.
	Ni 1.	Ni 5.	
	g	g	ml
0,5............	0,500 10	0,500 07	0,0572
0,2............	0,200 04	0,200 06	0,0229
0,2*............	0,200 07	0,200 04	0,0229
0,1............	0,100 07	0,100 00	0,0114
0,05............	0,050 06	0,050 02	0,0057
0,02............	0,020 07	0,020 03	0,0023
0,02*............	0,020 10	0,020 02	0,0023
0,01............	0,010 07	0,009 99	0,0011
0,005.	0,005 04	0,005 01	0,0006

DÉTERMINATIONS PRINCIPALES.

Tares des micromètres.

Les images fournies par les microscopes du Comparateur universel manquant un peu de netteté, les objectifs furent repolis, avant le début de mes nouvelles mesures, dans les ateliers de la Maison Krauss à Paris. Il en résulta un petit changement dans leur distance focale, et une variation correspondante dans la tare des micromètres. Les valeurs de la tare employées pour la réduction de mes mesures ont été les suivantes :

Dates.	Intervalles.	Valeur de 1 tour.	
		Microscope gauche.	Microscope droit.
		μ	μ
1904. 19 fév......	48[500·501]	50,552	50,604
	[501·502]	50,554	50,617
15 mars......	[502·503]	50,559	50,616
	[503·504]	50,536	50,612
	[504·505]	50,558	50,604
	Moyenne........	50,552	50,611

La précision avec laquelle les tares ressortent de cet ensemble de mesures semble suffisante pour ne pas introduire, dans la détermination d'un intervalle de $0^{mm},1$, d'erreur supérieure à $0^{\mu},01$, ou, au plus, à $0^{\mu},02$.

Constante des palpeurs.

J'ai déterminé d'abord les distances des traits auxiliaires les plus voisins, au trait central de chacun des palpeurs. La mesure a été faite à l'aide des micromètres du Comparateur universel, en déplaçant, après chaque mesure, le microscope d'un cinquième de tour du micromètre. Il a été fait ainsi quatre groupes de dix mesures pour chacun des intervalles étudiés. Pour cette étude, exécutée en avril 1904, comme plus tard pour l'emploi des intervalles, les traits ont été désignés tels qu'ils sont vus dans le champ du microscope. Ainsi, le trait —0,1 est, *en apparence, à gauche* (en réalité à droite) du trait central. Voici les résultats de ces études.

	Palpeur gauche.		Palpeur droit.	
	[−0,1·0,0].	[0,0·+0,1].	[−0,1·0,0].	[0,0·+0,1].
	μ	μ	μ	μ
	99,54	99,78	99,46	100,05
	99,54	99,73	99,61	99,92
	99,53	99,90	99,47	100,09
	99,54	99,75	99,64	100,02
Moy...	99,54	99,79	99,54	100,02

La distance des traits de repère des palpeurs au contact a été déterminée par comparaison avec la plupart des intervalles limités par les traits décimétriques de la Règle n° 48. Ces déterminations ont été réparties dans tout l'intervalle de temps qui a compris les mesures des cylindres, dans les deux périodes consacrées à ce travail, de janvier à mars 1904, et de décembre 1904 à avril 1905.

Pour chacune des deux périodes, les déterminations ont été rassemblées en moyennes, qui ont été appliquées à la réduction des mesures faites respectivement pendant les hivers 1903-1904 et 1904-1905.

Dans les Tableaux ci-après, qui reproduisent l'ensemble de ces déterminations, comme dans les suivants relatifs aux cylindres, les températures des deux longueurs comparées ont été indiquées séparément. En effet, depuis l'époque de mon premier travail, d'importantes modifications avaient été faites à l'observatoire du Bureau; on avait enlevé la double enveloppe de zinc entourant chacune des salles et l'isolant très complètement des actions thermiques extérieures. De plus, on avait installé, dans le couloir, un chauffage destiné à assainir l'ensemble du bâtiment, jusqu'alors très humide et malsain dans la saison froide. Il en est résulté, à côté d'une grande amélioration dans les conditions du travail, une uniformité un peu moins bonne de la température des salles, et la nécessité d'appliquer parfois, à chaque partie d'un instrument, les indications des thermomètres les plus voisins, plutôt que de prendre, pour l'ensemble, la moyenne des lectures réduites de tous les thermomètres. Comme précédemment (p. 99 et suiv.), les résultats individuels sont réunis d'abord en moyennes de quatre comparaisons rapportées à un même intervalle de la Règle n° 48.

CH.-ÉD. GUILLAUME.

Première période.

Numéro de la mesure.	Date. 1904.	Température. [P].	[48].	P — [48]. à t°.	à 8°.	[48]₈ — 300ᵐᵐ.	Pₛ — 300ᵐᵐ.	
		°	°	μ	μ		μ	
1...	5 janvier	8,464	8,397	— 7,71	— 7,00	[0.300]	+11,57	
2...	»	8,480	8,406	— 7,19	— 6,47		+12,10	
3...	»	8,476	8,417	— 7,62	— 6,87	+18μ,57	+11,70	
4...	»	8,486	8,428	— 7,32	— 6,54		+12,03	+11,85 μ
5...	5 janvier	8,516	8,468	—11,38	—10,53	[100·400]	+11,37	
6...	»	8,524	8,478	—10,87	— 9,99		+11,91	
7...	»	8,550	8,516	—11,24	—10,29	+21,90	+11,61	
8...	»	8,580	8,536	—11,14	—10,15		+11,75	+11,66
9...	6 janvier	8,484	8,420	— 4,92	— 4,16	[200·500]	+11,87	
10...	»	8,498	8,430	— 4,37	— 3,60		+12,43	
11...	»	8,508	8,445	— 4,93	— 4,13	+16,03	+11,90	
12...	»	8,515	8,453	— 4,97	— 4,15		+11,88	+12,02
13...	6 janvier	8,541	8,507	— 8,25	— 7,31	[300·600]	+11,74	
14...	»	8,305	8,245	— 7,53	— 7,11		+11,94	
15...	»	8,320	8,252	— 7,20	— 6,76	+19,05	+12,29	
16...	»	8,333	8,263	— 7,71	— 7,25		+11,80	+11,94
17...	7 janvier	8,368	8,335	— 8,15	— 7,54	[400·700]	+12,59	
18...	»	8,392	8,340	— 8,29	— 7,68		+12,45	
19...	»	8,363	8,333	— 8,37	— 7,76	+20,13	+12,37	
20...	»	8,377	8,341	— 8,52	— 7,89		+12,24	+12,41
21...	7 janvier	8,395	8,362	— 6,04	— 5,37	[500·800]	+12,24	
22...	»	8,407	8,373	— 6,29	— 5,61		+12,00	
23...	»	8,236	8,197	— 6,22	— 5,87	+17,61	+11,74	
24...	»	8,244	8,203	— 6,25	— 5,89		+11,72	+11,92
25...	8 janvier	8,280	8,228	— 7,16	— 6,76	[0·300]	+11,81	
26...	»	8,295	8,230	— 7,07	— 6,67		+11,90	
27...	»	8,269	8,222	— 7,50	— 7,11	+18,57	+11,46	
28...	»	8,293	8,234	— 6,59	— 6,18		+12,39	+11,89
29...	8 janvier	8,286	8,256	—10,43	— 9,97	[100·400]	+11,93	
30...	»	8,171	8,115	—10,02	— 9,83		+12,07	
31...	»	8,181	8,118	—10,25	—10,06	+21,90	+11,84	
32...	»	8,194	8,124	—10,55	—10,36		+11,54	+11,84
33...	27 janvier	8,548	8,531	— 4,86	— 3,87	[200|·500]	+12,16	
34...	»	8,569	8,549	— 4,98	— 3,96		+12,07	
35...	»	8,578	8,555	— 4,68	— 3,65	+16,03	+12,38	
36...	»	8,586	8,560	— 5,01	— 3,97		+12,06	+12,17
37...	27 janvier	8,612	8,601	— 8,02	— 6,89	[300·600]	+12,16	
38...	»	8,347	8,312	— 7,41	— 6,84		+12,21	
39...	»	8,363	8,324	— 7,89	— 7,31	+19,05	+11,74	
40...	»	8,376	8,338	— 7,71	— 7,09		+11,96	+12,02

Numéro de la mesure.	Date. 1904.	Température. [P]	[48].	P — [48]. à t°.	à 8°.	[48]₈ — 300ᵐᵐ.	Pₜ — 300ᵐᵐ.	
41...	27 janvier	8,423	8,395	— 9,06	— 8,33	[400·700]	+11,80	
42...	»	8,411	8,391	— 9,16	— 8,43		+11,70	
43...	»	8,422	8,394	— 8,96	— 8,24	+20,13	+11,89	
44...	»	8,318	8,273	— 7,86	— 7,37		+12,76	+12,04
45...	3o janvier	8,286	8,264	— 6,22	— 5,74	[300·800]	+11,87	
46...	»	8,304	8,276	— 6,76	— 6,26		+11,35	
47...	»	8,320	8,282	— 6,51	— 6,00	+17,61	+11,61	
48...	»	8,336	8,290	— 6,76	— 6,24		+11,37	+11,55
49...	18 février	8,638	8,642	—11,00	— 9,80	[600·900]	+11,45	
50...	»	8,652	8,642	—11,02	— 9,82		+11,43	
51...	»	8,657	8,643	—11,06	— 9,86	+21,25	+11,39	
52...	»	8,666	8,646	—11,20	—10,00		+11,25	+11,38
53...	18 février	8,510	8,486	— 7,88	— 6,98	[0·300]	+11,59	
54...	»	8,543	8,499	— 7,98	— 7,06		+11,51	
55...	»	8,548	8,512	— 8,43	— 7,49	+18,57	+11,08	
56...	»	8,562	8,518	— 8,03	— 7,09		+11,48	+11,42
57...	19 février	8,430	8,405	—10,60	— 9,85	[600·900]	+11,40	
58...	»	8,447	8,413	—10,70	— 9,94		+11,31	
59...	»	8,465	8,418	—10,79	—10,03	+21,25	+11,22	
60...	»	8,476	8,430	—10,88	—10,10		+11,15	+11,27
61...	19 février	8,508	8,488	—10,86	— 9,96	[100·400]	+11,94	
62...	»	8,524	8,494	—11,18	—10,26		+11,64	
63...	»	8,539	8,498	—11,23	—10,31	+21,90	+11,59	
64...	»	8,547	8,504	—11,12	—10,20		+11,70	+11,72
65...	12 mars	8,045	8,033	— 4,59	— 4,53	[200·500]	+11,50	
66...	»	8,066	8,041	— 4,50	— 4,44		+11,59	
67...	»	8,084	8,055	— 4,30	— 4,22	+16,03	+11,81	
68...	»	8,100	8,063	— 4,57	— 4,47		+11,56	+11,62
69...	12 mars	8,087	8,087	— 7,92	— 7,76	[300·600]	+11,29	
70...	»	8,100	8,091	— 7,78	— 7,61		+11,44	
71...	»	8,086	8,092	— 7,90	— 7,73	+19,05	+11,32	
72...	»	8,100	8,091	— 7,72	— 7,55		+11,50	+11,39
73...	14 mars	7,854	7,827	— 8,01	— 8,35	[400·700]	+11,78	
74 ..	»	7,868	7,834	— 8,07	— 8,40		+11,73	
75...	»	7,881	7,841	— 8,30	— 8,63	+20,13	+11,50	
76...	»	7,893	7,852	— 8,38	— 8,68		+11,45	+11,62
77...	14 mars	7,897	7,889	— 6,38	— 6,59	[300·800]	+11,02	
78...	»	7,911	7,893	— 6,07	— 6,28		+11,33	
79...	»	7,920	7,907	— 6,27	— 6,46	+17,61	+11,15	
80...	»	7,930	7,914	— 6,38	— 6,55		+11,06	+11,14
81...	14 mars	7,958	7,954	— 9,84	— 9,93	[600·900]	+11,32	
82...	»	7,962	7,958	— 9,91	— 9,99		+11,26	
83...	»	7,974	7,962	— 9,65	— 9,73	+21,25	+11,52	
84...	»	7,983	7,967	—10,03	—10,10		+11,15	+11,31

XIV.   B.26

Deuxième période.

Numéro de la mesure.	Date. 1904.	Température. [P].	[48].	P — [48]. à t°.	à 8°.	[48]$_8$ — 300^{mm}.	P$_8$ — 300^{mm}.	
1...	6 décembre	8,235	8,185	— 6,29	— 5,97	[0·300]	+12,60	
2...	»	8,256	8,197	— 6,31	— 5,97		+12,60	
3...	»	8,263	8,203	— 6,85	— 6,50	+18,57	+12,07	
4...	»	8,279	8,216	— 6,11	— 5,74		+12,83	+12,52
5...	15 janvier	8,084	8,087	— 5,26	— 5,10	[500·800]	+12,51	
6...	»	8,096	8,087	— 5,46	— 5,30		+12,31	
7...	»	8,107	8,090	— 5,46	— 5,30	+17,61	+12,31	
8...	»	8,120	8,096	— 5,24	— 5,08		+12,53	+12,41
9...	18 janvier	8,130	8,133	— 9,04	— 8,79	[600·900]	+12,46	
10...	»	8,142	8,133	— 8,81	— 8,57		+12,68	
11...	»	8,062	8,058	— 8,59	— 8,48	+21,25	+12,77	
12...	»	8,082	8,063	— 8,67	— 8,56		+12,69	+12,65
13...	19 janvier	8,210	8,200	— 6,57	— 6,20	[0·300]	+12,37	
14...	»	8,222	8,200	— 6,27	— 5,90		+12,67	
15...	»	8,184	8,184	— 6,31	— 5,96	+18,57	+12,61	
16...	»	8,195	8,184	— 6,52	— 6,18		+12,39	+12,51
17...	19 janvier	8,208	8,218	— 9,77	— 9,35	[100·400]	+12,55	
18...	»	8,226	8,218	— 9,86	— 9,45		+12,45	
19...	»	8,242	8,218	— 9,77	— 9,37	+21,90	+12,53	
20...	»	8,100	8,100	— 9,78	— 9,59		+12,31	+12,46
21...	21 janvier	8,166	8,145	— 9,76	— 9,50	[100·400]	+12,40	
22...	»	8,182	8,151	—10,10	— 9,83		+12,07	
23...	»	8,201	8,157	—10,30	—10,03	+21,90	+11,87	
24...	»	8,221	8,162	— 9,89	— 9,62		+12,28	+12,16
25...	4 février	7,850	7,852	— 3,31	— 3,59	[200·500]	+12,44	
26...	»	7,889	7,884	— 3,46	— 3,68		+12,35	
27...	»	7,916	7,901	— 3,33	— 3,52	+16,03	+12,51	
28...	»	7,901	7,902	— 3,74	— 3,93		+12,10	+12,35
29...	6 février	7,882	7,875	— 6,80	— 7,04	[300·600]	+12,01	
30...	»	7,902	7,892	— 6,91	— 7,12		+11,93	
31...	»	7,891	7,900	— 6,89	— 7,07	+19,05	+11,98	
32...	»	7,902	7,908	— 6,94	— 7,11		+11,94	+11,96
33...	8 février	7,884	7,858	— 7,47	— 7,75	[400·700]	+12,38	
34...	»	7,897	7,862	— 7,92	— 8,19		+11,94	
35...	»	7,910	7,870	— 7,80	— 8,06	+20,13	+12,07	
36...	»	7,890	7,881	— 7,93	— 8,16		+11,97	+12,09
37...	8 février	7,721	7,714	— 4,59	— 5,13	[500·800]	+12,48	
38...	»	7,732	7,720	— 4,91	— 5,44		+12,17	
39...	»	7,743	7,724	— 4,92	— 5,45	+17,61	+12,16	
40...	»	7,760	7,734	— 5,07	— 5,58		+12,03	+12,21

Numéro de la mesure.	Date. 1905.	Température. [P].	[48].	$P - [48]$. à $t°$.	à $8°$.	$[48]_8 - 300^{mm}$.	$P_8 - 300^{mm}$.
41...	10 février	7,594	7,586	— 8,28	— 9,06	[600·900]	+12,19	
42...	»	7,610	7,589	— 8,11	— 8,90		+12,35	
43...	»	7,622	7,588	— 8,11	— 8,90	+21,25	+12,35	
44...	»	7,638	7,594	— 8,38	— 9,16		+12,09	+12,25
45...	4 mars	8,680	8,646	— 5,22	— 4,03	[200·500]	+12,00	
46...	»	8,690	8,649	— 5,15	— 3,95		+12,08	
47...	6 mars	8,532	8,504	— 5,15	— 4,22	+16,03	+11,81	
48...	»	8,558	8,519	— 4,75	— 3,79		+12,24	+12,03
49...	6 mars	8,680	8,681	— 8,30	— 7,02	[300·600]	+12,03	
50...	»	8,696	8,682	— 8,58	— 7,31		+11,74	
51...	»	8,718	8,692	— 8,77	— 7,48	+19,05	+11,57	
52...	»	8,740	8,700	— 8,32	— 7,02		+12,03	+11,84
53...	6 mars	8,813	8,798	— 9,58	— 8,09	[400·700]	+12,04	
54...	»	8,822	8,793	— 9,71	— 8,24		+11,89	
55...	»	8,828	8,795	— 9,63	— 8,15	+20,13	+11,98	
56...	»	8,836	8,791	— 9,44	— 7,97		+12,16	+12,02
57...	6 mars	8,840	8,814	— 7,35	— 5,84	[500·800]	+11,77	
58...	»	8,850	8,810	— 7,36	— 5,86		+11,75	
59...	»	8,858	8,810	— 7,17	— 5,68	+17,61	+11,93	
60...	»	8,864	8,818	— 7,24	— 5,73		+11,88	+11,83
61...	7 mars	8,562	8,554	—10,83	— 9,80	[600·900]	+11,45	
62...	»	8,581	8,551	—10,40	— 9,39		+11,86	
63...	»	8,600	8,558	—10,58	— 9,56	+21,25	+11,69	
64...	»	8,612	8,565	—10,69	— 9,65		+11,60	+11,65
65...	8 avril	10,404	10,424	—12,57	— 8,01	[400·700]	+12,12	
66...	»	10,422	10,428	—12,65	— 8,09		+12,04	
67...	»	10,442	10,442	—12,97	— 8,39	+20,13	+11,74	
68...	»	10,460	10,454	—12,85	— 8,05		+12,08	+11,99
69...	11 avril	10,299	10,301	—11,39	— 7,07	[300·600]	+11,98	
70...	»	10,317	10,316	—11,61	— 7,26		+11,79	
71...	»	10,339	10,332	—11,65	— 7,27	+19,05	+11,78	
72...	»	10,360	10,340	—11,58	— 7,19		+11,86	+11,85
73...	14 avril	10,626	10,645	— 8,34	— 3,36	[200·500]	+12,67	
74...	»	10,648	10,657	— 8,36	— 3,36		+12,67	
75...	»	10,668	10,668	— 8,36	— 3,35	+16,03	+12,68	
76...	»	10,690	10,688	— 8,58	— 3,53		+12,50	+12,63
77...	14 avril	10,736	10,752	—14,59	— 9,41	[100·400]	+12,49	
78...	15 avril	10,654	10,664	—14,67	— 9,66		+12,24	
79...	»	10,676	10,672	—14,77	— 9,75	+21,90	+12,15	
80...	»	10,694	10,686	—14,75	— 9,70		+12,20	+12,27
81...	19 avril	10,908	10,905	—11,95	— 6,49	[0·300]	+12,08	
82...	»	10,914	10,914	—11,84	— 6,36		+12,21	
83...	»	10,494	10,468	—11,22	— 6,59	+18,57	+11,98	
84...	»	10,503	10,477	—11,03	— 6,39		+12,18	+12,11

Groupant ces valeurs par périodes et par intervalles auxiliaires, on obtient les deux Tableaux suivants de résultats individuels :

Première période.

Intervalles auxiliaires.

	[0·300].	[100·400].	[200·500].	[300·600].	[400·700].	[500·800].	[600·900].
	μ	μ	μ	μ	μ	μ	μ
300ᵐᵐ	+11,85	+11,66	+12,02	+11,94	+12,41	+11,92	+11,38
	+11,89	+11,84	+12,17	+12,02	+12,04	+11,55	+11,27
	+11,42	+11,72	+11,62	+11,39	+11,62	+11,14	+11,31
Moy..... 300ᵐᵐ	+11,72	+11,74	+11,94	+11,78	+12,02	+11,54	+11,32
	0	+ 2	+ 22	+ 6	+ 30	— 18	— 40

Moyenne...................... $300^{mm} + 11^{\mu},72$.

Deuxième période.

Intervalles auxiliaires.

	[0·300].	[100·400].	[200·500].	[300·600].	[400·700].	[500·800].	[600·900].
	μ	μ	μ	μ	μ	μ	μ
300ᵐᵐ	+12,52	+12,46	+12,35	+11,96	+12,09	+12,41	+12,65
	+12,51	+12,16	+12,03	+11,84	+12,02	+12,21	+12,25
	+12,11	+12,27	+12,63	+11,85	+11,99	+11,83	+11,65
Moy..... 300ᵐᵐ	+12,38	+12,30	+12,38	+11,88	+12,03	+12,15	+12,18
	+ 20	+ 12	+ 20	— 30	— 15	— 3	0

Moyenne...................... $300^{mm} + 12^{\mu}.48$.

On voit que la constante des palpeurs a augmenté de $0^{\mu},46$ entre les deux périodes de mesures, séparées par un intervalle moyen d'une année; cet allongement présente un accord satisfaisant avec les variations trouvées pour des barres d'invar de même âge.

Les valeurs fournies par les divers intervalles de la Règle n° 48, bien qu'un peu différentes, n'indiquent pas d'erreurs systématiques certaines, surtout si l'on prend la moyenne des deux groupes de mesures :

Intervalles.	Écarts.		
	1ʳᵉ période.	2ᵉ période.	Moyenne.
	μ	μ	μ
[0·300]..................	0,00	+0,20	+0,10
[100·400]................	+0,02	+0,12	+0,07
[200·500]................	+0,22	+0,20	+0,21
[300·600]................	+0,06	—0,30	—0,12
[400·700]................	+0,30	—0,15	+0,07
[500·800]................	—0,18	—0,03	—0,10
[600·900]................	—0,40	0,00	—0,20

Cylindres.

Je n'ai rien à ajouter à ce qui a été dit à l'occasion de mes premières mesures, sinon que, dans ce second travail, je me suis astreint à rester le plus près possible de la température du maximum de poussée, soit dans les mesures des cylindres, soit dans les pesées hydrostatiques. Les résultats ont été ramenés, dans les réductions immédiates, à 8°, température de repère pour toutes les mesures.

Les réglages ont été faits comme dans le premier travail. Mais, cette fois, les terminaisons cylindriques des palpeurs ayant été conservées, la vérification par la hauteur du point de contact était facile, puisqu'il suffisait de constater, de chaque côté, que ce point était au milieu de l'épaisseur du goujon. De plus, le contrôle fait à l'aide d'un niveau sensible ou par la mesure de la distance de chacun des palpeurs au haut du cylindre, a toujours donné des indications de réglage identiques.

Je me suis assuré bien souvent qu'un écart de o^{mm},1 entre les distances ainsi mesurées était intolérable. Or un tel écart correspondrait à une erreur de o^{u},2, qui n'a pas été commise à beaucoup près par le fait des défauts du réglage.

Les cylindres ont été étudiés dans l'ordre de leur remise par M. Jobin.

Tous les diamètres ont été mesurés dans les deux positions inverses, ainsi qu'il avait été fait pour le cylindre n° 6 de la première série.

L'ajustage des dimensions des cylindres à des valeurs centimétriques entières (à l'exception de la hauteur du cylindre n° 2) a permis de prendre comme longueurs de comparaison successivement divers intervalles de la Règle n° 48. On a choisi, autant que possible, des longueurs en nombre égal dans les deux moitiés de la Règle, en les prenant même l'un à la suite de l'autre, de manière à éliminer, du résultat final, l'erreur de la limite commune. La même pratique ayant été suivie, comme on vient de le voir, pour la détermination de la constante des palpeurs, il s'est produit dans les différences une deuxième élimination partielle des erreurs de la Règle étalon.

Cylindre n° 1.

Description. — On a cherché à réaliser, pour ce cylindre, un diamètre de 14o^{mm} et une hauteur de 13o^{mm}; mais les nécessités du rodage ont amené à o^{mm},1 environ au-dessous de chacune de ces dimensions.

L'épaisseur des parois est sensiblement uniforme, et égale à 8^{mm} environ.

Mesures des dimensions. — Les diamètres ont été mesurés de centimètre en centimètre, en commençant à 2^{mm} des bases. Les hauteurs ont été déterminées au centre, à 2^{mm} du bord, et le long de huit circonférences intermédiaires.

Les coefficients vrais de la dilatation des pièces comparées étant, à 8° (p. 187, 188 et 192),

Pour les palpeurs................................	$1,812.10^{-6}$
Pour le cylindre.................................	$17,550$
Pour la Règle n° 48........................	$8,075$

les coefficients de réduction sont :

Pour les diamètres.... $\begin{cases} C+P............... & \overset{\mu}{3},010 \text{ par degré} \\ [48]............... & 3,553 \end{cases}$

Pour les hauteurs..... $\begin{cases} C+P............... & 2,825 \\ [48]............... & 3,472 \end{cases}$

Les Tableaux suivants, disposés comme ceux du premier travail, reproduisent l'ensemble des déterminations, faites du 14 février au 24 mars 1905, sur le cylindre n° 1.

DIAMÈTRES. — A *dessus*.

		Température.		$P[0,0;-0,1]+C-[48][40\text{-}480]$.		
Section.	Azimut.	$P+C$.	[48].	à $t°$.	à 8°.	Moy. à 8°.
A — 2...	0	9,298	9,290	$-53,\overset{\mu}{77}$	$-53,\overset{\mu}{08}$	
	50	9,305	9,288	$-53,89$	$-53,23$	
	100	9,293	9,279	$-53,24$	$-52,58$	
	150	9,300	9,286	$-52,56$	$-51,89$	
	200	8,962	8,959	$-53,79$	$-53,27$	
	250	8,979	8,969	$-53,64$	$-53,14$	
	300	9,000	8,980	$-53,53$	$-53,05$	
	350	9,018	8,992	$-53,82$	$-53,35$	$-52,\overset{\mu}{95}$
A — 20...	0	9,111	9,097	$-55,20$	$-54,63$	
	50	9,128	9,112	$-55,22$	$-54,65$	
	100	9,142	9,126	$-53,71$	$-53,14$	
	150	9,155	9,138	$-53,59$	$-53,02$	
	200	8,986	8,978	$-54,05$	$-53,54$	
	250	9,004	8,988	$-53,69$	$-53,19$	
	300	9,026	9,002	$-53,20$	$-52,72$	
	350	9,052	9,020	$-53,93$	$-53,47$	$-53,54$
A — 40...	0	9,004	8,990	$-54,26$	$-53,75$	
	50	9,024	9,005	$-53,95$	$-53,45$	
	100	9,044	9,017	$-52,92$	$-52,44$	
	150	9,062	9,033	$-53,38$	$-52,90$	
	200	9,096	9,094	$-53,34$	$-52,74$	
	250	9,122	9,110	$-53,05$	$-52,48$	
	300	9,150	9,140	$-52,48$	$-51,88$	
	350	9,180	9,152	$-53,14$	$-52,59$	$-52,78$
A — 60...	0	9,136	9,132	$-54,20$	$-53,59$	
	50	9,160	9,145	$-53,74$	$-53,15$	
	100	9,186	9,152	$-51,97$	$-51,44$	
	150	9,300	9,304	$-51,84$	$-51,11$	
	200	9,219	9,196	$-52,98$	$-52,39$	
	250	9,243	9,218	$-52,71$	$-52,11$	
	300	9,266	9,238	$-52,13$	$-51,53$	
	350	9,283	9,248	$-52,54$	$-51,96$	$-52,16$

Section.	Azimut.	Température.		P[+0,1;0,0] + C — [48][80·520].		
		P + C.	[48].	à $t°$.	à 8°.	Moy. à 8°.
A — 10... mm	25	9,425	9,427	−59,39	−58,60	
	75	9,446	9,439	−58,46	−57,69	
	125	9,465	9,444	−58,22	−57,49	
	175	9,486	9,459	−59,02	−58,30	
	225	9,499	9,502	−59,73	−58,89	
	275	9,517	9,513	−58,86	−58,03	
	325	9,535	9,522	−57,87	−57,07	
	375	9,547	9,528	−58,74	−57,95	−58,00
A — 30...	25	9,384	9,378	−58,62	−57,87	
	75	9,407	9,394	−57,86	−57,13	
	125	9,427	9,410	−57,31	−56,58	
	175	9,444	9,420	−57,97	−57,25	
	225	9,461	9,437	−58,11	−57,38	
	275	9,479	9,452	−57,85	−57,13	
	325	9,467	9,473	−57,53	−56,70	
	375	9,480	9,482	−58,28	−57,45	−57,19
A — 50...	25	9,484	9,474	−58,69	−57,90	
	75	9,499	9,472	−57,32	−56,59	
	125	9,514	9,479	−56,50	−55,79	
	175	9,528	9,490	−57,47	−56,76	
	225	9,509	9,498	−57,80	−57,01	
	275	9,518	9,503	−57,57	−56,78	
	325	9,528	9,512	−57,03	−56,24	
	375	9,540	9,520	−58,30	−57,52	−56,82
A — 70...	25	9,643	9,580	−57,13	−56,45	
	75	9,268	9,258	−56,53	−55,86	
	125	9,286	9,271	−55,76	−55,10	
	175	9,300	9,287	−56,88	−56,21	
	225	9,317	9,296	−57,21	−56,56	
	275	9,336	9,322	−56,06	−55,37	
	325	9,351	9,339	−55,80	−55,09	
	375	9,366	9,349	−56,96	−56,27	−55,86

DIAMÈTRES. — B *dessus*.

Section.	Azimut.	Température.		P[+0,1;0,0] + C — [48][520·960].		
		P + C.	[48].	à $t°$.	à 8°.	Moy. à 8°.
B — 2... mm	0	10,137	10,115	−67,16	−66,06	
	50	10,145	10,119	−63,80	−62,71	
	100	10,153	10,124	−64,53	−63,44	
	150	10,134	10,130	−67,50	−66,33	
	200	9,877	9,872	−68,86	−67,84	
	250	9,894	9,886	−64,42	−63,40	
	300	9,916	9,904	−65,13	−64,12	
	350	9,937	9,922	−68,13	−67,11	−65,15°
B — 20...	0	9,991	9,962	−60,72	−59,72	
	50	10,000	9,975	−58,21	−57,19	
	100	10,008	9,980	−56,79	−55,78	
	150	10,016	9,993	−59,22	−58,19	

Section.	Azimut.	Température.		P[+0,1;0.0]+C−[48][520·960].		
		P + C	[48].	à t°.	à 8°.	Moy. à 8°.
B — 20... mm	200	9,772	9,763	−61,32	−60,38	
	250	9,790	9,775	−59,42	−58,48	
	300	9,804	9,788	−58,05	−57,11	
	350	9,820	9,797	−59,38	−58,66	−58,20*
B — 40...	0	9,657	9,657	−62,07	−61,15	
	50	9,680	9,662	−60,06	−59,19	
	100	9,693	9,673	−59,03	−58,17	
	150	9,704	9,694	−60,79	−59,88	
	200	9,717	9,702	−61,53	−60,63	
	250	9,735	9,720	−59,95	−59,05	
	300	9,753	9,731	−59,28	−58,39	
	350	9,776	9,756	−60,48	−59,57	−59,50
B — 60...	0	9,820	9,808	−63,81	−62,85	
	50	9,828	9,818	−62,30	−61,32	
	100	9,837	9,823	−61,65	−60,68	
	150	9,850	9,831	−62,23	−61,27	...
	200	9,829	9,841	−63,82	−62,77	
	250	9,837	9,838	−62,44	−61,42	
	300	9,850	9,844	−62,12	−61,12	
	350	9,860	9,847	−62,73	−61,75	−61,66*

Section.	Azimut.	Température.		P[0,0;−0,1]+C−[48][480·920].		
		P + C	[48].	à t°.	à 8°.	Moy. à 8°.
B — 10... mm	25	9,779	9,751	−66,11	−65,23	
	75	9,790	9,753	−63,29	−62,43	
	125	9,797	9,758	−64,19	−63,33	
	175	9,804	9,772	−66,85	−65,96	
	225	9,783	9,769	−66,09	−65,15	
	275	9,784	9,773	−64,07	−63,12	
	325	9,790	9,773	−65,08	−64,15	
	375	9,796	9,774	−67,81	−66,90	−64,54*
B — 30...	25	9,532	9,524	−64,68	−63,87	
	75	9,552	9,537	−62,54	−61,74	
	125	9,571	9,544	−62,77	−61,99	
	175	9,584	9,567	−64,83	−64,01	
	225	9,610	9,613	−64,27	−63,37	
	275	9,623	9,622	−62,67	−61,78	
	325	9,647	9,634	−62,65	−61,78	
	375	9,666	9,645	−64,79	−63,95	−62,79*
B — 50...	25	9,577	9,575	−66,83	−65,96	
	75	9,598	9,582	−65,45	−64,62	
	125	9,612	9,588	−65,03	−64,23	
	175	9,626	9,598	−67,03	−66,23	
	225	9,624	9,619	−67,20	−66,32	
	275	9,638	9,626	−65,82	−64,95	
	325	9,653	9,634	−65,68	−64,83	
	375	9,671	9,642	−66,82	−66,00	−65,39

On voit que le cylindre est assez fortement elliptique, surtout au voisinage de B, où la différence des diamètres extrêmes atteint 5ᵘ. Il m'a donc semblé utile de dessiner à grande échelle les courbes des diamètres en fonction de l'azimut, et de m'en servir pour le calcul de chaque diamètre moyen. Les corrections qui en sont résultées, pour les moyennes brutes, ont atteint au maximum $0^{\mu},o3$. Les nombres qui ont été modifiés sont marqués d'un astérisque dans le Tableau.

HAUTEURS. — A *à gauche.*

Rayon. mm	Azimut.	Température. P + C.	[48].	P[+0,1:0,0] + C -- [48][20-450]. à t°.	à 8°.	Moy. à 8°.
0....	0	8,787	8,694	−18,61	−18,42	
	100	8,790	8,695	−18,83	−18,65	
	200	8,715	8,684	−18,75	−18,40	
	300	8,724	8,685	−18,83	−18,19	$-18,49^{\mu}$
14...	0	8,560	8,548	−19,36	−19,04	
	100	8,579	8,541	−19,49	−19,24	
	200	8,594	8,557	−19,61	−19,36	
	300	8,603	8,564	−19,29	−19,04	−19,17
28....	0	8,663	8,622	−19,85	−19,56	
	100	8,678	8,624	−19,78	−19,53	
	200	8,692	8,635	−19,86	−19,61	
	300	8,700	8,639	−19,35	−19,11	−19,45
42....	0	8,500	8,489	−20,15	−19,86	
	50	8,513	8,493	−20,03	−19,77	
	100	8,529	8,503	−20,28	−20,02	
	150	8,542	8,513	−20,36	−20,11	
	200	8,558	8,522	−20,02	−19,79	
	250	8,565	8,543	−19,65	−19,36	
	300	8,575	8,552	−19,54	−19,24	
	350	8,588	8,568	−19,41	−19,10	−19,66
56....	0	8,765	8,741	−19,39	−18,98	
	50	8,441	8,422	−19,25	−19,03	
	100	8,461	8,432	−19,48	−19,28	
	150	8,482	8,447	−19,90	−19,71	
	200	8,498	8,484	−20,40	−20,13	
	250	8,510	8,499	−19,81	−19,52	
	300	8,528	8,512	−19,41	−19,12	
	350	8,549	8,523	−20,22	−19,95	−19,46
68....	0	8,696	8,688	−19,33	−18,91	
	50	8,710	8,692	−19,54	−19,15	
	100	8,721	8,701	−19,85	−19,46	
	150	8,729	8,702	−19,74	−19,36	
	200	8,740	8,710	−20,04	−19,66	
	250	8,721	8,715	−19,81	−19,37	
	300	8,727	8,714	−19,02	−18,59	
	350	8,739	8,714	−19,54	−19,15	−19,21

XIV.

HAUTEURS. — A *à droite.*

Rayon.	Azimut.	Température.		P[0,0; — 0,1] + C — [48][450-880].		
		P + C.	[48].	à t°.	à 8°.	Moy. à 8°.
mm 0....	25	8,619	8,596	—33,92	—33,60	
	125	8,628	8,594	—33,49	—33,20	
	225	8,639	8,594	—33,38	—33,13	
	325	8,653	8,598	—33,98	—33,74	—33,42
7....	25	8,609	8,549	—33,87	—33,68	
	125	8,623	8,551	—33,94	—33,79	
	225	8,633	8,555	—33,04	—32,90	
	325	8,640	8,562	—33,78	—33,64	—33,50
21....	25	8,990	8,965	—34,89	—34,34	
	125	8,993	8,962	—34,65	—34,12	
	225	8,999	8,962	—34,09	—33,57	
	325	9,003	8,965	—34,74	—34,22	—34,06
35....	25	8,507	8,480	—34,87	—34,63	
	125	8,514	8,482	—34,46	—34,24	
	225	8,521	8,484	—34,70	—34,49	
	325	8,528	8,487	—34,46	—34,26	—34,41
49....	25	8,387	8,352	—34,44	—34,31	
	75	8,404	8,359	—34,85	—34,74	
	125	8,422	8,368	—34,83	—34,74	
	175	8,436	8,376	—35,31	—35,23	
	225	8,427	8,394	—34,93	—34,77	
	275	8,440	8,402	—35,23	—35,07	
	325	8,453	8,413	—34,48	—34,33	
	375	8,472	8,424	—34,87	—34,73	—34,74
62....	25	8,872	8,830	—34,14	—33,72	
	75	8,889	8,830	—34,02	—33,65	
	125	8,894	8,830	—34,53	—34,18	
	175	8,895	8,834	—34,21	—33,84	
	225	8,672	8,649	—33,77	—33,42	
	275	8,693	8,662	—33,79	—33,45	
	325	8,723	8,672	—33,57	—33,28	
	375	8,750	8,693	—34,32	—34,03	—33,70
68....	25	8,720	8,703	—34,28	—33,87	
	75	8,726	8,708	—34,51	—34,10	
	125	8,746	8,713	—34,10	—33,73	
	175	8,766	8,727	—34,30	—33,94	
	225	8,778	8,737	—34,98	—34,62	
	275	8,770	8,754	—35,22	—34,78	
	325	8,778	8,759	—35,10	—34,66	
	375	8,794	8,771	—34,21	—33,77	—34,18

L'examen de ces résultats montre que les bases du cylindre sont remarquablement planes; les moyennes brutes des hauteurs trouvées correspondent ainsi aux hauteurs moyennes vraies.

Les éléments de réduction des diamètres sont les suivants (p. 196, 199, 204) :

Règle n° 48 à 8° — 440ᵐᵐ.	Palpeurs à 8° — 300ᵐᵐ.	[48] — P à 8°.
Intervalles [40-480] : + 20,31	[0,0; — 0,1] : + 12,18 + 99,54	139 908,59
» [80-520] : + 24,94	[+ 0,1; 0,0] : + 12,18 + 99,79	139 912,97
» [480-920] : + 35,08	[0,0; — 0,1] : + 12,18 + 99,54	139 923,36
» [520-960] : + 30,87	[+ 0,1; 0,0] : + 12,18 + 99,79	139 918,90

Combinant ces nombres avec les moyennes du Tableau, on trouve les valeurs suivantes des diamètres du cylindre :

Sections.	Diamètres moyens à 8°.
A — 2	139 855,64
10	139 854,97
20	139 855,05
30	139 855,78
40	139 855,81
50	139 856,15
60	139 856,43
70	139 857,11
B — 2	139 853,75
10	139 858,82
20	139 860,70
30	139 860,57
40	139 859,40
50	139 857,97
60	139 857,24

Ces nombres sont représentés dans le diagramme (*fig.* 44). Le dessin à

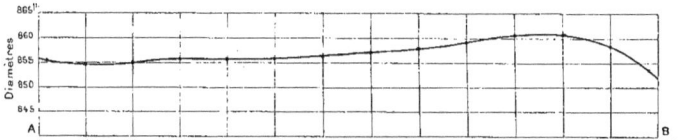

Fig. 44. — Diamètres du cylindre n° 1.

grande échelle montre que les points des deux systèmes se font exactement suite; d'ailleurs les valeurs trouvées pour la même section, A — 70ᵐᵐ ou B — 60ᵐᵐ, diffèrent de 0,13 seulement, bien qu'aucune des longueurs auxiliaires ne soit commune aux deux déterminations. On tire de la courbe :

Diamètre moyen à 8° = 139 857,18.

Les éléments du calcul des hauteurs sont :

Règle n° 48 à 8° — 430ᵐᵐ.	Palpeurs à 8° — 3oo ᵐᵐ.	[48] — P à 8°.
Intervalles [20·430] : + 21ᵘ,o3	[+ 0,1 ; 0,0] : + 111ᵘ,97	129 9o9ᵘ,o6
» [450·880] : + 35 ,67	[0,0 ; — 0,1] : + 111 ,72	129 923 ,95

Les hauteurs qui se déduisent de la combinaison de ces nombres avec ceux du Tableau sont les suivantes :

Positions.	Rayons des circonférences.	Hauteurs moyennes à 8°.
	mm	ᵘ
A à gauche............	0	129 89o,57
	14	129 889,89
	28	129 889,61
	42	129 889,4o
	56	129 889,6o
	68	129 889,85
A à droite..............	0	129 89o,53
	7	129 89o,45
	21	129 889,89
	35	129 889,54
	49	129 889,21
	62	129 89o,25
	68	129 889,77

Les résultats des mesures faites au centre et près du bord, communes aux deux systèmes, sont encore très concordantes.

Adoptant comme hauteur de référence 129 889ᵘ, on trouve

Volume de référence.................... 1 995 4o8ᵐᵐ³,33,

et, lisant les hauteurs sur la courbe (*fig.* 45), on obtient les éléments du calcul des excédents reproduit ci-après :

Rayons.	Hauteurs excédentes.	Excédents rectangulaires.	Excédents triangulaires.
mm	ᵘ	mm³	mm³
0............	+ 1,55	+ 0,122	— 0,002
5............	+ 1,5o	+ 0,353	— o,o31
10............	+ 1,26	+ 0,495	— 0,o61
15............	+ o,97	+ 0,533	— 0,o52
20............	+ o,79	+ 0,558	— 0,o44
25............	+ o,67	+ 0,579	— 0,o36
30............	+ o,59	+ 0,6o2	— o,o31
35............	+ o,53	+ 0,624	— 0,o54
40............	+ o,44	+ 0,587	— 0,o61
45............	+ o,35	+ 0,523	— 0,oo8
5o............	+ o,34	+ 0,561	+ 0,176
55............	+ o,55	+ 0,994	+ 0,348
6o............	+ o,93	+ 0,895	+ 0,o34
62,5............	+ 1,00	+ 1,001	— 0,010
65............	+ o,98	+ 2,o47	— 0,243
69,929.........	+ o,75	»	»
		Sommes..... +10,473	— 0,075

Le volume total est donc

$$V'_{g^r} = 1\,995\,418^{mm^3},73\,;$$

la réduction au thermomètre à hydrogène faisant intervenir un intervalle de $0,043$ degré, et, par conséquent un volume de $4^{mm^3},54$, on a finalement

$$V_{g^r} = 1\,995\,423^{mm^3},27.$$

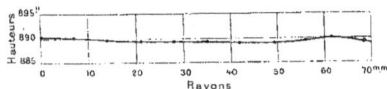

Fig. 45. — Hauteurs du cylindre n° 1.

Je reviendrai sur les corrections relatives aux déformations élastiques.

Pesées. — La détermination de la poussée a été faite, pour ce cylindre comme pour tous les autres, suivant un plan uniforme et parfaitement symétrique. Entre trois groupes de six pesées dans l'air, on a intercalé deux groupes de six pesées dans l'eau. Chaque groupe a occupé une journée entière. En général, le changement des conditions était préparé dans la soirée pour les pesées du lendemain. Le vase était rempli d'eau distillée et placé sous la cloche, ou, au contraire, vidé et séché sur un brûleur; puis, lorsqu'il était refroidi, on le plaçait dans la cage inférieure de la balance à une heure tardive, de manière à ce que, dès la première heure du matin, la température fût uniforme.

Pour les pesées hydrostatiques, les opérations préparatoires, dont le détail sera donné pour chaque cylindre, ont présenté quelques différences. Dans le cas du cylindre n° 1, l'eau est restée chaque fois sous le vide pendant toute la nuit. Le cylindre était immergé le matin, la pesée était aussitôt réglée, et la détermination de la masse apparente dans l'eau commençait une heure environ après l'immersion.

Les Tableaux suivants contiennent les données relatives aux pesées du cylindre n° 1. Les surcharges pour la détermination de la sensibilité ont été prises dans la série Ni 5.

Pesées dans l'air.

31 mars 1905.   N° 1.

A = Cylindre + Ni5(0,5 + 0,2 + 0,1 + 0,05) + étrier.
B = Kg(C + S + Ni n° 1 + n° 2 + n° 3). + O(100 + 40) + étrier.

					mg
$T_h = 10°,651$	B	$100,28$	$99,01$	$99,64$	$B = 5\,139\,161,93$
$T_b = 10°,498$	A	$97,32$	$95,84$	$96,58$	$A - B = +\quad 6,40$
$H = 760^{mm},62$	$(A - 0,02^*)$	$106,82$	$105,46$	$106,14$	$P = +\quad 1\,928,16$
$f = 75$					$5\,141\,096,49$

Pesées dans l'air.

31 mars 1905.   N° 2.

$$A = A \text{ initial} + Ni5(-0,05 + 0,02 + 0,01).$$

$T_h = 10°,812$	B	102,86	101,78	102,32	B = 5 139 181,94 mg
$T_b = 10°,574$	A	107,43	107,62	107,52	A — B = — 11,00
$H = 760^{mm},74$	(A + 0,02*)	98,00	98,12	98,06	P = + 1 928,05
$f = 75,5$					
					5 141 098,99

31 mars 1905.   N° 3.

Mêmes charges.

$T_h = 10°,863$	B	101,32	102,08	101,70	B = 5 139 181,94
$T_b = 10°,570$	A	107,35	108,67	108,01	A — B = — 13,44
$H = 760^{mm},98$	(A + 0,02*)	98,08	99,16	98,62	P = + 1 928,75
$f = 76$					
					5 141 097,25

31 mars 1905.   N° 4.

Mêmes charges.

$T_h = 10°,868$	A	107,04	107,33	107,18	B = 5 139 181,94
$T_b = 10°,624$	(A + 0,02*)	97,90	98,00	97,95	A — B = — 10,53
$H = 761^{mm},10$	B	101,91	102,69	102,32	P = + 1 928,60
$f = 76$					
					5 141 100,01

31 mars 1905.   N° 5.

Mêmes charges.

$T_h = 10°,906$	A	107,68	107,83	107,76	B = 5 139 181,94
$T_b = 10°,662$	(A + 0,02*)	98,34	100,20	99,27	A — B = — 15,44
$H = 761^{mm},18$	B	101,50	100,92	101,21	P = + 1 928,50
$f = 76$					
					5 141 095,00

31 mars 1905.   N° 6.

Mêmes charges.

$T_h = 10°,898$	A	108,37	106,85	107,61	B = 5 139 181,94
$T_b = 10°,720$	(A + 0,02*)	99,07	97,14	98,10	A — B = — 12,90
$H = 761^{mm},62$	B	101,41	101,55	101,48	P = + 1 929,14
$f = 75,5$					
					5 141 098,18

Moyenne...   **5 141 097,65**

Pesées dans l'eau.

1er avril 1905.   N° 1.

$$A = \text{Cylindre} + \text{étrier.}$$

$$B = \begin{cases} \text{Kg(Ni n° 1 + n° 2 + n° 3) + O(100 + 40 + 4 + 2)} \\ + Ni5(0,2 + 0,2^* + 0,02 + 0,01) + \text{étrier.} \end{cases}$$

$T_{cage} = 10°,372$	A	94,84	95,65	95,24	B = 3 146 441,72 mg
$T_{eau} = 9°,502$	B	99,84	99,03	99,44	A — B = + 5,90
$H = 764^{mm},66$	(B + 0,02*)	84,78	85,63	85,20	P = — 437,82
$f = 71$					
					3 146 009,80

Pesées dans l'eau.

1ᵉʳ avril 1905.   N° 2.

Mêmes charges.

$T_{cage} = 10°,487$ A   96,37   90,82   93,60   B = 3146441,72 (mg)
$T_{eau} = 9°,438$ B   100,00   97,18   98,59   A — B = +   6,88
$H = 764^{mm},21$ $(B + 0,02' - 0,01)$ 93,64   89,01   91,32   P = —   437,36
$f = 71,5$
                                                                        3146011,24

1ᵉʳ avril 1905.   N° 3.

Mêmes charges.

$T_{cage} = 10°,497$ A   96,13   94,09   95,11   B = 3146441,72
$T_{eau} = 9°,480$ B   104,63   104,73   104,68   A — B = +   12,56
$H = 763^{mm},79$ $(B + 0,02' - 0,01)$ 95,78   98,29   97,04   P = —   437,10
$f = 72$
                                                                        3146017,18

1ᵉʳ avril 1905.   N° 4.

B = B initial + Ni 5 (0,02' — 0,01).

$T_{cage} = 10°,506$ B   105,44   105,49   105,48   B = 3146451,75
$T_{eau} = 9°,526$ $(B + 0,01)$ 98,82   98,87   98,84   A — B = +   3,58
$H = 763^{mm},66$ A   102,89   103,30   103,10   P = —   437,00
$f = 72,5$
                                                                        3146018,33

1ᵉʳ avril 1905.   N° 5.

Mêmes charges.

$T_{cage} = 10°,501$ B   105,06   106,26   105,66   B = 3146451,75
$T_{eau} = 9°,562$ $(B + 0,01)$ 98,50   99,18   98,84   A — B = +   7,76
$H = 763^{mm},62$ A   101,27   99,44   100,36   P = —   436,98
$f = 73$
                                                                        3146022,53

1ᵉʳ avril 1905.   N° 6.

Mêmes charges.

$T_{cage} = 10°,496$ B   106,09   106,60   106,34   B = 3146451,75
$T_{eau} = 9°,590$ $(B + 0,01)$ 99,61   99,66   99,63   A — B = +   9,34
$H = 763^{mm},55$ A   101,32   98,81   100,06   P = —   436,95
$f = 72,5$
                                                                        3146024,14

Pesées dans l'air.

3 avril 1905.   N° 7.

A = Cylindre + Ni 5 (0,5 + 0,2 + 0,1 + 0,05) + étrier.
B = Kg(C + S + Ni n° 1 + n° 2 + n° 3) + O (100 + 40) + étrier.

$T_h = 10°,822$ A   96,91   95,45   96,18   B = 5139161,94 (mg)
$T_b = 10°,575$ B   100,99   100,37   100,68   A — B = +   9,58
$H = 759^{mm},63$ $(B + 0,02)$ 91,43   91,14   91,28   P = +   1925,43
$f = 73,5$
                                                                        5141096,95

Pesées dans l'air.

3 avril 1905.   Nᵒ **8.**

Mêmes charges.

$T_h = 10°,873$	A	96,63	95 55	96,09	$B =$	5 139 161,94 mg
$T_b = 10°,600$	B	100,39	101,07	100,73	$A - B = +$	9,45
$H = 759^{mm},47$	(B + 0,02)	90,60	91,21	90,90	$P = +$	1 924,91
$f = 73,5$						
						5 141 096,30

3 avril 1905.   Nᵒ **9.**

Mêmes charges.

$T_h = 10°,843$	A	97,16	97,76	97,16	$B =$	5 139 161,94
$T_b = 10°,603$	B	100,32	101,14	100,73	$A - B = +$	6,80
$H = 759^{mm},22$	(B + 0,02)	90,76	91,45	91,10	$P = +$	1 924,07
$f = 75$						
						5 141 092,81

3 avril 1905.   Nᵒ **10.**

Mêmes charges.

$T_h = 10°,953$	B	101,91	100,85	101,38	$B =$	5 139 161,94
$T_b = 10°,700$	(B + 0,02)	92,06	91,70	91,88	$A - B = +$	12,67
$H = 759^{mm},22$	A	95,43	95,31	95,37	$P = +$	1 923,28
$f = 76$						
						5 141 097,89

3 avril 1905.   Nᵒ **11.**

Mêmes charges.

$T_h = 10°,893$	B	102,05	101,83	101,94	$B =$	5 139 161,94
$T_b = 10°,695$	(B + 0,02)	92,55	92,25	92,40	$A - B = +$	9,99
$H = 759^{mm},08$	A	96,78	97,59	97,18	$P = +$	1 922,82
$f = 76$						
						5 141 094,75

3 avril 1905.   Nᵒ **12.**

Mêmes charges.

$T_h = 10°,981$	B	101,79	100,54	101,17	$B =$	5 139 161,94
$T_b = 10°,733$	(B + 0,02)	92,41	92,77	92,59	$A - B = +$	8,24
$H = 759^{mm},00$	A	98,43	96,85	97,64	$P = +$	1 922,40
$f = 77$						
						5 141 092,58
					Moyenne...	**5 141 095,21**

Pesées dans l'eau.

4 avril 1905.   Nᵒ **7.**

A = Cylindre + étrier.

B = Kg (Ni nᵒ 1 + nᵒ 2 + nᵒ 3) + O(100 + 40 + 4 + 2) + NiS(0,2 + 0,2' + 0,05 + 0,01) + étrier.

$T_{cage} = 10°,647$	A	95,86	93,54	94,70	$B =$	3 146 471,71 mg
$T_{eau} = 10°,064$	B	102,94	102,74	102,84	$A - B = +$	11,88
$H = 758^{mm},48$	(B + 0,02)	89,13	89,12	89,12	$P = -$	433,75
$f = 75$						
						3 146 049,84

Pesées dans l'eau.

4 avril 1905.   N° **8**.

Mêmes charges.

$T_{cage} = 10°,697$	A	91,13	90,90	91,02	B =	3146471,71
$T_{eau} = 10°,076$	B	101,32	102,24	101,78	A — B = +	15,48
H = 758^{mm},28	(B + 0,02)	87,03	88,68	87,86	P = —	433,55
f = 75						
						3146053,64

4 avril 1905.   N° **9**.

Mêmes charges.

$T_{cage} = 10°,751$	A	97,35	94,80	96,08	B =	3146471,71
$T_{eau} = 10°,092$	B	108,39	105,76	107,08	A — B = +	15,00
H = 758^{mm},06	(B + 0,02)	92,24	92,57	92,40	P = —	433,34
f = 75						
						3146053,37

4 avril 1905.   N° **10**.

Mêmes charges.

$T_{cage} = 10°,813$	B	103,65	103,99	104,82	B =	3146471,71
$T_{eau} = 10°,136$	(B + 0,02)	91,89	90,49	91,19	A — B = +	19,92
H = 757^{mm},32	A	90,95	91,57	91,26	P = —	432,80
f = 75,5						
						3146058,83

4 avril 1905.   N° **11**.

B = B initial + Ni5(0,02* — 0,01).

$T_{cage} = 10°,870$	B	104,25	102,12	103,18	B =	3146481,74
$T_{eau} = 10°,160$	(B + 0,02)	88,94	88,56	88,75	A — B = +	9,95
H = 757^{mm},02	A	96,42	95,60	96,01	P = —	432,53
f = 76						
						3146059,16

4 avril 1905.   N° **12**.

Mêmes charges.

$T_{cage} = 10°,899$	B	101,95	102,15	102,05	B =	3146481,74
$T_{eau} = 10°,176$	(B + 0,02)	88,03	88,61	88,32	A — B = +	12,39
H = 756^{mm},82	A	93,95	93,29	93,62	P = —	432,37
f = 76						
						3146061,66

Pesées dans l'air.

5 avril 1905.   N° **13**.

A = Cylindre + étrier + Ni5(0,5 + 0,2 + 0,1 + 0,02 + 0,02*).
B = Kg(C + S + Ni n° 1 + n° 2 + n° 3) + O(100 + 40) + étrier.

$T_h = 10°,867$	A	96,03	97,17	96,60	B =	5139171,91
$T_h = 10°,761$	B	103,65	103,73	103,69	A — B = +	14,82
H = 754^{mm},18	(B + 0,02)	94,11	94,12	94,11	P = +	1909,68
f = 76,5						
						5141096,41

XIV.   B 28

Pesées dans l'air.

5 avril 1905   N° 14.

Mêmes charges.

$T_h = 10°,877$	A	97,71	97,20	97,46	B =	5139171,91
$T_b = 10°,704$	B	104,65	104,13	104,39	A — B = +	14,68
$H = 753^{mm},78$	(B + 0,02)	95,25	94,63	94,91	P = +	1909,33
$f = 75$						5141095,92

6 avril 1905.   N° 15.

A = A initial + Ni50,01.

$T_h = 10°,807$	A	95,60	98,56	97,08	B =	5139161,93
$T_b = 10°,523$	B	102,26	105,60	103,93	A — B = +	13,02
$H = 757^{mm},58$	(B + 0,02)	92,94	93,85	93,40	P = +	1920,56
$f = 74,5$						5141095,51

6 avril 1905.   N° 16.

Mêmes charges.

$T_h = 11°,043$	B	103,87	103,61	103,74	B =	5139161,93
$T_b = 10°,654$	(B + 0,02)	94,38	94,03	94,20	A — B = +	13,45
$H = 758^{mm},00$	A	97,32	97,34	97,33	P = +	1923,00
$f = 76,5$						5141098,38

6 avril 1905.   N° 17.

Mêmes charges.

$T_h = 11°,013$	B	104,53	102,23	103,38	B =	5139161,93
$T_b = 10°,745$	(B + 0,02)	95,12	95,04	95,08	A — B = +	13,30
$H = 758^{mm},37$	A	98,12	97,66	97,89	P = +	1920,72
$f = 77$						5141095,95

6 avril 1905.   N° 18.

Mêmes charges.

$T_h = 10°,998$	B	104,40	104,43	104,42	B =	5139161,93
$T_b = 10°,767$	(B + 0,02)	94,71	94,70	94,70	A — B = +	17,36
$H = 758^{mm},61$	A	95,91	96,06	95,99	P = +	1921,14
$f = 77$						5141100,43

Moyenne...   **5141097,10**

La concordance des pesées dans l'air laisse un peu à désirer, ce qu'on peut attribuer au fait que le cylindre chargeait la balance à sa limite extrême. Cependant, les moyennes sont assez concordantes pour que l'on puisse considérer la masse du cylindre comme n'ayant pas varié d'une quantité appréciable au cours des pesées hydrostatiques, et compter avec certitude sur le milligramme, relatif à un volume de près de deux litres.

Les poussées ont été rapportées à la moyenne brute des valeurs de la masse. Dans la première série de pesées hydrostatiques, le haut du cylindre était à 90ᵐᵐ au-dessous du niveau de l'eau; dans la seconde, à 110ᵐᵐ de ce même niveau. Les résultats de ces pesées sont rassemblés dans le Tableau suivant.

Numéro de la pesée.	Masse du cylindre.	Masse apparente dans l'eau.	Masse de l'eau déplacée.	Temp.	Press.	(Coeff. de réd. à 8°) 10⁶.			Masse de l'eau déplacée à 8° et 760ᵐᵐ.
						Temp.	Press.	Somme.	
		mg	mg	°	mm				mg
1...		3 146 009,80	1 995 086,85	9,402	776,4	+24,04	−1,10	+22,94	1 995 132,62
2...		3 146 011,24	1 995 085,41	9,438	776,0	+24,93	−1,07	+23,86	1 995 133,01
3...	5 141 096,65 mg	3 146 017,18	1 995 079,47	9,480	775,5	+26,11	−1,04	+25,07	1 995 129,49
4...		3 146 018,33	1 995 078,32	9,526	775,4	+27,37	−1,03	+26,34	1 995 130,87
5...		3 146 022,53	1 995 074,12	9,562	775,4	+28,46	−1,03	+27,43	1 995 128,85
6...		3 146 024,14	1 995 072,51	9,590	775,3	+29,29	−1,02	+28,27	1 995 128,91
7...		3 146 049,84	1 995 046,81	10,064	771,7	+44,60	−0,78	+43,82	1 995 134,24
8...		3 146 053,64	1 995 043,01	10,076	771,5	+45,06	−0,77	+44,29	1 995 131,37
9...	5 141 096,65	3 146 053,37	1 995 043,28	10,092	771,3	+45,61	−0,75	+44,86	1 995 132,78
10...		3 146 058,83	1 995 037,82	10,136	770,6	+47,17	−0,70	+46,47	1 995 130,53
11...		3 146 059,16	1 995 037,49	10,160	770,3	+48,00	−0,68	+47,32	1 995 131,90
12...		3 146 061,66	1 995 034,99	10,176	770,1	+48,65	−0,67	+47,98	1 995 130,71

Moyenne.................... 1 995 131,27
Correction d'altitude....... −0,42
Moyenne corrigée......... **1 995 130,85**

L'examen des résultats montre que, dans les deux cas, la poussée est allée en diminuant au cours de la journée. Ainsi qu'il a été dit, l'eau était restée, avant l'immersion du cylindre, pendant une douzaine d'heures sous une pression de 2ᶜᵐ de mercure environ. Puis, après l'immersion, la pesée avait été réglée, et les opérations avaient commencé environ deux heures après, pour se poursuivre pendant huit ou neuf heures consécutives. Après avoir plongé le cylindre dans l'eau, on l'avait fait rouler et enlevé, à l'aide d'un fil de verre, les quelques bulles adhérentes, de telle sorte que l'alourdissement progressif ne peut pas être attribué à l'absorption de bulles visibles.

On pourrait penser que le contact parfait de l'eau avec le cylindre ne s'est établi que peu à peu, celui-ci ayant entraîné une très mince couche d'air, qui se serait dissoute lentement pendant les pesées. Je crois cependant que cette hypothèse doit être rejetée; en effet, l'eau privée d'air en est très avide, et l'air primitivement adhérent au cylindre en couche invisible doit se dissoudre très rapidement. On remarquera aussi que, pendant la préparation des pesées hydrostatiques, la balance a exécuté quelques oscillations qui ont provoqué un mouvement alternatif du cylindre, de telle sorte qu'il a été pour ainsi dire balayé par de l'eau sans cesse renouvelée.

Il me paraît plus probable que la diminution de densité de l'eau est réelle, et qu'elle est due à l'air dissous. Il est intéressant de remarquer que, dans les deux séries de pesées, exécutées dans des conditions identiques, la diminution de poussée a été exactement la même : $3^{mg},5$, correspondant à $1^{mg},8$, par litre. Or cette quantité est égale à la moitié environ de la variation de densité de l'eau par absorption d'air, trouvée par M. Marek.

Je m'en tiendrai, pour le moment, à cette remarque, et reviendrai sur cette question dans la discussion générale des résultats. J'adopterai la moyenne brute de tous les nombres, qui, combinée avec la valeur du volume, donne :

Masse du décimètre cube d'eau à $8° = 0,999\,853\,4$.

La densité de l'eau à 8° étant $0,999\,876\,4$, on a finalement

Masse du décimètre cube d'eau à $4° = 0^{kg},999\,977\,0$.
Volume du kilogramme d'eau à $4° = 1^{dm^3},000\,023\,0$.

Ces nombres ne sont qu'approximatifs; ils auront à subir de petites corrections, dont la plus importante, relative aux déformations de contact, fera l'objet d'une étude détaillée. Les résultats définitifs seront établis ultérieurement.

Cylindre n° 2.

Description. — Comme pour le précédent cylindre, le rodage a conduit à un diamètre un peu inférieur à celui de 130^{mm} qui avait été prévu. La hauteur, au contraire, s'est trouvée très voisine de 115^{mm}, que l'on avait cherché à réaliser; l'épaisseur des parois est très sensiblement de 10^{mm}.

Mesures des dimensions. — Les diamètres du cylindre présentant une brusque irrégularité, sous la forme d'une dépression d'environ 3^μ par rapport à une surface de révolution, j'ai multiplié les déterminations sur les sections droites extrêmes et sur une section voisine du milieu, de manière à obtenir des données suffisantes pour le calcul de la section moyenne. Comme, d'autre part, ce cylindre avait été livré par M. Jobin lorsque l'hiver était déjà très avancé, j'ai été obligé de réduire un peu le nombre des sections mesurées, de crainte de ne pouvoir effectuer les pesées à une température suffisamment basse. J'ai ainsi espacé de 12^{mm} les sections droites, c'est-à-dire de 2^{mm} de plus que dans l'étude du premier cylindre. Les mesures ont été faites du 2 février au 10 mars 1904.

Les hauteurs observées dans les deux positions du cylindre ayant discordé légèrement, j'ai fait, en 1905, des mesures de contrôle dans celle des deux positions dont les déterminations me paraissaient suspectes.

Les coefficients de réduction (p. 187, 188 et 192) sont les suivants :

$$\text{Pour les diamètres} \begin{cases} P+C\ldots & \overset{\mu}{2},661 \text{ par degré} \\ [48]\ldots & 3,391 \quad \text{»} \end{cases}$$

$$\text{Pour les hauteurs} \begin{cases} P+C\ldots & 2,574 \quad \text{»} \\ [48]\ldots & 3,351 \quad \text{»} \end{cases}$$

Les Tableaux qui suivent reproduisent les résultats des mesures du cylindre.

DIAMÈTRES. — A dessus.

Section.	Azimut.	Température. P + C.	[48].	P[0,0; —0,1] + C — [48][0·420]. à t°.	à 8°.	Moy. à 8°.
A — 2.....	0	8,446	8,426	$\overset{\mu}{+}$ 12,41	$\overset{\mu}{+}$ 12,67	
	50	8,461	8,428	+ 13,54	+ 13,77	
	100	8,454	8,432	+ 13,73	+ 13,99	
	150	8,413	8,382	+ 10,55	+ 10,76	
	200	8,436	8,395	+ 12,57	+ 12,76	
	250	8,456	8,407	+ 13,73	+ 13,90	
	300	8,476	8,422	+ 13,88	+ 14,05	
	330	8,488	8,434	+ 14,08	+ 14,26	
	340	8,500	8,452	+ 12,40	+ 12,61	
	350	8,508	8,461	+ 10,86	+ 11,07	
	360	8,522	8,473	+ 9,68	+ 9,90	
	370	8,536	8,486	+ 9,90	+ 10,13	
	380	8,530	8,515	+ 10,74	+ 11,09	$\overset{\mu}{+}$ 12,97*
A — 24.....	0	8,673	8,626	+ 16,25	+ 16,59	
	50	8,678	8,627	+ 16,89	+ 17,22	
	100	8,654	8,624	+ 17,59	+ 17,98	
	150	8,663	8,629	+ 15,28	+ 15,65	
	200	8,673	8,635	+ 16,56	+ 16,93	
	250	8,441	8,413	+ 17,08	+ 17,31	
	300	8,462	8,421	+ 18,11	+ 18,32	
	350	8,482	8,433	+ 15,35	+ 15,54	+ 17,07*
A — 48.....	0	8,577	8,547	+ 16,19	+ 16,51	
	50	8,593	8,553	+ 15,81	+ 16,12	
	100	8,612	8,562	+ 16,98	+ 17,27	
	150	8,622	8,567	+ 15,04	+ 15,31	
	200	8,630	8,577	+ 15,88	+ 16,17	
	250	8,638	8,584	+ 16,07	+ 16,36	
	300	8,646	8,593	+ 17,18	+ 17,48	
	350	8,655	8,604	+ 15,08	+ 15,39	+ 16,45*

CH.-ÉD. GUILLAUME.

DIAMÈTRES. — A *dessus.*

Section.	Azimut.	Température.		P[0,0; —0,1]+C.—[48][20·440].		
		P + C.	[48].	à t°.	à 8°.	Moy. à 8°.
A — 12 (mm)	25	8,344	8,309	+ 20,03	+ 20,17	
	75	8,360	8,329	+ 21,23	+ 21,40	
	125	8,378	8,340	+ 21,00	+ 21,15	
	175	8,390	8,346	+ 17,76	+ 17,90	
	225	8,399	8,356	+ 19,59	+ 19,74	
	275	8,415	8,384	+ 20,87	+ 21,07	
	325	8,427	8,414	+ 20,56	+ 20,83	
	375	8,436	8,416	+ 17,84	+ 18,10	+ 19,96*
A — 36	25	8,445	8,412	+ 20,80	+ 21,02	
	75	8,461	8,422	+ 22,87	+ 23,08	
	125	8,480	8,435	+ 22,76	+ 22,97	
	175	8,488	8,443	+ 19,09	+ 19,30	
	225	8,494	8,461	+ 20,88	+ 21,13	
	275	8,503	8,479	+ 22,40	+ 22,69	
	325	8,513	8,483	+ 21,70	+ 21,98	
	375	8,527	8,493	+ 19,37	+ 19,64	+ 21,40*
A — 60	25	8,461	8,433	+ 19,99	+ 20,24	
	75	8,476	8,439	+ 21,62	+ 21,85	
	125	8,487	8,446	+ 21,72	+ 21,94	
	175	8,498	8,455	+ 19,59	+ 19,81	
	225	8,512	8,468	+ 20,08	+ 20,31	
	275	8,520	8,476	+ 21,01	+ 21,24	
	325	8,536	8,487	+ 21,43	+ 21,66	
	340	8,546	8,498	+ 20,36	+ 20,60	
	360	8,560	8,512	+ 18,89	+ 19,15	
	375	8,543	8,532	+ 18,87	+ 19,23	
	390	8,559	8,541	+ 19,78	+ 20,13	+ 20,69*

DIAMÈTRES. — B *dessus.*

Section.	Azimut.	Température.		P[+0,1; 0,0]+C.—[48][80·500].		
		P + C.	[48].	à t°.	à 8°.	Moy. à 8°
B — 2 (mm)	0	8,371	8,336	+ 14,56	+ 14,72	
	50	8,390	8,351	+ 15,24	+ 15,40	
	100	8,406	8,362	+ 17,51	+ 17,66	
	150	8,422	8,381	+ 13,01	+ 13,18	
	200	8,427	8,406	+ 14,01	+ 14,26	
	250	8,441	8,420	+ 15,10	+ 15,35	
	300	8,462	8,434	+ 17,24	+ 17,49	
	320	8,480	8,446	+ 16,50	+ 16,74	
	330	8,521	8,494	+ 16,54	+ 16,84	
	340	8,540	8,510	+ 14,43	+ 14,73	
	350	8,550	8,524	+ 13,49	+ 13,81	
	360	8,563	8,536	+ 13,21	+ 13,54	
	380	8,578	8,552	+ 13,64	+ 13,98	+ 15,36*

DIAMÈTRES. — B *dessus.*

Section.	Azimut.	Températures. P + C.	[48].	P[+ 0,1; 0,0] + C — [48][80·500]. à t°.	à 8°.	Moy. à 8°.
B — 24 mm	0	8,643	8,571	+ 17,55	+ 17,79	
	50	8,647	8,573	+ 17,69	+ 17,92	
	100	8,650	8,578	+ 19,87	+ 20,11	
	150	8,658	8,587	+ 16,63	+ 16,88	
	200	8,663	8,595	+ 17,48	+ 17,74	
	250	8,662	8,608	+ 17,52	+ 17,83	
	300	8,617	8,605	+ 19,57	+ 19,99	
	350	8,628	8,610	+ 16,36	+ 16,77	+ 18,25*
B — 48	0	8,498	8,471	+ 17,97	+ 18,25	
	50	8,517	8,486	+ 17,60	+ 17,88	
	100	8,535	8,495	+ 19,82	+ 20,08	
	150	8,555	8,507	+ 18,02	+ 18,27	
	200	8,640	8,615	+ 18,95	+ 19,34	
	250	8,576	8,525	+ 18,71	+ 18,96	
	300	8,571	8,558	+ 18,20	+ 18,58	
	350	8,587	8,573	+ 20,56	+ 20,95	+ 19,13*

Section.	Azimut.	Température. P + C.	[48].	P[+ 0,1; 0,0] + C — [48][40·400]. à t°.	à 8°.	Moy. à 8°.
B — 12 mm	25	8,512	8,491	+ 19,88	+ 20,18	
	75	8,528	8,492	+ 22,19	+ 22,46	
	125	8,542	8,495	+ 22,13	+ 22,37	
	175	8,550	8,504	+ 19,92	+ 20,17	
	225	8,545	8,510	+ 20,22	+ 20,51	
	275	8,550	8,516	+ 21,77	+ 22,06	
	325	8,563	8,519	+ 21,50	+ 21,77	
	375	8,576	8,542	+ 19,43	+ 19,74	+ 21,08*
B — 36	25	8,543	8,530	+ 21,26	+ 21,62	
	75	8,555	8,530	+ 23,29	+ 23,62	
	125	8,574	8,539	+ 23,26	+ 23,57	
	175	8,584	8,542	+ 21,79	+ 22,08	
	225	8,394	8,365	+ 21,51	+ 21,71	
	275	8,405	8,372	+ 23,40	+ 23,59	
	325	8,422	8,379	+ 23,47	+ 23,64	
	375	8,440	8,384	+ 22,03	+ 22,16	+ 22,67*
B — 60	25	8,412	8,383	+ 22,55	+ 22,76	
	75	8,428	8,387	+ 24,85	+ 25,03	
	125	8,484	8,428	+ 24,74	+ 24,91	
	175	8,498	8,437	+ 23,21	+ 23,37	
	225	8,505	8,445	+ 22,62	+ 22,79	
	275	8,515	8,454	+ 24,94	+ 25,12	
	325	8,520	8,466	+ 24,64	+ 24,84	
	375	8,527	8,472	+ 23,18	+ 23,38	+ 23,94*

Les diamètres, pour les trois sections examinées en détail, sont représentés figure 46. On en déduit les valeurs suivantes de la différence P + C — [48]

réduite à 8°, comparée à celle qui est fournie par les quatre diamètres principaux, partant de 0 ou de 25 grades :

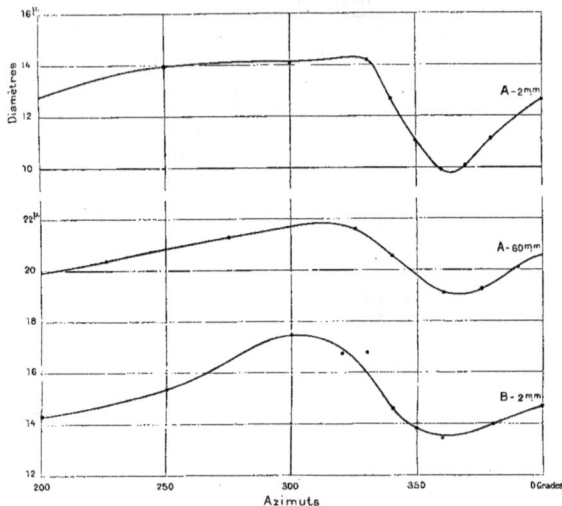

Fig. 46. — Valeurs relatives des diamètres du cylindre n° 2.

	Diamètre moyen.	Moyenne	
		0, 50, 100, 150.	25, 75, 125, 175.
	mm / μ	μ	μ
A — 2... ...	+ 12,97	+ 12,87	+ 13,05
A — 60... ...	+ 20,69	+ 20,52	+ 20,78
B — 2... ...	+ 15,36	+ 15,24	+ 15,44

La comparaison de ces nombres montre que les moyennes des diamètres partant de zéro sont inférieures de $0^\mu,10$, $0^\mu,12$ et $0^\mu,17$ aux moyennes vraies,
tandis que les moyennes de l'autre série sont trop fortes de $0^\mu,08$, $0^\mu,08$
et $0^\mu,09$. On augmentera donc les premiers nombres de $0^\mu,13$ et on diminuera
les derniers de $0^\mu,08$. C'est ainsi qu'ont été calculées les moyennes, marquées
comme précédemment d'un astérisque, dans le Tableau ci-dessus.

HAUTEURS. — A à gauche.

Rayon.	Azimut.	Température.		P[0,0; 0,0] + C — [48][90·505].		
		P + C.	[48].	à t°.	à 8°.	Moy. à 8°.
mm	o	o	o	μ	μ	μ
0... ...	50	8,530	8,512	— 16,99	— 16,63	
	150	8,542	8,522	— 17,22	— 16,86	
	250	8,560	8,534	— 17,41	— 17,05	
	350	8,576	8,548	— 16.90	— 16,54	— 16,77

HAUTEURS. — A à gauche.

Rayon.	Azimut.	Température.		P[0,0; 0,0] + C − [48][90·505].		
		P + C.	[48].	à t°.	à 8°.	Moy. à 8°.
24 mm	25	8,658	8,647	− 18,30	− 17,82	
	75	8,670	8,656	− 17,82	− 17,34	
	125	8,680	8,664	− 18,03	− 17,54	
	175	8,683	8,666	− 18,02	− 17,54	
	225	8,692	8,670	− 17,93	− 17,45	
	275	8,704	8,676	− 17,78	− 17,31	
	325	8,686	8,683	~ 17,86	− 17,33	
	375	8,697	8,684	− 17,82	− 17,32	− 17,46
48	25	8,388	8,378	− 17,92	− 17,64	
	75	8,408	8,383	− 17,37	− 17,13	
	125	8,430	8,391	− 17,50	− 17,29	
	175	8,439	8,408	− 17,30	− 17,05	
	225	8,450	8,424	− 17,11	− 16,84	
	275	8,468	8,439	− 17,16	− 16,89	
	325	8,481	8,446	− 16,93	− 16,67	
	375	8,492	8,458	− 17,21	− 16,94	~ 17,06
58	25	8,620	8,610	− 17,23	− 16,78	
	75	8,633	8,620	~ 17,93	− 17,47	
	125	8,645	8,623	− 17,37	− 16,93	
	175	8,650	8,628	− 17,63	~ 17,19	
	225	8,594	8,608	− 17,35	~ 16,83	
	275	8,596	8,604	− 17,05	~ 16,56	
	325	8,322	8,301	− 17,01	− 16,82	
	375	8,325	8,305	− 17,11	− 16,92	− 16,94

HAUTEURS. — A à droite.

Rayon.	Azimut.	Température.		P[0,0; 0,0] + C − [48][505·920].		
		P + C.	[48].	à t°.	à 8°.	Moy. à 8°.
0 mm	0	8,010	7,992	− 22,86	22,92	
	100	8,025	8,002	− 22,76	− 22,81	
	200	8,047	8,024	− 22,78	− 22,82	
	300	8,067	8,037	− 22,99	− 23,04	− 22,90
12	0	8,104	8,073	− 22,85	− 22,88	
	100	8,112	8,084	− 22,65	− 22,66	
	200	8,126	8,092	− 22,63	− 22,64	
	300	8,141	8,104	− 22,68	− 22,69	− 22,72
36	0	8,258	8,269	− 23,22	− 22,98	
	50	7,773	7,743	− 23,26	− 23,54	
	100	7,778	7,746	− 23,48	− 23,76	
	150	7,790	7,748	− 23,41	− 23,71	
	200	7,802	7,750	− 23,19	− 23,52	
	250	7,803	7,759	− 22,89	− 23,20	
	300	7,810	7,765	− 22,85	− 23,15	
	350	7,818	7,768	− 23,32	− 23,63	− 23,44

XIV.

HAUTEURS. — A *à droite.*

Rayon.	Azimut.	Température		P[0,0; 0,0] + C — [48][505·920].		
		P + C.	[48].	à t°.	à 8°.	Moy. à 8°.
mm	o	o	o	μ	μ	μ
58......	0	7,917	7,891	— 23,29	— 23,45	
	50	7,933	7,901	— 23,33	— 23,49	
	100	7,943	7,912	— 23,41	— 23,55	
	150	7,946	7,922	— 23,45	— 23,57	
	200	7,953	7,929	— 23,28	— 23,40	
	250	7,966	7,940	— 22,73	— 22,84	
	300	7,957	7,952	— 23,14	— 23,19	
	350	7,965	7,950	— 22,95	— 23,03	— 23,31

Mesures de contrôle faites du 2 au 4 mars 1905.

HAUTEURS. — A *à droite.*

Rayon.	Azimut.	Température		P[0,0; 0,0] + C — [48][505·920].		
		P + C.	[48].	à t°.	à 8°.	Moy. à 8°.
mm	o	o	o	μ	μ	μ
0........	0	8,519	8,494	— 22,99	— 22,66	
	100	8,537	8,507	— 22,84	— 22,52	
	200	8,552	8,516	— 22,70	— 22,38	
	300	8,563	8,527	— 22,66	— 22,33	— 22,47
12........	0	8,371	8,319	— 22,42	— 22,30	
	100	8,382	8,323	— 22,39	— 22,29	
	200	8,392	8,325	— 22,57	— 22,48	
	300	8,396	8,331	— 22,67	— 22,57	— 22,41
36........	0	8,580	8,534	— 22,96	— 22,66	
	50	8,582	8,524	— 23,46	— 23,19	
	100	8,589	8,524	— 23,66	— 23,41	
	150	8,592	8,522	— 23,64	— 23,41	
	200	8,566	8,516	— 23,40	— 23,12	
	250	8,569	8,516	— 23,76	— 23,49	
	300	8,571	8,516	— 23,75	— 23,48	
	350	8,579	8,514	— 23,37	— 23,13	— 23,24
58........	0	8,221	8,191	— 22,95	— 22,88	
	50	8,233	8,193	— 23,13	— 23,08	
	100	8,247	8,203	— 23,57	— 23,52	
	150	8,259	8,216	— 23,12	— 23,06	
	200	8,275	8,223	— 23,86	— 23,81	
	250	8,289	8,235	— 22,35	— 22,30	
	300	8,292	8,245	— 22,66	— 22,59	
	350	8,309	8,254	— 22,61	— 22,55	— 22,97

Les longueurs auxiliaires sont rassemblées ci-après :

[48] à 8°.	Palpeurs à 8°.	[48] — P à 8°.
	mm μ	μ
[0·420] = 420 + 26,67	[0,0; —0,1] = 300 + 11,72 + 99,54	119 915,41
[20·440] = 420 + 21,40	»	119 910,14
[40·460] = 420 + 18,31	[+0,1; 0,0] = 300 + 11,72 + 99,79	119 906,80
[80·500] = 420 + 22,00	»	119 910,49
[90·505] = 415 + 23,55	[0,0; 0,0] = 300 + 11,72	115 011,83
[505·920] = 415 + 30,78	»	115 019,06
» »	[0,0; 0,0] = 500 + 12,18 (1905)	115 018,60

Les valeurs des diamètres et des hauteurs sont réunies dans les deux Tableaux ci-après :

Sections.	Diamètre moyen à 8°.
A — 2	119 928ᵘ,38
12	119 930,10
24	119 932,48
36	119 931,54
48	119 931,86
60	119 930,83
B — 2	119 925,85
12	119 927,88
24	119 928,74
36	119 929,47
48	119 929,62
60	119 930,74

On tire, de la courbe des diamètres (*fig* 47), le résultat suivant :

Diamètre moyen à 8° = 119 929ᵘ,82

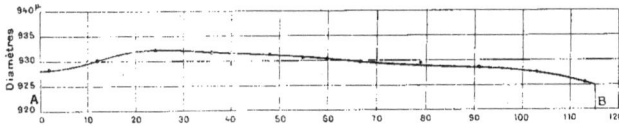

Fig. 47. — Diamètres du cylindre n° 2.

Positions.	Rayons des circonférences.	Hauteurs moyennes à 8°.	
		Première série.	Deuxième série.
A à gauche	0	114 995ᵘ,06	
	24	114 994,37	
	46	114 994,77	
	58	114 994,89	
A à droite	0	114 996,16	114 996ᵘ,13
	12	114 996,34	114 996,19
	36	114 995,62	114 995,36
	58	114 995,75	114 995,63

Les deux séries de mesures exécutées à un an de distance donnent, pour les hauteurs du cylindre, des valeurs peu différentes; cependant, les derniers nombres se rapprochent, comme on pouvait s'y attendre, de ceux qui avaient été trouvés dans la première position. Les divergences qui subsistent peuvent s'expliquer par une accumulation d'erreurs dues aux défauts de l'éclairage ou des corrections des traits limitant les intervalles de la Règle n° 48. Des erreurs de l'ordre de 0ᵘ,2 rendraient compte de la presque totalité de l'écart. Si cette explication était admise, on en conclurait que l'erreur est sensiblement éliminée dans la moyenne, puisque les deux intervalles auxiliaires font intervenir, dans leur ensemble, la longueur presque entière de la Règle normale. J'ai adopté finalement, pour la deuxième position, les résultats de 1905.

En prenant, comme hauteur de référence, $114\,995^{\mu}$, on trouve :

$$\text{Volume de référence.....}\quad 1\,299\,041^{\text{mm}^3},25.$$

Les variations très faibles de la hauteur qui ressortent de l'examen de la figure 48 permettent de calculer les excédents en espaçant les circonférences de centimètre en centimètre. On trouve ainsi :

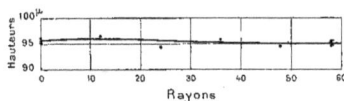

Fig. 48. — Hauteurs du cylindre n° 2.

Rayons.	Hauteurs excédentes.	Excédents rectangulaires.	Excédents triangulaires.
mm	μ	mm³	mm³
0	+ 0,60	+ 0,188	— 0,031
10	+ 0,45	+ 0,424	— 0,163
20	+ 0,14	+ 0,220	— 0,176
30	— 0,07	— 0,160	+ 0,080
40	0,00	0,000	+ 0,265
50	+ 0,18	+ 0,619	+ 0,142
59,963	+ 0,26		
Sommes........		+ 1,291	+ 0,117

Le volume, à 8° du thermomètre à mercure, est donc

$$V'_{8^\circ} = 1\,299\,042^{\text{mm}^3},66\,;$$

et, à 8° de l'échelle normale,

$$V_{8^\circ} = 1\,299\,045^{\text{mm}^3},61.$$

Pesées. — Après les premières pesées dans l'air, le cylindre a été immergé, et l'eau distillée soumise à une faible pression, du 19 mars à 5ʰ du soir au 20 mars à 8ʰ du soir. Le vase resta ensuite sous la cloche pleine d'air jusqu'au lendemain matin ; les pesées commencèrent dans l'après-midi du 20 mars.

Entre la première et la seconde série de pesées hydrostatiques, il se produisit (p. 241), au cours de la préparation des pesées du cylindre n° 3, un accident qui m'engagea à modifier le mode opératoire employé jusque-là ; et, pour la seconde série, le cylindre fut, comme le n° 1, plongé dans de l'eau préalablement soumise à l'action du vide.

Pour cette deuxième série, le cylindre fut immergé le 1ᵉʳ avril au soir, et les pesées commencèrent le lendemain matin. Les surcharges pour la détermination de la sensibilité ont été prises dans la série O. La colonne d'eau surmontant le cylindre était de 70^{mm} dans la première série de pesées et de 85^{mm} dans la seconde.

Pesées dans l'air.

19 mars 1904.   N° 1.

A = Cylindre + étrier.
B = Kg(n° 31 + Ni n° 1 + n° 2 + Bb n° 8) + O(400 + 300 + 100 + 20) + Ni 1(0,05 + 0,02) + étrier.

$T_h = 8°,460$	B	91,90	91,89	91,89	B =	4 820 089,11 mg
$T_b = 8°,427$	A	100,73	100,82	100,78	A — B = —	16,90
$H = 762^{mm},25$	(A + 0,02)	90,24	90,26	90,25	P = +	1 095,65
$f = 68,5$						
						4 821 167,86

19 mars 1904.   N° 2.

Mêmes charges.

$T_h = 8°,520$	B	96,61	97,67	97,14	B =	4 820 089,11
$T_b = 8°,447$	A	106,08	106,68	106,38	A — B = —	17,59
$H = 762^{mm},49$	(A + 0,02)	95,50	96,22	95,86	P = +	1 095,97
$f = 69,5$						
						4 821 167,49

19 mars 1904.   N° 3.

Mêmes charges.

$T_h = 8°,570$	B	97,52	97,41	97,47	B =	4 820 089,11
$T_b = 8°,469$	A	108,03	105,92	106,98	A — B = —	17,70
$H = 762^{mm},22$	(A + 0,02)	96,83	95,62	96,22	P = +	1 095,54
$f = 69$						
						4 821 166,95

19 mars 1904.   N° 4.

Mêmes charges.

$T_h = 8°,690$	A	104,11	105,72	104,92	B =	4 820 089,11
$T_b = 8°,532$	(A + 0,02)	93,44	95,14	94,29	A — B = —	13,69
$H = 762^{mm},06$	B	97,05	98,24	97,65	P = +	1 095,16
$f = 69,5$						
						4 821 170,58

19 mars 1904.   N° 5.

Mêmes charges.

$T_h = 8°,680$	A	104,18	104,81	104,50	B =	4 820 089,11
$T_b = 8°,539$	(A + 0,02)	93,61	94,32	93,97	A — B = —	14,70
$H = 761^{mm},90$	B	96,60	96,94	96,77	P = +	1 094,85
$f = 70$						
						4 821 169,26

19 mars 1904.   N° 6.

Mêmes charges.

$T_h = 8°,680$	A	104,74	104,85	104,79	B =	4 820 089,11
$T_b = 8°,553$	(A + 0,02)	94,02	94,29	94,15	A — B = —	14,70
$H = 761^{mm},73$	B	97,03	96,92	96,98	P = +	1 094,50
$f = 70,5$						
						4 821 168,91

Moyenne **4 821 168,51**

Pesées dans l'eau.

21 mars 1904.   N° **1.**

A = Cylindre + étrier.

$$B = \begin{cases} \text{Kg}(\text{Ni n° 1} + \text{n° 2} + \text{Bb n° 8}) + O(400 + 100 + 20 + 2) \\ + \text{Ni}(0,5 + 0,2 + 0,05 + 0,01 + 0,005) + \text{étrier.} \end{cases}$$

						mg
$T_{cage} = 8°,690$	B	96,77	96,90	96,84	B =	3 522 783,93
$T_{eau} = 8°,512$	A	96,34	96,50	96,42	A — B = +	0,61
$H = 757^{mm},60$	(A — 0,02)	110,47	109,83	110,15	P = —	455,33
$f = 71,5$						
						3 522 329,21

21 mars 1904.   N° **2.**

B = B initial — Ni 0,005.

$T_{cage} = 8°,720$	B	99,88	100,01	99,94	B =	3 522 778,89
$T_{eau} = 8°,537$	A	95,40	97,37	96,38	A — B = +	5,03
$H = 757^{mm},95$	(A — 0,02)	109,85	111,28	110,56	P = —	455,47
$f = 72$						
						3 522 328,45

22 mars 1904.   N° **3.**

Mêmes charges.

$T_{cage} = 8°,510$	B	98,72	99,39	99,05	B =	3 522 778,89
$T_{eau} = 8°,356$	A	94,02	96,05	95,04	A — B = +	6,13
$H = 763^{mm},46$	(A — 0,02)	106,83	109,44	108,13	P = —	459,18
$f = 71$						
						3 522 325,84

22 mars 1904.   N° **4.**

Mêmes charges.

$T_{cage} = 8°,790$	B	100,98	100,07	100,52	B =	3 522 778,89
$T_{eau} = 8°,382$	A	96,54	94,04	95,29	A — B = +	7,75
$H = 762^{mm},93$	(A — 0,02)	110,02	107,59	108,80	P = —	458,36
$f = 72$						
						3 522 328,28

22 mars 1904.   N° **5.**

Mêmes charges.

$T_{cage} = 8°,690$	A	93,13	94,97	94,05	B =	3 522 778,89
$T_{eau} = 8°,356$	(A — 0,02)	106,53	107,88	107,20	A — B = +	9,47
$H = 763^{mm},82$	B	100,49	100,05	100,27	P = —	459,08
$f = 71,5$						
						3 522 329,28

22 mars 1904.   N° **6.**

Mêmes charges.

$T_{cage} = 8°,690$	A	94,02	94,14	94,08	B =	3 522 778,89
$T_{eau} = 8°,365$	(A — 0,02)	107,35	107,37	107,36	A — B = +	9,65
$H = 763^{mm},74$	B	100,25	100,72	100,48	P = —	459,02
$f = 72$						
						3 522 329,52

Pesées dans l'air.

26 mars 1904.   N° 7.

A = Cylindre + étrier.
B = Kg(n° 31 + Ni n° 1 + n° 2 + Bb n° 8) + O(400 + 300 + 100 + 20) + Ni1(0,05 + 0,01) + étrier.

$T_h = 8°,560$	A	101,10	102,70	101,90	B = 4 820 079,11 ^{mg}
$T_b = 8°,404$	B	99,73	100,65	100,19	A - B = - 3,07
$H = 757^{mm},32$	(B - 0,02)	111,34	111,32	111,33	P = + 1 088,70
$f = 73$					
					4 821 164,74

26 mars 1904.   N° 8.

Mêmes charges.

$T_h = 8°,630$	A	97,62	98,78	98,20	B = 4 820 079,11
$T_b = 8°,447$	B	96,25	95,89	96,07	A - B = - 4,02
$H = 757^{mm},72$	(B - 0,02)	106,96	106,41	106,68	P = + 1 089,17
$f = 72,5$					
					4 821 164,26

26 mars 1904.   N° 9.

Mêmes charges.

$T_h = 8°,690$	A	97,03	96,95	96,99	B = 4 820 079,11
$T_b = 8°,464$	B	95,75	96,35	96,05	A - B = - 1,74
$H = 757^{mm},65$	(B - 0,02)	106,86	106,84	106,85	P = + 1 089,02
$f = 74$					
					4 821 166,39

28 mars 1904.   N° 10.

Mêmes charges.

$T_h = 8°,410$	B	95,02	95,66	95,34	B = 4 820 079,11
$T_b = 8°,273$	(B - 0,02)	105,58	106,15	105,86	A - B = - 11,27
$H = 762^{mm},42$	A	99,72	102,80	101,26	P = + 1 096,48
$f = 73$					
					4 821 164,32

28 mars 1904.   N° 11.

Mêmes charges.

$T_h = 8°,440$	B	95,79	96,14	95,96	B = 4 820 079,11
$T_b = 8°,357$	(B - 0,02)	106,42	106,79	106,60	A - B = - 8,98
$H = 761^{mm},97$	A	101,76	99,70	100,73	P = + 1 095,41
$f = 73,5$					
					4 821 165,54

28 mars 1904.   N° 12.

Mêmes charges.

$T_h = 8°,490$	B	95,06	95,90	95,48	B = 4 820 079,11
$T_b = 8°,364$	(B - 0,02)	105,88	106,63	106,26	A - B = - 9,29
$H = 761^{mm},79$	A	101,12	99,85	100,48	P = + 1 095,16
$f = 74,5$					
					4 821 164,98

Moyenne..............   **4 821 165,04**

Pesées dans l'eau.

2 avril 1904.   N° 7.

A = Cylindre + étrier.
B = Kg(Ni n° 1 + n° 2 + Bb n° 8) + O(400 + 100 + 20 + 2) + Ni 1(0,5 + 0,2 + 0,05 + 0,01) + étrier.

$T_{cage} = 8°,432$	A	94,20	97,45	95,82	B =	3 522 778,$\overset{mg}{86}$
$T_{eau} = 8°,250$	(A − 0,02)	108,18	110,76	109,47	A − B = +	3,81
H = 765^{mm},05	B	98,40	98,45	98,42	P = −	460,20
f = 74,5						

$$3\ 522\ 322,47$$

2 avril 1904.   N° 8.

Mêmes charges.

$T_{cage} = 8°,542$	A	95,76	97,83	96,80	B =	3 522 778,86
$T_{eau} = 8°,259$	(A − 0,02)	109,06	111,35	110,20	A − B = +	4,12
H = 765^{mm},05	B	99,53	99,60	99,56	P = −	460,02
f = 74						

$$3\ 522\ 322,96$$

2 avril 1904.   N° 9.

Mêmes charges.

$T_{cage} = 8°,652$	A	99,16	99,08	99,12	B =	3 522 778,86
$T_{eau} = 8°,270$	(A − 0,02)	113,42	112,23	112,82	A − B = +	2,92
H = 764^{mm},80	B	100,97	101,26	101,12	P = −	459,67
f = 75						

$$3\ 522\ 322,11$$

2 avril 1904.   N° 10.

Mêmes charges.

$T_{cage} = 8°,743$	B	100,89	100,88	100,88	B =	3 522 778,86
$T_{eau} = 8°,312$	A	98,32	99,75	99,04	A − B = +	2,78
H = 764^{mm},18	(A − 0,02)	111,55	113,03	112,29	P = −	459,15
f = 74						

$$3\ 522\ 322,49$$

2 avril 1904.   N° 11.

Mêmes charges.

$T_{cage} = 8°,821$	B	100,40	100,98	100,69	B =	3 522 778,86
$T_{eau} = 8°,341$	A	96,61	100,14	98,38	A − B = +	3,44
H = 764^{mm},03	(A − 0,02)	110,23	113,46	111,84	P = −	458,89
f = 76						

$$3\ 522\ 323,41$$

2 avril 1904.   N° 12.

Mêmes charges.

$T_{cage} = 8°,886$	B	99,32	99,88	99,60	B =	3 522 778,86
$T_{eau} = 8°,366$	A	95,98	96,72	96,35	A − B = +	4,88
H = 763^{mm},77	(A + 0,02)	109,47	109,88	109,68	P = −	458,63
f = 75,5						

$$3\ 522\ 325,11$$

Pesées dans l'air.

8 avril 1904.   N° 13.

A = Cylindre + étrier.
B = Kg(n° 31 + Ni n° 1 + n° 2 + Bb n° 8) + O(400 + 300 + 100 + 20) + Ni 1(0.05 + 0,01) + étrier.

$T_h = 9°,263$	A	98,33	98,96	98,65	B = $4\,820\,079,\overset{mg}{11}$
$T_b = 9°,212$	B	98,54	98,84	98,69	A — B = + 0,08
H = $758^{mm},44$	(B — 0,02)	108,75	108,86	108,80	P = + 1 086,50
f = 80					

4 821 165,69

8 avril 1904.   N° 14.

B = B initial + Ni1 0,005.

$T_h = 9°,263$	A	98,03	97,82	97,92	B = 4 820 084,15
$T_b = 9°.227$	B	96,41	94,16	95,28	A — B = — 4,97
H = $758^{mm},51$	(B — 0,02)	107,34	104,48	105,91	P = — 1 086,55
f = 79,5					

4 821 165,73

8 avril 1904.   N° 15.

Mêmes charges.

$T_h = 9°,403$	A	96,30	98,10	97,20	B = 4 820 084,15
$T_b = 9°,343$	B	94,71	94,60	94,66	A — B = — 4,71
H = $758^{mm},46$	(B — 0,02)	105,60	105,31	105,46	P = + 1 085,97
f = 81					

4 821 165,41

8 avril 1904.   N° 16.

Mêmes charges.

$T_h = 9°,493$	B	95,08	95,68	95,38	B = 4 820 084,15
$T_b = 9°,423$	(B — 0,02)	105,88	106,24	106,06	A — B = — 3,67
H = $758^{mm},56$	A	97,42	97,25	97,34	P = + 1 085,66
f = 84,5					

4 821 166,14

8 avril 1904.   N° 17.

Mêmes charges.

$T_h = 9°,383$	(B — 0,02)	104,68	104,00	104,34	B = 4 820 084,15
$T_b = 9°,338$	B	94,37	93,08	93,72	A — B = — 8,41
H = $758^{mm},71$	A	98,34	98,02	98,18	P = + 1 086,29
f = 81,5					

4 821 162,03

8 avril 1904.   N° 18.

Mêmes charges.

$T_h = 9°,433$	(B — 0,02)	105,25	105,56	105,40	B = 4 820 084,15
$T_b = 9°,376$	B	94,42	94,55	94,48	A — B = — 6,77
H = $758^{mm},91$	A	97,11	98,93	98,17	P = + 1 086,44
f = 82					

4 821 163,82

Moyenne. **4 821 164,80**

La succession des trois valeurs moyennes de la masse montre que le cylindre

XIV.   B.30

a perdu une petite quantité de matière au cours de la première immersion, tandis que, pendant la seconde, la variation est douteuse. Or, le cylindre ayant séjourné longtemps dans l'eau avant la première série de pesées hydrostatiques, une partie de la perte de matière s'est nécessairement produite avant le début des mesures; il est donc certain qu'en prenant la moyenne des deux valeurs de la masse, on ne tiendriat pas suffisamment compte de cette circonstance. En adoptant au contraire sa valeur après les pesées, on admet que toute la perte a eu lieu avant la détermination de la poussée, ce qui est improbable. Je m'arrêterai à l'hypothèse intermédiaire, consistant à attribuer une égale incertitude à la moyenne et à la valeur finale. Pour la dernière série de pesées, je prendrai la moyenne brute des deux valeurs pratiquement identiques de la masse.

Numéro de la pesée.	Masse du cylindre.	Masse apparente dans l'eau.	Masse de l'eau déplacée.	Temp.	Press.	(Coeff. de réduct. à 8°) 10^6.			Masse de l'eau déplacée à 8° et sous 760^{mm}
						Temp.	Press.	Somme.	
		mg	mg	°	mm				mg
1...		3 522 329,21	1 298 836,70	8,512	767,2	+ 5,62	— 0,47	+ 5,15	1 298 843,39
2...		3 522 328,45	1 298 837,46	8,537	767,5	+ 6,00	— 0,50	+ 5,50	1 298 844,60
3...	4 821 165,91 mg	3 522 325,84	1 298 840,07	8,356	773,0	+ 3,48	— 0,86	+ 2,62	1 298 843,47
4...		3 522 328,28	1 298 837,63	8,382	772,5	+ 3,80	— 0,83	+ 2,97	1 298 841,49
5...		3 522 329,28	1 298 836,63	8,356	773,4	+ 3,48	— 0,89	+ 2,59	1 298 839,99
6...		3 522 329,52	1 298 836,39	8,365	773,3	+ 3,60	— 0,88	+ 2,72	1 298 839,92
7...		3 522 322,47	1 298 842,45	8,250	775,7	+ 2,29	— 1,04	+ 1,25	1 298 844,07
8...		3 522 322,96	1 298 841,96	8,259	775,7	+ 2,41	— 1,04	+ 1,37	1 298 843,74
9...	4 821 164,92 mg	3 522 322,11	1 298 842,81	8,270	775,5	+ 2,53	— 1,02	+ 1,51	1 298 844,77
10...		3 522 322,49	1 298 842,43	8,312	774,8	+ 3,01	— 0,98	+ 2,03	1 298 845,07
11...		3 522 323,41	1 298 841,51	8,341	774,7	+ 3,37	— 0,97	+ 2,40	1 298 844,63
12...		3 522 325,11	1 298 839,81	8,366	774,4	+ 3,65	— 0,96	+ 2,69	1 298 843,30

Moyenne................ 1 298 843,20
Correction d'altitude..... — 0,27
Moyenne corrigée........ **1 298 842,93**

Il semble que la poussée ait diminué au cours de la première série de pesées, qui dura deux jours; la valeur moyenne est aussi un peu plus basse que pour la deuxième série. L'adoption de la moyenne brute des résultats des deux premières séries de pesées dans l'air rapprocherait les deux moyennes des poussées; mais les raisons qui m'ont fait préférer une moyenne pondérée semblent s'imposer. Je prendrai, pour la valeur de la poussée, la moyenne des deux résultats, en la corrigeant de la différence d'altitude.

Il reste à diminuer le volume du cylindre de 0^{mm^3},4 pour tenir compte de la petite quantité de matière perdue.

On trouve ainsi:

Masse du décimètre cube d'eau à 8°...... 0^{kg},999 844 0

Masse du décimètre cube d'eau à 4°...... 0^{k},,999 967 6

Volume du kilogramme d'eau à 4°....... 1^{dm^3},000 032 4

Cylindre n° 3.

Description. — Le diamètre du cylindre n° 3 a été ajusté très près de la valeur cherchée, de 100^{mm}, tandis que, pour la hauteur, on est resté à 0^{mm},1 environ au-dessus de cette valeur. L'épaisseur des parois est comprise entre 11^{mm} et 12^{mm}.

La surface présente de très petites piqûres, localisées en quelques régions des faces, et une dépression un peu plus étendue, sur le bord du goujon obturant l'un des évents.

Mesures des dimensions. — Le cylindre est nettement, mais régulièrement ovalisé. La différence du plus grand au plus petit du diamètre est plus forte près des bases que dans la région moyenne; l'écart varie entre 1$^{\mu}$,5 et 3$^{\mu}$ environ; les bases sont bien planes.

Les déterminations ont pu être faites conformément au plan adopté, savoir de centimètre en centimètre pour les diamètres comme pour les hauteurs, à l'exception des sections extrêmes et des plus grandes circonférences des bases, que l'on a prises à 2^{mm} des bords. Pour la section voisine de la base B, il a été fait quelques déterminations supplémentaires, en raison de la différence sensible des diamètres.

Les coefficients de réduction, pour lesquels les résultats trouvés par l'étude de la barre de bronze n° 2 ont été admis, sont les suivants (p. 188, 192) :

Pour les hauteurs et les diamètres $\begin{cases} P + C \dots & 2^{\mu},312 \text{ par degré} \\ [48] \dots & 3^{\mu},230 \quad \text{»} \end{cases}$

Les Tableaux qui suivent reproduisent les résultats des mesures.

DIAMÈTRES. — A *dessus*.

Section.	Azimut.	Température.		P[0,0; 0,0] + C — [48][0·400].		
		P + C.	[48].	à *t*°.	à 8°.	Moy. à 8°.
A — 2^{mm}...	0	8,124	8,074	—22,83$^{\mu}$	—22,88$^{\mu}$	
	50	8,136	8,082	··24,65	··24,70	
	100	8,155	8,095	··25,44	—25,49	
	150	8,175	8,122	—23,01	—23,02	
	200	8,187	8,160	—22,71	—22,62	
	250	8,214	8,180	—23,95	—23,86	
	300	8,241	8,201	—25,07	—24,98	
	350	8,158	8,115	—23,17	—23,17	—23,84$^{\mu}$

DIAMÈTRES. — A *dessus.*

Section.	Azimut.	Température.		P[0,0; 0,0] + C − [48][0·400].		
		P + C.	[48].	à t°.	à 8°.	Moy. à 8°.
A — 20...	0	8,224	8,156	−21,07	−21,09	
	50	8,235	8,168	−22,61	−22,61	
	100	8,241	8,174	−22,76	−22,76	
	150	8,248	8,183	−21,30	−21,28	
	200	8,236	8,194	−21,32	−21,24	
	250	8,250	8,210	−22,32	−22,22	
	300	8,263	8,215	−22,84	−22,76	
	350	8,281	8,229	−21,52	−21,43	−21,92
A — 40...	0	8,468	8,411	−20,16	−19,91	
	50	8,476	8,420	−21,40	−21,14	
	100	8,485	8,429	−21,32	−21,05	
	150	8,278	8,237	−20,60	−20,47	
	200	8,288	8,240	−20,49	−20,38	
	250	8,302	8,252	−21,28	−21,17	
	300	8,326	8,270	−21,49	−21,37	
	350	8,338	8,276	−20,66	−20,55	−20,75
A — 60...	0	8,366	8,331	−18,91	−18,69	
	50	8,373	8,338	−20,13	−19,90	
	100	8,385	8,340	−20,03	−19,82	
	150	8,342	8,303	−19,12	−18,93	
	200	8,358	8,310	−19,19	−19,02	
	250	8,374	8,324	−19,82	−19,63	
	300	8,381	8,344	−19,93	−19,70	
	350	8,394	8,354	−18,92	−18,69	−19,30
A — 10...	25	8,352	8,306	−22,61	−22,43	
	75	8,361	8,311	−24,00	−23,83	
	125	8,370	8,316	−22,54	−22,38	
	175	8,377	8,329	−21,49	−21,30	
	225	8,389	8,340	−21,91	−21,71	
	275	8,405	8,349	−23,39	−23,20	
	325	8,416	8,356	−22,22	−22,03	
	375	8,425	8,363	−21,69	−21,50	−22,30
A — 30...	25	8,528	8,499	−21,53	−21,14	
	75	8,536	8,505	−22,61	−22,22	
	125	8,543	8,514	−22,25	−21,84	
	175	8,560	8,541	−21,43	−20,97	
	225	8,578	8,555	−22,42	−21,97	
	275	8,420	8,376	−22,74	−22,50	
	325	8,436	8,380	−21,45	−21,23	
	375	8,452	8,393	−20,53	−20,30	−21,52
A — 50...	25	8,476	8,451	−20,19	−19,83	
	75	8,488	8,454	−20,84	−20,50	
	125	8,504	8,460	−20,24	−19,91	
	175	8,422	8,383	−19,23	−18,97	
	225	8,436	8,390	−20,33	−20,08	
	275	8,453	8,408	−20,77	−20,50	
	325	8,472	8,418	−20,39	−20,13	
	375	8,484	8,430	−19,62	−19,35	−19,91

DIAMÈTRES. — B *dessus.*

| Section. | Azimut. | Température. | | P[0,0; 0,0] + C — [48] [100·500]. | | |
		P + C.	[48].	à t°.	à 8°.	Moy. à 8°.
B — 2 ...	0	8,020	7,973	—16,61	—16,75	
	50	8,032	7,977	—18,08	—18,22	
	100	8,040	7,979	—19,99	—20,15	
	150	8,080	8,004	—17,83	—18,00	
	200	8,084	8,017	—16,89	—17,02	
	250	8,076	8,036	—18,56	—18,62	
	280	8,295	8,275	—20,16	—19,95	
	290	8,314	8,281	—20,35	—20,17	
	300	8,327	8,293	—20,30	—20,11	
	310	8,339	8,300	—19,80	—19,61	
	320	8,337	8,327	—19,59	—19,31	
	350	8,343	8,337	—18,32	—18,02	—18,36
B — 20 ...	0	8,548	8,515	—17,61	—17,22	
	50	8,546	8,518	—17,68	—17,27	
	100	8,552	8,519	—19,20	—18,80	
	150	8,558	8,524	—18,32	—17,92	
	200	8,564	8,528	—17,26	—16,85	
	250	8,572	8,535	—18,03	—17,62	
	300	8,562	8,548	—19,21	—18,74	
	350	8,533	8,530	—18,54	—18,06	—17,81
B — 10 ...	25	8,345	8,267	—16,05	—15,99	
	75	8,351	8,269	—17,61	—17,55	
	125	8,363	8,276	—17,68	—17,63	
	175	8,368	8,280	—16,51	—16,46	
	225	8,299	8,266	—16,41	—16,24	
	275	8,316	8,267	—18,03	—17,90	
	325	8,316	8,269	—17,76	—17,64	
	375	8,330	8,278	—16,58	—16,44	—16,98
B = 30 ...	25	8,361	8,310	—17,51	—17,34	
	75	8,366	8,311	—18,61	—18,46	
	125	8,370	8,314	—18,93	—18,78	
	175	8,372	8,316	—18,29	—18,13	
	225	8,378	8,320	—17,30	—17,14	
	275	8,180	8,129	—18,57	—18,57	
	325	8,197	8,133	—18,96	—18,99	
	375	8,214	8,143	—18,33	—18,36	—18,22
B — 50 ...	25	8,272	8,224	—19,50	—19,41	
	75	8,280	8,230	—19,60	—19,51	
	125	8,291	8,232	—20,60	—20,52	
	175	8,309	8,243	—20,10	—20,03	
	225	8,407	8,375	—19,92	—19,65	
	275	8,413	8,375	—20,25	—19,99	
	325	8,422	8,378	—21,01	—20,77	
	375	8,437	8,395	—20,59	—20,32	—20,03

HAUTEURS. — A *à gauche.*

Rayon.	Azimut.	Température.		P[—0,1; 0,0] + C — [48][500·900].		
		P + C.	[48].	à t°.	à 8°.	Moy. à 8°.
mm		°	°	μ	μ	
0........	25	8,236	8,220	— 2,92	— 2,76	
	125	8,241	8,222	— 2,54	— 2,38	
	225	8,250	8,225	— 2,21	— 2,06	
	325	8,258	8,228	— 2,41	— 2,27	μ — 2,37
20........	25	8,298	8,264	— 2,29	— 2,13	
	75	8,296	8,264	— 2,37	— 2,20	
	125	8,293	8,262	— 2,34	— 2,17	
	175	8,294	8,264	— 2,53	— 2,36	
	225	8,296	8,267	— 2,31	— 2,13	
	275	8,298	8,268	— 2,07	— 1,89	
	325	8,181	8,170	— 2,40	— 2,27	
	375	8,196	8,179	— 2,10	— 1,97	— 2,14
40......	25	8,250	8,239	— 2,71	— 2,52	
	75	8,260	8,247	— 2,78	— 2,58	
	125	8,274	8,250	— 3,38	— 3,20	
	175	8,280	8,257	— 2,88	— 2,70	
	225	8,182	8,177	— 2,87	— 2,72	
	275	8,188	8,178	— 2,56	— 2,42	
	325	8,201	8,180	— 2,43	— 2,31	
	375	8,210	8,180	— 2,18	— 2,09	— 2,57
48........	25	8,037	8,034	— 2,58	— 2,56	
	75	8,044	8,051	— 3,16	— 3,10	
	125	8,058	8,056	— 3,45	— 3,40	
	175	8,007	7,999	— 3,03	— 3,05	
	225	8,025	8,010	— 3,19	— 3,22	
	275	8,039	8,027	— 2,98	— 2,98	
	325	8,058	8,039	— 2,74	— 2,74	
	375	8,108	8,113	— 3,09	— 2,98	— 3,00

HAUTEURS. — A *à droite.*

Rayon.	Azimut.	Température.		P[0,0; +0,1] + C — [48][400·800].		
		P + C.	[48].	à t°.	à 8°.	Moy. à 8°.
mm		°	°	μ	μ	
0........	25	8,142	8,101	+ 6,81	+ 6,81	
	125	8,145	8,104	+ 7,08	+ 7,08	
	225	8,082	8,065	+ 6,46	+ 6,48	
	325	8,093	8,078	+ 6,78	+ 6,81	μ + 6,80
40........	0	8,069	8,038	+ 7,12	+ 7,08	
	100	8,075	8,039	+ 6,95	+ 6,91	
	200	8,084	8,048	+ 6,67	+ 6,64	
	300	8,092	8,054	+ 6,47	+ 6,43	+ 6,76

HAUTEURS. — A *à droite.*

Rayon.	Azimut.	Température. P + C.	[48].	P [0,0; 0,1] -- C — [48][400-800]. à t°.	à 8°.	Moy. à 8°.
mm 30......	o	8,083	8,057	μ + 7,08	μ -- 7,07	
	50	8,100	8,072	+ 7,20	+ 7,20	
	100	8,121	8,073	+ 7,08	+ 7,04	
	150	8,136	8,078	+ 7,01	+ 6,95	
	200	7,973	7,953	+ 7,13	+ 7,04	
	250	7,985	7,956	+ 7,11	+ 7,00	
	300	8,001	7,964	+ 6,80	+ 6,68	μ
	350	8,018	7,976	+ 7,13	+ 7,01	+ 7,00
48........	o	8,088	8,070	+ 6,51	+ 6,54	
	50	8,110	8,077	+ 6,41	+ 6,41	
	100	8,126	8,080	+ 5,99	+ 5,96	
	150	8,137	8,092	+ 6,57	+ 6,55	
	200	8,135	8,117	+ 6,08	+ 6,15	
	250	8,147	8,123	+ 6,14	+ 6,20	
	300	8,162	8,126	+ 6,45	+ 6,49	
	350	8,178	8,135	+ 6,38	+ 6,41	+ 6,34

J'ai fait pour quelques sections, parmi lesquelles les deux extrêmes, le calcul de la moyenne à l'aide des courbes représentatives des diamètres. Les écarts par rapport aux moyennes brutes sont positifs ou négatifs, et compris, en valeur absolue, entre $0^\mu,00$ et $0^\mu,03$. Leur moyenne est sensiblement nulle, et je n'en ai pas tenu compte.

Le calcul des longueurs auxiliaires est reproduit ci-après (*voir* p. 196, 199, 204).

[48] à 8° — 400mm.

μ
[0·400]: + 25,92
[100·500]: + 24,78
[400·800]: + 20,49
[500·900]: + 30,07

P à 8° — 300mm

μ
[0,0; 0,0]: + 11,72
[0,0; 0,0]: + 11,72
μ
[0,0; +0,1]: + 11,72 ·· 100,02
[—0,1; 0,0]: + 11,72 -- 99,54

[48] — P à 8°.

μ
100 014,20
100 013,06
100 108,79
100 117,89

En combinant ces nombres avec les résultats immédiats des mesures on trouve les valeurs suivantes des diamètres et des hauteurs du cylindre.

Sections.	Diamètres à 8°.
mm A — 2.....................	μ 99 990,36
10.....................	99 991,90
20.....................	99 992,28
30.....................	99 992,68
40.....................	99 993,45
50.....................	99 994,29
60.....................	99 994,90
B — 2.....................	99 994,70
10.....................	99 996,08
20.....................	99 995,25
30.....................	99 994,84
50.....................	99993,03

En lisant les diamètres sur la courbe (*fig.* 49), on trouve :

$$\text{Diamètre moyen à } 8^\circ = 99\,993^\mu,70$$

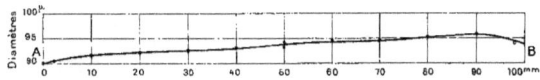

Fig. 49. — Diamètres du cylindre n° 3.

Le parallélisme presque parfait des bases permet d'adopter les moyennes brutes des hauteurs directement mesurées.

Positions.	Rayons. des circonférences.	Hauteurs moyennes à 8°.
	mm	μ
A à gauche........	0	100 115,52
	20	100 115,75
	40	100 115,32
	48	100 114,89
A à droite..... ...	0	100 115,59
	10	100 115,55
	30	100 115,79
	48	100 115,13

La concordance des résultats relatifs aux mêmes régions est très satisfaisante. En prenant, pour hauteur de référence, $100\,115^\mu$, on trouve

$$\text{Volume de référence..... } 786\,202^{\text{mm}^3},30.$$

On peut, comme pour le cylindre n° 2, faire progresser par centimètres les

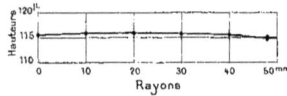

Fig. 50. — Hauteurs du cylindre n° 3.

rayons pour le calcul des excédents, dont les éléments sont fournis par la courbe (*fig.* 50).

Rayons.	Hauteurs excédentes.	Excédents rectangulaires.	Excédents triangulaires.
mm	μ	mm³	mm³
0	+ 0,56	+ 0,176	0,000
10	+ 0,56	+ 0,528	+ 0,099
20	+ 0,75	+ 1,178	+ 0,024
30	+ 0,78	+ 1,715	— 0,530
40	+ 0,31	+ 0,905	— 0,572
50	— 0,07		
Sommes.........		+ 4,502	— 0,979

Le volume total est donc, à 8° du thermomètre à mercure :

$$V'_{8°} = 786\,265^{mm^3}, 82$$

et, dans l'échelle normale,

$$V_{8°} = 782\,207^{mm^3}, 65.$$

Pesées. — Après les premières déterminations de la masse, qui eurent lieu les 17 et 18 mars 1904, le cylindre fut immergé, et l'eau soumise à une faible pression. On effectua alors une première série de pesées hydrostatiques, le 23 mars. Puis l'eau fut échangée, et le vase replacé sous la cloche. L'évacuation tirait à sa fin, et j'étais prêt à rendre la pression, lorsque, ayant élevé la voix pour couvrir le bruit de la trompe à eau, je vis la cloche s'effondrer avec fracas, emplissant le vase de ses débris. En même temps, la commotion avait brisé l'épaisse dalle de verre dépoli sur laquelle le vase était posé, celui-ci s'était incliné fortement, et le cylindre était tombé de ses sangles.

L'ayant retiré de l'eau, je constatai qu'il avait une simple écorchure à l'une de ses arêtes, et une rayure très superficielle sur une des bases. Je recommençai les pesées dans l'air, dont le résultat indiqua que le cylindre avait absorbé une sensible quantité d'eau. Il portait, en effet, sur l'une de ses faces, tout près du goujon fermant l'ouverture centrale, quelques piqûres probablement profondes, qui avaient pu livrer passage au liquide.

Je touchai alors légèrement, avec un pinceau enduit de vernis, tous les défauts visibles. Puis, obligé d'attendre la réfection de la cloche pour reprendre les pesées, je laissai le cylindre séjourner dans l'eau distillée pendant deux jours et demi. Les dernières pesées avaient donné, pour la masse du cylindre, $3\,892\,906^{mg}, 52$. Les nouvelles pesées, dont le détail est reproduit ci-après, fournirent la valeur $3\,892\,903^{mg}, 67$. Ainsi, malgré l'augmentation de masse due au vernis, le cylindre avait perdu près de 3^{mg}. Cette perte s'accrut dans les pesées suivantes, et finit par atteindre $4^{mg}, 2$. La perte réelle est certainement un peu plus forte, puisque la masse du vernis n'est pas négligeable. La différence trouvée représente donc la limite inférieure de la perte.

Il est sans intérêt de reproduire le détail des pesées antérieures à l'obturation des piqûres.

Pesées dans l'air.

28 mars 1904.   N° 1.

A = Cylindre + étrier.

B = $\begin{cases} \text{Kg(Ni n° 1 + n° 2 + Bb n° 8) + O(400 + 300 + 100 + 40 + 30 + 20 + 2)} \\ \text{+ Ni1(0,2 + 0,1 + 0,05 + 0,02 + 0,01) + étrier.} \end{cases}$

$T_h = 8°,580$	B	99,89	100,10	100,00	B = $3\,892\,399,69$
$T_h = 8°,581$	A	100,77	100,52	100,64	A − B = − 1,02
H = 759^{mm},94	(A + 0,02)	88,03	88,01	88,02	P = + 504,14
f = 73					
					$3\,892\,902,81$

XIV.   B.31

Pesées dans l'air.

29 mars 1904.   N° **2.**

B = B initial + Ni1 0.005.

$T_h = 8°,325$	B	97,04	96,16	96,60	B =	3 892 404,73
$T_b = 8°,351$	A	97,11	97,74	97,59	A — B = —	1,48
$H = 752^{mm},34$	(A + 0,02)	83,31	85,10	84,20	P = +	499,44
$f = 74$						3 892 902,69

29 mars 1904.   N° **3.**

B = B initial + Ni1 (0,02* — 0,01 — 0,005).

$T_h = 8°,383$	B	100,84	98,23	99,54	B =	3 892 409,72
$T_b = 8°,353$	A	102,03	103,17	102,60	A — B = —	5,11
$H = 750^{mm},88$	(A + 0,02)	90,31	90,89	90,60	P = +	498,50
$f = 77$						3 892 903,11

30 mars 1904.   N° **4.**

B = B n° 3 + Ni1 0,005.

$T_h = 8°,140$	A	101,32	99,39	100,35	B =	3 892 414,76
$T_b = 8°,271$	(A + 0,02)	88,26	86,95	87,60	A — B = —	6,01
$H = 744^{mm},70$	B	96,45	96,60	96,52	P = +	494,86
$f = 73$						3 892 903,61

30 mars 1904.   N° **5.**

Mêmes charges.

$T_h = 8°,470$	A	105,12	105,46	105,49	B =	3 892 414,76
$T_b = 8°,321$	(A + 0,02)	92,63	92,67	92,65	A — B = —	2,70
$H = 744^{mm},72$	B	103,31	104,22	103,76	P = +	494,73
$f = 74$						3 892 906,79

30 mars 1904.   N° **6.**

B = B initial + Ni1 (0,01 — 0,005).

$T_h = 8°,650$	A	107,08	107,86	107,47	B =	3 892 419,79
$T_b = 8°,541$	(A + 0,02)	95,43	95,81	95,12	A — B = —	11,48
$H = 744^{mm},91$	B	100,29	100,49	100,39	P = +	494,73
$f = 74,5$						3 892 903,04

Moyenne. **3 892 903,67**

Pesées dans l'eau.

4 avril 1904.   N° **1.**

A = Cylindre + étrier.
B = Kg (Ni n° 1 + n° 2 + Bb n° 8) + O (100 + 4 + 3) + Ni1 (0,2* — 0,02 + 0,01) + étrier.

$T_{enge} = 8°,869$	B	103,97	103,91	103,94	B =	3 107 248,56
$T_{eau} = 8°,480$	(B + 0,02)	89,04	89,20	89,12	A — B = +	1,78
$H = 760^{mm},56$	A	102,53	102,71	102,62	P = —	432,64
$f = 78,5$						3 106 817,70

Pesées dans l'eau.

4 avril 1904.   N° 2.

Mêmes charges.

$T_{cage} = 8°,873$	B	104,74	102,89	103,82	B =	3 107 248,56 ^{mg}	
$T_{eau} = 8°,520$	(B + 0,02)	90,35	89,45	89,90	A − B = +	2,56	
H $= 760^{mm},56$	A	101,12	102,95	102,04	P = −	432,64	
$f = 78$							
						3 106 818,48	

4 avril 1904.   N° 3.

Mêmes charges.

$T_{cage} = 8°,918$	B	103,76	102,27	102,81	B =	3 107 248,56	
$T_{eau} = 8°,538$	(B + 0,02)	89,01	88,57	88,79	A − B = +	2,54	
H $= 760^{mm},70$	A	101,86	100,20	101,03	P = −	432,65	
$f = 78$							
						3 106 818,45	

4 avril 1904.   N° 4.

Mêmes charges.

$T_{cage} = 9°,018$	A	98,37	98,92	98,64	B =	3 107 248,56	
$T_{eau} = 8°,566$	B	101,58	101,15	101,38	A − B = +	3,67	
H $= 760^{mm},93$	(B + 0,02)	86,33	86,75	86,54	P = −	432,61	
$f = 78,5$							
						3 106 819,62	

4 avril 1904.   N° 5.

Mêmes charges.

$T_{cage} = 9°,750$	A	97,66	98,70	98,18	B =	3 107 248,56	
$T_{eau} = 8°,590$	B	102,71	100,80	101,76	A − B = +	5,08	
H $= 760^{mm},95$	(B + 0,02)	88,03	87,25	87,64	P = −	432,57	
$f = 79$							
						3 106 821,07	

4 avril 1904.   N° 6.

Mêmes charges.

$T_{cage} = 9°,013$	A	98,51	98,68	98,60	B =	3 107 248,56	
$T_{eau} = 8°,622$	B	101,48	99,94	100,71	A − B = +	3,00	
H $= 761^{mm},02$	(B + 0,02)	87,13	86,12	86,63	P = −	432,66	
$f = 79$							
						3 106 818,90	

Pesées dans l'air.

5 avril 1904.   N° 7.

A = Cylindre + étrier.

B = { Kg(Ni n° 1 + n° 2 + Bb n" 8) + O(400 + 300 + 100 + 40 + 30 + 20 + λ)
{   + Ni1(0,2 + 0,1 + 0,05 + 0,03 + 0,02*) + étrier.

$T_A = 8°,849$	B	98,33	96,36	97,34	B =	3 892 409,72 ^{vg}	
$T_b = 8°,718$	A	107,16	106,88	107,02	A − B = −	15,74	
H $= 764^{mm},21$	(A + 0,02)	94,47	94,95	94,71	P = +	506,87	
$f = 77,5$							
						3 892 900,85	

Pesées dans l'air.

5 avril 1904.   N° **8.**

Mêmes charges.

							mg
$T_h = 8°,968$	B	95,75	94,89	95,32		B =	3 892 409,72
$T_b = 8°,763$	A	103,45	106,76	105,10	A — B = —		15,93
H = 764^{mm},20	(A + 0,02)	91,05	94,57	92,81		P = +	506,87
$f = 78$							
							3 892 900,66

5 avril 1904.   N° **9.**

Mêmes charges.

$T_h = 9°,043$	A	102,86	104,04	103,45		B =	3 892 409,72
$T_b = 8°,984$	(A + 0,02)	90,38	92,02	91,20	A — B = —		12,62
H = 762^{mm},47	B	95,23	96,24	95,73		P = +	505,08
$f = 77,5$							
							3 892 902,18

5 avril 1904.   N° **10.**

Mêmes charges.

$T_h = 9°,033$	A	102,72	102,05	102,38		B =	3 892 409,72
$T_b = 8°,941$	(A + 0,02)	90,43	89,98	90,20	A — B = —		10,41
H = 762^{mm},22	B	95,88	96,22	96,05		P = +	505,04
$f = 78$							
							3 892 904,35

5 avril 1904.   N° **11.**

Mêmes charges.

$T_h = 9°,057$	A	103,86	103,80	103,83		B =	3 892 409,72
$T_b = 9°,003$	(A + 0,02)	91,52	91,00	91,26	A — B = —		12,97
H = 762^{mm},19	B	95,77	95,61	95,69		P = +	504,82
$f = 79$							
							3 892 901,57

5 avril 1904.   N° **12.**

Mêmes charges.

$T_h = 9°,098$	B	94,26	96,00	95,13		B =	3 892 409,72
$T_b = 9°,044$	A	102,51	104,06	103,28	A — B = —		12,65
H = 762^{mm},07	(A + 0,02)	89,87	90,89	90,38		P = +	504,65
$f = 79,5$							
							3 892 901,72

Moyenne. **3 892 901,89**

Pesées dans l'eau.

6 avril 1904.   N° **7.**

A = Cylindre + étrier.
B = Kg(Ni n° 1 + n° 2 + Bb n° 8) + O(100 + 4 + 3) + Ni(0,2ᵉ + 0,02) + étrier.

							mg
$T_{cage} = 9°,043$	A	96,02	95,56	95,79		B =	3 107 238,49
$T_{eau} = 8°,572$	B	104,30	103,16	103,76	A — B = +		11,00
H = 757^{mm},87	(B + 0,02)	89,34	89,17	89,26		P = —	430,83
$f = 77,5$							
							3 106 818,66

Pesées dans l'eau.

6 avril 1904.   N° 8.

B = B initial + Ni 1 0,01.

$T_{cage} = 9°,076$	A	98,08	97,65	97,86	B =	3 107 248,56 ^{mg}
$T_{eau} = 8°,679$	B	102,01	101,12	101,56	A − B = +	5,06
$H = 757^{mm},94$	(B + 0,02)	87,28	86,57	86,92	P = −	430,83
$f = 77$						
						3 106 822,79

6 avril 1904.   N° 9.

Mêmes charges.

$T_{cage} = 9°,143$	A	96,41	97,89	97,15	B =	3 107 248,56
$T_{eau} = 8°,700$	B	103,02	100,72	101,87	A − B = +	6,56
$H = 758^{mm},09$	(B + 0,02)	88,30	86,62	87,46	P = −	430,78
$f = 78,5$						
						3 106 824,34

6 avril 1904.   N° 10.

Mêmes charges.

$T_{cage} = 9°,258$	B	102,58	102,15	102,36	B =	3 107 248,56
$T_{eau} = 8°,732$	(B + 0,02)	87,78	87,49	87,64	A − B = +	4,91
$H = 758^{mm},00$	A	99,38	98,13	98,75	P = −	430,47
$f = 82,5$						
						3 106 823,00

6 avril 1904.   N° 11.

Mêmes charges.

$T_{cage} = 9°,258$	B	102,61	104,78	103,70	B =	3 107 248,56
$T_{eau} = 8°,765$	(B + 0,02)	88,00	91,29	89,64	A − B = +	5,92
$H = 757^{mm},85$	A	98,85	100,23	99,54	P = −	430,40
$f = 82$						
						3 106 824,08

6 avril 1904.   N° 12.

Mêmes charges.

$T_{cage} = 9°,263$	B	100,82	102,79	101,80	B =	3 107 248,56
$T_{eau} = 8°,816$	(B + 0,02)	86,45	87,21	86,83	A − B = +	5,90
$H = 757^{mm},84$	A	98,70	96,08	97,39	P = −	430,40
$f = 81$						
						3 106 824,06

Pesées dans l'air.

7 avril 1904.   N° 13.

A = Cylindre + étrier.

B = { Kg(Ni n° 1 + n° 2 + Bb n° 8) + O(400 + 300 + 100 + 40 + 30 + 20 + 2)
    { + Ni 1 (0,2* + 0,1 + 0,05 + 0,02 + 0,02*) + étrier.

$T_h = 9°,103$	A	101,99	99,50	100,74	B =	3 892 409,75 ^{mg}
$T_b = 8°,964$	B	96,72	96,95	96,84	A − B = −	6,32
$H = 755^{mm},88$	(B + 0,02)	108,85	109,53	109,19	P = +	500,86
$f = 78,5$						
						3 892 904,29

CH.-ÉD. GUILLAUME.

Pesées dans l'air.

7 avril 1904.   N° **14.**

Mêmes charges.

$T_h = 9°,233$	A	101,10	101,98	101,54	B =	^{mg} 3 892 409,75
$T_b = 9°,024$	B	95,42	95,44	95,43	A — B = —	9,68
H $= 755^{mm},91$	(B + 0,02)	108,08	108,06	108,07	P = +	500,86
$f = 79,5$						
						3 892 900,93

7 avril 1904.   N° **15.**

Mêmes charges.

$T_h = 9°,283$	A	100,60	101,96	101,28	B =	3 892 409,75
$T_b = 9°,085$	B	96,13	96,20	96,16	A — B = —	8,23
H $= 755^{mm},91$	(B + 0,02)	108,39	108,86	108,62	P = +	500,73
$f = 80$						
						3 892 902,25

7 avril 1904.   N° **16.**

Mêmes charges.

$T_h = 9°,263$	B	96,67	96,42	96,54	B =	3 892 409,75
$T_b = 9°,138$	(B + 0,02)	109,10	107,98	108,54	A — B = —	9,73
H $= 756^{mm},00$	A	102,65	102,10	102,37	P = +	500,54
$f = 80,5$						
						3 892 900,56

7 avril 1904.   N° **17.**

Mêmes charges.

$T_h = 9°,423$	B	95,86	97,11	96,48	B =	3 892 409,75
$T_b = 9°,204$	(B + 0,02)	108,50	110,10	109,30	A — B = —	7,53
H $= 756^{mm},03$	A	101,48	101,12	101,30	P = +	500,58
$f = 82$						
						3 892 902,80

7 avril 1904.   N° **18.**

Mêmes charges.

$T_h = 9°,388$	B	97,91	96,94	97,42	B =	3 892 409,75
$T_b = 9°,216$	(B + 0,02)	110,32	109,50	109,91	A — B = —	7,31
H $= 756^{mm},34$	A	102.86	101,11	101,98	P = +	500,68
$f = 82$						
						3 892 903,12

Moyenne.......... **3 892 902,32**

J'ai adopté, pour réduire les pesées hydrostatiques, les moyennes brutes, deux à deux, des pesées dans l'air.

Numéro de la pesée.	Masse du cylindre.	Masse apparente dans l'eau.	Masse de l'eau déplacée.	Temp.	Press.	(Coeff. de réd. à 8°) 10⁻⁶.			Masse de l'eau déplacée à 8° et sous 760ᵐᵐ.
						Temp.	Press.	Somme.	
		mg	mg	°	mm				mg
1...		3 106 817,70	786 085,08	8,480	772,3	+ 5,03	— 0,82	+ 4,21	786 088,39
2...		3 106 818,48	786 084,30	8,520	772,3	+ 5,60	— 0,82	+ 4,78	786 088,06
3...	mg 3 892 902,78	3 106 818,45	786 084,33	8,538	772,5	+ 5,84	— 0,82	+ 5,02	786 088,28
4...		3 106 819,62	786 083,16	8,566	772,7	+ 6,24	— 0,84	+ 5,40	786 087,40
5...		3 106 821,07	786 081,71	8,590	772,7	+ 6,56	— 0,84	+ 5,72	786 086,21
6...		3 106 818,90	786 083,88	8,622	772,8	+ 7,07	— 0,85	+ 6,22	786 088,77
7...		3 106 818,66	786 083,44	8,572	769,6	+ 6,32	— 0,64	+ 5,68	786 087,90
8...		3 106 822,79	786 079,31	8,679	769,7	+ 8,02	— 0,64	+ 7,38	786 085,11
9...	3 892 902,10	3 106 824,34	786 077,76	8,700	769,8	+ 8,30	— 0,65	+ 7,65	786 083,77
10...		3 106 823,00	786 079,10	8,732	769,8	+ 8,90	— 0,65	+ 8,25	786 085,59
11...		3 106 824,08	786 078,02	8,765	769,6	+ 9,44	— 0,64	+ 8,80	786 084,94
12...		3 106 824,06	786 078,04	8,816	769,6	+10,42	— 0,64	+ 9,78	786 085,73

Moyenne. 786 086,68

Correction d'altitude . . . . . .   — 0,16

Moyenne corrigée. **786 086,52**

Les résultats des pesées sont un peu irréguliers, sans qu'on puisse assigner une cause aux écarts constatés, non plus qu'à la différence des valeurs moyennes des poussées du premier et du second groupe. Il n'existe aucun motif de faire un choix parmi les nombres trouvés ; on prendra donc la moyenne brute des poussées.

Quant au volume, nous avons vu qu'il fallait le diminuer de la quantité de métal dissous dans l'eau, dont la limite inférieure a été fixée à 4ᵐᵍ,2, correspondant à 0ᵐᵐ³,48. Puis, pour tenir compte, en plus, des piqûres et de la petite dépression signalée sur le bord d'un des goujons, enfin de l'écorchure subie par le cylindre dans sa chute au fond du vase, il faut ajouter à ce volume une quantité additionnelle qui, d'après une évaluation forcément un peu incertaine, amène le déficit total à 1ᵐᵐ³.

Résultats. — Les corrections ci-dessus ayant été faites à la valeur précédemment établie pour le volume du cylindre, on trouve les quotients suivants :

Masse du décimètre cube d'eau à 8° = 0ᵏᵍ,999 847 2

et, par conséquent,

Masse du décimètre cube d'eau à 4° = 0ᵏᵍ,999 970 8

Volume du kilogramme d'eau à 4° = 0ᵈᵐ³,000 029 2

Comme pour les autres cylindres, ces valeurs seront reprises dans la discussion générale.

DÉFORMATIONS ÉLASTIQUES.

Dans l'établissement des résultats qui précèdent, nous avons négligé les déformations qu'éprouvent les palpeurs et les cylindres dans leur contact réciproque, ainsi que les modifications de ces derniers sous l'action des variations de la pression extérieure. Nous allons maintenant essayer d'en tenir compte.

Les déformations sont de deux espèces distinctes : les unes font intervenir un ensemble étendu, tel que les bases entières des cylindres ou la portion des palpeurs comprise entre leur point de contact et la section d'attache du poids qui les entraine. D'autres, uniquement locales, sont limitées à un très petit espace entourant le point de contact lui-même.

Pour la plupart de ces déformations, un calcul rigoureux est impossible. Mais, comme elles sont toutes très petites, on peut appliquer, à la détermination de chacune d'elles, des hypothèses simplifiées qui conduisent à des résultats approchés au degré de précision des mesures.

Déformations générales.

Ces déformations sont proportionnelles aux efforts, dans des limites bien plus étendues que celles qui nous intéressent. On peut leur appliquer les formules élémentaires de la théorie de l'élasticité. Nous allons en faire une évaluation approximative pour les palpeurs et pour les cylindres.

Palpeurs. — Le point d'application de la force entrainant les palpeurs l'un vers l'autre étant situé à 100^{mm} environ au delà des traits de repère, on peut admettre que, entre ceux-ci et les points de contact, centrés sur la section, l'effort est uniformément réparti au travers de celle-ci. Cette section s est de $200^{mm²}$ environ, dans une moyenne qui englobe la partie rectangulaire entaillée et les appendices cylindriques. La longueur totale intéressée est de 300^{mm}; le module d'élasticité E de l'invar est de $14\,820^{kg}_{mm²}$. La contraction, pour la charge normale F, de 0^{kg},2, est donc

$$\Delta l = \frac{l\mathrm{F}}{s\mathrm{E}} = 0^{\mu},02.$$

Nous aurons à tenir compte de cette quantité dans la correction des déformations expérimentales au contact (p. 259).

Cylindres. — Les déformations des cylindres sont de divers genres :

1° Un cylindre debout s'écrase et augmente de diamètre par la seule action de son poids. Dans mes mesures, j'ai toujours opéré (à une seule exception près, p. 236), dans la moitié supérieure, de telle sorte que nous pouvons nous limiter aux déformations de la section située à égale distance des bases.

Or, aussi longtemps que la déformation reste purement élastique, la variation des dimensions transversales est proportionnelle aux changements de longueur, et le rapport des deux modifications est, pour le bronze, sensiblement égal à $\frac{1}{3}$ ([1]). La variation maxima du diamètre d sera donc exprimée par

$$\Delta d = \frac{1}{3}\frac{dF}{sE},$$

F étant la charge supportée par la section moyenne, c'est-à-dire la moitié du poids du cylindre.

En introduisant, dans cette formule, les nombres relatifs au plus gros cylindre, de 140^{mm} de diamètre, de 3440^{mm^2} de section réelle des parois, et pesant $5^{kg},1$, on trouve

$$\Delta d = 0^{\mu},004,$$

quantité tout à fait négligeable.

2° Pour opérer rigoureusement, il serait nécessaire d'appliquer, à chaque journée d'observation, une correction individuelle, pour tenir compte des variations de volume des cylindres dues aux oscillations de la pression barométrique. Mais, comme les corrections de pression sont très faibles, on peut se borner à faire un calcul approximatif, en appliquant à chacun des éléments du cylindre, base et pourtour, une valeur moyenne de la pression pendant les mesures correspondantes.

Le coefficient de pression d'une enveloppe cylindrique indéfinie, dont les rayons extérieur et intérieur sont R_e et R_i, est donné, dans la notation de Lamé, par l'expression

(1) $$\varpi = \frac{R_i^2}{R_e^2 - R_i^2}\left\{\frac{3}{3\lambda + 2\mu} + \frac{1}{\mu}\right\}.$$

En posant $\lambda = 2\mu$, hypothèse équivalente à celle qui consiste à admettre, pour le coefficient de Poisson, la valeur 0,33, on trouve

(2) $$\lambda = 0,75 E$$

et

(1') $$\varpi = \frac{11}{3}\frac{R_i^2}{(R_e^2 - R_i^2)E}.$$

Introduisant, dans l'équation (1'), les données relatives au cylindre n° 1, on

([1]) E.-H. AMAGAT, Recherches sur l'élasticité des solides et la compressibilité du mercure (Annales de Chimie et de Physique, 6ᵉ série, t. XXII, 1891, p. 95).

trouve

$$\varpi = 0,0017,$$

les pressions étant exprimées en kg : mm². Or, la différence des pressions barométriques moyennes pendant les pesées hydrostatiques et au cours des mesures des diamètres pour le cylindre nᵒ 1 a été de 9ᵐᵐ de mercure, pression à laquelle il faut ajouter 12ᵐᵐ, valeur équivalente à la hauteur moyenne de la colonne d'eau, soit, au total, 21ᵐᵐ de mercure, ou 0,000 28 $\frac{kg}{mm}$. On trouve ainsi

$$\frac{\Delta s}{s} = \frac{\Delta V}{V} = v_1 = 0,0000048 = \frac{1}{2\,100\,000},$$

ou, pour le volume total du cylindre, 0ᵐᵐ³,90. Cette quantité est un maximum, puisqu'elle a été établie dans l'hypothèse d'un cylindre indéfini, tandis que le cylindre qui nous occupe est limité et renforcé par ses bases.

Pour les deux autres cylindres, les différences des pressions moyennes totales sont de 28ᵐᵐ et de 12ᵐᵐ de mercure; les variations sont respectivement de $\frac{1}{2000000}$ et $\frac{1}{6000000}$.

Sous l'action d'une pression uniforme p, une plaque circulaire encastrée se creuse en une surface de révolution dont l'équation est ([1])

$$y = A(\rho^2 - R^2)^2,$$

R étant le rayon de la plaque et ρ la distance au centre du point considéré, A un coefficient dont la valeur numérique résulte immédiatement de l'expression de la flèche :

$$f = 0,17 \frac{pR^4}{Ee^3},$$

où e désigne l'épaisseur de la plaque. Le volume de la dépression est

$$v_2 = A \int_0^R \int_0^{2\pi} (\rho^2 - R^2)^2 \rho \, d\rho \, d\omega = \frac{\pi}{3} A R^6.$$

Effectuons encore le calcul pour le cylindre nᵒ 1 et pour la pression de 21ᵐᵐ de mercure correspondant aux circonstances des mesures; on trouve pour la flèche 0ᵘ,12, et l'on pose immédiatement

$$A R^4 = 0,00012,$$

([1]) FÖPPL, *Résistance des matériaux*, p. 254 (traduct. Hann, Gauthier-Villars, 1901).

d'où
$$A = 9,2.10^{-11}.$$
Il en résulte
$$v_2 = 0,45^{mm^3}.$$

Pour les deux fonds, on a $2v_2 = 0^{mm^3},90$, quantité qui, ajoutée à la déformation du pourtour, conduit à une contraction totale de $1^{mm^3},80$, ou $\frac{1}{1110000}$, soit
$0^{mg},8$ d'augmentation pour la masse du décimètre cube d'eau.

Étant donnée la petitesse de cette quantité, l'hypothèse simplifiée de l'uniformité de la pression n'a pas pu introduire d'erreur appréciable sur le résultat
final.

Pour les deux autres cylindres, les variations, proportionnelles à $\frac{R^4}{e^3}$, seraient,
pour un même écart de pression, respectivement égales à $0,31$ et $0,09$ de celle
qui a été calculée pour le cylindre n° 1. Si l'on tient compte du rapport des
pressions, on trouve $0^{mm^3},36$ et $0^{mm^3},05$. La somme des variations correspond
à $0^{mg},82$ et $0^{mg},22$ pour la masse du décimètre cube d'eau fournie par chacun
des cylindres.

3° La déformation y, sous l'action d'une force unique agissant en un point
d'une plaque encastrée, est (Föppl, p. 263)

$$y = \frac{0,22 F(R^2 - \rho^2)}{e^3 E} - \frac{0,44 F \rho^2}{e^3 E} \operatorname{Log} \frac{R}{\rho}.$$

Introduisant dans cette équation les quantités relatives au plus gros cylindre, et faisant successivement $\rho = 0^{mm}$, 10^{mm}, ..., on arrive aux résultats
portés au Tableau suivant :

ρ.	y.	Excédents rectangulaires.	Excédents triangulaires.
mm	μ	mm³	mm³
0.................	0,033	+ 0,010	— 0,001
10.................	0,029	+ 0,027	— 0,003
20.................	0,023	+ 0,036	— 0,007
30.................	0,014	+ 0,031	— 0,007
40.................	0,008	+ 0,023	— 0,004
50.................	0,005	+ 0,017	— 0,003
60.................	0,000		
Sommes......		0,144	— 0,025

Les ρ et y peuvent servir à calculer des excédents, ainsi qu'il a été fait pour
tous les cylindres. Les nombres qui en résultent sont reproduits dans les deux
dernières colonnes. La somme des excédents est de $0^{mm^3},12$; le volume,
double pour les deux bases, est $0^{mm^3},24$.

Une déformation analogue se produit sur le pourtour, partant d'un minimum près des extrémités, où le cylindre est soutenu par les fonds, et augmentant jusqu'au centre. Un calcul élémentaire montre que, pour les points situés au voisinage des fonds, la déformation est inférieure à $0^\mu,01$. Au total, la quantité cherchée est du même ordre que celle qui vient d'être calculée, c'est-à-dire extrêmement petite pour le plus gros cylindre et négligeable pour les autres.

Les déformations générales dues au contact des palpeurs sont donc, dans mes mesures, du même ordre de grandeur que celles que produit la pression de l'eau dans les pesées hydrostatiques, avec une faible prépondérance de ces dernières.

Mais comme, pour le plus gros cylindre, la déformation totale due à l'excès de pression pendant les pesées est certainement inférieure à $\frac{1}{1\,140\,000}$, puisque le calcul a été fait comme pour un cylindre indéfini, on en conclut que l'effet différentiel des déformations générales, encore plus petites, en valeur relative, pour les cylindres n° 2 et n° 3, est, dans l'ensemble des résultats, une quantité négligeable.

Déformations au contact.

Théorie. — Le contact des corps élastiques a été soumis pour la première fois à une analyse complète par Hertz, qui a consacré à cette question un Mémoire devenu classique [1].

Hertz considère les corps en contact comme limités par des surfaces du second degré dont les équations sont

$$z_1 = A_1 x^2 + C xy + B_1 y^2, \qquad z_2 = A_2 x^2 + C xy + B_2 y^2,$$

la direction z étant perpendiculaire au plan tangent commun aux deux surfaces.

Posons $A = A_1 - A_2$, $B = B_1 - B_2$; la distance de deux points homologues des surfaces sera

$$z_1 - z_2 = A x^2 + B y^2$$

Soient maintenant ρ_{11}, ρ_{12} les réciproques des rayons de courbure de l'une des surfaces, ρ_{21}, ρ_{22} ceux de l'autre surface, ω l'angle des plans de courbure principaux. On a

$$2(A + B) = \rho_{11} + \rho_{12} + \rho_{21} + \rho_{22},$$
$$2(A - B) = \sqrt{(\rho_{11} - \rho_{12})^2 + 2(\rho_{11} - \rho_{12})(\rho_{21} - \rho_{22})\cos 2\omega + (\rho_{21} - \rho_{22})^2}.$$

---

[1] H. Hertz, *Ueber die Berührung fester elastischer Körper* (*Journal de Crelle*, t. XCII, 1881, et *Gesammelte Abhandlungen*, t. I, p. 155).

Introduisons l'angle auxiliaire τ défini par la relation

$$\cos\tau = \frac{A - B}{A + B};$$

il en résulte

$$2A = (\rho_{11} + \rho_{12} + \rho_{21} + \rho_{22})\cos^2\frac{\tau}{2},$$

$$2B = (\rho_{11} + \rho_{12} + \rho_{21} + \rho_{22})\sin^2\frac{\tau}{2}.$$

Ces relations sont purement géométriques.

Dans le traitement mécanique du problème, Hertz suppose les deux corps parfaitement polis, ce qui supprime les formes tangentielles. De plus, la force totale est égale à la somme des forces agissant sur la surface de contact réel. Enfin, dans la surface de pression, la distance des deux corps est nulle.

Le développement ultérieur de ces hypothèses utilise des équations analogues à celles qui permettent de calculer l'action de masses électriques réparties dans le plan $z = 0$.

Hertz définit les qualités élastiques par les paramètres de Kirchhoff, mais ne fait usage que de la grandeur $\Im$, reliée aux paramètres de Lamé par l'équation

$$\Im = \frac{\lambda + 2\mu}{(\lambda + \mu)\mu}.$$

Désignant ensuite par k le rapport $\frac{b}{a}$ des axes de l'ellipse de contact, on arrive, pour le rapprochement total des deux corps, à la formule

$$\Delta z = \frac{3F}{8\pi}\frac{\Im_1 + \Im_2}{a}\int_0^\infty \frac{du}{\sqrt{(1 + k^2 u^2)(1 + u^2)}},$$

où F désigne l'effort produisant l'écrasement des corps l'un contre l'autre.

Il reste à déterminer a et b. Dans ce but, Hertz établit d'abord une transcendante de τ, qui conduit au calcul de deux quantités auxiliaires p et q, dont le Tableau suivant contient les valeurs en fonction de τ :

τ.	p.	q.
90.........	1,000	1,000
80	1,128	0,893
70.........	1,284	0,802
60.........	1,486	0,717
50.........	1,754	0,641
40.........	2,136	0,567
30.........	2,731	0,494
20.........	3,778	0,408
10.........	6,612	0,319
0.........	∞	0

a et b se déduisent alors des formules

$$a = p \sqrt[3]{\frac{3\,\mathrm{F}(\mathfrak{S}_1 + \mathfrak{S}_2)}{8(\rho_{11} + \rho_{12} + \rho_{21} + \rho_{22})}},$$

$$b = q \sqrt[3]{\frac{3\,\mathrm{F}(\mathfrak{S}_1 + \mathfrak{S}_2)}{8(\rho_{11} + \rho_{12} + \rho_{21} + \rho_{22})}}.$$

Nous ferons bientôt usage de ces formules. Remarquons seulement que, si les deux surfaces en contact sont des portions de sphères, la figure de contact est un cercle. Il en résulte

$$k = 1, \qquad \cos\tau = 0, \qquad p = q = 1.$$

La valeur de Δz est alors

$$\Delta z = \frac{1}{4} \sqrt[3]{\frac{9}{4}\,\mathrm{F}^2(\mathfrak{S}_1 + \mathfrak{S}_2)^2 \left(\frac{1}{\mathrm{R}_1} + \frac{1}{\mathrm{R}_2}\right)},$$

R_1 et R_2 étant les rayons des sphères.

Vérifications expérimentales. — Les conséquences de la théorie de Hertz ont été soumises à des vérifications de diverses natures. Les unes, purement qualitatives, ont consisté à observer l'effet de la répartition des forces de compression ou d'extension qui règnent autour du point de contact; les autres, quantitatives, ont eu pour but de rechercher dans quelles limites de précision et dans quel intervalle de dimensions des corps en contact, ou jusqu'à quelle pression maxima les relations numériques établies par Hertz sont satisfaites.

Parmi les premières de ces vérifications, on peut citer les observations faites par M. A. Kleiner [1] sur une sphère d'agate, exposée à un grand nombre de chocs, et qui était restée polie au point d'impact, tandis qu'elle présentait un dépoli marqué dans une zone circulaire concentrique à ce point. Dans cette région, l'agate, soumise à un effort de traction, auquel elle résiste moins bien qu'à la compression, avait cédé et perdu sa cohésion par éclatement.

Des observations analogues ont été faites par M. F. Auerbach [2], qui a consacré, à l'établissement d'une échelle des duretés fondée sur la théorie de Hertz, d'importantes recherches expérimentales. Il a montré aussi que la dureté, telle que la définit Hertz, n'est pas une constante relative à une matière donnée; mais que l'expérience la fait apparaître comme une fonction des dimensions

---

[1] A. KLEINER, *Société helvétique des sciences naturelles, Session de Neuchâtel*, et *Archives de Genève*, 3ᵉ série, t. VIII, 1899, p. 375.

[2] F. AUERBACH, *Absolute Härtemessungen* (*Wied. Ann.*, t. XLIII, p. 61, 1891, et t. XLIV, p. 272, 1892).

des corps d'épreuve. A cet égard, la théorie de Hertz est encore incomplète ; d'ailleurs, il ne considérait que de petites déformations élastiques, amenant la déformation permanente ou la rupture ; en d'autres termes, son échelle numérique des duretés ne devrait s'appliquer, en toute rigueur, qu'à des corps relativement mous ou très fragiles. M. M.-T. Huber ([1]) a donné, à cette théorie, une extension mathématique qui permet de rendre compte des divergences trouvées entre les conséquences des formules primitives et les résultats de l'expérience.

Mais si, au lieu de pousser les efforts jusqu'aux déformations permanentes, on se limite à des pressions modérées, on peut établir une série de valeurs corrélatives de deux variables, entre lesquelles la théorie de Hertz prévoit une relation déterminée.

Ainsi, en désignant par d le diamètre du cercle de contact dans le cas de surfaces sphériques, on doit avoir

$$d = \text{const.} \sqrt[3]{F}.$$

Hertz a trouvé déjà, en pressant une lentille de verre de 28^{mm} de rayon de courbure contre un plan de verre, une parfaite constance du rapport, pour des efforts compris entre $0^{kg},2$ et $3^{kg},5$, limites de ses mesures. La même relation a été reconnue exacte par M. Auerbach dans des expériences faites avec du verre et avec du quartz.

Une concordance très bonne entre la théorie et l'expérience a été trouvée aussi dans le rapport des axes de l'ellipse de contact obtenue lorsque deux cylindres sont pressés l'un contre l'autre, depuis la position rectangulaire jusqu'à un angle de 10° entre les axes. Dans ce dernier cas, tandis que la valeur du grand axe de l'ellipse varie dans le rapport de 1 à 7, cette valeur reste proportionnelle à la quantité p précédemment définie (p. 253), avec des écarts fortuits de 2 pour 100 environ par rapport à la moyenne, ne dépassant certainement pas les erreurs possibles des délicates observations qui les font connaître.

La théorie de Hertz permet aussi de traiter le cas du choc, et conduit, pour l'expression de la durée du contact entre deux sphères d'une matière donnée, en fonction de leur rayon commun et de la vitesse avec laquelle elles se rencontrent, à la relation

$$t = \text{const.} \, R \, v^{-\frac{1}{5}}.$$

Des expériences exécutées par H. Schneebeli ([2]) avec des sphères d'acier de

([1]) M.-T. HUBER, *Zur Theorie der Berührung fester elastischer Körper* (*Wied. Ann.*, 3ᵉ série, t. XIV, p. 153, 1904).

([2]) H. SCHNEEBELI, *Recherches expérimentales sur le choc des corps élastiques* (*Archives de Genève*, 3ᵉ série, t. XIV, p. 435, 1885).

rayons compris entre 10^{mm} et 35^{mm}, s'abordant avec des vitesses de 156^{mm} à 1032^{mm} par seconde, ont vérifié également à 2 pour 100 près environ par rapport à la moyenne, et sans rien de systématique, les prévisions de la théorie.

C'est encore dans les mêmes limites de précision qu'a été vérifiée la relation

$$d = \text{const. } R c^{\frac{2}{5}},$$

d étant, comme précédemment, le diamètre du cercle de contact.

Ces vérifications ne se rapportent pas directement à l'objet de nos mesures. Il convenait cependant de les mentionner brièvement pour montrer que la théorie de Hertz s'est montrée parfaitement d'accord avec l'expérience, pour la plupart des éléments où interviennent, dans le phénomène du contact, des corps en repos ou en mouvement.

La mesure du rapprochement des corps a attendu plus longtemps un examen détaillé, en raison de la petitesse des quantités à évaluer, et de la difficulté qui en résulte pour leur détermination précise.

La recherche la plus complète concernant la quantité Δz est due à M. Lafay ([1]), qui l'a exécutée dans l'Atelier de précision de la Section technique de l'Artillerie à Paris.

L'appareil employé par M. Lafay est constitué par une balance dont un des plateaux a été remplacé par un anneau pesant, dans lequel viennent se loger trois touches terminées par des arrondis de même rayon, préparées avec le métal à étudier. « Ces touches s'appuient sur les faces planes supérieures de tenons tronconiques, et l'on fait varier l'effort qu'elles ont à supporter en chargeant plus ou moins le plateau de la balance; la force variable est constituée par du mercure. »

L'écrasement est mesuré, à l'aide d'une méthode interférentielle, par le rapprochement de deux glaces solidaires de l'anneau et de la plaque dans laquelle sont enchâssés les tenons.

M. Lafay a cherché la vérification de la formule de Hertz en mesurant le rapprochement dans le cas de sphères d'acier ou de bronze appuyant contre des plans de l'un de ces métaux. Les rayons ont varié, pour l'acier, entre 5^{mm} et 250^{mm}, pour le bronze entre 5^{mm} et 160^{mm}; dans les deux cas, les efforts ont été poussés jusqu'à $3^{kg},5$.

Les tableaux réunissent les résultats de M. Lafay vérifient convenablement la théorie dès les plus faibles charges pour les petits rayons, tandis que, pour

([1]) A. LAFAY, *Recherches expérimentales sur les déformations de contact des corps élastiques* (*Ann. de Chim. et de Phys.*, 7ᵉ série, t. XXIII, p. 241, 1901).

les faibles courbures, les quantités observées sont toujours supérieures au résultat du calcul.

Voici, par exemple, quelques-unes des séries dont il reproduit les résultats.

Rapprochements.

	Acier.				Bronze.			
	R = 150ᵐᵐ.		R = 250ᵐᵐ.		R = 80ᵐᵐ.		R = 160ᵐᵐ.	
Charges.	Obs.	Calc.	Obs.	Calc.	Obs.	Calc.	Obs.	Calc.
kg	µ	µ	µ	µ	µ	µ	µ	µ
0,1	0,14	0,07	0,14	0,06	0,21	0,16	0,18	0,12
0,5	0,31	0,20	0,30	0,17	0,49	0,45	0,47	0,36
0,0	0,43	0,31	0,42	0,26	0,72	0,72	0,69	0,60
1,5	0,52	0,40	0,50	0,35	0,91	0,94	0,86	0,75
2,0	0,61	0,49	0,58	0,42	1,07	1,14	1,01	0,95
2,5	0,70	0,58	0,65	0,49	1,21	1,32	1,14	1,05
3,0	0,77	0,65	0,72	0,55	1,36	1,49	1,25	1,18
3,5	0,84	0,70	0,77	0,60	1,48	1,65	1,37	1,31

On peut d'abord remarquer que les nombres obtenus avec la sphère de bronze de 80ᵐᵐ de rayon indiquent une augmentation de la résistance sous des charges croissantes, et cet effet est encore beaucoup plus accusé pour les rayons les plus petits examinés par M. Lafay. Un tel phénomène n'a rien de surprenant ; le bronze se compose, en effet, de cristaux de composition définie, noyés dans un eutectique possédant d'autres propriétés. La déformation progressive fait apparaître des phénomènes successifs, dans lesquels interviennent des paramètres élastiques différents. Les déterminations du module appliquées à des quantités massives d'alliage fournissent une valeur moyenne, dans laquelle prédomine celle de l'eutectique, qui forme le réseau continu, tandis que le contact des sphères, surtout de petit rayon, déforme successivement l'eutectique et les cristaux définis.

Les trois autres séries reproduites ci-dessus révèlent des déformations expérimentales un peu plus fortes que les aplatissements théoriques.

Mais, si l'on regarde les nombres de près, on voit que les écarts augmentent très peu entre les plus faibles et les plus fortes charges. L'accord entre la théorie et l'expérience serait donc satisfaisant, si l'on pouvait admettre une erreur de point de départ très petite, puisque l'écart, pour les faibles charges, est partout inférieur à 0ᵏ,1. Or la difficulté d'obtenir de bons résultats sous de très faibles charges n'a point échappé à M. Lafay. Cette difficulté, qui existe dans tous les cas, s'est trouvée augmentée encore par le fait que ces expériences, exécutées dans Paris, ont été un peu troublées par les trépidations, qui ont pu provoquer de faibles écartements des surfaces, lorsque celles-ci n'étaient pas appliquées l'une contre l'autre par des charges notables. « Il en résulte, dit-il, que, s'il est possible de déterminer avec précision les variations des Δz, les valeurs absolues de ces quantités sont moins bien connues. »

M. Lafay a été ainsi conduit à rejeter complètement les résultats obtenus avec des charges voisines de zéro, et à déterminer par une extrapolation la position pour une charge nulle.

La théorie prévoit que la déformation est proportionnelle à la puissance $\frac{2}{3}$ de la charge. M. Lafay trouve, pour les plus petits rayons, un exposant égal à $\frac{197}{300}$, pratiquement identique à celui qu'indique la théorie; mais, pour de plus grands rayons, l'exposant diminue graduellement jusque vers $\frac{1}{2}$. Or les résultats reproduits ci-dessus montrent que, si l'on retranche par exemple $0^\mu,06$ ou $0^\mu,08$ des nombres observés avec la sphère de bronze de grand rayon, ils ne diffèrent plus que d'une quantité à peine mesurable des nombres théoriques, et l'exposant $\frac{2}{3}$ reparaît presque exactement.

A l'occasion de la mesure d'un étalon à bouts sphériques, MM. Perot et Fabry ([1]) ont été aussi conduits à déterminer des écrasements au contact.

L'étalon, qui était constitué par une tige cylindrique en acier, de 12^{mm} de diamètre et de 116^{mm} de longueur, avec des arrondis terminaux de 58^{mm} de rayon, était compris entre deux lames de verre, pressées contre ses extrémités avec un effort mesuré, et dont on déterminait la distance par le procédé des franges de superposition. Adoptant, pour le module d'élasticité de l'acier, 19500 kg : mm², pour celui du verre, 7000 kg : mm², et enfin $\lambda = \mu$, les auteurs mettent en regard les valeurs mesurées et calculées des écrasements, reproduites dans le Tableau suivant :

	Déformation	
Effort.	Observée.	Calculée.
kg	μ	μ
0,041...	0,08	0,08
0,102...	0,16	0,15
0,204...	0,24	0,24
0,306...	0,31	0,31
0,408...	0,35	0,38

L'accord est aussi parfait qu'on puisse le désirer.

J'ai fait aussi de nombreuses mesures en vue de déterminer directement la correction d'écrasement à l'aide de mon appareil. Les palpeurs étant en contact l'un avec l'autre ou avec un cylindre, on chargeait de poids croissants les fils auxquels ils sont attachés, et l'on mesurait la variation de leur distance à l'aide des microscopes.

Les résultats ont été d'une médiocre précision relative, car les déformations ainsi mesurées dépassent très peu la limite de sensibilité des pointés au micro-

---

([1]) A. Perot et Ch. Fabry, *Mesure en longueur d'onde de quelques étalons de longueur à bouts* (*Ann. de Chimie et de Phys.*, 7ᵉ série, t. XXIV, p. 119, 1901).

mètre. De plus, comparés aux plus faibles charges, les frottements étaient assez considérables pour laisser des doutes sur la réalité du contact. Ainsi, même sous une charge de $0^{kg},1$, j'ai observé, après quelques mouvements du banc du comparateur, des écartements qui indiquaient nettement un défaut de contact. Dans ces conditions, un filet de lumière horizontal tangent au cylindre paraissait sans discontinuité, contrairement à ce qu'on observait sous une charge plus forte. On pouvait admettre alors que les petits déplacements relatifs des diverses parties du banc consécutives aux secousses avaient rejeté les palpeurs en arrière, et que leur charge trop faible ne les avait pas ramenés contre le cylindre. Il s'agissait, bien entendu, de petites quantités, toujours inférieures au demi-micron.

Mes mesures ont été faites dans le courant de l'été 1904, après l'étude complète des cylindres n° 2 et n° 3.

Le procédé le plus simple, pour utiliser les résultats obtenus dans des mesures telles que les miennes, consiste à calculer les coefficients A et B de la fonction

$$\Delta z + A = B F^{\frac{2}{3}},$$

dans laquelle A est l'écrasement pour $0^{kg},1$ déduit de l'ensemble des résultats, et où B devrait être égal à la valeur numérique de la quantité donnée, dans la théorie de Hertz, pour le contact de deux sphères, par

$$\sqrt[3]{\frac{3}{16}(\Im_1 + \Im_2)^2 \left(\frac{1}{R_1} + \frac{1}{R_2}\right)}.$$

Ce calcul est effectué ci-après pour le contact des palpeurs. Les nombres observés sont diminués de la déformation générale des palpeurs, qui, pour une charge de 1^{kg}, est de $0^{\mu},09$ (p. 248). Le calcul a été fait soit en prenant toutes les observations, soit en éliminant les résultats obtenus sous la charge de $0^{kg},1$. Les nombres observés portés au Tableau suivant sont les moyennes de dix séries de mesures, sous des charges alternativement croissantes et décroissantes.

Écrasements.

Charges.	Obs.	Calc. 1.	O — C. 1.	Calc. 2.	O — C. 2.
kg	μ	μ	μ	μ	μ
0,1......	0,00	0,13	— 0,13		
0,2......	0,23	0,19	+ 0,04	0,26	— 0,03
0,3......	0,28	0,23	+ 0,05	0,29	— 0,01
0,4......	0,37	0,27	+ 0,10	0,32	+ 0,05
0,5......	0,30	0,30	0,00	0,34	— 0,04
0,6......	0,38	0,34	+ 0,04	0,36	+ 0,02
0,7......	0,39	0,37	+ 0,02	0,38	+ 0,01
0,8......	0,40	0,41	— 0,01	0,41	— 0,01
0,9......	0,47	0,44	+ 0,03	0,43	+ 0,04
1,0......	0,37	0,47	— 0,10	0,45	— 0,08

Les constantes de la formule sont

$$\text{Dans le calcul } 1 \ldots \ldots \quad A = -0^{\mu},04 \qquad B = 0^{\mu},43$$
$$\text{» } \qquad 2 \ldots \ldots \quad A = -0^{\mu},17 \qquad B = 0^{\mu},27$$

Les deux calculs indiquent une erreur de départ, puisque A devrait être positif. Cette erreur est, ainsi qu'on pouvait le prévoir, plus considérable dans le deuxième calcul que dans le premier, parce que la discontinuité des observations sous $0^{kg},1$ et $0^{kg},2$ oblige dans celui-ci la fonction à s'abaisser vers zéro.

Pour le contact des palpeurs avec les cylindres, la moyenne des dix séries bien concordantes de mesures faites par moitié sur les cylindres n° 2 et n° 3 couchés, en prenant contact à 30^{mm} du bord, a conduit aux résultats ci-après :

		Écrasements.			
Charges.	Obs.	Calc. 1.	O — C. 1.	Calc. 2.	O — C. 2.
^{kg}	μ	μ	μ		
0,1........	0,00	0,24	— 0,24		
0,2........	0,43	0,37	+ 0,06	$0,^{\mu}49$	$-^{\mu}0,06$
0,3........	0,62	0,48	+ 0,14	0,57	+ 0,05
0,4........	0,67	0,57	+ 0,10	0,64	+ 0,03
0,5........	0,68	0,06	+ 0,02	0,70	— 0,02
0,6........	0,76	0,74	+ 0,02	0,76	0,00
0,7........	0,85	0,82	+ 0,03	0,82	+ 0,03
0,8........	0,84	0,90	— 0,06	0,87	— 0,03
0,9........	0,94	0,97	— 0,03	0,92	+ 0,02
1,0........	0,95	1,04	— 0,09	0,97	— 0,02

Les deux calculs fournissent les constantes

$$A = -0^{\mu},02, \qquad B = 1^{\mu},02 \quad \text{et} \quad A = -0^{\mu},24, \qquad B = +0^{\mu},73.$$

Les écarts sont analogues à ceux du premier calcul.

Enfin, des mesures faites sur le pourtour du cylindre n° 2, en prenant contact à 25^{mm} d'une des bases, ont donné les résultats suivants :

		Écrasements.			
Charges.	Obs.	Calc. 1.	O — C. 1.	Calc. 2.	O — C. 2.
^{kg}	μ	μ	μ		
0,1........	0,00	0,10	— 0,10		
0,2........	0,20	0,21	— 0,01	$0,^{\mu}26$	$-^{\mu}0,06$
0,3........	0,32	0,30	+ 0,02	0,34	+ 0,02
0,4........	0,44	0,39	+ 0,05	0,41	+ 0,03
0,5........	0,50	0,46	+ 0,04	0,48	+ 0,02
0,6........	0,61	0,53	+ 0,08	0,54	+ 0,07
0,7........	0,59	0,60	— 0,01	0,60	— 0,01
0,8........	0,66	0,66	0,00	0,66	0,00
0,9........	0,76	0,73	+ 0,03	0,71	+ 0,05
1,0........	0,65	0,79	— 0,14	0,76	— 0,11

On en tire, pour les deux calculs :

$$A = + 0^\mu,09, \quad B = 0^\mu,88; \quad A = 0^\mu,00, \quad B = 0^\mu,76.$$

Les résultats sont plus satisfaisants que pour les précédentes séries, puisque l'erreur au départ est beaucoup plus faible.

Si, maintenant, nous appliquons les formules de Hertz au calcul de la quantité B, nous trouvons ([1]) :

Pour les palpeurs seuls........................... $B = 0^\mu,49$

Pour les palpeurs et le cylindre couché............ $B = 0,88$

Pour les palpeurs et le cylindre debout............ $B = 1,07$

Nous voyons que les écrasements théoriques sont, pour les palpeurs seuls, un peu supérieurs aux écrasements observés, quel que soit le mode de calcul employé ; pour le cylindre couché, le nombre théorique est compris entre ceux de l'expérience, enfin, il est plus fort pour le cylindre debout.

Il semblerait donc, d'après mes mesures, que, contrairement aux résultats de M. Lafay, la théorie indiquât des écrasements supérieurs à ceux qui se produisent en réalité. Mais je n'attache qu'une médiocre importance à ce résultat, considéré à un point de vue général.

Il est facile de voir, en effet, que des erreurs de mesure d'un ordre inférieur au dixième de micron suffiraient pour rendre compte des discordances entre les valeurs théoriques et les écrasements expérimentaux. De plus, pour les fortes charges, les variations des propriétés élastiques du bronze, qui ressortent des expériences de M. Lafay, ont pu agir aussi pour diminuer les déformations. Enfin, les charges admises ont pu être légèrement faussées par les frottements.

Les déformations calculées seulement avec les fortes charges sont inférieures à celles qu'indique la théorie, tandis que, si l'on ne prenait que les charges faibles, on serait conduit au résultat opposé. Mais nous avons vu que ces derniers ne méritent aucune confiance.

En somme, mes mesures, bien que ne comportant que de très petites incertitudes en valeur absolue, n'ont pas été assez précises, en valeur relative, pour apporter des preuves nouvelles pour ou contre les conséquences de la théorie de Hertz ([2]).

---

[1] Pour $\lambda = \mu$, $\mathfrak{I} = \dfrac{15}{4E}$; pour $\lambda = 2\mu$, $\mathfrak{I} = \dfrac{32}{9E}$; soit, respectivement, $\dfrac{3,75}{E}$ et $\dfrac{3,55}{E}$. Ces deux hypothèses sont pratiquement équivalentes pour notre calcul.

[2] On pourrait trouver une autre cause de divergence entre la théorie et l'observation, dans le

En résumé, les conséquences de la théorie de Hertz se sont trouvées extrêmement bien vérifiées dans tous les cas où les mesures étaient relativement faciles, et les petits écarts de ses conséquences ne sont apparus que dans les vérifications très délicates, et seulement dans la limite de grandeur de quantités incertaines. Il semble donc qu'elle doive s'appliquer au rapprochement des corps en contact, comme aux autres éléments de la déformation. Mais, en tenant compte du résultat de mes mesures, on sera conduit à les considérer comme une limite supérieure, pour les conditions particulières dans lesquelles j'ai opéré.

Calcul des déformations.

Palpeurs. — Le module d'élasticité trouvé pour la barre d'où ont été tirés les palpeurs est de 14820 kg : mm². Mais divers échantillons d'invar écroui ont donné des valeurs du module atteignant 15500 kg : mm². Comme on peut admettre que le travail des extrémités des goujons a produit un peu d'écrouissage, on se rapprochera sans doute de la vérité en adoptant, pour le module, la valeur arrondie 15000 kg : mm².

A défaut d'une mesure directe du module de torsion, on pourra supposer que le rapport $\frac{\lambda}{\mu}$ des coefficients caractéristiques est le même pour l'invar que pour l'acier, et poser $\vartheta = \frac{15}{4\,\mathrm{E}}$. On a vu plus haut que l'autre hypothèse limite conduit à une relation peu différente entre ϑ et E.

Nous aurons alors :

$$\Delta\varepsilon = \frac{1}{4}\sqrt[3]{\frac{9}{4}\left(\frac{15}{4}\frac{2}{\mathrm{E}}\right)^2 \frac{2}{r}\mathrm{F}^2} = \frac{1}{4}\sqrt[3]{\frac{9}{4}\frac{225}{4.15000}\frac{2}{150}0,2^2} = 0^{\mu},17.$$

Faces des cylindres. — En arrondissant le résultat moyen trouvé par des expériences de flexion sur des barres échantillons des coulées de bronze, on posera E = 10000, et, conformément aux expériences de M. Amagat, $\lambda = 2\,\mu$ et $\vartheta = \frac{3}{9\mathrm{E}}$.

---

fait d'une modification permanente de l'extrémité des palpeurs, due à un faible écrasement ou à un peu d'usure, d'où serait résultée une augmentation de leur rayon de courbure. La constante des palpeurs montre, il est vrai, par sa permanence, que la déformation a été certainement très petite. Mais, d'autre part, les surfaces terminales présentent, au point de contact, un léger dépoli, sous la forme d'une tache circulaire, de 1ᵐᵐ de diamètre environ dans le sens vertical, et un peu plus étendue dans le sens horizontal, par suite des nombreux contacts excentrés pour le réglage des cylindres. Or, pour pratiquer, sur les calottes sphériques qui terminent les palpeurs, des méplats de 1ᵐᵐ de diamètre, il suffirait de les user de 0ᵘ,8. Mais des variations du rayon de courbure, susceptibles de fausser d'une quantité sensible les valeurs des écrasements, se traduiraient par des déformations permanentes bien plus faibles.

La formule pour le calcul de la déformation est alors

$$2\Delta z = \frac{1}{2} \sqrt[3]{\frac{9}{4}\left(\frac{15}{4E_1} + \frac{32}{9E_2}\right)^2 \frac{1}{r}\,F^2}$$

$$= \frac{1}{2} \sqrt[3]{\frac{9}{4}\left(\frac{15}{4.15000} + \frac{32}{9.10000}\right)^2 \frac{1}{150}\,0,2^2} = 0^\mu,30.$$

Pourtour des cylindres. — Les nombres à introduire dans les formules (p. 253) sont : $\rho_{11} = \rho_{22} = \frac{1}{150} = 0,00667$; ρ_{22} = rayon du cylindre.

Nous aurons à évaluer le rapport $\frac{b}{a} = k$, et la valeur absolue de a, qui entre directement dans l'expression de Δz. Les valeurs de ϑ_1, ϑ_2, F, sont celles qui viennent d'être utilisées.

Cylindre n° 1. — Les constantes sont

$$\rho_{22} = \frac{1}{70} = 0,0143,$$

$$2(A + B) = 0,0277, \qquad 2(A - B) = 0,0143,$$

$$\cos\tau = 0,518, \qquad\qquad \tau = 58°,8.$$

Interpolant dans le Tableau (p. 253), on trouve :

$$p = 1,52 \qquad q = 0,70,$$

d'où

$$k = 0,460.$$

Il faut évaluer l'intégrale $\displaystyle\int_0^\infty \frac{du}{\sqrt{(1 + 0,2116\,u^2)(1 + u^2)}}\,.$

Pour cela, j'ai fait un graphique de la fonction pour les valeurs de u comprises entre 0 et 10, puis, au delà de 10, j'ai remplacé $(1 + k^2u^2)(1 + u^2)$ par k^2u^4, et calculé le reste $\left[-\dfrac{1}{ku}\right]_{10}^\infty$.

L'erreur maxima commise sur la valeur de la fonction est de $\frac{1}{20}$ environ au voisinage de $u = 10$, mais diminue très rapidement à mesure que u augmente. L'erreur sur la racine est moitié moindre, et, comme le reste est de l'ordre du dixième de la valeur totale de l'intégrale, l'erreur est absolument insignifiante.

La valeur, ainsi calculée, de l'intégrale est $2,231$; et, en introduisant les données numériques dans la formule

$$2\,\Delta z = \frac{3}{27p}\sqrt[3]{\frac{2}{3}\,\mathrm{F}^2(\mathfrak{S}_1+\mathfrak{S}_2)^2(\mathrm{A}+\mathrm{B})}\int_0^\infty \frac{du}{\sqrt{(1+k^2u^2)(1+u^2)}},$$

on trouve :

$$2\,\Delta z = 0^\mu,36.$$

La différence des écrasements sur les faces du cylindre sera donc $\eta = 0^\mu,13$, et, sur le pourtour, $\delta = 0^\mu,19$.

La correction relative pour le cylindre n° 1 sera :

$$\frac{\Delta \mathrm{V}}{\mathrm{V}} = 2\,\frac{\delta}{\mathrm{D}} + \frac{\eta}{\mathrm{H}} = \frac{0,38}{140000} + \frac{0,14}{130000} = \frac{3,80}{1\,000\,000}.$$

Cylindre n° 2. — Le rayon étant de 60^{mm}, nous avons :

$$p_{22} = 0,01667,$$

d'où

$$2(\mathrm{A}+\mathrm{B}) = 0,0300, \qquad 2(\mathrm{A}-\mathrm{B}) = 0,01667,$$
$$\cos\tau = 0,555, \qquad \tau = 55°,3.$$

L'interpolation donne :

$$p = 1,562, \qquad q = 0,676,$$

d'où

$$k = 0,432.$$

La valeur de l'intégrale est 2,30, et

$$2\,\Delta z = 0^\mu,37.$$

La correction relative est donc

$$\frac{\Delta \mathrm{V}}{\mathrm{V}} = \frac{0,40}{120000} + \frac{0,14}{115000} = \frac{4,6}{1\,000\,000}.$$

Cylindre n° 3. — On a, de même,

$$p_{22} = 0,0200,$$

d'où

$$2(\mathrm{A}+\mathrm{B}) = 0,0333, \qquad 2(\mathrm{A}-\mathrm{B}) = 0,0200,$$
$$\cos\tau = 0,600, \qquad \tau = 53°,1.$$

La Table donne

$$p = 1,655, \qquad q = 0,650,$$

d'où

$$k = 0,393.$$

La valeur de l'intégrale est 2,39 et enfin

$$2\,\Delta z = 0^{\mu},37.$$

La différence des écrasements est donc, dans les limites des décimales conservées, la même que pour le cylindre n° 2, et l'on trouve :

$$\frac{\Delta V}{V} = \frac{0,40}{100000} + \frac{0,13}{100000} = \frac{5,3}{1\,000\,000}.$$

RÉSUMÉ ET CONCLUSIONS.

Nous venons de voir que, dans l'ensemble des déformations mécaniques des
cylindres, celles qui se produisent au contact des palpeurs sont les seules dont
on doive tenir compte. Les autres sont très petites, et l'effet des flexions dues
à l'effort des palpeurs est sensiblement contrebalancé par celui de la pression
de l'eau dans les pesées hydrostatiques. Appliquant la correction de déformation qui vient d'être calculée, on arrive aux résultats suivants :

Cylindre.	Masse du décimètre cube d'eau à 4°.		Volume du kilogramme d'eau à 4°.	
	Brute.	Corrigée.	Brut.	Corrigé.
	kg	kg	dm³	dm³
N° 1...	0,999 977 0	0,999 973 2	1,000 023 0	1,000 026 8
N° 2...	0,999 967 6	0,999 963 0	1,000 032 4	1,000 037 0
N° 3...	0,999 970 8	0,999 965 5	1,000 029 2	1,000 034 5

Pour arriver au résultat définitif, il reste à préciser les conditions de densité
de l'eau auxquelles se rapportent ces trois résultats individuels et à évaluer
la probabilité relative de chacun d'eux.

Action de l'air dissous dans l'eau. — Si nous reprenons les résultats des
pesées, nous voyons (p. 219), pour le premier cylindre, les poussées décroître
régulièrement dans le cours d'une journée de travail, et la discussion immé-
diate a conduit à admettre que cette lente variation était due, très probablement, à la diminution de densité de l'eau par le fait de l'air entré en dissolution. La variation totale de densité correspondrait sensiblement, d'après
M. Marek, à la dissolution d'une quantité d'air amenant à la moitié de la saturation. D'après les expériences de M. Chappuis, la dissolution serait un peu
moins rapide que ne l'indique la variation supposée de la densité de l'eau.
Mais, comme il le fait observer, le vase dont il a fait usage était relativement
étroit, de telle sorte que la diffusion s'y effectuait lentement. Celui dont je me

suis servi était, au contraire, largement ouvert, et les oscillations presque inin-
terrompues du cylindre ou de l'étrier produisaient un brassage qui devait activer
beaucoup la pénétration de l'air dans les couches profondes.

Le résultat fourni par le premier cylindre est corroboré par la différence des
moyennes trouvées pour le deuxième. La première série de pesées hydrostatiques, commencée longtemps après que l'air avait été rendu, et poursuivie
pendant deux jours, a donné, en effet (p. 234), une valeur de la poussée plus
basse que celle de la deuxième série, effectuée avec plus de rapidité.

Pour le troisième cylindre, les conditions sont analogues à celles du premier.
Toutefois, les écarts individuels ne permettent pas d'apercevoir bien nettement
une marche des résultats. Dans la deuxième série la poussée diminue bien, en
moyenne, dans le cours de la journée; mais on observe, vers la fin, un relèvement dû à une irrégularité dans le fonctionnement de la balance, et qui masque
en partie la décroissance de densité de l'eau.

Au moment où commencèrent les pesées du premier cylindre, l'eau était
déjà, depuis plusieurs heures, sous la pression atmosphérique. Le cylindre
était immergé depuis 2 heures environ, et il avait effectué de nombreuses
oscillations pour le réglage de la pesée. D'autre part, d'après les résultats de
M. Marek et de M. Chappuis ([1]), on ne peut pas admettre que la saturation ait
été atteinte à la fin des pesées. On sera donc à peu près dans la vérité en adoptant, pour ce cylindre, la moitié de la saturation. La même hypothèse s'applique au cylindre n° 3. Quant au cylindre n° 2, qui a séjourné plus longtemps
dans l'eau, on pourra admettre les trois quarts de la saturation.

Les valeurs relatives à la densité de l'eau privée d'air deviennent donc, en
corrigeant les nombres du précédent Tableau :

Cylindres.	Correction.	Masse du décimètre cube d'eau privée d'air.	Volume du kilogramme d'eau privée d'air.
	mg	kg	dm³
N° 1	+1,7	0,999 974 9	1,000 025 1
N° 2	+2,5	0,999 965 5	1,000 034 5
N° 3	+1,7	0,999 967 2	1,000 032 8

Les hypothèses adoptées et les corrections qui en dérivent sont assurément
un peu arbitraires. Mais, heureusement pour la certitude des conclusions à
tirer des expériences ci-dessus, la différence de densité de l'eau privée ou saturée d'air est très petite, et, si l'on allait jusqu'aux extrêmes limites des hypothèses admissibles à la rigueur, au lieu de celles sur lesquelles est basée la
correction admise et qui sont largement motivées, on ne changerait pas d'un
millionième le résultat final du travail.

([1]) *Voir* le Mémoire de M. Chappuis. p. 69, et la Note p. 274, ci-après.

On remarquera, d'ailleurs, qu'une telle incertitude est inévitable, et qu'elle est inhérente au problème qui nous occupe. Il est impossible, d'une part, d'exécuter une pesée hydrostatique, au moins par les procédés actuels, assez rapidement pour éviter complètement la dissolution de l'air. Et, d'autre part, si l'on cherchait à réaliser l'autre condition limite, qui est la saturation, on s'exposerait à voir des bulles d'air s'attacher aux objets, et fausser les mesures dans des proportions bien plus considérables.

Dans la pratique, où l'on aura à se servir des résultats que nous avons cherché à établir, on se retrouvera dans ces conditions insuffisamment définies, et l'on sera réduit à des hypothèses pour la valeur qu'il conviendra d'assigner au volume spécifique de l'eau dans les conditions de l'expérience; mais l'incertitude pourra, heureusement, être ramenée en général, comme dans le cas de mes mesures, dans les limites du millionième.

Perte de matière des cylindres. — En comparant les résultats des pesées dans l'air, on ne peut manquer d'être surpris de voir celui des trois cylindres dont la surface est la plus grande, conserver très exactement sa masse pendant toutes les pesées hydrostatiques, tandis que les deux autres cylindres ont éprouvé des pertes de matière assez sensibles. Nous voyons même le cylindre n° 3 continuer à diminuer dans une deuxième immersion, après l'obturation des plus grosses piqûres, alors qu'il eût semblé que les portions les plus solubles de l'alliage eussent dû s'en aller dès la première immersion, et ne plus laisser, à la surface, que des matières insolubles. Cette constatation est d'autant plus intéressante à discuter que, dans cette immersion de contrôle, le cylindre était contenu dans une capsule de porcelaine, et n'était pas, comme dans les immersions antérieures, en contact avec des lames de nickel, avec lesquelles il pouvait former un couple galvanique à son détriment.

Ces contradictions apparentes se résolvent d'elles-mêmes si l'on admet que l'acide carbonique joue un rôle prépondérant dans l'attaque du bronze par l'eau, comme on l'a constaté pour le fer.

La perte de masse révélée par les pesées m'a conduit à appliquer aux résultats des corrections qui, grâce à la petitesse des quantités de matière dissoute, ne laissent, en valeur absolue, que très peu de marge d'erreur.

Incertitude des résultats individuels et établissement du résultat moyen. — Indépendamment des dimensions relatives des cylindres, les incertitudes des trois résultats individuels ne sont pas les mêmes. Il faut, pour les apprécier, tenir compte des irrégularités de forme des gravimètres et de la concordance des observations. A ce double point de vue, le plus gros cylindre se sépare nettement des deux autres. Tandis que, pour le premier, la perfection de la forme, la concordance des mesures de dimensions, la régularité de marche des pesées font, de toute son étude, un ensemble irréprochable, chacun des deux autres a révélé, soit pour sa forme géométrique, soit dans sa détermination, de très petites imperfections qui rendent un peu moins sûrs les résultats que l'on en déduit.

Pour le deuxième cylindre, il a fallu suivre point par point, dans la mesure des diamètres, une bande irrégulière, occupant un espace d'une certaine largeur le long des génératrices, et qui indique un manque d'homogénéité dans la matière dont il est formé.

Les mesures des dimensions du troisième cylindre se sont montrées absolument satisfaisantes ; mais l'accident qu'il a subi par suite de la rupture de la cloche, la petite perte de matière qu'il a éprouvée dans l'eau et qui a obligé à une correction, enfin la nécessité d'obturer quelques piqûres, diminuent également un peu, par rapport au premier, la sécurité du nombre qu'il fournit.

Les incertitudes dont il s'agit ici sont très petites en valeur absolue, mais il y a lieu d'en tenir compte dans le calcul du résultat moyen, afin que chaque résultat individuel y conserve sa signification relative.

On peut maintenant se demander s'il y a lieu d'appliquer, à la combinaison des résultats individuels, les formules établies (p. 48) dans l'hypothèse d'une erreur constante sur la mesure des dimensions. Le véritable criterium de la validité de cette formule et de l'amélioration qu'elle est susceptible d'apporter aux résultats devrait se trouver dans une progression régulière des nombres individuels, indiquant que les erreurs fortuites sont négligeables, comparées aux erreurs constantes.

Or, les erreurs constantes qui ont pu affecter les résultats individuels de mes mesures sont de nature différente ; et, comme conséquence de ce fait, ces derniers ne forment pas une progression régulière. De plus, l'écart entre le plus gros et le plus petit cylindre est d'un ordre tel qu'il rentre absolument dans la somme possible des erreurs fortuites des mesures de longueur, des pesées dans l'air et des pesées dans l'eau, auxquelles il faut ajouter les défauts du métal. C'est là une précieuse indication pour la confiance que doivent inspirer les mesures.

On reviendra donc à la règle déduite des dimensions, indiquée page 47 ; mais, pour tenir compte de la valeur relative des trois déterminations individuelles, on jugera équitable de donner, au résultat fourni par le premier cylindre, un poids plus élevé que pour les deux autres. Le poids double ne semble pas exagéré. Les poids déduits des dimensions étant les inverses de $\frac{2}{14} + \frac{1}{13}$, $\frac{2}{12} + \frac{1}{11,5}$, $\frac{2}{10} + \frac{1}{10}$, les poids adoptés seront 9,0, 3,9 et 3,3.

La moyenne pondérée, réduite au chiffre du millionième, déjà incertain, conduit ainsi au résultat suivant, qui est celui de tout mon travail :

MASSE DU DÉCIMÈTRE CUBE D'EAU PRIVÉE D'AIR A $4°$ ET SOUS LA
PRESSION DE 760^{mm} DE MERCURE . . . . $0^{kg},999\,971$
VOLUME DU KILOGRAMME D'EAU DANS LES MÊMES CONDITIONS . . . . . . $1^{dm^3},000\,029$

Estimation du sens probable des erreurs. — Si nous retournons maintenant à la discussion des premiers résultats de ce travail, ainsi que de la méthode employée dans mes mesures, nous pourrons apprécier sainement le sens probable de l'erreur qui peut encore affecter les nombres ci-dessus.

Dans mes dernières recherches, suffisamment averti de toutes les causes perturbatrices, j'ai tout combiné pour les réduire au minimum. Les rayons plus faibles et mieux vérifiés des palpeurs ont diminué les erreurs dues aux écarts entre les conditions théoriques du problème et sa réalisation pratique; l'ajustage plus parfait de leur position et de leur direction a permis des réglages qui, contrôlés par plusieurs procédés, se sont trouvés identiques; l'emploi d'une règle normale bien tracée, et faite en un métal deux fois moins dilatable que le bronze, l'adoption de l'invar pour les palpeurs, l'ajustage des cylindres à des cotes exactes et l'emploi des traits auxiliaires des palpeurs, enfin le grand nombre d'intervalles de la règle étalon qui ont pu être utilisés, ont réduit sensiblement les incertitudes des mesures de longueur et celles dues à l'imparfaite connaissance de la température.

Les cylindres ont été établis dans de bien meilleures conditions que dans mes premières recherches, soit pour le métal dont ils sont formés, soit pour leur confection, surtout pour le rodage et le polissage de leurs bases. Le progrès réalisé de ce côté ressort de la comparaison des courbes représentant les valeurs de la hauteur des cylindres dans le premier et le second travail.

Comme la dilatation du bronze employé, mesurée sur des échantillons des mêmes coulées, pouvait éprouver une très faible variation, au moins pour le plus gros cylindre, par le fait des changements de la pression intérieure, je me suis astreint, au prix d'un labeur ininterrompu pendant la saison froide, à faire, à des températures très peu différentes, les mesures des dimensions et les déterminations de la masse de l'eau déplacée.

Il est cependant certaines causes d'erreur contre lesquelles je n'ai pas pu me protéger complètement.

En plus des trois cylindres dont j'ai reproduit les résultats, j'ai fait, ainsi qu'il a été dit (p. 186), une détermination complète avec un quatrième cylindre, de 80^{mm} dans les deux sens, qui m'a donné, pour la masse du décimètre cube d'eau, un nombre beaucoup plus faible que tous les autres. Or, l'une des faces de ce cylindre n'avait pu être amenée à un poli suffisant que dans une région limitée, dans laquelle elle avait été creusée de $5^μ$ environ. Tout le reste de la surface des deux bases était dépoli et comme grenu, de telle sorte que les mesures, faites sur les parties saillantes, ne correspondaient pas au volume touché par l'eau.

Les autres cylindres ont pris un poli indiquant que, s'ils participent à un semblable défaut, ce ne peut être que dans les limites incomparablement plus étroites.

Les incertitudes qui viennent d'être examinées sont inhérentes à l'emploi de la méthode des contacts ou paraissent, d'autre part, à peu près inséparables des gravimètres faits avec les métaux ou alliages usuels.

Si nous considérons maintenant le problème dans sa généralité, nous rencontrons des incertitudes d'une autre nature, très petites il est vrai, mais qui ne sont pas absolument négligeables en comparaison de l'exactitude atteinte dans une recherche comme celle dont je viens de rendre compte.

Nous avons vu (p. 266) que la correction pour la variation de densité de l'eau par la dissolution de l'air est assez mal connue et laisse subsister, dans des cas nombreux, des incertitudes pouvant atteindre une fraction appréciable de milligramme par litre d'eau.

Dans la réduction de la poussée à la température du maximum de densité de l'eau, on est dépendant aussi des déterminations de sa dilatation. On s'en débarrasserait assurément en opérant au voisinage immédiat de 4°. Mais, outre les difficultés considérables qui résulteraient d'un tel programme de travail, l'incertitude ne serait que déplacée, puisque l'on peut difficilement admettre que, dans l'emploi qui sera fait ultérieurement du résultat des mesures fondamentales, on s'astreindra toujours à opérer dans les mêmes conditions.

Il faut bien se dire, en effet, que la possession du résultat auquel tant de travaux ont été consacrés ne doit pas rester une simple satisfaction théorique. Le nombre trouvé doit servir à réduire des déterminations faites à des températures quelconques, et dans lesquelles interviendra nécessairement la Table des dilatations. C'est donc encore avec les limites d'incertitude de cette Table que l'on devra compter.

Comme toutes les données métrologiques, celle qui nous occupe est allée rapidement en se précisant au cours du siècle écoulé. Des résultats encore classiques en 1820 conduisaient, par exemple, à une erreur de 300^{mg} dans la réduction de la masse du décimètre cube d'eau, de 25° à 4°. Au contraire, tous les nombres publiés depuis 1887 diffèrent, pour le même intervalle de température, d'une quantité ne dépassant pas 6^{mg}.

Aujourd'hui, deux séries de déterminations entrent à peu près seules en

ligne de compte. Ce sont celles que M. Chappuis exécuta au Bureau international de 1892 à 1897, et celles que M. Thiesen entreprit à la Reichsanstalt,
avec la collaboration de MM. Scheel et Diesselhorst, et qui ont été publiées en
détail en 1900 ([1]).

Ces deux séries de mesures donnent, pour les températures qui nous intéressent plus particulièrement, parce que ce sont celles des pesées hydrostatiques dans la deuxième période de mes recherches, des facteurs de réduction
à 4° qui diffèrent de $0^{mg},6$ à $1^{mg},0$, le sens de l'écart étant tel que si, au lieu
d'effectuer les calculs en partant de la Table de M. Chappuis, j'avais utilisé celle
de M. Thiesen, le résultat rapporté au volume du kilogramme d'eau aurait été
abaissé. En attribuant aux deux séries de déterminations la même incertitude,
on devra donc considérer le résultat trouvé, pour le volume du kilogramme
d'eau à 4°, comme un peu trop élevé.

Il est donc probable que le volume du kilogramme d'eau privée d'air, à 4°
et sous la pression atmosphérique normale, n'est pas supérieur à

$$\cdot\ 1^{dm^3},000\ 029.$$

Le sens présumable des erreurs, dans les procédés que j'ai employés à la
mesure des cylindres, et les défauts inévitables de la surface de ces derniers
autoriseraient même à penser que ce nombre est encore légèrement trop fort.

Or, comme on le verra, c'est à un résultat presque identique, mais cependant
un peu plus faible, que conduisent les deux groupes de déterminations contemporaines de la mienne, et dans lesquelles tous les éléments, à l'exception des
étalons, étaient différents de ceux que j'ai utilisés.

La valeur du volume du kilogramme d'eau se trouve donc, maintenant,
enserrée entre d'étroites limites, dont l'écart est encore, pour près de la moitié,
dépendant d'éléments de réduction étrangers à la détermination que nous
avons eue en vue.

([1]) *Voir* pages suivantes.

NOTE SUR LES VARIATIONS DE LA DENSITÉ DE L'EAU.

Dilatation thermique. — Dans les nombreuses déterminations de la dilatation thermique de l'eau, il en est deux qui, par la perfection des procédés et des appareils, et par le soin avec lequel elles ont été exécutées, méritent surtout de fixer l'attention. Ce sont, comme il vient d'être dit, celle dans laquelle M. Chappuis ([1]) employa la méthode du dilatomètre ou du thermomètre à poids, et une mesure de très peu postérieure de M. Thiesen ([2]), qui reprit, avec la collaboration de MM. Scheel et Diesselhorst, la méthode de Regnault, consistant, comme on sait, à mesurer la hauteur de deux colonnes liquides qui se font équilibre.

Densité de l'eau pure privée d'air et sous la pression normale.

Degrés normaux.	THIESEN, SCHEEL et DIESSELHORST.	CHAPPUIS.									
		0	1	2	3	4	5	6	7	8	9
0	0,999 867 6	0,999 868 1	8747	8812	8875	8936	8996	9053	9109	9163	9216
1	926 6	926 7	9315	9363	9408	9452	9494	9534	9573	9610	9645
2	968 0	967 9	9711	9741	9769	9796	9821	9844	9866	9887	9905
3	992 2	992 2	9937	9951	9962	9973	9981	9988	9994	9998	*0000
4	1,000 000 0	1,000 000 0	*9999	*9996	*9992	*9986	*9979	*9970	*9960	*9947	*9934
5	0,999 991 8	0,999 991 9	9902	9884	9864	9842	9819	9795	9769	9742	9713
6	968 0	968 2	9650	9617	9582	9545	9507	9468	9427	9385	9341
7	929 3	929 6	9249	9201	9151	9100	9048	8994	8938	8881	8823
8	875 9	876 4	8703	8641	8577	8512	8445	8377	8308	8237	8165
9	808 4	809 1	8017	7940	7863	7784	7704	7622	7539	7455	7369
10	727 1	728 2	7194	7105	7014	6921	6826	6729	6632	6533	6432
11	632 4	633 1	6228	6124	6020	5913	5805	5696	5586	5474	5362
12	524 6	524 8	5132	5016	4898	4780	4660	4538	4415	4291	4166
13	404 1	404 0	3912	3784	3654	3523	3391	3257	3122	2986	2850
14	271 3	271 2	2572	2431	2289	2147	2003	1858	1711	1564	1416
15	126 4	126 6	1114	0962	0809	0655	0499	0343	0185	0026	*9865
16	0,998 969 7	0,998 970 5	9542	9378	9214	9048	8881	8713	8544	8373	8202
17	801 4	802 9	7856	7681	7505	7328	7150	6971	6791	6610	6427
18	622 0	624 4	6058	5873	5686	5498	5309	5119	4927	4735	4541
19	431 5	434 7	4152	3955	3757	3558	3358	3158	2955	2752	2549
20	230 3	234 3	2137	1930	1722	1511	1301	1090	0878	0663	0449

([1]) P. CHAPPUIS, *Rapport sur une nouvelle détermination de la dilatation de l'eau pure* (*Procès-Verbaux des séances du Comité international des Poids et Mesures. Session de* 1892, p. 139).
— *Dilatation de l'eau* (*Travaux et Mémoires*, t. XIII, 1904).
([2]) M. THIESEN, *Untersuchungen über die thermische Ausdehnung von festen und tropfbarflüssigen Körpern, ausgeführt durch M. Thiesen, K. Scheel und H. Diesselhorst* (*Wissenschaftliche Abhandlungen der physikalisch-technischen Reichsanstalt*, t. III, 1900).

La comparaison entre les résultats de ces deux séries de mesures, dans les limites de température qui peuvent nous intéresser, ressort du Tableau ci-dessus, dans lequel les nombres de MM. Thiesen, Scheel et Diesselhorst se rapportent aux degrés entiers, tandis que la Table d'interpolation calculée par M. Chappuis est reproduite en détail.

Le rapprochement des colonnes correspondantes du Tableau fait ressortir le détail des faibles divergences auxquelles il a été fait antérieurement allusion.

Compressibilité. — L'eau présente, au point de vue de sa compressibilité, comme pour la plupart de ses propriétés physiques, une anomalie caractérisée par le fait que la variation de sa densité, pour un égal changement de la pression, diminue d'abord lorsque la température s'élève, passe par un minimum, fixé par MM. Pagliani et Vicentini ([1]) au voisinage de 63°, puis se relève ensuite, rentrant ainsi dans la règle à laquelle obéissent tous les autres liquides étudiés.

M. Amagat a suivi la compressibilité de l'eau jusqu'à 198° et constaté aussi l'existence d'un minimum, qu'il place vers 50° pour des pressions peu considérables, et qui s'atténue jusqu'à devenir douteux pour des pressions de 3000 atmosphères. L'étude très détaillée que M. Amagat a faite des propriétés élastiques de ses réservoirs donne à ses déterminations une valeur particulière ([2]).

La considération de ces deux groupes de mesures, qui sont, au surplus, les plus complètes et parmi les plus récentes sur la question qui nous occupe, suffira amplement à l'évaluation du facteur de correction dont nous avons à faire usage.

Les recherches de MM. Pagliani et Vicentini ont fait intervenir des pressions comprises entre 1 et 5 atmosphères; les résultats de M. Amagat sont donnés de 25 en 25 atmosphères. On peut d'abord tracer, au moyen de ces derniers, les courbes permettant d'extrapoler jusqu'aux basses pressions, puis compenser, à l'aide d'une courbe continue, les valeurs ainsi obtenues. L'inclinaison des courbes d'extrapolation peut ensuite être appliquée aux nombres de MM. Pagliani et Vicentini, déjà revisés par M. Auerbach. On arrive ainsi aux résultats suivants, réduits à la mégabarie comme unité de pression :

([1]) S. PAGLIANI et G. VICENTINI, *Sulla compressibilità dei liquidi*; I. *Risultati delle ricerche sull'acqua* [*Atti della Reale Accademia dei Lincei* (*Memorie*), 3ᵉ série, t. XIX, p. 273, et *Journ. de Phys.*, 2ᵉ série, t. IV, 1884, p. 289].
([2]) E.-H. AMAGAT, *Mémoires sur l'élasticité et la dilatation des fluides jusqu'aux très hautes pressions*, quatrième Mémoire (*Ann. de Chim. et de Phys.*, t. XXIX, 6ᵉ série, 1893; p. 543).
Voir aussi les travaux de Dupré et Page (1869), Descamps (1872), Schumann (1887), Tait (1883 et 1888), Quincke (1883), Röntgen et Schneider (1886 et 1892), de Metz (1890).

Température.	Compressibilité initiale de l'eau, d'après	
	M. Amagat.	MM. Pagliani et Vicentini.
0	$52,6.10^{-6}$	$51,6.10^{-6}$
5	$51,3$	$49,8$
10	$50,3$	$48,3$
15	$49,3$	$47,0$
20	$48,4$	$45,7$

La plupart des autres déterminations, effectuées par chaque auteur à un petit nombre de températures, donnent des résultats peu différents de ceux qui précèdent.

Les pesées que j'ai exécutées dans la deuxième série de mes déterminations ont été faites à des températures peu éloignées de 10°. Les écarts par rapport à la pression atmosphérique normale ont rarement dépassé 20^{mm} de mercure, et les corrections sont toujours restées extrêmement faibles ; j'ai donc pu adopter, pour toutes mes réductions, une valeur constante de la compressibilité, et prendre 66.10^{-9} pour la variation relative du volume ou de la densité de l'eau par millimètre de mercure.

L'incertitude du coefficient de compressibilité de l'eau est ici sans aucune importance. Mais, si l'on opérait, par exemple, dans un intervalle d'une demi-atmosphère, les erreurs dues au défaut de connaissance de la variation de densité de l'eau seraient du même ordre que celles qui restent encore dans les valeurs de la dilatation thermique.

Variation par dissolution d'air. — Les plus régulières parmi les pesées dont il a été rendu compte dans ce Mémoire ont révélé une variation extrêmement faible de la densité de l'eau dans le cours du temps, attribuable à la dissolution de l'air ; mais la connaissance insuffisante de l'état de saturation au moment des diverses pesées individuelles ne permet aucune conclusion sur la variation de la densité de l'eau par dissolution d'une quantité déterminée d'air.

La question a été soumise autrefois, au Bureau international, à une investigation systématique, par M. Marck ([1]), qui a effectué une importante série de pesées hydrostatiques d'une pièce de quartz de 400^g à des températures diverses, comprises entre 1° et 21° environ. Les pesées commençaient le plus tôt possible après que l'eau avait été privée d'air, et étaient poursuivies pendant 1 à 3 jours. Les conditions n'étaient donc pas beaucoup mieux définies que dans mes propres pesées.

([1]) W.-J. MARCK, *Pesées, etc.* (*Travaux et Mémoires*, t. III, 1884, p. D.81).

M. Marek a repris ultérieurement la question et opéré, par un procédé analogue, à l'aide d'un kilogramme en quartz appartenant à la Commission impériale des Poids et Mesures de Vienne ([1]).

Il a reconnu ainsi que les résultats de ses premières pesées avaient conduit à des variations apparentes trop fortes de la densité de l'eau. Le facteur de réduction adopté par M. Marek est 57 centièmes. Le Tableau qu'il a publié à la suite de ses mesures est reproduit ci-après :

Température.	Différence de densité en millionièmes.	Température.	Différence de densité en millionièmes.
0	2,5	11	3,1
1	2,7	12	2,9
2	2,9	13	2,7
3	3,1	14	2,5
4	3,2	15	2,2
5	3,3	16	1,9
6	3,3	17	1,6
7	3,4	18	1,2
8	3,4	19	0,8
9	3,3	20	0,4
10	3,2		

Mais, d'après une communication personnelle de M. Marek, ses déterminations ne peuvent pas être considérées comme très bonnes, au degré de précision des autres éléments du problème; la question devra donc être soumise à une nouvelle étude. M. Chappuis a entrepris récemment une série d'expériences qui feront mieux connaître cet élément de réduction.

Pureté de l'eau. — Il est légitime de se demander si la purification de l'eau par distillation permet de compter sur une valeur pratiquement constante de sa masse spécifique. On a vu, dans la première Partie de ce Mémoire, que, dans certaines expériences anciennes, celles de Sir G. Shuckburgh par exemple, le défaut de purification de l'eau a pu laisser une notable incertitude sur la valeur de sa masse spécifique, et que Kupffer rejeta toute une série de mesures effectuées avec une eau jugée trop impure. En étudiant ces travaux, M. Mendeleef avait été conduit à penser que le défaut de pureté de l'eau pouvait fausser sa densité d'une quantité appréciable dans les conditions des bonnes déterminations.

Il est intéressant, à cet égard, de comparer les nombres obtenus au moyen de ceux de mes cylindres pour lesquels les pesées ont donné les meilleurs résultats. On devra éliminer les cylindres n° 1 et n° 4 du premier travail, qui

---

([1]) W.-J. MAREK, *Ausdehnung des Wassers* (*Wied. Ann.*, t. XLIV, 1891, p. 171).

ont manifestement varié, probablement par absorption d'eau, et le cylindre n° 6, qui a perdu une faible quantité de matière; ce dernier est d'ailleurs trop petit pour que les résultats qui peuvent en être déduits soient assez précis, au degré qu'il est important de rechercher.

Dans le deuxième travail, on laissera aussi de côté le cylindre n° 3, qui a perdu quelques milligrammes au cours de son séjour dans l'eau.

Les autres cylindres donnent, pour la différence moyenne de la poussée, dans les deux eaux dans lesquelles ils ont été immergés, les valeurs suivantes réduites au décimètre cube :

Cylindres.	Différences.
	mg
N° 1_1................	0,5
N° 3_1................	0,0
N° 1_2................	0,6
N° 2_2................	1,5
Moyenne..........	0,6

Le résultat moyen se rapportant à une différence, on pourrait, divisant ce nombre par $\sqrt{2}$, fixer provisoirement à 0,000 000 4 ce qu'on pourrait appeler l'*erreur moyenne de densité de l'eau distillée*, dans les conditions où j'ai opéré ; mais les expériences desquelles ce nombre a été déduit ont accumulé une série de causes de variation. Ce sont, outre les erreurs fortuites des pesées, qui dans ces limites d'écart ne sont pas négligeables, l'état de saturation un peu différent auquel ont correspondu chaque fois les deux moyennes, puis les petits changements des cylindres, enfin les erreurs de la température. Il est difficile de faire une évaluation rigoureuse de ces diverses sources d'erreurs; mais l'examen des résultats des pesées conduit à penser qu'elles sont, au total, du même ordre de grandeur que celui de la quantité trouvée pour la différence moyenne, et l'on en conclut qu'en effectuant la distillation de l'eau par les procédés employés au Bureau international, on obtient un liquide type dont la masse spécifique est constante avec un très haut degré de précision.

DÉTERMINATION

DU

VOLUME DU KILOGRAMME D'EAU,

Par le Dr P. CHAPPUIS,

MEMBRE HONORAIRE DU BUREAU.

DÉTERMINATION

DU

VOLUME DU KILOGRAMME D'EAU.

INTRODUCTION.

L'exposé si complet et si lumineux des travaux antérieurs, relatifs au volume du kilogramme d'eau, qui sert d'introduction au Mémoire de M. Ch.-Éd. Guillaume, me dispense de donner des explications générales sur l'objet de la présente étude. Je me bornerai donc à indiquer ici les principes caractéristiques de la méthode que j'ai suivie dans ces recherches.

En étudiant les divers procédés qui ont été utilisés pour déterminer le volume du kilogramme d'eau pure à la température du maximum de densité, on ne tarde pas à reconnaître que c'est la mesure des dimensions des corps soumis aux expériences qui présente les plus grandes difficultés et les sources d'erreurs les plus considérables. L'idée d'appliquer à cette mesure les procédés d'une sensibilité extrême, reposant sur l'observation des franges d'interférence, devait donc se présenter naturellement à l'esprit. La première application de ces phénomènes est due à M. Macé de Lépinay, qui utilisa les franges de Talbot à la mesure de l'épaisseur de lames de quartz, et d'un cube de même matière, de 4^{cm} environ d'arête.

Lorsque l'étude de l'importante question de la détermination du volume du kilogramme d'eau, depuis longtemps inscrite au programme des travaux du Bureau international des Poids et Mesures, eut été décidée, nous cherchâmes, M. le Dr Benoit et moi, à appliquer la méthode interférentielle de M. Michelson à la mesure de cubes de verre. Les mesures préliminaires, exécutées en 1895, sur un cube de 5^{cm} d'arête, justifièrent pleinement notre attente, en nous permettant de reconnaître les conditions les plus favorables pour cette application de la méthode ([1]).

Je tiens à exprimer ici ma sincère reconnaissance à M. le Dr Benoit pour l'inépuisable bonté avec laquelle il a mis à ma disposition le bienveillant concours de son expérience. Ses conseils, auxquels une longue pratique des procédés interférentiels donnait une haute valeur, m'ont épargné bien des tâtonnements et des échecs dans l'exécution de ce travail.

Les cubes de verre à faces rigoureusement planes et à arêtes vives, dont l'exécution parfaite était indispensable au succès de ces mesures, ont été taillés par M. Jobin, successeur de Laurent. Nous avons trouvé en lui un constructeur extrêmement habile et consciencieux, dont la collaboration nous a été très précieuse. Il a réalisé des surfaces planes dans toute leur étendue à $\frac{1}{20}$ de frange près, et a obtenu par des soins minutieux des arêtes et des angles si parfaits, que nous n'avons pu constater aucune défectuosité appréciable sur les trois cubes soumis aux expériences définitives.

---

[1] MM. Michelson et Morley avaient fait, comme je l'ai appris plus tard, un projet analogue pour la mesure des dimensions d'un cube de verre.

APPLICATION DES MÉTHODES INTERFÉRENTIELLES
A LA MESURE DES CUBES DE VERRE

Principe de la méthode. — La méthode créée par M. Michelson pour la détermination du Mètre en longueurs d'ondes lumineuses (¹) permet de mesurer directement en longueurs d'ondes la distance de deux plans argentés *a* et *b* rigoureusement parallèles et disposés en échelon (*fig.* 1).

Fig. 1.

Supposons que le plan *a* soit formé par une glace de grandes dimensions (²), et que le plan *b* soit constitué par l'une des faces d'un cube de verre placé devant *a* de manière à le toucher presque par sa face opposée (*fig.* 2).

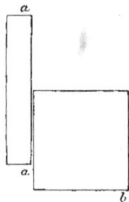

Fig. 2.

La face *b* ayant été argentée et rendue parallèle à *a*, on pourra déterminer la distance entre les plans *a* et *b* par les procédés de M. Michelson.

(¹) *Travaux et Mémoires du Bureau international des Poids et Mesures*, t. XI.
(²) La glace dont je me suis servi est circulaire et a 6ᶜᵐ de diamètre; elle est désignée par D dans les figures 6 et suivantes.

Or cette distance est égale à la somme des épaisseurs du cube de verre et de la lame d'air comprise entre le plan a et la face du cube opposée à b. L'épaisseur de cette lame d'air est susceptible d'une mesure exacte par les franges des lames minces, lorsque les deux plans sont très rapprochés et qu'ils forment entre eux un très petit angle. On obtiendra donc l'épaisseur du cube de verre en soustrayant l'épaisseur de la lame d'air, mesurée par les franges des lames minces, de la distance des deux plans parallèles obtenue par la méthode de M. Michelson.

Les conditions les plus favorables pour l'application du procédé qu'on vient de décrire peuvent être réalisées très simplement, en donnant aux faces opposées du cube de verre une inclinaison de 8″ à 12″. Le cube est placé sur un support indépendant du miroir, permettant d'amener sa face postérieure à une très petite distance du plan a, et de rendre sa face antérieure rigoureusement parallèle à celui-ci. L'observation des franges des lames minces s'effectue à travers le cube, de la face antérieure duquel on enlève une partie de l'argenture. On supprime également par grattage une partie de l'argenture du miroir a (*fig.* 3) en ne laissant dans le quadrant inférieur gauche que quatre rangées de petits repères circulaires, destinés au repérage des franges comme dans l'appareil Fizeau.

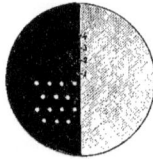

Fig. 3. — Miroir argenté portant les repères. Fig. 4. — Aspect des franges de la lame mince.

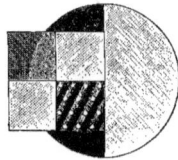

La figure 4 représente le cube de verre placé devant le miroir, en même temps que les franges des lames minces, telles qu'elles se présentent pour une certaine position du cube, lorsqu'on éclaire celui-ci à l'aide d'une source monochromatique. On verra plus loin comment l'observation des franges, obtenues à l'aide de plusieurs sources monochromatiques de longueurs d'ondes connues, permet de déterminer avec précision, et sans la moindre ambiguïté, l'épaisseur de la lame d'air en un point m_1 correspondant au lieu moyen des repères.

La distance comprise entre les parties argentées de la face antérieure du cube et du miroir circulaire peut être, comme je l'ai dit, déterminée, également en longueurs d'ondes, par l'observation des franges circulaires, suivant la méthode de M. Michelson et à l'aide de son appareil.

Supposons que ces deux mesures aient été faites simultanément; on pourra d'abord en déduire l'épaisseur du cube au point moyen des repères m_1. Puis, le cube ayant été retourné d'une demi-circonférence autour de son axe antéro-postérieur, de manière à amener en haut le plan inférieur, on déterminera par des mesures analogues l'épaisseur du cube en un point m_2, symétrique du premier point m_1 et situé dans le carré opposé de la même face.

Les mêmes opérations, exécutées sur les deux autres carrés de la face antérieure réargentée, fourniront les épaisseurs du cube aux points m_3 et m_4.

Si l'on désigne par E l'épaisseur du cube au centre de la face antérieure, et par E_{m_1}, E_{m_2}, E_{m_3}, E_{m_4} les épaisseurs du cube aux points m_1, m_2, m_3, m_4, on aura, en raison de la symétrie et de la planimétrie des faces,

$$ E = \frac{E_{m_1} + E_{m_2}}{2} = \frac{E_{m_3} + E_{m_4}}{2}, $$

c'est-à-dire que les observations effectuées fourniront, pour l'épaisseur du cube au centre de la face antérieure, deux valeurs indépendantes. En répétant ces mesures dans les trois directions, on obtiendra les dimensions du cube en longueurs d'ondes, puis en fonction du Mètre, par l'introduction des valeurs des longueurs d'ondes déterminées par MM. Michelson et Benoit.

Corrections. — Les dimensions ainsi trouvées pour le cube ont à subir trois corrections :

1º Les longueurs d'ondes mesurées par MM. Michelson et Benoit sont définies à 15º C. (échelle du thermomètre à mercure en verre dur) et sous la pression de 760^{mm}. Les observations doivent donc être réduites à ces conditions. J'indiquerai plus loin (p. 47) la manière dont ces corrections ont été calculées.

2º Une deuxième correction est nécessitée par les variations de température du cube, qui doit être placé pendant les mesures dans une enceinte dont la température, sensiblement constante, puisse être mesurée avec exactitude. Sa dilatation, qui doit être connue avec précision, peut être étudiée à l'appareil Fizeau sur un échantillon pris dans la même masse de verre.

3º Il est nécessaire d'appliquer, en outre, aux observations, une correction relative aux épaisseurs des couches d'argent qui recouvrent partiellement le miroir et l'une des faces du cube. Les franges des lames minces étant observées sur une surface dénudée ne sont pas affectées de ce chef, mais on doit tenir compte de ce que la partie droite du miroir dépasse le plan du verre d'une quantité égale à l'épaisseur de la couche d'argent qui la recouvre. Il est facile de déterminer cette épaisseur en produisant des franges rectilignes perpendiculaires à la limite de la couche d'argent, et en mesurant, à l'aide d'un micromètre, la différence de phase qui se produit à la transition du verre sur l'argent (*fig.* 5). La couche d'argent du miroir diminue la distance mesurée entre celui-ci et la face antérieure du cube. D'autre part, le cube étant argenté sur la partie de sa face antérieure qui sert à la mesure de cette distance, cette face est reportée en avant d'une fraction d'onde correspondant à l'épaisseur de la couche d'argent dans la région considérée. On pourra mesurer cette

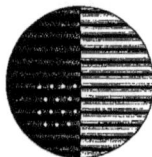

Fig. 5. — Franges servant à mesurer l'épaisseur de la couche d'argent.

épaisseur de la même manière que celle de l'argenture du miroir. La correction relative à l'épaisseur des couches d'argent est donc égale à la différence d'épaisseur des couches d'argent sur le cube et sur le miroir.

Les diverses opérations que comporte la mesure des dimensions du cube par les phénomènes d'interférence ont pu être effectuées à l'aide de l'appareil de M. Michelson, en utilisant les sources monochromatiques du cadmium, et, dans certains cas, celles du zinc. La description détaillée de cet appareil ayant été donnée dans le Mémoire de M. Michelson, je me bornerai, dans les pages qui suivent, à en rappeler les principes et à décrire les pièces spécialement construites en vue de cette nouvelle application de la méthode.

Appareil interférentiel.

Production du phénomène d'interférence. — L'appareil interférentiel de M. Michelson est constitué par deux miroirs plans et deux lames planes de verre de même épaisseur à faces parallèles disposées comme l'indique la figure 6.

Les rayons d'une source lumineuse étendue S sont reçus sous une incidence de 45° sur une glace A recouverte d'une couche d'argent semi-transparente, qui les divise en deux faisceaux d'intensité à peu près égale.

Le faisceau transmis est reçu en D sur un miroir plan normal à sa direction, qui le renvoie en A; après avoir traversé cette lame pour la deuxième fois, il se réfléchit partiellement sur la couche d'argent, et peut être observé en E. Le faisceau émanant de S, réfléchi par A, est reçu en C sur un miroir plan, normal à sa direction ; il revient donc en A après avoir traversé deux fois la lame parallèle B et peut être observé en E.

Pour l'observateur placé en E, les miroirs plans C et D apparaissent dans le prolongement du rayon EA ; il perçoit donc l'image virtuelle du plan D dans la

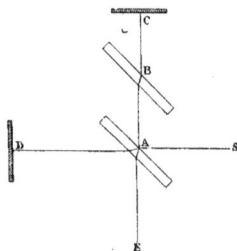

Fig. 6. — Diagramme de la marche des rayons lumineux.

direction de C, et peut observer, en modifiant convenablement la position de ce plan, tous les phénomènes d'interférence produits par une lame d'air comprise entre deux surfaces planes, dont l'une serait constituée par le plan C, et l'autre par l'image du plan D dans le miroir argenté A.

Les interférences utilisées par M. Michelson sont de deux genres distincts : 1° les franges des lames minces, que l'on obtient lorsque les chemins optiques des faisceaux transmis et réfléchis sont sensiblement égaux et que les surfaces ne forment entre elles que de petits angles ; 2° les franges circulaires, qui se produisent entre deux plans distants, rigoureusement parallèles, et dont la théorie a été développée dans le Mémoire de M. Michelson (¹).

Le dispositif de M. Michelson présente le grand avantage de permettre le réglage exact des surfaces, quelle que soit leur distance, et de réaliser ainsi le contact parfait ou la pénétration idéale des deux plans qui limitent la lame d'air. Les franges très lumineuses des lames minces, produites dans ce dernier cas par la lumière blanche, lorsque les plans se coupent sous un petit angle, sont symétriques par rapport à une frange centrale qui correspond à la différence de marche nulle. La symétrie des franges colorées n'est parfaite que lorsque les faisceaux interférents traversent des épaisseurs égales d'air et de verre. C'est pour réaliser cette condition que l'on a disposé sur le trajet du faisceau réfléchi la lame B de même épaisseur que la lame A. L'appareil étant parfaitement réglé, la frange correspondant à la différence de marche nulle est noire

(¹) *Annexe II*, p. 115 et suiv.

lorsque la glace A est nue; elle est blanche quand cette lame est recouverte d'une couche d'argent semi-transparente ([1]).

Disposition générale de l'appareil. — La figure 7 donne un aperçu général du plan du comparateur interférentiel de M. Michelson, monté sur un pilier de la Salle VI de l'observatoire du Bureau, et des appareils destinés à l'éclairer, soit à la lumière blanche d'un brûleur à gaz S′, soit à l'aide des sources monochromatiques du cadmium et du zinc.

La lentille l_1, placée à 12^{em} environ du tube capillaire de l'ampoule S, donne, de la partie la plus lumineuse de ce tube, une image reçue sur la fente f_1 du

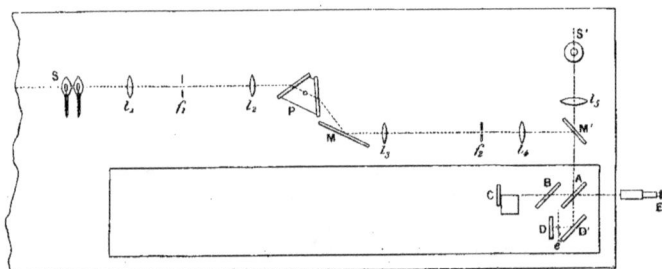

Fig. 7. — Comparateur interférentiel (disposition générale).

spectroscope. Celui-ci, dont le principe a été indiqué par M. Wadsworth ([2]), est constitué par le prisme à sulfure de carbone P et par le miroir M dont le plan est normal à la bissectrice du prisme. Le plateau sur lequel le prisme et le miroir sont invariablement fixés est mobile autour d'un axe vertical dont le prolongement passe par le centre du prisme. Ce dispositif, complété par les lentilles collimatrices l_2 et l_3, permet d'amener successivement sur la fente f_2 les diverses radiations du tube, au minimum de déviation, par la simple rotation du prisme et du miroir. Un levier qui commande cette rotation est placé à portée de la main de l'observateur, qui peut ainsi admettre dans l'appareil les radiations qu'il veut utiliser. La lentille l_4, que l'on peut éloigner à volonté de la fente f_2, permet de donner au faisceau admis par celle-ci la convergence la

---

([1]) Dans les conditions actuelles, la lame A étant recouverte d'une couche semi-transparente d'argent, on aurait dû prendre pour origine le milieu de la frange centrale blanche; mais il a paru plus favorable à l'observation de prendre une frange noire comme point de départ, et l'on a suivi la pratique de M. Michelson en choisissant comme origine la première frange noire succédant à la frange centrale blanche. La symétrie des anneaux colorés n'est pas sensiblement affectée par ce changement d'origine.

([2]) FRANC-L.-O. WADSWORTH, *Fixed arm spectroscope* (*Phil. Mag.*, 5, t. XXXVIII, p. 337, 1894).

plus favorable pour l'observation des franges. Le faisceau est introduit dans l'appareil après avoir subi une dernière réflexion sur le miroir M'. Pour l'obser-

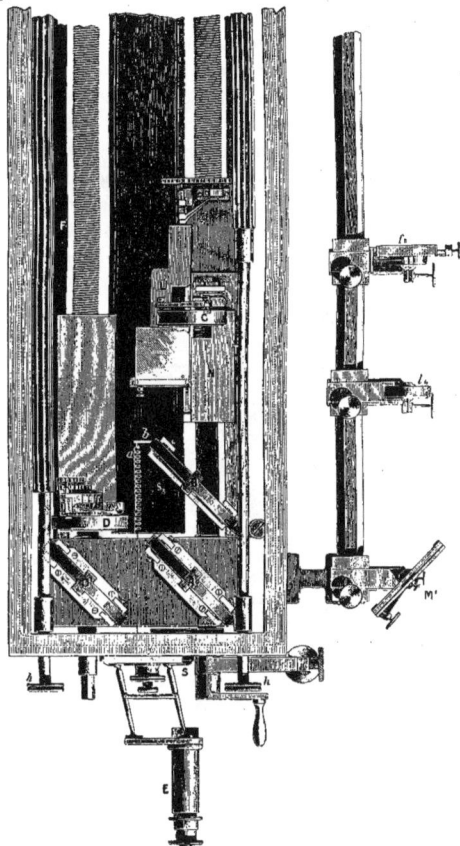

Fig. 8. — Comparateur interférentiel (plan de la partie antérieure).

vation des franges en lumière blanche, il suffit de supprimer ce miroir et d'al. lumer le brûleur S', qui permet aussi d'observer avec la lumière de la soude-

Le spectroscope qu'on vient de décrire présente l'avantage de n'exiger aucun changement de position de la source lumineuse, qui peut être installée à demeure et réglée avec tous les soins désirables.

Le prisme de 60°, rempli de sulfure de carbone, n'a pas une dispersion suffisante pour séparer les raies plus serrées du cadmium fournies par les tubes à électrodes extérieures employés par M. Hamy. Je l'ai remplacé, dans une partie des expériences, par un prisme de Thollon, mis obligeamment à la disposition du Bureau international par M. Gouy, professeur à la Faculté des Sciences de Lyon.

La figure 8 est un plan de la partie antérieure (c'est-à-dire la plus voisine de l'observateur) de l'appareil de M. Michelson, seule utilisée dans le travail actuel.

Les étalons précédemment employés pour la détermination de la valeur du Mètre en longueurs d'ondes ont été remplacés par des pièces nouvelles. La figure 9 représente, dans sa partie inférieure, une coupe transversale faite en arrière des glaces du réfractomètre; dans sa partie supérieure, les pièces visibles au delà de cette coupe.

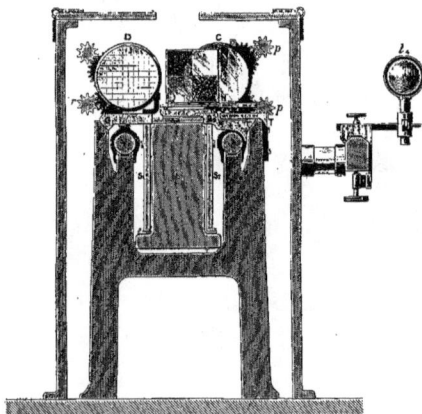

Fig. 9. — Comparateur interférentiel (élévation et coupe).

On voit, sur la figure 9, la section des deux coulisses parallèles parfaitement dressées, formées par les bords des lames d'acier s_1, s_2, s_3 et par les plans inclinés FF du socle. Le chariot G_1, dont le déplacement longitudinal est commandé par la vis V_1, sert de support au miroir circulaire qui joue le rôle du miroir D de la figure 6. Pour donner une forme plus commode à son appareil,

M. Michelson fait subir au rayon transmis une réflexion supplémentaire sur le miroir D' (*fig.* 8).

Les organes de réglage du miroir D permettent de le rendre exactement perpendiculaire à la direction de la coulisse sur laquelle il est placé, et, en agissant sur les pignons dentés *rr*, de rectifier son orientation dans toute l'étendue de son déplacement longitudinal.

Le miroir C, situé en arrière du cube, est maintenu par une tige flexible sur un support reposant sur la tablette fixe T. On le rend parallèle à la direction du plan D à l'aide des vis de réglage qui font partie du support N.

Le chariot G_2 porte le cube. Pour donner à celui-ci une base suffisante, on a prolongé la partie antérieure du chariot par une pièce de laiton qui s'avance au-dessus de la lame s_3 entre les deux coulisses. Une lame de bronze blanc L de 2^{mm} d'épaisseur, évidée sur une partie de sa longueur, de manière à éviter tout contact avec le support du miroir C, repose sur les trois vis du chariot G_2. Cette lame porte elle-même trois vis à pointes arrondies, sur lesquelles on place le cube, et dont on règle la hauteur de manière à rendre sa base exactement horizontale. Une petite pièce et une vis de butée sur le bord antérieur de la lame servent à déterminer l'orientation de sa face antérieure d'une manière assez précise pour que l'on puisse, sans autre réglage, obtenir les franges des lames minces sur cette face en avançant convenablement le plan D. Le réglage définitif des surfaces est achevé avant l'exécution des mesures, par l'intermédiaire des leviers et des engrenages que porte le chariot et que l'observateur commande à l'aide des pignons dentés *p, p* du côté droit de l'appareil.

Le support du cube est évidé sur une longueur assez grande pour qu'on puisse faire avancer le chariot G_2 de 3 à 4 centimètres au delà de sa position normale, afin d'obtenir ainsi la place nécessaire pour déposer le cube sur son support sans courir le risque de heurter ses arêtes.

En résumé, les divers moyens de réglage qu'on vient de décrire permettent de donner indépendamment au cube, au plan placé derrière lui, et au plan D, l'orientation et la distance les plus convenables pour les mesures.

La lunette E qui sert à l'observation des franges a un grossissement d'environ 2,5; elle est montée sur un double parallélogramme qui permet de la déplacer parallèlement à elle-même dans le sens vertical ou horizontal. La direction de son axe se règle à volonté au moyen d'un genou sur lequel elle est montée.

Pour la mesure, à l'aide des franges circulaires, de la distance de la face antérieure du cube au miroir C, il est commode de placer le plan D de manière que son image virtuelle *ii*, appelée *plan de référence* par M. Michelson (*fig.* 10), se trouve à égale distance de chacun de ces plans. Les franges circu-

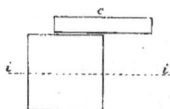

Fig. 10.

laires produites entre la face du cube et le plan de référence ont alors les mêmes diamètres que celles qui se produisent entre le miroir C et le plan de référence, mais elles présentent en général des phases différentes, parce que la distance de ces plans ne comprend généralement pas un nombre entier exact de longueurs d'ondes.

La mesure de l'excédent fractionnaire sur le nombre entier de longueurs d'ondes peut être effectuée à l'aide du *compensateur*. L'organe auquel M. Michelson a donné ce nom a pour fonction de faire tourner la lame compensatrice B (*fig.* 11) du très petit angle nécessaire pour ramener la phase à une apparence donnée, choisie comme origine.

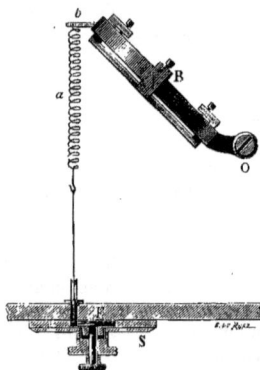

Fig. 11. — Compensateur de M. Michelson.

On obtient ce petit mouvement de rotation en agissant sur le ressort d'acier *a* qui est attaché à la monture de la lame compensatrice par le doigt *b*. On produit ainsi une petite déformation élastique du bras qui porte cette monture et de la tige cylindrique O de bronze sur laquelle elle est fortement vissée. La tension du ressort est mesurée par la rotation d'un tambour dont la tête S est divisée et sur lequel s'enroule le fil fixé à l'extrémité du ressort. La force et la longueur de celui-ci ont été choisies de manière qu'une rotation d'un tour du tambour produise un déplacement d'environ deux franges rouges de la lumière du cadmium.

Le compensateur ou micromètre à ondes, dont je viens de rappeler la disposition, permet de mesurer les fractions d'ondes avec une précision de 2 centièmes de frange environ, exactitude suffisante pour l'observation des franges circulaires, dont l'estimation de la phase présente nécessairement quelque incertitude.

Il est facile de voir que le choix de la phase d'origine est indifférent lorsque l'image ii du plan de référence est située en dehors de l'espace limité par les deux plans dont on mesure la distance; il cesse de l'être dans le cas actuel, où ii est situé entre ces deux plans. L'origine doit alors coïncider avec la phase zéro, c'est-à-dire avec le milieu d'une frange noire.

Appareil de déplacement du faisceau. — Le faisceau lumineux introduit dans l'appareil, ayant une direction constante, n'éclaire qu'une partie des surfaces dont il s'agit de déterminer la distance; or il est nécessaire, dans le cours des

Fig. 12. — Appareil de déplacement du faisceau.

expériences, de déplacer rapidement ce faisceau parallèlement à lui-même, de manière à éclairer successivement les diverses parties des surfaces à étudier. L'appareil de déplacement ([1]) de M. Michelson, représenté figure 12, satisfait à cette condition en permettant de mouvoir instantanément à la fois le faisceau

---

([1]) La description détaillée de cet appareil a été donnée, t. XI des *Trav. et Mém.*, p. 33.

qui entre dans l'appareil et le faisceau qui en sort, soit de gauche à droite, soit de haut en bas, ces mouvements étant compensés de manière que l'observateur puisse examiner les différentes parties des surfaces sans modifier la position de la lunette.

Comme les verres cubiques, de 34^{mm} d'arête, servant au déplacement et d'abord employés par M. Michelson, ne donnaient pas un champ suffisant, M. Benoît les a remplacés par deux cubes de 40^{mm} d'arête, d'un verre un peu moins réfringent.

Ainsi que le fait remarquer M. Michelson, l'appareil de déplacement est particulièrement utile pour le réglage du parallélisme des surfaces. Les plus légers défauts de parallélisme se manifestent par les changements de grandeur des anneaux lorsqu'on déplace le faisceau dans le sens vertical ou horizontal ; on rectifie alors la position des miroirs jusqu'à ce que ces variations aient complètement disparu.

Source lumineuse. — Il résulte des remarquables recherches de M. Michelson sur la visibilité des franges d'interférence, que la raie rouge du cadmium $\lambda_R = 0^\mu,643\,847\,22$, adoptée comme étalon fondamental pour la détermination du Mètre en longueurs d'ondes, est une source réellement simple, permettant d'observer les franges jusqu'à une différence de marche de 240^{mm} environ. Cette raie n'est cependant pas très fine. Sa *demi-largeur* est, d'après les mesures de M. Michelson ([1]), égale à $0^\mu,000\,000\,65$, soit environ $\frac{1}{1000000}$ de sa propre longueur d'onde.

La simplicité de la raie rouge a été confirmée par les expériences de MM. Perot et Fabry et de M. Hamy, qui ont opéré dans des conditions différentes et ont employé des appareils permettant d'étudier plus parfaitement les composantes des sources complexes.

Quant aux radiations vertes du cadmium, $\lambda_V = 0^\mu,5086$, émises par une ampoule à électrodes d'aluminium, M. Michelson ([2]) a d'abord constaté que cette source est double, à deux composantes très rapprochées dont les intensités sont dans le rapport de 5 à 1 et dont la distance est de $0^\mu,000\,002\,2$ ou de $0,000\,004\,3$ de la longueur d'onde λ_V, la demi-largeur de chaque composante étant de $0^\mu,000\,000\,48$ ou $0,000\,000\,94$ de λ_V. La longueur d'onde de la composante la moins réfrangible et la plus intense mesurée par M. Michelson est $\lambda_V = 0^\mu,508\,582\,40$.

MM. Perot et Fabry ([3]), qui ont étudié cette source, indiquent aussi qu'elle

([1]) *Travaux et Mémoires*, t. XI, p. 143.
([2]) *Loc. cit.*, p. 144.
([3]) PEROT et FABRY, *Sur un spectroscope interférentiel* (*Comptes rendus*, t. CXXVI, 1898, p. 331-333) et *Étude de quelques radiations par la spectroscopie interférentielle* (*Ibid.*, p. 407-410).

a une composante faible du côté violet à une distance de 5×10^{-6} longueur d'onde de la raie principale.

La raie verte n'a servi à M. Michelson que d'intermédiaire pour la détermination de la valeur du Mètre. Elle est d'ailleurs sujette à des variations qui n'affectent pas la raie rouge.

Les ampoules à électrodes d'aluminium renfermant de la limaille de cadmium et dans lesquelles le vide n'a pas été poussé très loin, donnent, en général, lorsqu'on y fait passer les décharges d'une forte bobine de Ruhmkorff, les sources rouge, verte, bleue et violette observées et mesurées par M. Michelson. Lorsque le vide a été poussé très loin ou qu'elles ont servi pendant plusieurs heures, certaines ampoules donnent un spectre plus complexe, comprenant plusieurs raies vertes nouvelles, dont l'une, $\lambda = 0^{\mu},515$, est remarquable par sa simplicité. En même temps, l'on observe que la raie verte $\lambda = 0^{\mu},5086$ devient plus complexe; car la visibilité des franges diminue sensiblement et change de caractère. La visibilité des franges des radiations bleues et violettes est également profondément modifiée. Il n'y a pas de doute que l'on ait affaire, dans ces conditions, sauf pour la raie rouge qui ne change pas, à d'autres sources auxquelles les longueurs d'ondes déterminées par M. Michelson ne sont pas applicables.

C'est ce nouveau spectre du cadmium que M. Hamy a observé et qu'il obtient d'une manière parfaitement fixe dans ses ampoules sans électrodes excitées par l'extérieur (*fig.* 13).

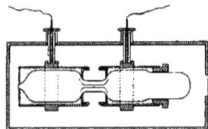

Fig. 13. — Ampoules de M. Hamy.

Les ampoules de M. Hamy sont constituées par deux tubes, de 15^{mm} environ de diamètre, reliés par un tube capillaire. Les tubes larges sont entourés de deux gaines métalliques servant d'électrodes. Pour assurer le contact, on remplit de plombagine l'espace annulaire compris entre le verre et le métal.

L'ampoule renferme un peu de cadmium introduit par distillation sous le vide d'une bonne pompe à mercure. Elle est placée au centre d'un tube de cuivre épais, qu'on peut chauffer à l'aide d'une double rampe à gaz. Les électrodes traversant le couvercle sont isolées par des gaines de verre; une fenêtre en verre mince à l'une des extrémités de l'enveloppe de cuivre permet d'observer la lumière émise suivant l'axe du tube capillaire.

Le spectre du cadmium, obtenu par l'excitation de ces ampoules, comprend deux raies rouges, quatre raies vertes, une raie bleue, une raie violette et une raie dans l'indigo. Trois raies de ce spectre sont réellement simples, et donnent des interférences nettes à plus de 20^{cm} de différence de marche. Ce sont : la raie rouge, identique à la source de Michelson, $\lambda_R = o^\mu,643\,847\,22$, une raie verte ([1]) $\lambda_V = o^\mu,515\,466\,10$, et la raie indigo peu intense $\lambda_I = o^\mu,466\,235\,29$. M. Hamy a reconnu que la raie verte, $\lambda = o^\mu,508\,6$, émise par ses ampoules sans électrodes, est constituée par trois composantes, dont deux raies d'intensités à peu près égales et une raie simple isolée. Les deux raies d'égale intensité sont précisément, comme l'a montré M. Fabry ([2]), les deux raies vertes dont la moins réfrangible $\lambda = o^\mu,508\,582\,40$ a été mesurée par M. Michelson. M. Hamy est parvenu à séparer, au moyen de son ingénieux séparateur d'ondes, la nouvelle raie isolée située du côté du rouge. La longueur d'onde de cette composante, qu'il a déterminée avec soin, est o$^\mu$,508 590 22.

Étude de quelques radiations monochromatiques. — L'appareil interférentiel de M. Michelson exigeant une source lumineuse assez intense, je n'ai pu utiliser pour les mesures que les raies simples rouge et verte des tubes de M. Hamy. Il importait cependant, pour la méthode des excédents fractionnaires, de disposer d'une troisième source monochromatique. J'ai obtenu ce résultat en ajoutant, au cadmium introduit dans le tube sans électrodes, du zinc pur préparé par distillation sous le vide, à raison de 6 parties de zinc pour 1 partie de cadmium. En excitant le tube porté à 300° environ, on obtient, outre les raies du cadmium déjà indiquées, celles du zinc, dont j'ai pu utiliser la raie rouge $\lambda = o^\mu,636\,234\,92$ et une des raies bleues $\lambda = o^\mu,472\,215\,93$, qui donnent des interférences avec de grandes différences de marche.

Pour la mesure de ces longueurs d'onde, j'ai procédé de la même manière que MM. Michelson et Benoît, en déterminant d'abord le nombre de franges de ces deux sources que représente le plus petit étalon à glaces de M. Michelson, puis en effectuant la mesure des excédents fractionnaires successivement sur tous les étalons jusqu'à celui de 5^{cm}. J'ai obtenu ainsi les rapports des longueurs d'onde avec une précision de plus en plus grande, en même temps que les valeurs de chacun des étalons, dont les glaces réargentées avaient été

([1]) M. HAMY, *Sur la détermination de points de repère dans le spectre* (*Comptes rendus*, t. CXXX, p. 489-491, 1900).

([2]) CH. FABRY, *Sur les raies satellites dans le spectre du cadmium* (*Comptes rendus*, t. CXXXVIII, p. 854-856, 1904).

soigneusement réglées. Comme ces étalons n'ont qu'une valeur transitoire, leur longueur ne pouvant être considérée comme invariable dès qu'on les retire de l'appareil, les nouvelles valeurs absolues obtenues par ces dernières déterminations diffèrent un peu de celles trouvées antérieurement par MM. Michelson et Benoit, et l'on ne peut, par conséquent, tirer de la comparaison des résultats aucune conclusion sur l'exactitude des nouvelles mesures.

L'emploi des nouvelles sources pouvait cependant faire naître quelques doutes sur l'invariabilité de la longueur d'onde rouge du cadmium qui sert de base à toutes les mesures. J'ai donc cherché à vérifier mes résultats en achevant l'étude des étalons de M. Michelson jusqu'au n° IX, qui représente la longueur d'un décimètre, et en comparant ce dernier par les procédés décrits dans le tome XI des *Travaux et Mémoires*, page 81 et suivantes, avec la règle de bronze désignée par X. La longueur et la dilatation de cette règle avaient été déterminées, en 1893, par M. Guillaume; mais je constatai que les traits tracés sur les mouches de nickel avaient été profondément détériorés et ne présentaient plus les garanties nécessaires pour la mesure de sa longueur. Je fus donc obligé de repolir les surfaces, de retracer la règle et de refaire la détermination de son équation.

Les résultats de ces dernières mesures sont résumés ci-après :

I. — *Détermination en longueurs d'ondes de l'étalon de 5 centimètres* (VIII).

Date.	Position du plan de référence.	Source.	Longueur réduite à 15° et 760^{mm}.
27 mai 1899	au milieu entre les plans	tube Hamy Cd + Zn	$155\,339,08\,\dfrac{\lambda_R}{2}$
27 »	en avant »	»	$155\,338,93$
28 »	en avant »	»	$155\,339,03$
28 »	au milieu »	»	$155\,339,12$
28 »	en avant »	»	$155\,338,93$
30 juin 1899	au milieu »	tube Michelson Cd	$155\,339,35$
2 juillet 1899	» »	»	$155\,339,25$
3 »	» »	»	$155\,339,16$
3 »	» »	tube Hamy Cd + Zn	$155\,339,05$
4 »	» »	»	$155\,339,05$
		Moyenne.........	$155\,339,10\,\dfrac{\lambda_R}{2}$

II. — *Mesures de l'étalon de 10 centimètres* (**IX**).

Date.	Position du plan de référence.	Source.	Longueur réduite à 15° et 760ᵐᵐ.
3o mai............	au milieu entre les plans	tube Hamy Cd	$310\,664,45\,\dfrac{\lambda_R}{2}$
31 »	» »	»	$310\,664,34$
»	» »	»	$310\,664,63$
»	» »	»	$310\,664,28$
»	» »	»	$310\,664,21$
»	» »	»	$310\,664,79$
»	» »	»	$310\,664,86$
»	» »	»	$310\,664,61$
»	» »	tube Michelson Cd	$310\,664,34$

Moyenne........... $310\,664,5o\,\dfrac{\lambda_R}{2}$

»   .... $155\,332,25\,\lambda_R$

Une comparaison en lumière blanche entre les étalons VIII et IX avait donné

$$\text{IX} = 2.\text{VIII} - 13,7\,\frac{\lambda_R}{2} = 310\,664,5\,\frac{\lambda_R}{2}.$$

La comparaison de l'étalon IX avec la règle X a fourni d'autre part

$$\text{X} = 10.\text{IX} + 52^\mu,56;$$

enfin j'ai trouvé pour la longueur de la règle X à 15° :

$$\text{X à } 15° = 1^m + 154^\mu,84,$$

d'où

$$1^m + 154^\mu,84 - 52^\mu,56 = 1\,553\,322,5\,\lambda_R. \qquad 1^m = 1\,553\,162,8\,\lambda_R.$$

Le résultat des observations beaucoup plus complètes de MM. Michelson et Benoit était

$$1^m = 1\,553\,163,5\,\lambda_R \text{ à } 760^{mm} \text{ et à } 15° \text{ (échelle du thermomètre à mercure).}$$

La concordance de ces résultats est plus satisfaisante qu'on ne pouvait l'espérer de mesures tout à fait indépendantes et comportant un grand nombre d'intermédiaires. C'est une nouvelle preuve de l'extrême précision des procédés interférentiels de M. Michelson, et une confirmation de l'exactitude des rapports des longueurs d'ondes utilisés dans ce travail.

Admettant pour le rouge du cadmium : $\lambda_R = 0,643\,847\,22$, on a donc les rapports suivants :

Rouge du zinc, $\lambda_{R_{Zn}}$..................... $\dfrac{\lambda_R}{\lambda_{R_{Zn}}} = 1,011\,9646$

Vert des tubes Hamy, λ_{V_H}.............. $\dfrac{\lambda_R}{\lambda_{V_H}} = 1,249\,0583$

Vert des tubes Michelson, λ_{V_M} .... $\dfrac{\lambda_R}{\lambda_{V_M}} = 1,265\,9644$

Bleu du zinc, $\lambda_{B_{Zn}}$....................... $\dfrac{\lambda_R}{\lambda_{B_{Zn}}} = 1,363\,4593$

Les radiations bleues et violettes du cadmium émises par les tubes de M. Michelson peuvent être utilisées pour la mesure de petites différences de marche et même servir à l'application de la méthode des excédents fractionnaires avec de grandes différences de marche, à la condition que leurs rapports aient été déterminés pour ces mêmes différences de marche.

Les mesures effectuées ont donné les rapports suivants :

Différence de marche.	$\dfrac{\lambda_R}{\lambda_B}$.	$\dfrac{\lambda_R}{\lambda_V}$.
mm		
40	1,341 371 9	1,376 285 0
5o	1,341 371 6	1,376 285 4
6o	1,341 372 5	1,376 286 0

Réglette auxiliaire. — L'application de la méthode des excédents fractionnaires est extrêmement simple lorsque la distance à déterminer est déjà connue avec une approximation de quelques longueurs d'onde.

C'est le cas des étalons à glaces de M. Michelson, dont les longueurs convenablement ajustées peuvent être comparées, à une fraction de frange près, suivant les procédés décrits page 5o et suivantes de son Mémoire. Dans les mesures actuelles, où les plans dont il s'agit de déterminer la distance sont tout à fait indépendants, la recherche des coïncidences devient assez laborieuse. Pour la faciliter, il est utile de déterminer approximativement la distance comprise entre le plan du miroir et la face antérieure du cube. On peut utiliser dans ce but un procédé employé d'une manière un peu différente par M. Michelson pour la comparaison de ses étalons. Il consiste à faire coïncider successivement le plan de référence avec les deux plans dont il s'agit de mesurer la distance. Lorsque les surfaces sont bien réglées, le chemin parcouru par le plan de référence entre ces deux positions représente exactement la distance entre les deux plans. Pour mesurer ce déplacement, j'ai disposé sur le chariot du plan D une petite réglette, de 10^{cm} de longueur, divisée en millimètres, et déterminée par une étude préalable. Un microscope, muni d'un micromètre fixé sur l'appareil, permettait de pointer les traits de la réglette, dont l'axe avait été rendu parallèle à la coulisse du plan D. Celui-ci étant dans la première position, on notait le pointé d'un trait principal de la réglette; puis on amenait doucement le plan D dans la deuxième position, en faisant ainsi subir à la réglette le même déplacement. On observait alors, à l'aide du micromètre, les deux traits de la réglette les plus voisins de la première position du fil micrométrique. Le déplacement effectué était donc mesuré par la distance connue des deux divisions observées sur la réglette, augmentée d'une fraction de millimètre mesurée à l'aide du micromètre.

La distance des deux plans est obtenue par ce procédé avec une approximation de deux ou trois franges.

Comme les dimensions du cube sont approximativement connues, on obtient également avec facilité l'épaisseur de la lame d'air qui sépare le miroir de la face postérieure. L'épaisseur de cette lame d'air a varié entre de larges limites.

Lorsque les surfaces sont bien réglées et que l'on rapproche graduellement le cube du miroir en observant les franges produites dans la lame d'air par la lumière de la soude, on remarque, bien avant que le contact réel ait eu lieu, un déplacement irrégulier des franges, dû à la viscosité de l'air enfermé entre les deux surfaces. J'ai constaté que ce phénomène se produit déjà à une distance de 40 franges du contact réel. Dans ces conditions, les petits déplacements du cube, nécessaires au réglage définitif des surfaces, sont gênés par la viscosité de l'air et il convient d'écarter de nouveau les surfaces de 25 à 30 franges pour éviter cet inconvénient. C'est pour cette raison que les mesures ont toujours été effectuées avec une lame d'air supérieure à 60 franges rouges.

Mesure de la température. — Les valeurs des longueurs d'ondes ayant été définies à la température de 15°, on a maintenu la salle à cette température pendant les observations exécutées en hiver. Dans les mois d'été, la température s'est élevée au-dessus de 15°, mais n'a pas dépassé 18°.

Les variations de la température de la salle ne se font sentir que très lentement dans l'intérieur de la boite de fonte qui entoure l'appareil. Cette boite est en effet très efficacement protégée par deux enveloppes de bois dont l'une est doublée de feuilles de cuivre rouge et l'autre de feutre épais. L'appareil reste fermé pendant les mesures.

Un thermomètre étalon à mercure, dont le réservoir est placé entre les deux coulisses, dans le voisinage immédiat du cube de verre, indique la température. J'ai constaté que les sources de chaleur placées à proximité de l'appareil produisent dans celui-ci une élévation de température assez lente pour qu'on puisse admettre que le cube de verre a la température du réservoir thermométrique.

Cubes de verre. — Les mesures définitives ont été faites sur trois cubes de crown de dimensions différentes. Le plus petit a environ 40^{mm} d'arête, le deuxième 49^{mm},7 et le troisième 61^{mm},3. Les volumes de ces trois cubes ont donc approximativement les valeurs 64$^{cm^3}$, 122$^{cm^3}$,5 et 230$^{cm^3}$,7.

La place disponible dans l'appareil ne permettait pas la mesure de cubes de plus grandes dimensions. Lorsque le cube de 61^{mm} était sur son support, on ne pouvait plus reculer librement le plan D, de sorte que j'ai dû renoncer à l'emploi de la réglette auxiliaire pour les mesures approximatives destinées à faciliter la recherche des coïncidences.

Le cube de 5o^{mm} d'arête présentait l'avantage de se rapprocher beaucoup de l'étalon VIII de M. Michelson, de sorte que les relations des longueurs d'ondes bleues et violettes, déterminées pour la même différence de marche, et avec des sources semblables, pouvaient être appliquées en toute sécurité aux mesures de ce cube. Les volumes des trois cubes sont approximativement dans le rapport 1 : 2 : 4. Si donc, pour une cause inconnue, la méthode suivie dans ces mesures était affectée d'une erreur constante, cette erreur devrait se manifester par une variation systématique des résultats.

J'ai déjà indiqué avec quelle perfection M. Jobin a réalisé des surfaces planes. Les renseignements suivants permettront de se faire une idée des soins extrêmes que comporte ce travail de haute précision.

Pour obtenir une surface plane jusqu'à son extrême bord, il est nécessaire d'entourer la pièce d'une sorte d'anneau de garde, constitué par un galet, de même verre et d'égale épaisseur, dans lequel elle est invariablement fixée. On avait donc préparé pour chacun des cubes un galet répondant à ces conditions et l'on y avait pratiqué une ouverture carrée de manière à pouvoir y loger le cube, en ménageant un intervalle d'environ 1^{mm} entre les faces de celui-ci et le galet. Le cube ayant été amené par un travail préparatoire à peu près aux dimensions définitives, on commençait par protéger les faces qui ne devaient pas être travaillées en premier lieu, au moyen de lames de verre très minces, que l'on y collait avec du baume de Canada. Outre la protection des surfaces et des arêtes que fournissent ces lames de verre pendant les manipulations, elles ont l'avantage, en s'appliquant exactement sur les bords, d'empêcher les brisures qui ne manqueraient pas de s'y produire pendant le travail, et de permettre la réalisation d'arêtes et d'angles parfaitement vifs. Le cube, ainsi protégé, était introduit dans sa cale, où on le fixait en coulant tout autour du plâtre très dilué, qu'on laissait prendre très lentement.

On pouvait alors travailler les deux surfaces libres du cube et du galet jusqu'à ce que l'on eût obtenu la planimétrie et les angles cherchés de 8″ à 12″. Ces deux faces étant achevées, on détachait le plâtre autour de la pièce, à l'aide d'une scie très fine, on enlevait les lames protectrices de deux autres faces pour les appliquer sur les faces terminées, et l'on recommençait, pour le travail des deux nouvelles faces, la série des opérations qu'on vient d'indiquer.

Dispositif spécial pour la mesure d'un cube d'essai. — Les premières expériences pour l'essai de la méthode ont été effectuées sur un cube en verre de 5o^{mm} d'arête, construit avec un peu moins de soin que les trois cubes dont je viens de parler, et dont les faces opposées étaient sensiblement parallèles. On sait que dans ces conditions la méthode décrite n'est pas directement applicable, parce qu'en réglant le parallélisme de la face antérieure du cube et du miroir placé derrière, on rend du même coup parallèles les deux faces de la lame d'air qui sépare le cube du miroir. Les franges de la lame mince s'étalant alors sur toute la surface, de manière à présenter en tous ses points la même phase, ne peuvent plus être repérées sur les marques. On peut tourner cette difficulté en substituant au miroir plan, placé derrière le cube, deux plans de verre portés sur le même support, faisant entre eux le petit angle de 8″ à 12″ et se coupant suivant une ligne facile à repérer à l'aide des franges.

La réalisation de ces conditions est assez difficile. J'y suis parvenu cependant sans trop de peine en fixant à l'aide de plâtre deux plans carrés de 2ᶜᵐ de côté dans une lame épaisse de laiton (*fig.* 14). Pendant le coulage du plâtre, j'avais

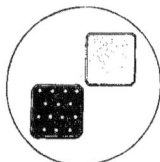

Fig. 14. — Support des glaces formant un petit angle.

appliqué les glaces sur une surface plane, de manière à les maintenir sensiblement dans le même plan. Le scellement étant fait, je constatai que les glaces avaient été fortement déformées par le gonflement du plâtre, dont je dus enlever la plus grande partie pour rendre aux plans leur forme primitive.

A la suite de ces opérations, les plans ayant repris leur parallélisme, je plaçai dans la monture du miroir le disque de laiton qui leur servait de support. Il suffisait alors d'exercer une légère pression sur le centre du disque au moyen d'une vis pour donner aux plans l'angle voulu.

La marche à suivre dans les observations est identique à celle que j'ai décrite plus haut. Cependant, il faut tenir compte de l'erreur de départ résultant du fait que le lieu moyen des repères, auquel on rapporte les franges de Fizeau, ne coïncide pas avec le plan de droite, qui sert d'origine pour la mesure des franges circulaires. Cette erreur de départ étant nécessairement un peu variable, doit être déterminée fréquemment.

Pour la mesurer, il suffit, après avoir enlevé le cube, d'établir la coïncidence du plan de référence et du plan de droite. Les franges très brillantes de la lame mince, qui se voient alors sur le plan des repères, peuvent être observées à la lumière de la soude et permettent de déterminer l'épaisseur de la lame d'air, au lieu moyen des repères, avec toute la précision désirable.

Déterminations auxiliaires.

Mesure approximative des dimensions des cubes. — J'ai dit plus haut que l'on avait déterminé approximativement les dimensions des cubes afin de faciliter les mesures optiques. Les sphéromètres dont dispose le Bureau international ne se prêtant pas à la mesure de pièces si volumineuses et si délicates, je procédai à ces déterminations à l'aide de l'examinateur de niveaux, décrit par M. le Dr Benoît (^{1}), en comparant d'abord les cubes de 4^{cm} et 5^{cm} d'arête avec deux lames de quartz superposées dont les épaisseurs étaient connues. Les excédents étaient mesurés à l'aide de la vis Brauer, qui fait partie de l'examinateur de niveaux.

Pour la mesure du cube de 6^{cm} d'arête, j'ai pris comme point de départ l'épaisseur, déterminée antérieurement, du cube de 5^{cm}, augmentée d'une lame de quartz de 1^{cm} d'épaisseur, qu'on lui avait superposée. J'ai eu, en outre, l'avantage de disposer des mesures effectuées par M. Ch.-Éd. Guillaume à l'aide de son comparateur à touches.

Comme les mesures préliminaires n'ont qu'un intérêt transitoire, je crois superflu de les reproduire ici; je dirai seulement que les dimensions des cubes, obtenues par ces observations, ne s'écartaient que de quelques franges des résultats définitifs.

Dilatation du verre. — Les verres ayant servi à la construction des cubes provenant de différentes coulées, on ne pouvait admettre leur parfaite identité. Bien que les réductions relatives à la dilatation n'aient qu'une importance secondaire dans les mesures actuelles, j'ai déterminé la dilatation de chaque cube sur des échantillons prélevés dans la masse dont ils avaient été tirés. Ces échantillons, de forme parallélépipédique, taillés par M. Jobin, présentent deux faces sensiblement planes et parallèles, distantes de 15^{mm} environ, destinées à l'observation des franges au dilatomètre Fizeau.

J'ai employé, pour la mesure de la dilatation par la méthode Fizeau, l'appareil avec trépied de platine iridié étudié et décrit par M. Benoît (^{2}). Je reproduis ci-après, dans l'ordre chronologique, le résumé des observations relatives à chaque échantillon :

1. *Échantillon des cubes de verre de* 5^{cm} *d'arête.* — La section de cet échan-

---

(^{1}) *Travaux et Mémoires,* t. I, p. C.23.
(^{2}) J.-R. Benoît, *Mesures de dilatation par la méthode de M. Fizeau* (*Travaux et Mémoires,* t. VI).

tillon est un rectangle de 15^{mm} de hauteur sur 10^{mm} de largeur. On a trouvé, pour l'épaisseur de l'échantillon ramenée à 0°,

$$E_0 = 14^{mm}, 802$$

et, pour l'épaisseur de la lame d'air entre l'échantillon et le plan de la lentille,

$$e = 0^{mm}, 032.$$

Les franges ont été repérées par rapport à 13 points.

Les observations (18 novembre-10 décembre 1895) ont conduit aux résultats ci-après :

Obser-vations.	Pressions.	Températures. — Échelle normale.	Pointés moyens.	Corrections.	Pointés moyens corrigés.	Obs.-calc.
	mm	o	fr		fr	fr
1......	759,0	74,445	3,885	+0,007	3,892	+0,074
2......	758,2	65,327	4,355	+0,006	4,361	+0,067
3......	755,5	15,019	5,900	+0,002	5,902	—0,003
4......	757,2	28,913	5,630	+0,003	5,633	—0,003
5......	758,8	34,411	5,500	+0,004	5,504	—0,123
6......	762,0	41,665	5,313	+0,004	5,317	—0,031
7......	760,5	46,222	5,198	+0,005	5,203	+0,005
8......	749,5	55,523	4,812	+0,006	4,818	—0,056
9......	755,0	64,637	4,417	+0,006	4,423	—0,026
10......	755,0	69,483	4,193	+0,007	4,200	—0,043
11.....	755,0	75,005	3,891	+0,007	3,898	+0,019
12......	758,0	83,259	3,428	+0,008	3,436	+0,063
13.....	758,5	77,373	3,777	+0,007	3,784	+0,034
14......	758,0	65,840	4,345	+0,006	4,351	+0,042
15......	756,5	40,785	5,281	+0,004	5,285	+0,028
16......	754,5	62,391	4,531	+0,006	4,537	—0,003
17......	762,0	9,343	6,132	+0,001	6,133	+0,010
18......	761,5	16,301	5,965	+0,002	5,967	+0,027
19......	755,0	19,443	5,932	+0,002	5,934	—0,040
20.. ...	748,0	10,068	6,118	+0,002	6,120	—0,007
21......	756,0	6,505	6,252	+0,001	6,253	—0,001
22......	756,0	6,476	6,259	+0,001	6,260	—0,040

Le nombre des franges passées pour un intervalle de 76,78 degrés est de 2^{fr},82. Les équations normales sont :

$$22 \quad x + \quad 968,434\,y + \quad 57\,368,415\,z = \quad 111,211,$$
$$968,434\,x + \quad 57\,368,415\,y + \quad 3\,779\,964,59 \quad z = \quad 4\,391,893,$$
$$57\,368,415\,x + 3\,779\,964,59 \quad y + 261\,411\,926 \quad z = 245\,919,601,$$

d'où l'on déduit

$$x = +\,6,283\,677, \quad y = -\,0,013\,592\,15, \quad z = 0,000\,241\,715.$$

Introduites dans les équations de condition, ces valeurs laissent subsister les erreurs résiduelles indiquées dans la dernière colonne du Tableau ci-dessus.

Si l'on représente la dilatation linéaire du verre par l'expression

$$L_T - L_0 = L_0(\alpha T + \beta T^2),$$

on obtient les valeurs suivantes des coefficients α et β :

$$\alpha = 0,000\ 008\ 886\ 75,$$
$$\beta = 0,000\ 000\ 006\ 48.$$

2. *Échantillon du cube de verre de* 4^{cm} *d'arête.* — La section de cet échantillon est un carré de 15^{mm} de côté. On a trouvé, pour l'épaisseur à $0°$,

$$E_0 = 14^{mm},755,$$

et, pour la lame d'air,

$$e = 0^{mm},028.$$

Les franges ont été repérées par rapport à 14 points.

Les observations (18 juin-9 juillet 1901) ont conduit aux résultats ci-après :

Obser-vations.	Pressions.	Températures. Échelle normale.	Pointés moyens.	Corrections.	Pointés moyens corrigés.	Obs.-calc.
	mm	o	fr	fr	fr	fr
1.	756,0	83,243	1,456	+0,007	1,463	—0,018
2.	748,5	78,551	1,541	+0.006	1,547	—0,022
3.	761,9	68,583	1,708	+0,006	1,714	+0,008
4.	762,8	59,771	1,832	+0,005	1,837	—0,018
5.	761,2	41,859	1,965	+0,004	1,969	—0,012
6.	760,1	34,274	1,998	+0,003	2,001	+0,019
7.	757,6	19,592	2,018	+0,002	2,020	—0,001
8.	755,0	87,007	2,005	+0,002	2,007	+0,031
9.	756,5	30,910	2,009	+0,003	2,012	+0,014
10.	759,6	38,305	1,985	+0,003	1,988	+0,039
11.	762,4	54,398	1,916	+0,005	1,921	+0,032
12.	764,6	72,533	1,672	+0,006	1,678	—0,012
13.	766,3	83,286	1,460	+0,006	1,466	—0,014
14.	766,7	80,778	1,529	+0,006	1,535	—0,019
15.	766,4	73,484	1,627	+0,006	1,633	—0,022
16.	764,0	66,320	1,771	+0,005	1,776	—0,030
17.	763,2	52,696	1,926	+0,004	1,930	0,000
18.	758,0	18,380	2,046	+0,002	2,048	+0,026
19.	749,3	17,692	2,056	—0,002	2,058	+0,008
20.	755,2	3,270	2,046	+0,001	2,047	—0,042
21.	757,1	3,764	2,021	0,000	2,021	—0,012
22.	757,4	4,170	2,025	+0,001	2,026	—0,009
23.	760,8	8,334	2,022	+0,001	2,023	+0,009
24.	760,0	13,445	2,032	+0,001	2,033	+0,006
25.	756,6	17,909	2,074	+0,002	2,076	+0,035

Le nombre des franges passées, pour une variation de 80,02 degrés, est de $0^{fr},58$. Les équations normales sont :

$$25 \quad x + \quad 1\,042,554\,y + \quad 62\,939,491\,z = \quad 46,829,$$
$$1\,042.554\,x + \quad 62\,939,491\,y + \quad 4\,312\,744,8 \quad z = \quad 1\,823,764,$$
$$62\,939,491\,x + 4\,312\,744,8 \quad y + 312\,432\,722 \quad z = 105\,636,654,$$

d'où l'on déduit

$$x = +1,995\,678, \qquad y = +0,005\,525\,456, \qquad z = -0,000\,140\,1908.$$

Introduites dans les équations de condition, ces valeurs laissent subsister les erreurs résiduelles indiquées dans la dernière colonne du Tableau ci-dessus.

Les coefficients α et β de la dilatation linéaire du verre constituant le cube de 4^{cm} d'arête, déduits des observations ci-dessus, sont :

$$\alpha = 0,000\,008\,503\,6,$$
$$\beta = 0,000\,000\,004\,466.$$

3. *Échantillon du cube de verre de 61^{mm} d'arête.* — La section de cet échantillon est un carré de 15^{mm} de côté. On a trouvé, pour l'épaisseur à $0°$,

$$E_0 = 14^{mm},752$$

et, pour la lame d'air,

$$e = 0^{mm},030.$$

On a repéré les franges par rapport à 18 points.

Les observations (28 août-13 septembre 1901) ont donné les résultats qui suivent :

Obser-vations.	Pressions.	Températures. Échelle normale.	Pointés moyens.	Corrections.	Pointés moyens corrigés.	Obs.-calc.
	mm	o	fr	fr	fr	fr
1........	757,3	83,938	2,747	+0,007	2,754	—0,016
2.....	760,3	82,107	2,756	+0,007	2,763	+0,022
3......	761,1	76,261	2,841	+0,007	2,848	—0,039
4......	761,5	64,469	3,048	+0,006	3,054	—0,008
5......	759,2	49,825	3,199	+0,005	3,204	—0,055
6......	758,5	42,645	3,264	+0,004	3,268	+0,042
7......	756,4	33,133	3,304	+0,003	3,307	+0,024
8.....	756,6	19,887	3,325	+0,002	3,327	+0,060
9......	757,6	16,814	3,383	+0,002	3,385	—0,021
10.....	756,7	25,897	3,346	+0,003	3,349	+0,016
11......	754,9	35,289	3,341	+0,004	3,345	+0,047
12......	752,2	51,180	3,264	+0,005	3,269	—0,029

Obser-vations.	Pressions.	Températures. — Échelle normale.	Pointés moyens.	Corrections.	Pointés moyens corrigés.	Obs.-calc.
	mm	o	fr	fr	fr	fr
13.......	750,9	66,439	3,103	+0,006	3,109	+0,004
14.......	752,4	76,112	2,940	+0,007	2,947	—0,022
15.......	751,7	83,790	2,787	+0,007	2,794	+0,017
16.......	750,7	79,705	2,830	+0,007	2,837	+0,014
17.......	751,3	71,903	2,988	+0,007	2,995	—0,033
18.......	753,4	58,086	3,162	+0,005	3,167	—0,001
19.......	756,2	44,328	3,277	+0,004	3,281	—0,013
20.......	755,8	37,573	3,333	+0,004	3,337	—0,005
21.......	755,1	30,166	3,348	+0,003	3,351	—0,043
22.......	756,0	23,633	3,358	+0,003	3,361	0,000
23.......	756,3	17,743	3,368	+0,002	3,370	+0,015
24.......	756,0	2,677	3,328	0,000	3,328	—0,022
25.......	754,4	3,367	3,352	+0,001	3,353	+0,019
26.......	754,4	3,569	3,357	+0,001	3,358	+0,020
27.......	753,7	6,914	3,368	+0,001	3,369	+0,016
28.......	752,4	11,984	3,340	+0,002	3,342	—0,006

Le nombre des franges passées pour une variation de 81,26 degrés est de $0^{fr},57$. Les équations normales sont

$$28x + 1\,119,434\,y + 71\,879,163\,z = 89,172,$$
$$1\,119,434\,x + 71\,879,163\,y + 4\,887\,074,4\ z = 3\,672,896,$$
$$71\,879,163\,x + 4\,887\,074,4\ y + 353\,883\,521\ z = 214\,557,299,$$

d'où

$$x = + 3,321\,065\,7, \qquad y = + 0,005\,266\,33, \qquad z = — 0,000\,140\,993.$$

On tire de ces valeurs les coefficients suivants de la dilatation linéaire du verre constituant le cube de 61^{mm} :

$$\alpha = + 0,000\,008\,509\,9,$$
$$\beta = + 0,000\,000\,004\,482.$$

On remarquera que les coefficients des cubes de 4^{cm} et de 6^{cm} sont à peu près identiques, ce qui était à prévoir, parce que ces cubes ont été tirés de la même fonte. Les deux cubes de 5^{cm} ont une dilatation un peu supérieure.

Les coefficients linéaires vrais à 15° et les coefficients cubiques moyens, calculés pour les températures ordinaires, et dont on a fait usage dans les réductions, sont indiqués dans le Tableau suivant :

Coefficient linéaire vrai à 15°.		
Cubes de 5^{cm}.	Cube de 4^{cm}.	Cube de 6^{cm}.
0,000 009 081	0,000 008 637	0,000 008 644

	Coefficient cubique.		
	Cubes de 5ᶜᵐ.	Cube de 4ᶜᵐ.	Cube de 6·ᵐ.
Entre 0° et 10°	0,000 026 857	0,000 025 645	0,000 025 665
» 0 » 11	26 877	25 659	25 678
» 0 » 12	26 896	25 672	25 692
» 0 » 13	26 916	25 686	25 705
» 0 » 14	26 936	25 699	25 719
» 0 » 15	26 955	25 713	25 733
» 0 » 16	26 975	25 726	25 746
» 0 » 17	26 995	25 740	25 759
» 0 » 18	27 014	25 753	25 773
» 0 » 19	27 034	25 767	25 787
» 0 » 20	0,000 027 054	0,000 025 780	0,000 025 800

Argenture des cubes et des miroirs.

J'ai employé le plus souvent le procédé Foucault pour l'argenture des plans de verre. La surface nettoyée à l'acide nitrique concentré, à l'aide d'un tampon d'ouate, était ensuite lavée à l'eau distillée et à l'alcool ([1]).

Pendant le nettoyage des surfaces et les manipulations nécessitées par l'argenture, les cubes étaient maintenus par une pince de bois garnie de peau, dont les branches étaient évidées, de manière à ne toucher que les régions médianes des deux faces opposées. La surface à argenter, tournée vers le bas, était plongée successivement dans les différents bains destinés aux lavages, puis, en dernier lieu, dans le bain d'argent. Comme tout choc contre un corps dur eût endommagé les arêtes vives des cubes, j'ai fait usage de cuvettes photographiques en celluloïd, et suis parvenu, grâce à ces précautions et à des soins multiples, à éviter presque complètement la détérioration des arêtes pendant les mesures.

Comme les couches d'argent épaisses sont assez difficiles à enlever par grattage sans rayer le verre, j'ai trouvé avantage à ne déposer sur les cubes que des couches assez minces, dont la transparence permettait de distinguer facilement la flamme d'une bougie et de juger de l'uniformité obtenue.

Pour enlever la couche d'argent sur les deux quadrants opposés, il suffisait de frotter doucement la partie à supprimer avec un morceau de bois mou imbibé d'acide nitrique dilué. On nettoyait ensuite les régions dénudées en évitant de mouiller les parties recouvertes d'argent; enfin, quand l'épaisseur de l'argenture était suffisante, on faisait disparaître le léger voile qui subsiste sur la couche d'argent en passant une peau de chamois sur la surface.

([1]) J'ai renoncé à l'emploi de la potasse caustique afin d'éviter les pertes de matière par dissolution.

L'argenture du miroir C portant les repères exige un soin particulier, surtout au point de vue de l'uniformité de l'épaisseur, car toute irrégularité de la couche d'argent trouble nécessairement la planimétrie de la surface et introduit dans les observations des erreurs d'autant plus à craindre que la même surface sert de point de départ à toute une série de mesures. Lorsque la couche d'argent obtenue sur le miroir présentait l'uniformité désirable, sous une épaisseur un peu plus forte que celle des argentures appliquées ordinairement sur les cubes, on marquait les repères circulaires à l'aide d'une pointe de laiton. On enlevait l'argent sur la moitié gauche du miroir, sauf sur les quatorze petits cercles d'environ 1^{mm} de diamètre, qui constituaient les marques servant, comme je l'ai dit, au repérage des franges. La lumière réfléchie par la face postérieure du miroir nuisant à la visibilité des franges, je l'ai supprimée en noircissant le revers du miroir. Pour faciliter la mesure de l'épaisseur des couches d'argent sur le plan des repères et sur les régions du cube voisines des milieux des

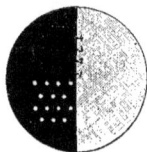

Fig. 15. — Miroir portant les repères.

arêtes, j'ai trouvé avantageux de faire de petites marques distantes de 5^{mm} sur les limites des zones argentées. La figure 15 représente le miroir C prêt à servir aux expériences.

Ordre des expériences.

Il importait de déterminer en premier lieu la masse des cubes, exposés, par leur fragilité, à des accidents multiples dans le cours des mesures, afin de pouvoir évaluer exactement les pertes de matière qui auraient pu se produire pendant les expériences.

Mon premier soin a donc été de peser chacun des cubes, aussitôt après sa livraison par le constructeur.

Je déterminais ensuite les dimensions approximatives des arêtes par les procédés décrits page 25. La mesure exacte des dimensions par la méthode interférentielle de M. Michelson pouvait alors être effectuée, et durait généralement plusieurs mois. Ces observations achevées, la masse du cube était déterminée de nouveau, puis on procédait à la mesure du volume par les pesées hydrostatiques, qui duraient une dizaine de jours, pendant lesquels les corps restaient immergés dans l'eau distillée, à des températures qui ont varié entre les limites extrêmes de 8° à 18°.

La masse était déterminée de nouveau après ces mesures.

L'ordre chronologique que je viens d'indiquer ne saurait être suivi dans la relation des expériences, sans donner lieu à de nombreuses répétitions et présenter une incohérence qui nuirait à la clarté. Je traiterai donc séparément pour chacun des corps étudiés, les mesures de longueur et les pesées, et, pour faciliter la discussion des résultats, je donnerai à la suite un aperçu général des opérations effectuées sur chacun des cubes.

CUBE DE 4 CENTIMÈTRES D'ARÊTE.

MESURES DES DIMENSIONS.

Les mesures des dimensions du cube de 4^{cm} ayant été faites avec un plus grand nombre de sources lumineuses que celles, plus anciennes en date, du cube de 5^{cm}, je donnerai d'abord les observations relatives au plus petit de ces cubes, afin de montrer la précision et la sécurité absolues que présente la méthode interférentielle, lorsqu'on opère avec des sources monochromatiques dont les rapports sont connus avec une approximation suffisante.

Je désignerai les faces par les chiffres 1 à 6, les faces opposées étant respectivement 1 et 6, 2 et 5, 3 et 4 (*fig.* 16).

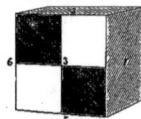

Fig. 16. — Cube argenté sur deux quadrants opposés.

Le 11 mai 1901, j'argentai la face 3; puis, après avoir dénudé les quadrants ombrés sur la figure, je plaçai le cube dans l'appareil sur les trois pointes de son support dans la position 1. Je réglai alors la face 3 de manière à la rendre parallèle au miroir situé derrière le cube. Ce réglage peut être fait rapidement par l'observation à la lunette d'un objet délié, tel qu'une épingle recourbée, placé près de la source lumineuse et se détachant sur un fond vivement éclairé. On distingue facilement à leur intensité les deux images produites par réflexion sur la face antérieure du cube et sur le plan de référence parallèle au plan portant les repères, et l'on agit sur les boutons de réglage de manière à amener la superposition de ces images. Le parallélisme obtenu ainsi n'est qu'approximatif; il doit être rectifié dans la suite; mais il suffit pour qu'on puisse rapprocher sans danger le cube du miroir jusqu'à l'apparition des franges dans la lame mince qui sépare les surfaces. Pour observer celles-ci, on éclaire le cube à la lumière de la soude et, supprimant par l'interposition de l'écran *e* (*fig.* 7, p. 10), le faisceau lumineux réfléchi par le plan D qui gênerait l'observateur, on met la lunette au point sur les repères.

L'apparition des franges permet une nouvelle rectification des surfaces. On continue à rapprocher le cube du miroir en utilisant le mouvement micrométrique du chariot jusqu'au moment où la distance des plans est devenue assez faible pour que l'air oppose une résistance au rapprochement. On est averti de la proximité du contact par la déformation des franges, dont le déplacement parallèle est retardé par la viscosité de l'air. Comme il importe, pour les réglages définitifs, que le cube soit tout à fait indépendant du miroir, j'ai toujours jugé prudent d'éloigner de nouveau le cube d'une vingtaine de franges au moins à partir de cette position.

Ces diverses opérations terminées, on disposait sur le support du plan D la réglette auxiliaire, destinée, comme je l'ai dit plus haut, page 21, à la mesure approximative de la distance des plans du miroir et du cube. Puis, le microscope à micromètre servant à cette mesure ayant été mis en place et l'appareil fermé, on abandonnait celui-ci pendant plusieurs heures, afin de laisser s'établir l'équilibre de la température avant de procéder aux mesures définitives.

Je reproduis *in extenso*, d'après le *Journal des Observations*, la première série de mesures effectuées le 12 mai 1901 sur le cube de 4^{cm} d'arête.

Cette série comprend : 1° la mesure approximative de la distance entre la face 3 et le plan du miroir, à l'aide du microscope; 2° la mesure de l'excédent fractionnaire de la même distance, par les franges circulaires; 3° la mesure de l'excédent fractionnaire de la lame d'air pour le point moyen des repères, par les franges de Fizeau.

1. *Mesure de la distance de la face antérieure au plan du miroir à l'aide du microscope.*

	Chariot du miroir D.		Lectures du tambour du micromètre.		
	Lecture du compteur ([1]).	Trait de la réglette.	1.	2.	3.
Avant	1031,365	10	6,930	6,913	6,910
Arrière......	1051,415	50	7,685	7,680	7,680
	$t = 11°,4$.	Différence..	0,755	0,767	0,770

([1]) Les lectures du compteur servent seulement à renseigner l'observateur et n'interviennent pas dans la mesure.

Ces trois mesures ont été faites successivement, en déplaçant trois fois le plan D de la longueur équivalant à la distance des deux plans.

Différence moyenne des lectures micrométriques = $0^l,762$.

Or,
$$1^l = 92^\mu,11,$$

d'où

Distance des plans = Intervalle $[10·50] + 70^\mu,2$.

D'après des déterminations antérieures, l'intervalle $[10·50]$ de la réglette, à la température $11°,4$, est égal à $40^{mm},010$. On obtient donc, par le microscope,

Distance des plans = $40^{mm},080 = 124\,501$ franges rouges du cadmium.

2. *Mesure des excédents fractionnaires par les franges circulaires.* — La mesure approximative effectuée, j'enlevai le microscope, afin de fermer plus complètement l'appareil, et je procédai au réglage définitif du parallélisme des surfaces à l'aide des franges circulaires en lumière monochromatique ([1]). J'ai déjà dit qu'il est avantageux pour les mesures de donner au plan D une position telle que son image virtuelle, ou plan de référence, occupe le milieu de l'intervalle des plans dont il s'agit de déterminer la distance. Cette position est facile à trouver par les indications du compteur gauche qui donne la position du chariot portant le plan D. Les franges circulaires qui se produisent alors de part et d'autre d plan de référence ont des diamètres égaux. On les ramène à la même phase initiale à l'aide du compensateur à ressort de M. Michelson, dont les lectures sont sensiblement proportionnelles aux changements de phase.

Les observations suivantes des excédents fractionnaires ont été faites dans l'ordre suivi par MM. Michelson et Benoit, c'est-à-dire en effectuant d'abord la lecture du compensateur qui ramène la phase à o sur les franges du plan arrière pour les différentes sources, en passant successivement du rouge au violet; puis, après avoir dirigé le faisceau lumineux sur le plan antérieur, en faisant les lectures correspondantes dans l'ordre inverse.

La mesure complète de l'excédent fractionnaire par les franges circulaires comprend deux séries de cinq observations pendant lesquelles il importe d'éviter toute secousse ou tout réglage pouvant altérer la position relative du cube et du miroir placé derrière celui-ci; tandis qu'il est avantageux de déplacer le plan de référence de quelques franges parallèlement à lui-même, afin de varier les lectures du compensateur.

([1]) Cette opération peut modifier très légèrement la distance moyenne des plans; mais, lorsque les réglages antérieurs on été faits avec soin, le changement ne dépasse guère une ou deux franges. Pour éviter cette cause d'erreur, j'ai procédé le plus souvent à la détermination approximative par le microscope après le réglage définitif des plans en lumière monochromatique.

Mesure des excédents fractionnaires par les franges circulaires.

12 mai 1901. — Source : Tube sans électrodes renfermant du cadmium et du zinc.

$t = 11°,39$ à 9^h H $= 762^{mm},70$ $11^t,5$ $t = 11^t,405$ à 9^h50^m

	1ʳᵉ série.					2ᵉ série.			
	Rouge Cd.	Rouge Zn.	Vert H.	Bleu Zn.		Rouge Cd.	Rouge Zn.	Vert H.	Bleu Zn.
Arrière..	188	127	181	158	Arrière...	160	220	178	201
Avant....	167	149	184	158	Avant....	127	107	170	206
	+ 21	− 22	− 3	0		+ 33	+113	+ 8	− 5
Arrière..	150	219	147	116	Arrière...	152	211	145	162
Avant...	122	98	142	110	Avant....	111	223	139	159
	+ 28	+121	+ 5	+ 6		+ 41	− 12	+ 6	+ 3
Arrière...	177	242	139	100	Arrière...	112	172	187	180
Avant....	148	130	142	107	Avant....	203	178	175	180
	+ 29	+112	− 3	− 7		− 91	− 6	+ 12	0
Arrière...	123	181	168	198	Arrière...	240	153	160	152
Avant...	222	204	165	210	Avant....	206	181	148	150
	− 99	− 23	+ 3	− 12		+ 34	− 28	+ 12	+ 2
Arrière...	161	219	178	209	Arrière...	182	231	202	183
Avant....	131	110	176	218	Avant..	148	123	189	184
	+ 30	+109	+ 2	− 9		+ 34	+ 8	+ 13	− 1

$t = 11°,40$ à 9^h27^m $t = 11^t,43$ à 10^h5^m H $= 762^{mm},65$ $11^u,5$

J'ai désigné dans ce Tableau par Vert H la radiation du cadmium $\lambda = 0^{\mu},515$, employée d'abord par M. Hamy, par opposition au Vert M, utilisé par M. Michelson.

Dans les observations ci-dessus les différences de phase sont exprimées en divisions moyennes du compensateur. Pour les réduire en longueurs d'ondes, il est nécessaire de connaître la *tare* du compensateur, c'est-à-dire le nombre de divisions de celui-ci qui correspond à une longueur d'onde de chacune des sources employées.

Les déterminations de la tare, que l'on a eu soin de répéter fréquemment, avaient fourni les valeurs suivantes :

$\dfrac{\lambda}{2}$ Rouge Cd $= 130$ divisions du compensateur,

$\dfrac{\lambda}{2}$ Rouge Zn $= 128$ »   »

$\dfrac{\lambda}{2}$ Vert H $= 104$ »   »

$\dfrac{\lambda}{2}$ Bleu Zn $= 95$ »   »

On remarquera que les excédents fractionnaires fournis par les observations diffèrent dans certains cas d'une demi-longueur d'onde. Cela vient de ce que, le nombre entier n de longueurs d'onde étant inconnu et indifférent pour la mesure actuelle, on a déterminé la fraction par rapport à $n \pm 1$. En réduisant les observations à la même valeur de n on obtient :

Première série.				Deuxième série.			
Rouge Cd.	Rouge Zn.	Vert H.	Bleu Zn.	Rouge Cd.	Rouge Zn.	Vert H.	Bleu Zn.
+21	+106	−3	+ 95	+33	+113	+ 8	+90
+28	+121	+5	+101	+41	+116	+ 6	+98
+29	+112	−3	+ 88	+39	+122	+12	+95
+31	+105	+3	+ 83	+34	+100	+12	+97
+30	+109	+2	+ 86	+34	+108	+13	+94
+28	+111	+1	+ 91	+36	+112	+10	+95

Moyennes des deux séries en divisions.

Rouge Cd.	Rouge Zn.	Vert H.	Bleu Zn.
+32	+111,5	+5,5	+93

d'où l'on tire, en divisant ces valeurs moyennes par les tares correspondantes, les excédents fractionnaires suivants :

Rouge Cd.	Rouge Zn.	Vert H.	Bleu Zn.
$0,25\dfrac{\lambda}{2}$	$0,87\dfrac{\lambda}{2}$	$0,05\dfrac{\lambda}{2}$	$0,98\dfrac{\lambda}{2}$

L'observation des franges de la lame d'air, qui exige environ 20 minutes, avait lieu dans l'intervalle des deux mesures que je viens de reproduire. On a généralement observé, pendant les mesures, une petite marche de température, qui provoquait un déplacement régulier des franges, de sorte que la deuxième mesure diffère de la première d'une petite fraction d'onde ; mais, par suite de la disposition des observations, la moyenne des deux séries d'observations des franges circulaires correspond sensiblement à la détermination intermédiaire de l'épaisseur de la lame d'air par les franges de Fizeau.

3. *Mesure des excédents fractionnaires de la lame mince d'air.* — Le faisceau lumineux ayant été dirigé sur les repères au moyen de l'appareil de déplacement, il suffisait de placer le petit écran e (*fig.* 7), qui masque le plan de référence, pour voir apparaître les franges de Fizeau, dont on avait eu soin de déterminer préalablement l'origine ([1]).

([1]) Les franges étant rectilignes, la position du centre n'est pas évidente, mais il suffit après la série d'observations de rapprocher légèrement le cube du miroir pour reconnaître la position de l'origine au mouvement centrifuge des franges.

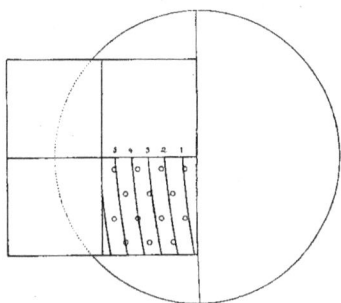

Excédent
fractionnaire
moyen.

Rouge Cd.

5,15	3,70	2,20	0,95	
	4,60	3,20	1,65	15
	4,00	2,60	1,20	
	5,00	3,55		

Vert H.

6,40	4,50	2,75	1,00	
	5,60	3,80	2,00	82
	4,80	3,15	1,40	
	6,10	4,35		

Vert M.

5,50	3,60	1,80	0,05	
	4,65	2,90	1,10	92
	3,95	2,25	0,50	
	5,35	3,45		

Bleu Cd.

5,85	3,85	2,00	0,10	
	5,00	3,05	1,20	14
	4,35	2,45	0,60	
	5,60	3,65		

Jaune (soude).

4,75	3,15	1,60	0,10	
	4,15	2,65	1,00	58
	3,50	2,00	0,40	
	4,65	3,02		

Rouge Cd (après).

4,20	2,70	1,30	0,05	
	3,55	2,25	0,70	19
	3,00	1,65	0,25	
	4,00	2,60		

Fig. 17. — Franges de la lame mince.

Les observations ci-contre (p. 37) donnent les positions de douze repères par rapport aux franges. En regard de chaque groupe d'observations, j'ai reproduit l'apparence des franges sur le plan des repères. J'ai répété l'observation des franges rouges après celles des autres sources, afin de m'assurer qu'aucun déplacement important des plans ne s'était produit pendant les mesures.

Recherche du nombre entier. — La mesure approximative de la distance des plans par le microscope ayant donné 124 501 demi-longueurs d'ondes rouges du cadmium, on calcule, pour cette valeur et pour les nombres entiers les plus voisins, augmentés de la fraction 0,25 observée directement, les nombres équivalents, qui correspondent aux autres sources employées à la mesure.

Les rapports des longueurs d'ondes étant (p. 20)

$$\frac{\lambda_R}{\lambda_{R_2}} = 1,011\,9646; \qquad \frac{\lambda_R}{\lambda_{V_R}} = 1,249\,0583; \qquad \frac{\lambda_R}{\lambda_{B_2}} = 1,363\,4593;$$

on obtient, en effectuant le calcul :

	Rouge Cd.	Rouge Zn.	Vert H.	Bleu Zn.
	124 495,25	125 984,79	155 501,83	169 744,21
	496,25	985,80	503,07	745,57
	497,25	986,81	504,32	746,93
	498,25	987,82	505,57	748,30
	499,25	988,83	506,82	749,66
	124 500,25*	125 989,85*	155 508,07*	169 751,02*
	501,25	990,86	509,32	752,39
	502,25	991,87	510,57	753,75
	503,25	992,88	511,82	755,11
	504,25	993,89	513,07	756,48
	124 505,25	125 994,91	155 514,32	169 757,84
Observé...	25	87	05	98

En comparant les excédents fractionnaires calculés aux valeurs directement observées, on voit que le nombre de 124 500,25 demi-longueurs d'ondes rouges de cadmium donne seul des excédents fractionnaires d'accord avec les observations pour toutes les sources employées. Le nombre entier des franges se trouve ainsi déterminé sans ambiguïté. En soustrayant de ce nombre l'épaisseur du cube, que l'on a déterminée approximativement, on obtient une valeur approchée de l'épaisseur de la lame d'air, et l'on procède comme ci-dessus à la recherche du nombre entier.

On a, en effet :

Distance totale des plans .... $124\,500,25 \; \frac{\lambda_R}{2}$

Épaisseur approximative [3-4] .... $124\,380 \; \frac{\lambda_R}{2}$

Épaisseur approximative de la lame d'air .. $120 \; \frac{\lambda_R}{2}$

Les franges de la lame mince ayant été observées avec d'autre sources que les franges circulaires, il faut ajouter aux rapports indiqués plus haut ceux

$$\text{de la lumière sodique} \ldots \quad \frac{\lambda_R}{\lambda_D} = 1,092\,56$$

$$\text{du vert du cadmium} \ldots \quad \frac{\lambda_R}{\lambda_{V_M}} = 1,265\,9644$$

$$\text{du bleu du cadmium} \ldots \quad \frac{\lambda_R}{\lambda_B} = 1,341\,3716$$

Le calcul donne :

Rouge.	Jaune.	Vert H.	Vert M.	Bleu.
118,17	129,11	'147,60	149,60	158,51
119,17	130,20	148,85	150,86	159,85
120,17	131,29	150,10	152,13	161,19
121,17	132,39	151,35	153,40	162,53
122,17	133,48	152,60	154,66	163,88
123,17	134,57'	153,85*	155,93*	165,22*
124,17	135,66	155,19	157,19	166,56
125,17	136,76	156,34	158,46	167,90
126,17	137,85	157,59	159,73	169,24
Observé... 17	58	82	92	14

Les excédents fractionnaires calculés pour l'épaisseur $123,17\frac{\lambda_R}{2}$ concordent avec les valeurs observées.

Les nombres entiers des franges des diverses sources ayant été déterminés comme on vient de voir, il est aisé de tirer des observations les valeurs les plus probables.

Si l'on désigne par e l'épaisseur de la lame d'air au lieu moyen des repères, on aura par les franges de Fizeau :

$$
\begin{array}{lllll}
 & & & \text{O} - \text{C.} \\
e = & 123,17\,\dfrac{\lambda_R}{2} & = & 123,17\,\dfrac{\lambda_R}{2} & +\,0,02\,\dfrac{\lambda_R}{2} \\[2mm]
 & 134,58\,\dfrac{\lambda_D}{2} & = & 123,18 \; » & +\,0,03 \; » \\[2mm]
 & 153,82\,\dfrac{\lambda_{V_M}}{2} & = & 123,15 \; » & 0,00 \; » \\[2mm]
 & 155,92\,\dfrac{\lambda_{V_M}}{2} & = & 123,16 \; » & +\,0,01 \; » \\[2mm]
 & 165,14\,\dfrac{\lambda_B}{2} & = & 123,11 \; » & -\,0,04 \; » \\[2mm]
\hline
 & e = & 123,15\,\dfrac{\lambda_R}{2} & &
\end{array}
$$

Si les rapports des longueurs d'ondes des sources employées étaient exactement connus, ce mode de calcul pourrait être appliqué aussi aux franges circulaires pour les grandes différences de marche. Les rapports présentant quelque incertitude, surtout pour les sources complexes, je n'ai considéré, suivant le conseil de M. Buisson, professeur à la Faculté des Sciences de Marseille, que le résultat fourni par les radiations rouges du cadmium, les autres sources n'étant utilisées qu'à la recherche du nombre entier.

Si l'on désigne par E_1 l'épaisseur du cube dans la région considérée, on trouve donc, par les franges circulaires rouges,

$$E_1 + e = 124\,500,25\,\frac{\lambda_R}{2}.$$

L'épaisseur du cube résultant de la première série d'observations est donc

$$E_1 = 124\,377,10\,\frac{\lambda_R}{2}$$

à la température et sous la pression barométrique observées.

L'épaisseur E_1 au point moyen des repères a été mesurée du 12 au 14 mai par quatre séries d'observations, dans lesquelles le cube a occupé la position I [1]. Ces observations sont indiquées, dans le résumé suivant des mesures du cube de 4^{cm}, avec les températures et les pressions réduites correspondantes. On avait soin, avant chaque série, de rectifier le parallélisme des plans par l'observation des franges circulaires.

Quatre séries analogues ont été faites après avoir tourné le cube de 180° autour de la normale à la face 3, de manière à amener en haut la face 5 qui était tournée d'abord vers le bas. Je désignerai cette position comme *position* II, et l'épaisseur du cube dans la région correspondante par E_2.

L'épaisseur de la couche d'argent ayant été déterminée en différents points, comme je l'ai dit (p. 8) [2], je réargentai ensuite la face 3, et la préparai pour les déterminations dans les deux autres positions III et IV.

Le Tableau suivant donne le résultat des séries d'observations avec l'indication de la position du cube. La pression barométrique et la température moyenne réduites sont indiquées en tête des résultats.

Les épaisseurs $E_1 + e$ obtenues par le rouge du zinc et par les radiations vertes et bleues sont communiquées à titre de simple renseignement.

---

[1] *Cf.* p. 41.
[2] Les résultats de ces mesures sont indiqués plus loin (p. 49).

Résumé des mesures interférentielles des dimensions du cube de 4 centimètres.

E[3-4]. — **Position I**

SÉRIE I (12 mai 1901).	SÉRIE II (13 mai).	SÉRIE III (14 mai).	SÉRIE IV (14 mai).
$H_0 = 761^{mm},5$, $t = 11°,275$.	$H_0 = 759^{mm},8$, $t = 11°,712$.	$H_0 = 761^{mm},7$, $t = 11°,992$.	$H_0 = 760^{mm},5$, $t = 12°,196$.
R...... 124 500,25	124 500,07	124 500,97	124 505,67
R_{Zn}.... 27	10	91	65
V_H.... 24	08	96	61
B_{Zn}. 22	04	95	64
E + c... 124 500,25	124 500,07	124 500,97	124 505,67
R..... 123,17	122,22	122,98	127,65
Jaune.. 18	26	123,01	70
V_H..... 15	25		66
V_M ... 16	22	122,93	67
B..... 11	20	122,99	67
e..... 123,15	122,23	122,98	127,67
E..... 124 377,10	124 377,84	124 377,99	124 378,00

E[3-4]. — **Position II**

SÉRIE I (15 mai 1901).	SÉRIE II (15 mai).	Série III (17 mai).	SÉRIE IV (17 mai).	SÉRIE V (¹).
$H_0 = 758^{mm},6$, $t = 12°,612$.	$H_0 = 758^{mm},6$, $t = 12°,681$.	$H_0 = 759^{mm},0$, $t = 12°,468$.	$H_0 = 758^{mm},9$, $t = 12°,523$.	$H_0 = 760^{mm},4$, $t = 12°,239$.
R...... 124 487,95	124 491,04	124 491,79	124 495,74	R.... 124 496,39
R_{Zn} ... 84	491,01	80	76	V_M.... 33
V_H.... 86	490,96	71	68	B..... 43
B_{Zn} 86	490,95	74	69	V_l..... 37
E + c.. 124 487,95	124 491,04	124 491,79	124 495,74	124 496,39
R..... 116,21	119,27	120,06	123,95	R..... 124,98
Jaune...	23	04	123,81	Jaune... 94
V_H..... 17	23	05	123,95	V_M.... 96
V_M..... 19	22	07	124,02	B..... 98
B..... 17	27	03	123,89	V_l..... 96
B_{Zn} ...	23	05	123,95	
e..... 116,18	119,24	120,05	123,93	124,96
E..... 124 371,77	124 371,80	124 371,74	124 371,81	124 371,43

(¹) La série V a été faite avec un tube à électrodes intérieures donnant les radiations utilisées par M. Michelson.

E[3-4]. — **Position III**

SÉRIE I (20 mai 1901).	SÉRIE II (21 mai).	SÉRIE III (21 mai).	SÉRIE IV (21 mai).
$H_0 = 760^{mm},9$, $t = 12°,487$.	$H_0 = 762^{mm},5$, $t = 12°,579$.	$H_0 = 761^{mm},1$, $t = 12°,834$.	$H_0 = 760^{mm},7$, $t = 12°,959$.
R..... 124 502,65	124 503,65	124 505,45	124 505,65
R_{Zn}.... 69	69	46	64
V_H.. .. 59	58	39	61
B_{Zn}.... 60	56	40	57
E + e... 124 502,65	124 503,65	124 505,45	124 505,65
R...... 125,49	126,22	127,86	128,28
Jaune... 51	26	91	31
V_H.... 48	18	90	26
V_M.... 52	23	90	29
B..... 46	20	85	21
B_{Zn}. ..	21		
e..... 125,49	126,22	127,88	128,27
E...... 124 377,16	124 377,43	124 377,57	124 377,38

E[3-4]. — **Position IV**

SÉRIE I (22 mai).	SÉRIE II (22 mai).	SÉRIE III (¹) (22 mai).	SÉRIE IV (24 mai).
$H_0 = 759^{mm},4$, $t = 13°,226$.	$H_0 = 758^{mm},9$, $t = 13°,346$.	$H_0 = 758^{mm},7$, $t = 13°,505$.	$H_0 = 760^{mm},0$, $t = 13°,601$.
R..... 124 448,23	124 448,46	R..... 124 449,39	R..... 124 459,44
R_{Zn}.... 31	43	V_M.... 33	R_{Zn}.... 44
V_H.... 20	41	B..... 44	V_H.... 37
B_{Zn}.... 17	39	V_ℓ.. .. 34	B_{Zn}.... 36
E + e... 124 448,23	124 448,46	124 449,39	124 459,44
R...... 74,27	74,55	R..... 75,18	85,04
Jaune... 31	58	Jaune... 24	06
V_H.. .. 27	54	V_M.... 19	V_H.... 00
V_M.... 28	50	B..... 26	V_M.... 00
B..... 30	53	V_ℓ..... 25	B..... 01
e..... 74,29	74,54	75,22	85,02
E...... 124 373,94	124 373,92	124 374,17	124 374,42

(¹) Source Michelson, tubes à électrodes intérieures avec cadmium.

E[3-2]. — Position I $\begin{array}{c} 6 \\ 4\ 5\ 3 \\ 1 \end{array}$

SÉRIE I (25 mai 1901). $H_0=757^{mm},0,\ t=13°,705.$		SÉRIE II (25 mai). $H_0=756^{mm},5,\ t=13°,755.$	SÉRIE III (28 mai). $H_0=755^{mm},1,\ t=14°,309.$		SÉRIE IV (28 mai). $H_0=753^{mm},8,\ t=14°,582.$
R......	124 120,90	124 121,07	R......	124 125,36	124 126,41
R_{Zn}....	95	07	V_M....	34	36
V_{II}....	86	04	B......	42	47
B_{Zn}....	86	120,99	V_i....	34	41
E + e...	124 120,90	124 121,07		124 125,36	124 126,41
R....	74,41	74,55	R......	78,32	79,01
Jaune...	37	54	Jaune...	30	04
V_H....	38	56	V_M....	32	01
V_M....	38	53	B......	33	05
B......	38	53	V_i....	31	10
e....	74,38	74,54		78,32	79,04
E......	124 046,52	124 046,53		124 047,04	124 047,37

E[3-2]. — Position II $\begin{array}{c} 1 \\ 3\ 5\ 4 \\ 6 \end{array}$

SÉRIE I (29 mai). $H_0=753^{mm},4,\ t=14°,942.$	SÉRIE II (29 mai). $H_0=752^{mm},3,\ t=15°,286.$	SÉRIE III (2 juin). $H_0=757^{mm},4,\ t=16°,822.$	SÉRIE IV (2 juin). $H_0=757^{mm},5,\ t=17°,170.$
R......	124 125,16	124 126,40	124 131,66	124 138,50
R_{Zn}....	15	40	70	56
V_H....	13	36	61	46
B_{Zn}....	06	39	60	40
E + e...	124 125,16	124 126,40	124 131,66	124 138,50
R......	73,65	74,54	78,45	84,78
Jaune...	63	57	43	79
V_H....	63	57	43	79
V_M....	62	53	41	76
B......	58	53	35	75
e......	73,62	74,55	78,41	84,77
E......	124 051,54	124 051,85	124 053,25	124 053,73

P. CHAPPUIS.

E[5-2]. — Position III $\begin{array}{c}3\\6\ \boxed{5}\ 1\\4\end{array}$

Série I (3 juin 1901). $H_0 = 758^{mm},9,\ t = 17^\circ,229.$		Série II (3 juin). $H_0 = 758^{mm},7,\ t = 17^\circ,331.$	Série III (4 juin). $H_0 = 759^{mm},6,\ t = 17^\circ,175.$		Série IV (5 juin). $H_0 = 759^{mm},0,\ t = 17^\circ,081.$	
R......	124 139,56	124 140,34	R......	124 139,89	R......	124 142,46
R_{Zn}....	58	39	V_M....	85	R_{Zn}. ..	58
V_H....	51	25	B....	94	V_H....	44
B_{Zn}....	49	25	V_ℓ.. ..	85	B_{Zn}....	36
E + e....	124 139,56	124 140,34		124 139,89		124 142,46
R......	90,77	91,29	R.. ...	91,00	R......	93,46
Jaune...	72	30	Jaune...	91,01	Jaune...	49
V_H....	75	26	V_M....	90,93	V_H....	40
V_M....	73	29	B.....	91,01	V_M....	47
B.....	69	24	V_ℓ.....	91,01	B.. ...	45
e	90,73	91,28		90,99		93,45
E ...	124 048,83	124 049,06		124 048,90		124 049,01

E[5-2]. — Position IV ([1]) $\begin{array}{c}4\\1\ \boxed{5}\ 6\\3\end{array}$

Série I (6 juin). $H_0 = 758^{mm},8,\ t = 17^\circ,278.$		Série II (7 juin). $H_0 = 759^{mm},7,\ t = 17^\circ,345.$	Série III (7 juin). $H_0 = 758^{mm},4,\ t = 17^\circ,533.$	Série IV (8 juin). $H_0 = 756^{mm},7,\ t = 17^\circ,146.$	
R......	124 186,76	124 186,99	124 187,60	R......	124 186,65
R_{Zn}....		98	58	V_M....	57
V_H....	77	97	54	B.....	67
B_{Zn}....	72	90	47	V_ℓ....	58
E + e...	124 186,76	124 186,99	124 187,60		124 186,65
R......	132,00	132,06	132,42	R.....	131,94
Jaune...	132,01	08	46	Jaune...	95
V_{Hg}....	131,95	06	43	V_M....	92
V_H....	131,95	05	42	B.....	92
V_M....	131,97	07	42		
B.....	131,96	05	44		
e	131,97	132,06	132,43		131,93
E	124 054,79	124 054,93	124 055,17		124 054,72

([1]) Le tube à cadmium et zinc, employé dans les trois premières séries, donnait aussi les raies du mercure. Le rouge du zinc était à peine visible, et je n'ai pu l'utiliser dans la première série pour la mesure des franges circulaires; mais le vert du mercure V_{Hg} a servi à l'observation des franges de Fizeau.

E[1-6]. — **Position I**

SÉRIE I (12 juin 1901).		SÉRIE II (12 juin).	SÉRIE III (13 juin).		SÉRIE IV (14 juin).	
$H_3 = 752^{mm},9$, $t = 15°,850$.		$H_6 = 751^{mm},9$, $t = 15°,912$.	$H_9 = 749^{mm},8$, $t = 15°,869$.		$H_8 = 750^{mm},0$, $t = 15°,880$.	
R......	123 900,25	123 900,52	R......	123 901,60	R......	123 901,80
R_{Zn}....	34	53	V_M....	53	R_{Zn}....	84
V_H....	28	49	B.....	66	V_H.....	82
B_{Zn}....	24	47	V_l.....	55	B_{Zn}....	77
E + e...	123 900,25	123 900,52		123 901,60		123 901,80
R......	76,80	76,99	R......	78,34	R......	78,44
Jaune...	82	77,00	Jaune...	34	Jaune...	47
V_{Hg}....	79	76,94	V_M....	34	V_{Hg}....	44
V_H..	81	76,95	B.....	31	V_H.....	48
V_M....	80	76,97	V_l.....	34	V_M....	47
B......	76	76,91			B......	38
e....	76,80	76,96		78,33		78,45
E......	123 823,45	123 823,56		123 823,27		123 823,35

E[1-6]. — **Position II**

SÉRIE I (14 juin)		SÉRIE II (15 juin).	SÉRIE III (15 juin).	SÉRIE IV (16 juin).
$H_8 = 749^{mm},9$, $t = 15°,755$.		$H_6 = 750^{mm},1$, $t = 15°,669$.	$H_9 = 756^{mm},4$, $t = 15°,703$.	$H_8 = 758^{mm},7$, $t = 15°,101$.
R......	123 894,76	123 895,05	123 900,65	123 899,60
R_{Zn}....	78	895,07	71	66
V_H....	73	895,00	61	59
B_{Zn}....	69	894,94	59	56
E + e...	123 894,76	123 895,05	123 900,65	123 899,60
R......	75,34	75,41	81,02	80,40
Jaune...	37	44	80,98	41
V_{Hg}....	32	43	80,99	40
V_H....	34	42	80,98	42
V_M...	33	44	80,97	39
B......	29	38	80,95	34
e......	75,33	75,42	80,98	80,39
E......	123 819,43	123 819,63	123 819,67	123 819,21

P. CHAPPUIS.

E[1-6]. — **Position III**

Série I (17 juin 1901).	Série II (18 juin).	Série III (19 juin).	Série IV (19 juin).
$H_0 = 758^{mm},0,\quad t = 15°,004.$	$H_0 = 755^{mm},4,\quad t = 14°,851.$	$H_0 = 762^{mm},10,\quad t = 14°,834.$	$H_0 = 762^{mm},4,\quad t = 14°,930.$
R...... 123 896,19	123 895,40	123 896,04	123 900,51
R_{Zn}.... 27	43	17	59
V_H.... 17	34	02	51
B_{Zn}.... 15	30	01	55
E + e... 123 896,19	123 895,40	123 896,04	123 900,51
R...... 72,30	71,80	72,04	76,40
Jaune... 30	82	07	43
V_{Hg}.... 29	79	04	39
V_H.... 29	82	02	39
V_M.... 27	81	03	39
B...... 21	77	71,96	41
e 72,28	71,80	72,03	76,40
E...... 123 823,91	123 823,60	123 824,01	123 824,11

E[1-6]. — **Position IV**

Série I (20 juin).	Série II (20 juin).	Série III (21 juin).	Série IV (21 juin).
$H_0 = 761^{mm},7,\quad t = 14°,993.$	$H_0 = 761^{mm},55,\quad t = 15°,072.$	$H_0 = 758^{mm},62,\quad t = 15°,372.$	$H_0 = 757^{mm},83,\quad t = 15°,513.$
R...... 123 905,53	123 915,39	R...... 123 917,21	123 917,53
R_{Zn}.... 55	40	V_M.... 15	49
V_H.... 51	35	B...... 24	57
B_{Zn}.... 44	33	V_l.... 12	49
E + e... 123 905,53	123 915,39	123 917,21	123 917,53
R...... 87,23	97,03	R...... 98,72	98,98
Jaune... 23	07	Jaune... 74	99,01
V_{Hg}.... 21	04	V_M.... 71	98,98
V_H.... 24	04	B...... 70	99,00
V_M.... 25	03	V_l.... 74	99,01
B...... 19	00		
e...... 87,23	97,03	98,72	99,00
E...... 123 818,30	123 818,36	123 818,49	123 818,53

Les valeurs de E fournies par les observations ci-dessus correspondent aux températures moyennes t (échelle du thermomètre à mercure en verre dur) indiquées dans le Tableau. Elles sont exprimées en demi-longueurs d'ondes rouges du cadmium dans l'air, sous la pression barométrique réduite H_0 et à la température t.

Pour rendre les résultats comparables, il faut d'abord compenser les effets de la variation de l'indice de l'air, en ramenant les observations à la même pression et à la même température. Il est naturel de choisir pour point de départ la pression normale $H_0 = 760^{mm}$ et la température $15°$ du thermomètre à mercure (verre dur) auxquelles les longueurs d'onde mesurées par M. Michelson ont été rapportées. On appliquera donc en premier lieu une correction pour la variation de l'indice de l'air. Une deuxième correction est nécessaire pour compenser les effets de la dilatation du verre. Les développements relatifs à ces deux corrections sont donnés ci-après.

Correction pour la variation de l'indice de l'air. — L'expression de cette correction a été établie par le calcul suivant :

Soient L la distance des plans, observée à la température t de l'air et sous la pression H, $\frac{\lambda}{2}$ la demi-longueur d'onde dans l'air sous les mêmes conditions.

L'observation donne

$$(1) \qquad L = k\frac{\lambda}{2}.$$

Si l'on supposait l'air à une température t' et sous la pression H', la longueur d'onde deviendrait λ', et l'on aurait pour la même longueur

$$(2) \qquad L = k'\frac{\lambda'}{2}.$$

Il s'agit de déterminer la correction

$$c = k - k'$$

à ajouter au nombre k' de longueurs d'ondes observé en second lieu pour le réduire au premier cas. Si n et n' représentent les indices de réfraction de l'air correspondant aux deux expériences, on a

$$(3) \qquad \frac{\lambda'}{\lambda} = \frac{n}{n'}.$$

On déduit des équations (1), (2) et (3)

$$\frac{k}{k'} = \frac{\lambda'}{\lambda} = \frac{n}{n'}, \qquad \frac{k - k'}{k'} = \frac{n - n'}{n'} = \frac{(n - 1) - (n' - 1)}{n'}$$

d'où

(4) $$c = k' \frac{(n-1)-(n'-1)}{n'}.$$

Comme on peut admettre que l'indice varie proportionnellement à la densité de l'air, on a

$$n' - 1 = (n_0 - 1)\frac{H'}{760}\frac{1}{1+\alpha t'},$$

$$n - 1 = (n_0 - 1)\frac{H}{760}\frac{1}{1+\alpha t}.$$

En introduisant ces valeurs dans l'équation (4) il vient

$$c = k'\left(\frac{n_0-1}{n'}\right)\frac{1}{760}\left(\frac{H}{1+\alpha t} - \frac{H'}{1+\alpha t'}\right).$$

Si l'on admet, comme je l'ai indiqué, $t = 15°$ et $H = 760^{mm}$, on a

$$c = k'\frac{n_0-1}{n'}\frac{1}{760}\left(\frac{760}{1+15\alpha} - \frac{H'}{1+\alpha t'}\right);$$

et, en remplaçant enfin les symboles n', n_0-1 et α par leurs valeurs numériques, savoir

$$n' = 1,000\,3,$$
$$n_0 - 1 = 0,000\,292\,3,$$
$$\alpha = 0,003\,67,$$

on obtient

(5) $$c = k'\,0,3845 \times 10^{-6}\left(720,35 - \frac{H'}{1+0,003\,67\,t'}\right).$$

Les corrections calculées pour les pressions et les températures indiquées en tête de chaque observation sont données dans le Tableau ci-après. Elles atteignent rarement, pour le cube de 4^{cm}, la valeur d'une demi-frange.

Corrections de dilatation du verre. — Toutes les observations ont été réduites à la température de $15°$, échelle normale, en admettant le coefficient linéaire vrai à $15°$

$$\frac{dL_{15}}{dT} = 0,000\,008\,637 \quad \text{par degré}$$

déterminé sur l'échantillon du cube de 4^{cm} (p. 29).

Les températures indiquées en tête de chaque observation ont été rapportées à l'échelle normale, et sont reproduites dans le Tableau suivant avec les corrections de dilatation.

		E[3-4]			E[5-2]			E[1-6]	
		Correction indice de l'air en $\frac{\lambda_n}{2}$.	T échelle normale.	Correction de dilatation en $\frac{\lambda_n}{2}$.	Correction indice de l'air en $\frac{\lambda_n}{2}$.	T échelle normale.	Correction de dilatation en $\frac{\lambda_n}{2}$.	Correction indice de l'air en $\frac{\lambda_n}{2}$.	T échelle normale.	Correction de dilatation en $\frac{\lambda_n}{2}$.
Position I.	1...	—0,52	11,218	+4,07	—0,02	13,639	+1,46	+0,42	15,778	—0,83
	2...	—0,39	11,653	+3,60	+0,01	13,689	+1,41	+0,47	15,839	—0,90
	3...	—0,44	11,932	+3,30	+0,14	14,241	+0,81	+0,56	15,797	—0,85
	4...	—0,36	12,135	+3,08	+0,23	14,513	+0,52	+0,55	15,807	—0,86
Position II.	1...	—0,22	12,550	+2,64	+0,29	14,872	+0,14	+0,54	15,683	—0,73
	2...	—0,22	12,619	+2,56	+0,38	15,215	—0,23	+0,26	15,597	—0,64
	3...	—0,26	12,407	+2,79	+0,33	16,747	—1,87	+0,25	15,631	—0,68
	4..	—0,25	12,461	+2,73	+0,37	17,093	—2,24	+0,07	15,031	—0,03
	5...	—0,35	12,178	+3,04						
Position III.	1...	—0,35	12,426	+2,77	+0,32	17,152	—2,31	+0,09	14,934	+0,07
	2...	—0,41	12,517	+2,67	+0,33	17,254	—2,42	+0,19	14,782	+0,23
	3...	—0,31	12,772	+2,40	+0,28	17,098	—2,25	—0,11	14,765	+0,25
	4...	—0,38	12,896	+2,26	+0,29	17,005	—2,15	—0,12	14,860	+0,15
Position IV.	1...	—0,18	13,162	+1,98	+0,33	17,201	—2,36	—0,08	14,923	+0,08
	2...	—0,15	13,282	+1,85	+0,29	17,268	—2,43	—0,06	15,002	0,00
	3...	—0,12	13,440	+1,68	+0 37	17,455	—2,63	+0,11	15,301	—0,32
	4...	+0,17	13,536	+1,57	+0,40	17,070	—2,22	+0,16	15,441	—0,47

Corrections relatives à l'épaisseur des couches d'argent. — J'ai indiqué (p. 7 et 8) la méthode d'après laquelle l'épaisseur des couches d'argent qui recouvrent partiellement le plan des repères et la face antérieure du cube a été déterminée, et j'ai fait observer, à propos de l'argenture des faces (p. 31), qu'il était avantageux pour cette mesure de faire quelques marques régulièrement espacées sur les limites des zones argentées. Le plan de référence étant placé de manière à produire des franges rectilignes orientées perpendiculairement à la limite de la couche d'argent, on peut, au moyen du compensateur à ressort, faire coïncider successivement avec la marque une frange noire sur verre nu et la frange de même ordre sur argent ([1]). La différence des lectures du compensateur, divisée par la tare correspondant à la longueur d'onde de la source employée, fournit la différence de phase entre les rayons réfléchis sur argent et sur verre. Il importe peu d'ailleurs que cette différence de phase corresponde exactement à l'épaisseur réelle de la couche d'argent, parce qu'il ne s'agit ici que d'une différence entre l'argenture du miroir et celle du cube.

Voici les observations relatives à l'argenture du plan des repères. Les quatre séries de mesures ont été faites aux points distants de 5^{mm} désignés dans la

---

([1]) En plaçant le miroir D de manière à obtenir la frange noire centrale en lumière blanche, il est aisé d'éviter toute méprise sur les positions des franges correspondantes.

figure 18 par 1, 2, 3 et 4. Les franges étaient orientées horizontalement. J'ai utilisé la lumière de la soude, très commode pour toutes ces déterminations.

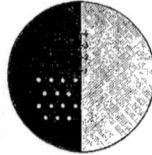

Fig. 18. — Miroir portant les repères.

							Moyennes.
Marque 1.	Verre	205	203	200	200	195	
	Argent	167	164	169	170	165	
		38	39	31	30	30	34
Marque 2.	Verre	208	203	204	206	205	
	Argent	177	173	169	169	170	
		31	30	35	37	35	34
Marque 3.	Verre	208	210	211	133	131	
	Argent	173	177	176	93	97	
		35	33	35	40	34	35
Marque 4.	Verre	147	143	144	183	181	
	Argent	112	108	106	143	147	
		35	35	38	40	34	36

Moyenne générale..... 35

Tare du compensateur : 1 frange jaune $= 114^d$, d'où : $\varepsilon_p =$ épaisseur moyenne de la couche d'argent $= 0,307$ frange jaune, ou, rapportée à la longueur d'onde du rouge du cadmium,

$$\varepsilon_p = 0,281 \frac{\lambda_R}{2}.$$

La mesure de l'épaisseur de la couche d'argent sur la face antérieure du cube avait lieu de la même manière que celle relative au plan portant les

Fig. 19. — Face argentée sur deux quadrants avec marques.

repères. La figure 19 indique la position des marques servant à l'observation des franges, qui étaient orientées verticalement, et que l'on faisait coïncider successivement avec les marques 1, 2 et 3.

Le Tableau suivant résume les moyennes des observations effectuées dans chaque position.

		Marques				Épaisseur moyenne ε_a en divisions. $\frac{\lambda_h}{2}$.	Correction $\varepsilon_p - \varepsilon_a$ $\frac{\lambda_h}{2}$.
		1.	2.	3.	4.		
	Position I....	40	47	40	50	44 0,34	—0,06
Face 3.	» II....	46	40	36	37	40 0,32	—0,04
	» III....	43	38	42		41 0,33	—0,05
	» IV....	44	41	39		41 0,33	—0,05
	Position I....	49	36	34		40 0,30	—0,02
Face 3.	» II....	43	43	42		43 0,33	—0,05
	» III....	38	39	41		39 0,30	—0,02
	» IV....	40	39	38		39 0,30	—0,02
	Position I....	44	47	41		44 0,31	—0,03
Face 1.	» II....	53	48	48		50 0,36	—0,08
	» III ...	50	58	55		53 0,38	—0,10
	» IV....	50	49	45		48 0,34	—0,06

Si l'on désigne par ε_a l'épaisseur de la couche d'argent sur la surface antérieure du cube, par ε_p l'épaisseur de l'argenture du plan postérieur, et si l'on considère que les couches d'argent déposées sur ces surfaces les reportent en avant de la fraction d'onde correspondant à leur épaisseur, on voit que la correction à appliquer aux observations pour les rapporter à la surface du verre nu est

$$c = \varepsilon_p - \varepsilon_a,$$

dont les valeurs sont indiquées dans la dernière colonne du Tableau ci-dessus.

L'étude précédente détaillée des diverses corrections que comportent les mesures des dimensions des cubes par les procédés interférentiels montre que ces corrections n'atteignent pas une grande importance, et que leur détermination peut être faite avec une précision au moins égale, et même généralement supérieure à celle de la mesure proprement dite. La précision des résultats n'en est donc pas sensiblement affectée.

Les résultats corrigés des mesures effectuées sur le cube de 4^{cm} sont réunis dans le Tableau suivant.

P. CHAPPUIS.

E[3-4] *en demi-longueurs d'ondes rouges du cadmium.*

Position I.........	124 380,59			
»	380,99			
»	380,79	124 380,76		
»	380,66			
			124 377,46	
Position II.........	124 374,15			
»	374,10			
?	374,23	124 374,16		
»	374,25			
»	374,08			

Position III.........	124 379,53			
»	379,64			
»	379,61	124 379,52		
»	379,31			
			124 377,60	
Position IV.........	124 375,69			
»	375,57			
»	375,68	124 375,68		
»	375,77			

E[5-2].

Position I....	124 047,94			
»	047,95			
»	047,97	124 047,99		
»	048,10			
			124 049,91	
Position II.........	124 051,92			
»	051,95			
»	051,66	124 051,83		
»	051,81			

Position III...	124 046,82			
»	046,95			
»	046,91	124 046,95		
»	047,13			
			124 049,88	
Position IV.........	122 052,74			
»	052,77			
»	052,89	124 052,82		
»	052,88			

E[1-6].

Position I.........	123 823,01			
»	823,10			
»	822,95	123 823,02		
»	823,01			
			123 821,09	
Position II.........	123 819,16			
»	819,17			
»	819,16	123 819,16		
»	819,17			

E[1-6] (suite).

Position III	123 823,97		
»	823,92	123 823,99	
»	824,05		
»	824,04		123 821,10
Position IV	123 818,24		
»	818,24	123 818,21	
»	818,22		
»	818,16		

Comme je l'ai expliqué page 2, la moyenne des épaisseurs mesurées dans les positions I et II donne l'épaisseur du cube en un point correspondant au centre des faces; il en est de même de la moyenne des épaisseurs déterminées dans les positions III et IV. On voit en effet que ces moyennes donnent des valeurs presque identiques, fournissant ainsi un contrôle de l'extrême précision dont la méthode est susceptible en même temps que de la parfaite planimétrie des surfaces du cube.

Si l'on prend les moyennes des deux valeurs obtenues pour chacune des dimensions, on obtient

$$E[3\text{-}4] \quad \text{à} \quad 15° = 124\,377,53 \; \frac{\lambda_R}{2} = 40,040\,063^{mm}$$

$$E[5\text{-}2] \quad \text{à} \quad 15° = 124\,049,89 \quad = 39,934\,588$$

$$E[1\text{-}6] \quad \text{à} \quad 15° = 123\,821,10 \quad = 39,860\,935$$

d'où

$$Volume \; \text{à} \; 15° = 63\,736^{mm^3},97.$$

PESÉES DANS L'AIR.

L'extrême fragilité des arêtes et des angles vifs des cubes de verre impose les plus grandes précautions dans les opérations diverses que comportent les pesées de ces pièces précieuses. Comme je l'ai indiqué plus haut, mon premier soin était de déterminer la masse de la pièce intacte, avant qu'elle eût pu subir aucune perte accidentelle.

J'ai eu l'avantage de disposer à cet effet des balances Rueprecht du Bureau [1], dont le mécanisme permet d'effectuer à distance toutes les opérations que comporte une pesée avec échange des charges. Grâce à ce mécanisme, dont le fonctionnement est très sûr, les manipulations dangereuses se trouvent réduites au

---

[1] La description de ces balances a été donnée par M. Marek (Travaux et Mémoires, t. I, p. D.53 et suiv.).

minimum. La masse de chaque cube a été déterminée, à différentes époques, avant et après les pesées hydrostatiques et les mesures des dimensions.

Le cube, lavé à l'alcool pur et essuyé avec un linge fin, était placé, pour le transport dans la salle des balances et les manipulations intermédiaires, sur un plateau de bois recouvert d'une peau de daim bien dégraissée et brossée. Pour placer le cube sur la balance, je le saisissais avec la main par le milieu de deux faces opposées, en interposant un linge fin ou une peau souple, afin d'éviter les traces des doigts. Le plateau auxiliaire de quartz, sur lequel il devait être déposé, avait un diamètre sensiblement inférieur à la longueur d'une arête du cube, de sorte qu'il était facile, avec un peu d'attention, d'éviter, en le mettant sur le plan, tout contact dangereux d'une arête avec le plateau auxiliaire.

Le cube était d'abord bien centré sur son plateau auxiliaire; on achevait le centrage de ce dernier sur le plateau de la balance par le procédé ordinaire, consistant à le soulever légèrement à plusieurs reprises au moyen du transporteur et à le déposer de nouveau sur le plateau de la balance jusqu'à ce que ce dernier n'oscille plus sensiblement lorsqu'on effectue cette manœuvre. Les poids faisant équilibre au cube étaient placés sur un deuxième plateau auxiliaire tout semblable au premier. Dans ces conditions, la détermination de la masse du cube comporte les mêmes opérations que la comparaison de deux kilogrammes.

Désignons par X la masse du cube, par M celle des poids et par P_1 et P_2 celles des plateaux auxiliaires portant le cube et les poids; enfin soit n la valeur d'une division de l'échelle arbitraire de la balance dans laquelle sont exprimées les différences des charges. La détermination complète de la masse X exige quatre pesées, par lesquelles on obtient successivement :

1° La différence des masses $X + P_1$ et $M + P_2$, exprimée en divisions de l'échelle arbitraire de la balance, soit :

$$(1) \qquad (X + P_1) - (M + P_2) = n i_1.$$

2° La différence entre la masse $X + P_1$ et la masse $M + P_2$ augmentée d'une petite masse connue ΔM exprimée également en divisions de l'échelle arbitraire de la balance :

$$(II) \qquad (X + P_1) - (M + P_2) - \Delta M = n i_2.$$

De ces deux relations on déduit la valeur n d'une division de l'échelle arbitraire :

$$n = \frac{\Delta M}{i_1 - i_2},$$

et, par là, la différence des masses comparées $X + P_1$ et $M + P_2$ en fonction du Kilogramme :

$$(A) \qquad\qquad X + P_1 - M - P_2 = d_1.$$

On échange alors les plateaux auxiliaires, en plaçant le cube sur P_2 et les poids sur P_1, et l'on effectue deux nouvelles pesées :

$$(III) \qquad\qquad (X + P_2) - (M + P_1) \qquad = n i_3,$$
$$(IV) \qquad\qquad (X + P_2) - (M + P_1) - \Delta M = n i_4,$$

qui fournissent une nouvelle valeur de n et la différence d_2 des masses comparées :

$$(B) \qquad\qquad X + P_2 - M - P_2 = d_2.$$

Des relations (A) et (B) on tire immédiatement la masse X du cube et la différence de masse $P_1 - P_2$ des plateaux auxiliaires.

La durée de chacune des pesées était d'une heure environ, pendant laquelle on observait à plusieurs reprises, par la méthode de Gauss, la position d'équilibre de la balance, le cube étant placé alternativement sur le plateau gauche, puis sur le plateau droit, tandis que les poids occupaient la position inverse.

J'ai employé dans ces déterminations les séries de poids divisionnaires O et Oc en platine iridié, en admettant, pour la série O, les valeurs déduites du dernier étalonnage effectué par M. Thiesen, et pour la série Oc celles résultant de l'étude ultérieure, faite en 1904 par MM. Benoît et Maudet, et qui diffèrent un peu des valeurs plus anciennes obtenues par M. Marek (¹).

Ces valeurs sont :

Série O. — *Étalonnage exécuté par M. Thiesen.*

Pièce.	Valeur.	Volume à o°.	Pièce.	Valeur.	Volume à o°.
	g	ml		mg	ml
400	400,000 304 5	18,583 7	0,4	400,006 6	0,018 6
300	300,000 326 4	13,947 3	0,3	300,035 0	0,013 9
200	199,999 793 2	9,296 7	0,2	200,007 9	0,009 3
100	99,999 921 7	4,645 3	0,1	100,024 3	0,004 6
40	40,000 239 8	1,858 9	0,04	40,030 9	0,001 9
30	30,000 266 6	1,394 1	0,03	30,025 7	0,001 4
20	20,000 109 5	0,929 4	0,02	20,024 7	0,000 9
10	10,000 063 2	0,464 7	0,01	10,008 8	0,000 5
4	4,000 107 7	0,185 9	0,004	3,999 4	0,000 2
3	3,000 068 8	0,139 4	0,003	2,998 6	0,000.1
2	2,000 036 1	0,092 9	0,002	2,043 8	0,000 1
1	1,000 043 5	0,046 5	0,001	1,016 9	0,000 0

(¹) *Travaux et Mémoires*, t. III, p. D. 100.

Pièce.	Valeur.	Volume à o°.		Pièce.	Valeur.	Volume à o°.
	g	ml			mg	ml
500	499,999 871 3	23,227 4		0,5	499,990 2	0,023 2
200	200,000 018 1	9,291 4		0,2	200,024 4	0,009 3
200*	199,999 726 4	9,291 9		0,2*	199,999 8	0,009 3
100	100,000 130 6	4,651 7		0,1	100,029 9	0,004 6
50	50,000 230 9	2,322 5		0,05	50,016 0	0,002 3
20	20,000 107 8	0,930 0		0,02	20,051 1	0,000 9
20*	20,000 105 9	0,929 3		0,02*	20,016 0	0,000 9
10	10,000 055 8	0,464 4		0,01	10,046 8	0,000 5
5	5,000 107 2	0,232 4		0,005	5,019 8	0,000 2
2	2,000 042 0	0,092 9		0,002	2,031 0	0,000 1
2*	2,000 020 6	0,092 9		0,002*	2,029 7	0,000 1
1	1,000 051 7	0,046 5		0,001	0,999 3	0,000 0

Comme les volumes des cubes de verre et des masses équivalentes de platine iridié sont assez différents, la poussée de l'air a une action sensible, et il est nécessaire de déterminer avec précision les éléments constitutifs de cette correction, c'est-à-dire la pression barométrique, la température et l'humidité de l'air.

Les pressions barométriques ont été relevées au baromètre auxiliaire Wild-Fuess avec une exactitude supérieure au dixième de millimètre; la température était mesurée à l'aide d'un thermomètre à mercure placé dans la cage de la balance; enfin l'hygrométrie de l'air était observée à l'aide d'un hygromètre à cheveu que l'on comparait de temps en temps à l'hygromètre à condensation système Alluard que possède le Bureau international.

A l'exception d'une ou deux pesées, j'ai effectué moi-même toutes les observations. M. Maudet m'a prêté son concours pour les calculs, dont la plupart ont été faits en double.

PESÉES DU CUBE DE 4 CENTIMÈTRES.

Voici les données essentielles des quatre pesées complètes effectuées sur ce cube à l'aide de la balance Rueprecht n° 5. Pour éviter les complications inutiles j'ai employé les mêmes symboles que M. Guillaume (p. 117). T est la température réduite, observée dans la cage de la balance, H la pression atmosphérique, f l'humidité relative de l'air, enfin P_1 et P_2 désignent les masses des plateaux auxiliaires, sur lesquels étaient alternativement placés le cube et les poids. Le résultat de chacune des quatre opérations nécessaires à la détermination de la masse du cube est représenté par une équation I, II, III et IV, dans laquelle n désigne la valeur d'une division de l'échelle de la balance. La différence de poussée sur le cube et les poids est indiquée en milligrammes dans chaque équation.

29 Avril 1901.   N° **1.**

$A = \text{Cube} + P_1$.
$B = \text{Oe}(50 + 20 + 10 + 1) + O(0,4) + \text{Oe}(0,2 + 0,2^* + 0,05 + 0,01) + P_2$.

$9^h 35^m$. $T = 12°,322$ A B   109,09   111,43   110,49   111,47   110,06
            $H = 749^{mm},24$ B A   108,87   114,53   113,06   113,79
            $f = 65,6$

            I. $[\text{Cube} + P_1] - [181\,860^{mg},6704 + P_2] - 67^{mg},1723 = +0,925\,n$

$A = \text{Cube} + P_1$.
B initial $+ \text{Ni}(0,0005)$.

$10^h 50^m$. $T = 12°,471$ A B   124,50   125,15   124,74   123,97   122,60
            $H = 748^{mm},71$ B A   97,90   98,07   97,61   100,21
            $f = 64,8$

            II. $[\text{Cube} + P_1] - [181\,861^{mg},1772 + P_2] - 67^{mg},0902 = -13,050\,n$

            $n = 0^{mg},03039$.

$A = \text{Cube} + P_2 + \text{Ni}(0,0005)$.
$B = \text{Oe}(50 + 20 + 10 + 1) + O(0,4) + \text{Oe}(0,2 + 0,2^* + 0,05 + 0,01) + P_1$.

$2^h 25^m$. $T = 12°,496$ A B   122,67   121,65   121,85   121,13   121,90
            $H = 748^{mm},40$ B A   110,91   108,35   110,31   110,83
            $f = 66,4$

            III. $[\text{Cube} + P_2] - [181\,860^{mg},1636 + P_1] - 67^{mg},0509 = 5,83\,n$

$A = \text{Cube} + P_2 + \text{Oe}(0,001)$.
B précédent.

$5^h 25^m$. $T = 12°,197$ A B   101,71   97,12   96,67   96,03   95,20
            $H = 748^{mm},16$ B A   115,92   116,07   115,94   114,25
            $f = 66,8$

            IV. $[\text{Cube} + P_2] - [181\,859^{mg},6711 + P_1] - 67^{mg},1023 = 9,37\,n$

            $n = 0^{mg},82902$.

            Résultat : Masse du cube $= \mathbf{181\,927}^{mg},\mathbf{458}$.

3 Mai 1901.   N° **2.**

$A = \text{Cube} + P_2 + O(0,002)$.
$B = O(100 + 40 + 30 + 10 + 1 + 0,4 + 0,3 + 0,1 + 0,04 + 0,02) + P_1$.

9^h. $T = 11°,323$ A B   110,75   112,64   112,95   111,38   113,56
        $H = 762^{mm},76$ B A   103,84   103,74   103,42   103,23
        $f = 70,95$

            I. $[\text{Cube} + P_2] - [181\,858^{mg},6111 + P_1] - 68^{mg},6323 = -4,37\,n$

XIV.   A.8

3 Mai 1901.

$A = $ Cube $+ P_2 + O(0,002) + Ni(0,0005)$.
B initial.

3^h. $T = 11^o,683$ A B   84,92   83,71   85,74   82,54   81,10
        $H = 760^{mm},75$ B A   125,84   123,17   126,29   126,13
        $f = 71,2$

            II. $[\text{Cube} + P_5] - [181\,858^{mg},1043 + P_1] - 68^{mg},3571 = +20,71\,n$

                       $n = 0^{mg},03118$.

4 Mai 1901.

$A = $ Cube $+ P_1 + O(0,001)$.
$B = O(100 + 40 + 30 + 10 + 1 + 0,4 + 0,3 + 0,1 + 0,04 + 0,02) + P_2$.

9^h. $T = 11^o,434$ A B   114,35   114,60   111,23   111,09   112,20
        $H = 761^{mm},78$ B A   98,38   96,04   95,77   96,18
        $f = 74,4$

           III. $[\text{Cube} + P_1] - [181\,859^{mg},6486 + P_2] - 68^{mg},5038 = -7,975\,n$

$A = $ Cube $+ P_1 + O(0,001) + Ni(0,0005)$.
B précédent.

10^{h}30^m. $T = 11^o,683$ A B   92,76   92,75   91,37   92,67   91,22
        $H = 761^{mm},42$ B A   118,17   118,30   119,74   117,75
        $f = 74,4$

           IV. $[\text{Cube} + P_1] - [181\,859^{mg},1418 + P_2] - 68^{mg},4063 = +13,20\,n$

                   $n = 0^{mg},028\,538$.

           Résultat : Masse du cube $= \mathbf{181\,927^{mg},516}$.

26 Juin 1901.   N° **3**.

$A = $ Cube $+ Oe(0,001) + Ni(0,0005) + P_2$.
$B = Oe(100 + 50 + 20 + 10 + 1 + 0,5 + 0,2 + 0,1 + 0,05 + 0,01) + P_1$.

8^{h}20^m. $T = 16^o,350$ A B   109,08   108,87   111,22   109,12
        $H = 766^{mm},29$ B A   119,35   119,17   120,02
        $f = 76,9$

           I. $[\text{Cube} + P_2] - [181\,859^{mg},1742 + P_1] - 67^{mg},6364 = +4,81\,n$

$A = $ Cube $+ Oe(0,001) + Ni(0,0005) + Ni(0,00025)^* + P_2$.
B précédent.

10^{h}40^m $T = 16^o,656$ A B   87,27   87,83   83,97   85,62   84,29
        $H = 765^{mm},83$ B A   119,73   123,33   121,08   123,44
        $f = 77,7$

           II. $[\text{Cube} + P_2] - [181\,858^{mg},8936 + P_1] - 67^{mg},5137 = +18,07\,n$

                 $n = +0^{mg},030\,415$.

$A = $ Cube $+ P_1$.
$B = Oe(100 + 50 + 20 + 10 + 1 + 0,5 + 0,2 + 0,1 + 0,05 + 0,01) + P_2$.

3^{h}20^m. $T = 16^o,458$ A B   110,62   108,25   109,31   109,40
        $H = 760^{mm},60$ B A   99,54   97,75   99,75
        $f = 78,6$

           III. $[\text{Cube} + P_1] - [181\,860^{mg},6841 + P_2] - 67^{mg},4625 = -5,07\,n$

26 Juin 1901.

$A = Cube + P_1 + Ni(0,00025)^*$.
B précédent.

$4^h 45^m$. $T = 16^o,735$ A B $96,43$ $98,44$ $96,66$ $96,55$
$H = 763^{mm},86$ B A $110,64$ $109,20$ $109,30$
$f = 78,6$

IV. $[Cube + P_1] - [181\,860^{mg},4035 + P_2] - 67^{mg},3148 = +6,16\,n$

$$n = 0^{mg},038\,139$$

Résultat : Masse du cube $= \mathbf{181\,927^{mg},455}$.

8 Juillet 1901.   N° 4.

$A = Cube + P_1$.
$B = Oe(100 + 50 + 20 + 10 + 1 + 0,5 + 0,2 + 0,1 + 0,05 + 0,01) + Ni(0,0005) + P_2$

9^h. $T = 17^o,923$ A B $101,34$ $101,67$ $100,80$ $102,71$ $102,38$
$H = 760^{mm},06$ B A $101,50$ $106,28$ $110,08$ $108,23$
$f = 87,1$

I. $[Cube + P_1] - [181\,861^{mg},1911 + P_2] - 66^{mg},6336 = +2,505\,n$

$A = Cube + P_1$.
B initial $+ Ni(0,0005)^*$.

$10^h 50^m$. $T = 18^o,141$ A B $118,15$ $118,82$ $117,92$ $118,13$ $116,62$
$H = 759^{mm},68$ B A $86,47$ $90,66$ $86,20$ $87,66$
$f = 87,5$

II. $[Cube + P_1] - [181\,861^{mg},7214 + P_2] - 66^{mg},5416 = -15,16\,n$

$$n = +0^{mg},024\,812.$$

$A = Cube + P_2$.
$B = Oe(100 + 50 + 20 + 10 + 1 + 0,5 + 0,2 + 0,1 + 0,05 + 0,01) + P_1$.

$2^h 30^m$. $T = 18^o,335$ A B $109,20$ $109,92$ $110,50$ $108,86$ $110,43$
$H = 758^{mm},42$ B A $99,25$ $98,59$ $101,67$ $102,58$
$f = 87,5$

III. $[Cube + P_2] - [181\,860^{mg},6841 + P_1] - 66^{mg},3822 = -4,65\,n$

$A = Cube + P_2 + Ni(0,0005)$.
B précédent.

4^h. $T = 18^o,237$ A B $89,88$ $86,99$ $90,27$ $89,82$ $91,35$
$H = 757^{mm},81$ B A $118,60$ $117,81$ $120,11$ $120,05$
$f = 87,5$

IV. $[Cube + P_2] - [181\,860^{mg},1771 + P_1] - 66^{mg},3533 = +14,93\,n$

$$n = +0^{mg},027\,37.$$

Résultat : Masse du cube $= \mathbf{181\,927^{mg},413}$.

Résumé des résultats.

Dates.		Masse du cube.	Observations.
N° 1.	29 avril 1901......	181 927,458	
N° 2.	3 mai..........	181 927,516	
»	12 mai-21 juin.....		Mesures des dimensions.
N° 3.	26 juin...........	181 927,455	
»	3-7 juillet.......		Pesées hydrostatiques.
N° 4.	8 juillet.........	181 927,413	

Les différences entre les valeurs obtenues sont à peu près de l'ordre des erreurs possibles des pesées; les observations ne présentent pas une marche bien certaine, de sorte que l'on ne peut pas conclure sûrement à une diminution de la masse du cube par dissolution du verre dans l'eau. J'ai admis pour la masse du cube en mai et juin 1901, c'est-à-dire pendant les mesures interférentielles des dimensions, la moyenne des trois premières observations, soit

Mai-juin 1901........... $M[4] = 181\ 927^{mg},476,$

et pendant les pesées hydrostatiques la moyenne des deux dernières pesées :

Juillet 1901.............. $M[4] = 181\ 927^{mg},434.$

PESÉES HYDROSTATIQUES.

Les métrologistes ([1]) qui ont perfectionné les méthodes de mesure pour la détermination de la densité des corps, ont généralement abandonné l'ancienne méthode, qui consiste à peser alternativement le même corps, placé dans l'air sur un plateau de la balance ou suspendu au même plateau dans l'eau. Il est avantageux, en effet, de séparer complètement les pesées dans l'air des pesées hydrostatiques. J'ai donné dans le chapitre précédent les résultats des pesées dans l'air, exécutées par la méthode de l'interversion des charges sur des balances permettant de transposer les charges au moyen d'un mécanisme que l'on manœuvre sans approcher de la balance. Ce même procédé n'est pas applicable à la détermination de la masse apparente des corps dans un liquide, tandis que la méthode de Borda, de la double pesée, est dans ce cas d'une adaptation facile.

Supposons le corps placé sur un étrier suspendu dans l'eau par un fil fin à l'un des plateaux de la balance. On charge l'autre plateau de manière à établir

---

([1]) *Voir* Marek, *Travaux et Mémoires*, t. III, p. D.61.

l'équilibre. Un support auxiliaire complètement noyé dans l'eau est disposé de façon que l'on puisse, en l'élevant, saisir le corps et le soulever de quelques centimètres, sans toucher à l'étrier qui peut alors osciller seul librement. Pour rétablir l'équilibre de la balance, il est nécessaire d'ajouter sur le plateau qui porte l'étrier une masse équivalente à la masse apparente du corps dans l'eau, et qui lui sert de mesure. On peut faire par ce procédé une série de mesures alternatives de la masse apparente du corps et de l'étrier seul dans l'eau. L'étrier et le support auxiliaire doivent nécessairement être adaptés à la forme et aux dimensions du corps étudié. Les mêmes dispositions peuvent d'ailleurs servir à la détermination de la masse absolue du corps par les pesées dans l'air et de sa masse apparente dans l'eau; mais il est utile d'éviter dans les pesées hydrostatiques les mécanismes qui modifient sensiblement le niveau de l'eau.

La figure 20 représente le vase de platine V servant aux pesées hydrosta-tiques, entouré de son bain d'eau, l'étrier E et le support auxiliaire S de bronze blanc, utilisés pour les pesées des cubes de 4^{cm} et de 5^{cm}.

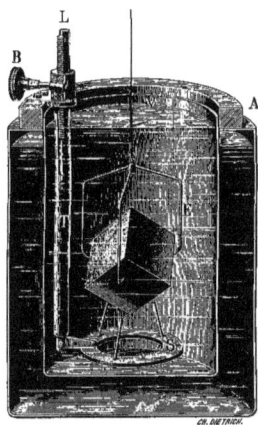

Fig. 20. — Vase pour les pesées hydrostatiques.

Le mouvement vertical du support S est obtenu au moyen d'une tige verti-cale L solidaire de celui-ci. Cette tige, qui se prolonge hors du bain, est guidée par un tube T fixé à l'anneau massif de bronze A qui surmonte le vase de platine. Elle porte à sa partie supérieure une crémaillère, dont la position est commandée par le bouton B. La figure représente le corps suspendu à l'étrier. En tournant le bouton B, on relève le support S qui vient prendre le cube sur ses trois doigts verticaux, situés à l'intérieur de l'étrier de manière à ne gêner aucunement les oscillations de celui-ci.

Comme la section de la tige L est faible relativement à celle du vase, le niveau de l'eau n'est pas sensiblement modifié par le relèvement ou l'abaissement du support auxiliaire. Dans ces conditions, la partie immergée du fil de suspension reste sensiblement la même dans les deux opérations qui constituent la pesée. La correction due à la variation de poussée sur le fil de suspension est restée généralement inférieure à $\frac{1}{1000}$ de milligramme dans les recherches actuelles.

A l'exception des pesées du cube de 6^{cm} et de celles du cube de 5^{cm} retouché, exécutées sur la balance de Rueprecht de 5^{kg} de charge, toutes les pesées hydrostatiques des cubes ont été faites à l'aide de la balance Sacré de 2^{kg}.

Le vase servant aux pesées hydrostatiques des corps de grand volume, spécialement adapté à la balance Rueprecht de 5 kilogrammes de charge, a été décrit par M. Guillaume ([1]). Ses organes permettent de saisir le corps immergé et de le dégager de l'étrier, sans produire aucune variation de niveau de l'eau, de sorte que la correction de poussée sur le fil disparaît.

Suspension. — Lorsqu'on emploie pour la suspension un fil nu de platine nettoyé avec soin ou même chauffé au rouge avant l'immersion, on remarque bientôt que les oscillations de la balance sont fortement amorties par les déformations du ménisque d'eau attaché au fil; après deux ou trois oscillations, on peut constater que la balance a perdu sa durée d'oscillation propre, et que les petits mouvements périodiques, d'une fréquence beaucoup plus grande, qu'elle effectue encore, sont effectués sous l'action de la membrane superficielle de l'eau. Cette circonstance réduit beaucoup la précision des pesées hydrostatiques exécutées avec un fil métallique nu, imparfaitement mouillé par l'eau pure.

Dans une étude sur la densité des solutions étendues publiée en 1895, M. F. Kohlrausch ([2]) est parvenu à remédier à cet inconvénient, en déposant du noir de platine sur le fil de manière à former sur celui-ci une couche poreuse, parfaitement mouillée par l'eau. Pour rendre le noir de platine adhérent, M. Kohlrausch le portait au rouge sombre dans la flamme d'un petit bec de Bunsen. Le fil de suspension obtenu de cette manière était uniformément mouillé par l'eau,

---

([1]) *Travaux et Mémoires*, t. XIV, p. 59.

([2] F. KOHLRAUSCH, *Dichte-Bestimmungen an äusserst verdünnten Lösungen* (*Annalen d. Physik u. Chemie*, t. LVI, p. 185, 1895).

et les oscillations de la balance devenaient dans ces conditions aussi régulières que dans l'air.

Après avoir constaté les difficultés de l'emploi du fil nu dans une première série de pesées hydrostatiques du cube d'essai, j'eus la satisfaction de les voir disparaître par l'application du procédé de M. Kohlrausch, que j'ai dès lors utilisé pour toutes les mesures définitives.

La préparation du fil demande quelques soins; car on n'arrive pas toujours du premier coup à obtenir un fil parfaitement mouillé, ne donnant lieu à aucune irrégularité du ménisque dans sa partie utilisée. J'obtenais le dépôt électrolytique dans une éprouvette renfermant une solution étendue de chlorure de platine. Le fil occupait le centre de l'éprouvette; l'autre électrode, constituée par une feuille mince de platine, était disposée sur la paroi du verre. On inversait le courant une ou deux fois avant d'achever le dépôt, que l'on faisait assez épais. Le fil, ainsi préparé, était lavé à l'eau distillée et maintenu dans l'eau jusqu'au moment de servir. On évitait de le toucher dans les parties qui devaient traverser la surface de l'eau, et l'on avait bien soin, avant et pendant les pesées, de nettoyer cette surface de toute poussière ou de toute graisse, en renouvelant la couche superficielle par aspiration (¹). Les fils étaient d'abord essayés sur une balance légère, permettant d'apprécier immédiatement leur fonctionnement. Si l'on constatait des irrégularités dans les oscillations, on enlevait le noir de platine en frottant le fil avec du papier à filtre et l'on renouvelait le dépôt.

Les résultats obtenus avec les fils simplement noircis de cette manière ont été si satisfaisants que j'ai bientôt renoncé à recuire le fil, comme M. Kohlrausch; car cette opération exige d'assez grandes précautions, si l'on veut conserver au dépôt une porosité suffisante et au fil toute la solidité nécessaire. En résumé, l'amortissement des oscillations par les effets de la tension superficielle sur un fil bien préparé devient tout à fait négligeable, relativement à l'amortissement produit par les déplacements du corps dans l'eau.

Mesure de la température. — La température de l'eau était mesurée à l'aide des deux thermomètres nᵒˢ 14348 et 14349, construits par M. Baudin, étudiés au Bureau international. Les réservoirs de ces thermomètres occupaient des ni-

---

(¹) Les savants qui se sont occupés des phénomènes capillaires connaissent l'influence considérable des impuretés sur la tension superficielle de l'eau. Un procédé excellent pour renouveler la surface consiste à produire l'épanchement du liquide de tous côtés en faisant déborder le vase; mais il n'est guère applicable dans la cage d'une balance hydrostatique. Je suis arrivé au même résultat en approchant de la surface un tube de verre, dont l'extrémité, étirée en pointe, est coupée en biseau. En aspirant par l'autre bout, on entraîne, avec de l'air, la nappe superficielle du liquide qui se renouvelle ainsi constamment.

veaux différents, l'un étant situé au-dessus, l'autre au-dessous du niveau moyen occupé par le cube. Un agitateur vertical permettait d'agiter de temps en temps l'eau du manchon entourant le vase de platine V et de rendre ainsi la température uniforme pendant toute la durée de la pesée.

La température de l'air était indiquée par le thermomètre auxiliaire F, placé, ainsi que l'hygromètre, dans la cage supérieure de la balance. Dans une partie des pesées j'ai employé, au lieu de F, les deux thermomètres C et D. Ces divers instruments ont été étudiés par M. Marek qui en a donné les corrections ([1]). Les zéros de ces thermomètres ont été déterminés de temps en temps; ceux des thermomètres Baudin placés dans l'eau, n°s 14 348 et 14 349, ont été observés après chaque groupe de pesées à une même température.

Correction pour l'intensité de la pesanteur. — La correction de pesanteur, que je désignerai par γ, a été calculée en admettant la variation de l'intensité de la pesanteur déterminée par M. Thiesen ([2]), au Bureau international des Poids et Mesures, savoir :

$$ - \frac{dg}{gdh} = 0^{\mathrm{mg}},28 \text{ par kilogramme et par mètre.} $$

Pesées hydrostatiques du cube de 4 centimètres.

L'exemple suivant, qui reproduit en détail les opérations de la première pesée du cube de 4^{cm}, permettra de se rendre compte de la marche invariablement suivie dans ces mesures. Le centre de gravité des masses de la série Oe était situé à 543^{mm} au-dessus de celui du cube.

Première pesée du cube de 4 centimètres dans l'eau.

3 Juillet 1901. — L'eau distillée introduite le matin dans le vase est restée exposée à l'air.

A = Étrier dans l'eau + Oe(100 + 10 + 5 + 2 + 1 + 0,2 + 0,05 + 0,02 + 0,01) dans l'air.
B = Étrier + Cube dans l'eau.

Heures.	Barom. H.	t_{11}.	F.	Hygr. f.	14 348.	14 349.
h m	mm	°	°	°	°	°
2........	750,70	18,0	18,3	73,0	17,570	17,600
2.30.....			18,6	76,0	575	17,602
2.55.....			18,6	76,0	595	17,625
3. 5.....	751,20	18,1	18,5	75,5	600	17,625
3.35.....			18,6	76,0	610	17,635
4........	751,60	18,1	18,6	76,5	17,635	17,660

([1]) *Travaux et Mémoires*, t. III, p. D.XII et suiv.
([2]) *Id.*, t. VI, p. 26 et suiv.

Heures.	Gauche.	Droite.	Oscillations.							Équilibre.	
h m			d	d	d	d	d	d	d	d	agité
2. 5....	A	Tare	45,80	63,10	47,00	62,00	48,20	61,00	49,00	54,79	agité
	A	Tare + 0,005	60,20	32,10	58,40	34,10	56,70	35,75	55,30	45,82	
	B	Tare	33,00	58,00	36,00	55,50	38,15	53,50	39,95	46,30	agité
2.32....	B	Tare	58,00	35,65	55,60	37,95	53,60	39,70	52,05	46,23	
	A	Tare + 0,005	49,20	42,70	48,60	43,15	48,30	43,50	48,00	45,80	
	A	Tare	46,80	62,85	47,80	61,80	48,75	60,90	49,60	55,05	agité
3. 7....	A	Tare	47,85	60,95	48,70	60,10	49,50	59,25	50,10	54,59	
	A	Tare + 0,005	56,05	34,80	54,60	36,15	53,35	37,45	52,30	45,08	
	B	Tare	57,25	36,45	55,00	38,55	53,15	40,35	51,65	46,30	agité
3.37....	B	Tare	56,40	37,20	54,35	39,35	52,55	40,75	51,25	46,32	
	A	Tare + 0,005	49,20	42,15	48,60	42,50	48,15	43,00	48,80	45,47	
	A	Tare	71,00	40,85	68,00	44,65	64,10	48,35	60,60	55,34	

Calcul de la sensibilité.

$$8,97 = \text{Oe}\,0,005$$
$$9,25$$
$$9,51$$
$$9,87$$

Moyenne... $9,40 = 5,028$ mg

d'où ...... $1 = 0,5349$ mg

Résumé.

Correction d'équilibre.

	A	B	B — A
	d	d	d
	54,79		
	55,05	54,920	46,265	—8,655
	54,59		
	55,34	54,965	46,310	—8,655

Moyenne... —8,655 = — 4,6296 mg

Masses....................................	118 280,526 mg
Correction d'équilibre B — A...................	— 4,630
» de poussée de l'air P..................	— 6,555
» de poussée sur le fil................	0,000
» de pesanteur......................	— 0,018
Masse apparente du cube dans l'eau..............	118 269,323

Les données relatives aux pesées hydrostatiques du cube de 4 centimètres, dans lesquelles j'ai employé trois eaux différentes, sont résumées ci-après; pour chacune de ces pesées, les nombres reproduits ici sont des moyennes condensant un même nombre de lectures que dans la première d'entre elles, dont le détail est donné ci-dessus.

Résumé des observations.

Première eau.

3 Juillet 1901.   N° 1.

A = Oe(100 + 10 + 5 + 2 + 1 + 0,2 + 0,05 + 0,02 + 0,01) + étrier.
B = Cube + étrier.

T_{cage} = 18°,003	A	54,79	55,05	54,59	55,34	A =	118 280,525 mg
T_{eau} = 17°,421	(A — 0,005)	45,82	45,80	45,08	45,47	B — A = —	4,630
H = 749mm,22	B	46,30	46,23	46,30	46,32	P = —	6,555
f = 75,5						γ = —	0,018
							118 269,323

XIV.   A.9

4 Juillet.   N° 2.

Mêmes charges.

$T_{cage} = 17°,970$	A	46,79	47,42	47,69	48,23	A =	118 280,526 mg
$T_{eau} = 17°,315$	(A + 0,005)	56,33	57,42	57,41	57,69	B — A = —	5,461
H $= 755^{mm},84$	(B + 0,005)	46,16	46,48	47,11	47,05	P = —	6,600
$f = 77,8$						γ = —	0,018
							118 268,447

Deuxième eau.

4 Juillet.   N° 3.

Mêmes charges.

$T_{cage} = 18°,089$	A	48,33	49,63	49,61	50,63	A =	118 280,526
$T_{eau} = 18°,123$	(A + 0,005)	58,09	59,10	59,16	59,74	B — A = +	2,468
H $= 757^{mm},05$	B	54,11	53,87	54,28	54,33	P = —	6,607
$f = 79,8$						γ = —	0,018
							118 276,369

5 Juillet.   N° 4.

Mêmes charges.

$T_{cage} = 17°,926$	A	48,05	49,33	48,93	49,32	A =	118 280,525
$T_{eau} = 17°,443$	(A + 0,005)	57,77	58,84	58,51	58,75	B — A =	4,261
H $= 760^{mm},80$	(B + 0,005)	49,90	50,06	50,82	50,68	P = —	6,643
$f = 80,5$						γ = —	0,018
							118 269,603

5 Juillet.   N° 5.

Mêmes charges.

$T_{cage} = 18°,523$	A	47,98	48,84	49,16	49,37	A =	118 280,526
$T_{eau} = 17°,609$	(A + 0,005)	57,99	58,44	58,58	58,77	B — A = —	2,507
H $= 760^{mm},20$	(B + 0,005)	52,93	53,35	54,18	54,15	P = —	6,634
$f = 80,8$						γ = —	0,018
							118 271,367

Troisième eau.

6 Juillet.   N° 6.

Mêmes charges.

$T_{cage} = 17°,870$	A	47,36	48,54	48,33	48,77	A =	118 280,526
$T_{eau} = 17°,737$	(A + 0,005)	57,67	57,63	58,06	58,27	B — A = —	1,502
H $= 760^{mm},18$	(B + 0,005)	54,99	54,65	55,30	55,15	P = —	6,639
$f = 80,1$						γ = —	0,018
							118 272,367

6 Juillet.   N° 7.

Mêmes charges.

$T_{cage} = 18°,637$	A	47,41	48,80	49,00	48,83	A =	118 280,525
$T_{eau} = 17°,844$	(A + 0,005)	57,42	58,18	58,2~	58,23	B — A = —	0,374
H $= 754^{mm},112$	(B + 0,005)	56,74	57,17	57,77	57,59	P = —	6,609
$f = 81,7$						γ = —	0,018
							118 273,524

7 Juillet.   N° **8**.

                          Mêmes charges.

$T_{cage}=$	18°,022	A	47,25	48,81	48,44	48,17	A $=$ 118 280,526 (mg)
$T_{eau}=$	17°,644	(A + 0,005)	56,86	58,35	58,21	57,60	B $-$ A $=-$ 2,518
H $=$	755mm,56	(B + 0,005)	52,88	52,72	53,12	53,09	P $=-$ 6,636
f $=$	82,3						$\gamma =-$ 0,018
							118 271,354

J'ai résumé les résultats des pesées hydrostatiques du cube de 4 centimètres
dans le Tableau suivant. Pour permettre de juger de l'uniformité de température obtenue dans le vase des pesées hydrostatiques, j'ai indiqué ci-après les
températures réduites, observées en des points différents du vase aux deux
thermomètres 14 348 et 14 349.

Résultats des pesées hydrostatiques du cube de 4 centimètres.

	Date. 1901.	Masse apparente dans l'eau.	Masse réelle.	Masse de l'eau déplacée.	Eaux.	Température T. 14 348.	14 349.	Pression H + h ($h = 8$mm,8).
N° 1	3 Juillet.	118 269,323 (mg)	181 927,434 (mg)	63 658,111 (mg)	1re eau	17,423 (°)	10,420	758,0 (mm)
N° 2	4 » .	118 268,447	»	63 658,987	»	17,316	17,315	764,6
N° 3	4 » .	118 276,369	»	63 651,065	2e eau	18,120	18,126	765,8
N° 4	5 » .	118 269,603	»	63 657,831	»	17,442	17,444	769,6
N° 5	5 » .	118 271,367	»	63 656,067	»	17,610	17,608	769,0
N° 6	6 » .	118 272,367	»	63 655,067	3e eau	17,738	17,737	769,0
N° 7	6 » .	118 273,524	»	63 653,910	»	17,846	17,843	767,9
N° 8	7 » .	118 271,354	»	63 656,080	»	17,645	17,643	769,1

RÉDUCTIONS. — Le calcul des volumes occupés par les masses d'eau déplacées
par le cube exige la connaissance de la dilatation thermique de l'eau pure ou
de sa densité à la température des expériences, de sa compressibilité et de la
variation de densité qu'elle éprouve par son degré de saturation d'air.

Les éléments utilisés pour l'évaluation de ces trois réductions sont les
suivants :

1° *Dilatation de l'eau*. — Les variations de densité de l'eau pure suivant la
température ont été étudiées d'une manière très complète et très précise, et
suivant des méthodes différentes, par M. Marek ([1]), M. Thiesen ([2]) et moi-
même ([3]).

Les mesures les plus récentes donnent des résultats pratiquement identiques
pour toutes les températures à considérer ici. J'ai donc utilisé, pour les réduc-

([1]) MAREK, *Wied. Ann.*, Bd. XLIV, 1891. p. 171.
([2]) THIESEN, SCHEEL et DIESSELHORST, *Wissenschaftliche Abhandlungen der Physikalisch-technischen Reichsanstalt*, Bd. III, Berlin, 1900, p. 1 et IV, 1904, p. 1.
([3]) P. CHAPPUIS, *Travaux et Mémoires*, t. XIII.

tions, les valeurs de la densité de l'eau privée d'air, sous la pression normale de 760 millimètres de mercure, tirées des Tables données à la fin de mon Mémoire sur la dilatation de l'eau (*loc. cit.*, p. 39).

2° *Compressibilité de l'eau.* — Les belles recherches de M. Amagat sur la compressibilité de l'eau ([1]) ont donné, pour les pressions voisines d'une atmosphère et les températures comprises entre 10° et 15°,

$$\frac{\Delta V}{\Delta p} = 0,000\ 050\ 3 \text{ par atmosphère,}$$

ou

$$\frac{\Delta V}{\Delta p} = 0,000\ 000\ 066\ 2 \text{ par millimètre de mercure.}$$

Ce coefficient admis, il est facile de calculer les corrections à appliquer aux observations dans lesquelles l'eau était soumise aux pressions $H + h$ indiquées plus haut, et qui correspondent au niveau du centre de gravité du cube dans les pesées hydrostatiques.

3° *Influence de l'air dissous dans l'eau sur la densité.* — La variation de densité produite par l'aération de l'eau a été étudiée par M. Marek ([2]) qui donne le Tableau suivant des différences des densités $D'_T - D_T$ de l'eau chargée d'air à saturation (D'_T) et de l'eau pure (D_T) à la température T.

Température T.	Différence de densité $D'_T - D_T$.	Température T.	Différence de densité $D'_T - D_T$.
0°......	—0,000 002 5	11°......	—0,000 003 1
1......	2 7	12......	2 9
2......	2 9	13......	2 7
3......	3 1	14......	2 5
4......	3 2	15......	2 2
5......	3 3	16......	1 9
6......	3 3	17......	1 6
7......	3 4	18......	1 2
8......	3 4	19......	0 8
9......	3 3	20......	—0,000 000 4
10......	—0,000 003 2		

De l'avis même de l'auteur, les différences ci-dessus sont assez incertaines. Je les utiliserai cependant à titre provisoire pour la réduction de mes pesées hydrostatiques; des expériences actuellement en cours permettront d'appliquer ultérieurement à ces nombres les petites corrections nécessaires.

Quoique l'eau distillée fût, par sa surface libre, en contact prolongé avec

([1]) *Annales de Chimie et de Physique*, 6ᵉ série, t. XXIX, 1893.
([2]) MAREK, *Wied. Ann.*, Bd. XLIV, p. 172, 1891.

l'air de la salle, on ne saurait admettre qu'elle ait été entièrement saturée d'air dès les premières pesées; car on avait eu soin, sauf dans quelques cas exceptionnels, de la bouillir sous le vide avant de l'introduire dans le vase de platine.

J'ai donc déterminé, à l'aide de l'appareil de MM. Jacobsen et Behrens ([1]), la quantité d'air dissous dans l'eau, après une exposition plus ou moins prolongée et dans les conditions particulières des pesées hydrostatiques.

Cette étude, qui n'a pas une portée générale, a fourni le Tableau suivant des quantités d'air dissoutes progressivement à 13°,5 par l'eau, celle-ci n'étant agitée que rarement par les oscillations lentes du corps suspendu au plateau de la balance.

Temps d'exposition.	Volume d'air dissous par 1ˡ d'eau, ramené à 0° et sous 760ᵐᵐ.
heures	millilitres
2	5,0
4	6,3
6	7,5
8	8,2
10	8,9
15	10,3
20	11,6
25	12,4
30	13,2
40	13,9
50	14,7
60	15,4
70	16,0
80	16,4
90	16,9
100	17,4

J'ai déduit, en outre, de quelques expériences spéciales les valeurs suivantes pour la saturation complète de l'eau à la température T :

T.	Volume d'air dissous dans 1ˡ d'eau, ramené à 0° et sous 760ᵐᵐ.
°	millilitres
10	24,9
11	24,4
12	24,0
13	23,6
14	23,2
15	22,9

Admettant que ces quantités d'air dissous correspondent aux variations de

---

([1]) Cet appareil a été décrit par M. Jacobsen : *Ann. Chem. Pharm.*, t. CLXVII, p. 1, et *Jahresbericht der Commission zur wissenschaftl. Untersuchung der deutschen Meere in Kiel*, t. LXXIII, 1872, p. 43.

densité $D'_T - D_T$ déterminées par M. Marek (p. 68) et que les variations sont proportionnelles à l'air en dissolution, on peut déduire aisément la variation de densité produite par la dissolution d'un millilitre d'air et calculer les corrections de densité correspondant à un temps d'exposition donné dans les conditions spéciales des expériences. C'est ainsi que j'ai calculé les corrections relatives à la dissolution de l'air dans les pesées hydrostatiques des cubes de 5 centimètres d'arête (p. 117). Dans le cas particulier du cube de 4 centimètres, l'eau n'avait pas été soumise à l'ébullition sous le vide avant son introduction dans le vase de platine, c'est pourquoi j'ai admis sa saturation complète.

Les réductions relatives aux pesées hydrostatiques du cube de 4 centimètres d'arête sont les suivantes :

T.	H + h.	Densité de l'eau à T et sous 760ᵐᵐ d'après la Table.	Correction de compressibilité.	Correction de saturation.	Densité à T sous H + h après saturation.
° 17,421..... ..	mm 758,0	0,998 729 1	—0,000 000 1	—0,000 001 4	0,998 727 6
17,315.......	764,6	0,998 747 8 ·	+ 3	1 5	0,998 746 6
18,123.......	765,8	0,998 601 6	+ 4	1 2	0,998 600 8
17,443..... .	76,96	0,998 725 1	+ 6	1 4	0,998 724 3
17,609.......	769,0	0,998 695 5	+ 6	1 4	0,998 694 7
17,737.......	769,0	0,998 672 4	+ 6	1 3	0,998 671 7
17,844.......	767,9	0,998 653 0	+ 5	1 3	0,998 652 2
17,644.......	769,1	0,998 689 2	+0,000 000 6	—0,000 001 4	0,998 688 4

Les masses de l'eau déplacée (p. 67), divisées par les densités correspondantes, donnent les résultats suivants, qui représentent les volumes du cube à T° en microlitres.

Nᵒˢ.	Volume du cube à T.	Dilatation du verre.	Volume du cube à 0°.	O - C.
1........	63 739,31	1,000 448 5	63 710,54	+0,08
2........	63 738,87	1,000 445 7	63 710,47	—0,09
3........	65 740,26	1,000 466 7	63 710,53	—0,03
4........	63 739,13	1,000 449 1	63 710,52	—0,03
5........	63 739,27	1,000 453 4	63 710,38	—0,18
6.... . .	63 739,74	1,000 456 7	63 710,64	+0,08
7........	63 739,82	1,000 459 5	63 710,54	—0,02
8........	63 739,68	1,000 454 3	63 710,74	+0,18
			63 710,56	

Le volume du cube à 0°, qui résulte de l'ensemble des pesées, est

$$V[4]_0 = 63\ 710,56 \text{ microlitres.}$$

Les erreurs résiduelles des pesées hydrostatiques sont indiquées sous O-C dans le tableau ci-dessus.

On a trouvé (p. 6o) pour la masse du cube à l'époque des pesées hydrostatiques la valeur

$$M[4] = 181\,927^{mg},434,$$

d'où l'on déduit

Densité du verre à o° = 2,855 53o.

Admettant pour la masse, pendant les mesures des dimensions (p. 6o),

$$M[4] = 181\,927^{mg},476,$$

on déduit, pour le volume du cube de 4 centimètres à la température de 15°,

$$V[4]_{15} = 63\,735,14 \text{ microlitres.}$$

La mesure des dimensions ayant donné (p. 53)

$$V[4]_{15} = 63\,736^{mm^3},97,$$

on trouve

$$1^{mm^3} = 0,999\,971\,3 \text{ microlitre.}$$

Volume du kilogramme d'eau à 4° = 1^{dm^3},000 028 7.

CUBE DE 5 CENTIMÈTRES D'ARÊTE.

PREMIÈRE DÉTERMINATION DES DIMENSIONS.

Lors des premières mesures exécutées sur le cube de 5^{cm} d'arête, l'étude
des sources lumineuses n'avait pas encore été faite aussi complètement que
dans la suite. Je ne disposais que de tubes à électrodes intérieures de la forme
employée par M. Michelson. Tous les observateurs qui ont fait usage de ces
tubes ont pu remarquer que les radiations émises perdent souvent leur mono-
chromatisme au bout d'un temps plus ou moins long et dans des circonstances
qui ne sont pas complètement élucidées. On observe alors des variations sensibles dans la netteté des franges circulaires suivant la différence de marche ([1]).
Seules les radiations rouges ne sont pas affectées de ces modifications et conservent toute leur netteté. Les rapports des longueurs d'ondes, déterminés
pour les conditions normales, ne sont plus valables dans ces circonstances,

---

([1]) Ces variations de netteté des franges proviennent de la complexité de la source, et ont été
discutées précédemment à propos des radiations du cadmium, p. 16 et suivantes.

et, si l'on veut utiliser les radiations vertes et bleues pour la mesure, il est nécessaire de déterminer les rapports de ces ondes complexes à la longueur d'onde rouge dans les conditions précises de l'expérience.

Presque tous les tubes employés dans les mesures relatives à la première détermination des dimensions du cube de 5^{cm} ont présenté ces variations dès le début. Les radiations émises par ces tubes se transformaient au bout de quelques minutes de fonctionnement. On voyait apparaitre les radiations vertes $\lambda = 0^{\mu},515$ des tubes de M. Hamy et les radiations complexes du bleu et du violet [1]. Je n'ai observé que très rarement cette transformation dans les tubes à électrodes intérieures, utilisés fréquemment dans la suite de mes mesures.

Les rapports des longueurs d'ondes, déterminées par une étude spéciale dans les conditions des premières mesures, sont

$$\frac{\lambda_R}{\lambda_V} = 1,2659644 \quad [2], \qquad \frac{\lambda_R}{\lambda_B} = 1,3413674.$$

Ces rapports n'ont été établis que pour faciliter la recherche du nombre entier des demi-longueurs d'ondes rouges. J'ai supprimé ces mesures auxiliaires dans le résumé général des observations des franges circulaires.

Les franges de la lame mince ont été rapportées à 12 repères du miroir placé derrière le cube.

Les corrections relatives à l'indice de l'air pour réduire chaque observation aux conditions normales ($H_0 = 760^{mm}$ et $t = 15°$ du thermomètre à mercure en verre dur) sont désignées dans le Tableau suivant par C_n.

---

[1] C'est à cette circonstance, spéciale aux premières mesures, qu'est due l'incertitude du nombre entier des franges à laquelle M. Guillaume fait allusion page 40 de son Mémoire sur le *Volume du kilogramme d'eau*.

[2] Comme on voit, le rapport des radiations vertes n'a pas changé.

Résumé des mesures interférentielles du cube de 5 centimètres (1re série).

E[1-6]. — **Position I**

SÉRIE I (18 juin 1896). $H_6 = 760^{mm},1, \quad t = 18°,616.$	SÉRIE II (18 juin). $H_6 = 760^{mm},1, \quad t = 18°,749.$	SÉRIE III (25 juin). $H_6 = 755^{mm},4, \quad t = 18°,786.$
E + e... 154 397,51	154 392,01	154 439,88
R....... 119,69	113,92	162,24
V....... 66	93	25
B....... 68	91	22
V/....... 69	89	25
e......... 119,68	113,91	162,24
E....... 154 277,83	154 278,10	154 277,64
C_n...... + 0,51	+ 0,53	+ 0,80

E[1-6]. — **Position II**

SÉRIE 1 (22 juin). $H_6 = 759^{mm},8, \quad t = 18°,552.$	SÉRIE II (23 juin). $H_6 = 761^{mm},0, \quad t = 18°,555.$	SÉRIE III (23 juin). $H_6 = 761^{mm},0, \quad t = 18°,687.$
E + e... 154 398,42	154 398,45	154 395,52
R....... 125,84	125,93	122,96
V....... 83	92	93
B....... 86	93	90
V/....... 87	93	96
e......... 125,85	125,93	122,94
E....... 154 272,57	154 272,52	154 272,58
C_n...... + 0,52	+ 0,45	+ 0,47

XIV. A.10

E[1-6]. — Position III

	SÉRIE I (18 septembre).	SÉRIE II (19 septembre).	SÉRIE III (21 septembre).	SÉRIE IV (21 septembre).
	$H_0 = 753^{mm},7$, $t = 17°,722$.	$H_0 = 753^{mm},7$, $t = 17°,773$.	$H_0 = 753^{mm},0$, $t = 16°,763$,	$H_0 = 752^{mm},1$, $t = 16°,838$.
E + e...	154 385,51	154 384,44	154 424,36	154 425,02
R......	109,86	109,09	150,19	150,83
V......	86	10	23	83
B......	85	10	19	82
V_l......	88	12	17	82
e......	109,86	109,10	150,19	150,82
E......	154 275,65	154 275,34	154 274,17	154 274,20
C_n......	+ 0,74	+ 0,75	+ 0,64	+ 0,70

E[1-6]. — Position IV

	SÉRIE I (22 septembre).	SÉRIE II (22 septembre).	SÉRIE III (23 septembre).	SÉRIE IV (23 septembre).
	$H_0 = 744^{mm},7$, $t = 17°,093$.	$H_0 = 743^{mm},9$, $t = 17°,157$.	$H_0 = 749^{mm},6$, $t = 17°,226$.	$H_0 = 750^{mm},0$, $t = 17°,341$.
E + e..	154 378,14	154 378,01	154 377,87	154 382,16
R......	107,26	107,01	106,93	110,94
V......	20	106,99	95	97
B......	21	107,01	94	96
V_l......	22	107,01	94	95
e......	107,22	107,00	106,94	110,95
E......	154 270,92	154 271,01	154 270,93	154 271,21
C_n......	+ 1,15	+ 1,20	+ 0,89	+ 0,86

E[4-3]. — Position I

SÉRIE I (17 août 1896). $H_0=755^{mm}.9, \ t=18°,048.$	SÉRIE II (19 août). $H_0=752^{mm},3, \ t=18°,260.$	SÉRIE III (20 août). $H_0=753^{mm},0, \ t=18°,064.$	SÉRIE IV (20 août). $H_0=753^{mm},3, \ t=18°,159.$
E + e... 154 607,16	154 629,08	154 628,20	154 627,33
R..... 80,44	102,27	101,21	100,55
V..... 38	28	25	59
B..... 44	29	21	62
V_l....	27	29	69
e...... 80,42	102,28	101,24	100,61
E...... 154 526,74	154 526,80	154 526,96	154 526,72
C_n..... + 0,66	+ 0,90	+ 0,83	+ 0,82

E[4-3]. — Position II

SÉRIE I (21 août). $H_0=752^{mm},7, \ t=18°,349.$	SÉRIE II (22 août). $H_0=757^{mm},3, \ t=18°,412.$	SÉRIE III (22 août). $H_0=757^{mm},3, \ t=18°,479.$	SÉRIE IV (25 août). $H_0=764^{mm},2, \ t=18°,092.$
E + e... 154 651,11	154 651,93	154 653,75	154 652,52
R..... 115,02	116,02	117,69	117,40
V..... 00	02	69	40
B..... 03	03	69	39
V_l....			38
e...... 115,02	116,02	117,69	117,39
E...... 154 536,09	154 535,91	154 536,06	154 535,13
C_n... + 0,89	+ 0,64	+ 0,65	+ 0,21

P. CHAPPUIS.

E[4-3]. — **Position III**

	SÉRIE I (25 septembre 1896). $H_0 = 728^{mm},4$, $t = 16°,778$.	SÉRIE II (25 septembre). $H_0 = 730^{mm},2$, $t = 16°,875$.	SÉRIE III (26 septembre). $H_0 = 753^{mm},9$. $t = 17°,027$.	SÉRIE IV (26 septembre). $H_0 = 754^{mm},6$, $t = 17°,097$.	SÉRIE V (28 septembre). $H_0 = 758^{mm},0$, $t = 16°,700$.	SÉRIE VI (28 septembre). $H_0 = 757^{mm},4$, $t = 16°,647$.
E + e...	154 631,16	154 633,84	154 635,86	154 636,68	154 636,16	154 637,95
R......	101,59	104,29	104,78	105,48	105,39	107,07
V......	69	31	83	52	41	06
B......	66	27	81	50	37	08
V'.....	65	30	83	50	41	09
e......	101,65	104,29	104,81	105,50	105,39	107,07
E......	154 529,51	154 529,55	154 531,05	154 531,18	154 530,77	154 530,88
C_n.....	+ 2,02	+ 1,93	+ 0,63	+ 0,60	+ 0,38	+ 0,35

E[4-3]. — **Position IV**

	SÉRIE I (29 septembre). $H_0 = 761^{mm},1$, $t = 16°,943$.	SÉRIE II (29 septembre). $H_0 = 761^{mm},2$, $t = 16°,982$.	SÉRIE III (30 septembre). $H_0 = 765^{mm},7$, $t = 16°,986$.	SÉRIE IV (30 septembre). $H_0 = 765^{mm},8$, $t = 17°,073$.	SÉRIE V (1 octobre). $H_0 = 763^{mm},0$, $t = 16°,847$.	SÉRIE IV (2 octobre). $H_0 = 760^{mm},3$, $t = 17°,019$.
E + e...	154 639,92	154 641,14	154 641,77	154 642,92	154 642,31	154 644,21
R......	111,77	112,88	113,23	114,34	114,19	116,01
V......	73	87	20	32	14	115,96
B......	73	88	23	32	17	115,97
V'.....	72	85	20	32	13	115,96
e......	111,74	112,87	113,22	114,32	114,16	115,97
E......	154 528,18	154 528,27	154 528,55	154 528,60	154 528,15	154 528,24
C_n.....	+ 0,21	+ 0,21	- 0,04	- 0,03	+ 0,09	+ 0,27

E[S-2]. — Position I

Série 1 (26 août 1896).	Série II (31 août).	Série III (1er septembre).	Série IV (2 septembre).
$H_0=753^{mm},9,\ t=17°,756.$	$H_0=753^{mm},2,\ t=17°,055.$	$H_0=754^{mm},0,\ t=17°,223.$	$H_0=751^{mm},6,\ t=17°,307.$
E + e... 154 207,27	154 203,95	154 203,60	154 201,33
R...... 106,43	104,18	103,62	101,17
V..... 46	18	60	20
B..... 41	24	62	23
V_ℓ...	19		17
e..... 106,43	104,20	103,61	101,19
E..... 154 100,84	154 099,75	154 099,99	154 100,14
C_n..... + 0,73	+ 0,67	+ 0,65	+ 0,80

E[S-2]. — Position II

Série 1 (3 septembre).	Série II (7 septembre).	Série III (8 septembre).	Série IV (8 septembre).
$H_0=752^{mm},2,\ t=17°,143.$	$H_0=755^{mm},1,\ t=17°,062.$	$H_0=750^{mm},3,\ t=17°,388.$	$H_0=750^{mm},0,\ t=17°,474.$
E + e... 154 207,08	154 206,56	154 207,34	154 206,98
R..... 108,90	108,63	108,90	108,83
V..... 83	60	91	81
B..... 90	60	90	79
V_ℓ.....	64		
e..... 108,88	108,62	108,90	108,81
E..... 154 098,20	154 097,94	154 098,44	154 098,17
C_n..... + 0,74	+ 0,57	+ 0,88	+ 0,91

E[5-2]. — Position III

SÉRIE 1 (11 septembre).	SÉRIE II (11 septembre).	SÉRIE III (14 septembre).	SÉRIE IV (14 septembre).
$H_o = 753^{mm},9.$ $t = 17°,559.$	$H_o = 754^{mm},0,$ $t = 17°,657.$	$H_o = 749^{mm},2,$ $t = 17°,290.$	$H_o = 749^{mm},1,$ $t = 17°,382.$
E + e... 154 176,73	154 161,83	154 195,57	154 191,89
R...... 79,75	64,92	99,04	95,23
V...... 74	88	07	22
B...... 75	90	09	24
V₁...... 77	90	07	25
e...... 79,75	64,90	99,07	95,23
E.. 154 096,98	154 096,93	154 096,50	154 096,66
C_n..... + 0,70	+ 0,71	+ 0,93	+ 0,94

E[5-2]. — Position IV

SÉRIE 1 (15 septembre).	SÉRIE II (15 septembre).	SÉRIE III (16 septembre).	SÉRIE IV (16 septembre).
$H_o = 756^{mm},6,$ $t = 17°,760.$	$H_o = 756^{mm},6,$ $t = 17°,849.$	$H_o = 760^{mm},7,$ $t = 17°,714.$	$H_o = 760^{mm},8,$ $t = 17°,789.$
E + e... 154 242,03	154 239,95	154 239,31	154 236,27
R...... 139,17	137,29	136,82	133,67
V...... 17	31	80	65
B...... 13	28	83	68
V₁...... 12	33	81	68
e...... 139,15	137,30	136,81	133,67
E.... 154 102,88	154 102,65	154 102,50	154 102,60
C_n. ... + 0,58	+ 0,59	+ 0,35	+ 0,35

Corrections de dilatation. — On trouvera dans le Tableau suivant les températures moyennes qui correspondent à chaque mesure et la correction de dilatation pour rapporter les observations à la température de $15°$.

		E[1-6].		E[4-3].		E[5-2].	
		T échelle normale.	Correction en $\frac{\lambda_B}{2}$.	T échelle normale.	Correction en $\frac{\lambda_B}{2}$.	T échelle normale.	Correction en $\frac{\lambda_B}{2}$.
Position I.	1...	18,535	−4,97	17,969	−4,17	17,678	−3,75
	2...	18,668	−5,15	18,180	−4,47	16,979	−2,77
	3...	18,705	−5,21	17,985	−4,19	17,146	−3,01
	4...			18,080	−4,33	17,230	−3,13
Position II.	1...	18,471	−4,88	18,269	−4,59	17,067	−2,90
	2...	18,474	−4,88	18,332	−4,68	16,986	−2,78
	3...	18,606	−5,07	18,399	−4,78	17,311	−3,24
	4...			18,013	−4,23	17,397	−3,36
Position III.	1...	17,644	−3,71	16,703	−2,39	17,481	−3,48
	2...	17,695	−3,79	16,799	−2,53	17,579	−3,61
	3...	16,685	−2,37	16,951	−2,74	17,213	−3,10
	4...	16,760	−2,47	17,021	−2,84	17,305	−3,23
	5...			16,625	−2,28		
	6...			16,572	−2,21		
Position IV.	1...	17,017	−2,83	16,867	−2,62	17,682	−3,76
	2...	17,081	−2,92	16,906	−2,68	17,771	−3,88
	3...	17,149	−3,02	16,910	−2,68	17,636	−3,69
	4...	17,264	−3,18	16,997	−2,81	17,681	−3,76
	5...			16,771	−2,49		
	6...			16,943	−2,73		

Corrections relatives à l'épaisseur des couches d'argent. — L'épaisseur de la couche d'argent du miroir placé derrière le cube a été mesurée en sept points suivant le procédé décrit page 49. J'ai trouvé en moyenne pour cette épaisseur

$$\varepsilon_p = 0,194 \text{ frange de la lumière sodique,}$$

ou

$$\varepsilon_p = 0,18 \frac{\lambda_B}{2} \text{ du cadmium.}$$

Les couches d'argent déposées sur les différentes faces du cube ont été mesurées en quatre points. Le Tableau suivant donne les épaisseurs moyennes ε_a déduites des observations faites dans chaque position et les différences $\varepsilon_p - \varepsilon_a$ qui constituent les corrections.

P. CHAPPUIS.

		Épaisseur moyenne ε_n.	Correction $\varepsilon_p - \varepsilon_a$.
E[1-6].	Position I.......	$0,19\,\dfrac{\lambda_{\mathrm{R}}}{2}$	$-0,01\,\dfrac{\lambda_{\mathrm{R}}}{2}$
	» II........	$0,21$	$-0,03$
	» III.	$0,10$	$+0,08$
	» IV........	$0,13$	$+0,05$
E[4-3].	Position I.......	$0,29\,\dfrac{\lambda_{\mathrm{R}}}{2}$	$-0,11\,\dfrac{\lambda_{\mathrm{R}}}{2}$
	» II........	$0,30$	$-0,12$
	» III.......	$0,16$	$+0,02$
	» IV........	$0,16$	$+0,02$
E[5-2].	Position I.......	$0,27\,\dfrac{\lambda_{\mathrm{R}}}{2}$	$-0,09\,\dfrac{\lambda_{\mathrm{R}}}{2}$
	» II........	$0,37$	$-0,19$
	» III.......	$0,21$	$-0,03$
	» IV........	$0,19$	$-0,01$

Les résultats de la première série de mesures du cube de 5^{cm} sont résumés dans le Tableau suivant :

Résultats de la première mesure $\left(\text{en }\dfrac{\lambda_{\mathrm{R}}}{2}\right)$.

E[1-6].

Position I..........	154 273,36			
»	273,47	154 273,35		
»	273,22			
Position II..........	154 268,18			154 270,70
»	268,06	154 268,06		
»	267,95			
Position III..........	154 272,76			
»	272,38	154 272,54		
»	272,52			
»	272,49			154 270,82
Position IV..........	154 269,29			
»	269,34			
»	268,85	154 269,10		
»	268,94			

E[4-3].

Position I..........	154 523,12			
»	523,12			
»	523,49	154 523,21		
»	523,10			
Position II..........	154 532,27			154 527,46
»	531,75			
»	531,81	154 531,71		
»	530,99			

E[4-3] (suite).

Position III..........	154 529,16		
»	528,97		
» .,.........	528,96		
»	528,96	154 529,00	
»	528,96		
»	528,97		154 527,40
Position IV..........	154 525,79		
»	525,82		
»	525,85		
»	525,78	154 525,80	
»	525,77		
»	525,80		

E[5-2].

Position I..........	154 097,73		
»	097,56		
»	097,54	154 097,65	
»	097,72		154 096,67
Position II..........	154 095,85		
»	095,54		
»	095,89	154 095,70	
»	095,53		
Position III..........	154 094,17		
»	094,00		
»	094,30	154 094,20	
»	094,34		154 096,77
Position IV..........	154 099,69		
»	099,35		
»	099,15	154 099,34	
»	099,18		

d'où

$$E[1\text{-}6] \quad \text{à} \quad 15° = 154\,270,76 \frac{\lambda_R}{2} = 49^{mm},663\,400,$$

$$E[4\text{-}3] \quad \text{à} \quad 15° = 154\,527,43 \frac{\lambda_R}{2} = 49^{mm},746\,028,$$

$$E[5\text{-}2] \quad \text{à} \quad 15° = 154\,096.72 \frac{\lambda_R}{2} = 49^{mm},607\,372.$$

Volume à $15° =$ **122 557,84** *millimètres cubes.*

Ce résultat est valable pour la durée des premières mesures sur le cube de 5^{cm} d'arête, c'est-à-dire de juin à octobre 1896.

XIV.   A.11

P. CHAPPUIS.

DEUXIÈME DÉTERMINATION DES DIMENSIONS DU CUBE DE 5 CENTIMÈTRES.

Les tubes à électrodes intérieures utilisés dans la deuxième série de mesures du cube ont fourni des sources lumineuses suffisamment monochromatiques pour que l'on ait pu observer sans peine les franges circulaires bleues et violettes. Les franges vertes ne présentaient que les faibles variations de visibilité indiquées par M. Michelson. Je n'ai retenu cependant que l'excédent fractionnaire déterminé par l'observation des franges rouges, me servant des autres sources seulement pour la recherche du nombre entier. On avait soin de placer le plan de référence à égale distance des deux plans ($2^{cm},5$). Les rapports des longueurs d'ondes répondant à ces conditions et que j'ai utilisés pour déterminer le nombre entier des demi-longueurs d'ondes rouges, sont :

$$\frac{\lambda_R}{\lambda_V} = 1,265\,9644; \qquad \frac{\lambda_R}{\lambda_B} = 1,341\,3674; \qquad \frac{\lambda_R}{\lambda_{Vi}} = 1,376\,2880.$$

Les deux premiers avaient déjà été employés dans la première série de mesures.

La mesure des franges de la lame mince a été généralement faite avec les quatre sources du cadmium et avec la lumière de la soude. Pour varier les conditions j'ai tourné en avant les faces qui, dans la première série de mesures, étaient situées en arrière et j'ai repéré les franges sur 14 repères du miroir. Le point correspondant à la moyenne de ces repères diffère de celui de la première série d'observations dans laquelle on n'avait utilisé que 12 points. Les épaisseurs mesurées successivement dans les deux séries d'observations ne correspondent donc pas aux mêmes régions du cube et ne sont pas immédiatement comparables.

Les observations sont résumées dans les Tableaux suivants. La correction C_n pour l'indice de l'air est indiquée au-dessous de chaque mesure.

Résumé des mesures interférentielles du cube de 5 centimètres (2ᵉ série).

E[6-1]. — **Position I**

	SÉRIE I (22 décembre 1896). H₀ = 758ᵐᵐ,9, t = 12°,815.	SÉRIE II (22 décembre). H₀ = 758ᵐᵐ,8, t = 13°,190.	SÉRIE III (23 décembre). H₀ = 759ᵐᵐ,8, t = 13°,396.	SÉRIE IV (24 décembre). H₀ = 763ᵐᵐ,3, t = 13°,680.
E + e...	155 379,29	154 418,26	154 419,30	154 422,21
R......	1 108,97	147,57	148,47	150,70
Jaune...		57	50	65
V......	91	55	48	68
B......	91	56	47	67
V_i....	89	55	47	65
e......	1 108,92	147,56	148,48	150,67
E......	154 270,37	154 270,70	154 270,82	154 271,54
C_n.....	— 0,26	— 0,20	— 0,23	— 0,38

E[6-1]. — **Position II**

	SÉRIE I (24 décembre). H₀ = 762ᵐᵐ,1, t = 14°,010.	SÉRIE II (26 décembre). H₀ = 769ᵐᵐ,6, t = 13°,695.	SÉRIE III (26 décembre). H₀ = 768ᵐᵐ,6, t = 13°,926.	SÉRIE IV (26 décembre). H₀ = 767ᵐᵐ,8, t = 14°,116.
E + e...	154 411,44	154 412,22	154 424,44	154 426,73
R......	144,59	145,22	157,28	159,37
Jaune...	61	22	29	40
V......	62	22	35	37
B......	67	22	34	39
V_i....	66	22	23	33
e......	144,63	145,22	157,30	159,37
E......	154 266,81	154 267,00	154 267,14	154 267,36
C_n.....	— 0,27	— 0,74	— 0,64	— 0,37

E[6-1]. — **Position III** 4 | 6 | 3 (with 2 above, 5 below)

SÉRIE I (22 janvier 1897).	SÉRIE II (22 janvier).	SÉRIE III (25 janvier).	SÉRIE IV (25 janvier).
$H_0 = 736^{mm},3,\ t = 14°,385.$	$H_0 = 737^{mm},6,\ t = 14°,555.$	$H_0 = 749^{mm},5,\ t = 13°,959.$	$H_0 = 748^{mm},6,\ t = 14°,250.$
E + e... 154 347,03	154 351,78	154 351,22	154 361,63
R...... 79,51	83,91	83,59	93,70
Jaune... 51	97	53	69
V...... 50	91	56	64
Bl 49	91	56	66
V_t..... 53		55	69
e...... 79,51	83,92	83,56	93,68
E...... 154 267,52	154 267,86	154 267,66	154 267,95
C_n..... + 1,24	+ 1,20	+ 0,43	+ 0,53

E[6-1]. — **Position IV** 3 | 6 | 4 (with 5 above, 2 below)

SÉRIE I (26 janvier).	SÉRIE II (27 janvier).	SÉRIE III (28 janvier).	SÉRIE IV (29 janvier).
$H_0 = 753^{mm},9,\ t = 14°,231.$	$H_0 = 755^{mm},1,\ t = 14°,269.$	$H_0 = 760^{mm},1,\ t = 14°,346.$	$H_0 = 755^{mm},5,\ t = 14°,257.$
E + e... 154 335,83	154 338,34	154 339,05	154 340,86
R..... 65,86	68,39	68,67	70,91
Jaune... 85	44	66	89
V..... 81	41	64	89
B..... 85	36	65	91
V_t..... 82	37	69	90
e..... 65,84	68,39	68,66	70,90
E 154 269,99	154 269,95	154 270,39	154 269,96
C_n..... + 0,23	+ 0,17	— 0,10	+ 0,14

E[3-4]. — **Position I**

SÉRIE I (29 décembre 1896). $H_0 = 764^{mm},3$, $t = 14°,614$.	SÉRIE II (30 décembre). $H_2 = 763^{mm},9$, $t = 13°,826$.	SÉRIE III (30 décembre). $H_0 = 763^{mm},4$, $t = 13°,922$.	SÉRIE IV (31 décembre). $H_0 = 764^{mm},2$, $t = 14°,183$.
E + e... 154 665,74	154 666,93	154 679,49	154 680,13
R...... 143,41	144,56	156,89	157,47
Jaune... 40	53	91	45
V...... 38	56	92	45
B...... 41	56	91	45
V_i..... 39	56	91	43
e...... 143,40	144,55	156,91	157,45
E...... 154 522,34	154 522,38	154 522,58	154 522,68
C_n..... — 0,45	— 0,40	— 0,36	— 0,36

E[3-4]. — **Position II**

SÉRIE I (31 décembre 1896). $H_0 = 765^{mm},0$, $t = 14°,591$.	SÉRIE II (2 janvier 1897). $H_0 = 769^{mm},7$, $t = 14°,561$.	SÉRIE III (2 janvier). $H_0 = 768^{mm},9$, $t = 14°,896$.	SÉRIE IV (4 janvier). $H_0 = 760^{mm},7$, $t = 14°,465$.
E + e... 154 669,77	154 671,34	154 683,31	154 682,41
R...... 139,93	140,93	152,26	152,54
Jaune... 98	95	29	52
V...... 90	91	22	52
B...... 94	93	22	49
V_i..... 95	90	22	49
e...... 139,94	140,92	152,24	152,51
E...... 154 529,83	154 530,42	154 531,07	154 529,90
C_n..... — 0,37	— 0,61	— 0,52	— 0,12

E[3-4]. — **Position III**

Série I (16 janvier 1897).		Série II (18 janvier).		Série III (18 janvier).		Série IV (19 janvier).	
$H_0 = 751^{mm},3$, $t = 15°,260$.		$H_0 = 758^{mm},0$, $t = 14°,545$.		$H_0 = 757^{mm},7$, $t = 14°,641$.		$H_0 = 756^{mm},5$, $t = 14°,524$.	
E + e...	154 608,40		154 615,95		154 622,41		154 624,25
R......	83,44		91,62		97,93		99,99
Jaune...	42		59		97		97
V......	39		60		95		96
B......	44		60		96		99
Vi.....	43		57		94		97
e......	83,42		91,60		97,95		99,98
E......	154 524,98		154 524,35		154 524,49		154 524,27
Cn.....	+ 0,53		+ 0,04		+ 0,08		+ 0,13

E[3-4]. — **Position IV**

Série I (19 janvier).		Série II (19 janvier).		Série III (20 janvier).		Série IV (21 janvier).	
$H_0 = 755^{mm},3$, $t = 14°,666$.		$H_0 = 755^{mm},1$, $t = 14°,722$.		$H_0 = 754^{mm},6$, $t = 14°,781$.		$H_0 = 751^{mm},4$, $t = 14°,469$.	
E + e...	154 607,71		154 612,64		154 613,18		154 623,72
R......	79,40		84,55		84,82		95,78
Jaune...	34		57		85		82
V......	35		51		88		82
B......	34		50		85		80
Vi.....	36		48		87		83
e......	79,36		84,52		84,85		95,81
E......	154 528,35		154 528,12		154 528,33		154 527,91
Cn.....	+ 0,21		+ 0,23		+ 0,27		+ 0,41

E[2-5]. — Position I

SÉRIE I (5 janvier 1897).	SÉRIE II (5 janvier).	SÉRIE III (6 janvier).	SÉRIE IV (6 janvier).
$H_0 = 757^{mm},3$, $t = 14°,580$.	$H_0 = 756^{mm},4$, $t = 14°,606$.	$H_0 = 749^{mm},4$, $t = 14°,645$.	$H_0 = 748^{mm},8$, $t = 14°,639$.
E + e .. 154 232,66	154 236,42	154 235,82	154 240,19
R...... 138,07	141,47	141,58	146,06
Jaune... 138,07	47	56	01
V...... 137,93	48	61	02
B...... 138,05	44	60	04
V/..... 138,06	47	59	06
e 138,04	141,47	141,59	146,04
E...... 154 094,62	154 094,95	154 094,23	154 094,15
C_n..... + 0,09	+ 0,15	+ 0,54	+ 0,58

E[2-5]. — Position II

SÉRIE I (7 janvier).	SÉRIE II (8 janvier).	SÉRIE III (8 janvier).	SÉRIE IV (8 janvier).
$H_0 = 749^{mm},3$, $t = 14°,808$.	$H_0 = 748^{mm},0$, $t = 14°,938$.	$H_0 = 748^{mm},1$, $t = 15°,189$.	$H_0 = 748^{mm},3$, $t = 15°,234$.
E + e... 154 224,11	154 225,14	154 229,56	154 231,05
R...... 127,40	128,16	132,43	133,71
Jaune... 45	16	45	73
V...... 40	15	41	69
B...... 43	15	41	69
V/..... 38	14	44	68
e 127,41	128,15	132,43	133,70
E...... 154 096,70	154 096,99	154 097,13	154 097,35
C_n..... + 0,57	+ 0,66	+ 0,69	+ 0,69

P. CHAPPUIS.

E[2-5]. — **Position III**

SÉRIE I (11 janvier 1897).	SÉRIE II (11 janvier).	SÉRIE III (12 janvier).	SÉRIE IV (13 janvier).
$H_0 = 748^{mm},4$, $t=14°,951$.	$H_0 = 748^{mm},5$, $t=15°,100$.	$H_0 = 748^{mm},1$, $t=15°,346$.	$H_0 = 749^{mm},0$, $t=15°,922$.
E + e... 154 227,76	154 233,32	154 234,59	154 241,80
R..... 134,10	139,50	140,29	146,69
Jaune... 12	54	29	69
V..... 10	52	28	69
B..... 11	52	29	69
V_i..... 11	52	30	68
e..... 134,11	139,52	140,29	146,69
E..... 154 093,65	154 093,80	154 094,30	154 095,11
C_a..... + 0,64	+ 0,66	+ 0,72	+ 0,75

E[2-5]. — **Position IV**

SÉRIE I (13 janvier).	SÉRIE II (13 janvier).	SÉRIE III (14 janvier).	SÉRIE IV (15 janvier).
$H_0 = 749^{mm},2$, $t=15°,967$.	$H_0 = 750^{mm},0$, $t=15°,960$.	$H_0 = 756^{mm},4$, $t=15°,573$.	$H_0 = 755^{mm},8$, $t=16°,020$.
E + e.. 154 236,82	154 242,05	154 241,82	154 243,12
R..... 137,76	143,11	142,91	143,66
Jaune... 78	13	89	65
V..... 77	08	89	62
B..... 81	10	90	64
V_i..... 74	10	88	63
e..... 137,77	143,10	142,89	143,64
E..... 154 099,05	154 098,95	154 098,93	154 099,48
C_a..... + 0,75	+ 0,70	+ 0,28	+ 0,38

Les températures du cube et les corrections de dilatation pour la réduction à 15° sont réunies dans le Tableau suivant :

Corrections de dilatation.

E[6-1].		E[3-4].		E[2-5].	
T échelle normale.	Correction en $\frac{\lambda_R}{2}$.	T échelle normale.	Correction en $\frac{\lambda_R}{2}$.	T échelle normale.	Correction en $\frac{\lambda_R}{2}$.
12,753	+3,15	13,549	+2,04	14,511	+0,68
13,126	+2,63	13,760	+1,74	14,537	+0,65
13,331	+2,34	13,855	+1,61	14,576	+0,59
13,614	+1,94	14,115	+1,24	14,570	+0,60
13,943	+1,48	14,323	+0,95	14,739	+0,37
13,629	+1,92	14,492	+0,71	14,868	+0,18
13,859	+1,60	14,826	+0,24	15,118	—0,17
14,049	+1,33	14,397	+0,85	15,163	—0,23
14,317	+0,96	15,189	—0,37	14,881	+0,17
14,486	+0,72	14,476	+0,74	15,030	—0,04
13,892	+1,55	14,572	+0,60	15,275	—0,38
14,182	+1,15	14,455	+0,76	15,849	—1,19
14,163	+1,17	14,597	+0,57	15,894	—1,25
14,201	+1,12	14,653	+0,49	15,887	—1,24
14,278	+1,01	14,711	+0,41	15,501	—0,70
14,189	+1,14	14,401	+0,84	15,947	—1,33

Corrections relatives à l'épaisseur des couches d'argent. — Le miroir placé derrière le cube ayant été réargenté après la première série de mesures, j'ai déterminé l'épaisseur de la couche d'argent dans le quadrant supérieur de droite en quatre points distants de 5ᵐᵐ, échelonnés sur le diamètre vertical.

Les mesures ont donné

$$\varepsilon_p = 0,39 \frac{\lambda_R}{2}.$$

Les épaisseurs ε_a des couches d'argent déposées sur les faces du cube sont résumées ci-après, avec les corrections $\varepsilon_p - \varepsilon_a$ qui en dérivent :

		Épaisseur moyenne ε_a.	Correction $\varepsilon_p - \varepsilon_a$.
E[6-1].	Position I........	$0,28 \frac{\lambda_R}{2}$	$+0,11 \frac{\lambda_R}{2}$
	II........	0,26	+0,13
	III........	0,30	+0,09
	IV........	0,28	+0,11

XIV.

A.12

P. CHAPPUIS.

		Épaisseur moyenne. ε_a.	Correction. $\varepsilon_p - \varepsilon_a$.
E[3-4].	Position I........	$0,34\ \dfrac{\lambda_R}{2}$	$+0,05\ \dfrac{\lambda_R}{2}$
	» II........	$0,32$	$+0,07$
	» III........	$0,18$	$+0,21$
	» IV........	$0,25$	$+0,14$
E[2-3].	Position I........	$0,34\ \dfrac{\lambda_R}{2}$	$+0,05\ \dfrac{\lambda_R}{2}$
	» II........	$0,38$	$+0,01$
	» III........	$0,15$	$+0,24$
	» IV........	$0,21$	$+0,18$

Les résultats de la deuxième série de mesures du cube de 5^{cm} sont résumés dans le Tableau suivant :

Résultats de la deuxième mesure $\left(\text{en } \dfrac{\lambda_R}{2} \right)$.

E[6-1].

Position I..........	154 273,37				
»	273,24				
»	273,04	154 273,21			
»	273,21			154 270,72	
Position II..........	154 268,15				
»	268,31				
»	268,23	154 268,23			
»	268,25				
Position III..........	154 269,81				
»	269,87				
»	269,73	154 269,78			
»	269,72			154 270,59	
Position IV..........	154 271,50				
»	271,35				
»	271,41	154 271,40			
»	271,35				

E[3-4].

Position I.......	154 523,98		
»	523,77		
»	523,88	154 523,81	
»	523,61		154 527,24
Position II..........	154 530,48		
»	530,59		
»	530,86	154 530,66	
»	530,70		

E[3-4] (suite).

Position III...........	154 525,45		
»	525,34		
»	525,38	154 525,38	
»	525,37		
			154 527,28
Position IV...........	154 529,27		
»	528,98		
»	529,15	154 529,18	
»	529,30		

E[2-5].

Position I.........	154 095,44		
»	095,80		
»	095,41	154 095,51	
»	095,38		
			154 096,62
Position II...........	154 097,65		
»	097,84		
»	097,66	154 097,74	
»	097,82		
Position III...........	154 094,70		
»	094,66		
»	094,88	154 094,79	
»	094,91		
			154 096,73
Position IV...........	154 098,73		
»	098,58		
»	098,69	154 098,68	
»	098,71		

d'où

$$E[6\text{-}1] \text{ à } 15° = 154\,270,66\,\frac{\lambda_{II}}{2} = 49^{mm},663\,368,$$

$$E[3\text{-}4] \text{ à } 15° = 154\,527,26\,\frac{\lambda_{II}}{2} = 49^{mm},745\,973,$$

$$E[2\text{-}5] \text{ à } 15° = 154\,096,67\,\frac{\lambda_{II}}{2} = 49^{mm},607\,356.$$

Volume à 15° = **122 557,57** *millimètres cubes.*

TROISIÈME DÉTERMINATION DES DIMENSIONS DU CUBE DE 5 CENTIMÈTRES.

Le cube de 5 centimètres, dont l'une des faces, endommagée par accident, avait été retouchée par l'opticien, a été soumis, dans l'automne 1900, à une nouvelle série de mesures. Les études des sources lumineuses exécutées après les deux premières déterminations ont permis d'employer à ces nouvelles mesures les sources monochromatiques des tubes de M. Hamy (vert $0^\mu,515$) et les radiations rouges et bleues du zinc, et de fixer, avec une sécurité absolue, le nombre entier des franges rouges du cadmium, sur lequel les expériences antérieures laissaient encore subsister quelque doute.

La plus grande partie des observations a été faite à l'aide des tubes de M. Hamy renfermant du cadmium et du zinc. Les rapports des radiations monochromatiques de ces tubes ont été indiqués page 20. J'ai pu observer en outre quelquefois les sources vertes, bleues et violettes du cadmium dont les rapports aux radiations rouges, mesurés dans les mêmes conditions sur l'étalon VIII de M. Michelson, sont :

$$\frac{\lambda_R}{\lambda_{V_m}} = 1,265\,964\,4; \qquad \frac{\lambda_R}{\lambda_B} = 1,341\,367\,4; \qquad \frac{\lambda_R}{\lambda_{Vi}} = 1,376\,285\,4.$$

Quelques mesures ont été exécutées en utilisant des tubes à électrodes intérieures. Les rapports employés à la recherche du nombre entier des demi-longueurs d'ondes sont ceux trouvés par M. Michelson.

Les franges de la lame mince ont été repérées par rapport à 13 points du miroir.

Les résultats des déterminations sont résumés dans les Tableaux suivants sous la forme précédemment adoptée :

Résumé des mesures interférentielles du cube de 5^{cm} après la retouche.

E[3-4]. — Position I

SÉRIE I (8 octobre 1900). $H_0 = 764^{mm},7$, $t = 16°,267$.		SÉRIE II (9 octobre). $H_0 = 761^{mm},6$, $t = 16°,313$.	SÉRIE III (10 octobre). $H_0 = 761^{mm},5$, $t = 16°,411$. (Tube Michelson.)		SÉRIE IV (11 octobre). $H_0 = 759^{mm},1$, $t = 16°,275$.
R......	154 608,49	154 612,76	R....	154 613,87	154 613,71
R_Zn....	62	81	V.....	79	68
V_H....	50	74	B.....	86	
V_M....	49	75	V_l.....	87	
B.....		74			
B_Zn....	56	78			
E + e...	154 608,49	154 612,76		154 613,87	154 613,71
R......	77,85	81,76		82,82	82,97
Jaune...	95	81		83,00	82,99
V_H....	89	85		82,94	83,00
V_M....	89	83		82,95	83,03
B.....	91	85		82,96	83,03
e......	77,90	81,82		82,93	83,00
E....	154 530,59	154 530,94		154 530,94	154 530,71
C_n.....	— 0,07	+ 0,10		+ 0,13	+ 0,24

E[3-4]. — Position II

SÉRIE I (12 octobre). $H_0 = 756^{mm},5$, $t = 16°,180$.		SÉRIE II (13 octobre). $H_0 = 754^{mm},7$, $t = 16°,028$.	SÉRIE III (15 octobre). $H_0 = 755^{mm},4$, $t = 15°,557$.	SÉRIE IV (16 octobre). $H_0 = 756^{mm},2$, $t = 15°,431$. (Tube Michelson)	
R......	154 591,22	154 591,02	154 619,72	R.....	154 619,13
R_Zn....	17	591,00	66	V_H.....	08
V_H....	15	590,94	65	B......	12
V_M....	16	590,96	65		
B.....	19	591,01	63		
B_Zn.. .	26	591,05	70		
E + e...	154 591,22	154 591,02	154 619,72		154 619,13
R......	64,65	64,63	93,42		93,22
Jaune...	66	59	40		24
V_H....	66	62	43		22
V_M....	63	61	41		23
B.....	65	58	40		23
e......	64,65	64,61	93,41		93,23
E......	154 526,57	154 526,41	154 526,31		154 525,90
C_n.....	+ 0,37	+ 0,45	+ 0,34		— 0,28

E[3-4]. — **Position III**

	SÉRIE 1 (19 octobre 1900).	SÉRIE II (19 octobre).	SÉRIE III (20 octobre).	SÉRIE IV (22 octobre).
	$H_0 = 758^{mm},7$, $t=15°,504$.	$H_0 = 759^{mm},4$, $t=15°,572$.	$H_0 = 760^{mm},0$, $t=15°,468$.	$H_0 = 768^{mm},1$, $t=15°,502$.
R......	154 597,68	154 604,42	154 605,89	154 606,09
R$_{Zn}$....	62	37	86	06
V$_{H}$.....	63	37	81	07
V$_{M}$.....	59	32	78	03
B......	57	35	81	02
B$_{Zn}$....	65	37	85	10
V$_i$.....		32	82	04
E + e...	154 597,68	154 604,42	154 605,89	154 606,09
R.....	66,16	72,62	74,02	74,02
Jaune...	20	57	74,03	04
V$_{H}$....	14	60	74,04	02
V$_{M}$....	15	62	74,03	04
B.....	11	60	73,99	01
B$_{Zn}$...	16			
e.....	66,15	72,60	74,02	74,03
E.....	154 531,53	154 531,82	154 531,87	154 532,06
C$_n$.....	+ 0,15	+ 0,12	+ 0,07	− 0,38

E[3-4]. — **Position IV**

	SÉRIE 1 (24 octobre).	SÉRIE II (25 octobre).	SÉRIE III (26 octobre).	SÉRIE IV (27 octobre).
	$H_0 = 764^{mm},03$, $t=15°,150$.	$H_0 = 752^{mm},6$, $t=14°,060$.	$H_0 = 743^{mm},4$, $t=14°,532$.	$H_0 = 751^{mm},1$, $t=14°,973$.
			(Tube Michelson.)	
R......	154 611,72	154 618,80		154 622,83
R$_{Zn}$....	71	83	R...... 154 619,85	84
V$_{H}$....	67	77	V$_{H}$.... 85	85
V$_{M}$.....	64	75	V$_{M}$.... 84	82
B.....	70	77	B..... 81	78
B$_{Zn}$....	70	81	V$_i$..... 84	78
V$_i$.....	71	82		75
E + e...	154 611,72	154 618,80	154 619,85	154 622,83
R.....	87,67	96,76	97,90	99,74
Jaune...	67	76	91	76
V$_{H}$....	67	74	91	77
V$_{M}$.....	67	76	91	74
B.....	66	75	89	76
V$_i$.....	68			
e.....	87,67	96,75	97,90	99,75
E.....	154 524,05	154 522,05	154 521,95	154 523,08
C$_n$.....	− 0,20	+ 0,28	+ 0,87	+ 0,50

E[1-6]. — **Position I**

SÉRIE I (29 octobre 1900). $H_0 = 755^{mm},1,\ t = 15°,089.$	SÉRIE II (30 octobre). $H_0 = 757^{mm},8,\ t = 15°,303.$	SÉRIE III (3 novembre) $H_0 = 760^{mm},4,\ t = 15°,653.$	SÉRIE IV (5 novembre). $H_0 = 754^{mm},3,\ t = 15°,617.$
R...... 148 932,52	148 933,75	148 936,56	148 936,02
R_{Zn}... 58	80	59	6,04
V_H.... 57	76	53	5,99
V_M.... 55	75		
B..... 46	70		
B_{Zn}... 46	66	55	6,00
E + e... 148 932,52	148 933,75	148 936,56	148 936,02
R..... 81,98	82,72	104,85	104,82
Jaune... 82,04	79	91	85
V_M.... 81,95	74	81	77
B..... 81,93	70	85	79
		83	79
e..... 81,98	82,74	104,85	104,80
E..... 148 850,54	148 851,01	148 851,71	148 851,22
C_H..... + 0,29	+ 0,17	+ 0,08	+ 0,41

E[1-6]. — **Position II**

SÉRIE I (6 novembre). $H_0 = 747^{mm},5,\ t = 15°,822.$	SÉRIE II (6 novembre). $H_0 = 747^{mm},0,\ t = 15°,822.$	SÉRIE III (7 novembre). $H_0 = 752^{mm},9,\ t = 15°,758.$	SÉRIE IV (8 novembre). $H_0 = 759^{mm},0,\ t = 15°,681.$
R...... 148 957,60	148 954,97	148 955,76	148 953,40
R_{Zn}... 65	5,09	78	45
V_H.... 61	4,94	78	42
B_{Zn}... 58	4,97	76	39
E + e... 148 957,60	148 954,97	148 955,76	148 953,40
R..... 109,49	107,02	106,80	105,28
Jaune... 46	107,00	79	18
V_H.... 52	107,02	82	22
V_M.... 51	107,01	79	26
B..... 55	106,95	79	23
e..... 109,51	107,00	106,80	105,23
E..... 148 848,09	148 847,97	148 848,96	148 848,17
C_H..... + 0,83	+ 0,85	+ 0,51	+ 0,16

E|1-6]. — **Position III**

	SÉRIE I (9 novembre 1900). $H_0 = 753^{mm},0,\quad t = 15°,562.$	SÉRIE II (10 novembre). $H_0 = 751^{mm},4,\quad t = 15°,401.$	SÉRIE III (12 novembre). $H_0 = 757^{mm},6,\quad t = 14°,792.$	SÉRIE IV (12 novembre). $H_0 = 756^{mm},2,\quad t = 14°,917.$
R......	148 927,31	148 946,89	148 945,35	148 946,09
R_{Zn}...	28	97	39	17
V_H....	23	87	35	07
B_{Zn}....	16	92	30	07
E + c..	148 937,21	148 946,89	148 945,35	148 946,09
R......	90,69	100,52	99,36	99,91
Jaune...	75	51	38	91
V_H....	72	51	42	92
V_M....	71	56	40	92
B.....	66	51	35	91
c.....	90,71	100,52	99,38	99 91
E.....	148 846,50	148 846,37	148 845,97	148 846,18
C_H.....	+ 0,48	+ 0,54	+ 0,10	+ 0,20

E|1-6]. — **Position IV**

	SÉRIE I (13 novembre 1900). $H_0 = 752^{mm},5,\quad t = 15°,119.$	SÉRIE II (13 novembre). $H_0 = 750^{mm},5,\quad t = 15°,141.$	SÉRIE III (14 novembre). $H_0 = 750^{mm},3,\quad t = 14°,752.$	SÉRIE IV (14 novembre). $H_0 = 750^{mm},5,\quad t = 14°,731.$
R.....	148 943,95	148 943,24	148 931,78	148 931,50
R_{Zn}....	96	30	84	55
V_H.....	94	22	77	50
B_{Zn}....	96	21	74	47
E + c..	148 943,95	148 943,24	148 931,78	148 931,50
R.....	92,73	92,36	80,92	80,71
Jaune...	72	32	94	71
V_H....	73	34	92	71
V_M....	68	33	91	66
B.....	64	29	89	65
c.....	92,70	92,33	80,92	80,69
E.....	148 851,25	148 850,91	148 850,86	148 850,81
C_H.....	+ 0,44	+ 0,56	+ 0,51	+ 0,50

E[2-3]. — Position I

	SÉRIE I (16 novembre 1900). $H_0 = 739^{mm},6.$ $t = 14°,871.$	SÉRIE II (16 novembre). $H_0 = 737^{mm},6,$ $t = 15°,042.$	SÉRIE III (17 novembre). $H_0 = 744^{mm},9,$ $t = 14°,826.$	SÉRIE IV (17 novembre). $H_0 = 746^{mm},7,$ $t = 14°,914.$
R......	154 198,63	154 199,71	154 200,56	154 200,92
R_{Zn}....	69	76	57	93
V_H.....	62	65	52	90
B_{Zn}...	61	64	53	86
E + e..	154 198,63	154 199,71	154 200,56	154 200,92
R...	100,96	102,13	102,88	102,98
Jaune...	95	15	93	103,03
V_H.....	96	09	88	102,99
V_M. ...	97	13	87	103,00
B.....	94	11	83	103,01
e.....	100,96	102,12	102,88	103,00
E......	154 097,67	154 097,59	154 097,68	154 097,92
C_n.....	+ 1,13	+ 1,27	+ 0,83	+ 0,73

E[2-3]. — Position II

	SÉRIE I (19 novembre 1900). $H_0 = 759^{mm},4,$ $t = 14°,558.$	SÉRIE II (19 novembre). $H_0 = 757^{mm},9,$ $t = 14°,724.$	SÉRIE III (19 novembre). $H_0 = 758^{mm},1,$ $t = 14°,671.$	SÉRIE IV (20 novembre). $H_0 = 755^{mm},0,$ $t = 14°,641.$
R....	154 195,97	154 196,17	154 196,39	154 197,82
R_{Zn}....	196,00	17	45	89
V_H.. ..	96	11	38	76
B_{Zn}....	93	14	37	73
E + e..	154 195,97	154 196,17	154 196,39	154 197,82
R......	101,95	102,14	102,41	103,95
Jaune...	97	16	39	93
V_H.....	99	20	41	97
V_M....	98	17	43	96
B.....	93	13	37	94
e.....	101,96	102,16	102,40	103,95
E.....	154 094,01	154 094,01	154 093,99	154 093,87
C_n.....	— 0,03	+ 0,08	+ 0,06	+ 0,23

XIV.   A.13

P. CHAPPUIS.

E[2-5]. — Position III

SÉRIE I (21 novembre 1900). $H_0 = 746^{mm},8,\quad t = 14°,709.$	SÉRIE II (21 novembre). $H_0 = 747^{mm},9,\quad t = 14°,816.$	SÉRIE III (22 novembre). $H_0 = 753^{mm},4,\quad t = 14°,952.$	SÉRIE IV (22 novembre). $H_0 = 753^{mm},4,\quad t = 14°,953.$
R.... 154 239,93	154 237,60	154 238,34	154 239,97
R_{Zn}.... 94	63	36	93
V_{II}.... 89	53	29	92
B_{Zn}.... 84	50		
E + e.. 154 239,93	154 237,60	154 238,34	154 239,97
R..... 143,06	140,80	141,00	142,67
Jaune. . 05	82	141,01	63
V_{II}.... 05	79	140,99	62
V_{M}.... 05	77	141,04	66
B. 03	74	141,00	
e..... 143,05	140,78	141,01	142,65
E..... 154 096,88	154 096,82	154 097,33	154 097,32
C_n..... + 0,70	+ 0,66	+ 0,36	+ 0,37

E[2-5]. — Position IV

SÉRIE I (23 novembre 1900). $H_0 = 753^{mm},9,\quad t = 15°,461.$	SÉRIE II (23 novembre). $H_0 = 752^{mm},1,\quad t = 15°,540.$	SÉRIE III (24 novembre). $H_0 = 750^{mm},7,\quad t = 15°,823.$	SÉRIE IV (24 novembre). $H_0 = 750^{mm},2,\quad t = 15°,849.$
R..... 154 233,56	154 233,92	154 235,30	154 235,40
R_{Zn}.... 60	94	38	48
V_{II}.... 52	87	28	37
B_{Zn}.. . 48			
E + e.. 154 233,56	154 233,92	154 235,30	154 235,40
R..... 137,98	138,16	139,18	139,29
Jaune... 137,94	19	20	29
V_{II}..... 137,97	22	26	33
V_{M}.... 137,93	25	23	32
B..... 138,00	20	26	33
e..... 137,96	138,20	139,23	139,31
E.... 154 095,60	154 095,72	154 096,07	154 096,09
C_n..... + 0,41	+ 0,52	+ 0,64	+ 0,67

Les températures moyennes du cube dans chaque série et les corrections de dilatation sont réunies dans le Tableau suivant :

Corrections de dilatation.

		E[3-4]		E[1-6]		E[2-5]	
		T échelle normale.	Correction en $\frac{\lambda_R}{2}$.	T échelle normale.	Correction en $\frac{\lambda_R}{2}$.	T échelle normale.	Correction en $\frac{\lambda_R}{2}$.
Position I.	1..	16,193	—1,67	15,019	—0,03	14,801	+0,28
	2..	16,239	—1,71	15,232	—0,31	14,972	+0,04
	3..	16,337	—1,88	15,581	—0,79	14,757	+0,34
	4...	16,201	—1,69	15,545	—0,74	14,844	+0,22
Position II.	1...	16,106	—1,55	15,750	—1,01	14,489	+0,72
	2...	15,955	—1,34	15,750	—1,01	14,655	+0,48
	3..	15,485	—0,68	15,686	—0,93	14,602	+0,56
	4..	15,360	—0,51	15,609	—0,82	14,572	+0,60
Position III.	1...	15,432	—0,61	15,490	—0,66	14,640	+0,50
	2...	15,500	—0,70	15,330	—0,45	14,747	+0,35
	3...	15,397	—0,56	14,723	+0,37	14,882	+0,17
	4...	15,430	—0,60	15,048	—0,06	14,883	+0,16
Position IV.	1...	15,080	—0,11	14,847	+0,21	15,390	—0,55
	2...	13,993	+1,41	15,070	—0,09	15,468	—0,65
	3...	14,463	+0,75	14,683	+0,43	15,751	—1,05
	4...	14,903	+0,14	14,662	+0,46	15,777	—1,09

Corrections relatives à l'épaisseur des couches d'argent. — Les mesures effectuées pour déterminer l'épaisseur de la couche d'argent du plan des repères ont donné une épaisseur uniforme :

$$\varepsilon_p = 0,44\,\frac{\lambda_R}{2}.$$

Le Tableau suivant donne les épaisseurs moyennes ε_a, déduites des observations faites dans chaque position du cube, et les différences $\varepsilon_p - \varepsilon_a$ qui constituent les corrections.

		Épaisseur moyenne ε_a en $\frac{\lambda_R}{2}$.	Correction $\varepsilon_p - \varepsilon_a$ en $\frac{\lambda_R}{2}$.
Face 3.	Position I.......	0,31	+0,13
	» II........	0,22	+0,22
	» III........	0,41	+0,03
	» IV........	0,43	+0,01
Face 1.	Position I.......	0,44	0,00
	» II........	0,43	+0,01
	» III........	0,40	+0,04
	» IV........	0,40	+0,04
Face 2.	Position I.......	0,36	+0,08
	» II........	0,35	+0,09
	» III........	0,46	—0,02
	» IV........	0,42	+0,02

P. CHAPPUIS.

Les résultats de la troisième série de mesures du cube de 5^{cm} sont résumés dans le Tableau suivant :

Résultats de la troisième mesure $\left(\text{en } \dfrac{\lambda_u}{2}\right)$.

E[3-4].

Position I	154 528,98			
»	529,43	154 529,28		
»	529,32			
»	529,39		154 527,57	
Position II	154 525,61			
»	525,74	154 525,86		
»	526,19			
»	525,89			
Position III	154 531,10			
»	531,27	154 531,22		
»	531,41			
»	531,11		154 527,46	
Position IV	154 523,75			
»	523,75	154 523,70		
»	523,58			
»	523,73			

E[1-6].

Position I	148 850,80			
»	850,87	148 850,89		
»	851,00			
»	850,89		148 849,42	
Position II	148 847,92			
»	847,82	148 847,95		
»	848,55			
»	847,52			
Position III	148 846,36			
»	846,50	148 846,42		
»	846,48			
»	846,36		148 849,08	
Position IV	148 851,94			
»	851,42	148 851,75		
»	851,84			
»	851,81			

E[2-5].

Position I	154 099,16			
»	098,98	154 099,00		
»	098,93			
»	098,95		154 096,87	
Position II	154 094,79			
»	094,66	154 094,73		
»	094,70			
»	094,79			

$E[2-5]$ (suite).

Position III.........	154 098,06		
»	097,81	154 097,88	
»	097,84		
»	097,83		154 096,74
Position IV.........	154 095,48		
»	095,61	154 095,61	
»	095,68		
»	095,69		

d'où

$$E[3-4] \text{ à } 15° = 154\,527,51 \ \frac{\lambda_{\text{H}}}{2} = 49^{\text{mm}},746\,054$$

$$E[1-6] \text{ à } 15° = 148\,849,25 \ \frac{\lambda_{\text{H}}}{2} = 47^{\text{mm}},918\,088$$

$$E[2-5] \text{ à } 15° = 154\,096,80 \ \frac{\lambda_{\text{H}}}{2} = 49^{\text{mm}},607\,398$$

Volume à $15° = $ **118 250**$^{\text{mm}^3}$**,93.**

Pour faciliter la comparaison des résultats obtenus par les trois études successives du cube de 5^{cm}, je les ai réunis dans un même Tableau.

Dimensions du cube de 5 centimètres.

	Première mesure juin-oct. 1896.	Deuxième mesure déc. 1896-janv. 1897.	Troisième mesure après la retouche oct.-nov. 1900.
	^{mm}	^{mm}	^{mm}
$E[1-6]$..... ...	49,663 400	49,663 368	47,918 088
$E[3-4]$....... ..	49,746 028	49,745 973	49,746 054
$E[2-5]$.......	49,607 372	49,607 356	49,607 398
Volume à 15°...	**122 557**$^{\text{mm}^3}$**,84.**	**122 557**$^{\text{mm}^3}$**,57**	**118 250**$^{\text{mm}^3}$**,93.**

On remarquera d'abord que la deuxième mesure donne, pour toutes les dimensions, des valeurs un peu plus faibles que la première. La différence, à peine supérieure aux erreurs d'observations, s'explique d'ailleurs par la contraction lente du verre, bien connue par les variations du zéro des thermomètres. Le cube a été mesuré peu de temps après le travail optique des surfaces ; or ce travail exige que l'on porte le cube à des températures voisines de 60°, afin de coller avec du baume de Canada, sur les faces latérales, les *flans* de verre mince qui protègent les arêtes. Bien que le refroidissement de la masse soit très lent, le verre ne reprend pas le volume qu'il aurait acquis après un long repos; il garde un *résidu de dilatation,* qui ne disparaît qu'après un séjour prolongé à la température ambiante. Si, l'équilibre étant enfin obtenu, on chauffe de nouveau le verre, on observe un nouveau résidu de dilatation après le refroidissement. C'est précisément ce qui a eu lieu pour le cube de 5^{cm} retouché par l'opticien très peu de temps avant la troisième série d'expériences. On remarque en effet que les dimensions E[3-4] et E[2-5], non touchées par le travail, présentent une augmentation appréciable dans ces deux directions.

La sensibilité extrême de la méthode paraît même permettre de suivre cette contraction dans le cours des mesures de 1900; car les épaisseurs déduites des *positions I et II* sont, sans exception, un peu plus fortes que celles observées ultérieurement dans les *positions III et IV*.

Les pesées hydrostatiques effectuées à différentes époques apportent, comme on verra plus loin, une confirmation des conclusions précédentes.

Les observations des premières séries de pesées effectuées sur le cube de 5 centimètres sont résumées dans les pages suivantes.

PESÉES DU CUBE DE 5 CENTIMÈTRES DANS L'AIR.

Ces pesées ont été exécutées sur la *Balance Rueprecht* n° 5 dans l'ordre suivant :

12 Mars 1896.   N° 1.

$A = Oe(200 + 100 + 2 + 2^* + 0,5 + 0,2 + 0,1 + 0,002 + 0,001) + P_1.$
$B = Cube + P_2.$

$8^h 30^m.$ $T = 10^o,114$ A   B   115,56   113,41   114,77   113,89
      $H = 757^{mm},12$ B   A   54,61   53,77   52,58
      $f = 82,0$

        I. $[Cube + P_2] - [304\ 803^{mg},356 + P_1] - 134^{mg},067 = + 30,28\,n$

$A = Oe(200 + 100 + 2 + 2^* + 0,5 + 0,2 + 0,1 + 0,002 + 0,002^*) + P_1.$
B initial.

$11^h 10^m.$ $T = 10^o,015$ A   B   72,31   72,48   72,31   69,74
      $H = 757^{mm},27$ B   A   92,47   92,44   92,87
      $f = 83,0$

        II. $[Cube + P_2] - [304\ 804^{mg},385 + P_1] - 134^{mg},132 = - 10,23\,n$

              $n = 0^{mg},0270.$

$A = Oe(200 + 100 + 2 + 2^* + 0,5 + 0,2 + 0,1 + 0,002 + 0,002^*) + P_2.$
$B = Cube + P_1.$

$3^h 45^m.$ $T = 10^o,114$ A   B   105,48   102,13   102,02   102,31
      $H = 756^{mm},89$ B   A   66,01   64,60   64,20
      $f = 82,0$

        III. $[Cube + P_1] - [304\ 804^{mg},385 + P_2] - 134^{mg},024 = + 18,77\,n$

$A = Oe(200 + 100 + 2 + 2^* + 0,5 + 0,2 + 0,1 + 0,005) + P_2.$
$B = Cube + P_1.$

$5^h 15^m.$ $T = 10^o,114$ A   B   65,91   65,34   62,59   62,45
      $H = 756^{mm},93$ B   A   101,35   100,01   99,19
      $f = 81,0$

        IV. $[Cube + P_1] - [304\ 805^{mg},342 + P_2] - 134^{mg},035 = - 18,08\,n$

              $n = 0^{mg},026\ 269.$

        Résultat : Masse du cube $= 304\ 938^{mg},572.$

13 Mars 1896.   N° **2**.

$$A = O(300) + Oe(1 + 2^* + 0,3 + 0,2 + 0,1 + 0,005) + P_2.$$
$$B = \text{Cube} + P_1.$$

8ʰ 40ᵐ. T = 12°,114   A B   113,30   109,15   108,70   106,92
          H = 755ᵐᵐ,27   B A   51,04   51,58   51,35
          f = 82,0

      I. [Cube + P₁] − [304 803ᵐᵍ,459 − P₂] − 132ᵐᵍ,726 = + 28,90 n

A initial + Oe(0,001).

10ʰ30ᵐ. T = 12°,014   A B   66,84   67,03   66,70   67,15
          H = 755ᵐᵐ,18   B A   94,16   93,34   93,21
          f = 82,0

      II. [Cube + P₁] − [304 806ᵐᵍ,460 − P₂] − 132ᵐᵍ,758 = − 13,33 n

$$n = 0^{mg},024\ 46.$$

14 Mars 1896.

$$A = O(300) + Oe(2 + 2^* + 0,5 + 0,2 + 0,1 + 0,005 + 0,001) + P_1.$$
$$B = \text{Cube} + P_2.$$

10ʰ50ᵐ. T = 11°,854   A B   55,15   55,06   55,83   56,43
          H = 753ᵐᵐ,03   B A   111,40   111,36   109,76
          f = 80,0

      III. [Cube + P₂] − [304 806ᵐᵍ,460 + P₁] − 132ᵐᵍ,476 = − 27,69 n

A précédent − Oe(0,001).
Même B.

1ʰ30ᵐ. T = 12°,014   A B   98,79   99,18   99,21   99,45
         H = 752ᵐᵐ,36   B A   65,13   64,38   63,09
         f = 80,0

      IV. [Cube + P₂] − [304 805ᵐᵍ,459 + P₁] − 132ᵐᵍ,270 = + 17,48 n

$$n = 0^{mg},026\ 72.$$

Résultat : Masse du cube = **304 938ᵐᵍ,544.**

12 Mai 1896.   N° **3**.

$$A = O(300 + 4 + 0,4 + 0,3 + 0,1 + 0,01) + P_1.$$
$$B = \text{Cube} + Oe(0,005) + P_2.$$

9ʰ. T = 13°,503   A B   86,63   87,29   84,08   86,51   87,64
     H = 762ᵐᵐ,79   B A   109,90   110,76   103,61   109,74
     f = 76,0

      I. [Cube + P₂] − [304 805ᵐᵍ,533 + P₁] − 133ᵐᵍ,402 = − 11,095 n

A initial.
B précédent + Oe(0,001).

11ʰ. T = 13°,543   A B   131,86   130,66   129,59   131,15
       H = 762ᵐᵐ,68   B A   72,33   70,80   70,67
       f = 76,0

      II. [Cube + P₂] − [304 804ᵐᵍ,533 + P₁] − 133ᵐᵍ,359 = + 29,59 n

$$n = 0^{mg},025\ 65.$$

$A = O(300 + 4 + 0,4 + 0,3 + 0,1 + 0,01) + P_2$.
$B = $ Cube $+ Oe(0,005 + 0,001) + P_1$.

$2^h 20^m$. $T = 13°,581$ A B $114,01$ $114,21$ $115,54$ $115,85$
$H = 761^{mm},77$ B A $90,70$ $88,29$ $87,30$
$f = 76,0$

    III. $[$Cube $+ P_1] - [304\,804^{mg},533 + P_2] - 133^{mg},175 = +13^{mg},085\,n$

B précédent $- Oe(0,001)$.

$5^h 30^m$. $T = 13°,581$ A B $75,29$ $72,80$ $74,00$ $72\ 47$
$H = 761^{mm},54$ B A $128,90$ $127,31$ $128,06$
$f = 76,5$

    IV. $[$Cube $+ P_1] - [304\,805^{mg},533 + P_2] - 133^{mg},131 = -27^{mg},255\,n$

$$n = 0^{mg},023\,71.$$

Résultat : Masse du cube $= \mathbf{304\,938^{mg},334}$.

13 Mai 1896.   N° **4**.

$A = Oe(200 + 100 + 2 + 2^* + 0,5 + 0,2 + 0,1 + 0,005) + P_2$.
$B = $ Cube $+ P_1$.

$8^h 40^m$. $T = 13°,711$ A B $74,49$ $72,85$ $70,69$ $68,47$
$H = 763^{mm},18$ B A $132,46$ $130,80$ $132,20$
$f = 76,0$

    I. $[$Cube $+ P_1] - [304\,805^{mg},343 + P_2] - 133^{mg},365 = -30,00\,n$

B initial $+ Oe(0,001)$.

11^h. $T = 13°,731$ A B $107,93$ $108,36$ $110,41$ $111,65$
$H = 763^{mm},30$ B A $93,86$ $92,57$ $90,81$
$f = 76,0$

    II. $[$Cube $+ P_1] - [304\,804^{mg},342 + P_2] - 133^{mg},376 = +8,52\,n$

$$n = 0^{mg},0257.$$

$A = Oe(200 + 100 + 2 + 2^* + 0,5 + 0,2 + 0,1 + 0,005) + P_1$.
$B = $ Cube $+ P_2 + Oe(0,001)$.

$3^h 10^m$. $T = 13°,861$ A B $149,41$ $148,61$ $148,47$ $150,48$
$H = 761^{mm},73$ B A $54,07$ $52,77$ $54,21$
$f = 76,0$

    III. $[$Cube $+ P_2] - [304\,804^{mg},342 + P_1] - 133^{mg},040 = +47,61\,n$

B précédent $- Oe(0,001)$.

$5^h 30^m$. $T = 13°,802$ A B $114,26$ $112,42$ $110,76$ $110,10$
$H = 761^{mm},41$ B A $90,29$ $88,15$ $88,57$
$f = 76,0$

    IV. $[$Cube $+ P_2] - [304\,805^{mg},343 + P_1] - 133^{mg},008 = +11,39\,n$

$$n = 0^{mg},0267.$$

Résultat : Masse du cube $= \mathbf{304\,938^{mg},295}$.

17 Octobre 1896.   N° **5.**

$A = Oe(200 + 100 + 2 + 2^* + 0,5 + 0,2 + 0,1 + 0,005 + 0,001) + P_1.$
$B = Cube + P_2.$

$9^h.$ $T = 12^o,439$ A B $113,38$ $114,43$ $114,75$ $114,01$
     $H = 747^{mm},34$ B A $95,82$ $96,39$ $95,46$
     $f = 83,0$

        I. $[Cube + P_2] - [304\,806^{mg},361 + P_1] - 131^{mg},165 = +9,23\,n$

A initial $+ Oe(0,002 - 0,001).$

$10^h 45^m.$ $T = 12^o,618$ A B $90,57$ $90,03$ $90,06$ $90,30$
     $H = 747^{mm},84$ B A $122,88$ $123,09$ $123,48$
     $f = 83,0$

        II. $[Cube + P_2] - [304\,807^{mg},388 + P_1] - 131^{mg},166 = -16,51\,n$

              $n = 0^{mg},039\,938.$

$A = Oe(200 + 100 + 2 + 2^* + 0,5 + 0,2 + 0,1 + 0,005 + 0,001) + P_2.$
$B = Cube + P_1.$

$2^h 30^m.$ $T = 12^o,795$ A B $133,86$ $135,11$ $135,45$
     $H = 748^{mm},08$ B A $79,55$ $78,76$ $79,50$ $79,77$
     $f = 82,0$

        III. $[Cube + P_1] - [304\,806^{mg},361 + P_2] - 131^{mg},128 = +27,80\,n$

$A = Oe(200 + 100 + 2 + 2^* + 0,5 + 0,2 + 0,1 + 0,005 + 0,002) + P_2.$
$B = Cube + P_1.$

$4^h 10^m.$ $T = 12^o,835$ A B $103,80$ $104,20$ $102,21$ $101,42$
     $H = 747^{mm},93$ B A $109,06$ $108,16$ $106,62$
     $f = 82,5$

        IV. $[Cube + P_1] - [304\,807^{mg},388 + P_2] - 131^{mg},078 = +2,44\,n$

              $n = 0^{mg},038\,525.$

Résultat : Masse du cube = **304\,938^{mg},228.**

19 Octobre 1896.   N° **6.**

$A = O(300 + 4 + 0,4 + 0,3 + 0,1) + Oe(0,005 + 0,002) + P_2.$
$B = Cube + P_1.$

$9^h.$ $T = 12^o,568$ A B $137,56$ $136,17$ $138,91$
     $H = 739^{mm},98$ B A $76,17$ $74,13$ $75,34$ $75,26$
     $f = 83,5$

        I. $[Cube + P_1] - [304\,807^{mg},600 + P_2] - 129^{mg},798 = +31,24\,n$

A précédent $+ Oe(0,001).$

$10^h 40^m.$ $T = 12^o,598$ A B $99,38$ $98,94$ $99,06$ $98,56$
     $H = 739^{mm},88$ B A $112,73$ $112,78$ $114,25$ $113,67$
     $f = 84,0$

        II. $[Cube + P_1] - [304\,808^{mg},603 + P_2] - 129^{mg},761 = +7,205\,n$

              $n = 0^{mg},040\,191.$

XIV.   A.14

$A = O(300 + 4 + 0,4 + 0,3 + 0,1) + Oe(0,005 + 0,002 + 0,001) + P_1$.
$B = Cube + P_2$.

$2^h 15^m$. $T = 12°,439$ A B $93,85$ $94,20$ $97,69$ $98,38$
         $H = 739^{mm},18$ B A $119,43$ $118,88$ $119,71$ $116,95$
         $f = 83,5$

         III. $[Cube + P_2] - [304\,808^{mg},603 + P_1] - 129^{mg},717 = -11,55\,n$

Même $A - Oe(0,001) + Ni(0,0005)$.

4^h. $T = 12°,459$ A B $110,75$ $111,05$ $110,96$ $111,94$
        $H = 738^{mm},96$ B A $103,28$ $103,96$ $103,33$
        $f = 83,0$

         IV. $[Cube + P_2] - [304\,808^{mg},107 + P_1] - 129^{mg},674 = +3,75\,n$

             $n = 0^{mg},035\,229$.

      Résultat : Masse du cube = **304 938^{mg},283**.

6 Février 1897.   N° **7**.

$A = O(300 + 4 + 0,4 + 0,3 + 0,1 + 0,004 + 0,003) + P_1$.
$B = Cube + P_2$.

$9^h 30$. $T = 14°,213$ A B $84,59$ $85,11$ $86,09$ $87,31$
        $H = 749^{mm},01$ B A $108,99$ $108,65$ $108,54$
        $f = 68,0$

         I. $[Cube + P_2] - [304\,807^{mg},601 + P_1] - 130^{mg},694 = -11,52\,n$

B précédent + $Ni(0,0005)^*$.

1^h. $T = 14°,312$ A B $101,30$ $102,46$ $102,83$ $103,44$
        $H = 748^{mm},62$ B A $94,54$ $94,61$ $95,50$
        $f = 67,2$

         II. $[Cube + P_2] - [304\,807^{mg},082 + P_1] - 130^{mg},584 = +3,87\,n$
             $n = 0^{mg},40\,87$.

$A = O(300 + 4 + 0,4 + 0,3 + 0,1 + 0,004 + 0,003) + Ni(0,0005^*) + P_2$.
$B = Cube + P_1$.

2^h. $T = 14°,228$ A B $108,16$ $112,53$ $114,82$ $116,28$ $117,61$
        $H = 744^{mm},30$ B A $89,07$ $86,23$ $84,18$ $81,04$
        $f = 67,7$

         III. $[Cube + P_1] - [304\,808^{mg},120 + P_2] - 129^{mg},864 = +14,58\,n$.

A précédent + $Ni(0,0005)$.

$3^h 30^m$. $T = 14°,238$ A B $110,02$ $111,58$ $112,10$ $113,60$
        $H = 742^{mm},49$ B A $91,46$ $90,97$ $89,71$
        $f = 67,7$

         IV. $[Cube + P_1] - [304\,808^{mg},627 + P_2] - 129^{mg},542 = +10,55\,n$
             $n = 0^{mg},045\,90$.

      Résultat : Masse du cube = **304 938^{mg},238**.

8 Février 1897. N° 8.

A = Oe(200 + 100 + 2 + 2* + 0,5 + 0,2 + 0,1 + 0,0005) + P$_2$.
B = Cube + P$_1$.

2^{h}30^m. T = 14°,698 A B 93,44 94,61 93,61 95,61
H = 766^{mm},19 B A 105,55 104,57 104,99
f = 66,0

    I. [Cube + P$_1$] — [304 805^{mg},358 + P$_2$] — 133^{mg},489 = — 5,40 n.

B précédent + Ni(0,0005).

3^{h}15^m. T = 14°,708 A B 106,48 106,84 106,65 106,81
H = 766^{mm},14 B A 92,11 92,02 91,00
f = 66,2

    II. [Cube + P$_1$] — [304 804^{mg},851 + P$_2$] — 133^{mg},472 = + 7,49 n.

        n = 0^{mg},040 65.

A = Oe(200 + 100 + 2 + 2* + 0,5 + 0,2 + 0,2 + 0,1 + 0,005) + P$_1$.
B = Cube + P$_2$.

8^{h}50^m. T = 14°,238 A B 84,85 84,45 87,92 87,39
H = 762^{mm},26 B A 112,21 114,49 113,33
f = 66,5

    III. [Cube + P$_2$] — [304 805^{mg},358 + P$_1$] — 133^{mg},023 = — 13,63 n.

B précédent + Ni(0,0005).

10^{h}30^m. T = 14°,302 A B 101,25 101,45 100,46 101,23
H = 762^{mm},44 B A 100,90 100,88 101,71
f = 66,0

    IV. [Cube + P$_2$] — [304 804^{mg},851 + P$_1$] — 133^{mg},027 = + 0,14 n.

        n = 0^{mg},036 53.

      Résultat : Masse du cube = **304 938^{mg},255**.

27 Février 1897. N° 9.

A = Cube + P$_2$.
B = Oe(200 + 100 + 2 + 2* + 0,5 + 0,2 + 0,1 + 0,002 + 0 001) + Ni(0,0005) + P$_1$.

9^{h}20^m. T = 14°,577 A B 84,02 81,21 78,06 79,35 76,17
H = 765^{mm},29 B A 110,51 111,29 110,89 109,57
f = 73,6

    I. [Cube + P$_2$] — [304 803^{mg},870 + P$_1$] — 133^{mg},328 = + 15,51 n.

B précédent + Ni(0,0005)*.

10^{h}30^m. T = 14°,647 A B 94,30 92,77 90,58 87,93
H = 764^{mm},99 B A 92,67 94,61 95,80
f = 73,6

    II. [Cube + P$_2$] — [304 804^{mg},389 + P$_1$] — 133^{mg},241 = — 1,41 n.

        n = 0^{mg},030 64.

$A = Cube + P_1$.
$B = Oe(200 + 100 + 2 + 2^* + 0,5 + 0,2 + 0,1 + 0,005) + P_2$.

$2^h 35^m$. $T = 14°,916$ A   B   84,85   84,35   82,53   83,63
        $H = 763^{mm},61$ B   A   105,90   106,06   106,56   105,53   107,16
        $f = 74,1$

       III. $[Cube + P_1] - [304\,805^{mg},358 + P_2] - 132^{mg},861 = +11,31\,n$.

B précédent $+ Ni(0,0005)$.

4^h. $T = 14°,936$ A   B   101,91   100,61   99,56   98,61
      $H = 763^{mm},35$ B   A   89,21   88,86   89.69
      $f = 74,1$

       IV. $[Cube + P_1] - [304\,805^{mg},865 + P_2] - 132^{mg},804 = -5,45\,n$

                 $n = 0^{mg},026\,85$.

     Résultat : Masse du cube $= 304\,938^{mg},098$.

1er Mars 1897.   N° **10**.

$A = Cube + P_1$.
$B = O(300 + 4 + 0,4 + 0,3 + 0,1 + 0,004 + 0,003) + P_2$.

9^h. $T = 14°,439$ A   B   90,72   91,63   92,06   91,77   92,40
      $H = 751^{mm},02$ B   A   93,47   94,95   92,46   91,77
      $f = 71,1$

       I. $[Cube + P_1] - [304\,807^{mg},601 + P_2] - 130^{mg},913 = +0,73\,n$.

B précédent $+ Ni(0,00025)$.

$10^h 40^m$. $T = 14°,528$ A   B   103,75   102,06   100,87   103,80   102,98
        $H = 751^{mm},41$ B   A   82,48   83,40   84,07   83,66
        $f = 71,1$

       II. $[Cube + P_1] - [304\,807^{mg},893 + P_2] - 130^{mg},936 = -9,48\,n$

                 $n = 0^{mg},030\,85$.

$A = Cube + P_2 + Oe(0,001)$.
$B = O(300 + 4 + 0,4 + 0,3 + 0,1 + 0,004 + 0,003) + P_1$.

$2^h 40^m$. $T = 14°,568$ A   B   81,09   79,06   78,02   76,55   74,96
        $H = 750^{mm},21$ B   A   103,28   105,90   107,17   109,34
        $f = 71,9$

       III. $[Cube + P_2] - [304\,806^{mg},598 + P_1] - 130^{mg},699 = +14,27\,n$.

B précédent $+ Ni(0,0005)$.

$4^h 50^m$. $T = 14°,523$ A   B   89,87   87,96   87,32   85,23   85,81
        $H = 748^{mm},86$ B   A   93,51   94,13   95,44   96,84
        $f = 71,6$

       IV. $[Cube + P_2] - [304\,807^{mg},105 + P_1] - 130^{mg},488 = +3,98\,n$

                 $n = 0^{mg},028\,76$.

     Résultat : Masse du cube $= 304\,938^{mg},122$.

Les résultats des pesées sont reproduits dans le Tableau suivant, qui indique l'ordre des opérations.

Résumé des résultats.

Dates.	Masse du cube.	Observations.
1896. 12 mars...................	3o4 938,$\overset{mg}{5}$72	Par la série Oe.
» 13 »...................	3o4 938,544	» » O.
» 23 avril-2 mai............		1re série de pesées hydrostatiques. Le cube est resté 10 jours dans l'eau.
» 12 mai....................	3o4 938,334	Par la série O.
» 13 »...................	3o4 938,295	» » Oe.
» Juin à septembre..........		1re série de mesures interférentielles, lavages, argenture, etc.
» 17 octobre................	3o4 938,228	Par la série Oe.
» 19 »...................	3o4 938,283	» » O.
1896-1897. 22 décembre-29 janvier.		2e série de mesures interférentielles.
1897. 6 février................	3o4 938,238	Par la série O.
» 8 et 9 février............	3o4 938,255	» » Oe.
» 15-24 »................		2e série de pesées hydrostatiques. Après les pesées hydrostatiques un petit fragment de verre a été enlevé d'une arête. Les mesures effectuées sur la partie endommagée ont donné, pour le volume du fragment détaché, une limite supérieure de 0^{mm3},0125 ou une masse de 0^{mg},031.
» 27 février	3o4 938,098	Par la série Oe.
» 1er mars..................	3o4 938,122	» » O.

On voit, par les données qui précèdent, que la masse du cube de 5^{cm} d'arête a diminué sensiblement pendant le cours des expériences. La cause principale de cette diminution est la dissolution du verre pendant le séjour prolongé du cube dans l'eau distillée, lors des pesées hydrostatiques, et pendant les lavages aux acides et le nettoyage des surfaces qu'exige le dépôt des couches d'argent. La solubilité du verre qui constitue le cube de 5^{cm} est sensiblement plus grande que celle des verres des cubes de 4^{cm} et de 6^{cm}.

J'ai admis, pour la réduction des pesées hydrostatiques, que la diminution de la masse du cube par dissolution était proportionnelle au temps d'immersion. Pour le calcul de la masse du cube qui correspond aux mesures des dimensions, j'ai admis la moyenne des valeurs obtenues avant et après les observations. Ces valeurs principales sont résumées dans le Tableau suivant :

Date.	Masse du cube.	Observations. — Pesées hydrostatiques.
1896. 23 avril...............	304 938,558^{mg}	Avant la 1re série.
» 3 mai...............	304 938,315	Après la 1re »
1897. 15 février.............	304 938,247	Avant la 2e »
» 24 février.............	304 938,141 ([1])	Après la 2e »
		Mesures des dimensions.
1896. Juin-septembre........	304 938,285	Pendant la 1re série de mesures.
1896-1897. Décembre-janvier..	304 938,251	» 2e » »

Pesées du cube de 5 centimètres après la retouche. — Le cube, retouché par l'opticien sur une de ses faces dont les arêtes avaient été endommagées, a été mis sur la balance Rueprecht n° 5, le 26 septembre 1900.

Pendant la préparation de la première pesée, le mécanisme du déclenchement ne fonctionna pas régulièrement. Un coincement s'étant produit entre le plateau portant le cube et l'un de ses butoirs, il en résulta une secousse qui eut pour effet d'endommager le cube, avant que l'on eût pu déterminer sa masse. Un petit éclat de verre détaché d'une arête fut retrouvé et pesé. La masse de ce fragment fut trouvée égale à 0^{mg},2095. Comme ce fragment ne représentait probablement qu'une partie de la masse du verre enlevé j'ai cherché à évaluer le volume manquant par un autre procédé. Je remplis de cire à modeler l'espace occupé antérieurement par l'éclat de verre. La cire excédant les plans ayant été enlevée au moyen d'un grattoir de cuivre, je pesai le cube ainsi chargé. La masse du cube endommagé ayant été déterminée antérieurement j'obtins, par différence, la masse de la cire remplaçant le fragment de verre, et, connaissant la densité de la cire (1,01) et du verre (2,489), j'en déduisis pour la masse du fragment détaché la valeur

$$0^{mg},209,$$

qui concorde avec celle observée directement sur l'éclat de verre retrouvé. Cette masse, connue avec une approximation qui parait suffisante, doit être ajoutée aux masses du cube, supposé parfait, directement observées.

Les observations sont résumées sous la forme précédemment adoptée.

([1]) Cette valeur a été obtenue en ajoutant à la masse moyenne déterminée le 27 février et le 1er mars, 304 938^{mg},110, la masse du petit éclat détaché d'une arête, évaluée à 0^{mg},031.

28 Septembre 1900.   N° 1.

A = Cube + P_1.
B = Oe($200 + 50 + 20 + 20^* + 2 + 2^* + 0,05 + 0,02 + 0,02^* + 0,005$) + P_2

$9^h 25^m$.   T = $16°,695$ A B $114,93$ $115,25$ $117,82$ $117,45$
H = $751^{mm},65$ B A $101,33$ $98,71$ $102,67$
$f = 80,0$

I. [Cube + P_1] − [$294\,095^{mg},628$ + P_2] − $125^{mg},318 = -7,89\,n$.

A précédent + Ni($0,0005$).

$11^h 20^m$.   T = $16°,755$ A B $103,84$ $102,19$ $103,76$ $102,04$ $105,22$
H = $752^{mm},20$ B A $114,15$ $116,78$ $119,56$ $115,59$
$f = 80,0$

II. [Cube + P_1] − [$294\,095^{mg},121$ + P_2] − $125^{mg},381 = +7,055\,n$

$n = 0^{mg},029\,71$.

A = Cube + P_2.
B = Oe($200 + 50 + 20 + 20^* + 2 + 2^* + 0,05 + 0,02 + 0,02^* + 0,005$) + Ni($0,0005$) + P_1.

$2^h 30^m$.   T = $16°,755$ A B $113,41$ $109,71$ $108,32$ $108,34$ $109,54$
H = $752^{mm},10$ B A $116,74$ $113,94$ $113,49$ $113,28$
$f = 81,0$

III. [Cube + P_2] − [$294\,096^{mg},135$ + P_1] − $125^{mg},356 = +2,55\,n$.

B précédent + Ni($0,0005$)*.

5^h.   T = $16°,755$ A B $133,25$ $130,33$ $127,17$
H = $752^{mm},82$ B A $97,67$ $97,76$ $95,72$ $94,97$
$f = 81,0$

IV. [Cube + P_2] − [$294\,096^{mg},654$ + P_1] − $125^{mg},477 = -16,80\,n$

$n = 0^{mg},033\,07$.

Résultat : Masse du cube = **$294\,221^{mg},144$**.

2 Octobre 1900.   N° 2.

A = Cube avec la cire remplaçant le fragment enlevé + P_2.
B = Oe($200 + 50 + 20 + 20^* + 2 + 2^* + 0,05 + 0,02 + 0,02^* + 0,005$) + P_1.

$9^h 30^m$.   T = $16°,261$ A B $114,02$ $115,63$ $116,46$ $116,36$
H = $755^{mm},54$ B A $108,60$ $116,77$ $112,70$
$f = 82,0$

I. [Cube + P_2] − [$294\,094^{mg},628$ + P_1] − $126^{mg},162 = -1,38\,n$.

A précédent + Ni($0,0005$).

$3^h 25^m$.   T = $16°,360$ A B $112,63$ $117,12$ $120,35$ $117,08$
H = $757^{mm},86$ B A $115,49$ $120,76$ $119,43$
$f = 84,0$

II. [Cube + P_2] − [$294\,094^{mg},121$ + P_1] − $126^{mg},486 = +0,41\,n$

$n = 0^{mg},101\,96$.

3 octobre 1900.

A = Cube avec cire + P_1 + Ni($0,0005 + 0,0005^*$).
B = Oe($200 + 50 + 20 + 20^* + 2 + 2^* + 0,05 + 0,02 + 0,02^* + 0,005$) + P_2.

9^h.   T = $16°,162$ A B $118,48$ $127,15$ $122,31$ $122,08$ $123,42$
H = $756^{mm},43$ B A $113,85$ $113,72$ $116,80$ $115,44$
$f = 83,0$

III. [Cube + P_1] — [$294\ 094^{mg},603 + P_2$] — $126^{mg},350 = -4,22\,n$.

A précédent — Ni($0,0005$)*.

$11^h 30^m$.   T = $16°,261$ A B $127,05$ $129,15$ $127,17$ $122,56$ $122,98$
H = $754^{mm},82$ B A $106,79$ $101,85$ $110,03$ $104,14$
$f = 83,0$

IV. [Cube + P_1] — [$294\ 095^{mg},121 + P_2$] — $126^{mg},031 = -10,05\,n$.

$$n = 0^{mg},0342\,5.$$

Résultat : Masse du cube avec la cire remplaçant le fragment enlevé = **$294\ 221^{mg},229$**.

19 Décembre 1900.   N° **3**.

A = Cube + P_1.
B = Oe($200 + 50 + 20 + 20^* + 2 + 2^* + 0,05 + 0,02 + 0,02^*$) + P_2.

9^h.   T = $8°,567$ A B $106,06$ $114,33$ $119,63$ $115,76$ $121,03$
H = $762^{mm},46$ B A $112,42$ $104,88$ $109,12$ $103,59$
$f = 94,0$

I. [Cube + P_1] — [$294\ 090^{mg},608 + P_2$] — $131^{mg},008 = -4,36\,n$.

A précédent + Ni($0,0005$).

11^h.   T = $8°,557$ A B $104,58$ $105,02$ $109,31$ $104,28$
H = $763^{mm},56$ B A $116,20$ $116,49$ $119,73$
$f = 94,0$

II. [Cube + P_1] — [$294\ 090^{mg},102 + P_2$] — $131^{mg},203 = +5,38\,n$.

$$n = 0^{mg},032\,01.$$

A = Cube + P_2 + Oe($0,001$).
B = Oe($200 + 50 + 20 + 20^* + 2 + 2^* + 0,05 + 0,02 + 0,02^*$) + P_1.

$1^h 30^m$.   T = $8°,697$.   A B $113,29$ $114,48$ $115,99$ $116,00$
H = $764^{mm},50$ B A $100,06$ $103,51$ $101,94$
$f = 94,0$

III. [Cube + P_2] — [$294\ 089^{mg},605 + P_1$] — $131^{mg},296 = -6,56\,n$.

A précédent + Ni($0,0005$).

$3^h 50^m$.   T = $8°,617$ A B $99,53$ $99,97$ $100,98$ $106,27$
H = $761^{mm},61$ B A $116,28$ $116,25$ $112,52$
$f = 94,0$

IV. [Cube + P_2] — [$294\ 089^{mg},099 + P_1$] — $131^{mg},348 = +7,09\,n$.

$$n = 0^{mg},033\,30.$$

Résultat : Masse du cube = **$294\ 221^{mg},080$**.

9 janvier 1901.   N° 4.

$A = Cube + P_1.$

$B = Oe(200 + 50 + 20 + 20^* + 2 + 2^* + 0,05 + 0,02 + 0,02^* + 0,001) + P_2.$

9^h. $T = 8",910$ A B $97,51$ $102,53$ $100,59$ $98,80$

$H = 754^{mm},35$ B A $117,63$ $114,50$ $114,00$

$f = 92,0$

   I. $[Cube + P_1] - [294\ 091^{mg},608 + P_2] - 129^{mg},465 = + 7,20\,n.$

B précédent + Ni($0,0005$).

10^{h}30^m. $T = 9^e,011$ A B $114,76$ $116,99$ $114,74$ $118,26$ $115,08$

$H = 754^{mm},74$ B A $98,90$ $90,52$ $97,38$ $99,74$

$f = 92,0$

   II. $[Cube + P_1] - [294\ 092^{mg},115 + P_2] - 129^{mg},483 = -10,11\,n$

$n = -0^{mg},030\ 32.$

$A = Cube + P_2.$

$B = Oe(200 + 50 + 20 + 20^* + 2 + 2^* + 0,05 + 0,02 + 0,02^* + 0,001) + P_1.$

2^{h}30^m. $T = 9^{}",111$ A B $116,85$ $118,73$ $119,34$ $116,27$

$H = 754^{mm},23$ B A $90,55$ $95,58$ $94,66$

$f = 90,0$

   III. $[Cube + P_2] - [294\ 091^{mg},608 + P_1] - 129^{mg},355 = -12,37\,n.$

A précédent + Ni($0,0005$).

3^{h}40^m. $T = 9^{}",171$ A B $98,93$ $98,66$ $97,48$ $99,46$

$H = 754^{mm},30$ B A $111,81$ $111,80$ $114,46$

$f = 90,0$

   IV. $[Cube + P_2] - [294\ 091^{mg},101 + P_1] - 129^{mg},366 = + 7,15\,n$

$n = 0^{mg},025\ 40.$

Résultat : Masse du cube $= $ **294 220^{mg},970.**

Résumé des résultats.

Dates.	Masse du cube.	Observations.
1900. 28 septembre...........	294 221^{mg},144	Après l'accident.
» 8 octobre-28 novembre....		Mesures des dimensions.
» 19 décembre.............	294 221,080	
1901. 5-8 janvier............		Posées hydrostatiques.
» 9 janvier...............	294 220,970	

La diminution graduelle de la masse accusée par les observations ci-dessus s'explique par la dissolution du verre, que l'on a supposée proportionnelle au temps d'immersion.

J'ai admis, pour la masse du cube pendant la mesure des dimensions à l'appareil Michelson, la moyenne des masses observées avant et après ces mesures, augmentée de la masse du fragment détaché.

1900. Octobre-novembre .... $M[3] = 294\ 221^{mg},112 + 0^{mg},209 = $ **294 221^{mg},321.**

XIV   A. 15

PESÉES HYDROSTATIQUES DU CUBE DE 5 CENTIMÈTRES.

Les données de la première série de pesées hydrostatiques effectuées sur ce cube sont résumées dans le Tableau suivant sous la même forme que celles relatives au cube de 4 centimètres. J'ai désigné par p la correction de poussée sur le fil, assez forte dans les premières pesées où le fil employé était gros.

Première série de pesées hydrostatiques.

23 avril 1896.   N° 1.

L'eau distillée est restée en contact avec l'air pendant 48 heures, après avoir été bouillie dans le vase de platine. Le cube, a été immergé le 22 avril, 24 heures avant la pesée.

A = Étrier + cube dans l'eau.
B = Étrier dans l'eau + Oe($100 + 50 + 20 + 10 + 2 + 0,2 + 0,2^* + 0,05 + 0,01$).

$T_{cage} = 12°,395$	A	49,35	50,13	50,58		B =	182 460,707 (mg)
$T_{eau} = 11°,803$	A + 0,005	61,42	61,71	62,15		A — B = —	0,929
H = 759mm,45	B	52,45	52,27	52,08	52,09	P = —	10,443
$f = 75,4$						$p = +$	0,011
						$\gamma = -$	0,028
							182 449,318

24 avril 1896.   N° 2.

Mêmes charges.

$T_{cage} = 12°,106$	A	41,43	42,88	43,54		B =	182 460,707
$T_{eau} = 11°,513$	A + 0,005	53,13	54,48	53,03		A — B = —	3,817
H = 763mm,09	B	51,10	51,01	51,90	51,92	P = —	10,505
$f = 75,0$						$p = +$	0,011
						$\gamma = -$	0,028
							182 446,368

25 avril 1896.   N° 3.

Deuxième eau introduite dans le vase le 24 avril à 4ʰ du soir.

Mêmes charges.

$T_{cage} = 12°,112$	A	41,77	41,13	41,19		B =	182 460,707
$T_{eau} = 11°,959$	A + 0,005	53,14	53,26	53,10		A — B = +	0,750
H = 761mm,17	B + 0,005	51,65	51,50	51,48	51,10	P = —	10,478
$f = 76,6$						$p = +$	11
						$\gamma = -$	28
							182 450,962

25 avril 1896.   N° 4.

Mêmes charges.

$T_{cage} = 12°,230...$	A	46,55	47,51	47,45		B =	182 460,707
$T_{eau} = 11°,880...$	A + 0,005	58,50	59,13	59,20		A — B = +	0,100
H = 759mm,34...	B	46,92	47,02	47,23	46,92	P = —	10,447
$f = 76,4$						$p = +$	0,011
						$\gamma = -$	0,028
							182 450,343

Première série (suite).

27 avril 1896.   N° 5.

Remplacé le fil de suspension par un fil fin; même eau; renouvelé la surface avec de l'eau
bouillie dans le vide.

Mêmes charges.

T_{cage} = 12°,399   A   51,60   51,73   52,42   B = 182 460,707 [mg]
T_{eau} = 11°,675   A — 0,005 39,86   40,34   40,47   A — B = —   2,002
H = 762mm,07   B — 0,005 45,25   44,81   44,81   44,75   P = —   10,477
f = 78,8   p = +   0,001
                                                                  γ = —   0,028
                                                                       ‾‾‾‾‾‾‾‾‾‾‾‾
                                                                       182 448,201

28 avril 1896.   N° 6.

Troisième eau introduite le 27 avril à 3ʰ.

Mêmes charges.

T_{cage} = 12°,141   A   54,51   54,85   55,37   B = 182 460,707
T_{eau} = 11°,875   A — 0,005 42,46   42,68   43,44   A — B = —   0,207
H = 756mm,87   B — 0,005 42,96   43,10   43,42   43,77   P = —   10,416
f = 78,0   p = +   0,001
                                                                 γ = —   0,028
                                                                      ‾‾‾‾‾‾‾‾‾‾‾‾
                                                                      182 450,057

28 avril 1896.   N° 7.

Mêmes charges.

T_{cage} = 12°,250   A   55,05   55,84   56,39   B = 182 460,707
T_{eau} = 11°,864   A — 0,005 43,37   43,70   44,42   A — B = —   0,194
H = 755mm,16   B — 0,005 43,88   44,03   44,51   44,62   P = —   10,388
f = 78,9   p = +   0,001
                                                                 γ = —   0,028
                                                                      ‾‾‾‾‾‾‾‾‾‾‾‾
                                                                      182 450,098

29 avril 1896.   N° 8.

Mêmes charges.

T_{cage} = 13°,729   A   44,18   46,40   47,98   B = 182 460,707
T_{eau} = 12°,392   A + 0,005   56,10   57,93   59,09   A — B = +   5,446
H = 753mm,08   B + 0,005   45,40   44,96   45,20   P = —   10,301
f = 79,0   B+0,005+0,002(¹) 49,99   p = +   0,001
                                                                       γ = —   0,028
                                                                            ‾‾‾‾‾‾‾‾‾‾‾‾
                                                                            182 455,825

30 avril 1896.   N° 9.

Quatrième eau introduite le 29 avril à 3ʰ.

A = Étrier + cube dans l'eau.
B = Étrier dans l'eau + Oe(100 + 50 + 20 + 10 + 2 + 0,2 + 0,2* + 0,05 + 0,02 + 0,02*).

T_{cage} = 15°,641   A   54,96   55,33   55,65   B = 182 490,727
T_{eau} = 14°,462   A — 0,015 42,80   43,53   43,96   A — B = +   2,014
H = 752mm,41   B   50,80   50,48   50,40   50,55   P = —   10,221
f = 76,9   p = +   0,001
                                                                 γ = —   0,028
                                                                      ‾‾‾‾‾‾‾‾‾‾‾‾
                                                                      182 482,493

‾‾‾‾‾‾‾‾‾‾‾‾‾‾‾‾‾‾‾‾‾‾‾‾‾‾‾‾‾‾‾‾

(¹) Il a paru utile d'ajouter une petite surcharge dans le cours de la pesée afin de diminuer la
correction d'équilibre.

Première série (suite).

30 avril 1896.   N° **10**.

Mêmes charges.

T_{cage} = 15°,481   A   57,66   57,61   58,13   B =   182 490,727 mg
T_{eau} = 14°,520   A — 0,005   45,67   45,80   46,00   A — B = +   2,804
H = 752^{mm},96   B   51,12   51,16   51,00   51,01   P = —   10,235
f = 76,9 p = +   0,001
                                                                            γ = —   0,028
                                                                                    182 483,269

1er mai 1896.   N° **11**.

Mêmes charges.

T_{cage} = 15°,038   A   50,14   50,85   51,75   B =   182 490,727
T_{eau} = 13°,953   A — 0,005   38,48   38,90   39,49   A — B = —   5,117
H = 758^{mm},28   B—0,005—0,002   46,22   46,26   46,48   46,18   P = —   10,325
f = 76,8 p = +   0,001
                                                                            γ = —   0,028
                                                                                    182 475,258

1er mai 1896.   N° **12**.

Mêmes charges.

T_{cage} = 14°,917   A   53,46   53,77   54,48   B =   182 490,727
T_{eau} = 14°,045   A — 0,005   41,81   41,85   42,53   A — B = —   3,952
H = 758^{mm},55   B—0,005—0,002   46,60   46,30   46,61   46,63   P = —   10,333
f = 77,0 p = +   0,001
                                                                            γ = —   0,028
                                                                                    182 476,415

2 mai 1896.   N° **13**.

J'ai aéré l'eau introduite le 1er mai en y injectant de l'air sans poussières par un tube de platine.

Mêmes charges.

T_{cage} = 14°,783   A   47,97   48,79   49,22   B =   182 490,727
T_{eau} = 13°,873   A + 0,005   59,87   60,47   60,91   A — B = —   6,128
H = 762^{mm},52   B — 0,005   51,28   51,28   51,38   51,08   P = —   10,393
f = 77,2 p = +   0,001
                                                                            γ = —   0,028
                                                                                    182 474,179

2 mai 1896.   N° **14**.

Posée faite avec de l'eau distillée le jour même avec tous les soins ordinaires mais non privée d'air.

Mêmes charges.

T_{cage} = 14°,438   A   42,52   43,37   44,02   B =   182 490,727
T_{eau} = 13°,761   A + 0,005   54,58   55,08   55,71   A — B = —   7,573
H = 761^{mm},47   B — 0,005   49,12   48,84   49,66   49,59   P = —   10,392
f = 77,2 p = +   0,001
                                                                            γ = —   0,028
                                                                                    182 472,735

Résultats de la première série.

Le cube est resté dix jours dans l'eau; sa masse était

Avant les pesées hydrostatiques	3o4 g38,^{mg}558
Après »	3o4 g38,3:5
Perte	o,243

Si l'on admet que cette perte de masse est due à la dissolution du verre et si l'on répartit les pertes proportionnellement au temps d'immersion, on obtient les masses indiquées dans le Tableau suivant en regard des masses apparentes dans l'eau, directement observées :

N⁰ˢ.	Date. 1896.	Durée de l'immersion.	Masse apparente dans l'eau.	Masse correspondante.	Masse de l'eau déplacée.	Eaux.	Exposition à l'air.	
		heures	mg	mg	mg		heures	
1.	23 avril	5ʰ 24	182 449,318	3o4 g38,534	122 489,216	1ʳᵉ eau	48	
2.	24 »	10 41	446,368	938,516	492,148	»	72	
3.	25 »	10 65	450,962	938,492	487,530	2ᵉ eau	18	
4.	25 »	3 ¼ 70 ½	450,343	938,487	488,144	»	23	
5.	27 »	10 ¼ 113 ¼	448,201	938,443	490,242	»	66	Surface renouvelée avec de l'eau bouillie.
6.	28 »	10 ¼ 137 ¼	450,057	938,419	488,362	3ᵉ eau	19	
7.	28 »	3 142	450,098	938,414	488,316	»	24	
8.	29 »	10 161	455,825	938,395	482,570	»	43	
9.	30 »	9 184	482,493	938,372	455,879	4ᵉ eau	18	
10.	30 »	2 189	483,269	938,367	455,098	»	23	
11.	1ᵉʳ mai	11 210	475,258	938,345	463,087	»	44	
12.	1 »	3 214	476,415	938,341	461,926	»	48	
13.	2 »	10 ½ 233 ½	474,179	938,322	464,143	5ᵉ eau	Saturée d'air	
14.	2 »	5 240	182 472,735	3o4 938,315	122 465,580	6ᵉ eau	»	

N⁰ˢ.	Température de l'eau.	Densité de l'eau à T et sous 76o^{mm}.	Pression $H_0 + h$.	Correction de compressibilité.	Correction pour l'air dissous.	Densité de l'eau aérée à T et $H_0 + h$.
	°					
1.	11,8o3	o,999 547 1	769,01	+o,000 000 6	—o,000 001 8	o,999 545 9
2.	11,513	579 1	772,65	+ 8	— 2 0	577 9
3.	11,959	529 5	770,70	+ 7	— 1 3	528 9
4.	11,880	538 4	768,90	+ 6	— 1 5	537 5
5.	11,675	561 4	771,63	+ 8	— 1 9	560 3
6.	11,875	539 0	766,43	+ 4	— 1 4	538 0
7.	11,864	540 2	764,72	+ 3	— 1 5	539 0
8.	12,392	478 9	762,64	+ 2	— 1 7	477 4
9.	14,462	205 8	761,97	+ 1	— 1 1	204 8
10.	14,520	197 4	762,52	+ 2	— 1 2	196 4
11.	13,953	277 7	767,84	+ 5	— 1 5	276 7
12.	14,045	264 9	768,11	+ 5	— 1 6	263 8
13.	13,873	288 7	772,08	+ 8	— 2 6	286 9
14.	13,761	o,999 3o3 9	771,03	+o,000 000 8	—o,000 002 6	o,999 3o2 1

On obtient donc, pour les volumes du cube de 5^{cm} à T, les valeurs suivantes, en microlitres :

N°°.	Volume du cube à T.	Dilatation du verre de o° à T.	Volume du cube à o°.	Erreurs résiduelles O — C.
1........	122 544,86	1,000 317 5	122 505,96	+0,16
2........	543,87	309 5	95	+0,15
3........	545,26	321 7	85	+0,06
4........	544,82	319 5	68	—0,11
5........	544,12	314 0	65	—0,12
6........	544,97	319 4	84	+0,08
7........	544,81	319 1	72	—0,04
8........	546,61	333 3	78	+0,03
9......	553,33	389 7	59	—0,15
10......	553,58	391 2	66	—0,08
11........	551,73	375 8	69	—0,04
12........	552,15	378 3	81	+0,08
13........	551,53	373 7	75	+0,03
14........	122 551,11	1,000 370 7	122 505,70	—0,06
		Moyenne..	122 505,76	

La masse moyenne du cube pendant les pesées hydrostatiques a été trouvée :

$$M[5] = 304\ 938^{mg},41.$$

La densité du verre à o° est donc

$$\frac{304\ 938\ 41}{122\ 505\ 76} = 2,489\ 176\ 1.$$

On a calculé à l'aide de cette densité les volumes à o° correspondant à chaque observation, et l'on a obtenu, en comparant les valeurs calculées aux quantités observées, les erreurs résiduelles O — C, inscrites dans le Tableau ci-dessus.

J'ai admis (p. 110) pour la masse moyenne du cube pendant la première série des mesures des dimensions la valeur

$$M[5] = 304\ 938^{mg},285.$$

On obtient donc pour le volume à o° correspondant à cette masse

$$V[5]_0 = 122\ 505,70 \text{ microlitres,}$$

et, pour le volume à 15°,

$$V[5]_{15} = 122\ 555,23 \text{ microlitres.} \quad \text{(Juin-septembre 1896.)}$$

Les mesures des dimensions ayant donné

$$V[5]_{15} = 122\ 557,81^{mm^3}$$

on trouve

$$1^{mm^3} = 0,999\ 978\ 9 \text{ microlitre}$$

Volume du kilogramme d'eau à $4° = 1^{dm^3},000\ 021\ 4.$

Deuxième série de pesées hydrostatiques du cube de 5 centimètres.

15 février 1897. **N° 1.**

Eau privée d'air introduite dans le vase le 14 février à 4ʰ du soir.

A = Étrier + cube dans l'eau.
B = Étrier + Oe(100 + 50 + 20 + 10 + 2 + 0,2 + 0,2* + 0,05 + 0,02 + 0,01).

T_{cage} = 14°,618	A	52,80	53,50	53,93	53,80	B = 182 480,759 ᵐᵍ
T_{eau} = 13°,600	A — 0,005	41,93	42,26	42,41	42,71	A — B = + 0,345
H = 770ᵐᵐ,87	B	52,68	52,19	53,04	53,05	P = — 10,520
f = 66,1						p = + 1
						γ = — 28
						182 470,557

16 février 1897. **N° 2.**

Mêmes charges.

T_{cage} = 14°,478	A	46,88	47,45	47,95	48,51	B = 182 480,759
T_{eau} = 13°,394	A + 0,005	58,46	59,12	59,36	59,87	A — B = — 2,067
H = 771ᵐᵐ,04	B	51,95	51,87	53,15	52,74	P = — 10,528
f = 66,0						p = + 1
						γ = — 28
						182 468,137

16 février 1897. **N° 3.**

Deuxième eau maintenue sous le vide jusqu'au moment de son introduction dans le vase, 4 heures avant la pesée.

Mêmes charges.

T_{cage} = 14°,609	A	47,45	48,08	48,15	48,34	B = 182 480,759
T_{eau} = 13°,417	A + 0,005	58,81	59,20	59,57	59,77	A — B = — 1,911
H = 769ᵐᵐ,22	B	52,25	51,84	52,82	52,34	P = — 10,498
f = 65,6						p = + 1
						γ = — 28
						182 468,323

18 février 1897. **N° 4.**

Mêmes charges.

T_{cage} = 14°,080	A	44,92	44,21	44,14	44,29	B = 182 480,759
T_{eau} = 13°,322	A + 0,005	56,33	55,75	55,97	55,80	A — B = — 3,303
H = 768ᵐᵐ,40	B	51,67	52,23	52,09	51,98	P = — 10,508
f = 64,6						p = + 0,001
						γ = — 0,028
						182 466,921

19 février 1897. **N° 5.**

Troisième eau introduite 5 heures avant la pesée.

B initial + Oe(0,005).

T_{cage} = 14°,735	A	48,36	48,34	48,29	48,89	B = 182 485,787
T_{eau} = 13°,806	A + 0,005	59,60	59,20	59,32	59,84	A — B = — 2,144
H = 767ᵐᵐ,34	B	52,95	53,33	53,27	53,13	P = — 10,467
f = 65,1						p = + 0,001
						γ = — 0,028
						182 473,149

Deuxième série de pesées hydrostatiques du cube de 5 centimètres (suite).

20 février 1897.   **N° 6.**

B initial.

$T_{cage} =$ 14°,645	A	53,30	54,21	54,11	54,21	B $=$	482 480,759 mg
$T_{eau} =$ 13°,606	A $-$ 0,005	41,61	42,67	42,71	42,94	A $-$ B $= +$	0,482
H $=$ 766^{mm},71	B	52,88	52,80	52,85	52,90	P $= -$	10,463
f $=$ 64,6						$p = +$	0,001
						$\gamma = -$	0,028
							182 470,751

22 février 1897.   **N° 7.**

Mêmes charges.

$T_{cage} =$ 14°,289	A	47,94	48,66	48,57	49,19	B $=$	182 480,759
$T_{eau} =$ 13°,376	A $+$ 0,005	59,35	59,63	59,87	60,22	A $-$ B $= -$	2,511
H $=$ 772^{mm},35	B	54,18	54,14	54,40	53,97	P $= -$	10,554
f $=$ 65,1						$p = +$	0,001
						$\gamma = -$	0,028
							182 467,667

22 février 1897.   **N° 8.**

Mêmes charges.

$T_{cage} =$ 14°,422	A	48,95	49,76	49,58	50,05	B $=$	182 480,759
$T_{eau} =$ 13°,399	A $+$ 0,005	60,07	61,46	60,95	61,53	A $-$ B $= -$	2,063
H $=$ 771^{mm},76	B	53,90	54,17	54,46	54,55	P $= -$	10,539
f $=$ 65,7						$p = +$	0,001
						$\gamma = -$	0,028
							182 468,130

23 février 1897.   **N° 9.**

Mêmes charges.

$T_{cage} =$ 14°,196	A	44,84	46,05	45,75	46,06	B $=$	182 480,759
$T_{eau} =$ 13°,270	A $+$ 0,005	56,33	57,55	57,18	57,84	A $-$ B $= -$	3,707
H $=$ 773^{mm},29	B	53,65	54,09	54,59	54,43	P $= -$	10,569
f $=$ 66,1						$p = +$	0,001
						$\gamma = -$	0,028
							182 466,456

23 février 1897.   **N° 10.**

Quatrième eau distillée le matin même, privée d'air et introduite dans le vase 4 heures et demie avant la pesée.

$T_{cage} =$ 14°,714	A	60,48	61,53	61,61	61,32	B $=$	182 480,759
$T_{eau} =$ 13°,813	A $-$ 0,005	49,56	50,10	49,41	49,92	A $-$ B $= +$	3,096
H $=$ 773^{mm},02	B	54,28	54,11	54,13	54,13	P $= -$	10,545
f $=$ 66,9						$p = +$	0,001
						$\gamma = -$	0,028
							182 473,283

Deuxième série de pesées hydrostatiques du cube de 5 centimètres (suite).

24 février 1897.　　　　　　　　　**N° 11.**

Mêmes charges.

$T_{cage} = 14°,340$	A	49,64	50,20	50,15	50,61	$B =$	182 480,759
$T_{eau} = 13°,435$	$A + 0,005$	61,10	61,35	61,39	62,22	$A - B = -$	1,844
$H = 774^{mm},09$	B	54,14	53,88	54,77	54,48	$P = -$	10,574
$f = 66,8$						$p = +$	0,001
						$\gamma = -$	0,028
							182 468,314

24 février 1897.　　　　　　　　　**N° 12.**

Mêmes charges.

$T_{cage} = 14°,535$	A	50,50	51,21	51,05	51,58	$B =$	182 480,759
$T_{eau} = 13°,475$	$A + 0,005$	62,11	62,46	62,57	62,91	$A - B = -$	1,236
$H = 772^{mm},34$	B	53,94	53,88	53,92	53,84	$P = -$	10,543
$f = 66,8$						$p = +$	0,001
						$\gamma = -$	0,028
							182 468,953

Résultats de la deuxième série.

Le cube est resté dans l'eau du 15 février à 9ʰ jusqu'au 25 février, soit
240 heures. Sa masse était

		mg
Avant les pesées hydrostatiques..............	304 938,247
Après　　　　»　　　　　　»　　.............. .	304 938,141
	Perte........	0,106

Si l'on admet que cette perte de masse provient de la dissolution du verre,
et si l'on répartit les pertes proportionnellement au temps d'immersion, on
obtient les masses indiquées dans le Tableau suivant en regard des masses
apparentes dans l'eau directement observées.

N°ˢ.	Dates. 1897.	Durée de l'immersion.	Masse apparente dans l'eau.	Masse du cube.	Masse de l'eau déplacée.	Eaux.	Exposition à l'air.
		heures	mg	mg	mg		heures
1...	15 févr.	3ʰ 6	182 470,557	304 938,244	122 467,687	1ʳᵉ eau	23
2...	16 »	9 24	468,137	236	470,099	»	41 ½
3...	16 »	3 30	468,323	234	469,911	2ᵉ eau	4
4...	18 »	10 73	466,921	215	471,294	»	47
5...	19 »	3 102	473,149	202	465,053	3ᵉ eau	5
6...	20 »	10 121	470,751	194	467,443	»	24
7...	22 »	10 169	467,667	172	470,505	»	72
8...	22 »	3 174	468,130	170	470,040	»	77
9...	23 »	9 192	466,456	162	471,706	»	95
10...	23 »	4 199	473,283	159	464,876	4ᵉ eau	4
11...	24 »	10 217	468,314	151	469,837	»	22 ½
12...	24 »	3 222	182 468,953	304 938,149	122 469,196	»	27 ½

XIV.　　　　　　　　　　　　　　　　　　　　　　　　　A.16

N⁰ˢ.	Température de l'eau.	Densité de l'eau à T et sous 760ᵐᵐ.	Pression $H_0 + h$.	Correction de compressibilité.	Correction pour l'air dissous.	Densité de l'eau aérée à T et sous $H_0 + h$.
	°		mm			
1........	13,600	0,999 325 7	780,43	+0,000 001 4	—0,000 001 3	0,999 325 8
2........	13,394	352 8	780,60	+ 1 4	— 1 6	325 6
3........	13,417	350 0	778,78	+ 1 2	— 0 7	350 5
4........	13,322	362 5	777,96	+ 1 2	— 1 6	362 1
5........	13,806	297 8	776,90	+ 1 1	— 0 8	298 1
6........	13,606	324 9	776,27	+ 1 1	— 1 3	324 7
7........	13,376	355 4	781,91	+ 1 4	— 1 8	355 0
8........	13,399	352 4	781,32	+ 1 4	— 1 8	352 0
9........	13,270	369 3	782,85	+ 1 5	— 1 9	368 9
10........	13,813	296 8	782,58	+ 1 5	— 0 7	297 6
11........	13,435	347 7	783,65	+ 1 6	— 1 3	348 0
12........	13,475	0,999 342 4	781,90	+0,000 001 4	—0,000 001 4	0,999 342 4

Les observations fournissent les valeurs suivantes du volume du cube à la température T de chaque mesure, exprimées en microlitres :

N⁰ˢ.	Volume du cube à T.	Dilatation du verre.	Volume du cube à o°.	Erreurs résiduelles $O - C$.
1........	122 550,31	1,000 366 2	122 505,45	+0,06
2........	549,43	360 6	505,25	—0,13
3........	549,51	361 3	505,25	—0,13
4........	549,46	358 7	505,52	+0,14
5........	551,07	371 7	505,53	+0,16
6...... .	550,20	366 4	505,31	- 0,06
7........	549,55	360 2	505,42	+0,06
8........	549,45	360 8	505,25	—0,11
9...	549,04	357 3	505,27	—0,08
10........	550,95	371 9	505,39	+0,04
11... .. .	549,74	361 7	505,43	+0,08
12........	122 549,78	1,000 362 8	122 505,34	—0,01
		Moyenne..	122 505,37	

La masse du cube a été en moyenne

$$M[5] = 304\,938^{mg},194.$$

La densité du verre à o° est donc

$$\frac{304\,938.194}{122\,505,37} = 2,489\,182\,3.$$

On a calculé, à l'aide de cette densité, le volume correspondant à chacune des pesées. Les différences entre les résultats observés et les valeurs ainsi calculées ont été indiquées sous $O - C$ comme erreurs résiduelles.

La masse du cube pendant la deuxième série de mesures des dimensions ayant été trouvée

$$M[5] = 304\,938^{mg},251,$$

on obtient, pour son volume à $0°$,

$$V[5]_0 = 122\,505,39 \text{ microlitres,}$$

et à $15°$

$$V[5]_{15} = 122\,554,92 \text{ microlitres} \quad (22 \text{ décembre } 1896 \text{ à janvier } 1897).$$

Les mesures des dimensions ayant donné

$$V[5]_{15} = 122\,557^{mm^3},57,$$

on trouve

$$1^{mm^3} = 0,999\,978\,4 \text{ microlitre.}$$

Volume du kilogramme d'eau à $4° = 1^{dm^3},000\,021\,6.$

Pesées hydrostatiques du cube de 5 centimètres après la retouche.

Balance Rueprecht de 5 kilogrammes de charge.

5 janvier 1901.   N° 1.

Première eau saturée d'air.

$A = $ Étrier dans l'air $+ $ Oe$(100 + 50 + 20 + 5 + 1 + 0,02)$ dans l'air.
$B = $ Étrier $+$ cube dans l'eau.

$T_{cage} = 8°,414$	A	297,75	297,97	$A =$	176 020,679 (mg)
$T_{eau} = 7°,846$	$A + 0,005$	287,75	288,35	$B - A = +$	0,948
$H = 766^{mm},50$	B	295,89	296,13	$P = -$	10,315
$f = 92,0$				$p = +$	0,004
				$\gamma = -$	0,037
					176 011,279

5 janvier 1901   N° 2

Mêmes charges.

$T_{cage} = 8°,562$	A	298,23	298,57	$A =$	176 020,679
$T_{eau} = 7°,910$	$A + 0,005$	288,90	289,85	$B - A = +$	1,086
$H = 766^{mm},13$	B	296,57	296,33	$P = -$	10,304
$f = 92,0$				$p = +$	0,004
				$\gamma = -$	0,037
					176 011,428

6 janvier 1901.   N° 3.

Deuxième eau introduite le 5 janvier à 4^h du soir.

Mêmes charges.

$T_{cage} = 8°,859$	A	299,01	298,58	$A =$	176 020,679
$T_{eau} = 8°,328$	$A + 0,005$	289,55	289,69	$B - A = +$	1,643
$H = 758^{mm},27$	B	295,71	295,87	$P = -$	10,187
$f = 91,0$				$p = +$	0,004
				$\gamma = -$	0,037
					176 012,102

Pesées hydrostatiques du cube de 5 centimètres après la retouche (suite).

6 janvier 1901.   N° **4.**

Même eau, mêmes charges.

$T_{cage} = 8°,938$	A	299,37	299,58	A =	176 020,679
$T_{eau} = 8°,347$	A + 0,005	291,33	290,78	B — A = —	2,036
H $= 758^{mm},23$	B	296,09	296,04	P = —	10,184
$f = 90,0$				p = +	0,004
				γ = —	0,037
					176 012,498

6 janvier 1901.   N° **5.**

Mêmes charges.

$T_{cage} = 9°,007$	A	299,73	299,93	A =	176 020,679
$T_{eau} = 8°,389$	A + 0,005	290,73	290,83	B — A = +	2,433
H $= 757^{mm},75$	B	295,46	295,43	P = —	10,175
$f = 90,0$				p = +	0,004
				γ = —	0,037
					176 012,904

7 janvier 1901.   N° **6.**

Mêmes charges.

$T_{cage} = 9°,315$	A	298,04	298,86	A =	176 020,679
$T_{eau} = 8°,412$	A + 0,005	289,77	289,17	B — A = +	2,004
H $= 758^{mm},20$	B	294,83	294,91	P = —	10,186
$f = 89,0$				p = +	0,004
				γ = —	0,037
					176 012,464

8 janvier 1901.   N° **7.**

Troisième eau, mêmes charges.

$T_{cage} = 8°,701$	A	298,17	298,21	A =	176 020,679
$T_{eau} = 8°,635$	A + 0,005	288,80	288,93	B — A = +	2,765
H $= 754^{mm},82$	B	293,16	292,97	P = —	10,147
$f = 89,0$				p = +	0,004
				γ = —	0,037
					176 013,264

8 janvier 1901.   N° **8.**

Mêmes charges.

$T_{cage} = 8°,810$	A	299,02	298,01	A =	176 020,679
$T_{eau} = 8°,620$	A + 0,005	291,09	288,70	B — A = +	3,226
H $= 754^{mm},67$	B	293,66	292,32	P = —	10,141
$f = 88,5$				p = +	0,004
				γ = —	0,037
					176 013,731

8 janvier 1901.   N° **9.**

Mêmes charges.

$T_{cage} = 8°,810$	A	298,16	298,44	A =	176 020,679
$T_{eau} = 8°,588$	A + 0,005	288,55	288,43	B — A = +	2,460
H $= 754^{mm},04$	B	293,52	293,47	P = —	10,133
$f = 88,5$				p = +	0,004
				γ =	0,037
					176 012,973

Résultats des pesées hydrostatiques du cube de 5 centimètres après la retouche.

La masse du cube était

	mg
Avant les pesées hydrostatiques.................	294 221,080
Après » »	294 220,970
Perte........	0,110

La perte de masse attribuée à la dissolution du verre a été répartie proportionnellement au temps d'immersion. Voici les résultats des pesées dans l'ordre observé antérieurement.

Nᵒˢ.	Date.	Durée de l'immersion.	Masse apparente dans l'eau.	Masse du cube.	Masse de l'eau déplacée.		Eaux.
		heures	mg	mg	mg		
1..	5 janvier 10.40	20	176 011,279	294 221,057	118 209,778	1ʳᵉ eau	Saturée d'air
2..	5 » 11.30	20 ½	011,428	221,057	209,629	»	»
3..	6 » 9.30	42	012,102	221,032	208,930	2ᵉ eau	»
4..	6 » 11	44	012,498	221,030	208,532	»	»
5..	6 » 3	48	012,904	221,025	208,121	»	»
6..	7 » 9	66	012,464	221,004	208,540	»	»
7..	8 » 10	91	013,264	220,976	207,711	3ᵉ eau	»
8..	8 » 11	92	013,731	220,975	207,244	»	»
9..	8 » 2	94	176 012,973	294 220,972	118 207,999	»	»

Nᵒˢ.	Température de l'eau.	Densité de l'eau à T et 760ᵐᵐ.	Pression H₀ + h.	Correction de compressibilité.	Correction pour l'air dissous.	Densité de l'eau aérée à T et H₀ + h.
	°		mm			
1........	7,846	0,999 885 4	776,5	+0,000 001 1	—0,000 003 4	0,999 883 1
2........	7,910	881 7	776,1	+ 1 1	»	879 4
3........	8,328	855 9	768,3	+ 0 5	»	853 0
4........	8,347	854 7	768,2	+ 0 5	»	851 8
5........	8,389	851 9	767,7	+ 0 5	»	849 0
6........	8,412	850 4	768,2	+ 0 5	»	847 5
7........	8,635	835 3	766,8	+ 0 3	»	832 2
8........	8,620	836 3	764,7	+ 0 3	»	833 2
9........	8,588	0,999 838 5	764,0	+0,000 000 3	—0,000 003 4	0,999 835 4

On tire des observations les valeurs suivantes en microlitres du volume du cube à la température T de chaque mesure :

Nᵒˢ.	Volume du cube à T.	Dilatation du verre.	Volume du cube à 0°.	O — C.
1........	118 223,60	1,000 210 4	118 198,73	
2........	223,88	212 1	198,81	
3........	226,31	223 3	199,92	+0,07
4........	226,05	223 8	199,60	—0,25
5........	225,97	225 0	199,38	—0,47
6........	226,56	225 6	199,89	+0,05
7........	227,55	231 6	200,17	+0,34
8........	226,96	231 2	199,63	—0,20
9........	118 227,46	1,000 230 3	118 200,24	+0,41

Les résultats obtenus avec la première eau s'écartent notablement des autres. L'eau avait été recueillie directement de l'appareil à distiller dans le réservoir de platine et laissée à l'air pendant un temps assez long; le support et l'étrier y avaient été introduits, puis en avaient été retirés à plusieurs reprises; enfin le vase, transporté dans la salle II, était resté découvert pendant cette opération, de sorte que l'on peut suspecter la pureté de l'eau des deux premières pesées hydrostatiques, qui ont été exclues de la moyenne.

On trouve ainsi, pour le volume à o du cube,

$$V[5]_0 = 118199,83 \text{ microlitres,}$$

d'où l'on déduit la densité du verre à o° :

$$\frac{294221,002}{118199,83} = 2,4891829.$$

Les erreurs résiduelles O — C sont sensiblement plus fortes que celles des séries antérieures sur le cube de 5^{cm} d'arête avant la retouche. Cela tient probablement à ce que les pesées ont été exécutées à la balance Rueprecht de 5^{kg}, moins sensible que la balance Sacré, et que les séries de pesées comprennent un moins grand nombre d'observations que les précédentes.

Pendant les mesures des dimensions, la masse du cube reconstitué dans son intégrité a été évaluée (p. 110) à

$$M[5] = 294221^{mg},321.$$

Le volume du verre à o° correspondant à cette masse est

$$V[5]_0 = 118199,96 \text{ microlitres,}$$

et à 15°,

$$V[5]_{15} = 118247,75 \text{ microlitres.}$$

Les mesures des dimensions ayant donné

$$V[5]_{15} = 118250^{mm^3},93,$$

on trouve

$$1^{mm^3} = 0,9999731 \text{ microlitre.}$$

Volume du kilogramme d'eau à 4° = 1$^{dm^3}$, 000 026 9.

CUBE DE 6 CENTIMÈTRES D'ARÊTE.

MESURES INTERFÉRENTIELLES DES DIMENSIONS.

Avec une différence de marche de 6ᶜᵐ, les franges circulaires des radiations bleues du zinc fournies par les tubes sans électrodes de M. Hamy perdent sensiblement de leur visibilité, et ne peuvent être utilisées pour la mesure des excédents fractionnaires. Les tubes de M. Hamy ne donnant alors que trois radiations utilisables, j'ai employé de préférence des tubes à électrodes intérieures, qui m'ont permis d'observer les franges circulaires avec les quatre radiations principales du cadmium. J'ai admis, pour la recherche du nombre entier des franges, les rapports des radiations bleues et violettes, déterminés dans des circonstances identiques indiquées page 25. Quelques mesures de contrôle ont été faites avec les sources Hamy. Le peu de temps dont je disposais pour effectuer ces mesures ne m'a pas permis de faire plus de deux séries d'observations dans chaque position du cube.

Comme je l'ai indiqué page 22, j'ai dû renoncer, dans le cas actuel, à employer la réglette auxiliaire pour la mesure approximative destinée à faciliter la recherche des coïncidences; mais des expériences antérieures avaient fourni des données qui ont suppléé en quelque manière à ce renseignement. La préparation de la mesure ayant été faite comme d'habitude en rapprochant le cube du miroir placé derrière lui, jusqu'à ce que la déformation subie des franges de la lame mince ait indiqué le voisinage immédiat des surfaces, on savait que cette déformation se produit lorsque les surfaces sont distantes d'une quarantaine de franges au minimum. Admettant cette valeur minima, à laquelle on ajoutait le nombre des franges dont on avait de nouveau éloigné le cube afin de rendre aux organes de réglage leur libre fonctionnement, on procédait à la recherche du nombre entier des franges de la lame mince suivant la méthode exposée page 38. Les excédents fractionnaires ayant été généralement déterminés pour 5 sources lumineuses, le résultat ne pouvait présenter aucune ambiguïté. Connaissant alors l'épaisseur de la lame mince et les dimensions approximatives du cube, on déterminait aisément les nombres entiers de longueurs d'ondes correspondant aux franges circulaires.

La mesure complète des trois dimensions a été effectuée du 6 au 23 janvier 1902. En mai, j'ai déterminé de nouveau l'une d'elles, E[4-3], et j'ai fait une série de pesées hydrostatiques dont il sera question plus loin. Dans la première série de mesures, les observations de la lame mince ont été faites par rapport à 14 repères du miroir; celles de mai se rapportent à 15 points. Les observations sont résumées dans les Tableaux suivants.

E[1-6]. — **Position I**   (diagram: 2 top, 3 left, 1 center, 4 right, 5 bottom)

SÉRIE I (6 janvier 1902).	SÉRIE II (6 janvier).
$H_0 = 771^{mm},5$, $t = 11°,321$.	$H_0 = 770^{mm},7$, $t = 11°,454$.
R...... 190 591,01	190 593,15
V..... 590,98	07
B..... 590,94	06
V_i..... 590,92	02
E + e... 190 591,01	190 593,15
R...... 71,63	73,22
Jaune... 62	21
V..... 63	22
B..... 64	22
V_i..... 63	23
e...... 71,63	73,22
E..... 190 519,38	190 519,93
C_H..... — 1,41	— 1,34

E[1-6]. — **Position II**   (diagram: 5 top, 4 left, 1 center, 3 right, 2 bottom)

SÉRIE I (7 janvier).	SÉRIE II (7 janvier).
$H_0 = 774^{mm},0$, $t = 11°,612$.	$H_0 = 773^{mm},7$, $t = 11°,801$.
R...... 190 604,72	190 605,07
V.... 65	03
B..... 62	03
V_i..... 57	02
E + e.. 190 604,72	190 605,07
R...... 77,17	77,45
Jaune... 20	47
V..... 15	47
B..... 17	42
V_i..... 16	47
e..... 77,17	77,46
E..... 190 527,55	190 527,61
C_H..... — 1,53	— 1,47

E[1-6]. — **Position III**   (diagram: 4 top, 2 left, 1 center, 5 right, 3 bottom)

SÉRIE I (10 janvier).	SÉRIE II (10 janvier).
$H_0 = 763^{mm},6$, $t = 11°,208$.	$H_0 = 763^{mm},6$, $t = 11°,261$.
R...... 190 610,57	190 609,80
V..... 59	80
B..... 56	80
V_i..... 59	83
E + e... 190 610,57	190 609,80
R...... 86,28	85,72
Jaune... 27	79
V..... 27	75
B..... 26	71
V_i..... 25	69
e...... 86,27	85,73
E..... 190 524,30	190 524,07
C_H..... — 0,91	— 0,90

E[1-6]. — **Position IV**   (diagram: 3 top, 5 left, 1 center, 2 right, 4 bottom)

SÉRIE I (11 janvier).		SÉRIE II (12 janvier).
$H_0 = 762^{mm},5$, $t = 11°,325$.		$H_0 = 759^{mm},8$, $t = 11°,299$.
(Tube Hamy.)		
R...... 190 651,15	R......	190 653,23
R_{Zn}.... 06	V.....	24
V_H.... 08	B.....	22
	V_i.....	24
E + e... 190 651,15		190 653,23
R...... 131,56	R......	133,10
Jaune... 55	Jaune...	09
V_H.... 67	V.....	10
V_M.... 43	B.....	09
	V_i.....	08
e...... 131,55	e......	133,09
E..... 190 519,60		190 520,14
C_H..... — 0,81		— 0,64

E[3-4]. — Position I

E[3-4]. — Position II

SÉRIE I (18 janvier 1902).	SÉRIE II (18 janvier).
$H_0 = 764^{mm},3, \quad t = 10°,990.$	$H_0 = 764^{mm},4, \quad t = 11°,037.$
R..... 190 439,37	190 439,11
V..... 35	11
B..... 34	14
V_l.... 32	12
E + e... 190 439,37	190 439,11
R..... 162,09	161,91
Jaune... 10	92
V..... 10	91
B..... 07	89
V_l.... 04	88
e...... 162,08	161,90
E...... 190 277,29	190 277,21
C_n..... — 1,00	— 0,99

SÉRIE I (18 janvier).	SÉRIE II (18 janvier).
$H_0 = 763^{mm},4, \quad t = 11°,139.$	$H_0 = 763^{mm},8, \quad t = 11°,222.$
R..... 190 357,31	190 361,19
V..... 27	17
B..... 26	18
V_l.... 22	15
E + e... 190 357,21	190 361,19
R..... 87,77	91,21
Jaune.. 78	16
V..... 79	20
B..... 80	22
V_l.... 83	22
e...... 87,79	91,20
E...... 190 269,52	190 269,99
C_n..... — 0,90	— 0,92

E[3-4]. — Position III

E[3-4]. — Position IV

SÉRIE I (20 janvier).	SÉRIE II (20 janvier).
$H_0 = 769^{mm},3, \quad t = 11°,033.$	$H_0 = 768^{mm},5, \quad t = 11°,095.$
R..... 190 373,06	190 375,06
V..... 04	02
B..... 05	04
V_l.... 03	02
E + e... 190 373,06	190 375,06
R..... 97,29	99,44
Jaune.. 25	45
V..... 29	41
B..... 31	45
V_l.... 30	37
e...... 97,29	99,42
E...... 190 275,77	190 275,64
C_n..... — 1,32	— 1,25

SÉRIE I (20 janvier).	SÉRIE II (21 janvier).
$H_0 = 768^{mm},7, \quad t = 11°,169.$	$H_0 = 769^{mm},2, \quad t = 11°,130.$
R..... 190 366,21	190 367,06
V..... 18	367,06
B..... 17	367,03
V_l.... 17	366,99
E + e... 190 366,21	190 367,06
R..... 94,03	94,99
Jaune... 11	99
V..... 09	98
B..... 10	98
V_l.... 11	99
e...... 94,09	94,99
E...... 190 272,12	190 272,07
C_n..... — 1,25	— 1,30

XIV.

A.17

E[2-3]. — **Position I**

SÉRIE I (21 janvier 1902).	SÉRIE II (21 janvier).
$H_0 = 769^{mm},1$, $t = 11°,209$.	$H_0 = 769^{mm},1$, $t = 11°,232$.
R..... 190 823,76	190 824,91
V..... 72	87
B..... 74	89
V$_l$..... 73	84
E + e... 190 823,76	190 824,91
R..... 99,68	101,03
Jaune... 99,75	07
V..... 99,76	01
B..... 99,73	02
V$_l$.... 99,77	03
e..... 99,74	101,03
E..... 190 724,02	190 723,88
C$_n$.... — 1,27	— 1,27

E[2-3]. — **Position II**

SÉRIE I (22 janvier).	SÉRIE II (22 janvier).
$H_0 = 768^{mm},3$, $t = 11°,246$.	$H_0 = 766^{mm},8$, $t = 11°,309$.
R..... 190 821,83	190 823,49
V..... 81	45
B..... 83	48
V$_l$.... 80	45
E + e... 190 821,83	190 823,49
R..... 93,31	95,05
Jaune.. 33	95,06
V.... 34	95,08
B..... 32	95,08
V$_l$.... 37	94,97
e..... 93,33	95,05
E..... 190 728,50	190 728,44
C$_n$... — 1,22	— 1,11

E[2-3]. — **Position III**

SÉRIE I (23 janvier).	SÉRIE II (23 janvier).
$H_0 = 763^{mm},9$, $t = 11°,314$.	$H_0 = 763^{mm},8$, $t = 11°,348$.
R..... 190 941,40	190 942,50
V..... 36	47
B..... 38	49
V$_l$.... 33	46
E + e... 190 941,40	190 942,50
R..... 212,33	213,21
Jaune... 36	23
V..... 35	21
B..... 33	20
V$_l$.... .33	20
e..... 212,34	213,21
E..... 190 729,06	190 729,29
C$_n$.... — 0,91	— 0,90

E[2-3]. — **Position IV**

SÉRIE I (23 janvier).	SÉRIE II (23 janvier).
$H_0 = 761^{mm},7$, $t = 11°,476$.	$H_0 = 761^{mm},2$, $t = 11°,543$.
R..... 190 880,56	190 881,45
V..... 53	43
B..... 54	45
V$_l$.... 52	44
E + e... 190 880,56	190 881,45
R..... 157,58	158,57
Jaune.. 57	55
V..... 56	54
B..... 57	57
V$_l$.... 53	54
e..... 157,56	158,55
E..... 190 723,00	190 722,90
C$_n$.... — 0,73	— 0,69

E[4-3]. — Position I

	SÉRIE I (5 mai 1902). $H_0 = 759^{mm},4,$ $t = 12°,627.$	SÉRIE II (6 mai). $H_0 = 761^{mm},1,$ $t = 13°,076.$	SÉRIE III (7 mai). $H_0 = 760^{mm},4,$ $t = 13°,039.$
R......	190 408,13	190 412,52	190 412,34
V.....	12	43	25
B.....	10	43	20
V_l.....	05	47	21
E + e...	190 408,13	190 412,52	190 412,34
R......	130,43	133,86	133,85
Jaune...	44	86	85
V.....	43	83	83
B.....	40	83	82
V_l.....	41	85	81
e......	130,42	133,85	133,83
E......	190 277,71	190 278,67	190 278,51
C_n.....	— 0,37	— 0,41	— 0,37

E[4-3]. — Position II

	SÉRIE I (7 mai). $H_0 = 760^{mm},0,$ $t = 13°,203.$	SÉRIE II (7 mai). $H_0 = 760^{mm},1,$ $t = 13°,333.$
R......	190 406,38	190 406,69
V.....	27	59
B.....	24	58
V_l.....	30	62
E + e...	190 406,38	190 406,69
R......	132,46	132,71
Jaune..	57	79
V.....	55	78
B.....	54	79
V_l.....	55	78
e......	132,53	132,77
E......	190 273,85	190 273,92
C_n.....	— 0,31	— 0,30

E[4-3]. — Position III

	SÉRIE I (10 mai). $H_0 = 755^{mm},8,$ $t = 12°,520.$	SÉRIE II (11 mai). $H_0 = 754^{mm},2,$ $t = 12°,263.$
R	190 395,02	190 397,78
V.....	394,97	72
B.....	394,96	72
V_l.....	394,95	69
E + e...	190 395,02	190 397,78
R....	123,76	127,00
Jaune...	76	126,98
V.....	76	126,97
B.....	76	127,00
V_l.....	73	126,97
e......	123,75	126,99
E......	190 271,27	190 270,79
C_n.....	— 0,15	— 0,09

E[4-3]. — Position IV

	SÉRIE I (12 mai). $H_0 = 753^{mm},8,$ $t = 12°,253.$	SÉRIE II (12 mai). $H_0 = 753^{mm},6,$ $t = 12°,299.$
R......	190 444,85	190 447,18
V.....	80	13
B.....	80	09
V_l.....	80	06
E + e...	190 444,85	190 447,18
R........	167,50	169,78
Jaune...	45	78
V.....	50	74
B.....	48	73
V_l.....	48	75
e......	167,48	169,76
E.......	190 277,37	190 277,42
C_n.....	— 0,07	— 0,04

Les températures moyennes du cube et les corrections de dilatation correspondantes sont indiquées dans le Tableau suivant.

Corrections de dilatation.

	E[1-6].		E[3-4].		E[2-5].		E[4-3].	
	T échelle normale.	Correction en $\frac{\lambda_R}{2}$	T échelle normale.	Correction en $\frac{\lambda_R}{2}$.	T échelle normale.	Correction en $\frac{\lambda_R}{2}$.	T échelle normale.	Correction en $\frac{\lambda_R}{2}$.
Position I......	11,264	+6,15	10,934	+6,69	11,152	+6,34	12,565	+4,00
»	11,396	+5,94	10,981	+6,61	11,175	+6,31	13,013	+3,27
							12,976	+3,33
Position II......	11,554	+5,68	11,082	+6,44	11,189	+6,28	13,139	+3,06
»	11,742	+5,37	11,165	+6,31	11,252	+6,18	13,268	+2,85
Position III......	11,151	+6,34	10,977	+6,62	11,257	+6,17	12,458	+4,18
»	11,204	+6,25	11,039	+6,52	11,291	+6,12	12,202	+4,60
Position IV......	11,268	+6,15	11,112	+6,40	11,418	+5,91	12,192	+4,62
»	11,242	+6,19	11,073	+6,46	11,485	+5,80	11,238	+4,54

Corrections relatives à l'épaisseur des couches d'argent. — Les mesures ont
donné pour l'argenture du plan des repères (comp. p. 50),

$$\varepsilon_p = 0,28 \frac{\lambda_R}{2}.$$

Pour les couches d'argent déposées sur le cube et les corrections $\varepsilon_p - \varepsilon_a$, on
a trouvé

		Épaisseur moyenne ε_a en $\frac{\lambda_R}{2}$.	Correction $\varepsilon_p - \varepsilon_a$ en $\frac{\lambda_R}{2}$.
Face 1.	Position I.........	0,59	—0,31
	» II.........	0,57	—0,29
	» III.........	0,42	—0,14
	» IV.........	0,43	—0,15
Face 3.	Position I.........	0,45	—0,17
	» II.........	0,44	—0,16
	» III.........	0,29	—0,01
	» IV.........	0,34	—0,06
Face 2.	Position I.........	0,39	—0,01
	» II.........	0,42	—0,14
	» III.........	0,41	—0,13
	» IV.........	0,38	—0,10
Face 4.	Position I.........	0,45	—0,17
	» II.........	0,46	—0,18
	» III.........	0,20	+0,08
	« IV.........	0,23	+0,05

Résultats des mesures faites sur le cube de 6 centimètres $\left(\text{en } \dfrac{\lambda_n}{2}\right)$.

E[1-6] à 15°.

Position I..........	190 523,81 } 190 524,01 }
»	524,22 }
Position II........	190 531,41 } 190 531,31
»	531,22 }
Position III..........	190 529,59 } 190 529,44
»	529,28 }
Position IV..........	190 525,59 } 190 525,56
»	525,53 }

190 527,66

190 527,50 ·

E[3-4] à 15°.

Position I.......... 190 282,81 } 190 282,73
» .... 282,65 }

190 278,90

Position II.......... 190 274,90 } 190 275,07
» .... 275,25 }

Position III.......... 190 281,06 } 190 280,98
» .... 280,90 }

190 279,08

Position IV.......... 190 277,21 } 190 277,19
» .... 277,17 }

E[2-5] à 15°.

Position I.......... 190 728,98 } 190 728,89
» .... 728,81 }

190 731,14

Position II.......... 190 733,42 } 190 733,40
» .... 733,37 }

Position III.......... 190 734,19 } 190 734,28
» .... 734,38 }

190 731,14

Position IV.......... 190 728,08 } 190 727,99
» .... 727,91 }

d'où en janvier 1902 :

$$E[1\text{-}6] \text{ à } 15° = 190\,527,58\ \frac{\lambda_n}{2} = 61^{mm},335\,326,$$

$$E[3\text{-}4] \text{ à } 15° = 190\,278,99\ \frac{\lambda_n}{2} = 61^{mm},255\,299,$$

$$E[2\text{-}5] \text{ à } 15° = 190\,731,14\ \frac{\lambda_n}{2} = 61^{mm},400\,857.$$

Volume du cube à 15° = **230 690** mm³, **00**.

Les mesures faites en mai 1902 ont donné :

$$E[4\text{-}3] \text{ à } 15^\circ.$$

Position I	190 281,17		
»	281,36	190 281,28	
»	281,30		190 278,81
Position II	190 276,42	190 276,35	
»	276,29		
Position III	190 275,38	190 275,38	
»	275,38		190 278,68
Position IV	190 281,97	190 281,98	
»	281,98		

d'où en mai 1902 :

$$E[4\text{-}3] \text{ à } 15^\circ = 190\,278,74 \quad \frac{\lambda_R}{2} = 61^{mm},255\,219.$$

En comparant cette valeur de l'épaisseur $E[4\text{-}3]$ avec celle trouvée en janvier, on voit que le cube s'est légèrement contracté ; cela pouvait être prévu d'après les faits observés antérieurement.

Si l'on admet que la contraction se soit produite uniformément dans tous les sens, on obtient, pour les dimensions non mesurées, en mai 1902 :

$$E[1\text{-}6] \text{ à } 15^\circ = 61^{mm},335\,246,$$
$$E[2\text{-}5] \text{ à } 15^\circ = 61^{mm},400\,777,$$

et, par conséquent en mai 1902,

Volume du cube à $15^\circ = \mathbf{230\,689^{mm^3},10}.$

PESÉES DU CUBE DE 6 CENTIMÈTRES DANS L'AIR.

La masse du cube de 6^{cm} a été d'abord déterminée par quatre pesées effectuées à l'aide de la balance Rueprecht n° 5.

Pesées du cube de 6^{cm}, 1re *série.*

14 décembre 1901.   N° 1.

A = Cube + P₁.

B = O(400 + 200 + 40 + 10 + 4 + 3 + 1 + 0,1 + 0,04 + 0,03 + 0,01 + 0,003) + P₂.

$9^h 0^m.$ T = 9°,092   A   B   88,53   91,15   92,07   91,47   93,72

        H = 734^{mm},03   B   A   103,53   106,37   102,34   106,18

        f = 91,0

          I. [Cube + P₁] − [658 183^{mg},771 + P₂] − 240^{mg},804 = + 6,535 n.

B précédent + O(0,001).

$10^h 32^m.$ T = 9°,191   A   B   113,32   111,67   112,60   113,45

        H = 734^{mm},76   B   A   82,72   82,09   81,27

        f = 91,0

         II. [Cube + P₁] − [658 184^{mg},779 + P₂] − 241^{mg},506 = − 15,175 n.

              n = 0^{mg},078 77.

Pesées du cube de 6 centimètres (suite).

14 décembre 1901.

A = Cube + P_2.

B = O(400 + 200 + 40 + 10 + 4 + 3 + 1 + 0,1 + 0,04 + 0,03 + 0,01 + 0,002) + P_1.

1h30m. T = 9°,340   A B   98,36   97,04   99,09   97,66   97,58
         H = 735mm,86   B A   96,92   93,94   95,72   95,68
         f = 90,3

    III. [Cube + P_2] — [658 182mg,748 + P_1] = 241mg,182 = —1,28n.

A précédent + O(0,001).

3h5m.   T = 9°,390   A B   80,95   80,78   83,39   85,48
         H = 736mm,64   B A   112,88   110,63   109,34
         f = 89,5

    IV. [Cube + P_2] — [658 181mg,740 — P_1] = 241mg,402 = +14,305n.

n = 0mg,050 55.

Résultat : **Masse du cube = 658 424mg,478.**

2 janvier 1902.   N° 2.

    A = Cube + P_1.

    B = Oe(500 + 100 + 50 + 5 + 2 + 1 + 0,1 + 0,05 + 0,02 + 0,01) + P_2.

9h10m. T = 11°,074   A B   98,21   104,47   104,86   103,93   106,43
         H = 746mm,31   B A   111,59   110,72   108,82   110,37
         f = 89,5.

    I. [Cube + P_1] — [658 180mg,577 + P_2] = 243mg,035 = +3,085n.

A précédent + Oe(0,001).

10h55m. T = 11°,137   A B   89,71   88,99   88,81   89,97   88,12
          H = 746mm,65 B A   128,30   127,10   128,44   127,66
          f = 89,5

    II. [Cube + P_1] — [658 179mg,578 + P_2] = 243,085 = +19,325n.

n = 0mg,058 45.

    A = Cube + P_2.

    B = Oe(500 + 100 + 50 + 5 + 2 + 1 + 0,1 + 0,05 + 0,02 + 0,01 + 0,001) + P_1.

1h40m. T = 11°,217   A B   104,31   101,67   102,21   102,24   103,73
         H = 746mm,95   B A   103,74   103,13   105,66   102,57
         f = 90,0

    III. [Cube + P_2] — [658 181mg,577 + P_1] = 243mg,103 = +0,770n.

B précédent — Oe(0,001).

3h20m. T = 11°,241   A B   85,17   88,92   87,70   90,87   89,45
         H = 747mm,53   B A   119,10   117,96   116,96   117,23
         f = 90,0

    IV. [Cube + P_2] — [658 180mg,577 + P_1] = 243mg,272 = +14,430n.

n = 0mg,060 78.

Résultat : **Masse du cube = 658 424mg,259.**

P. CHAPPUIS.

Pesées du cube de 6 centimètres (suite).

24 janvier 1902. **N° 3.**

A = Cube + Oe(0,001) + P_1.
B = Oe(500 + 100 + 50 + 5 + 2 + 1 + 0,1 + 0,05 + 0,02 + 0,01) + P_2.

T = 11°,202	A B	87,02	84,54	85,00	84,04	80,28
H = 746^{mm},69	B A		119,37	123,95	124,46	125,94
f = 85,7						

I. [Cube + P_1 — [658 179^{mg},578 + P_2] = 243^{mg},084 = + 19,62 n.

A précédent — Oe(0,001).

T = 11°,242	A B	96,65	93,18	93,26	90,01	90,40
H = 745^{mm},44	B A		113,08	115,66	116,54	116,58
f = 86,0						

II. [Cube + P_1] — [658 180^{mg},577 + P_2] = 242^{mg},634 = + 11,58 n.

n = 0^{mg},068 30.

25 janvier 1902.

A = Cube + P_2.
B = Oe(500 + 100 + 50 + 5 + 2 + 1 + 0,1 + 005 + 0,02 + 0,01 + 0,002 + 0,002*) + P_1.

T = 11°,242	A B	110,00	113,88	112,00	112,65	111,23
H = 739^{mm},29	B A		97,97	98,67	98,78	99,07
f = 85,5						

III. [Cube + P_2] — [658 184^{mg},638 + P_1] — 240^{mg},629 = — 6,94 n.

A précédent + Oe(0,001).

T = 11°,299	A B	89,26	90,78	96,76	94,95	93,77
H = 739^{mm},47	B A		114,78	115,67	116,77	115,73
f = 85,2						

IV. [Cube + P_2] — [658 183^{mg},639 + P_1] — 240^{mg},643 = + 11,01 n.

n = 0^{mg},054 88

Résultat : Masse du cube = **658 424^{mg},444.**

30 janvier 1902. **N° 4.**

A = Cube + P_1.
B = Oe(500 + 100 + 50 + 5 + 2 + 1 + 0,1 + 0,05 + 0,02 + 0,005 + 0,002) + P_2.

T = 11°,182	A B	137,20	137,43	136,82	136,35	135,34
H = 762^{mm},38	B A		61,35	62,68	63,70	62,83
f = 85,5						

I. [Cube + P_1] — [658 177^{mg},582 + P_2] — 248^{mg},238 = — 37,03 n.

A précédent + Oe(0,002*).

T = 11°,227	A B	101,12	102,60	104,74	104,02	105,31
H = 762^{mm},66	B A		96,64	96,30	96,82	95,12
f = 85,0						

II. [Cube + P_1] — [658 175^{mg},552 + P_2] = 248^{mg},292 = — 3,72 n.

n = 0^{mg},059 34.

Pesées du cube de 6 centimètres (suite).

30 janvier 1902.

A = Cube + P_2.

B = Oe(500 + 100 + 50 + 5 + 2 + 1 + 0,1 + 0,05 + 0,02 + 0,005 + 0,001) + P_1.

T = 11°,271   A   B   111,79   112,82   112,38   113,24   115,74
H = 764^{mm},23   B   A   87,81   88,08   88,29   86,56
f = 85,0

III. [Cube + P_2] — [658 176^{mg},550 + P_1] — 248^{mg},764 = — 12,60 n.

B précédent — Oe(0,001).

T = 11°,284   A   B   97,43   100,35   101,02   102,20   103,05
H = 739^{mm},47   B   A   102,60   101,48   100,01   98,45
f = 85,0

IV. [Cube + P_2] — [658 175^{mg},550 + P_1] — 249^{mg},034 = — 0,20 n.

n = 0^{mg},058 84.

Résultat : Masse du cube = **658 424^{mg},098.**

Résumé de la première série.

	Date.	Masse du cube.	Observations.
N° 1.	1901. 14 décembre..........	658 424,478^{mg}	Par la série O, balance Rueprecht, n° 5.
»	» Du 23 au 31 décembre.		Pesées hydrostatiques.
N° 2.	1902. 2 janvier.............	658 424,259	Par la série Oe.
»	» Du 6 au 23 janvier.....		Mesures des dimensions à l'appareil Michelson.
N° 3.	» 24 janvier............	658 424,444	Par la série Oe.
»	» Du 27 au 29 janvier...		Pesées hydrostatiques.
N° 4.	» 30 janvier............	658 424,098	Par la série Oc.

Les résultats irréguliers de ces pesées m'ont déterminé à refaire des mesures en avril et mai 1902, dans des conditions variées, en plaçant d'abord le cube dans une atmosphère sèche et ensuite à l'air assez humide (75 pour 100) de la salle d'observation.

J'ai employé à cet effet le grand vase construit pour les pesées hydrostatiques des corps à grand volume, décrit par M. Guillaume (*Travaux et Mémoires,* t. XIV, p. 59). Le cube, suspendu au centre de ce vase, était porté par l'étrier reproduit dans la figure 20 (p. 61).

Les pesées ont été faites sur la grande balance Rueprecht de 5^{kg} de charge maxima, suivant la méthode de Borda, en utilisant les organes servant aux pesées hydrostatiques ([1]).

Pour dessécher l'air dans le voisinage du cube, on avait placé dans le vase de laiton deux capsules contenant de l'acide sulfurique concentré. Le vase

---

([1]) *Voir* p. 61.

était recouvert par deux glaces dont les bords, rapprochés suivant un diamètre, présentaient en leur milieu une petite encoche, destinée à donner libre passage au fil de suspension de l'étrier.

Les pesées dans l'air humide ont été faites après avoir enlevé les substances desséchantes et découvert le vase.

Cette série d'opérations a été complétée par une pesée de contrôle sur la balance Rueprecht n° 5.

Les données principales des pesées exécutées dans ces conditions sont résumées ci-après sous la forme adoptée par M. Guillaume. J'ai désigné par T_h la température mesurée dans la cage supérieure de la balance, par T_b celle de l'air à l'intérieur du vase des pesées hydrostatiques; A, B, B + (0,005) sont les positions d'équilibre successives de la balance; P désigne la correction de poussée, γ celle relative à la variation de la pesanteur, le centre de gravité du cube occupant un niveau moyen de 73^{cm} inférieur à celui des poids.

Pesées du cube de 6 centimètres dans l'air sec sur la balance Rueprecht de 5^{kg}.

22 avril 1902.   N° 1.

A = Cube + étrier dans l'air sec.
B = Oe(500 + 100 + 50 + 5 + 2 + 1 + 0,1 + 0,05 + 0,02 + 0,01 + 0,0.1) dans l'air de la salle.

$T_h = 15°,682$	B	205,42	205,57	205,60	205,22	B =	658181,576
$T_b = 15°,056$	B + (0,005)	197,88	198,06	198,03	197,73	A − B = +	0,918
H = 749ᵐᵐ,75	A	204,30	204,03	204,07	203,89	P = +	242,137
f = 75,9						γ = −	0,134
							658424,576

22 avril 1902.   N° 2.

Mêmes charges.

$T_h = 15°,713$	B	205,17	205,16	205,55	205,52	B =	658181,576
$T_b = 15°,058$	B + (0,005)	197,78	197,93	197,94	197,87	A − B = +	0,987
H = 749ᵐⁱⁿ,38	A	203,71	203,86	203,91	205,52	P = +	242,023
f = 75,9						γ = −	0,134
							658424,497

23 avril 1902.   N° 3.

B initial − Oe(0,001).

$T_h = 15°,810$	A	209,16	209,04	208,93	208,88	B =	658180,578
$T_b = 14°,967$	B	209,75	209,89	209,53	209,85	A − B = +	0,500
H = 754ᵐᵐ,33	B + (0,005)	212,47	202,28	202,20	202,35	P = +	243,725
f = 76,8						γ = −	0,134
							658424,669

23 avril 1902.   N° 4.

Mêmes charges.

$T_h = 15°,869$	A	208,63	209,47	209,10	208,91	B =	658180,578
$T_b = 15°,078$	B	209,54	209,57	209,80	209,85	A − B = +	0,502
H = 754ᵐᵐ,49	B + (0,005)	202,11	202,13	202,26	202,31	P = +	243,675
f = 75,9						γ = −	0,134
							658424,621

Pesées du cube de 6 centimètres dans l'air humide sur la balance Rueprecht de 5ᵏᵍ.

24 avril 1902. Nᵒ **5.**

A = Cube + étrier dans l'air humide.
B = Oe(500 + 100 + 50 + 5 + 2 + 1 + 0,1 + 0,05 + 0,02 + 0,01).

$T_h =$ 16°,135	A	208,28	208,26	208,27	208,77	B = 658 180,577ᵐᵍ
$T_b =$ 15°,208	B	208,75	208,79	209,12	209,20	A − B = + 0,346
H = 758ᵐᵐ,59	B + (0,005)	201,34	201,40	201,46	201,51	P = + 243,378
$f =$ 76,8						γ = − 0,134
						658 424,167

24 avril 1902. Nᵒ **6.**

Mêmes charges.

$T_h =$ 16°,521	A	208,03	207,94	207,80	207,71	B = 658 180,577
$T_b =$ 15°,499	B	209,09	208,85	209,24	208,98	A − B = + 0,778
H = 758ᵐᵐ,87	B + (0,005)	201,63	201,41	201,56	201,37	P = + 243,217
$f =$ 75,9						γ = − 0,134
						658 424,438

24 avril 1902. Nᵒ **7.**

Mêmes charges.

$T_h =$ 16°,392	A	207,82	208,29	207,65	207,78	B = 658 180,577
$T_b =$ 15°,620	B	208,76	209,08	208,81	209,00	A − B = + 0,691
H = 758ᵐᵐ,99	B + (0,005)	201,37	201,46	201,51	201,38	P = + 243,149
$f =$ 75,9						γ = − 0,134
						658 424,283

25 avril 1902. Nᵒ **8.**

Mêmes charges.

$T_h =$ 16°,145	A	207,62	207,43	207,64	207,70	B = 658 180,577
$T_b =$ 15°,331	B	208,77	209,03	209,23	209,21	A − B = + 0,957
H = 757ᵐᵐ,36	B + (0,005)	201,24	201,33	201,68	201,77	P = + 242,935
$f =$ 74,3						γ = − 0,134
						658 424,335

1ᵉʳ mai 1902. Nᵒ **9.**

Balance Rueprecht nᵒ 5.

A = Cube + P₁.
B = Oe(500 + 100 + 50 + 5 + 2 + 1 + 0,1 + 0,05 + 0,02 + 0,01 + 0,002) + P₂.

T = 15°,060 A B 95,86 94,61 94,85 94,37
H = 750ᵐᵐ,387 B A 136,67 138,18 139,24
$f =$ 74,5

I. [Cube + P₁] − [658 182ᵐᵍ,577 + P₂] − 240ᵐᵍ,892 = + 21,62 n.

B précédent + Oe(0,001).

T = 15°,217 A B 103,68 100,80 100,66 100,50 99,06
H = 750ᵐᵐ,37 B A 118,53 116,01 117,45 118,58
$f =$ 75,0

II. [Cube + P₁] − [658 183ᵐᵍ,576 + P₂] − 240ᵐᵍ,740 = + 8,38 n.

n = 0,06395.

Pesées du cube de 6 centimètres sur la balance Rueprecht n° 5 (suite).

A = Cube + P₂.

$B = Oe(500 + 100 + 50 + 5 + 2 + 1 + 0,1 + 0,05 + 0,02 + 0,01 + 0,002 + 0,001) + P_1$.

T =	15°,242	A B	115,00	113,32	115,95	116,63	116,60
H =	750ᵐᵐ,49	B A		104,42	102,17	102,14	103,31
f =	75,9						

III.   [Cube + P₂] — [658 183ᵐᵍ,576 + P₁] — 240ᵐᵍ,740 = — 6,24 *n*.

A précédent + Ni(0,0005).

T =	15°,159	A B	112,17	113,05	112,08	111,50
H =	750ᵐᵐ,51	B A		106,59	107,80	107,56
f =	75,5					

IV.   [Cube + P₂] — [658 183ᵐᵍ,069 + P₁] — 240ᵐᵍ,828 = — 2,53 *n*.

n = 0ᵐᵍ,011 29.

Résultat : Cube = **658 424ᵐᵍ,262.**

Résumé.

Date.	Masse du cube.	Observations.
	ᵐᵍ	
1902. 22 avril, 2ʰ...........	658 424,497	
» » 4ʰ...........	452	
» 23 » 9ʰ...........	669	Température 15° environ
» » 2ʰ...........	621	dans l'air sec.
Moyenne..........	658 424,560	
1902. 24 avril, 9ʰ...........	658 424,167	
» » 2ʰ...........	438	Température 15° à 16°, air
» » 4ʰ...........	283	76 p. 100 environ d'hu-
» 25 » 9ʰ...........	335	midité.
Moyenne..........	658 424,306	
1902. 28–30 avril..........		Pesées hydrostatiques.
» 1ᵉʳ mai..............	658 424,262	Balance Rueprecht n° 5.

De l'ensemble des résultats obtenus il me parait se dégager ce qui suit :

1° La précision des pesées du cube de 6ᶜᵐ est relativement faible ; la masse de ce cube n'est pas connue à 0ᵐᵍ,1 près.

2° Une part des irrégularités provient de l'incertitude des conditions atmosphériques. La poussée de l'air étant considérable, une erreur de 1ᵐᵐ sur la pression barométrique produit une différence de 0ᵐᵍ,28 sur le résultat.

3° Les pesées n'indiquent pas une diminution sensible de la masse du cube pendant les expériences, pesées hydrostatiques et lavages.

J'admettrai donc que la masse n'a pas varié durant les mesures, et je prendrai la moyenne générale des résultats de la manière suivante :

Dates.	Masse du cube.	Écarts de la moyenne.
	mg	mg
1901. 14 décembre............	658 424,48	+0,13
1902. 2 janvier..............	424,26	—0,09
» 24 »	424,44	+0,09
» 30 »	424,10	—0,25
» 22 avril..............	424,56	+0,21
» 24 »	424,31	—0,04
» 28 »	424,26	—0,09
Moyenne..........	**658 424,35**	

Cette valeur a été admise pour la réduction de toutes les mesures effectuées sur le cube de 6^{cm}.

PESÉES HYDROSTATIQUES DU CUBE DE 6 CENTIMÈTRES.

On a fait sur ce cube trois séries de pesées hydrostatiques à l'aide de la grande balance Rueprecht. Le cube était placé dans le grand vase de laiton nickelé servant aux pesées des cylindres étudiés par M. Guillaume. L'eau distillée présentait au contact de l'air une surface plus considérable par rapport à sa masse que dans les pesées effectuées dans le vase de platine ; elle n'a pas été bouillie sous le vide et j'ai admis qu'elle était saturée d'air.

Pesées du cube de 6 centimètres dans l'eau.

PREMIÈRE SÉRIE.

24 décembre 1901.   N° 1.

A = Étrier dans l'eau + Oe(200 + 200* + 20 + 5 + 2 + 0,5 + 0,2 + 0,1 + 0,02 + 0,01) dans l'air.
B = Étrier + cube dans l'eau.

						mg
T_{cage} = 9°,049	A	210,39	209,78	210,01	210,14	A = 427 830,14
T_{eau} = 8°,675	A + 0,005	202,19	201,66	201,94	201,87	B — A = + 12,17
H = 738^{mm},99	B	191,63	190,53			P = — 24,10
f = 84,0	B — 0,005 [1]	197,15	198,25			γ = — 0,09
						427 818,13

24 décembre 1901.   N° 2.

A = Étrier dans l'eau + Oe(200 + 200* + 20 + 5 + 2 + 0,5 + 0,2 + 0,1 + 0,02 + 0,02*) dans l'air.
B = Étrier + cube dans l'eau.

T_{cage} = 9°,216	A	194,91	195,51	191,73	194,42	A = 427 840,11
T_{eau} = 8°,700	A — 0,005	202,32	202,77	201,63	202,52	B — A = + 2,86
H = 735^{mm},00	B — 0,005	198,14	198,40	196,70	197,39	P = — 23,96
f = 85,0						γ = — 0,09
						427 818,92

[1] Dans la deuxième partie de la pesée on a ajouté la pièce Oe(0,005) à la tare pour obtenir une meilleure répartition des charges.

Pesées du cube de 6 centimètres dans l'eau (suite).

26 décembre 1901.　　　　　　　　　　N° **3.**

Mêmes charges.

$T_{cage} =$ 9°,367	A	192,79	193,30	193,25	196,30	A =	427 840,11	mg
$T_{eau} =$ 8°,747	A — 0,005	200,92	201,28	201,35	201,21	B — A = +	4,01	
H = 740mm,00	B — 0,005	195,23	195,55	195,32	195,40	P = —	24,11	
f = 85,0						γ = —	0,09	
							427 819,92	

26 décembre 1901.　　　　　　　　　　N° **4.**

Mêmes charges.

$T_{cage} =$ 9°,424	A	193,35	193,54	193,38	193,36	A =	427 840,11
$T_{eau} =$ 8°,803	A — 0,005	201,29	201,26	201,49	201,02	B — A = +	4,16
H = 741mm,05	B — 0,005	194,62	194,83	195,05	194,61	P = —	24,14
f = 85,0						γ = —	0,09
							427 820,04

27 décembre 1901.　　　　　　　　　　N° **5.**

Deuxième eau. A précédent + Oe(0,01).

$T_{cage} =$ 9°,624	A	195,14	194,82	194,97	194,74	A =	427 850,16
$T_{eau} =$ 9°,345	A — 0,005	203,48	203,00	202,78	202,31	B — A = +	0,58
H = 747mm,77	B	194,17	194,10			P = —	24,34
f = 85,0	B — 0,005	202,01	202,04			|γ = —	0,09
							424 826,31

28 décembre 1901.　　　　　　　　　　N° **6.**

Mêmes charges.

$T_{cage} =$ 9°,657	A	208,24	207,96	207,99	207,68	A =	427 850,16
$T_{eau} =$ 9°,220	A + 0,005	199,92	199,85	199,72	199,47	B — A = —	0,94
H = 751mm,17	B + 0,005	201,23	201,44	201,29	201,18	P = —	24,48
f = 85,0						γ = —	0,09
							427 824,65

28 décembre 1901.　　　　　　　　　　N° **7.**

Mêmes charges.

$T_{cage} =$ 9°,730	A	208,00	208,31	208,33	208,30	A =	427 850,16
$T_{eau} =$ 9°,229	A + 0,005	199,62	200,01	200,33	199,95	B — A = —	0,68
H = 747mm,44	B + 0,005	200,97	200,80	201,18	201,43	P = —	24,32
f = 85,0						γ = —	0,09
							427 825,07

29 décembre 1901.　　　　　　　　　　N° **8.**

Mêmes charges.

$T_{cage} =$ 9°,784	A	207,31	208,37	208,44	208,53	A =	427 850,16
$T_{eau} =$ 9°,251	A + 0,005	200,16	200,30	200,24	200,31	B — A = —	0,62
H = 744mm,36	B + 0,005	201,07	201,01	201,38	201,46	P = —	24,21
f . = 86,0						γ = —	0,09
							427 825,24

Pesées du cube de 6 centimètres dans l'eau (suite).

3o décembre 1901.   N° 9.

Troisième eau. Mêmes charges.

T_{cage} = 9°,934	A	206,93	207,22	207,24	206,60	A = 427 850,16 ^{mg}
T_{eau} = 9°,781	A + 0,005	198,83	199,13	199,04	198,56	B — A = + 6,17
H = 754^{mm},55	B — 0,005	205,12	205,03	204,95	205,43	P = — 24,52
f = 86,0						γ = — 0,09
						427 831,72

3o décembre 1901.   N° 10.

Mêmes charges.

T_{cage} = 10°,094	A	206,02	205,17	205,27	205,04	A = 427 850,16
T_{eau} = 9°,741	A + 0,005	197,86	196,42	196,90	196,68	B — A = + 5,42
H = 755^{mm},98	B — 0,005	205,43	205,45	203,80	204,08	P = — 24,56
f = 86,0						γ = — 0,09
						427 830,93

31 décembre 1901.   N° 11.

Mêmes charges.

T_{cage} = 10°,350	A	202,68	202,97	203,06	202,88	A = 427 850,16
T_{eau} = 9°,688	A + 0,005	194,53	194,75	194,78	194,77	B — A = + 5,38
H = 762^{mm},56	B	193,58	194,01	194,24	194,67	P = — 24,75
f = 87,0						γ = — 0,09
						427 830,70

31 décembre 1901.   N° 12.

Mêmes charges.

T_{cage} = 10°,377	A	203,19	202,89	202,95	203,15	A = 427 850,16
T_{eau} = 9°,699	A + 0,005	195,13	194,95	194,87	195,29	B — A = + 5,38
H = 762^{mm},55	B — 0,005	202,39	202,50	202,69	202,30	P = — 24,75
f = 87,0						γ = — 0,09
						427 830,70

DEUXIÈME SÉRIE.

28 janvier 1902.   N° 1.

Quatrième eau.

A = Étrier dans l'eau + Oe(200 + 200* + 20 + 5 + 2 + 0,5 + 0,2 + 0,1 + 0,02 + 0,01) dans l'air.
B = Étrier + cube dans l'eau.

T_{cage} = 11°,237	A	193,55	194,19	193,71	192,55	A = 427 830,14
T_{eau} = 10°,620	A — 0,005	201,85	201,54	201,58	200,91	B — A = + 37,81
H = 743^{mm},57	B — 0,05	213,23	212,64	212,95	212,71	P = — 24,05
f = 87,0						γ = — 0,09
						427 843,81

28 janvier 1902.   N° 2.

A initial + Oe (0,05).

T_{cage} = 11°,154	A	190,66	190,14	190,47	189,82	A = 427 880,16
T_{eau} = 10°,629	A — 0,005	198,58	198,12	198,28	197,71	B — A = — 12,79
H = 741^{mm},01	B	210,63	209,95	210,26	210,75	P = — 23,98
f = 85,8						γ = — 0,09
						427 843,30

Pesées du cube de 6 centimètres dans l'eau (suite).

29 janvier 1902.　　　　　　　　　N° 3.

Mêmes charges.

$T_{cage} = 11°,083$	A	202,01	202,33	202,03	201,44	A =	427 880,16 (mr)
$T_{eau} = 10°,553$	A + 0,005	193,78	194,19	194,34	194,16	B — A = —	13,70
H $= 754^{mm},19$	B + 0,005	215,47	215,60	215,18	215,73	P = —	24,41
f $= 85,2$						γ = —	0,09
							427 841,96

29 janvier 1902.　　　　　　　　　N° 4.

Mêmes charges.

$T_{cage} = 11°,157$	A	200,77	201,89	201,63	200,73	A =	427 880,16
$T_{eau} = 10°,570$	A + 0,005	193,04	193,68	193,24	193,69	B — A = —	12,89
H $= 757^{mm},00$	B + 0,005	213,49	213,70	213,73	213,25	P = —	24,50
f $= 84,2$						γ = —	0,09
							427 842,68

Troisième Série.

28 avril 1902.　　　　　　　　　N° 1.

Cinquième eau.

A = Cube + étrier dans l'eau.
B = Étrier dans l'eau + Oe(200 + 200* + 20 + 5 + 2 + 0,5 + 0,2 + 0,2* + 0,05 + 0,02).

$T_{cage} = 15°,573$	A	201,52	201,83	202,09	202,03	B =	427 970,08
$T_{eau} = 14°,870$	B	191,42	191,63	191,21	191,57	A — B = —	6,47
H $= 752^{mm},86$	B — 0,005	199,50	199,50	199,34	199,34	P = —	23,98
f $= 73,4$						γ = —	0,09
							427 939,54

28 avril 1902.　　　　　　　　　N° 2.

Mêmes charges.

$T_{cage} = 15°,731$	A	202,30	202,77	202,46	202,10	B =	427 970,08
$T_{eau} = 14°,907$	B	190,54	190,51	190,64	190,40	A — B = —	7,46
H $= 752^{mm},16$	B — 0,01	206,55	206,43	206,82	206,81	P = —	23,94
f $= 73,5$						γ = —	0,09
							427 938,59

29 avril 1902.　　　　　　　　　N° 3.

Mêmes charges.

$T_{cage} = 15°,454$	A + 0,005	201,33	201,86	202,84	202,05	B =	427 970,08
$T_{eau} = 14°,598$	B — 0,005	194,24	195,88	195,60		A — B = —	14,02
H $= 757^{mm},66$	B — 0,01—0,005	211,69	211,71	212,31	212,45	P = —	24,15
f $= 73,3$						γ = —	0,09
							427 931,82

Pesées du cube de 6 centimètres dans l'eau (suite).

29 avril 1902.   N° **4**.

Sixième eau. Mêmes charges.

T_{cage} = 15°,474   A   189,58   190,43   191,15   191,44   B = 427 970,08

T_{eau} = 15°,012   B   187,12   187,31   186,93   187,16   A — B = —   2,17

H = 758^{mm},36   B — 0,005   195,02   195,31   195,10   195,08   P = —   24,17

f = 73,3   γ = —   0,09

                                                                   427 943,65

30 avril 1902.   N° **5**.

Mêmes charges.

T_{cage} = 15°,355   A   203,78   204,70   205,35   205,36   B = 427 970,08

T_{eau} = 14°,647   B — 0,005   191,75   193,39   193,40   193,43   A — B = —   12,38

H = 759^{mm},30   B — 0,01 — 0,005   208,96   209,27   209,15   209,14   P = —   24,21

f = 73,4   γ = —   0,09

                                                                   427 933,40

La masse du cube n'ayant pas varié sensiblement pendant les expériences, j'ai admis la valeur moyenne indiquée plus haut (p. 141), savoir :

$$M[6] = 658\ 424^{mg},35.$$

RÉSULTATS DES PESÉES HYDROSTATIQUES DU CUBE DE 6^{cm}.

Première série.

N°^{s}.	Dates 1901.	Masse apparente dans l'eau.	Masse de l'eau déplacée.	Eaux.
1.	24 décembre	427 818,13 ^{mg}	230 606,22 ^{mg}	1re eau
2.	24 »	818,92	605,42	»
3.	26 »	819,92	604,43	»
4.	26 »	820,04	604,31	»
5.	27 »	826,31	598,04	2e eau
6.	28 »	824,65	599,70	»
7.	28 »	825,07	599,28	»
8.	29 »	825,24	599,11	»
9.	30 »	831,72	592,63	3e eau
10.	30 »	830,93	593,42	»
11.	31 »	830,70	593,65	»
12.	31 »	427 830,70	230 593,65	»

Deuxième série.

13.	28 janvier	427 843,81	230 580,54	4e eau
14.	28 »	843,30	581,05	»
15.	29 »	841,96	582,39	»
16.	29 »	427 842,68	230 581,67	»

Troisième série.

17.	28 avril	428 939,54	230 484,81	5e eau
18.	28 »	938,59	485,76	»
19.	29 »	931,82	492,53	»
20.	29 »	943,65	480,70	6e eau
21.	30 »	427 933,40	230 490,95	»

XIV.   A 19

Première série.

N^os.	Température de l'eau.	Densité de l'eau à T et sous 760^{mm}.	Pression H + h.	Corrections de compressibilité.	pour l'air dissous.	Densité de l'eau aérée à T sous H + h.
1	8,675	0,999 832 5	749,1	—0,000 0007	—0,000 0033	0,999 828 5
2	8,700	830 8	745,1	— 10 —	33	826 5
3	8,747	827 5	750,0	— 6 —	33	823 6
4	8,803	823 5	751,1	— 6 —	33	819 6
5	9,345	782 7	757,8	— 1 —	33	779 3
6	9,222	792 3	761,2	+ 1 —	33	789 1
7	9,229	791 8	757,4	— 2 —	33	788 3
8	9,251	790 1	754,3	— 4 —	33	786 4
9	9,781	747 1	764,5	+ 3 —	32	744 2
10	9,741	750 5	765,9	+ 4 —	32	747 7
11	9,688	754 9	772,3	+ 8 —	32	752 5
12	9,699	0,999 754 0	772,3	+0,000 0008	—0,000 0032	0,999 751 6

Deuxième série.

13	10,620	0,999 671 0	756,4	—0,000 0002	—0,000 0032	0,999 667 8
14	10,630	670 0	753,9	— 4 —	32	666 4
15	10,553	677 5	767,0	+ 5 —	32	674 8
16	10,570	0,999 675 8	769,9	+0,000 0007	—0,000 0032	0,999 673 3

Troisième série.

17	14,870	0,999 146 0	765,7	+0,000 0004	—0,000 0022	0,999 144 2
18	14,837	150 9	765,0	+ 3 —	22	149 0
19	14,598	186 1	770,5	+ 7 —	22	184 6
20	15,012	124 8	771,2	+ 7 —	22	123 3
21	14,647	0,999 178 9	772,2	+0,000 0008	—0,000 0022	0,999 177 5

On déduit de ces résultats les volumes suivants du cube en microlitres à la température T de chacune des mesures, et à 0°.

Première série.

N^os.	Volume du cube à T°.	Dilatation du verre.	Volume du cube à 0°.	Écarts de la moyenne.
1........	230 645,77	1,000 222 5	230 594,46	+0,71
2........	645,44	223 2	593,97	+0,22
3........	645,11	224 4	593,36	—0,39
4........	645,92	225 8	593,85	+0,10
5........	648,94	239 ^	593,67	—0,08
6........	648,34	236 6	593,78	+0,03
7........	648,12	236 7	593,52	—0,23
8........	648,38	237 3	593,66	—0,09
9........	651,62	250 9	593,76	+0,01
10........	651,57	249 9	593,94	+0,19
11........	650,72	248 5	593,42	—0,33
12........	230 650,94	1,000 248 8	230 593,57	—0,18

Moyenne... 230 593,75

Deuxième série.

N^{os}.	Volume du cube à T°.	Dilatation du verre.	Volume du cube à 0°.	Écarts de la moyenne.
13........	230 657,16	1,000 272 6	230 594,30	—0,38
14........	658,00	272 9	595,07	+0,39
15........	657,39	270 9	594,92	+0,24
16........	230 657,02	1,000 271 4	230 594,44	—0,24
		Moyenne...	230 594,68	

Troisième série.

17........	230 682,22	1,000 382 6	230 593,99	+0,06
18........	682,07	381 8	594,03	+0,10
19........	680,62	375 6	594,01	+0,08
20........	682,93	386 3	593,85	—0,08
21........	230 680,68	1,000 376 9	230 593,77	—0,16
		Moyenne...	230 593,93	

La masse admise étant

$$M[6] = 658\,424^{mg},35,$$

on obtient

$$\text{Densité à } 0° = 2,855\,341.$$

La moyenne générale des volumes à 0° est : $V[6]_0 = 230\,593,97$ microlitres,

D'où l'on tire pour le volume à 15° : $V[6]_{15} = 230\,682,94$ microlitres.

La mesure des dimensions ayant donné (p. 133)

$$V[6]_{15} = 230\,690^{mm^3},00,$$

on trouve

$$1^{mm^3} = 0,999\,969\,4 \text{ microlitre.}$$

Volume du kilogramme d'eau à 4° = $1^{dm^3},000\,030\,6.$

CUBE D'ESSAI DE 5 CENTIMÈTRES D'ARÊTE.

MESURES DES DIMENSIONS.

Quoiqu'on ne puisse attribuer aux déterminations faites sur le cube d'essai
à faces parallèles la même précision qu'aux mesures sur les cubes dont les faces,
travaillées avec un soin remarquable, présentaient les angles les plus favorables
à l'application de la méthode, je ne crois pas inutile de reproduire ces
observations, qui conduisent d'ailleurs, comme on le verra, à un résultat très
voisin des autres mesures. J'ai indiqué (p. 24) la modification apportée au
miroir des repères en vue de ces expériences et la *correction de départ* qu'elle
entraine. La marche des observations est la même que dans les cas précédents ;
toutefois, comme la correction de départ est sujette à varier, je l'ai déterminée
après chaque groupe d'observations relatives à une même position du cube.

Les franges de la lame mince ont été observées par rapport à 14 repères
disposés sur l'un des petits plans portés par le disque de laiton. Les mêmes
repères étaient utilisés pour la détermination de la correction de départ, qui
doit évidemment être rapportée au même point moyen.

Le cube d'essai provenant de la même coulée que le cube de 5 centimètres,
j'ai utilisé, pour les réductions relatives à sa dilatation, le coefficient de dilatation déterminé sur l'échantillon tiré de ce cube.

J'ai employé comme sources lumineuses les tubes à électrodes de M. Michelson, dont les radiations vertes, bleues et violettes n'ont été utilisées que
pour la recherche du nombre entier des longueurs d'ondes, l'excédent fractionnaire du rouge du cadmium étant seul conservé pour les franges circulaires. Les observations sont résumées dans les Tableaux suivants.

E[4-3]. — Position I $_2$ ⬚ $_5$ E[4-3]. — Position II $_5$ ⬚ $_2$

SÉRIE I (23 novembre 1896). $H_0 = 770^{mm},3,\ t = 13°,949.$		SÉRIE II (23 novembre). $H_0 = 769^{mm},9,\ t = 14°,571.$
E + e..	155 193,76	155 200,01
R......	103,05	108,26
Jaune...	103,03	31
V......	103,00	27
B......	102,99	26
V$_l$....	103,00	28
e......	103,01	108,28
E......	155 090,75	155 091,73
C$_n$....	— 0,70	— 0,62

SÉRIE I (24 novembre). $H_0 = 769^{mm},5,\ t = 14°,332.$		SÉRIE II (24 novembre). $H_0 = 768^{mm},8,\ t = 14°,465.$
E + e..	155 163,33	155 172,48
R......	72,38	81,55
Jaune...	38	55
V......	34	54
B......	35	54
V$_l$....	34	55
e......	72,36	81,55
E....	155 090,97	155 090,93
C$_n$....	— 0,64	— 0,58

E[4-3]. — Position III $_6$ ⬚ $_1$ E[4-3]. — Position IV $_2$ ⬚ $_6$

SÉRIE I (14 décembre). $H_0 = 733^{mm},6,\ t = 15°,493.$		SÉRIE II (14 décembre). $H_0 = 735^{mm},7,\ t = 15°,618.$
E + e..	155 169,66	155 174,36
R.....	76,83	81,41
Jaune...	83	47
V......	78	38
B......	81	42
V$_l$....	77	44
e......	76,80	81,42
E......	155 092,86	155 092,94
C$_n$....	+ 1,56	+ 1,46

SÉRIE I (15 décembre). $H_0 = 752^{mm},8,\ t = 12°,820.$		SÉRIE II (15 décembre). $H_0 = 751^{mm},1,\ t = 13°,154.$
E + e..	155 162,18	155 165,25
R......	74,21	77,01
Jaune...	17	77,03
V......	18	76,91
B......	16	76,95
V$_l$....	16	77,10
e......	74,18	76,98
E......	155 088,00	155 088,27
C$_n$....	+ 0,08	+ 0,23

P. CHAPPUIS.

E[1-6]. — **Position I**

E[1-6]. — **Position II**

Série I (25 novembre 1896).	Série II (26 novembre).
H₀= 763ᵐᵐ,7 t=14°,350.	H₀= 759ᵐᵐ,3 t=14°,449.

	Série I	Série II
E + e. .	154 914,86	154 919,32
R......	71,22	80,40
Jaune...	25	38
V......	21	36
B......	20	34
Vᵢ......	24	33
e.......	71,22	80,36
E......	154 843,64	154 838,96
Cₙ.....	− 0,31	− 0,04

Série I (27 novembre).	Série II (27 novembre).
H₀= 755ᵐᵐ,2 t=14°,404.	H₀= 753ᵐᵐ,3 t=14°,501.

	Série I	Série II
E + e...	154 914,72	154 922,61
R......	73,16	81,19
Jaune ..	16	18
V......	12	16
B......	13	16
Vᵢ.....	14	17
e......	73,14	81,17
E......	154 841,58	154 841,44
Cₙ.....	+ 0,18	+ 0,26

E[1-6]. — **Position III**

E[1-6]. — **Position IV**

Série I (8 décembre).	Série II (8 décembre).
H₀= 754ᵐᵐ,1 t=15°,038.	H₀= 753ᵐᵐ,6 t=15°,136.

	Série I	Série II
E + c...	154 913,08	154 921,00
R......	68,48	76,13
Jaune...	49	18
V......	44	12
B......	44	15
Vᵢ.....	45	13
e......	68,46	76,14
E......	154 844,62	154 844,86
Cₙ.....	+ 0,34	+ 0,38

Série I (9 décembre).	Série II (9 décembre).
H₀= 754ᵐᵐ,8 t=15°,236.	H₀= 755ᵐᵐ,8 t=15°,307.

	Série I	Série II
E + e...	154 921,75	154 928,49
R......	79,80	86,49
Jaune...	71	49
V......	71	45
B......	66	48
Vᵢ.....	70	50
e......	79,72	86,48
E......	154 842,03	154 842,01
Cₙ.....	+ 0,32	+ 0,28

E[2-5]. — **Position I**

E[2-5]. — **Position II**

SÉRIE I (30 novembre 1896). $H_0=764^{mm},1$ $t=13°,430.$	SÉRIE II (30 novembre). $H_0=762^{mm},6$ $t=13°,885.$
E + e... 155 105,38	155 117,96
R...... 83,51	95,93
Jaune... 48	95,90
V...... 48	95,93
B...... 48	95,93
V$_l$...... 46	95,94
e...... 83,48	95,93
E...... 155 021,90	155 022,03
C$_n$..... — 0,47	— 0,31

SÉRIE I (1er décembre). $H_0=755^{mm},2$ $t=13°,667.$	SÉRIE II (1er décembre). $H_0=753^{mm},4$ $t=13°,900.$
E + e... 155 099,97	155 110,92
R...... 81,34	91,92
Jaune... 30	90
V...... 27	83
B...... 29	82
V$_l$..... 33	80
e...... 81,31	91,85
E...... 155 018,66	155 019,07
C$_n$..... + 0,07	+ 0,21

E[2-5]. — **Position III**

E[2-5]. — **Position IV**

SÉRIE I (4 décembre). $H_0=740^{mm},5$ $t=14°,061.$	SÉRIE II (4 décembre). $H_0=735^{mm},0$ $t=14°,318.$
E + e... 155 105,22	155 105,32
R...... 83,70	83,99
Jaune... 67	84,01
V...... 60	83,94
B...... 62	83,92
V$_l$..... 62	83,95
e...... 83,64	83,96
E...... 155 021,58	155 021,36
C$_n$..... + 0,96	+ 1,31

SÉRIE I (5 décembre). $H_0=741^{mm},2$ $t=14°,531.$	SÉRIE II (5 décembre). $H_0=739^{mm},2$ $t=14°,772.$
E + e... 155 108,19	155 121,12
R...... 85,56	99,05
Jaune... 42	99,11
V...... 44	98,98
B...... 48	98,93
V$_l$..... 49	99,01
e...... 85,48	99,02
E...... 155 022,71	155 022,10
C$_n$..... + 1,02	+ 1,14

Corrections de dilatation.

	E[3-4]		E[1-6].		E[2-5].	
	T échelle normale.	Correction en $\frac{\lambda_n}{2}$.	T échelle normale.	Correction en $\frac{\lambda_n}{2}$.	T échelle normale.	Correction en $\frac{\lambda_n}{2}$.
Position I.....	13,882	+1,57	14,282	+1,01	13,365	+2,30
»	14,502	+0,70	14,381	+0,87	13,819	+1,66
Position II.....	14,264	+1,04	14,336	+0,93	13,601	+1,97
»	14,397	+0,85	14,433	+0,80	13,833	+1,64
Position III.....	15,422	—0,59	14,968	+0,04	13,994	+1,42
»	15,546	—0,77	15,065	—0,09	14,250	+1,06
Position IV.....	12,758	+3,16	15,165	—0,23	14,462	+0,76
»	13,090	+2,69	15,236	—0,33	14,703	+0,42

Corrections de départ et d'épaisseur de la couche d'argent ε_a. — La correction de départ ε'_p peut être assimilée à la correction d'épaisseur de la couche d'argent du plan des repères, que j'ai désignée par ε_p dans les cas précédents. Le Tableau suivant résume les valeurs des corrections de départ, déterminées après chaque groupe de mesures exécutées dans une même position du cube ([1]), les épaisseurs ε_a des lames d'argent sur les faces antérieures du cube, la correction totale résultante $\varepsilon'_p - \varepsilon_a$ et les valeurs corrigées des dimensions du cube :

Corrections de départ et d'épaisseur des couches d'argent en $\frac{\lambda_n}{2}$.

	E[3-4].			
	ε'_p.	ε_a.	$\varepsilon'_p - \varepsilon_a$.	Épaisseurs corrigées.
Position I..........	—0,37	+0,10	—0,47	155 091,15
»	—0,37	+0,10	—0,47	155 091,34
Position II..........	—0,29	+0,10	—0,39	155 090,98
»	—0,29	+0,10	—0,39	155 090,81
Position III..........	—0,88	+0,18	—1,06	155 092,77
»	—0,88	+0,18	—1,06	155 092,57
Position IV..........	—1,75	+0,18	—1,93	155 089,31
»	—1,75	+0,18	—1,93	155 089,26

([1]) Les observations de la dimension E[1-6] faites dans la position I font exception; le cube a été enlevé et la constante de départ mesurée entre les deux séries d'observations.

E[1-6].

	ε'_p.	ε_a.	$\varepsilon'_p - \varepsilon_a$.	Épaisseurs corrigées.
Position I.........	—3,10	0,21	—3,31	154 841,03
»	+2,01	0,21	+1,80	841,59
Position II.........	+2,19	0,21	+1,98	154 844,67
»	+2,19	0,21	+1,98	844,48
Position III.........	—0,60	0,38	—0,98	154 844,02
»	—0,60	0,38	—0,98	844,17
Position IV.........	—0,64	0,38	—1,02	154 841,10
»	—0,64	0,38	—1,02	840,94

E[2-5].

Position I.........	+1,78	0,33	+1,45	155 025,18
»	+1,78	0,33	+1,45	024,83
Position II.........	+1,75	0,33	+1,42	155 022,12
»	+1,75	0,33	+1,42	022,34
Position III.........	+1,72	0,05	+1,67	155 025,63
»	+1,72	0,05	+1,67	025,40
Position IV.........	—2,23	0,05	—2,28	155 022,21
»	—2,23	0,05	—2,28	021,38

Résultats des mesures faites sur le cube d'essai de 5 centimètres $\left(en\ \dfrac{\lambda_R}{2} \right)$.

E[3-4].

Position I........	155 091,25	
» II........	090,89	155 091,07
» III........	092,67	
» IV........	089,29	155 090,98

E[1-6].

Position I........	154 841,31	
» II........	844,57	154 842,94
» III........	844,10	
» IV........	841,02	154 842,56

E[2-5].

Position I........	155 025,00	
» II........	022,23	155 023,61
» III........	025,51	
» IV........	021,80	155 023,65

d'où

$$E[3\text{-}4] \text{ à } 15° = 155\,091,02\ \frac{\lambda_R}{2} = 49^{mm},927\,461,$$

$$E[1\text{-}6] \text{ à } 15° = 154\,842,75\ \frac{\lambda_R}{2} = 49^{mm},847\,537,$$

$$E[2\text{-}5] \text{ à } 15° = 155\,023,63\ \frac{\lambda_R}{2} = 49^{mm},905\,767.$$

*Volume à 15° = **124 203**^{mm3},53.*

XIV.

A.20

PESÉES DU CUBE D'ESSAI DANS L'AIR.

La masse du cube d'essai a été déterminée par les observations suivantes :

2 septembre 1895. N° 1.

A = Oe(200 + 100 + 5 + 2 + 1 + 0,5 + 0,2 + 0,1 + 0,02 + 0,01 + 0,005) + P_1.
B = Cube + P_2.

2^h T = $19^o,015$ A B   105,08   104,88   106,28   105,22
         H = $756^{mm},29$ B A   134,02   132,68   131,60
         $f = 75,0$

      I. [Cube + P_2] — [308 835^{mg},577 + P_1] — 131^{mg},320 = — 13,63 n.

B précédent + Oe(0,001).

$3^h 55^m$ T = $19^o,035$ A B   135,65   135,96   136,77   134,88
            H = $756^{mm},50$ B A   102,40   100,63   102,27
            $f = 75,5$

      II. [Cube + P_1] — [308 834^{mg},577 + P_2] — 131^{mg},341 = + 17,245 n.

$n = 0^{mg},031\,71$.

3 septembre 1895.

A = Oe(200 + 100 + 5 + 2 + 1 + 0,5 + 0,2 + 0,1 + 0,02 + 0,01 + 0,005) + P_2.
B = Cube + P_1.

$8^h 35^m$ T = $18^o,966$ A B   94,51   94,20   94,77   95,52
            H = $757^{mm},92$ B A   146,05   146,47   145,46
            $f = 77,0$

      III. [Cube + P_2] — [308 835^{mg},577 + P_1] — 131^{mg},608 = — 25,72 n.

B précédent + Oe(0,001).

$10^h 50^m$ T = $19^o,065$ A B   127,65   130,54   129,46   129,74
             H = $757^{mm},46$ B A   112,55   110,77   108,90
             $f = 77,0$

      IV. [Cube + P_1] — [308 834^{mg},577 + P_2] — 131^{mg},479 = + 9,50 n.

$n = 0^{mg},032\,03$.

Résultat : Masse du cube = **308 966^{mg},413**.

18 septembre 1895. N° 2.

A = Cube + P_1.
B = Oe(200 + 100 + 5 + 2 + 1 + 0,5 + 0,2 + 0,1 + 0,02 + 0,01 + 0,002 + 0,001) + P_2.

9^h T = $18^o,144$ A B   90,15   86,71   85,08   86,54
         H = $760^{mm},86$ B A   101,19   101,63   100,48
         $f = 75,0$

      I. [Cube + P_1] — [308 833^{mg},590 + P_2] — 132^{mg},557 = — 7,48 n.

Pesées du cube d'essai.

B précédent — Oe(o,oo1) + Oe(o,oo2)*.

11^{h}20^m T = 18°,213   A   B   122,10   120,12   121,19   117,86
H = 760^{mm},36   B   A   65,60   66,56   68,23
f = 75,0

II. [Cube + P$_1$] — [3o8 834^{mg},620 + P$_2$] — 132^{mg},442 = — 26,875n.

n = o^{mg},o26 63.

A = Cube + P$_2$.
B = Oe(200 + 100 + 5 + 2 + 1 + 0,5 + 0,2 + 0,1 + 0,02 + 0,01 + 0,002 + 0,002*) + P$_1$.

2^{h}25^m T = 18°,144   A   B   113,72   111,87   110,07   107,29
H = 759^{mm},04   B   A   75,82   77,79   77,77
f = 75,0

III. [Cube + P$_2$] — [3o8 834^{mg},620 + P$_1$] — 132^{mg},236 = — 16,845n.

A précédent + Oe(o,oo1).

4^{h}3o^m T = 18°,243   A   B   70,05   68,00   68,28   67,20
H = 758^{mm},19   B   A   119,25   119,32   118,76
f = 75,0

IV. [Cube + P$_2$] — [3o8 833^{mg},620 + P$_1$] — 132^{mg},042 = + 25,445n.

n = o^{mg},o28 23.

Résultat : Masse du cube = **3o8 966^{mg},363.**

9 mars 1897.   N° **3.**

A = Cube + P$_1$.
B = Oe(200 + 100 + 5 + 2 + 1 + 0,5 + 0,2 + 0,1 + 0,02 + o,005 + 0,002 + 0,002*) + P$_2$.

T = 9°,844   A   B   128,68   128,49   127,65   128,44   127,36
H = 761^{mm},18   B   A   92,31   94,22   92,30   93,11
f = 76,8

I. [Cube + P$_1$] — [3o8 829^{mg},609 + P$_2$] — 136,773 = — 17,57n.

A précédent + Oe(o,oo1).

T = 9°,944   A   B   95,17   95,85   95,85   94,65   93,40
H = 761^{mm},05   B   A   126,09   126,64   127,89   127,33
f = 77,3

II. [Cube + P$_1$] — [3o8 828^{mg},606 + P$_2$] — 136^{mg},696 = + 15,87n.

n = o^{mg},o32 23o.

A = Cube + P$_2$.
B = Oe(200 + 100 + 5 + 2 + 1 + 0,5 + 0,2 + 0,1 + 0,02 + o,005 + 0,002 + 0,002*) + P$_1$.

T = 9°,954   A   B   97,17   98,22   97,55   97,84
H = 760^{mm},38   B   A   126,01   126,20   126,81
f = 79,3

III. [Cube + P$_2$] — [3o8 829^{mg},609 + P$_1$] — 136^{mg},554 = + 14,25n.

Pesées du cube d'essai (suite).

B précédent + Ni(0,000 25).

$T = 9°,954$ A B   108,97   108,60   108,14   108,63   108,84
$H = 760^{mm},18$ B A   117,81   119,93   120,60   120,06
$f = 78,6$

IV. $[\text{Cube} + P_2] - [308\,829^{mg},901 + P_1] - 136^{mg},532 = +\,5,59\,n.$

$n = 0^{mg},031\,17.$

Résultat : Masse du cube = **308 966^{mg},211.**

20 mars 1897.   N° **4.**

$A = \text{Cube} + P_2.$
$B = \begin{cases} Oe(200 + 100 + 5 + 2 + 1 + 0,5 + 0,2 + 0,1 + 0,02 + 0,005 + 0,002 + 0,002^*) \\ \qquad\qquad\qquad\qquad\qquad\qquad\qquad\qquad\qquad\qquad + \text{Ni}(0,0005) + P_1. \end{cases}$

$T = 9°,733$ A B   121,01   121,37   122,28   120,25
$H = 761^{mm},44$ B A   96,11   96,85   97,59
$f = 87,6$

I. $[\text{Cube} + P_2] - [308\,830^{mg},116 + P_1] - 136^{mg},805 = 12,36\,n.$

B précédent — Ni(0,0005).

$T = 9°,893$ A B   105,82   106,41   104,86   104,78
$H = 761^{mm},74$ B A   115,77   115,39   114,79
$f = 86,6$

II. $[\text{Cube} + P_2] - [308\,829^{mg},609 + P_1] - 136^{mg},795 = +\,4,88\,n.$

$n = 0^{mg},029\,99.$

$A = \text{Cube} + P_1$
$B = Oe(200 + 100 + 5 + 2 + 1 + 0,5 + 0,2 + 0,1 + 0,02 + 0,005 + 0,002 + 0,002^*) + P_2$

$T = 10°,006$ A B   88,01   89,00   89,95   90,31
$H = 761^{mm},49$ B A   125,90   126,88   125,98
$f = 87,6$

III. $[\text{Cube} + P_1] - [308\,829^{mg},609 + P_2] - 136^{mg},675 = -\,18,45\,n.$

A précédent + Ni(0,0005).

$T = 10°,074$ A B   111,15   110,72   112,46   111,55
$H = 761^{mm},37$ B A   107,89   107,01   108,20
$f = 87,1$

IV. $[\text{Cube} + P_1] - [308\,829^{mg},102 + P_2] - 136^{mg},631 = -\,1,95\,n.$

$n = 0^{mg},0,033\,39.$

Résultat : Masse du cube = **308 966^{mg},109.**

Résumé des résultats.

Dates.	Masse du cube.	Observations.
N° 1. 1895. 3 septembre............	3o8 966,$\overset{mg}{4}$13	Balance Rueprecht n° 5, série Oe.
» Du 13 au 17 septembre .		Pesées hydrostatiques.
N° 2. » 18 septembre..........	3o8 966,363	
1896. De juin à décembre.....		Mesures des dimensions, lavages, etc.
N° 3. 1897. 9 mars................	3o8 966,211	
» Du 1o au 19 mars......		Pesées hydrostatiques.
N° 4. » 2o mars..............	3o8 966,1o9	

La masse du cube d'essai a diminué sensiblement pendant les pesées hydrostatiques et pendant les mesures des dimensions. J'ai admis pour la valeur M_e correspondant aux expériences à l'appareil Michelson la moyenne des pesées avant et après ces mesures, augmentée de celle des fragments très petits détachés accidentellement des arétes, et que j'ai évaluée, par des mesures micrométriques, à $o^{mg},o25$:

$$M_e = 300\,966^{mg},306.$$

PESÉES HYDROSTATIQUES DU CUBE D'ESSAI DE 5 CENTIMÈTRES.

Les pesées ont été exécutées sur la balance Sacré; le cube était placé dans le vase de platine antérieurement décrit.

10 mars 1897.   N° 1.

A = Étrier + Cube dans l'eau.
B = Étrier dans l'eau + Oe$(100 + 5o + 2o + 10 + 2 + 2^* + o,5 + o,2 + o,1 + o,o2 + o,o2^*)$ dans l'air.

T_{cage} = 11°,223	A	53,3o	53,4o	52,99	52,16	B =	184 84o,$\overset{mg}{7}$67
T_{eau} = 11°,545	A — o,oo5	42,34	42,56	41,29	41,o1	A — B = +	o,14o
H = 759^{mm},o1	B	52,69	52,56	52,62	52,74	P = —	1o,625
f = 7o,6						p = +	o,oo1
						γ = —	o,o28
							184 83o,255

11 mars 1897.   N° 2.

B = Étrier dans l'eau + Oe$(100 + 5o + 2o + 10 + 2 + 2^* + o,5 + o,2 + o,1 + o,o2 + o,o1)$ dans l'air.

T_{cage} = 11°,o76	A	55,51	55,95	55,82	56,13	B =	184 83o,799
T_{eau} = 1o°,56o	A — o,oo5	44,11	45,o3	44,67	44,82	A — B = +	1,249
H = 761^{mm},55	B	53,29	53,11	53,o1	52,88	P = —	1o,665
f = 71,8						p = +	o,oo1
						γ = —	o,o28
							184 821,356

P. CHAPPUIS.

11 mars 1897.   N° 3.

Mêmes charges.

$T_{cage} = 11°,834$	A	57,04	58,47	58,52	60,01	B =	184 830,799
$T_{eau} = 10°,718$	A — 0,005	45,92	47,12	47,35	48,69	A — B = +	2,601
H = 758^{mm},86	B	52,39	52,32	52,97	53,10	P = —	10,597
f = 71,4						p = +	0,001
						γ = —	0,028
							184 822,776

12 mars 1897.   N° 4.

B précédent + Oe (0,005).

$T_{cage}= 12°,007$	A	54,13	55,56	55,75	56,02	B =	184 835,827
$T_{eau} = 11°,098$	A — 0,005	42,43	44,19	44,01	44,53	A — B = +	1,193
H = 751^{mm},74	B	52,09	52,24	53,09	53,05	P = —	10,491
f = 72,2						p = +	0,001
						γ = —	0,028
							184 826,502

12 mars 1897.   N° 5.

Deuxième eau.

B = Étrier dans l'eau + Oe(100 + 50 + 20 + 10 + 2 + 2* + 0,5 + 0,2 + 0,1 + 0,05).

$T_{cage} = 12°,311$	A	45,40	44,66	43,76	43,91	B =	184 850,718
$T_{eau} = 11°,971$	A + 0,005	56,67	55,53	55,28	55,46	A — B = —	5,529
H = 749^{mm},46	B	56,42	56,51			P = —	10,447
f = 72,0	B — 0,005			45,47	46,03	p = +	0,001
						γ = —	0,028
							184 834,745

13 mars 1897.   N° 6.

B précédent — Oe (0,05) + Oe(0,02 + 0,02*).

$T_{cage} = 12°,280$	A	55,62	56,36	56,64	56,73	B =	184 840,767
$T_{eau} = 11°,494$	A — 0,005	44,52	45,35	45,08	45,30	A — B = —	0,301
H = 742^{mm},52	B — 0,002	52,35	52,22	52,70	52,57	P = —	10,350
f = 72,5						p = +	0,001
						γ = —	0,028
							184 830,089

15 mars 1897.   N° 7.

B = Étrier dans l'eau + Oe(100+50+20+10+2+2*+0,5+0,2+0,1+0,02+0,02*+0,002) dans l'air.

$T_{cage} = 12°,842$	A	55,63	56,83	56,97	57,47	B =	184 842,797
$T_{eau} = 11°,886$	A — 0,005	44,54	45,52	45,70	46,48	A — B = +	1,783
H = 743^{mm},71	B	53,19	52,83	52,67	52,37	P = —	10,345
f = 72,7						p = +	0,001
						γ = —	0,028
							184 834,208

16 mars 1897.   N° 8.

Troisième eau. B précédent — Oe(0,002) + Oe(0,005).

T_{cage} = 13°,068	A	57,51	57,55	57,57	57,97	B = 184 845,795
T_{eau} = 12°,296	A — 0,005	46,08	46,51	46,40	46,65	A — B = + 1,145
H = 749^{mm},39	B	54,81	54,84	55,30	55,41	P = — 10,416
f = 72,8						p = + 0,001
						γ = — 0,028

184 838,527

16 mars 1897.   N° 9.

B précédent + Oe(0,002).

T_{cage} = 13°,177	A	58,25	58,82	58,75		B = 184 847,825
T_{eau} = 12°,325	A — 0,005	46,29	47,54	47,25	47,61	A — B = + 1,778
H = 749^{mm},11	B	54,68	54,50	54,81	54,58	P = — 10,407
f = 72,4						p = + 0,001
						γ = — 0,028

184 839,169

17 mars 1897.   N° 10.

B = Étrier dans l'eau + Oe(100 + 50 + 20 + 10 + 2 + 2* + 0,5 + 0,2 + 0,1 + 0,05 + 0,005 + 0,002) dans l'air.

T_{cage} = 14°,365	A	49,28	50,44	50,50	51,68	B = 184 857,776
T_{eau} = 12°,850	A + 0,005	61,07	61,85	61,85	62,52	A — B = — 2,197
H = 750^{mm},41	B	55,81	55,75	55,21	54,96	P = — 10,380
f = 71,9						p = + 0,001
						γ = — 0,028

184 845,172

18 mars 1897.   N° 11.

Quatrième eau. B précédent — Oe(0,005) + Oe(0,02).

T_{cage} = 15°,128	A	47,12	48,04	47,67	47,75	B = 184 872,800
T_{eau} = 13°,990	A + 0,005	58,72	58,96	59,15	59,06	A — B = — 2,597
H = 753^{mm},53	B	53,56	53,16	53,83	53,43	P = — 10,393
f = 72,7						p = + 0,001
						γ = — 0,028

184 859,783

19 mars 1897.   N° 12.

Mêmes charges.

T_{cage} = 15°,290	A	46,41	47,39	47,37	48,22	B = 184 872,800
T_{eau} = 13°,980	A + 0,005	57,68	58,01	59,04	59,16	A — B = — 2,726
H = 756^{mm},67	B	53,27	53,32	53,73	53,20	P = — 10,430
f = 71,8						p = + 0,001
						γ = — 0,028

184 859,617

P. CHAPPUIS.

Le cube d'essai est resté dans l'eau du 10 mars à 11ʰ au 19 mars à 3ʰ, soit 220 heures. Sa masse était

Le 9 mars .... 308 966,211 mg

Le 20 mars 308 966,109

D'où il résulte qu'il a perdu........ 0,102

Admettant que la diminution ait été proportionnelle au temps d'immersion, on obtient les résultats suivants des masses du cube dans l'air et dans l'eau :

Résultats des pesées hydrostatiques.

Nᵒˢ.	Dates. 1897.	Durée de l'immersion.	Masse apparente dans l'eau.	Masse du cube.	Masse de l'eau déplacée.	Eaux.	Exposition à l'air.
		heures	mg	mg	mg		heures
1...	10 mars	$3\frac{1}{2}$ $4\frac{1}{2}$	184 830,255	308 966,209	124 135,954	1ʳᵉ eau	5
2...	11 »	10 23	821,356	966,200	144,844	»	23
3...	11 »	3 28	822,776	966,198	144,422	»	28
4...	12 »	10 47	826,502	966,189	139,687	»	47
5...	12 »	$4\frac{1}{4}$ $53\frac{1}{2}$	834,705	966,186	131,481	2ᵉ eau	5
6...	13 »	10 71	830,089	966,178	136,089	»	23
7...	15 »	$9\frac{1}{2}$ $118\frac{1}{2}$	834,208	966,156	131,948	»	47
8...	16 »	9 142	838,527	966,145	127,618	3ᵉ eau	17
9...	16 »	3 148	839,169	966,142	126,973	»	23
10...	17 »	11 168	845,172	966,133	120,961	»	43
11...	18 »	3 196	859,783	966,120	106,337	4ᵉ eau	5
12...	19 »	10 215	184 859,617	308 966,111	124 106,494	»	24

Nᵒˢ.	Température de l'eau.	Densité de l'eau à T et sous 760ᵐᵐ.	Pression H + h.	Correction de compressibilité.	Correction pour l'air dissous.	Densité de l'eau aérée à T et sous H + h
	°					
1......	11,545	0,999 575 6	768,6	+0,000 006	−0,000 000 8	0,999 575 4
2......	10,560	676 8	771,1	+ 007	− 001 6	675 9
3......	10,718	661 4	768,4	+ 006	− 001 6	660 4
4......	11,098	623 0	761,3	+ 001	− 001 8	621 3
5......	11,971	528 1	759,0	− 001	− 000 8	527 2
6......	11,494	581 1	759,1	− 001	− 001 5	579 5
7......	11,886	537 8	753,3	− 004	− 001 8	535 6
8......	12,296	490 3	758,9	− 001	− 001 3	488 9
9......	12,325	486 8	758,7	− 001	− 001 4	485 3
10......	12,850	422 9	760,0	000	−- 001 6	421 3
11......	13,990	272 6	763,1	+ 002	− 000 7	272 1
12......	13,980	0,999 274 0	766,2	+0,000 004	−0,000 001 3	0,999 273 1

On déduit de ces résultats les volumes suivants du cube d'essai à la température T et à 0°.

N^os.	Volume du cube à T°.	Dilatation du verre.	Volume du cube à 0°.	Erreurs résiduelles O — C.
	microlitres	microlitres	microlitres	microlitres
1........	124 188,68	1,000 310 4	124 150,14	+0,18
2........	185,09	283 7	149,87	—0,09
3........	185,59	288 0	149,83	—0,13
4........	186,72	298 3	149,69	—0,26
5........	190,19	322 0	150,21	+0,26
6........	188,31	309 0	149,95	0,00
7........	189,62	319 7	149,93	—0,01
8........	191,09	330 7	150,03	+0,09
9........	190,89	331 6	149,72	—0,21
10........	192,83	345 7	149,91	—0,02
11........	196,73	376 8	149,95	+0,03
12........	124 196,77	1,000 376 6	124 150,02	+0,10
		Moyenne...	124 149,94	

La masse moyenne du cube correspondant aux pesées hydrostatiques étant 308 966^{mg},164, on obtient

$$\text{densité du verre à } 0° = \frac{308\ 966,164}{124\ 149,94} = 2,488\ 653\ 3.$$

Résultats. — En divisant les masses correspondant à chaque expérience par cette densité, on obtient les volumes calculés, qui donnent, par rapport aux valeurs observées, les erreurs résiduelles O — C inscrites dans le Tableau ci-dessus.

La masse du cube d'essai, à l'époque des mesures des dimensions, a été trouvée (p. 157) égale à

$$\text{Masse} = 308\ 966^{mg},306;$$

admettant la densité ci-dessus, on obtient

Volume à 0° = 124 150,00 microlitres,

Volume à 15° = **124 200,19** microlitres.

La mesure des dimensions ayant donné

$$V[8]_{15} = \mathbf{124\ 203}^{mm^3},\mathbf{53},$$

on trouve

$$1^{mm^3} = \mathbf{0,999\ 973\ 1} \text{ microlitre.}$$

Volume du kilogramme d'eau à 4° = 1^{dm^3},**000 026 9.**

RÉSUMÉ ET COMPARAISON DES RÉSULTATS.

Les résultats obtenus par les mesures des dimensions ont été mis en regard des résultats dérivés des pesées dans le Tableau suivant, qui résume toutes les expériences.

Cubes.	Volumes.		Volume du kilogramme d'eau à 4° et sous 760ᵐᵐ.
	cm³	ml	dm³
4ᶜᵐ.................	63,736 97	63,735 14	1,000 028 7
5ᵉᵐ { 1ʳᵉ mesure........	122,557 84	122,555 23	1,000 021 1
{ 2ᵉ mesure.......	122,557 58	122,554 92	1,000 021 6
5ᵉᵐ retouché.........	118,250 93	118,247 75	1,000 026 9
6ᶜᵐ.................	230,690 00	230,682 98	1,000 030 4
5ᵉᵐ essai...........	124,203 53	124,200 19	1,000 026 9

On remarquera d'abord que ces résultats ne présentent pas de marche systématique suivant les volumes, comme cela devrait être, si les mesures de longueur étaient affectées d'une erreur constante.

Comme je l'ai dit, les dimensions des cubes ont été rapportées au Mètre à l'aide de la longueur d'onde des radiations rouges du cadmium déterminée en 1893 par MM. Michelson et Benoît :

$$\lambda_R = 0^\mu,643\ 847\ 22,$$

cette valeur étant définie dans l'air, à 15° du thermomètre de verre dur, et sous la pression de 760ᵐᵐ.

Dans cette détermination, non plus que dans les mesures interférentielles des cubes, on n'a tenu compte de l'humidité de l'air, dont l'influence extrêmement faible a pu s'éliminer presque complètement par la similitude des conditions au cours des déterminations de la longueur d'onde et de la mesure des cubes.

Il est intéressant de rapprocher de cette première détermination le résultat des nouvelles mesures effectuées par MM. Benoît, Fabry et Perot [1]. La longueur d'onde λ_R du cadmium, rapportée à 15° de l'échelle normale du thermomètre à hydrogène, dans l'air sec et sous la pression de 760ᵐᵐ de mercure, qui résulte de cette nouvelle détermination, est

$$\lambda_R = 0^\mu,643\ 846\ 96.$$

Si l'on ramène la valeur trouvée par MM. Michelson et Benoît également à l'air sec, en admettant que les mesures aient été faites à une humidité moyenne

---

[1] R. BENOÎT, CH. FABRY et A. PEROT, *Nouvelle détermination du Mètre en longueurs d'ondes lumineuses* (*Comptes rendus*, t. CXLIV, p. 1082, 1907).

égale à 60 pour 100 de la saturation, on trouve

$$\lambda_R = 0^{\mu}, 643\ 847\ 00.$$

La concordance de ces deux déterminations est si parfaite que l'adoption de la nouvelle valeur ne change pas la dernière décimale des résultats.

La seule source d'erreur dont nos connaissances actuelles ne nous permettent pas d'évaluer exactement l'importance est l'influence de l'air dissous sur la densité de l'eau. De nouvelles expériences, destinées à compléter celles de M. Marek, sont en voie d'exécution et pourront modifier très légèrement les résultats que résume le tableau ci-dessus.

La valeur moyenne que l'on obtient en donnant le même poids à chacun des résultats est

Volume du kilogramme d'eau à $4^o = 1^{dm^3}, 000\ 025\ 9.$

Cependant, la précision de la méthode interférentielle étant presque indépendante des longueurs mesurées, il semble préférable d'attribuer aux observations des poids proportionnels aux volumes. On obtient dans ce cas :

Somme des volumes $= 781^{cm^3}, 996\ 61 = 781^{ml}, 976\ 22,$

d'où

Volume du kilogramme d'eau à $4^o = 1^{dm^3}, 000\ 026\ 4.$

On pourrait considérer le cube d'essai comme un peu moins bien déterminé que les autres, en raison des difficultés particulières des mesures, de la moindre perfection de ses surfaces et du plus petit nombre des observations, et attribuer au résultat qu'il fournit un poids relatif moindre. Mais, quel que soit le poids qu'on lui donne dans des limites admissibles, on ne change rien aux décimales conservées dans le résultat final :

Volume du kilogramme d'eau à 4° et sous $760^{mm} = 1^{dm^3}, 000\ 026.$

DÉTERMINATION

VOLUME DU KILOGRAMME D'EAU,

J. MACÉ DE LÉPINAY,

PROFESSEUR A LA FACULTÉ DES SCIENCES DE L'UNIVERSITÉ DE MARSEILLE,

H. BUISSON,

PROFESSEUR ADJOINT A LA FACULTÉ DES SCIENCES DE L'UNIVERSITÉ DE MARSEILLE,

ET

J.-René BENOIT,

DIRECTEUR DU BUREAU INTERNATIONAL DES POIDS ET MESURES.

AVANT-PROPOS.

Il y a plus de vingt ans, le regretté Macé de Lépinay conçut le projet de déterminer l'épaisseur, exprimée en longueurs d'onde lumineuses, d'une lame transparente à faces parallèles. Cette opération, répétée dans les trois directions rectangulaires d'un cube, permettait de calculer son volume, exprimé en fonction du cube des longueurs d'onde employées. D'autre part, ce même volume, déterminé par une pesée hydrostatique, était rapporté à celui qu'occupe 1 kilogramme d'eau. Admettant que la relation de ce dernier au décimètre cube était suffisamment connue, Macé de Lépinay se proposait de déduire, du rapport trouvé, la valeur absolue des longueurs d'onde; ou, comme il le disait en un langage imagé, il voulait « déterminer, par une pesée, une longueur d'onde lumineuse ».

En réalité, à l'époque de ses mesures, notre connaissance des longueurs d'onde du spectre et celle du volume du kilogramme d'eau étaient affectées d'une incertitude du même ordre; et, si les recherches ultérieures ont montré que la valeur admise pour ce dernier avait à subir une moindre correction que l'erreur des premières, il était alors impossible de présager un tel résultat. Le premier travail, que Macé de Lépinay mit à exécution en se servant d'une lame de 1 centimètre d'épaisseur, ne devait donc fournir qu'une relation nouvelle entre deux quantités, connues isolément avec une précision sensiblement moindre.

Mais la question changea lorsque, par l'application, faite au Bureau international, des belles méthodes imaginées par M. Michelson, l'incertitude dans la connaissance des longueurs d'onde se trouva réduite dans une proportion réellement inespérée; le problème put alors revêtir la forme définie de la détermination du volume du kilogramme d'eau, en prenant comme étalon transitoire les longueurs d'onde lumineuses. Ce fut donc cette détermination que réalisa Macé de Lépinay, en opérant, cette fois, sur un cube de plus grandes dimensions, permettant d'atteindre une exactitude plus élevée.

Toutefois, la méthode suivie par Macé de Lépinay dans ses premiers travaux renfermait encore, par la nécessité d'une détermination accessoire (celle de l'indice de réfraction de la lame mesurée) une cause d'incertitude relativement considérable. La nécessité de s'en affranchir l'engagea à imaginer un nouveau perfectionnement éliminant cette mesure secondaire. Il devenait dès lors désirable d'assurer à tout l'ensemble une exactitude aussi élevée que possible.

Dans une recherche effectuée par la première méthode, la masse du cube employé avait été déjà déterminée au Bureau international par M. Benoit. Pour les nouvelles recherches, M. Benoit s'associa au travail de Macé de Lépinay en effectuant, sur les deux cubes étudiés, toutes les déterminations à la balance, mesure de la masse et mesure de la poussée de l'eau.

Macé de Lépinay avait effectué seul les mesures de dimensions dans ses premières expériences. Pour les dernières, il s'assura la collaboration de M. Henri Buisson, nommé, dans l'intervalle, Maître de conférences à la Faculté des Sciences de Marseille. Et, quand la mort si regrettable de Macé de Lépinay vint brusquement interrompre le cours de ses travaux, les mesures des cubes étaient assez avancées pour que M. Buisson pût les achever seul.

Le Mémoire résulté de cette coopération est resté indivis dans son titre comme dans sa rédaction; les indications qui précèdent font connaître la part du travail de chacun. Si même il n'a pas été donné à Macé de Lépinay de participer à sa rédaction définitive, l'inscription de son nom en tête de cet exposé des travaux dont il fut l'initiateur et auxquels il consacra les derniers jours de sa trop courte vie est un juste hommage au physicien éminent auquel la science de l'optique et de ses applications doivent des contributions de tout premier ordre.

La nature du problème traité, si important pour la connaissance des unités métriques, et auquel le Bureau international a consacré tant d'efforts, aurait rendu désirable, en toutes circonstances, la publication de ces recherches dans le volume des *Travaux et Mémoires* contenant les résultats obtenus au Bureau dans l'étude du même problème. La participation active de M. Benoit aux recherches inaugurées par Macé de Lépinay achève de justifier cette publication dans notre Recueil de travaux de haute Métrologie.

Pour le Comité international :

Le Secrétaire,   Le Président,
P. BLASERNA.   W. FOERSTER.

DÉTERMINATION

DU

VOLUME DU KILOGRAMME D'EAU.

HISTORIQUE DU DÉVELOPPEMENT DE LA MÉTHODE.

Premières mesures de Macé de Lépinay ; détermination de la longueur d'onde de la raie D_2 en fonction du millilitre. — En 1886, Macé de Lépinay publia une détermination de la longueur d'onde de la raie D_2 du sodium, qui fut l'origine des recherches actuelles [1]. Frappé de la discordance des résultats que différents observateurs avaient obtenus par la méthode des réseaux, et convaincu que cette discordance tenait à la méthode même (erreurs de tracé du réseau, difficulté de comparer au Mètre l'intervalle de deux traits) [2], il avait procédé par une méthode toute différente, qu'il avait créée de toutes pièces, et qui était fondée sur l'observation des interférences produites entre deux faisceaux de lumière ayant traversé, l'un une lame transparente d'indice n, l'autre une épaisseur égale e d'air. Leur différence de marche est $(n-1)e$. Si l'indice est déjà connu, il suffit de déterminer l'ordre d'interférence pour une radiation déterminée, pour en déduire une relation entre e et λ. On opère en lumière blanche, celle du soleil ; elle est analysée par un spectroscope à réseau qui donne un spectre sillonné de franges noires, dites *de Talbot*. La position d'une raie

---

[1] Macé de Lépinay, *Détermination de la valeur absolue de la longueur d'onde de la raie D_2* (*Comptes rendus*, t. CII, 1886, p. 1153 ; *Journal de Physique*, 2ᵉ série, t. V, 1886, p. 411 ; *Annales de Chimie et de Physique*, 6ᵉ série, t. X, 1887, p. 170).

[2] Il est intéressant de remarquer que, même avec le progrès qui a été réalisé par l'emploi des réseaux de Rowland, ces difficultés n'ont pas disparu. Les mesures plus récentes présentent des discordances plus grandes que celles que l'on aurait pu attendre, et la valeur adoptée par Rowland comme base de sa Table de longueurs d'onde est erronée de $\frac{3}{100000}$. Aussi M. Kayser conclut-il (*Handbuch der Spectroscopie*, t. I, p. 706) qu'il est impossible, avec les réseaux, de mesurer les longueurs d'onde en valeur absolue avec une précision supérieure à un cent-millième de micron, c'est-à-dire à un cinquante-millième près.

solaire, par rapport aux franges qui l'encadrent, fournit la partie fractionnaire
de l'ordre d'interférence relatif à cette radiation. Pour avoir la partie entière,
on fait la même détermination sur d'autres raies, et l'on obtient ainsi un certain
nombre d'équations, qu'on peut résoudre par différentes méthodes. Macé de
Lépinay imagina celle qu'il a appelée *méthode des différences*.

Si on connait l'épaisseur, on en déduit une valeur de la longueur d'onde.
Pour connaitre l'épaisseur, la comparaison avec le Mètre est difficile. Macé de
Lépinay imagina de comparer un volume géométriquement défini, celui d'un
cube dont toutes les dimensions sont évaluées en fonction de la longueur d'onde
à déterminer, au volume du litre, et cela par une pesée. Il avait ainsi l'avantage
de se servir de la balance, avec sa précision et sa sensibilité. D'autre part, en
déduisant la longueur moyenne des arêtes de la perte de poids apparente que
subit dans l'eau un solide ayant la forme d'un cube, on réduit au tiers l'erreur
relative commise dans la détermination de ce poids.

Macé de Lépinay dit textuellement : « La méthode adoptée à cet effet peut
être considérée comme inverse de celle qui a conduit à la construction du
Kilogramme étalon. »

Sans insister davantage sur ce travail, nous dirons que le cube choisi avait
un centimètre d'arête, et était en quartz, matière dont les avantages au point
de vue métrologique sont considérables. Macé de Lépinay en avait déterminé
lui-même la densité et les indices, sur des échantillons pris dans le même bloc
de matière.

La valeur trouvée fut $0^{\mu},58900$ pour la raie D_2, dans l'air, à $0°$, sous la
pression normale. Macé de Lépinay l'exprimait, non en fonction de l'unité
linéaire, mais de la façon suivante :

$$\lambda = 5,8900 \times 10^{-5} (\text{millilitre})^{\frac{1}{3}},$$

et il ajoutait : « ce nombre pourra être transformé en centimètres, aussitôt que
de nouvelles déterminations auront permis de connaître le rapport exact du
Litre au Décimètre cube. »

Si l'on fait cette transformation, en appliquant les résultats des déterminations récentes de ce rapport, on trouve, à $15°$:

$$\lambda = 0^{\mu},589014,$$

très proche de la valeur de Rowland, $0^{\mu},589015$, et présentant une erreur
de $\frac{1}{50000}$ par rapport à la valeur $0^{\mu},5889965$ déterminée par MM. Perot et Fabry,
à l'aide d'une méthode relative, en partant de la valeur absolue des longueurs
d'onde des raies du cadmium, d'après MM. Michelson et Benoit.

Mais inversement, si, dans le résultat donné par Macé de Lépinay,

$$\lambda = 5,8900 \times 10^{-5} \,(\text{millilitre})^{\frac{1}{3}},$$

on remplace λ par le nombre correct, aujourd'hui connu, que nous venons de citer, on peut en déduire une valeur du millilitre en fonction du centimètre cube. On trouve

$$1 \text{ millilitre} = 0^{\text{cm}^3},99993,$$

résultat qui comporte une erreur triple de celle de la longueur d'onde.

Ainsi, si Macé de Lépinay avait eu à sa disposition une valeur exacte d'une longueur d'onde, dès 1886, c'est sur le problème de la masse du décimètre cube d'eau qu'auraient porté ses investigations; et déjà ses premières mesures auraient fourni une valeur de cette masse plus certaine que toutes celles qui étaient connues avant les travaux les plus récents.

Retournement du problème et détermination d'un volume en fonction des longueurs d'onde de la lumière du cadmium. — Dix ans plus tard, c'est bien ce problème qui se pose. Les recherches de MM. Michelson et Morley, les mesures de MM. Michelson et Benoît avaient fourni de remarquables radiations monochromatiques, dont les longueurs d'onde étaient connues en fonction du Mètre, à moins du millionième près. Partant de ces données, Macé de Lépinay attaqua la question de la masse du décimètre cube d'eau (¹).

Il était, en effet, convaincu que seules les mesures interférentielles peuvent donner toute la précision nécessaire. Si l'on veut avoir un maximum d'erreur d'un millionième, soit 1 milligramme sur le kilogramme, il faut mesurer les dimensions avec une précision triple : sur une épaisseur de 10 centimètres, l'erreur absolue tolérable est de un trentième de micron. Il est douteux que des méthodes mécaniques puissent atteindre ce résultat. Avec la radiation rouge du cadmium, en lumière réfléchie, un trentième de micron correspond à un dixième de frange; et comme il est certain que le phénomène optique, considéré isolément, c'est-à-dire sans tenir compte des causes de variations des longueurs d'onde nécessitant des corrections dont des éléments doivent être déterminés à part, permet d'avoir sûrement le vingtième, il suffira de prendre un solide ayant cinq centimètres de dimensions en tous sens. Il ne sera pas nécessaire de prendre un solide creux, que les pressions pourraient déformer. Enfin

---

(¹) Macé de Lépinay, *Sur une nouvelle détermination de la masse du décimètre cube d'eau distillée, privée d'air, à son maximum de densité* (*Comptes rendus*, t. CXX, 1895, p. 770; *Comptes rendus*, t. CXXII, 1896, p. 595; *Journal de Physique*, 3ᵉ série, t. V, 1896, p. 477; *Ann. de Chimie et de Physique*, 7ᵉ série, t. XI, 1897, p. 102).

XIV. 2*

il sera facile d'employer la méthode interférentielle à l'étude de la forme de surfaces et des irrégularités d'épaisseur.

Ici encore, la forme du solide est imposée par la nature du problème : ce sera un parallélépipède voisin du cube, à faces planes et parallèles. Quant à la matière dont il doit être fait, le quartz, absolument inaltérable, non soluble dans l'eau, présente de sérieux avantages, qui l'on fait adopter de préférence à tout autre corps transparent.

Application à un cube de 4^{cm}. — La méthode était la même que pour la mesure de la longueur d'onde; mais les procédés furent notablement perfectionnés. Le cube avait cette fois 4 centimètres de côté, soit un volume 64 fois plus grand. Les interférences étaient directement obtenues entre cette épaisseur de quartz et une même épaisseur d'air, ce qui donnait un ordre d'interférence d'environ 40000, tandis qu'antérieurement l'interférence se produisait entre rayons ayant traversé, l'un la lame de 1 centimètre de quartz, l'autre une épaisseur auxiliaire de quartz déjà connue, d'environ 8 millimètres, plus 2 millimètres d'air, de sorte que l'ordre d'interférence ne dépassait pas 2000. Cette épaisseur auxiliaire avait été elle-même mesurée de la même façon, en employant une série de lames d'épaisseurs décroissantes jusqu'à 2^{mm}.

L'appareil dispersif était cette fois un réseau concave de Rowland de 3^m,15 de rayon. La lumière était encore la lumière solaire. On pointait les franges par rapport à quelques raies noires du fer très voisines de la raie verte du cadmium, qu'elles encadrent; des ordres d'interférence relatifs à ces raies du fer on déduisait celui qui correspondait à la raie du cadmium. Les épaisseurs étudiées étaient donc finalement mesurées en fonction de la longueur d'onde de cette dernière radiation. Ces mesures absolues étaient complétées par l'étude des irrégularités d'épaisseur, en employant la même méthode interférentielle.

L'indice, dont la connaissance est nécessaire avec une précision qui limite celle des mesures, fut déterminé directement sur un prisme tiré du même bloc de quartz que le cube. On se servait d'un goniomètre spécialement construit par Brunner, à cercle répétiteur, muni de micromètres à oculaires micrométriques, permettant de lire le cinquième de seconde d'arc.

La masse du cube fut déterminée au Bureau international par M. Benoît. La densité le fut à Marseille par Macé de Lépinay. La valeur trouvée pour cette dernière fut, après réduction à l'eau privée d'air, 2,650728. On verra plus loin que les mesures nouvelles, faites sur ce même cube retouché, à l'occasion du travail actuel, ont conduit à un résultat très voisin.

En définitive, Macé de Lépinay obtint, pour le volume du kilogramme d'eau, privée d'air, à 4° et sous la pression normale,

$$1^{dm^3}, 000041,$$

avec une précision qu'il estimait être de $\pm 6^{mm^3}$, en admettant que l'indice était connu au millionième.

Application, par MM. Perot et Fabry, de la méthode des franges de superposition. — Deux ans après, Macé de Lépinay accepta la proposition que lui firent MM. Perot et Fabry de mesurer avec lui, et par leurs nouvelles méthodes, les dimensions du cube de quartz qui avait servi aux précédentes déterminations [1]. La méthode est purement optique; mais cette fois la lumière ne traverse pas l'épaisseur à mesurer, et l'intervention de l'indice, qui est le point délicat de la méthode des franges de Talbot, n'est plus nécessaire. Par contre, il faut employer des surfaces auxiliaires, qui peuvent, si elles ne sont pas parfaites, être une cause d'erreur.

Le dispositif est le suivant : le cube est placé entre deux disques de verre, parfaitement plans, dont la distance est à peine supérieure à l'épaisseur à mesurer, et qui débordent le cube. Dans les quatre segments latéraux ainsi déterminés se produisent des anneaux dans l'air, qui permettent le réglage exact du parallélisme et la mesure de la distance des disques de verre. Dans les couches d'air comprises entre les faces du cube et les disques se produisent des franges des lames minces, qui, convenablement observées, fournissent la topographie des faces du cube et donnent l'excès de la distance des disques sur l'épaisseur du cube.

Le résultat fût que le volume du kilogramme d'eau, privée d'air, est [2]

$$1^{dm^3}, 000021.$$

Discussion des erreurs dans les premières mesures de Macé de Lépinay. — La discordance de ces derniers résultats avec les nombres de Macé de Lépinay est de 20^{mg}. Il faut en rechercher l'origine uniquement dans les mesures de volume. En effet, MM. Macé de Lépinay, Perot et Fabry ont adopté, pour la densité et la masse du cube de quartz, c'est-à-dire pour son volume en fonction du litre, les mêmes nombres que Macé de Lépinay dans sa première détermination, en accord d'ailleurs avec les résultats des mesures ultérieures. L'écart porte d'une façon systématique sur toutes les épaisseurs; la méthode des franges de Talbot avait donné un excès constant d'environ $0^{\mu}, 25$.

Macé de Lépinay se convainquit rapidement que la cause de ce désaccord

[1] FABRY, MACÉ DE LÉPINAY et PEROT, *Sur la mesure en longueurs d'onde des dimensions d'un cube de quartz de 4ᶜᵐ de côté* (*Comptes rendus*, t. CXXVIII, 1899, p. 1317).

[2] FABRY, MACÉ DE LÉPINAY et PEROT, *Sur la masse du décimètre cube d'eau* (*Comptes rendus*, t. CXXIX, 1899, p. 709).

devait tenir à quelque erreur commise dans la mesure de l'indice. Il suffisait
en effet, pour l'expliquer, d'admettre que l'indice employé comportait une
inexactitude de 3 millionièmes, alors que Macé de Lépinay avait admis que le
millionième était la limite de l'erreur commise sur cette donnée (¹). Après avoir
cherché, en conséquence, à perfectionner la mesure de l'indice, Macé de
Lépinay reconnut qu'il avait atteint la limite de précision dont sont susceptibles les mesures d'angle, et que, d'autre part, le manque d'homogénéité de la
matière était un obstacle probable à l'emploi d'un élément dont la valeur n'a
pas été déterminée au point même où elle intervient.

Mesure directe de l'indice. — Bien résolu à ne pas abandonner la question,
Macé de Lépinay ne voulait pas renoncer complètement à ses méthodes, dont
un des avantages était de ne faire intervenir aucune autre surface optique que
celles qui limitent le corps à mesurer. La lumière doit donc traverser la
matière transparente, et forcément son indice intervient. Le problème contient
deux inconnues, et il faut que les phénomènes d'interférence fournissent deux
équations, si l'on veut éviter toute mesure au cercle divisé.

L'une de ces équations est donnée par l'interférence des rayons qui se sont
réfléchis sur les deux faces de la lame, les uns extérieurement, les autres intérieurement. Leur différence de marche est $2ne$. L'autre résulte de l'interférence de deux faisceaux, dont l'un a traversé la lame et l'autre l'air; leur
différence de marche est $(n - 1)e$.

Mais l'ordre d'interférence dans le premier cas dépasse 300000. L'emploi de
la lumière blanche n'est plus possible; il y aurait, dans le spectre cannelé, plus
de 250 franges entre les deux raies D du sodium. Le pouvoir séparateur des
plus grands réseaux de Rowland est insuffisant pour les distinguer. Il faut
donc absolument se servir de lumière monochromatique, qui permet d'obtenir des interférences nettes avec de telles différences de marche, mais aussi
qui nécessite des dispositions expérimentales absolument nouvelles et sans
aucun rapport avec celles qui avaient été employées antérieurement.

C'est l'exposé des nouvelles recherches dans lesquelles ont été appliquées
ces dispositions qui fait l'objet du présent Mémoire.

(¹) Les mesures d'indice faites par la méthode interférentielle sur ce même cube, comme aussi
celles faites sur le prisme qui lui avait servi à déterminer l'indice, ont montré que la valeur admise
par Macé de Lépinay comportait une erreur de $- 5.10^{-6}$. Il en résulte sur chaque épaisseur une erreur
de $+ 0^{\mu},36$, soit en valeur relative $+ 9.10^{-6}$, et $+ 27.10^{-9}$ sur le volume. En faisant cette correction
au résultat de Macé de Lépinay, ses mesures de volume conduisent à $1^{dm^3},000014$ pour le volume du
kilogramme d'eau. La faible erreur qui subsiste, et dont le signe a changé, doit être due au mode de
mesure des franges.

PREMIÈRE PARTIE.

MÉTHODES ET INSTRUMENTS.

Préliminaires.

Les solides qui ont servi aux mesures actuelles sont deux parallélépipèdes de quartz, presque cubiques, ayant respectivement 4^{cm} et 5^{cm} d'arête. Nous les désignerons par les abréviations C_4 et C_5. La taille en a été faite avec toute la perfection possible par M. Jobin.

Les avantages du quartz sont, d'une part, sa très grande dureté, qui permet d'obtenir cette très bonne taille et en particulier des arêtes absolument vives, et, d'autre part, son inaltérabilité complète au contact de l'eau, bien supérieure à celle du verre. La comparaison des pesées, faites avant et après les mesures de densité par la méthode hydrostatique, a montré que la masse du quartz n'avait éprouvé aucune modification mesurable. Une dernière pesée, faite sur C_4 après les mesures d'épaisseur, a fait voir de plus qu'il n'avait subi aucune détérioration, malgré les longues manipulations auxquelles il avait été exposé.

Par contre, il a fallu renoncer à la confiance qu'on avait dans l'identité des propriétés physiques des divers échantillons de quartz. En particulier, la dilatation et l'indice de réfraction varient d'un échantillon à un autre; ce dernier diffère même d'un point à un autre d'un même bloc; il a ainsi fallu mesurer directement les dilatations sur C_5 pour réduire toutes les mesures à une même température, et, pour quelques points, déduire la quantité e du produit en en admettant, pour les diverses régions où sa mesure a été faite, des valeurs de n déduites des courbes d'égal indice, tracées d'après les mesures faites le long des bords, parce qu'il n'a pas été jugé utile de faire en ces points une mesure directe de l'indice. Nous devons toutefois mettre en regard de ces petits inconvénients que présente le quartz le fait certain que ses propriétés physiques se conservent dans le cours du temps, contrairement à ce qui se passe pour le verre.

Le cube de 4^{cm} est le même cube qui avait servi dans les premières recherches de Macé de Lépinay sur la masse du décimètre cube d'eau rappelées ci-dessus; il avait été retaillé depuis par M. Jobin. Le cube de 5^{cm} a été fourni directement par M. Jobin, qui a dû examiner de très nombreux échantillons de quartz avant de trouver un volume de matière bien pure assez grand pour y

tailler, outre le cube, plusieurs lames l'environnant, de 1^{cm} et 2^{cm} d'épaisseur
sur 4^{cm} et 5^{cm} de longueur, destinées à une étude préalable des propriétés
optiques de ce quartz. Il est un peu moins pur que C_1, peut-être à cause de son
plus grand volume. Ces deux cubes ont un couple de faces perpendiculaire à
l'axe optique.

La masse et la densité de chacun des cubes ont été d'abord déterminées au
Bureau international; ils ont été ensuite apportés à Marseille en vue de leur
mesure en longueurs d'onde. Pour le transport, chacun d'eux était enfermé
dans une boîte cubique en bois, dont les six faces sont articulées à charnières
et munies en leur milieu d'un coussin de velours (*fig.* 8, p. 25). Le cube est
posé sur la face de base; les autres sont relevées autour et agrafées. Le cube
est ainsi maintenu par les milieux des faces, et les arêtes ne subissent aucun
contact.

Théorie de la mesure optique des épaisseurs

Principe de la méthode. — Dans la méthode dont nous nous sommes servis (¹),
les seules surfaces utilisées sont celles du solide étudié. La lumière doit donc
traverser la substance transparente, et l'indice intervient, avec l'épaisseur,
pour déterminer le phénomène observé. Si l'on n'utilise qu'un seul phénomène
optique pour mesurer l'épaisseur inconnue, il faut connaître l'indice. C'est ce
que faisait Macé de Lépinay dans ses premières recherches, où le phénomène
optique était la production des franges des lames mixtes (sous forme des
franges de Talbot), par interférence des rayons qui ont traversé la lame avec
ceux qui ont traversé l'air. L'indice était obtenu par une mesure préliminaire,
faite par la méthode du prisme, sur un échantillon pris dans la même masse de
quartz et aussi près que possible du cube. Mais les mesures goniométriques
sont insuffisantes pour donner l'indice avec la précision qui est nécessaire,
surtout pour des épaisseurs de 4 à 5 centimètres. De plus, comme une étude
très soignée l'a montré, les variations de l'indice d'un point à l'autre du même
bloc de quartz ne permettent pas d'utiliser, en une région, l'indice mesuré sur
une autre distante de quelques centimètres.

Pour éliminer l'indice, il faut recourir à l'observation d'un second phénomène, qui fournira une autre équation indépendante de celle qui a été donnée
par le premier.

L'un des phénomènes utilisés est le suivant : faisant tomber (*fig.* 1) sur la
lame un faisceau convergent de lumière homogène, dont l'axe est normal à la

---

(¹) MACÉ DE LÉPINAY et H. BUISSON, *Sur une nouvelle méthode de mesure des épaisseurs et des
indices de lames à faces parallèles* (*Annales de Chimie et de Physique*, 8ᵉ série, t. II, 1904, p. 78).

lame, on obtient deux faisceaux réfléchis, chacun sur une face. Ces deux faisceaux interfèrent entre eux et donnent des franges localisées à l'infini, que l'on
observe au foyer d'une lentille convergente (franges des lames parallèles
épaisses). Ces franges ont la forme d'anneaux concentriques. Au centre, où se

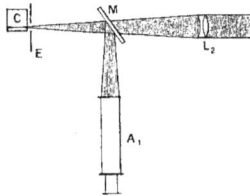

Fig. 1. — Formation des anneaux.

superposent les mouvements vibratoires qui se sont réfléchis normalement,
l'ordre d'interférence est p_l,

$$(1) \qquad p_l = \frac{2 N e}{\Lambda},$$

e étant l'épaisseur de la lame,
N l'indice absolu pour la radiation de longueur d'onde Λ dans le vide.

p_l n'est pas en général un nombre entier. L'observation des franges permet
d'obtenir seulement sa partie fractionnaire, soit ε_l.

D'autre part, interposant la lame sur la moitié d'un faisceau (*fig.* 2) de la
même lumière homogène, mais parallèle, on aura, au foyer d'une lentille con-

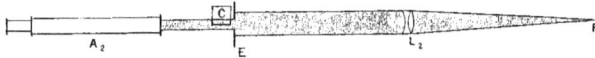

Fig. 2. — Dispositif pour l'observation des franges des lames mixtes.

vergente placée ensuite, l'interférence des deux moitiés ayant traversé, l'une la
lame, l'autre la même épaisseur d'air (franges des lames mixtes). Sous l'incidence normale, l'ordre d'interférence est

$$(2) \qquad p_f = \frac{(N - \nu) e}{\Lambda},$$

ν étant l'indice de l'air.

Ici encore, c'est la partie fractionnaire ε_f de p_f qui est directement mesurable.

Des deux équations (1) et (2), on déduit la relation

$$(3) \qquad p_l - 2p_f = \frac{2\nu e}{\Lambda} = p_a,$$

qui relie l'épaisseur aux ordres d'interférence, indépendamment de l'indice; p_a est l'ordre d'interférence correspondant aux mouvements vibratoires qui se seraient réfléchis normalement sur les deux faces d'une lame d'air de même épaisseur que la lame de quartz; nous l'appellerons *l'ordre d'interférence des anneaux dans l'air*.

Il n'est d'ailleurs pas nécessaire de connaître les nombres p_l et p_f, ni leurs parties entières; en effet, on a, entre les parties fractionnaires ε_l, ε_f et ε_a (de p_a), une relation de même forme

$$\varepsilon_a = h + \varepsilon_l - 2\varepsilon_f,$$

où h est un nombre entier positif ou négatif.

On peut donc toujours calculer la partie fractionnaire ε_a de l'ordre d'interférence des anneaux dans l'air en la déduisant des parties fractionnaires directement mesurées des ordres d'interférence p_l et p_f, sans qu'il soit nécessaire de connaître les parties entières de ces derniers. On obtient la partie entière de p_a par la méthode classique des excédents fractionnaires, en utilisant les résultats donnés par plusieurs radiations différentes, dont les rapports des longueurs d'onde doivent être connus avec une précision suffisante.

Le nombre de ces radiations qu'il faut employer pour lever toute indétermination dépend de l'erreur que comporte une mesure préalable approchée de l'épaisseur. Si l'on dispose de trois radiations convenablement distribuées, une mesure au sphéromètre, à un ou deux microns près, est suffisante. Si l'on n'en peut prendre que deux, cas qui s'est présenté pour C_5, il faut une approximation supérieure.

Cette méthode présente, sur d'autres analogues, de sérieux avantages; nous avons déjà signalé celui de ne pas faire intervenir d'autres surfaces que celles qui limitent la lame étudiée, tandis que, dans la méthode de MM. Fabry, Macé de Lépinay et Perot, des surfaces auxiliaires sont nécessaires. Elle n'exige pas, comme celle de M. Chappuis, que les surfaces soient rigoureusement planes sur toute leur étendue. Enfin elle ne nécessite l'emploi d'aucun appareil délicat et peut être montée avec ceux que l'on trouve dans tous les laboratoires.

Les deux équations (1) et (2) donnent également la relation

$$(4) \qquad N = \frac{\Lambda p_l}{2e},$$

qui fournit la valeur de l'indice pour la radiation correspondante, ce qui peut être intéressant à un point de vue différent de celui qui nous occupe plus particulièrement. Ici encore, il faut connaître une valeur approchée de l'inconnue.

Observation des franges des lames parallèles. — La lame (*fig.* 3) est recouverte d'un écran percé d'une ouverture qui découvre la région qu'on veut mesurer. On y projette une image monochromatique de la source. Les rayons

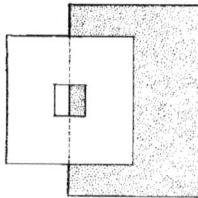

Fig. 3. — Écran recouvrant la lame pour la production des franges.

réfléchis sont renvoyés horizontalement par une glace non étamée M (*fig.* 1), inclinée à 45° sur le faisceau, et tombent dans une lunette A_1, visant à l'infini. Le grossissement en est assez faible; il varie, suivant l'oculaire, de 5 à 8 environ. Le champ est large. Un fil vertical est disposé au foyer de l'objectif.

Pour ne pas être gêné par la double réflexion sur les deux faces de la glace M, on intercepte l'un des deux faisceaux réfléchis en recouvrant d'un écran la moitié de l'oculaire de cette lunette, A_1, là où les deux faisceaux se séparent nettement.

Les franges se présentent sous la forme d'anneaux, centrés sur la normale à la lame. Nous les désignerons sous le nom d'*anneaux dans la lame*. Au milieu des anneaux se produit l'interférence des ondes qui se sont réfléchies normalement sur les deux faces de la lame. Soit

$$d_0 = (x + \varepsilon_l)\Lambda$$

la différence de marche vraie correspondante ([1]), x étant la partie entière, et ε_l la partie fractionnaire de l'ordre d'interférence. C'est ε_l qu'il faut mesurer.

A un anneau de diamètre angulaire $2\,i$ correspond une différence de marche d

---

([1]) La différence de marche vraie est celle qui est due exclusivement à ce que les deux ondes interférentes ont parcouru, dans les divers milieux traversés par elles, des chemins différents. Elle ne comprend pas, dans le cas actuel, le changement de phase dû à l'une des réflexions.

donnée par

$$d = d_0 - d_0 \frac{i^2}{2\,N^2}.$$

Si ce diamètre est celui d'un anneau sombre (plus facile à pointer qu'un anneau brillant), cette valeur de d est de la forme

$$d = 2\,K \frac{\Lambda}{2};$$

il en résulte

$$\varepsilon_l = h + i^2 \frac{d_0}{2\,N^2\,\Lambda},$$

h étant nul ou un nombre entier négatif, suivant l'anneau que l'on a pointé.

Le diamètre angulaire $2i$ s'obtient en faisant tourner la lame autour d'un axe vertical. On entraîne ainsi tout le système d'anneaux dans le champ fixe de la lunette. On amène successivement la superposition de chacune des parties de droite et de gauche de l'anneau avec le fil vertical de la lunette; et l'on mesure l'angle de ces deux orientations de la lame par la méthode de Poggendorf, à l'aide d'un miroir lié à la lame, et d'une échelle divisée et d'une lunette disposées à une distance D. Si a est la différence des deux lectures,

$$i = \frac{a}{4\,D}.$$

En définitive, on a

$$\varepsilon_l = h + K a^2, \qquad \text{où} \qquad K = \frac{d_0}{32\,N^2\,\Lambda\,D^2}.$$

Le coefficient de a^2 se calcule d'avance; il suffit pour cela d'avoir des valeurs approchées de l'épaisseur et de l'indice.

Les anneaux des lames parallèles peuvent aussi s'observer par transmission, si les surfaces sont recouvertes d'argentures transparentes. Ce procédé a l'avantage d'offrir des franges plus fines, de séparer les composantes d'une radiation complexe, qui peuvent diminuer la netteté et même modifier la position des franges si on les observe en lumière réfléchie; par contre, il faut tenir compte des changements de phase par réflexion sur l'argent. Comme ce procédé n'a pas été utilisé, nous n'insisterons pas sur son emploi.

Observation des franges des lames mixtes. — L'observation porte sur une région voisine du bord de la lame. L'écran qui recouvre la lame et qui la déborde est percé d'une ouverture carrée de 6^{mm} de côté, qui découvre sur la lame une bande de 3^{mm} de large et laisse libre dans l'air une bande égale (*fig.* 2 et 3, p. 13 et 15).

Le faisceau de lumière provient d'un collimateur et tombe normalement sur le cube. Ses deux moitiés, après avoir traversé des épaisseurs égales de quartz et d'air, se superposent dans le plan focal de la lunette d'observation dont le pouvoir grossissant est assez considérable (distance focale de l'objectif : 38^{cm}; puissance de l'oculaire : 80 dioptries).

L'aspect du phénomène est assez complexe, par suite de la coexistence de la diffraction et des interférences. L'image de la fente du collimateur, nette et fine si rien n'est interposé, plus large et bordée de franges de diffraction si l'écran seul est placé sur le faisceau, cesse d'être symétrique quand on met le cube en place. Elle est en général traversée par une frange rectiligne noire (¹).

Fig. 4. — Aspect des franges des lames mixtes.

Nous désignerons ces franges mixtes sous l'abréviation de « franges », par opposition aux « anneaux ». La symétrie n'existe que si la différence de marche d au centre de l'image est de la forme

$$d = \frac{(2K+1)}{2}\Lambda,$$

cas où la frange noire est exactement au milieu de l'image (minimum central n° 2), ou si

$$d = \frac{2K}{2}\Lambda$$

(maximum central).

Le premier de ces aspects est bien net et très facile à saisir. C'est le seul qui ait été utilisé. S'il n'est pas réalisé pour la position de la lame normale au faisceau, on l'obtient en faisant tourner la lame autour d'un axe vertical, ce qui

---

(¹) Les franges représentées ici (*fig.* 4) ont été obtenues dans les conditions suivantes : la lame employée n'a que 1^{mm} d'épaisseur; l'objectif de la lunette des franges est remplacé par une lentille de 1^m,5o de foyer; c'est dans son plan focal, où se forment les franges réelles, qu'on place la plaque photographique. On se sert de la radiation verte de l'arc au mercure, $\lambda = 0^\mu,546o$; plaque Smith, sensible au vert; pose 2 minutes. Les clichés ont été ensuite agrandis et ont fourni les résultats donnés. Ce sont des négatifs; ils sont environ dix fois plus grands que l'image réelle, formée dans le plan focal de l'objectif de la lunette d'observation. 1 est l'aspect dans le cas où il n'y a pas symétrie; 2 est l'aspect dans celui où la frange noire est exactement au milieu de l'image de la fente.

modifie d'une manière continue la différence de marche d au centre de l'image de la fente. Or celle-ci est donnée en fonction de l'incidence i et de la différence de marche d_0 pour l'incidence normale, par

$$d = d_0 + \frac{d_0}{2N} i^2.$$

Posons alors

$$d_0 = (\gamma + \varepsilon_f)\Lambda,$$

ε_f étant la partie fractionnaire de l'ordre d'interférence sous l'incidence normale, que nous voulons obtenir.

Dans le cas d'un minimum central pour l'incidence i,

$$d = (2K + 1)\frac{\Lambda}{2};$$

il en résulte

$$\varepsilon_f = h + \frac{1}{2} - \frac{d_0}{2N\Lambda} i^2;$$

h est un entier que l'on choisit chaque fois de telle sorte que ε_f soit positif, et compris entre 0 et 1.

Ici encore, i se mesure par la méthode de Poggendorf et le coefficient $\frac{d_0}{2N\Lambda}$ peut être calculé d'avance à l'aide des valeurs approchées. En réalité, on mesure $2i$ en inclinant la lame de part et d'autre de la normale pour amener le minimum central.

La fente du collimateur doit être très fine, d'autant plus fine que l'on opère avec une radiation de plus faible longueur d'onde, puisque alors les franges d'interférence sont plus serrées; mais on est limité par le manque de lumière. En fait, il convient de prendre des fentes de largeurs différentes pour le bleu et pour le rouge. Un repère, tracé sur la tête de la vis qui règle la largeur de la fente, permet de passer rapidement d'une ouverture convenant à une radiation à celle qui convient pour une autre.

Comme les mesures des deux phénomènes d'interférence doivent se faire exactement sur la même région de la lame, c'est sur la partie découverte de 6^{mm} sur 3^{mm}, laissée libre par l'écran d'observation des franges des lames mixtes, que l'on projette l'image de la source pour la formation des anneaux. Il en résulte que ces mesures d'épaisseur ne peuvent porter que sur les régions des bords de la lame.

Pour mesurer en un point distant des bords, on ne peut prendre un écran des franges des lames mixtes percé de deux ouvertures éloignées. Les deux faisceaux interférents se couperaient dans le plan focal de la lunette d'observation sous un angle trop grand, et les franges seraient trop fines pour être observées.

On pourrait alors employer un dispositif connu pour séparer les deux faisceaux voisins et les réunir ensuite (parallélépipèdes de Fresnel-Mascart); mais il n'y a pas eu lieu d'utiliser ici ce procédé, qui a d'ailleurs l'inconvénient d'allonger les parcours et d'introduire des causes d'erreur notables (écarts de température des différents points).

Le cube étant en quartz, il est nécessaire de polariser la lumière dans l'une des directions principales, pour ne pas avoir les deux systèmes de franges correspondant aux rayons ordinaire et extraordinaire. La polarisation est obtenue soit par l'emploi d'un prisme de quartz qui sert aussi à séparer les différentes radiations issues de la source, soit par l'interposition d'un polariseur (prisme de Foucault) sur le trajet du faisceau, si les radiations sont séparées par un prisme non polarisant.

Une difficulté se présente quand l'épaisseur est dirigée suivant l'axe optique du quartz, car alors le pouvoir rotatoire intervient. Il n'a aucune influence sur les anneaux, le retard (ou l'avance) sur une des moitiés du parcours du rayon qui traverse deux fois la lame étant exactement compensé par l'avance (ou le retard) sur l'autre moitié. On peut d'ailleurs opérer en lumière naturelle.

Mais il en est autrement pour les franges mixtes. La vibration qui a traversé le cube ayant en effet tourné d'un certain angle, les deux vibrations interférentes n'ont plus en général même direction. Les franges sont donc moins visibles que si le pouvoir rotatoire n'existait pas, et s'effacent même complètement si la rotation produite par la lame est de la forme

$$\frac{2\,\mathrm{K} + 1}{2}\,\pi.$$

Cette difficulté disparaît si l'on polarise circulairement la lumière incidente, soit dans le sens du pouvoir rotatoire, soit en sens inverse. L'ordre d'interférence se trouve diminué dans le premier cas, accru dans le second par rapport à celui qu'on observerait si le pouvoir rotatoire n'existait pas, d'une quantité connue d'avance

$$a = \frac{\rho}{\pi}\,e,$$

ρ étant le pouvoir rotatoire du quartz ([1]). L'excédent fractionnaire cherché ε_f

---

([1]) Les valeurs de $\dfrac{\rho}{\pi}$ sont, dans le cas du quartz :

Pour le rouge du cadmium	0,500,
Pour le vert »	0,825,
Pour le bleu »	0,935,

l'épaisseur étant exprimée en centimètres.

se déduit des excédents fractionnaires observés ε_1 et ε_2 par la relation

$$\varepsilon_f = h + \varepsilon_1 + a,$$

si la vibration circulaire est de même sens que le pouvoir rotatoire, ou

$$\varepsilon_f = h + \varepsilon_2 - a,$$

dans le cas contraire.

Comme vérification, si l'on détermine ε_1 et ε_2, on doit obtenir deux valeurs identiques pour ε_f, ce qui n'a pas lieu si l'on s'est trompé sur le sens, soit du pouvoir rotatoire, soit des vibrations circulaires. On a, de plus, un contrôle de l'exactitude des mesures. Nous en donnerons plus loin des exemples numériques.

Cette polarisation circulaire est obtenue par un mica quart d'onde placé à la suite du polariseur, et pouvant recevoir deux orientations rectangulaires à $45°$ chacune du plan de polarisation de la lumière incidente. Il est facile de constater qu'il n'est pas nécessaire que les vibrations soient rigoureusement circulaires. Le calcul montre qu'un mica quart d'onde pour les radiations moyennes du spectre peut être employé pour toutes les radiations visibles.

Calcul de l'indice. — L'indice est donné, pour chaque radiation, par l'équation

$$N = \frac{\Lambda p_l}{2e},$$

dans laquelle l'épaisseur est connue, ainsi que la partie fractionnaire de p_l.

Il reste à en déterminer la partie entière. Il est commode de passer par l'intermédiaire de la partie entière de

$$p_f = \frac{N - \nu}{\Lambda} e;$$

le calcul est plus simple, parce qu'il porte sur des nombres environ six fois plus faibles. p_f une fois obtenu, comme on connaît p_a, on en déduit

$$p_l = p_a + 2 p_f.$$

Le calcul de p_f est très simplifié par suite de l'approximation avec laquelle l'épaisseur est connue. L'incertitude sur p_f, qui correspond à une erreur de $0^\mu,01$ sur l'épaisseur, est de $0,01$ frange et est assez petite par rapport à l'unité pour ne pas intervenir dans le calcul des parties entières des ordres d'interférence.

Comme on a déjà des valeurs approchées des indices (à une unité près du cinquième ordre dans le cas du quartz, pour n'importe quel échantillon), on peut calculer une valeur de la partie entière de p_f, approchée à une ou deux unités près, pour chaque radiation. On applique ensuite la méthode des excédents fractionnaires à ces valeurs approchées, pour préciser celles qu'il faut adopter. En effet, dans le cas qui nous intéresse, celui du quartz, les rapports des ordres d'interférence des franges mixtes, relatifs aux différentes radiations, sont connus avec toute la sûreté nécessaire (sensiblement égale à celle des rapports des longueurs d'onde). Ils ont été déterminés par l'étude de nombreuses lames d'épaisseurs croissantes jusqu'à 4^{cm} et 5^{cm}. Leur valeur est indépendante des variations d'indice qu'on observe d'un échantillon à un autre; car ces variations sont de même signe et de même grandeur pour tous les indices.

Les valeurs de ces rapports sont (indice ordinaire) :

$$\frac{F_V}{F_R} = 1,2798415 + 7.10^{-7}(t - 15°),$$

$$\frac{F_B}{F_R} = 1,3607500 + 8.10^{-7}(t - 15°).$$

Ils sont presque indépendants de la température.

Pour le calcul de la partie entière de p_f, il est commode, au lieu de partir de la valeur de l'indice, d'utiliser la donnée suivante : nombre de franges mixtes rouges (rayon ordinaire) d'une lame de quartz qui a 1^{cm} d'épaisseur à $0°$:

Lame perpendiculaire à l'axe	$8423,6 - 0,016(t - 15°)$
» parallèle à l'axe	$8424,2 + 0,036(t - 15°)$

Appareils.

Les figures 5 et 6 représentent l'ensemble des appareils employés tant pour la production de la lumière que pour l'observation des anneaux et des franges.

Le principe de chacun des appareils des figures 5 et 6 est indiqué dans les diagrammes (*fig.* 1, 2, 3 et 7).

Source et appareil dispersif. — La source de lumière est un tube à cadmium de Michelson, placé dans une étuve et chauffé à $300°$ environ par un fourneau à gaz. L'ensemble est soutenu par un trépied muni de vis pour le réglage. Lors d'une mesure, on allume préalablement le fourneau; la température convenable est atteinte en 15 minutes environ; on baisse alors le gaz et on le maintient à une hauteur fixe à l'aide d'un conduit en dérivation sur le conduit principal, et réglé par une vis de pression. La température de l'étuve reste alors bien constante. Le tube est actionné par un transformateur qui élève la tension d'un courant alternatif fourni par une petite commutatrice, alimentée elle-même par des accumulateurs. La tension aux bornes du tube est d'environ 800 volts.

Un interrupteur, placé sous la main de l'observateur, permet de ne faire fonctionner le tube que pendant le temps juste nécessaire pour l'observation des franges. On prolonge ainsi l'existence du tube.

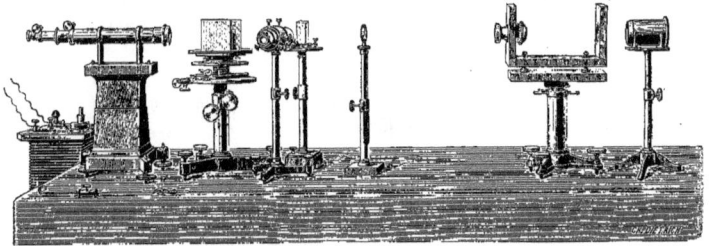

Fig. 5. — Ensemble de l'installation pour la mesure des cubes; appareils placés à proximité de l'observateur (de droite à gauche : polariseur, collimateur renversé L_3F, lentille L_2, miroir amovible M et lunette A_1, cube, lunette A_2).

La largeur de la source est réduite à 3^{mm} par un écran métallique, percé d'une ouverture rectangulaire, et placé à l'intérieur de l'étuve, le plus près possible de la surface du tube.

Le faisceau lumineux est rendu sensiblement parallèle par une lentille collimatrice L_1, de 30^{cm} de distance focale. Il traverse ensuite un appareil dispersif. Dans les recherches préliminaires, et aussi pour les mesures du cube C_4, on avait cherché à polariser et à séparer en même temps les diverses radiations, rouge, verte et bleue. On y arrive en plaçant un prisme de quartz à arêtes parallèles à l'axe, d'angle au sommet 90°, immergé dans une cuve rectangulaire de verre contenant un mélange d'environ $\frac{2}{3}$ de benzine et $\frac{1}{3}$ de sulfure de carbone. On règle la composition du liquide par la condition que les quatre images verte et bleue, ordinaire et extraordinaire, soient nettement séparées ; les images rouges le sont toujours. Il se trouve que ce prisme est à peu près à vision directe, de sorte que la source et le reste des appareils sont alignés, ce qui est commode pour le réglage.

Pour C_5, afin d'avoir plus de lumière lors des mesures d'essai (*voir* plus loin), et aussi pour mieux séparer le vert du bleu, celui-ci étant faible et donnant de mauvais anneaux, le prisme de quartz a été remplacé par un prisme de crown, et la composition du liquide un peu modifiée pour assurer encore la vision directe. On plaçait ensuite un prisme de Foucault pour polariser la lumière.

Pour le passage rapide d'une radiation à une autre, la source et la lentille collimatrice L_1 sont portées par une planchette tournant autour d'un axe passant par le prisme, qui reste fixe. Malgré le poids considérable à mouvoir, ce mouvement est rendu très doux et très facile par l'interposition de billes d'acier entre une lame de verre fixée à la table et une autre fixée à la planchette. Une ficelle attachée à l'extrémité mobile passe sur une poulie, et, pénétrant dans la

Fig. 6. — Ensemble de l'installation pour la mesure des cubes; appareils isolés de l'observateur (de droite à gauche : commutatrice et transformateur, tube à cadmium dans son étuve, lentille L_1, appareil dispersif).

salle de mesure, jusqu'au voisinage des appareils, permet à l'observateur d'amener l'ensemble de la source et de la lentille dans une position convenable pour chaque radiation. L'extrémité de la ficelle est reliée à une tige métallique qui passe dans un serre-fil fixe, dont la vis, une fois serrée, maintient tout l'ensemble dans la position voulue. Un caoutchouc tendu assure le retour en arrière et supprime le jeu du système mobile. L'amplitude du mouvement du tube est de quelques centimètres.

Observation des anneaux. — Le faisceau de lumière homogène sortant du prisme traverse l'analyseur, s'il y a lieu, et tombe, pour une orientation convenable de la planchette, sur la lentille de concentration L_2, de 40^{cm} de distance focale, placée à poste fixe en avant du cube, de sorte que son plan focal coïncide à peu près avec le milieu de l'épaisseur de celui-ci. La séparation des faisceaux vert et bleu, assurée par la grande distance du prisme à L_2 ($3^m,50$), est suffisante pour que la lentille ne reçoive qu'une seule couleur. Une image monochromatique de l'ouverture rectangulaire qui limite la source se forme donc au milieu du cube. L'écran qui recouvre celui-ci laisse passer seulement le faisceau considéré; et, si la séparation n'a pas été parfaite, si quelques radiations voisines de celles qu'on emploie sont tombées sur les bords de L_2 (*fig.* 1), il arrête les images correspondantes, extrêmement faibles d'ailleurs. Le cube doit

être déplacé horizontalement jusqu'à ce que le faisceau principal passe bien
à travers l'ouverture de l'écran.

Le miroir M, qui renvoie latéralement le faisceau réfléchi dans la lunette A$_1$,
doit pouvoir être enlevé pour l'observation des franges des lames mixtes, et
remis rapidement en place. Il est porté par un trépied dont les vis reposent sur
une plate-forme munie de plan, trou et fente. Ces vis, et aussi un réglage autour
d'un axe vertical, servent à assurer la direction du faisceau réfléchi dans la
lunette des anneaux. Celle-ci repose aussi par trois vis dans trois crapaudines,
pour que sa position soit définie. Son oculaire est muni de l'écran qui ne laisse
passer qu'un seul des deux faisceaux réfléchis par les deux faces du miroir M.

Observation des franges. — Pour observer les franges des lames mixtes, qui
doivent se former dans le plan focal de l'objectif de la lunette A$_2$ (*fig.* 2, p. 13),
on enlève d'abord le miroir M. On réalise le faisceau de lumière parallèle
monochromatique qui doit éclairer la lame, en disposant en avant et dans le plan
focal de la lentille L$_2$ (achromatique), qui a servi précédemment, une fente F
réglable, éclairée par une lentille convergente simple L$_3$. Fente et lentille L$_2$

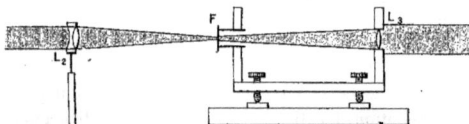

Fig. 7. — Collimateur renversé (L$_3$F) et lentille-collimatrice (L$_2$).

forment ainsi collimateur. La fente F et la lentille L$_3$ (*fig.* 7) qui l'éclaire sont
liées invariablement l'une à l'autre, et leur ensemble forme une sorte de collimateur renversé. Le réglage consiste à placer F à la distance voulue de L$_2$, en
même temps que L$_3$ forme sur F une image monochromatique de la source, de
même nature que celle qui illuminait la lame pour la production des anneaux,
sans que la source soit dérangée. Cette condition, assez délicate à réaliser, l'est
une fois pour toutes. Le collimateur renversé L$_3$F repose, par trois pointes, sur
trou, plan et fente, portés par un support fixe et massif.

De cette façon, les lunettes d'observation ne se gênent nullement, le passage
des franges aux anneaux peut se faire avec une extrême rapidité. Il n'y a
chaque fois qu'une pièce à enlever et une autre à mettre en place dans une
position bien déterminée (miroir et collimateur). Cette opération se fait en
quelques secondes.

C'est en avant de F que se place le mica quart d'onde, quand on opère en
lumière circulaire. Il est monté sur une bonnette se plaçant sur le tube qui

porte F, et deux repères marquent les deux positions à 45° du plan de polarisation de la lumière incidente.

Cube. — Il est placé (*fig.* 8) dans une boîte de bois garnie intérieurement de coussins, toute semblable à celle qui a servi au transport, mais allongée dans le sens horizontal, pour pouvoir y loger, tout à côté du cube, le réservoir

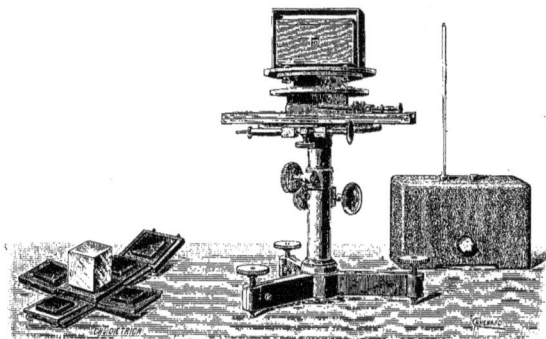

Fig. 8. — Support et enveloppes du cube.

d'un thermomètre qui y pénètre par une ouverture de la face supérieure. Le cube est donc maintenu seulement par quatre faces. L'écran (*fig.* 2), percé d'une ouverture de 6ᵐᵐ de côté, est collé sur la face antérieure du cube par un peu de cire molle.

Les parois antérieure et postérieure de la boîte sont percées chacune d'une ouverture carrée de 1ᶜᵐ de côté, correspondant à l'ouverture de l'écran, et servant au passage de la lumière.

Cette boîte se place sur une plate-forme horizontale dont elle est séparée par un peu de cire molle pour obtenir un premier réglage. Elle est protégée par une lame de laiton en forme d'étrier, faisant corps avec la plate-forme, et sans parois antérieure et postérieure, destinée à préserver des chocs la boîte qui contient le cube. L'ensemble est enfin recouvert par une boîte métallique à double paroi, formant chemise d'eau (elle en contient environ 2 litres), et enveloppée d'une épaisse couche de feutre. Cette boîte est destinée à soustraire le cube à l'élévation de température causée par l'observateur, lors d'une mesure. Elle est percée d'ouvertures qui correspondent à celles de la boîte de bois, une pour le thermomètre qui y est maintenu par un bouchon, et les deux autres

XIV.   C.4

pour le passage de la lumière; celles-ci demeurent fermées par des tampons d'ouate, sauf pendant la durée des expériences.

Le tout est porté par un support à trois vis calantes, l'une tournée vers la source, et la droite joignant les deux autres étant normale à la direction du faisceau. On a donc un mouvement de bascule autour d'un axe horizontal normal au faisceau. Ce support, construit par M. Jobin, permet trois autres mouvements : vertical, horizontal normalement au faisceau, et de rotation lente ou rapide autour d'un axe vertical (*fig.* 8).

Tous les appareils de mesure reposent sur des piliers de maçonnerie et sont installés dans une cave. On réalise ainsi, d'une façon parfaite, la stabilité nécessaire à l'observation des franges, en même temps que la constance de la température. Les écarts de celle-ci ne dépassaient pas quelques dixièmes de degré d'un jour à l'autre.

La source de lumière, cause d'échauffement, est placée dans une cave voisine; la porte séparant les deux salles reste fermée; elle est percée d'une ouverture de 4^{cm} de diamètre pour le passage de la lumière.

Mesures.

Réglage. — Le réglage consiste essentiellement en un alignement exact de la série des pièces optiques qui viennent d'être décrites, et est d'autant plus délicat que l'on mesure une épaisseur plus grande, et qu'on ne doit pas perdre de lumière pour avoir le plus d'intensité possible et obtenir une bonne séparation des faisceaux de différentes couleurs. Aussi avons-nous modifié, pour la mesure du cube C_5, la marche suivie antérieurement.

C'est l'axe optique de la lunette, A_2, d'observation des franges des lames mixtes, qui définit le faisceau. Cette lunette est constituée par le collimateur du grand goniomètre de Brunner de la Faculté des Sciences de l'Université de Marseille, dont la fente a été remplacée par un oculaire. Son pied en fonte est très massif; il est porté par trois vis calantes.

A l'aide de ces trois vis, on dirige exactement l'axe optique sur le centre du trou percé dans la porte de communication des deux caves où passera la lumière.

Enlevant l'oculaire, on met le filament d'une lampe à incandescence au foyer de l'objectif. On a ainsi un faisceau cylindrique qui tombe bien centré sur le trou de la porte et pénètre dans la chambre où se trouve la source. On installe dans cette chambre, près du trou, le prisme disperseur, puis la lentille L_1, bien centrée, celle-ci sur la planchette mobile. Le faisceau va former un spectre dans le plan focal de L_1. On y place le tube de Michelson, qui reçoit successivement toutes les couleurs quand on déplace la planchette. On arrête celle-ci pour le milieu du spectre et l'on installe le tube de façon que la lumière le traverse bien suivant son axe. Si alors on fait fonctionner le tube, on constate que le faisceau de lumière qui en sort tombe bien sur la partie centrale de la lentille L_1, traverse le prisme et arrive dispersé sur l'objectif de la lunette A_2.

Sur un des faisceaux séparés par le prisme, le vert par exemple, on centre la lentille de concentration L_2, dont la distance a été réglée d'après la position du cube.

On introduit ensuite le collimateur renversé $L_3 F$, qu'on règle par tâtonnements successifs : en direction, de telle sorte que l'image de la source donnée par L_3 se projette sur la fente et que l'image de celle-ci dans la lunette soit centrée dans le champ ; en distance, de manière que l'image de la fente soit au point dans la lunette réglée préalablement pour l'infini (ce qui s'est fait par autocollimation, un oculaire avec lame à 45° pouvant se substituer à celui qui sert à observer les franges). La lentille L_3 possède, de plus, un mouvement dans le sens du faisceau, pour achever parfaitement la mise au point.

Le collimateur étant enlevé, on met en place le miroir M ([1]), et l'on règle le cube d'abord en position, puis en direction, normalement à l'axe optique de la lunette. Le premier réglage est effectué en supprimant un instant l'oculaire de la lunette ; son objectif joue alors le rôle de loupe, et permet de voir distinctement l'ouverture de l'écran recouvrant le cube et l'image de la source, qui doit se superposer à la partie découverte ; le second est obtenu par autocollimation.

On met ensuite en place la lunette des anneaux, et l'on modifie un peu l'orientation de M pour que le faisceau tombe bien dans la lunette et que les anneaux soient centrés dans le champ.

S'il y a lieu, on introduit le polariseur en avant du collimateur renversé $L_3 F$.

Si l'on déplace le cube, pour passer d'une région à une autre, lui seul est à régler, sans que l'on ait à toucher à tout l'ensemble.

Lorsqu'un tube à cadmium est mis hors de service et doit être remplacé, on suit, pour le réglage du nouveau tube, la marche donnée plus haut, en utilisant le faisceau sortant de $L_3 F$, dont on éclaire la fente, après l'avoir élargie.

Instruments auxiliaires. — La température a été mesurée, dans toutes nos opérations de détermination des épaisseurs, à l'aide d'un thermomètre en verre dur, construit en 1887 par Tonnelot, et portant le numéro 4505. Ce thermomètre, dont le degré, divisé en dixièmes, a une étendue de $7^{mm},8$, a été étudié au Bureau international. Dans l'usage, il est placé verticalement, son réservoir

---

([1]) Il est nécessaire d'introduire le miroir pour effectuer ce réglage, à cause du rejet latéral que subit la lumière en le traversant sous incidence oblique.

étant entièrement enfermé dans la boîte du cube. Les lectures sont faites à l'aide d'un viseur horizontal.

Les variations de la température ont toujours été de très faible amplitude ; la position du point zéro du thermomètre a été déterminée à diverses reprises. Le thermomètre étant déjà ancien, ses variations étaient extrêmement lentes.

Les températures ont été exprimées dans l'échelle du thermomètre à mercure en verre dur.

Le baromètre, placé dans la cave même des mesures, a été construit également par Tonnelot ; il est à échelle compensée, de manière à donner, par une seule lecture, la somme des variations des niveaux, supérieur et inférieur. Il a été comparé à un baromètre Fortin à l'époque des premières recherches de Macé de Lépinay sur la masse du décimètre cube d'eau. La comparaison a été renouvelée à la fin des expériences, et complétée par d'autres comparaisons avec les baromètres de l'Observatoire de Marseille.

Marche d'une mesure. — Le cube est installé et réglé plusieurs heures avant la mesure, la veille pour une mesure du matin, le matin pour une mesure faite vers 4ʰ du soir. En terminant le réglage, on s'assure que tout est bien en place ; en particulier, on laisse le miroir M, l'oculaire autocollimateur de la lunette des franges, et les tampons d'ouate.

Le tube à cadmium est chauffé à l'avance. En arrivant dans la cave, on note la température, et, en enlevant le tampon d'ouate postérieur, on vérifie que l'auto-collimation subsiste ; s'il y a eu un léger changement, on rectifie le réglage en touchant à une des vis du support ; on remet le tampon postérieur en place, et l'on enlève l'autre. On place l'œil à la lunette des anneaux ; on actionne le tube en fermant l'interrupteur qu'on a sous la main ; en agissant sur la ficelle qui déplace la planchette supportant la source, on amène le faisceau rouge à tomber sur la lame ; on fait tourner la plate-forme du cube pour amener successivement les deux côtés d'un anneau sur le fil de la lunette. Un second observateur lit les déviations sur la lunette de l'échelle divisée. On pointe deux fois chaque côté ; quelquefois on pointe deux anneaux successifs. On passe ensuite au vert, puis au bleu s'il y a lieu.

Les anneaux observés, on enlève le miroir M ; on met en place le collimateur renversé $L_3 F$; on remplace l'oculaire à autocollimation par celui qui sert à observer les franges mixtes ; on ramène le faisceau rouge, et l'on pointe deux fois la première frange pour chacune des inclinaisons symétriques de la normale qui donnent le minimum central. On fait de même en lumière verte et bleue. Si l'on opère dans la direction de l'axe, l'observation des franges doit être faite en lumière circulaire droite et en lumière circulaire gauche.

Après avoir terminé ces observations, dont la durée est de 20 minutes au plus, on relit le thermomètre. Il a en général monté de 1 à 2 centièmes de degré. C'est pour cela qu'on a observé tout d'abord les anneaux, plus sensibles à la température, les franges l'étant très peu. D'ailleurs, une seconde mesure des anneaux, faite à la fin, a toujours donné les mêmes valeurs des diamètres, bien qu'une élévation de température de 2 centièmes de degré produise un accroissement sensible des diamètres. C'est donc que le cube ne s'échauffe pas d'une quantité appréciable pendant ce temps, et conserve la température indiquée par le thermomètre au commencement des observations.

On note enfin la pression atmosphérique, et l'on remet tout en place pour une autre mesure.

Calcul d'une mesure. — Connaissant les diamètres angulaires, on obtient les parties fractionnaires des ordres d'interférence, en multipliant les carrés des diamètres a par les coefficients connus dont on a calculé d'avance la valeur numérique $\frac{d_0}{32 N^2 A D^2}$ pour les anneaux, $\frac{d'_0}{32 N A D^2}$ pour les franges et retranchant ensuite de $\frac{1}{2}$ pour celles-ci.

On pourrait alors calculer la partie fractionnaire ε_a des anneaux dans l'air, correspondant à l'ordre d'interférence $\frac{2\nu e}{\Lambda}$ dans les conditions de la mesure, à la température et à la pression observées.

Or des deux termes, l'un, correspondant aux anneaux dans la lame, n'est pas affecté par les variations de pression, qui modifient seulement l'autre relatif aux franges. Pour rendre les mesures immédiates plus comparables, on ramène les franges à ce qu'elles seraient sous la pression de 760^{mm} de mercure et à la température de l'expérience.

Le calcul est des plus simples ; on a

$$p_f = \frac{e}{\Lambda}(N - \nu),$$

$$\delta p_f = -\frac{e}{\Lambda}\,\delta\nu;$$

or

$$\nu - 1 = \frac{(\nu_0 - 1)H}{(1 + \alpha t)\,760}, \qquad \text{d'où} \qquad \delta\nu = \frac{\nu_0 - 1}{1 + \alpha t}\frac{\delta H}{760},$$

et

$$\delta p_f = -\frac{e}{\Lambda}\frac{\nu_0 - 1}{1 + \alpha t}\frac{1}{760}\,\delta H.$$

Toutes les mesures ayant été faites au voisinage de $t = 11^o$, il suffit de calculer le coefficient de δH pour cette température et pour l'épaisseur du cube. On a ainsi, en désignant par K le coefficient numérique,

$$\delta p_f = -K\,\delta H.$$

30 J. MACÉ DE LÉPINAY, H. BUISSON ET J.-R. BENOIT.

Pour C_5, les valeurs de K pour les trois radiations du cadmium sont respectivement

$$0,028, \quad 0,036, \quad 0,038 \quad \text{pour} \quad \delta H = 1^{mm} \text{ de mercure.}$$

On ramène donc ε_f à la pression normale et l'on calcule

$$\varepsilon_a = \varepsilon_l - 2\varepsilon_f.$$

Comme on a déjà fixé, dans des mesures préliminaires qui seront décrites pour chaque cube, la partie entière de l'ordre d'interférence des anneaux dans l'air, p_a est connu.

On en déduit

$$e = \frac{p_a \Lambda}{2\nu}$$

où ν est l'indice de l'air à t^o et sous 760^{mm} ([1]), et l'on a autant de valeurs de e que l'on a employé de radiations.

On ramène ensuite à 0° en tenant compte de la dilatation du quartz dans la direction de l'épaisseur mesurée.

Évaluation des erreurs. — En dehors des déterminations de température et de pression, et des mesures préliminaires destinées à fixer la partie entière de l'ordre d'interférence, tout se borne à des pointés de franges et à des mesures d'angle.

Les erreurs de pointés sont les seules à considérer. Les lectures des déviations se font en effet à $0^{mm},1$ près sur la règle et portent sur des déplacements de plusieurs centimètres; elles sont donc toujours plus précises que les pointés.

Il est assez difficile d'évaluer la grandeur des erreurs qui portent sur ceux-ci. Pour les franges, dans le cas où l'épaisseur mesurée est dans le sens de l'axe du quartz, l'observation en lumière circulaire droite et gauche fournit un contrôle.

Dans vingt mesures faites sur C_5, l'écart moyen des franges droites ou gauches par rapport à leur moyenne s'est élevé à $0,006$ pour le rouge et $0,009$ pour le vert; les plus grands écarts étant $0,017$ pour le rouge et $0,030$ pour le

---

([1]) Dans tous ces calculs, pour éviter toute ambiguïté et toute erreur, nous ne faisons intervenir que les valeurs absolues des longueurs d'onde et des indices. Le rapport $\frac{\Lambda}{\nu}$ est la longueur d'onde dans l'air dans les conditions de l'expérience. Il ne diffère du nombre obtenu dans l'air à 15° et sous la pression normale, par MM. Michelson et Benoit, que par une correction très faible. Il est donc indépendant de la valeur particulière que l'on adopte pour l'indice normal de l'air; celle-ci n'intervient que dans le calcul des indices du quartz.

vert. Le même ordre de grandeur a été encore obtenu en pointant deux franges successives et comparant les parties fractionnaires.

On peut donc admettre, dans une mesure isolée de frange, une erreur moyenne sur ε de 0,01 frange.

Pour les anneaux, le contrôle peut seulement s'effectuer lors du pointé de deux anneaux successifs, ce qu'on ne s'est pas astreint à faire chaque fois, en raison de la nécessité d'opérer rapidement. Ici, l'écart est un peu plus grand que pour les franges. Avec C_5, pour les anneaux rouges, la moyenne des écarts des parties fractionnaires de deux anneaux successifs avec leur moyenne a été $0^a,014$. Pour le vert, elle a été $0^a,019$; les deux résultats ont été obtenus respectivement dans 17 et 11 opérations.

En admettant une erreur de $0^a,02$ sur une mesure isolée, on est certainement au delà de la réalité. Or 0,02 sur ε_l, 0,01 sur ε_f font 0,04 sur ε_a, dans le cas le plus défavorable; soit, avec le rouge ($\Lambda = 0^\mu,644$), une erreur sur l'épaisseur de $0^\mu,013$, ou $0,26.10^{-6}$.

L'action de la température sur les franges est extrêmement faible. Ainsi, pour C_5, un changement de la température égal à 1 degré ne modifie les franges rouges que de $+ 0^{fr},17$ dans la direction perpendiculaire à l'axe, et de $- 0^{fr},08$ dans la direction parallèle à l'axe.

Pour les anneaux, l'action est beaucoup plus forte. Pour C_5, en lumière rouge, p_l atteint 240000, et, dans le cas le plus défavorable, celui de la mesure dans la direction perpendiculaire à l'axe, cette quantité varie de 2 unités par degré. Une erreur systématique du thermomètre, la seule qui intervienne dans le résultat, s'élevant à 0,01 degré, fausserait donc de 0,02 l'ordre d'interférence des anneaux, soit une erreur de 1 dix-millionième, en valeur relative, sur l'épaisseur, et le triple sur le volume, entraînant une erreur de $0^{mg},3$ sur le kilogramme.

La pression atmosphérique n'agit que sur les franges. La formule de variation est sensiblement, dans le cas du rouge,

$$\delta p_l = -0,03\, \delta H.$$

Une erreur constante de $0^{mm},1$ sur la hauteur barométrique entraînerait donc une erreur de $0^{fr},003$, soit $0^{fr},006$ sur ε_a et p_a ou $0^\mu,002$ sur l'épaisseur et enfin $0^{mg},1$ sur le kilogramme. Une telle erreur sur le baromètre n'a pas dû être sensiblement dépassée.

La comparaison des résultats indépendants confirme les évaluations des erreurs possibles, soit dans les mesures fondamentales, soit dans la détermination des éléments auxiliaires.

Nous citerons, à titre d'exemple, les six mesures suivantes faites en une même région particulièrement étudiée de C_5 $(1 - 2 - 6)$:

Date.	Température.	Épaisseur à 0°.	Écart par rapport à la moyenne.
	°	μ	μ
1903. 24 janvier.........	11,47	49487,778	—0,014
» 25 janvier.........	11,40	49487,793	+0,001
» 4 février.........	10,70	49487,794	+0,002
» 6 février.........	10,04	49487,809	+0,017
» 6 février.........	10,47	49487,789	—0,003
» 7 février.........	10,82	49487,792	0,000
Moyenne.......		49487,792	

La première mesure faite en cette région, le 15 juin 1904 à 18°,50, avait donné, ramenée à 0°, la valeur $49487^\mu,803$.

Une autre vérification de l'exactitude des mesures faites en différentes régions sera reproduite plus loin.

En résumé, chaque épaisseur, ayant toujours été déterminée deux fois au moins, est donc connue avec une erreur inférieure à $0^\mu,01$.

Mesures loin des bords. — Les mesures faites près des bords peuvent être considérées comme absolues en ce qu'elles sont indépendantes de l'indice. Mais il faut connaitre des valeurs de l'épaisseur en des points éloignés des bords, valeurs qui, d'ailleurs, diffèrent très peu des premières. Pour les raisons données page 19, on n'a pas fait de mesures absolues en ces points. On s'est borné à étudier la variation des anneaux seuls, soit de la quantité $2Ne$, somme des variations de l'épaisseur et de l'indice. Si ce dernier était constant, on aurait directement la variation de l'épaisseur. Mais il n'en est pas ainsi. Les mesures absolues faites près des bords ont permis d'obtenir, outre l'épaisseur, la valeur de l'indice aux différents points par un calcul qui a été donné page 20. Pour C_4, ces points étaient au nombre de quatre par couple de faces, placés au milieu des bords, au voisinage des faces latérales. Les variations de l'indice sont bien pour le rouge, le vert et le bleu sont très régulières et peuvent être représentées linéairement en fonction des coordonnées; elles ne dépassent pas 2.10^{-6}. On peut donc en déduire l'indice en chaque point. Par suite, la variation de $2Ne$ donne celle de e. Cela permet accessoirement de comparer entre elles les mesures absolues faites en des points A, B, C et D, car on doit avoir la même valeur en E suivant qu'on la déduit de A, B, C ou D. Les écarts donnent une idée de la précision atteinte.

Ces mesures de comparaison sont faites en un nombre assez grand de points pour qu'il n'y ait plus aucune difficulté à faire le calcul de l'épaisseur moyenne.

Pour C_3, après avoir mesuré aussi quatre épaisseurs par couple de faces, on a constaté que les variations d'indice étaient plus grandes : 5.10^{-6}, et aussi plus irrégulières. On a fait alors quatre autres mesures absolues aux quatre angles d'un couple de faces. On possède ainsi huit valeurs de l'indice, et l'on peut interpoler graphiquement, tracer les courbes d'égal indice (indice moyen suivant l'épaisseur) et avoir l'indice pour tous les points intérieurs.

Dilatation. — Les épaisseurs doivent être ramenées à la même température, par exemple $0°$. Il est donc nécessaire de connaître la dilatation de la matière qui constitue les cubes. Nous reviendrons plus loin sur cette question.

Pesées.

Les pesées des cubes C_1 et C_2 ont été faites au Bureau international des Poids et Mesures. Les instruments et dispositifs qui y ont été employés ont déjà été décrits, pour la plus grande part, dans divers Mémoires de la collection des *Travaux et Mémoires*, auxquels nous renverrons pour les détails, en nous bornant à donner ici les indications sommaires indispensables.

Pesées dans l'air. — La balance qui a servi pour les pesées dans l'air est celle qui est désignée par *Balance Rueprecht* n° 1, de la portée de 1 kilogramme. Construite en 1877, elle a été employée pour une partie des opérations qui ont été faites sur les kilogrammes prototypes en platine iridié. C'est une balance à transposition, disposée de manière que toutes les manœuvres nécessaires pour une pesée s'y exécutent sans en approcher, l'opérateur étant placé à quatre mètres environ de distance, et transmettant, par des manivelles et des tringles, les mouvements aux divers organes qui permettent de libérer ou de fixer les plateaux, de déclencher ou de renclencher, et d'interchanger, suivant la méthode de Gauss, les deux charges d'un plateau sur l'autre. Les mécanismes, installés dans le socle de la cage de l'instrument, à l'aide desquels s'exécutent ces diverses manœuvres, ont été décrits, avec la balance elle-même, en 1881, par M. Marek (¹). Cette description convient encore, d'une manière à peu près complète, à l'état actuel de l'instrument. Cependant, comme, à la suite des très nombreuses opérations auxquelles il avait servi, les couteaux s'étaient un peu émoussés, comme de plus quelques pièces avaient un peu souffert de l'humidité, on décida, en 1902, de le faire reviser et remettre à neuf par le constructeur. Il fut retourné à M. Rueprecht, qui procéda à une

---

(¹) W.-J. MAREK, *Pesées* (*Trav. et Mémoires*, t. I).

restauration complète et introduisit un certain nombre de perfectionnements, qui ont porté principalement sur les points suivants.

En premier lieu, le mode de suspension des plateaux sur le fléau a été modifié, conformément à la disposition déjà adoptée sur une seconde balance de même portée (n° 5) possédée par le Bureau et de construction plus récente. La suspension est faite par l'intermédiaire de deux couteaux croisés à angle droit, et dont les arêtes sont dans un même plan horizontal, le couteau inférieur étant l'un des couteaux extrêmes fixés au fléau. Cette sorte d'articulation a pour effet d'empêcher les charges d'exercer des réactions transversales sur le fléau.

En second lieu, le mécanisme du déclenchement a été transformé, de manière que les plateaux se posent d'abord sur les couteaux extrêmes, avant que le couteau moyen vienne appuyer sur son agate. On évite ainsi les chocs ou secousses que reçoit à peu près inévitablement le fléau lorsque les mouvements s'opèrent (comme c'est le cas général dans les balances de précision ordinaires) dans l'ordre inverse; on supprime aussi la possibilité de l'entraînement du fléau, qui se produit quelquefois, lors du déclenchement, par l'un ou l'autre des étriers portant les plateaux, dont il se dégage avec quelque difficulté.

Troisièmement, on a introduit de nouveaux mécanismes, permettant à l'observateur, sans quitter sa position à quatre mètres de la balance, d'ajouter à l'une ou l'autre des deux charges les petits poids additionnels destinés à la détermination de la sensibilité. A cet effet, ces poids additionnels sont constitués par des petites couronnes en fil de platine, suspendues par leur centre sur un renflement à l'extrémité de tiges de laiton doré attachées à la partie supérieure de la cage de la balance. Ces tiges, au nombre de huit, sont rendues, d'un côté à l'autre, solidaires deux à deux. En abaissant un levier placé sous sa main, l'observateur transmet, par l'intermédiaire d'une cordelette, un mouvement qui fait descendre simultanément deux d'entre elles, portant deux poids différant l'un de l'autre de quelques dixièmes de milligramme. Chaque tige traverse un trou percé dans un petit plateau solidaire de l'étrier de suspension, et laisse au passage se déposer sur ce plateau la couronne qu'il portait. On peut ainsi ajouter à l'une des charges, pendant même que la balance oscille, une petite surcharge égale à la différence du poids des deux couronnes correspondantes.

Les couronnes de platine ont toutes une masse voisine de 100^{mg}; elles diffèrent entre elles de $0^{mg},25$ ou $0^{mg},50$ à peu près. Elles ont été l'objet d'une étude préalable très soignée, et leurs différences deux à deux sont connues avec une exactitude probable de quelques dix-millièmes de milligramme. Il y a quatre leviers, et, suivant qu'on agit sur l'un ou sur l'autre, on surcharge le plateau de droite ou celui de gauche à volonté. On peut également combiner les surcharges par addition ou par soustraction, et choisir, dans chaque cas, la combinaison la plus avantageuse.

L'ancienne cage de bois a été remplacée par une cage de métal, qui est munie sur toutes ses faces de portes garnies de glaces, donnant de tous côtés libre accès, et permettant d'opérer, à l'intérieur, toutes les manipulations nécessaires, avec plus de facilité et de sûreté.

Rien n'a été changé au mode d'observation de la balance. La lecture des élongations se fait par la réflexion, sur un miroir porté par le fléau, d'une échelle divisée installée sur un pilier à quatre mètres de la balance, avec une lunette qui vise l'image de cette échelle donnée par le miroir. L'échelle est tracée sur verre; elle est éclairée par derrière à l'aide d'une glace qui renvoie sur elle la lumière du ciel arrivant par la partie supérieure de la salle. Les intervalles de la division sont de 2 millimètres : le o est à une extrémité, et la division 100 occupe le milieu et correspond, sur le fil du réticule de la lunette, à la position de repos du fléau. On évite ainsi d'avoir à tenir compte du signe des lectures, ce qui est facilement une source d'erreurs.

La transposition mécanique entraîne forcément, lorsque plusieurs pièces, en nombre plus ou moins grand, interviennent dans une pesée, l'obligation de les poser sur un plateau auxiliaire, que le mécanisme enlève et transporte avec ces pièces d'un côté à l'autre. Du côté opposé est un plateau semblable et ajusté à très peu près exactement à la même masse. Pour éliminer la différence de masse qui reste forcément entre eux, on doit donc, après avoir fait une première opération, recommencer après avoir interchangé sur ces plateaux auxiliaires les pièces qui les portent ([1]). Le nombre des pesées est donc forcément doublé. Dans le cas actuel, ces plateaux étaient constitués par des plaques circulaires en nickel, dont le diamètre, dans leur moitié supérieure, avait été réduit à trois centimètres environ, de façon à permettre de poser sur eux le cube de quartz, en agissant avec précaution, sans produire de contact dangereux avec aucune de ses arêtes. La surface supérieure de ces plateaux avait été polie spéculairement.

Conservant les notations déjà adoptées par M. P. Chappuis ([2]), nous désignerons par X la masse du cube de quartz à déterminer, par M celle des poids qui lui font équilibre, par P_1 et P_2 les masses des plateaux auxiliaires portant

---

([1]) Cette pratique est suivie, avec ces balances, même lorsqu'il n'y a de chaque côté qu'une seule pièce, qui pourrait être directement centrée sur le plateau de l'instrument, comme dans le cas de la comparaison de deux étalons du Kilogramme, afin de ne pas exposer ces pièces au contact des organes de transposition.

([2]) P. CHAPPUIS, *Détermination du volume du kilogramme d'eau*, p. 54 (*Trav. et Mém.,* t. XIV).

respectivement le cube et les poids, par n la valeur d'une division de l'échelle dans laquelle sont exprimées les différences des charges.

Une première pesée donne

(1)
$$(X + P_1) - (M + P_2) = ni_1;$$

i_1 est la demi-différence des lectures de l'échelle calculée d'après les élongations qui correspondraient aux deux positions d'équilibre du fléau dans les deux positions inverses des charges sur les plateaux droit et gauche.

Après avoir interchangé le cube et les poids sur les plateaux auxiliaires, une autre pesée donne

(2)
$$(X + P_2) - (M + P_1) = ni_2.$$

Ces deux équations donnent immédiatement, si n est connu, la masse X du cube et la différence $P_1 - P_2$ des masses des plateaux additionnels.

Pour déterminer n, on a, dans les premières mesures faites sur le cube C_1, employé le procédé habituel, qui consiste à doubler chacune des opérations précédentes par une seconde pesée, faite peu après, avec les mêmes charges, en ajoutant seulement à l'une d'elles, M par exemple, un petit poids de valeur exactement connue. Si ΔM est la valeur de ce poids, on a

(3)
$$(X + P_1) - (M + P_2) - \Delta M = ni'_1,$$

équation qui, combinée avec (1), donne

$$n = \frac{\Delta M}{i_1 - i'_1}.$$

On aurait de même

$$n = \frac{\Delta M}{i_2 - i'_2}.$$

Bien que n varie très peu pour une même charge, on s'est toujours astreint à déterminer cette quantité pour chaque pesée.

Ce procédé oblige à ouvrir la cage de la balance pour introduire la petite pièce additionnelle, à attendre ensuite un temps suffisant pour laisser disparaître la perturbation de température ainsi produite, enfin à refaire une seconde pesée exactement semblable à la première, et par conséquent aussi longue.

Grâce aux perfectionnements ajoutés à la balance dans sa dernière restauration, on a pu simplifier et abréger les opérations, dans toute la période qui a suivi, en se servant des petites surcharges différentielles, qui sont disposées d'avance dans la cage de l'instrument, et peuvent être à volonté ajoutées de loin à l'une ou l'autre des deux charges au moyen du mécanisme dont il a été question ci-dessus. Aussitôt lue la dernière élongation d'une pesée, on abaisse l'une de ces surcharges, choisie suivant les conditions de l'expérience, et l'on détermine la nouvelle position d'équilibre qu'elle impose au fléau. On l'enlève ensuite et on la replace alternativement trois ou quatre fois afin d'éliminer les erreurs accidentelles. Cette opération se fait comme il a été déjà dit, sans renclencher ni déclencher à nouveau; elle est beaucoup plus rapide qu'une pesée proprement dite; et, appliquée à l'observation qui l'a immédiatement précédée, elle donne la sensibilité de la balance, c'est-à-dire la valeur de n, dans des conditions identiques à celles de cette observation.

Le nombre des transpositions des charges, dans chaque pesée, a été le plus généralement de 10, c'est-à-dire qu'on déterminait l'équilibre dans l'une des positions des charges 6 fois, alternant avec 5 fois dans l'autre position. On ne s'est cependant pas astreint à respecter toujours uniformément cette règle. Les comparaisons de corps ayant des densités très différentes, tels qu'un cube de quartz et des poids étalons en platine iridié, présentent des difficultés particulières, à cause de l'influence de la poussée, sur laquelle agissent les variations des conditions météorologiques ambiantes. Des changements un peu rapides, en particulier, de la pression atmosphérique, font sentir très vite leurs effets; et il est arrivé à plusieurs reprises qu'une pesée réglée un soir n'a pu être exécutée le lendemain matin sans une petite retouche dans les charges, par suite d'un saut assez brusque du baromètre pendant la nuit, les oscillations du fléau se faisant alors trop loin de sa position normale d'équilibre. Quelquefois, un peu d'humidité, des coups de vent, d'autres causes encore, difficiles à reconnaître, rendaient les mesures un peu plus irrégulières. On n'hésitait pas alors à ajouter deux ou quatre transpositions pour rendre le résultat moyen plus sûr. Par contre, lorsque les circonstances étaient favorables et les lectures successives bien concordantes, on réduisait le nombre des transpositions à 8. La durée d'une pesée ainsi faite varie de une heure un quart à deux heures.

La mesure de la sensibilité, au moyen des surcharges différentielles, a presque toujours été faite par 9 opérations alternées, 5 avec la surcharge, et 4 sans la surcharge. Sa durée est de 40 à 45 minutes. Les lectures obtenues alternativement dans chacune de ces deux conditions présentent toujours entre elles une concordance presque complète, très supérieure à celle qui est obtenue dans les pesées proprement dites. C'est que, en effet, ici sont supprimés les déclenchement et renclenchement, auxquels il faut, sans aucun doute, rapporter la cause la plus grave des variations des balances, même les plus parfaites.

Les poids qui ont été employés dans ces pesées sont ceux de la série étalon Oe, en platine iridié, du Bureau international. Cette série, qui va de 500^g à 1^{mg}, a été étalonnée à nouveau à l'occasion de la recherche actuelle. Leur description, ainsi que le détail de ces travaux d'étalonnage, ont été donnés dans un Mémoire, auquel nous renverrons ([1]), nous bornant à reproduire ici la Table de leurs valeurs.

SÉRIE O e.

Pièce.	Valeur.	Volume à 0°.	Pièce.	Valeur.	Volume à 0°.
	g	ml		mg	ml
500	499,999 871 3	23,2274	0,5	499,9902	0,0232
200	200,000 018 1	9,2914	0,2	200,0244	0,0093
200*	199,999 726 4	9,2919	0,2*	199,9998	0,0093
100	100,000 130 6	4,6517	0,1	100,0299	0,0046
50	50,000 230 9	2,3225	0,05	50,0160	0,0023
20	20,000 107 8	0,9300	0,02	20,0511	0,0009
20*	20,000 105 9	0,9293	0,02*	20,0160	0,0009
10	10,000 055 8	0,4644	0,01	10,0468	0,0005
5	5,000 107 2	0,2324	0,005	5,0198	0,0002
2	2,000 042 0	0,0929	0,002	2,0310	0,0001
2*	2,000 020 6	0,0929	0,002*	2,0297	0,0001
1	1,000 051 7	0,0465	0,001	0,9993 ([2])	0,0000

A cette série ont été ajoutés encore 4 petites pièces en nickel, de valeurs inférieures au milligramme. Nous les désignerons par les notations q_1, q_2, q_3, q_4.

SÉRIE q.

	mg	ml		mg	ml
q_1......	0,5070	0,0001	q_3......	0,2924	0,0000
q_2......	0,5303	0,0001	q_4......	0,2806	0,0000

Enfin, les quatre surcharges différentielles ont les valeurs ci-dessous; les signes + et − indiquent que, en s'abaissant, ces surcharges s'ajoutent respectivement aux charges du plateau de droite ou du plateau de gauche. Les volumes sont inférieurs à $\frac{1}{10000}$ de millilitre.

Surcharges.

	mg
1..........	+0,4656
2..........	−0,5242
3..........	+0,2894
4..........	−0,2141

([1]) J.-RENÉ BENOIT, *L'étalonnage des séries de poids*, p. 30 (*Trav. et Mém.*, t. XIII).

([2]) Cette pièce de 1^{mg} fut perdue par accident en juillet 1903, et a été remplacée depuis lors par une autre pièce, qui a fait l'objet d'une étude spéciale, et dont la valeur, presque identique, est 0^{mg},9996.

Dans quelques pesées, il a été encore fait usage d'une autre pièce de 1^{mg}, que nous désignons par 0,001*, et dont la valeur est 1^{mg},0219.

Réduction des pesées. — Les résultats des pesées doivent être réduits au vide. Si V_X est le volume à $T°$ du cube, V_M le volume des poids portés par la balance, et p le poids de l'unité de volume d'air dans les conditions de l'expérience, l'équation exacte qui exprime la relation entre les deux charges est ([1])

$$(X + P_1 - p V_X) - (M + P_2 - p V_M) = ni.$$

Le poids p, en milligrammes, de 1 millilitre d'air dans les conditions de chaque pesée a été calculé par la formule ([2])

$$p = \frac{1,293\,052}{1 + 0,003\,67\,T} \frac{1}{760} (H - 0,3779\,f),$$

où T représente la température, H la pression barométrique, et f la pression de la vapeur d'eau. La température était mesurée par un thermomètre de Baudin, parfaitement étudié, qui était lu à l'aide d'une lunette placée à distance ; toutes les températures ont été réduites à l'échelle normale. La pression était lue au moyen d'un baromètre Wild-Fuess : un certain nombre de comparaisons entre cet instrument et le grand baromètre normal du Bureau international ont montré que sa correction pouvait être considérée comme négligeable. L'état hygrométrique était indiqué par un hygromètre à cheveu, rectifié aussi bien que possible par comparaison avec un psychromètre, en se servant des Tables psychrométriques de M. Angot ([3]). Les lectures de ces instruments étaient faites en commençant et en finissant chaque pesée.

Les volumes V_M à $T°$ des poids employés se calculent en partant des volumes à $0°$ donnés dans les Tables de la page 38. La réduction a été faite au moyen du coefficient de dilatation

$$10^{-6}(8,653 + 0,0010\,T),$$

qui est une moyenne entre un grand nombre de valeurs extrêmement concordantes déterminées au comparateur sur des règles de platine iridié. Le coefficient cubique qui en résulte est donc

$$10^{-6}(25,959 + 0,00322\,T).$$

Pour calculer le volume V_X du cube de quartz dans chaque expérience, il est nécessaire de partir d'une valeur originelle, qui a été d'abord admise d'après

---

([1]) Les deux plateaux auxiliaires étant faits de même matière et presque rigoureusement égaux en masse, leurs volumes peuvent être considérés comme identiques, et il n'y a pas lieu d'en tenir compte.

([2]) Dr O.-J. Broch, *Poids du litre d'air atmosphérique* (*Trav. et Mém.*, t. 1).

([3]) A. Angot, *Études sur le psychromètre* (*Annales du Bureau central météorologique*, année 1880, t. I, p. B.128).

une évaluation faite sur des données approximatives, puis rectifiée après un premier calcul des expériences. Cette valeur rectifiée a servi à un calcul de deuxième approximation; et elle s'est trouvée assez rapprochée de la valeur finale pour qu'il n'y ait pas eu lieu de recourir encore à une troisième approximation.

Les coefficients de dilatation employés pour les réductions ne sont pas les mêmes pour les deux cubes. Pour celui de quatre centimètres, on s'est servi des coefficients qui ont été déterminés au Bureau international, il y a vingt-cinq ans, par la méthode Fizeau, sur un échantillon (cube de $14^{mm},5$ environ d'arête), taillé par M. Laurent ([1]). On avait trouvé, dans l'échelle du thermomètre à mercure en verre dur ([2]) :

Dans la direction parallèle à l'axe............... $10^{-6}(7,1233 + 0,008\,44\,t)$

Dans la direction perpendiculaire à l'axe........... $10^{-6}(13,1850 + 0,012\,40\,t)$

D'où le coefficient cubique...................... $10^{-6}(33,4933 + 0,033\,60\,t)$

Les réductions faites, au moyen de ces coefficients, dans les mesures exécutées à Marseille par la méthode interférentielle, des dimensions du cube C_1 ont montré qu'ils pouvaient être appliqués à ce cube avec une exactitude suffisante, dans les limites de température où les observations ont été faites.

Il n'en a pas été de même pour le cube de cinq centimètres. Comme on le verra plus loin, les mesures interférentielles ont conduit à admettre pour C_3 les coefficients sensiblement plus faibles pour les températures ordinaires :

Dans la direction parallèle à l'axe.................. $10^{-6}(6,951 + 0,0110\,t)$

Dans la direction perpendiculaire à l'axe........... $10^{-6}(12,920 - 0,0161\,t)$

D'où le coefficient cubique .... $10^{-6}(32,791 + 0,0435\,5\,t)$

C'est avec ce dernier coefficient qu'ont été faites, dans le calcul de seconde approximation et définitif, les réductions des pesées du cube C_3 ([3]).

([1]) J.-RENÉ BENOIT, *Nouvelles mesures de dilatation par la méthode Fizeau*, p. 116 et 190 (*Travaux et Mémoires*, t. VI).

([2]) Ces coefficients, transformés dans l'échelle normale, deviennent :

Dans la direction parallèle à l'axe........... $10^{-6}(7,1614 + 0,00801\,T)$

Dans la direction perpendiculaire à l'axe..... $10^{-6}(13,2546 + 0,01163\,T)$

D'où coefficient cubique.................. $10^{-9}(33,6706 + 0,03164\,T)$

([3]) Ce coefficient ayant été déterminé par rapport à l'échelle du thermomètre à mercure en verre dur, il a paru préférable de l'employer tel quel, plutôt que de le transformer dans l'échelle normale, en appliquant des formules qui ont été calculées dans l'hypothèse de conditions expérimentales un peu différentes. Il en résulte que, dans les réductions correspondantes, les températures doivent aussi être exprimées en fonction de l'échelle à mercure. [*Voir* C.-ED. GUILLAUME, *Formules pratiques pour la transformation des coefficients thermiques* (*Travaux et Mémoires*, t. VI).]

Pesées hydrostatiques. — La balance qui a servi aux pesées hydrostatiques est la même qui a été employée dans le travail de M. C.-E. Guillaume sur la même question ([1]). Elle est désignée dans les dossiers du Bureau international sous la dénomination de *balance Rueprecht n° 6*. C'est une balance beaucoup plus simple que celle qui a servi aux pesées dans l'air. Elle ne possède point d'organes de transposition (la méthode de transposition serait d'ailleurs inapplicable pour des pesées hydrostatiques), et la pose des poids sur les plateaux et leur enlèvement doivent s'y faire à la main, la cage étant ouverte.

Cette cage est portée par une forte charpente métallique, au-dessus d'une seconde cage, plus spacieuse, où se place le vase dans lequel est immergé le corps à étudier. Des trous percés au-dessous des plateaux mettent les deux cages en communication et permettent de laisser passer soit du côté droit, soit du côté gauche, le fil attaché au-dessous d'un de ces plateaux et auquel ce corps est suspendu.

Les lectures des élongations se font encore par l'image d'une échelle divisée réfléchie par un miroir fixé au fléau et reçue dans une lunette munie d'un réticule.

Le vase employé est celui qui avait servi à M. Chappuis ([2]). Ce vase V (*fig.* 9) est en platine; il est entouré d'un second vase plus grand en laiton qu'on remplit d'eau et qui constitue une protection contre les variations de température; dans ce vase extérieur est un agitateur (non représenté sur la figure) constitué par un anneau de laiton, qu'on peut faire monter ou descendre au moyen de deux tiges traversant le couvercle, et qui mélange les couches d'eau. Le cube est porté par une sorte d'étrier E, en nickel, suspendu à la balance, et sur les trois branches duquel il appuie par le milieu à peu près de trois de ses faces. Au-dessous de lui est un plateau annulaire S, auquel sont fixées trois tiges, dirigées vers le cube, et attaché à l'extrémité d'une tige plus grosse L, qui se prolonge à l'extérieur du vase. Celle-ci est guidée par le tube T fixé à un anneau massif de bronze A, et une crémaillère commandée par un bouton B permet de la faire monter ou descendre à volonté. Lorsqu'on la soulève, les trois tiges fixées au plateau S viennent au contact du cube dans des points voisins de ceux par lesquels il porte sur l'étrier, le soulèvent et le dégagent de l'étrier, qui reste ainsi suspendu seul à la balance. Des dispositifs analogues ont été employés depuis longtemps au Bureau international pour appliquer la même méthode, dans la détermination des densités des kilogrammes prototypes.

([1]) Ch.-Ed. Guillaume, *Détermination du volume du kilogramme d'eau*, p. 58 (*Travaux et Mémoires*, t. XIV).

([2]) P. Chappuis, *Détermination du volume du kilogramme d'eau*, p. 61 (*Travaux et Mémoires*, t. XIV).

Le fil de suspension est un fil de platine qui a été recouvert d'une couche de noir de platine déposé électrolytiquement. On sait que ce procédé, dû à

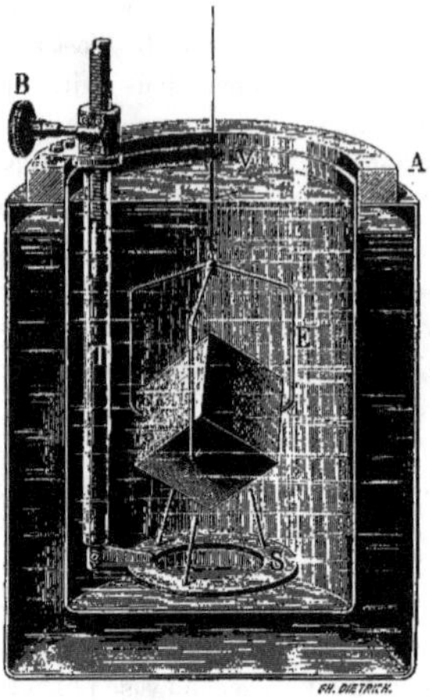

Fig. 9. — Vase pour les pesées hydrostatiques.

M. F. Kohlrausch, améliore considérablement les pesées hydrostatiques, en faisant disparaître presque entièrement l'amortissement irrégulier des oscillations par les déformations du ménisque d'eau attaché au fil (¹).

L'eau qui devait servir aux pesées était distillée, généralement la veille de l'expérience, au moyen d'un appareil muni d'un condenseur en platine. Dans cet appareil il n'a jamais été mis que de l'eau déjà distillée au moins une fois, et le plus souvent plusieurs fois. L'eau ayant été versée dans le vase, on y faisait descendre le cube, porté sur son étrier, et on le déposait sur les trois pointes du plateau S. L'étrier restait à côté de lui, sans le toucher, et le fil de suspension, immergé dans l'eau dans la presque totalité de sa longueur, restait appuyé par son extrémité sur le bord du vase. Celui-ci, placé sur une plaque épaisse de verre rodée, était alors recouvert d'une cloche munie d'une tubulure et mise en communication avec une trompe à eau, au moyen de laquelle on faisait le vide dans la cloche aussi complètement que possible. Ces opérations étaient généralement exécutées à la fin d'une après-midi, et le tout laissé en

(¹) *Voir*, pour la préparation du fil et pour les précautions à prendre au sujet du nettoyage parfait de la surface de l'eau dans le vase, le Mémoire de M. Chappuis déjà cité (p. 62). Les prescriptions qui y sont indiquées ont été exactement suivies dans toutes nos expériences.

l'état pendant toute la nuit suivante. Le lendemain matin, on favorisait le dégagement des dernières bulles d'air dissous dans l'eau, par de petits chocs frappés sur la cloche. On laissait rentrer l'air, on enlevait la cloche; et, aussi rapidement que possible, on amenait le vase dans la cage inférieure de la balance; on réglait exactement sa position et l'on accrochait le fil de suspension. Il ne restait plus qu'à mettre en place dans le vase les thermomètres destinés à donner la température de l'eau, et à attendre ensuite un temps suffisant pour laisser disparaître les perturbations de température que toutes ces manipulations produisent inévitablement ([1]).

Ces transports et réglages sont facilités par l'emploi d'un double chariot roulant sur galets, et une sorte de petit chemin de fer adapté au plancher de la cage inférieure de la balance ([2]). L'ensemble de toutes les manipulations précédentes n'en présente pas moins de sérieuses difficultés, et il exige de minutieuses précautions. Les cubes de quartz sont d'une prodigieuse fragilité. Le moindre attouchement, quelquefois inaperçu, de l'une de leurs arêtes ou de l'un de leurs sommets contre un corps dur, fait presque infailliblement sauter une petite écaille et produit une avarie irréparable. On verra plus loin que quelques-uns de ces accidents se sont en effet produits pendant les déterminations du cube C_1, et diminuent la valeur d'une partie de leurs résultats. Ultérieurement, on en a réduit les chances, en augmentant la stabilité du chariot transporteur, et surtout en modifiant l'étrier de façon à rendre impossible tout contact entre lui et les parois du vase de platine qui le renferme. Grâce à ces perfectionnements, on en a évité le retour, et l'on a pu mener le cube C_3 au bout d'une longue série d'expériences, sans qu'il eût subi la plus légère détérioration.

Chaque pesée hydrostatique comprend quatre opérations successives, faites avec quatre combinaisons différentes de charges sur les plateaux de la balance :

A. Le cube, posé sur son étrier et immergé dans l'eau, est suspendu au plateau gauche de la balance. On lui fait équilibre du côté droit avec une tare; cette tare était fournie par des poids appartenant aux séries de deuxième ordre du Bureau.

B. On ajoute sur le plateau de gauche une petite surcharge. Cette surcharge a toujours consisté dans le poids de 10^{mg} de la série Oe, dont la masse exacte est, comme il a été déjà dit, $10^{mg},0468$ et le volume $0^{ml},0005$.

([1]) Il est prudent d'attendre une heure environ. Dans quelques expériences, dont les résultats ont présenté des écarts un peu anormaux et excessifs, la cause en est certainement qu'elles ont été commencées trop vite, comme l'a prouvé d'ailleurs la variation des lectures thermométriques pendant leur durée.
([2]) *Voir* le Mémoire de M. Guillaume déjà cité (*Travaux et Mémoires*, t. XIV, p. 60).

C. On soulève le cube en agissant sur le bouton B ; l'étrier seul dans l'eau reste suspendu à la balance ; on rétablit l'équilibre en mettant des poids sur le plateau gauche.

D. On ajoute sur le plateau droit la surcharge de $10^{mg},0468$.

Ces quatre opérations sont refaites ensuite dans l'ordre inverse, et le tout est recommencé une seconde fois.

La température de l'eau dans le vase et de l'air dans la cage supérieure, la pression barométrique et l'état hygrométrique sont lus au commencement, au milieu et à la fin de chaque opération.

Dans toutes les pesées il se produit, du commencement à la fin, de petites variations dans ces éléments. On fait les réductions en prenant simplement les moyennes de toutes les lectures des instruments météorologiques, aussi bien que les moyennes des lectures de la balance dans chacune des quatre combinaisons de charges indiquées, et adoptant ces moyennes pour la série entière. Si on voulait réduire à part chaque équilibre de la balance et interpoler ensuite, on augmenterait énormément le travail de calcul, pour ne changer les résultats que de quantités insignifiantes et incertaines. De cette remarque résulte que, dans la pesée entière, il y a des éléments qu'on peut considérer comme restant constants d'un bout à l'autre, et qu'on peut immédiatement éliminer dans les calculs. Tels sont ceux qui se rapportent, du côté gauche, à l'ensemble de toute la suspension, partie dans l'eau, partie dans l'air ; à droite, à la tare.

Désignons encore par X la masse du cube de quartz (maintenant connue par les pesées dans l'air), par M la masse des poids mis sur la balance dans l'opération C, par V_X et V_M les volumes du cube et des poids dans les conditions de l'expérience, par p et π les masses de l'unité de volume d'air et d'eau dans les mêmes conditions, enfin par ΔM le poids dans l'air (1) de la surcharge. Appelons a, b, c, d les résultats moyens obtenus dans les quatre opérations successives. Ces opérations fournissent les quatre équations

$$X - \pi V_X \qquad\quad = an,$$
$$X - \pi V_X + \Delta M = bn,$$
$$M - p V_M \qquad\quad = cn,$$
$$M - p V_M + \Delta M = dn,$$

---

(1) Poids constant quelles que soient les conditions météorologiques, à cause du petit volume de la pièce.

n étant la valeur d'une division de la balance. On en tire

$$n = 2 \frac{\Delta M}{(b-a)+(c-d)},$$

$$(X - \pi V_x) = (M - p V_M) + (a - c) n,$$

$(X - \pi V_x)$ est la masse apparente du cube dans l'eau qu'il déplace, à la température de l'expérience.

Réduction des pesées. — La température de l'air dans la cage supérieure de la balance est mesurée par un thermomètre (n° 9); celle de l'eau par deux thermomètres (n°s 14348 et 14349) suspendus dans le vase à côté du cube et de manière que leur réservoir soit à peu près à la hauteur du milieu de celui-ci. Ces thermomètres ont été très soigneusement étudiés, et leurs corrections, données par des Tables, ont été appliquées comme d'habitude à toutes leurs lectures. Il n'y a rien à ajouter à ce qui a été déjà dit pour le calcul de p. La densité π a été empruntée à la Table calculée par M. Chappuis, à la suite de ses recherches sur la dilatation de l'eau ([1]).

La valeur de $(X - \pi V_x)$ donnée par l'équation ci-dessus doit encore subir deux corrections.

1° Correction pour la pesanteur : d'après les expériences faites par M. Thiesen ([2]), le coefficient de variation de la pesanteur avec l'altitude, dans l'Observatoire du Bureau international, est $0,000000278$ pour 1^m. Dans le cas actuel, la distance entre le cube suspendu et les poids sur le plateau est très sensiblement de $0^m,74$. Les poids portés par la balance sont $98^g,9$ dans les pesées de C_4, et $202^g,5$ dans les pesées de C_5. Il en résulte des corrections respectivement égales à $-0^{mg},0203$ et $-0^{mg},0417$.

2° Correction pour le fil : lorsque le cube est porté par la suspension, la tige à crémaillère est abaissée au plus bas de la course; lorsque le cube est soulevé, cette tige remonte de 3^{cm} environ. Il en résulte, étant donné le rapport de la surface de la section de cette tige à la section du vase $(0,00517)$, que, dans la première position, le niveau de l'eau est de $0^{mm},16$ plus haut que dans la deuxième. D'autre part, le fil de suspension a une section de $0^{mm^2},0586$. Le relèvement du niveau de l'eau entraîne par suite un accroissement de la poussée sur le fil égal à $0^{mg},0093$. En conséquence, il y a lieu d'ajouter à la masse de l'eau déplacée par le cube une correction égale à $+0^{mg},0093$.

([1]) P. Chappuis, *Dilatation de l'eau* (*Travaux et Mémoires*, t. XIII, p. 40).

([2]) M. Thiesen, *Détermination de la variation de la pesanteur avec la hauteur au Pavillon de Breteuil* (*Travaux et Mémoires*, t. VII).

Ces deux corrections sont un peu incertaines, mais elles ne portent que sur des décimales élevées, et l'erreur que cette incertitude peut entraîner est absolument insignifiante. Leur somme est $-0^{mg},0110$ pour C_1, $-0^{mg},0324$ pour C_3. C'est donc, pour chacun des deux cubes, une correction constante à ajouter respectivement au résultat de toutes les pesées faites sur lui.

Du résultat ainsi corrigé, on déduit le volume $V = \dfrac{V\pi}{\pi}$ du cube à la température T_0 de l'expérience. Ce volume étant connu, on en déduit le volume V_0 à zéro, en se servant des coefficients de dilatation du quartz indiqués précédemment. Enfin le quotient $\dfrac{X}{V_0}$ donne la densité du quartz à zéro.

V_0, qui représente le volume (en millilitres) de l'eau qui serait déplacée par le cube, celui-ci étant à $0°$, représente en même temps la masse (en grammes) de cette eau, celle-ci étant à $4°$.

DEUXIÈME PARTIE.

MESURES.

CUBE DE QUATRE CENTIMÈTRES.

Mesures des dimensions.

Repérage et mesures préliminaires. — Les faces du cube sont supposées numérotées de 1 à 6, comme le sont celles d'un dé à jouer (*fig.* 9), la somme des nombres caractérisant deux faces opposées étant égale à 7. Les faces 1 et 6

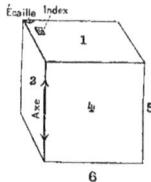

Fig. 10. — Numérotage des faces du cube.

sont normales à l'axe ; la première porte dans un coin une petite écaille qui s'est produite lors des pesées hydrostatiques ; elle est marquée par un petit index de papier. Les autres faces se trouvent définies par la condition qu'au sommet du trièdre voisin de l'index, les faces 1, 2, 3 se succèdent dans le sens des aiguilles d'une montre Les régions voisines du bord, dont on mesure l'épaisseur, sont désignées par trois chiffres, les deux extrêmes indiquant les faces dont on mesure la distance, le chiffre du milieu celle au voisinage de laquelle se trouve la région étudiée.

Une première détermination des dimensions du cube a été faite en se servant d'un sphéromètre de Brunner, par comparaison avec une épaisseur bien connue, celle d'un prisme du même quartz que C_1, et qui est à $0°$

$$36337^\mu,5.$$

La suite des opérations est résumée ci-après :

$$t = 15°,60.$$

Lecture
du
sphéromètre.

Prisme......................	$7048,3^{\mu}$
Cube [1-6].................	$3608,3$
Prisme......................	$7048,3$
»	$7048,0$
Cube [1-6].................	$3608,7$
Prisme......................	$7048,1$
Zéro du sphéromètre.........	$43409,9$

On en déduit :

Épaisseur moyenne
à l'échelle
du sphéromètre.

Prisme	$36^{mm},3617$
Cube	$39^{mm},8014$

Comme l'épaisseur [1-6] du cube et celle du prisme sont toutes deux parallèles à l'axe, il n'y a pas lieu de tenir compte de la température.

L'échelle du sphéromètre étant considérée comme inconnue, on déduit sa
valeur de la mesure du prisme, et l'on trouve ainsi

$$C_{*}[1-6]_0 = 36337^{\mu},5 \times \frac{39801,4}{36361,7} = 39775^{\mu},0.$$

On fait de même pour les deux autres dimensions ; mais, cette fois, il faut
tenir compte des dilatations.

On trouve ainsi :

$$C_{*}[2-3]_0............ 39050^{\mu},8$$
$$C_{*}[3-4]_0............ 38556^{\mu},0$$

Ces valeurs se rapportent au centre des faces.

Mesures absolues. — La méthode optique va maintenant préciser ces valeurs
approchées. Prenons, comme exemple, la détermination de l'épaisseur au
point 1-3-6 (couple [1-6], au voisinage de la face 3).

Mesure du 15 janvier 1904.

$$t = 12^{\circ},19, \qquad H = 763^{mm},9.$$

EXCÉDENTS FRACTIONNAIRES.

Mesures des anneaux.

A_H	1er anneau........ $0,477$	moyenne $0,478^a$	
	2e » .... $1,480$		
A_V	1er anneau........ $0,433$	» $0,444$	
	2e » .... $1,455$		
A_H	1er anneau........ $0,527$	» $0,549$	
	2e » .... $1,571$		

Mesures des franges (lumière circulaire droite).

				Correction de pouvoir rotatoire.	Correction de pression.	
F_R	{	1re frange	0,130	} moyenne 0,117 + 0,990	+ 0,087	= 0,194
	{	2e »	1,104	}		
F_V		1re frange	0,565	0,565 + 0,280	+ 0,110	= 0,955
F_B	{	1er observateur....	0,790	} » 0,782 + 0,720	+ 0,118	= 0,620
	{	2e »	0,774	}		

Ainsi, à 12°,19 et sous la pression normale, les excédents fractionnaires ont les valeurs suivantes :

	Rouge.	Vert.	Bleu.
Anneaux lame.............	0,478	0,444	0,549
Franges..................	0,194	0,955	0,620

et, par suite de la relation

$$\varepsilon_a = \varepsilon_l - 2\varepsilon_f,$$

Anneaux air	0,090	0,534	0,309

Si cette détermination est la première faite sur le couple de faces considéré, il est utile, pour s'assurer qu'il n'y a pas eu d'erreur sur la mesure de e au sphéromètre, de calculer les franges des lames mixtes, dont l'ordre d'interférence est peu élevé. Dans le cas actuel, en lumière rouge, cet ordre doit être voisin de 33504. Appliquons donc la méthode des excédents fractionnaires, en multipliant les nombres depuis 33500,19 jusqu'à 33508,19 par les rapports des ordres d'interférence des franges vertes et bleues à l'ordre des franges rouges. Ces rapports sont connus avec une précision plus que suffisante. Leurs valeurs à la température de la mesure sont

$$1,2798401 \quad \text{et} \quad 1,3607466.$$

On forme alors le Tableau suivant, où les valeurs admissibles dans chaque couleur sont marquées d'un astérisque :

R (0,19).	V (0,95).	B (0,62).
33 500,19	42 874,89*	45 585,27
1,19	76,17	86,63*
2,19	77,45	87,99
3,19	78,72	89,35
4,19	**80,00***	**90,71***
5,19	81,28	92,07
6,19	82,56	93,43
7,19	83,84*	94,79
8,19	85,12	96,15

Aucun doute n'est possible, les seules valeurs à prendre sont

$$33504,194, \quad 42879,935, \quad 45590,620,$$

qui confirment bien le résultat des premières déterminations.

Nous allons, maintenant, calculer les ordres d'interférence des anneaux dans l'air, connaissant leurs excédents fractionnaires et leurs valeurs approchées. Pour la radiation rouge, l'ordre d'interférence donné par la mesure approchée de l'épaisseur est voisin de 123563, à 4 ou 5 unités près. En effet, la vérification donnée par les franges vient de montrer que la mesure au sphéromètre ne comporte pas une erreur supérieure à 1^{μ}, et cette erreur correspond à trois anneaux. Appliquons encore la méthode des excédents fractionnaires, les facteurs étant cette fois les rapports des longueurs d'onde, c'est-à-dire

$$1,2659644 \quad \text{et} \quad 1,3413733.$$

On forme ainsi le Tableau suivant :

R (0,09).	V (0,53)	B (0,31).
123 558,09	156 420,14	165 737,52
59,09	21,41*	38,86
60,09	22,67	40,20*
61,09	23,94	41,55
62,09	25,21	42,89
63,09	**26,47***	**44,23***
64,09	27,74	45,57
65,09	29,00	46,91
66,09	30,27	48,25*
67,09	31,54*	49,59
68,09	32,80	50,93

Il en résulte, sans ambiguïté, qu'on doit adopter les valeurs suivantes des ordres d'interférence cherchés :

$$R = 123563,090, \quad V = 156426,534, \quad B = 165744,309,$$

d'où les trois valeurs de l'épaisseur à $12°,19$:

$$39777^{\mu},767, \quad 39777^{\mu},782, \quad 39777^{\mu},787,$$

déduites des trois radiations rouge, verte et bleue du cadmium.

Il ne reste plus qu'à réduire à $0°$.

Par suite de leur mode de calcul, les parties fractionnaires des anneaux dans l'air présentent une incertitude triple de celles que comportent les parties fractionnaires, directement mesurées, soit des franges, soit des anneaux dans le cube. Aussi aurait-il pu arriver que la concordance fût moins bonne que celle de l'exemple cité et qu'on eût eu quelque hésitation entre deux rangées horizontales du Tableau du calcul des excédents fractionnaires. Dans ce cas, on peut utiliser les anneaux dans le cube pour faire un calcul semblable. On a ici tout droit de le faire, car les rapports des ordres d'interférence des anneaux dans le cube ont été déterminés sur un échantillon de quartz d'épaisseur très voisine de celle du cube actuel ($36^{mm},3$) et taillé dans le même bloc. (C'est le prisme qui avait servi à M. Macé de Lépinay dans ses premières recherches pour mesurer les indices.) Les écarts de l'indice qui existent d'un échantillon à un autre sont ici très faibles, tous de même signe et de même valeur pour les trois radiations; ils laissent inaltérés les rapports des ordres d'interférence des anneaux dans le cube. Ces rapports sont

$$\frac{V}{R} = 1,2708437 + 1,8.10^{-7}(t - 15°),$$

$$\frac{B}{R} = 1,3481856 + 3,8.10^{-7}(t - 15°),$$

soit, à $12°,19$,

$$1,2708432 \quad \text{et} \quad 1,3481845.$$

Pour le rouge, les anneaux dans le cube doivent être de $190571,478$, somme des anneaux dans l'air et du double des franges. C'est bien ce qui ressort du Tableau suivant :

R (0,48).	V (0,44).	B (0,35).
190 567,48	242 181,38*	256 920,12
68,48	82,66	21,47*
69,48	83,93	22,82
70,48	85,20	24,17
71,48	**86,47***	**25,52***
72,48	87,74	26,86
73,48	89,01	28,21
74,48	90,28	29,56*
75,48	91,55*	30,91

Il n'y a aucun doute sur la ligne qu'il faut prendre; c'est

$$190571,478, \quad 242186,444, \quad 256925,549.$$

La concordance est même meilleure que pour les anneaux dans l'air, ce qui tient bien à ce que l'erreur sur ceux-ci est augmentée par le mode de calcul, et que les coefficients des anneaux dans le cube, calculés sur une épaisseur presque égale et sur la même matière, sont connus avec une précision égale à celle des rapports des anneaux dans l'air. Cela n'aurait pas lieu pour d'autres épaisseurs et d'autres échantillons.

Ces trois séries d'ordre d'interférence p_a, p_f, p_t, obtenues par trois choix distincts, par une triple application de la méthode des excédents fractionnaires, satisfont bien à la relation

$$p_t = p_a + 2p_f$$

qui n'avait été utilisée jusqu'ici que pour le calcul de la partie fractionnaire de p_a. Toute incertitude est donc absolument écartée : l'épaisseur calculée plus haut est parfaitement correcte.

Possédant la valeur de l'épaisseur, ou l'ordre p_a, en un point d'un couple de faces, les ordres aux différents points du même couple s'obtiennent sans aucune indécision ; car, en déplaçant le cube normalement au faisceau, on peut suivre d'une façon continue les anneaux dans la lunette, et voir ainsi de combien leur ordre diffère d'un point à l'autre. Cet écart est au plus de 2 unités. D'autre part, les franges ne varient que de quelques dixièmes. On n'a donc aucune erreur à redouter pour la partie entière de p_a, et l'on peut se dispenser de refaire une étude complète. Celle-ci, au contraire, devra être faite pour un point de chacun des deux autres couples de faces.

Toutefois, comme dans ce cas, la lumière se propage dans le cristal perpendiculairement à l'axe optique, celui-ci est horizontal pour deux des régions mesurées, vertical pour les deux autres. Or le miroir M joue le rôle d'analyseur et ne renvoie latéralement que de la lumière polarisée dans un plan horizontal, correspondant dans le cube à un seul rayon, ordinaire ou extraordinaire. Les anneaux observés seront donc les anneaux ordinaires ou extraordinaires suivant les cas. Les deux sortes de franges peuvent être mesurées : on devra chaque fois prendre celles qui sont de même espèce que les anneaux.

Les mesures préliminaires fixant l'ordre d'interférence ont toujours été faites avec le rayon ordinaire.

En même temps, on calcule l'indice en chaque région mesurée, d'après la relation

$$N = \nu \frac{p_t}{p_a},$$

et l'on compare à la valeur de l'indice en une région fixe, en tenant compte de la différence de température des deux mesures.

On a ainsi obtenu les épaisseurs suivantes, ramenées à 0°, pour les trois couples de faces du cube C, ([1]) :

___

([1]) En réalité, chaque mesure n'a pas toujours été faite d'une manière complète et calculée séparément, comme on l'a fait pour le cube de 5ᶜᵐ ; mais après avoir fait, d'une part, plusieurs mesures d'anneaux, d'autre part, plusieurs mesures de franges, on a pris les moyennes des unes et des autres, ramenées à la température moyenne des observations ; et sur ces moyennes, on a fait

	R.	V.	B.	Indice.
1-2-6	39 774,300 μ	39 774,321 μ	39 774,297 μ	0
1-3-6	4,271	4,283	4,285	+ 10
1-4-6	4,300	4,308	4,298	— 1
1-5-6	4,260	4,279	4,246	+ 15
2-1-5	39 052,074	39 052,097	39 052,069	+ 8
2-3-5	2,231	2,239	2,229	
2-4-5	2,286	2,291		
2-6-5	2,465	2,473	2,484	— 6
3-1-4	38 557,192	38 557,196	28 557,177	+ 6
3-2-4	7,182	7,189	7,165	
3-5-4	7,198	7,191	7,190	
3-6-4	7,173	7,197	7,191	— 4

La colonne intitulée *Indice* donne, en unités du septième ordre, les excès moyens des indices ordinaires rouge, vert et bleu, observés en la région considérée, sur les indices correspondants en 1-2-6. Pour les régions 2-3-5, 2-4-5, 3-2-4, 3-5-4, les indices manquent; ce sont les régions où l'on a opéré avec le rayon extraordinaire dans le cristal.

Ces mesures ont été faites pendant l'hiver; elles ont duré du 9 janvier au 6 février 1905. La température, pendant cet intervalle, a varié de 11°,38 à 12°,32, soit moins de 1 degré d'écart.

Résumé sur les mesures absolues — Les mesures sur le bleu, souvent difficiles et quelquefois presque impossibles, ne sauraient être considérées comme aussi précises que celles des deux autres radiations. Leur but principal était de permettre l'application sûre de la méthode des excédents fractionnaires.

Les mesures faites avec le vert et le rouge semblent *a priori* également précises. Toutefois, de ces deux radiations, le rouge présente, on le sait, la plus grande simplicité de structure.

C'est à la complexité du vert qu'est due sans doute la différence systématique que présentent les mesures faites avec ces deux radiations : celles déduites du vert conduisant à une épaisseur un peu plus grande, de 0$^\mu$,011 en moyenne, entraînant un écart de 0^{mg},8 sur la masse du décimètre cube d'eau.

En effet, les anneaux, pour une épaisseur de quartz de 4^{cm}, sont du même ordre que ceux d'une lame d'air de 6^{cm},2. Or, l'épaisseur maximum utilisée par MM. Michelson et Benoît a été de 5^{cm}, les ordres d'interférence maximum étant, pour le rouge, de 190000 dans le cas de C$_1$ et de 155000 dans celui des mesures de MM. Michelson et Benoît. Par suite de la complexité de la radiation

---

un seul calcul d'épaisseur. Il y a donc lieu de ne donner qu'un résultat unique, et non plusieurs valeurs de la même épaisseur. Le calcul des excédents fractionnaires fait par ce procédé présente l'avantage d'éliminer les erreurs fortuites d'observation. L'exemple donné plus haut est celui d'une mesure complète.

verte, la raie principale étant accompagnée de satellites, la longueur d'onde de
la radiation moyenne, qui correspond aux anneaux visibles en lumière réfléchie, est une fonction de l'ordre d'interférence. Sa variation est assez faible
pour que le vert et même le bleu puissent être utilisés pour fixer les parties
entières des ordres d'interférence; mais, au delà d'une certaine limite, qui
paraît être atteinte dans nos expériences, les seuls nombres à conserver sont
ceux qui résultent des expériences faites avec la radiation rouge, qui est simple
(Michelson, Perot et Fabry).

Ce sont donc exclusivement les résultats déduits du rouge qui ont été finalement utilisés.

Étude des différences d'épaisseur. — On a fait cette étude pour 25 points de
chaque couple de surfaces, en y comprenant les 4 mesurés de façon absolue.

La face du cube tournée vers la source est recouverte d'un écran percé de
25 ouvertures carrées, de 4^{mm} de côté, désignées, pour l'observateur placé du
côté de la source, par les lettres de l'alphabet. On détermine les différences
d'épaisseur entre chaque région et la région centrale m, prise comme repère
(*fig.* 11).

On observe uniquement les anneaux, en une seule couleur, la plus brillante,
le vert, en rayon ordinaire. Le cube est placé dans sa boîte de bois, mais la face

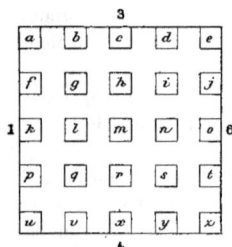

Fig. 11. — Écran recouvrant le cube pour l'étude des variations d'épaisseur.

antérieure de cette boîte est rabattue, et la chemise d'eau enlevée. La température du cube s'élève assez vite, par suite de la présence de l'observateur, et l'on
doit faire des expériences croisées. On alterne les mesures en m et en chaque
région; on interpole ensuite pour avoir les anneaux en m correspondant au
moment de la mesure en chaque autre point.

On obtient ainsi les variations de

$$p_i = \frac{2 \, N \, e}{\Lambda}.$$

Or,

$$\Delta p_l = \frac{2N}{\Lambda} \Delta e + \frac{2e}{\Lambda} \Delta N,$$

d'où

$$\Delta e = \frac{\Lambda}{2N} \Delta p_l - \frac{e}{N} \Delta N.$$

On pourrait avoir une deuxième équation par l'étude des variations des franges. Il faudrait, pour cela, séparer les deux faisceaux interférents par l'emploi de parallélépipèdes Fresnel-Mascart. Mais, comme il a été déjà dit, on augmenterait les causes d'erreur par le fait que les faisceaux traversent des milieux dont la température est mal connue et peut différer d'un point à un autre, agissant ainsi de façon dissymétrique sur les deux faisceaux. Il est beaucoup plus sûr, plus rapide, et aussi précis, de faire intervenir ΔN dans l'équation précédente.

Or, dans toute l'étendue du cube C_4, les variations de l'indice ne dépassent pas 2.10^{-6}, soit 10^{-6} entre le centre et une région quelconque. Une erreur de 10^{-6} sur l'indice entraine sur e une erreur de $0^\mu,026$. Si donc on connait le terme correctif à $\frac{1}{5}$ de sa valeur, on n'introduira pas, sur l'épaisseur, d'erreur supérieure à $0^\mu,005$.

Il est possible de calculer, dans chaque cas, ce terme correctif avec une exactitude suffisante. On peut, en effet, admettre que l'indice en une région quelconque du cube est une fonction linéaire des coordonnées de cette région. Cette hypothèse se vérifie de la façon suivante.

Considérons l'une des mesures d'indice. L'indice obtenu est en réalité un indice moyen : l'indice moyen le long du faisceau de lumière à l'intérieur du quartz. Si l'indice est une fonction linéaire des coordonnées, le résultat obtenu est égal à l'indice au milieu du parcours du faisceau, c'est-à-dire à celui de l'élément de volume situé au milieu d'une face. Il doit donc être le même suivant les deux directions qui se coupent au milieu de cette face. Ainsi les indices des régions 3-1-4 et 2-1-5 doivent être identiques, comme étant l'indice de l'élément de quartz situé au milieu de la face 1 (*fig.* 11).

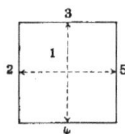

Fig. 12.

Se reportant au Tableau donné plus haut, on voit qu'on a bien :

Indice en 2-1-3 .... +8
»   3-1-4 .... +6

de même

$$\text{Indice en } 2\text{-}6\text{-}5 \dots\dots\dots\dots\dots \quad -6$$
$$\text{» } \quad 3\text{-}6\text{-}4 \dots\dots\dots\dots\dots \quad -4$$

comme écarts moyens par rapport à 1-2-6 (en unités du 7^{ieme} ordre). Ces nombres sont identiques aux erreurs d'expérience près.

On a donc les données suivantes pour le calcul des corrections :

$$\text{Milieu de la face } 2 \dots\dots\dots\dots \quad 0$$
$$\text{» } \quad 1 \dots\dots\dots\dots \quad + 7$$
$$\text{» } \quad 3 \dots\dots\dots\dots \quad +10$$
$$\text{» } \quad 4 \dots\dots\dots\dots \quad - 1$$
$$\text{» } \quad 5 \dots\dots\dots\dots \quad +15$$
$$\text{» } \quad 6 \dots\dots\dots\dots \quad - 5$$

La moyenne $+4$ donne l'écart entre l'indice au centre du cube et celui au milieu de la face 2.

Prenant le centre comme origine des coordonnées, et y rapportant les écarts des autres points, ces écarts peuvent être représentés par

$$\Delta N = 3x - 4y + 3z,$$

les axes étant respectivement normaux aux faces 1, 2 et 3 (*fig.* 12), et les coordonnées étant évaluées en fonction de la distance des centres de deux ouvertures consécutives de l'écran percé de 25 ouvertures.

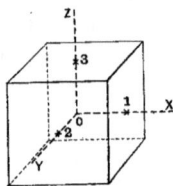

Fig. 13.

Comme vérification, pour les milieux des faces, cette formule donne :

Face.	Coordonnées			ΔN	
	x.	y.	z.	calculé.	observé.
1........	+2	0	0	+6	+ 3
2........	0	+2	0	—8	— 4
3........	0	0	+2	+6	+ 6
4........	0	0	—2	—6	— 5
5........	0	—2	0	+8	+11
6........	—2	0	0	—6	— 9

L'approximation est suffisante, le plus grand écart, 4.10^{-7}, étant de l'ordre des erreurs possibles sur une mesure d'indice.

Le terme correctif,

$$- \frac{e}{N} \Delta N,$$

devient alors

$$(- 7,7 x + 10,3 y - 7,7 z) 10^{-7}.$$

Par suite,

$$\Delta e = 164 \Delta p_l - 7,7 x + 10,3 y - 7,7 z$$

exprimé en millièmes de μ.

Appliquons ces considérations à l'épaisseur 2-5.

La face 5 est en avant, vers la source de lumière. Elle est recouverte de l'écran, dont les ouvertures sont désignées par les lettres consécutives, de a à z (*fig.* 10). La face 1 est à gauche, 6 à droite, 3 en haut et 4 en bas. On opère par expériences croisées. Entre deux lectures doubles d'anneaux, faites en deux ouvertures différentes, s'intercale une mesure en m (région centrale), mais résultant d'une lecture simple d'anneaux; car on la fait souvent. Pour éliminer les erreurs accidentelles, on construit la courbe des ordres d'interférence en m en fonction du temps, et l'on fait intervenir uniquement les ordonnées de cette courbe dans le calcul de chaque Δp_l.

Une étude qualitative, l'écran étant enlevé, permet de se rendre compte des variations d'anneaux, et de connaître ainsi les parties entières des Δp_l.

Exemple tiré d'une série d'observations :

Région.	ε_l.	ε_l en m d'après la courbe.	Δp_l (excès sur m).
m	0,761		
k	0,570	0,77	—1,20
m	0,801		
o	0,833	0,84	+0,99
m	0,874		
c	0,565	0,92	—0,36
m	0,968		
x	0,802	1,02	—0,20
m	0,057		
		Interruption.	
m	0,118		
u	0,837	0,12	—1,28
m	0,118		
z	0,008	0,15	+0,86
m	0,175		
a	0,890	0,22	—1,33
m	0,284		
e	0,775	0,30	+0,47
m	0,340		
		Interruption, etc.	

En appliquant la formule de correction donnée plus haut, on trouve pour Δe, excès de l'épaisseur en chaque région sur l'épaisseur en m :

a... $-0,254$	b... $-0,206$	c... $-0,212$	d... $-0,212$	e... $-0,208$
f... $-0,169$	g... $-0,121$	h... $-0,109$	i... $-0,105$	j... $-0,130$
k... $-0,074$	l... $-0,010$	m... $0,000$	n... $+0,001$	o... $-0,018$
p... $+0,010$	q... $+0,067$	r... $+0,095$	s... $+0,102$	t... $+0,052$
u... $+0,079$	v... $+0,139$	x... $+0,177$	y... $+0,187$	z... $+0,174$

Quatre de ces régions ont été mesurées, ainsi qu'il a été dit, en valeur absolue. Ce sont c, k, o, x. On peut donc déduire quatre valeurs indépendantes de l'épaisseur en m :

Épaisseur en m = épaisseur en $c - \Delta e_c = 39052,231 + 0,074\ldots\ldots$ $39052,305$
»   » $k - \Delta e_k = 39052,074 + 0,212\ldots\ldots$ $39052,286$
»   » $o - \Delta e_o = 39052,465 - 0,177\ldots\ldots$ $39052,288$
»   » $x - \Delta e_x = 39052,286 + 0,018\ldots\ldots$ $39052,304$

Moyenne............ $39052,296$

Ainsi, les quatre valeurs indépendantes de l'épaisseur en m, déduites des épaisseurs absolues en quatre régions, ne diffèrent pas de leur moyenne de plus de $0^\mu,010$. Ce nombre représente donc évidemment une valeur maxima de l'erreur commise sur une mesure isolée, *a fortiori* sur la moyenne.

On peut tracer les courbes d'égale épaisseur de chaque couple de faces (*fig.* 14).

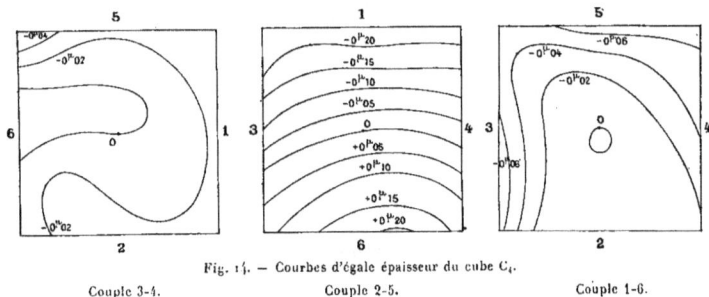

Fig. 14. — Courbes d'égale épaisseur du cube C₁.

Couple 3-4.   Couple 2-5.   Couple 1-6.

Dans l'exemple donné du couple 2-5, il est manifeste que les deux surfaces sont planes, mais inclinées l'une sur l'autre dans le sens 1-6, l'épaisseur étant moindre en 1. De k à o l'inclinaison est à peu près égale à

$$\frac{0,389}{39\,000} = 10^{-5} = 2''.$$

Les surfaces prolongées se couperaient à 4^{km}.

Épaisseur moyenne. — Le calcul de l'épaisseur moyenne ne présente aucune difficulté. C'est la moyenne arithmétique des épaisseurs, obtenue en attribuant le poids 1 aux valeurs trouvées dans les angles, 2 à celles des bords et 4 à celles faites en pleine surface, pour tenir compte du volume des prismes intéressés par chacune d'elles.

On trouve ainsi :

soit

$$\text{Épaisseur moyenne} = \text{Épaisseur en } m - 0^\mu,026$$

$$\text{Épaisseur moyenne 2-5} \ldots\ldots\ldots\ldots \quad 39052^\mu,270$$

Une étude toute semblable, faite sur les deux autres couples de faces, conduit aux résultats suivants :

$$\text{Épaisseur moyenne 1-6} \ldots\ldots\ldots\ldots \quad 39774^\mu,298$$
$$\text{»} \qquad\quad 3\text{-}4 \ldots\ldots\ldots\ldots \quad 38557^\mu,191$$

Ces deux couples de faces sont beaucoup plus parallèles que les précédentes. Des concordances semblables à celles qui ont été observées pour les quatre mesures absolues de 2-5 se constatent également. Une seule région, 3-6-4, présente un écart de $0^\mu,024$ avec la moyenne.

Mesure des angles. — Pour avoir le volume, il restait à connaître les angles que font entre eux les couples de faces parallèles deux à deux.

Pour déterminer ces angles, on installe le cube, sans enveloppe, sur la plate-forme du support, les arêtes des dièdres à mesurer étant réglées parallèlement à l'axe de rotation, et celui-ci perpendiculairement à l'axe optique de la lunette A_2 d'observation des franges. On le constate en vérifiant que l'autocollimation étant obtenue sur l'une des faces, 2 par exemple, peut être réalisée exactement sur les trois autres, 3, 5, 4, par simple rotation de la plate-forme. Installons alors la lunette A_3 de l'échelle divisée, qui sert à mesurer les diamètres angulaires des franges, de manière à y observer l'image de l'échelle réfléchie dans une face du cube, perpendiculaire à celle qui est normale à l'axe de la lunette des franges (*fig.* 14). Ainsi, l'autocollimation exacte étant obtenue sur la face 2, l'échelle se réfléchit sur 3. Notons la division de l'échelle qui coïncide avec le fil vertical de la lunette A_3, puis faisons tourner le cube de manière à établir l'autocollimation sur la face 3, et la réflexion de l'échelle sur la face 5. Si l'angle (2-3) diffère de l'angle (3-5), la lecture de l'échelle variera, et l'on en pourra déduire l'angle de la face 3 avec le couple 2-5 (nous venons de voir que 2 et 5 sont parallèles à moins de 2″). On complétera la mesure en faisant des pointés sur les deux autres faces.

Or, dans les trois séries d'observations (correspondant aux trois directions d'arêtes) ainsi conduites, il a été impossible de constater la moindre variation de la division de l'échelle visée dans la lunette. Ces variations sont donc

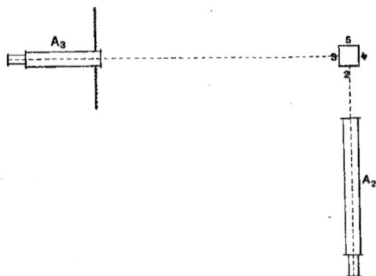

Fig. 15. — Dispositif pour la vérification des angles dièdres.

moindres que $0^{mm},10$. L'échelle étant à $2^m,50$ de la surface réfléchissante, il en résulte que les angles diffèrent de $90°$ d'une quantité moindre que

$$\frac{10^{-1}}{2.2,5.10^3} = 2.10^{-5}, \quad \text{soit} \quad 4''.$$

Il est tout à fait inutile d'en tenir compte.

Résultat. — Le volume du cube C_1 à $0°$ est donc, en centimètres cubes, le produit des trois épaisseurs moyennes, soit

$$59^{cm^3},889981.$$

Tous les nombres précédents sont déduits uniquement des résultats donnés par la radiation rouge du cadmium ([1]).

Pesées.

Les pesées du cube C_1, interrompues à diverses reprises pendant plus ou moins longtemps par d'autres travaux urgents ou des causes diverses, se trouvent réparties en plusieurs groupes sur une longue période. Cette circons-

---

([1]) Le vert aurait donné comme volume $59^{cm^3},890030$, ce qui conduirait à un écart de $0^{mg},9$ sur la masse du décimètre cube d'eau.

tance ne serait en aucune façon nuisible à l'exactitude du résultat; elle pourrait même être considérée comme avantageuse, en ce sens qu'elle serait favorable à l'élimination plus complète des erreurs systématiques qui peuvent affecter la répétition d'expériences identiques, exécutées consécutivement et dans des conditions presque rigoureusement semblables. Malheureusement, elles ont été aussi, comme il a été dit plus haut, traversées par quelques accidents. Après une première série de pesées, un léger choc d'une arête du cube contre une des branches de l'étrier fit sauter une petite écaille. Un peu plus tard, par suite d'un glissement inattendu du chariot transporteur, l'un des sommets du cube heurta la paroi du vase de platine et fut un peu écorné. Ces accidents obligent à calculer les expériences en les divisant en trois groupes, correspondant chacun à une masse différente de la pièce. Le premier groupe seul, naturellement, est apte à faire connaître la masse du cube intact; il comprend heureusement un nombre d'observations suffisant pour fournir cette donnée indispensable, sans aucune ambiguïté, avec une grande exactitude. Des groupes suivants d'observations on tire la densité du quartz dont le cube est formé, et, par cette donnée combinée avec la précédente, on peut encore déduire de mesures faites sur le cube endommagé le volume exact qu'il avait à l'état d'intégrité parfaite. Il n'en est pas moins vrai qu'une partie des contrôles qu'on eût pu avoir fait défaut, et il y aura lieu de tenir compte de ces circonstances lorsqu'il s'agira d'apprécier la valeur relative des résultats obtenus par le cube C_1 et par le cube C_3, pour lequel rien de pareil ne s'est produit.

Les mesures des dimensions du cube, faites par la méthode interférentielle au Laboratoire de la Faculté des Sciences de Marseille, ont suivi les trois séries de pesées dont il vient d'être question. Il est à peine utile de remarquer que, pour ces mesures, l'intégrité parfaite des arêtes et des sommets de la pièce n'est à aucun degré nécessaire, et que les petites avaries qu'il avait subies ne pouvaient les affecter en rien. Après ces mesures, le cube fut reporté de Marseille au Bureau international, où il fut fait encore une quatrième série de pesées.

Nous reproduirons ici les données essentielles de ces opérations, sous la même forme abrégée qui a été déjà adoptée par M. Chappuis et par M. Guillaume dans leurs Mémoires sur cette question du volume du kilogramme d'eau. Dans les Tableaux suivants, les lettres A et B représentent les charges respectivement portées par les plateaux de la balance; et l'ordre dans lequel ces lettres sont inscrites indique les positions respectives de ces charges sur les plateaux gauche et droit. A côté sont inscrits les équilibres, c'est-à-dire les lectures de l'échelle qui correspondaient aux positions d'équilibre du fléau pour chacune des transpositions alternatives des charges; chacun de ces nombres a été cal-

culé par la lecture de cinq élongations successives. A gauche, on a donné la
température réduite T (échelle normale), la pression barométrique réduite H et
l'état hygrométrique f (en centièmes). Enfin la ligne inférieure contient le résultat de la pesée, après avoir appliqué les corrections d'étalonnage des poids
employés et calculé la différence de poussée sur le cube et les poids. Cette différence est indiquée en milligrammes dans chaque équation ([1]).

PREMIER GROUPE.

Pesées dans l'air.

28 octobre 1902 ([2]).   I.

$A = Cube + P_1$.
$B = Oe(100 + 50 + 5 + 2 + 1 + 0,5 + 0,1 + 0,05 + 0,02 + 0,01 + 0,002 + 0,001) + q_1 + P_2$.

$T = 13'',956$	A B	96,71	96,40	94,27	95,46	95,83	95,58	95,76
$H = 759^{mm},79$	B A		95,09	95,36	94,01	94,06	94,06	94,48
$f = 75,2$								

$$[Cube + P_1] - [158684^{mg},234 + P_2] - 64^{mg},318 = -0,60 n.$$

29 octobre.   II.

$A = Cube + P_1 + q_2$.
$B = Oe(100 + 50 + 5 + 2 + 1 + 0,5 + 0,1 + 0,05 + 0,02 + 0,01 + 0,002 + 0,001) + q_1 + P_2$.

$T = 13°,613$	A B	82,05	82,12	81,07	80,12	79,62
$H = 759^{mm},62$	B A		108,06	107,38	107,29	107,52
$f = 75,2$						

$$[Cube + P_1] - [158683^{mg},703 + P_2] - 64^{mg},388 = +13,28 n.$$

([1]) Tous les calculs ont été faits avec une décimale de plus, qu'on n'a pas jugé utile de conserver
ici, ce qui expliquerait les erreurs apparentes, de une ou peut-être exceptionnellement de deux
unités sur la dernière décimale conservée, qu'on pourrait trouver en refaisant certaines vérifications.

([2]) A titre d'exemple, nous indiquerons ici les principaux intermédiaires du calcul de cette première pesée :

Les moyennes des équilibres obtenus respectivement dans les positions des charges AB et BA
sont 95,72 et 94,51. Les lectures de l'échelle croissent avec la charge du plateau droit. La différence, prise dans le sens *cube — poids* est donc — 1,21 et la demi-différence — 0,60.

Le volume de la somme des poids à 13°,956 est $7^{ml},3803$; le volume du cube à la même température est $59^{ml},9169$. Le poids du millilitre d'air à 13°,956, sous $759^{mm},79$ de pression et avec
l'état hygrométrique 75,2, est $1^{mg},22426$. La différence des poussées est donc

$$(59,9169 - 7,3803)1,22426 = 64^{mg},3185.$$

La somme des poids employés valant $158684^{mg},2337$, d'après la Table des valeurs reproduite
page 38, on arrive finalement à l'équation donnée ci-dessus.

29 octobre.   III.

A = Cube + P_1.

B = Oe(100 + 50 + 5 + 2 + 1 + 0,5 + 0,1 + 0,05 + 0,02 + 0,01 + 0,002 + 0,001) + q_1 + P_2.

T = 13°,772	B A	91,47	91,82	91,88	92,07	92,26	92,42
H = 758mm,54	A B	96,91	96,37	96,32	96,19	96,23
f = 75,2						

$$[\text{Cube} + P_1] - [158684^{mg},234 + P_2] - 64^{mg},257 = -2,20\,n.$$

31 octobre.   IV.

A = Cube + P_1 + q_2.

B = Oe(100 + 50 + 5 + 2 + 1 + 0,5 + 0,1 + 0,05 + 0,02 + 0,01 + 0,002 + 0,001) + q_1 + P_2.

T = 13°,259	A B	90,32	90,16	90,28	90,11	89,32	89,69
H = 761mm,96	B A	94,31	94,57	94,94	95,01	95,03
f = 75,2						

$$[\text{Cube} + P_1] - [158683^{mg},703 + P_2] - 64^{mg},671 = +2,39\,n.$$

12 avril.   V.

A = Cube + P_2.

B = Oe(100 + 50 + 5 + 2 + 1 + 0,5 + 0,1 + 0,05 + 0,02 + 0,01 + 0,002 + 0,001) + q_1 + P_1.

T = 13°,668	A B	98,66	98,86	98,70	98,21	97,85	97,81	97,67	97,52
H = 757mm,08	B A	98,57	97,38	97,84	97,58	97,53	97,40	97,80
f = 72,0							

$$[\text{Cube} + P_2] - [158684^{mg},234 + P_1] - 64^{mg},170 = -0,21\,n.$$

12 avril.   VI.

A = Cube + P_2 + q_2.

B = Oe(100 + 50 + 5 + 2 + 1 + 0,5 + 0,1 + 0,05 + 0,02 + 0,01 + 0,002 + 0,001) + q_1 + P_1.

T = 13°,509	A B	82,65	82,61	81,41	81,77	81,02	81,56	81,71	81,07
H = 756mm,43	B A	113,91	113,38	113,77	114,62	114,21	114,72	114,65
f = 72,0							

$$[\text{Cube} + P_2] - [158683^{mg},703 + P_1] - 64^{mg},151 = +16,23\,n.$$

13 avril.   VII.

A = Cube + P_2 + q_2.

B = Oe(100 + 50 + 5 + 2 + 1 + 0,5 + 0,1 + 0,05 + 0,02 + 0,01 + 0,002 + 0,001) + q_1 + P_1.

T = 13°,132	A B	82,76	82,70	81,91	81,51	81,50	81,35	81,53
H = 755mm,69	B A	109,86	110,45	110,25	110,02	111,50	111,20
f = 72,0						

$$[\text{Cube} + P_2] - [158683^{mg},703 + P_1] - 64^{mg},179 = +14,33\,n.$$

13 avril.   VIII.

A = Cube + P_2.

B = Oe(100 + 50 + 5 + 2 + 1 + 0,5 + 0,1 + 0,05 + 0,02 + 0,01 + 0,002 + 0,001) + q_1 + P_1.

T = 13°,211	A B	96,44	95,73	96,40	95,03	95,33	95,54	95,91
H = 755mm,30	B A	99,06	99,31	100,28	100,23	100,97	100,15
f = 72,0						

$$[\text{Cube} + P_2] - [158684^{mg},234 + P_1] - 64^{mg},126 = +2,11\,n.$$

Les 8 équations résultant des pesées précédentes donnent d'abord :

$$47,13n = 1,6035, \qquad n = 0^{mg},034023;$$

et ensuite :

			O. — C.
$C_4 + (P_1 - P_2)$	$=$	$158748,532$	$+0,045$
$C_4 + (P_1 - P_2)$	$=$	$158748,543$	$+0,056$
$C_4 + (P_1 - P_2)$	$=$	$158748,415$	$-0,072$
$C_4 + (P_1 - P_2)$	$=$	$158748,456$	$-0,031$
$C_4 - (P_1 - P_2)$	$=$	$158748,396$	$-0,005$
$C_4 - (P_1 - P_2)$	$=$	$158748,407$	$+0,006$
$C_4 - (P_1 - P_2)$	$=$	$158748,369$	$-0,032$
$C_4 - (P_1 - P_2)$	$=$	$158748,431$	$+0,030$

On en déduit

$$C_4 = 158748^{mg},444,$$
$$P_1 - P_2 = +0,043.$$

La substitution de ces valeurs dans les équations de condition conduit aux erreurs résiduelles inscrites à leur droite (Observé — Calculé). La moyenne de ces résidus en valeur absolue est o,o33. Il semble donc qu'on peut considérer la masse de cube intact comme connue à $\frac{1}{20}$ de milligramme près au moins, c'est-à-dire avec une incertitude probable qui n'atteint pas $\frac{1}{3\,000\,000}$.

Comme contrôle, on a comparé directement P_1 à P_2, et obtenu, par deux pesées dont il est inutile de reproduire les détails,

$$P_1 - P_2 = +0^{mg},038,$$

valeur dont l'écart par rapport à la précédente est de l'ordre de grandeur des erreurs d'observation.

La conclusion de cette première série de pesées est donc :

Masse du cube C_4 intact $= \mathbf{158\,748^{mg},444}$.

Pesées hydrostatiques.

Les pesées hydrostatiques ne comportant pas l'application de la méthode de transposition, le mode d'inscription de leurs données et de leurs résultats doit être un peu modifié. Nous représenterons par A, B, C, D les quatre opérations (p. 43) avec quatre combinaisons différentes, toujours les mêmes, des charges qui interviennent dans chaque pesée, savoir :

Plateau gauche.	Plateau droit.
A. Étrier + cube (dans l'eau).	Tare.
B. Étrier + cube (dans l'eau) + surcharge (Oe o,o10).	Tare.
C. Étrier (dans l'eau) + poids Oe (dans l'air).	Tare.
D. Étrier (dans l'eau) + poids Oe (dans l'air).	Tare + surcharge (Oe o,o10).

Nous désignerons par ΣOe le groupe de pièces toujours empruntées à la série étalon Oe, qui chargent le plateau gauche dans les opérations C et D. Chaque combinaison revient quatre fois. Chronologiquement, elles se succèdent dans l'ordre suivant : A, B, C, D; D, C, B, A; A, B, C, D; D, C, B, A. Chaque équilibre a été calculé, comme précédemment, par cinq élongations consécutives.

Deux pesées consécutives, à quelques heures de distance, l'une le matin, l'autre l'après-midi, étaient faites dans la même eau. La dernière achevée, on retirait le vase de la cage de la balance, on changeait l'eau et l'on préparait, comme on l'a vu plus haut, les expériences du lendemain.

I.

26 mai 1903 (*Première eau*).

$$\Sigma Oe = Oe(50 + 20 + 20^* + 5 + 2 + 1 + 0,5 + 0,2 + 0,1 + 0,05 + 0,02 + 0,02^* + 0,005).$$

$T_{air} = 17°,423$	A	197,51	198,34	198,17	197,96	ΣOe	$= 98895,793$ mg
$T_{eau} = 16°,334$	B	179,82	181,07	180,87	180,67	équil.	$= + 1,538$
$H = 757^{mm},37$	C	199,77	201,83	200,44	200,71	poussée	$= - 5,537$
$f = 74,3$	D	218,31	218,46	218,35	219,19	corr.	$= - 0,011$
							$\overline{98891,783}$

26 mai.

II.

$$\Sigma Oe = Oe(50 + 20 + 20^* + 5 + 2 + 1 + 0,5 + 0,2 + 0,1 + 0,05 + 0,02 + 0,02^* + 0,005).$$

$T_{air} = 17°,281$	A	198,35	198,05	197,96	197,66	ΣOe	$= 98895,793$ mg
$T_{eau} = 16°,372$	B	181,01	180,74	180,66	180,23	équil.	$= + 1,813$
$H = 756^{mm},65$	C	201,25	201,44	201,24	201,00	poussée	$= - 5,535$
$f = 74,1$	D	219,96	219,94	219,14	219,67	corr.	$= - 0,011$
							$\overline{98892,060}$

28 mai (*Deuxième eau*).

III.

$$\Sigma Oe = Oe(50 + 20 + 20^* + 5 + 2 + 1 + 0,5 + 0,2 + 0,1 + 0,05 + 0,02 + 0,02^* + 0,005).$$

$T_{air} = 17°,636$	A	195,49	196,01	196,04	195,48	ΣOe	$= 98895,793$ mg
$T_{eau} = 16°,498$	B	178,06	178,26	178,14	177,41	équil.	$= + 2,657$
$H = 751^{mm},16$	C	200,39	200,59	200,69	200,53	poussée	$= - 5,487$
$f = 73,8$	D	218,67	219,01	219,12	219,14	corr.	$= - 0,011$
							$\overline{98892,952}$

28 mai.

IV.

$$\Sigma Oe = Oe(50 + 20 + 20^* + 5 + 2 + 1 + 0,5 + 0,2 + 0,1 + 0,05 + 0,02 + 0,02^* + 0,005).$$

$T_{air} = 17°,892$	A	195,06	194,78	194,51	194,47	ΣOe	$= 98895,793$ mg
$T_{eau} = 16°,602$	B	176,17	176,21	175,91	175,91	équil.	$= + 3,389$
$H = 750^{mm},66$	C	200,56	200,88	201,27	201,19	poussée	$= - 5,478$
$f = 74,2$	D	218,92	219,59	219,51	219,93	corr.	$= - 0,011$
							$\overline{98893,693}$

XIV.

C.9

V.

29 mai (*Troisième eau*).

$$\Sigma Oe = Oe(50 + 20 + 20^* + 5 + 2 + 1 + 0,5 + 0,2 + 0,2^* + 0,005).$$

T_{air} = 18°,158	A	199,55	200,29	200,41	200,43	ΣOe	= 98905,680 (mg)
T_{eau} = 17°,381	B	180,67	181,87	182,00	182,16	équil.	= — 0,163
H = 750mm,60	C	199,73	199,93	199,84	199,99	poussée =	— 5,473
f = 75,0	D	218,38	217,42	219,13	218,56	corr. =	— 0,011
							98900,033

29 mai.

VI.

$$\Sigma Oe = Oe(50 + 20 + 20^* + 5 + 2 + 1 + 0,5 + 0,2 + 0,2^* + 0,005).$$

T_{air} = 18°,160	A	200,56	200,61	200,96	201,14	ΣOe	= 98905,680 (mg)
T_{eau} = 17°,360	B	181,82	182,28	182,01	182,94	équil.	= — 0,167
H = 749mm,88	C	200,31	200,63	200,46	200,65	poussée =	— 5,468
f = 74,3	D	218,85	219,33	219,22	219,40	corr. =	— 0,011
							98900,034

C'est au cours de la préparation de l'expérience suivante que se produisit le premier accident, qui détacha un petit éclat de l'une des arêtes du cube. Les pesées hydrostatiques faites postérieurement ne peuvent donc plus être combinées avec les pesées dans l'air qui ont précédé, et le premier groupe d'expériences s'arrête ici. En récapitulant les données qu'il a fournies et achevant les calculs, on arrive aux résultats contenus dans le Tableau qui suit.

Les première et deuxième colonnes de ce Tableau reproduisent les valeurs trouvées et déjà indiquées pour la masse du cube et pour sa masse apparente dans l'eau. La différence contenue dans la troisième colonne est la masse $V\pi$ de l'eau déplacée.

Dans la quatrième colonne, on a inscrit de nouveau la température de l'eau. Dans la cinquième est indiquée la pression à laquelle cette eau est soumise dans la couche dans laquelle le cube est immergé. Cette pression est égale à la pression barométrique H augmentée de la quantité constante $h = 9^{mm},56$ qui représente, réduite en mercure, la hauteur de la surface de l'eau au-dessus du milieu du cube. La correction à apporter à la densité de l'eau à $T°$, prise dans la Table de M. Chappuis, pour tenir compte de la compressibilité, a été calculée par la formule

$$\frac{\Delta V}{\Delta H} = 0,0000000662 \text{ par millimètre de mercure (¹).}$$

Cette correction, toujours extrêmement petite, a atteint 0,0000004 dans les deux premières pesées hydrostatiques; elle est nulle dans les autres.

La sixième colonne contient la densité π de l'eau à $T°$ et sous la pression $H + h$.

(¹) *Voir* P. CHAPPUIS, *Mémoire cité*, p. 68.

Dans le Tableau au-dessous, on trouve : dans la première colonne, le volume $\left(\dfrac{V\pi}{\pi}\right)$, calculé d'après les données précédentes et exprimé en millilitres, de l'eau déplacée et par conséquent du cube à T° ; dans la seconde, ce volume réduit à o° au moyen du coefficient de dilatation du cube indiqué précédemment ; et enfin, dans la dernière, les écarts (Obs. — Calc.) entre chacune des déterminations et leur moyenne.

Masse du cube.	Masse apparente dans l'eau.	Masse de l'eau déplacée.	Temp. T.	Pression H + h.	Densité de l'eau à T° et sous H + h.
	gr	mg	°	mm	
	98891,783	59856,661	16,334	766,93	0,9989162
	98892,060	59856,384	16,372	766,21	0,9989098
158748mg,444	98892,952	59855,492	16,498	760,72	0,9988884
	98893,693	59854,751	16,602	760,22	0,9988710
	98900,033	59848,411	17,381	760,16	0,9987362
	98900,034	59848,410	17,360	759,44	0,9987399

Volume du cube à T°.	Volume du cube à o°.	O. — C.
ml	ml	ml
59,92160	59,88816	— 0,00016
59,92171	59,88819	— 0,00013
59,92210	59,88832	0,00000
59,92240	59,88841	÷ 0,00009
59,92414	5o,88852	+ 0,00020
59,92392	59,88834	⊤ 0,00002
Moy......	59,88832	

Le volume du cube à o°, qui résulte de l'ensemble des pesées précédentes, est donc

$$V_0 = 59^{ml},88832.$$

Il en résulte pour la densité à o° du quartz dont le cube est formé

$$D = \frac{158,748444}{59,88832} = 2,650741.$$

A partir de cette époque, on a, comme cela a été dit plus haut, profité des perfectionnements ajoutés à la balance Rueprecht n° 1, pour simplifier la détermination de la sensibilité, en se servant des surcharges différentielles disposées d'avance dans la cage, et dont l'étude avait été très soigneusement faite dans l'intervalle. La valeur de n est alors déterminée par l'opération supplémentaire décrite page 36 et immédiatement appliquée à la pesée précédente. Nous représenterons ci-dessous les quatre surcharges (p. 38) par les notations s_1, s_2, s_3, s_4.

DEUXIÈME GROUPE.

Pesées dans l'air.

3 juin 1903.   **I.**

$A = \text{Cube} + P_2.$

$B = Oe(100 + 50 + 5 + 2 + 1 + 0,5 + 0,1 + 0,05 + 0,02 + 0,01 + 0,002 + 0,002^*) + q_2 + P_1.$

$T = 18°,320$	A B	112,82	113,58	112,54	112,05	113,41	113,95
$H = 758^{mm},23$	B A		89,68	90,25	89,71	89,98	90,70
$f = 79,4$							

$$[\text{Cube} + P_2] - [158\,685^{mg},287 + P_1] = -63^{mg},121 = -11,50\,n.$$

A B	113,95	114,09	113,82	114,11	113,92
A B + s_2		100,48	100,48	100,29	100,44

$$n = 0^{mg},038\,66.$$

3 juin.   **II.**

$\Lambda = \text{Cube} + P_2.$

$B = Oe(100 + 50 + 5 + 2 + 1 + 0,5 + 0,1 + 0,05 + 0,02 + 0,01 + 0,002 + 0,002^*) + P_1.$

$T = 18°,385$	A B	100,32	100,16	99,46	98,84	99,21	99,76
$H = 758^{mm},53$	B A		103,71	103,14	103,90	104,01	103,86
$f = 79,4$							

$$[\text{Cube} + P_2] - [158\,684^{mg},757 + P_1] = +63^{mg},131 = +2,05\,n.$$

A B	99,76	99,64	100,06	100,31	100,57
A B + s_1		111,51	111,91	112,15	112,42

$$n = 0^{mg},039\,03.$$

4 juin.   **III.**

$A = \text{Cube} + P_2.$

$B = Oe(100 + 50 + 5 + 2 + 1 + 0,5 + 0,1 + 0,05 + 0,02 + 0,01 + 0,002 + 0,002^*) + P_1.$

$T = 18°,061$	B A	94,50	94,24	92,76	93,51	92,22	92,63
$H = 761^{mm},83$	A B		107,13	107,10	106,53	107,50	107,45
$f = 76,3$							

$$[\text{Cube} + P_2] - [158\,684^{mg},757 + P_1] = -63^{mg},500 = -6,92\,n.$$

B A	92,63	92,04	91,93	91,85	91,66
B A + s_1		103,58	103,69	103,54	103,26

$$n = 0^{mg},041\,20.$$

5 juin.   **IV.**

$A = \text{Cube} + P_2.$

$B = Oe(100 + 50 + 5 + 2 + 1 + 0,5 + 0,1 + 0,05 + 0,02 + 0,01 + 0,002 + 0,002^*) + P_1.$

$T = 17°,859$	A B	109,78	109,68	109,06	109,30	109,91	107,91	108,13
$H = 762^{mm},51$	B A		88,13	88,76	88,63	90,40	90,44	90,41
$f = 74,9$							

$$[\text{Cube} + P_2] - [158\,684^{mg},757 + P_1] = -63^{mg},613 = -9,32\,n.$$

A B	108,13	107,89	107,48	107,32	107,13
A B + $s_2 + s_4$		89,04	88,60	88,47	88,36

$$n = 0^{mg},038\,92.$$

5 juin.   **V.**

A = Cube + P$_2$.

B = Oe(100 + 50 + 5 + 2 + 1 + 0,5 + 0,1 + 0,05 + 0,02 + 0,01 + 0,002 + 0,001) + q_2 + P$_1$.

$T = 18°,098$
$H = 761^{mm},16$
$f = 73,6$

| A B | 92,76 | 92,87 | 93,00 | 92,87 | 93,03 | 92,65 |
| B A | 106,86 | 106,98 | 107,13 | 106,00 | 106,96 | |

[Cube + P$_2$] − [158684^{mg},257 + P$_1$] − 63^{mg},448 = + 6,96 n.

| A B | | 92,65 | 91,84 | 91,60 | 91,51 | 91,50 |
| A B + s_1 + s_3 | | 111,02 | 110,84 | 110,83 | 110,48 | |

$$n = 0^{mg},03980.$$

2 juin.   **VI.**

A = Cube + P$_1$.

B = Oe(100 + 50 + 5 + 2 + 1 + 0,5 + 0,1 + 0,05 + 0,02 + 0,01 + 0,002 + 0,001) + q_2 + P$_2$.

$T = 17°,854$
$H = 762^{mm},68$
$f = 75,0$

| A B | 92,28 | 93,06 | 92,78 | 92,58 | 92,75 | 92,48 |
| B A | 105,09 | 104,34 | 105,59 | 105,06 | 104,00 | |

[Cube + P$_1$] − [158684^{mg},257 + P$_2$] − 63^{mg},628 = + 6,08 n.

| A B | | 92,48 | 92,31 | 92,26 | 92,08 | 92,12 |
| A B + s_1 + s_3 | | 111,56 | 111,41 | 111,41 | 111,12 | |

$$n = 0^{mg},03949.$$

7 juin.   **VII.**

A = Cube + P$_1$.

B = Oe(100 + 50 + 5 + 2 + 1 + 0,5 + 0,1 + 0,05 + 0,02 + 0,01 + 0,002 + 0,001) + q_2 + P$_2$.

$T = 17°,558$
$H = 760^{mm},95$
$f = 75,0$

| A B | 90,83 | 90,56 | 91,11 | 90,95 | 90,10 | 89,82 |
| B A | 105,86 | 106,05 | 105,45 | 106,11 | 105,76 | |

[Cube + P$_1$] − [158684^{mg},257 + P$_2$] − 63^{mg},552 = + 7,64 n.

| A B | | 89,82 | 89,46 | 89,31 | 89,46 | 89,22 |
| A B + s_1 + s_3 | | 108,60 | 108,41 | 108,26 | 108,18 | |

$$n = 0^{mg},03993.$$

7 juin.   **VIII.**

A = Cube + P$_1$.

B = Oe(100 + 50 + 5 + 2 + 1 + 0,5 + 0,1 + 0,05 + 0,02 + 0,01 + 0,002 + 0,002*) + P$_2$.

$T = 17°,723$
$H = 759^{mm},72$
$f = 74,7$

| A B | 100,09 | 100,68 | 100,51 | 99,45 | 100,48 | 99,50 |
| B A | 97,16 | 96,40 | 97,45 | 97,33 | 97,44 | |

[Cube + P$_1$] − [158684^{mg},757 + P$_2$] − 63^{mg},412 = − 1,48 n.

| B A | | 97,98 | 98,25 | 98,50 | 98,71 | 98,91 |
| B A + s_1 | | 109,92 | 110,15 | 110,30 | 110,56 | |

$$n = 0^{mg},03959.$$

8 juin.   **IX.**

$A = \text{Cube} + P_1$.
$B = \text{Oe}(100 + 50 + 5 + 2 + 1 + 0,5 + 0,1 + 0,05 + 0,02 + 0,01 + 0,002 + 0,002^*) + P_2$.

$T = 17°,423$ | A B   92,01   92,41   91,22   90,05   89,76   90,12
$H = 754^{mm},76$ | B A   106,34   106,41   106,86   107,11   107,09
$f = 73,9$

$$[\text{Cube} + P_1] - [158684^{mg},757 + P_2] - 63^{mg},070 = +7,91\,n.$$

A B   90,12   89,97   89,70   89,54   89,32
A B $+ s_1 + s_3$ 109,15   108,91   108,64   108,44

$$n = 0^{mg},03963.$$

8 juin.   **X.**

$A = \text{Cube} + P_1$.
$B = \text{Oe}(100 + 50 + 5 + 2 + 1 + 0,5 + 0,1 + 0,05 + 0,02 + 0,01 + 0,002 + 0,002^*) + q_2 + P_2$.

$T = 17°,508$ | A B   100,54   101,46   100,31   99,32   99,15   98,61
$H = 753^{mm},28$ | B A   94,46   95,36   96,30   95,95   95,87
$f = 74,0$

$$[\text{Cube} + P_1] - [158685^{mg},287 + P_2] - 62^{mg},925 = -2,15\,n.$$

A B   98,61   98,33   98,30   98,10   98,01
A B $+ s_3$ 105,54   105,56   105,51   105,42

$$n = 0^{mg},03997.$$

Les pesées précédentes donnent :

O. — C.

	mg
$C_4 - (P_1 - P_2) = 158747,964$	$- 0,011$
$C_4 - (P_1 - P_2) = 158747,968$	$- 0,007$
$C_4 - (P_1 - P_2) = 158747,972$	$- 0,003$
$C_4 - (P_1 - P_2) = 158747,987$	$+ 0,012$
$C_4 - (P_1 - P_2) = 158747,982$	$+ 0,007$
$C_4 + (P_1 - P_2) = 158748,125$	$+ 0,002$
$C_4 + (P_1 - P_2) = 158748,114$	$- 0,009$
$C_4 + (P_1 - P_2) = 158748,110$	$- 0,013$
$C_4 + (P_1 - P_2) = 158748,141$	$+ 0,018$
$C_4 + (P_1 - P_2) = 158748,126$	$+ 0,003$

D'où

$$C_4 = 158748,049;$$
$$P_1 - P_2 = +0,074.$$

La substitution de ces valeurs dans les équations de condition résultant des observations conduit aux résultats inscrits sous O. — C.

Pesées hydrostatiques.

Les pesées hydrostatiques faites immédiatement après sont résumées ici sous les mêmes formes que précédemment.

I.

11 juin 1903 (*Première eau*).

$$\Sigma Oe = Oe(50 + 20 + 20^* + 5 + 2 + 1 + 0,5 + 0,2 + 0,1$$
$$+ 0,05 + 0,02 + 0,02^* + 0,005 + 0,002 + 0,002^*).$$

$T_{air} = 17°,377$	A	197,99	198,15	198,78	198,84	ΣOe $= 98899,854$
$T_{eau} = 16°,880$	B	179,93	180,33	180,29	179,83	équil. $= +$ 1,345
$H = 753^{mm},20$	C	201,00	200,72	201,14	200,83	poussée $= -$ 5,508
$f = 72,9$	D	219,69	219,79	219,03	219,98,	corr. $= -$ 0,011
						98895,680

11 juin.

II.

$$\Sigma Oe = Oe(50 + 20 + 20^* + 5 + 2 + 1 + 0,5 + 0,2 + 0,1$$
$$+ 0,05 + 0,02 + 0,02^* + 0,005 + 0,002 + 0,002^*).$$

$T_{air} = 17°,369$	A	198,88	199,11	199,35	199,42	ΣOe $= 98899,854$
$T_{eau} = 16°,876$	B	180,02	180,73	181,03	180,41	équil. $= +$ 1,326
$H = 753^{mm},08$	C	201,23	201,57	201,77	202,00	poussée $= -$ 5,508
$f = 72,7$	D	219,44	220,22	220,30	220,54	corr. $= -$ 0,011
						98895,661

12 juin (*Deuxième eau*).

III.

$$\Sigma Oe = Oe(50 + 20 + 20^* + 5 + 2 + 1 + 0,5 + 0,2 + 0,1$$
$$+ 0,05 + 0,02 + 0,02^* + 0,005 + 0,002 + 0,002^* + 0,001).$$

$T_{air} = 17°,385$	A	199,12	199,48	199,60	199,76	ΣOe $= 98900,853$
$T_{eau} = 16°,890$	B	180,72	181,30	181,38	181,46	équil. $= +$ 0,451
$H = 755^{mm},18$	C	200,04	200,57	200,26	200,43	poussée $= -$ 5,522
$f = 74,3$	D	218,72	219,35	218,81	219,16	corr. $= -$ 0,011
						98895,771

12 juin.

IV.

$$\Sigma Oe = Oe(50 + 20 + 20^* + 5 + 2 + 1 + 0,5 + 0,2 + 0,1$$
$$+ 0,05 + 0,02 + 0,02^* + 0,005 + 0,002 + 0,002^* + 0,001).$$

$T_{air} = 17°,411$	A	200,01	200,11	200,26	200,45	ΣOe $= 98900,853$
$T_{eau} = 16°,889$	B	181,86	182,13	181,78	181,86	équil. $= +$ 0,412
$H = 755^{mm},15$	C	200,61	200,86	201,18	201,43	poussée $= -$ 5,522
$f = 74,6$.	D	219,16	219,40	219,53	220,11	corr. $= -$ 0,011
						98895,762

Ici se place le second accident, qui a obligé à couper en ce point la série des pesées hydrostatiques pouvant être combinées avec la série de pesées dans l'air faite précédemment. Cette deuxième série conduit donc aux résultats qui sont condensés ci-dessous sous la même forme qu'à la page 67 :

Masse du cube.	Masse apparente dans l'eau.	Masse de l'eau déplacée.	Temp. T.	Pression H + h.	Densité de l'eau à T° et sous H + h.
	mg	mg	°	mm	
	98895,680	59852,369	16,880	762,77	0,9988238
158748mg,049	98895,661	59852,388	16,876	762,64	0,9988245
	98895,771	59852,278	16,890	764,74	0,9988222
	98895,762	59852,287	16,889	764,71	0,9988224

Volume du cube à T°.	Volume du cube à o°.	O. — C.
ml	ml	ml
59,92285	59,88827	+ 0,00001
59,92283	59,88826	0,00000
59,92286	59,88826	0,00000
59,92285	59,88826	0,00000
	Moy...... 59,88826	

On déduit des résultats précédents, pour la densité à o° du quartz dont le cube est formé :

$$D = \frac{158,748049}{59,88826} = 2,650737;$$

et, en combinant cette valeur avec la masse du cube intact, on obtient pour le volume à o° de celui-ci

$$V_0 = \frac{158,748444}{2,650736} = 59^{ml},88842.$$

TROISIÈME GROUPE.

Dans le troisième groupe de mesures, des raisons de convenance imposées par d'autres travaux conduisirent à intervertir l'ordre des opérations et à procéder d'abord aux pesées hydrostatiques. Pour la commodité et l'uniformité de l'exposition, nous rendrons cependant compte en premier lieu, comme ci-dessus, des résultats des pesées dans l'air.

Pesées dans l'air.

22 juin 1903.   I.

$A = \text{Cube} + P_2 + q_2.$
$B = \text{Oe}(100 + 50 + 5 + 2 + 1 + 0,5 + 0,1 + 0,05 + 0,02 + 0,01 + 0,002) + P_1.$

T = 15°,781
H = 763mm,35
f = 81,3

| B A | 99,94 | 99,80 | 101,10 | 101,95 | 101,87 | 101,54 | 101,03 |
| A B | 96,16 | 95,06 | 96,36 | 95,18 | 95,72 | 96,56 | |

$[\text{Cube} + P_2] - [158682^{mg},197 + P_1] - 64^{mg},154 = + 2,59\,n.$

| A B | 96,25 | 96,46 | 96,34 | 96,28 | 96,23 |
| A B + s_3 | 104,11 | 104,07 | 104,10 | 103,96 | |

$n = 0^{mg},03734.$

23 juin.   II.

$A = \text{Cube} + P_2 + q_3.$
$B = \text{Oe}(100 + 50 + 5 + 2 + 1 + 0,5 + 0,1 + 0,05 + 0,02 + 0,01 + 0,002) + P_1.$

T = 15°,716
H = 760mm,30
f = 80,3

| B A | 100,50 | 100,60 | 100,11 | 99,55 | 100,27 | 100,38 |
| A B | 96,61 | 96,35 | 96,47 | 95,70 | 95,60 | |

$[\text{Cube} + P_2] - [158682^{mg},435 + P_1] - 63^{mg},917 = + 2,04\,n.$

| A B | 95,52 | 95,06 | 94,87 | 94,55 | 94,63 |
| A B = s_3 | 102,95 | 102,72 | 102,51 | 102,40 | |

$u = 0^{mg},03749.$

24 juin.   III.

$A = \text{Cube} + P_2.$
$B = \text{Oe}(100 + 50 + 5 + 2 + 1 + 0,5 + 0,1 + 0,05 + 0,02 + 0,01 + 0,002) + q_3 + P_1.$

T = 15°,674
H = 755mm,90
f = 79,9

| A B | 103,76 | 102,68 | 102,73 | 103,72 | 103,27 | 102,82 |
| B A | 95,82 | 95,91 | 95,49 | 96,55 | 95,66 | |

$[\text{Cube} + P_2] - [158683^{mg},020 + P_1] - 63^{mg},555 = - 3,63\,n.$

| B A | 96,09 | 96,26 | 96,29 | 96,31 | 96,17 |
| B A + s_3 | 103,80 | 103,80 | 103,89 | 103,86 | |

$n = 0^{mg},03797.$

24 juin.   IV.

$A = \text{Cube} + P_2.$
$B = \text{Oe}(100 + 50 + 5 + 2 + 1 + 0,5 + 0,1 + 0,05 + 0,02 + 0,01 + 0,002) + q_3 + P_1.$

T = 15°,896
H = 755mm,84
f = 80,3

| A B | 102,04 | 101,58 | 100,63 | 99,96 | 101,36 | 99,31 | 99,50 |
| B A | 97,50 | 97,08 | 96,50 | 96,25 | 96,21 | 95,72 | |

$[\text{Cube} + P_2] - [158683^{mg},020 + P_1] - 63^{mg},496 = - 2,04\,n.$

| B A | 96,52 | 96,52 | 96,57 | 96,50 | 96,31 |
| B A + s_3 | 104,18 | 104,32 | 104,27 | 104,16 | |

$n = 0^{mg},03734.$

XIV.   C.10

25 juin. **V**

A = Cube + P$_1$.

B = Oe(100 + 50 + 5 + 2 + 1 + 0,5 + 0,1 + 0,05 + 0,02 + 0,01 + 0,002) + P$_2$.

T = 15°,840	B A	99,04	97,83	98,96	98,71	98,58	99,20
H = 759^{mm},66	A B	98,36	98.89	99,10	98,98	99,56	
f = 81,5							

[Cube + P$_1$] — [158 682^{mg},727 + P$_2$] — 63^{mg},828 = — 0,13 n.

B A	99,20	99,13	99,13	99,16	99,30
B A + s$_2$	106,86	106,78	106,71	106,70	

$$n = 0^{mg},038\,18.$$

25 juin. **VI.**

A = Cube + P$_1$.

B = Oe(100 + 50 + 5 + 2 + 1 + 0,5 + 0,1 + 0,05 + 0,02 + 0,01 + 0,002) + P$_2$.

T = 16°,023	A B	98,42	98,59	99,13	98,21	98,06	98,40
H = 759^{mm},64	B A	99,83	100,25	99,89	100,37	100,07	
f = 81,2							

[Cube + P$_1$] — [158 682^{mg},727 + P$_2$] — 63^{mg},783 = + 0,74 n.

A B	98,40	98,45	98,51	98,60	98,72
A B + s$_2$	105,96	106,02	106,20	106,26	

$$n = 0^{mg},038\,23.$$

26 juin. **VII.**

A = Cube + P$_1$ + q$_3$.

B = Oe(100 + 50 + 5 + 2 + 1 + 0,5 + 0,1 + 0,05 + 0,02 + 0,01 + 0,002) + P$_2$.

T = 15°,988	A B	98,42	98,39	97,26	97,33	97,82	97,12	97,60
H = 762^{mm},37	B A	101,54	101,92	102,75	102,53	102,56	101,63	
f = 80,8							

[Cube + P$_1$] — [158 682^{mg},435 + P$_2$] — 64^{mg},023 = + 2,22 n.

A B	97,26	97,05	96,81	96,81	96,66
A B + s$_3$	104,85	104,62	104,49	104,30	

$$n = 0^{mg},037\,83.$$

26 juin. **VIII.**

A = Cube + P$_1$ + q$_3$.

B = Oe(100 + 50 + 5 + 2 + 1 + 0,5 + 0,1 + 0,05 + 0,02 + 0,01 + 0,002) + P$_2$.

T = 16°,323	B A	105,59	104,39	105,19	104,38	104,80	104,61
H = 761^{mm},63	A B	93,49	92,62	94,16	94,00	93,23	
f = 80,6							

[Cube + P$_1$] — [158 682^{mg},435 + P$_2$] — 63^{mg},881 = + 5,66 n.

A B	93,01	92,97	92,97	92,81	92,86
A B + s$_1$	105,20	105,11	104,98	105,10	

$$n = 0^{mg},038\,23.$$

Ces observations donnent :

$$C_4 - (P_1 - P_2) = 158746,447 \qquad + 0,009$$
$$C_4 - (P_1 - P_2) = 158746,428 \qquad - 0,010$$
$$C_4 - (P_1 - P_2) = 158746,437 \qquad - 0,001$$
$$C_4 - (P_1 - P_2) = 158746,439 \qquad + 0,001$$

$$C_4 + (P_1 - P_2) = 158746,550 \qquad + 0,010$$
$$C_4 + (P_1 - P_2) = 158746,538 \qquad - 0,002$$
$$C_4 + (P_1 - P_2) = 158746,542 \qquad + 0,002$$
$$C_4 + (P_1 - P_2) = 158746,532 \qquad - 0,008$$

D'où

$$C_4 = 158746^{mg},489,$$
$$P_1 - P_2 = + 0,051,$$

avec les erreurs résiduelles inscrites à côté des équations.

Pesées hydrostatiques.

I.

17 juin 1903. (*Première eau.*)

$$\Sigma \, Oe = Oe(50 + 20 + 20^* + 5 + 2 + 1 + 0,5 + 0,2 + 0,1 + 0,05 + 0,002 + 0,02^* + 0,002).$$

$T_{air} = 16°,400$	A	199,90	200,57	200,61	201,10	$\Sigma \, Oe$	$= 98892,804$
$T_{eau} = 15°,776$	B	181,60	182,32	182,31	183,01	équil.	$= - 0,751$
$H = 752^{mm},22$	C	198,47	198,94	199,58	199,69	poussée	$= - 5,520$
$f = 74,6$	D	216,97	217,42	218,05	218,05	corr.	$= - 0,011$

$$98886,522$$

II.

17 juin.

$$\Sigma \, Oe - Oe(50 + 20 + 20^* + 5 + 2 + 1 + 0,5 + 0,2 + 0,1 + 0,05 + 0,02 + 0,02^* + 0,002).$$

$T_{air} = 16°,362$	A	199,57	200,16	200,26	200,26	$\Sigma \, Oe$	$= 98892,804$
$T_{eau} = 15°,813$	B	181,66	181,96	181,97	182,06	équil.	$= - 0,100$
$H = 751^{mm},67$	C	199,27	199,59	199,51	201,15	poussée	$= - 5,517$
$f = 74,6$	D	217,25	217,86	218,14	217,83	corr.	$= - 0,011$

$$98887,176$$

III.

18 juin. (*Deuxième eau.*)

$$\Sigma \, Oe = Oe(50 + 20 + 20^* + 5 + 2 + 1 + 0,5 + 0,2 + 0,1 + 0,05 + 0,02 + 0,02^* + 0,002).$$

$T_{air} = 16°,097$	A	198,59	199,09	199,12	200,92	$\Sigma \, Oe$	$= 98892,804$
$T_{eau} = 15°,858$	B	179,97	180,73	180,76	182,95	équil.	$= - 0,295$
$H = 748^{mm},38$	C	198,62	198,55	198,84	199,56	poussée	$= - 5,498$
$f = 74,1$	D	216.92	216,92	217,57	217,94	corr.	$= - 0,011$

$$98887,000$$

18 juin.   **IV.**

$$\Sigma \text{Oe} = \text{Oe}(50 + 20 + 20^* + 5 + 2 + 1 + 0,5 + 0,2 + 0,1 + 0,05 + 0,02 + 0,02^* + 0,002).$$

$T_{air} = 16°,172$	A	201,30	200,93	201,30	201,48	Σ Oe = 98892,804 mg
$T_{eau} = 15°,820$	B	182,90	183,00	182,92	183,10	équil. = − 0,410
$H = 747^{mm},17$	C	200,27	200,33	200,37	201,02	poussée = − 5,490
$f = 74,1$	D	218,75	219,29	218,47	219,24	corr. = − 0,011

98886,893

V.

19 juin. (*Troisième eau.*)

$$\Sigma \text{Oe} = \text{Oe}(50 + 20 + 20^* + 5 + 2 + 1 + 0,5 + 0,2 + 0,1 + 0,05 + 0,02 + 0,02^* + 0,002).$$

$T_{air} = 16°,399$	A	198,18	199,02	199,13	199,28	Σ Oe = 98892,804 mg
$T_{eau} = 15°,920$	B	180,18	180,56	180,77	180,90	équil. = + 0,560
$H = 742^{mm},89$	C	199,36	199,80	200,01	200,53	poussée = − 5,451
$f = 75,0$	D	218,07	218,19	217,91	218,81	corr. = − 0,011

98887,901

19 juin.   **VI.**

$$\Sigma \text{Oe} = \text{Oe}(50 + 20 + 20^* + 5 + 2 + 1 + 0,5 + 0,2 + 0,1 + 0,05 + 0,02 + 0,02^* + 0,002).$$

$T_{air} = 16°,355$	A	199,45	199,28	199,43	199,44	Σ Oe = 98892,804 mg
$T_{eau} = 15°,927$	B	181,02	180,80	180,44	181,02	équil. = + 0,479
$H = 743^{mm},30$	C	200,19	200,10	200,39	200,46	poussée = − 5,455
$f = 75,4$	D	218,17	218,61	218,60	218,93	corr. = − 0,011

98887,817

VII.

20 juin. (*Quatrième eau.*)

$$\Sigma \text{Oe} = \text{Oe}(50 + 20 + 20^* + 5 + 2 + 1 + 0,5 + 0,2 + 0,1 + 0,05 + 0,02 + 0,02^* + 0,002).$$

$T_{air} = 16°,170$	A	199,10	200,91	200,85	200,26	Σ Oe = 98892,804 mg
$T_{eau} = 15°,821$	B	180,77	182,78	181,89	182,13	équil. = − 0,353
$H = 747^{mm},63$	C	199,51	200,41	198,97	199,66	poussée = − 5,491
$f = 75,5$	D	217,95	217,84	217,56	217,25	corr. = − 0,011

98886,949

20 juin.   **VIII.**

$$\Sigma \text{Oe} = \text{Oe}(50 + 20 + 20^* + 5 + 2 + 1 + 0,5 + 0,1 + 0,05 + 0,02 + 0,02^* + 0,002).$$

$T_{air} = 16°,236$	A	200,49	200,55	200,69	201,03	Σ Oe = 98892,804 mg
$T_{eau} = 15°,821$	B	182,02	182,36	182,22	182,77	équil. = − 0,298
$H = 748^{mm},43$	C	199,67	200,36	200,08	200,51	poussée = − 5,495
$f = 76,9$	D	217,37	218,36	218,59	218,69	corr. = − 0,011

98887,000

IX.

21 juin. (*Cinquième eau*).

$$\Sigma Oe = Oe(5o + 20 + 20^* + 5 + 2 + 1 + 0,5 + 0,2 + 0,1 + 0,05 + 0,02 + 0,02^* + 0,005).$$

T_{air} = 16°,056	A	198,43	199,77	199,08	200,91	ΣOe = 98895,793
T_{eau} = 16°,202	B	180,24	181,59	181,11	183,06	équil. = + 0,177
H = 758^{mm},76	C	198,36	198,90	198,95	199,22	poussée = — 5,575
f = 75,9	D	216,69	216,55	217,38	217,24	corr = — 0,011
						98890,384

21 juin.   **X.**

$$\Sigma Oe = Oe(5o + 20 + 20^* + 5 + 2 + 1 + 0,5 + 0,2 + 0,1 + 0,05 + 0,02 + 0,02^* + 0,005).$$

T_{air} = 16°,108	A	201,38	202,31	202,04	202,69	ΣOe = 98895,793
T_{eau} = 16°,057	B	183,55	184,02	184,32	184,61	équil. = — 1,542
H = 759^{mm},68	C	199,01	199,64	199,09	199,52	poussée = — 5,581
f = 76,0	D	217,68	217,52	217,67	217,83	corr. = — 0,011
						98888,659

Les observations précédentes conduisent aux résultats ci-après :

Masse du cube.	Masse apparente dans l'eau.	Masse de l'eau déplacée.	Temp. T.	Pression H + h.	Densité de l'eau à T° et sous H + h.
	98886,522	59859,967	15,776	761,78	0,9990065
	98887,176	59859,314	15,813	761,23	0,9990006
	98887,000	59859,490	15,858	757,94	0,9989932
	98886,893	59859,597	15,820	757,04	0,9989992
158746^{mg},489	98887,901	59858,588	15,920	752,45	0,9989828
	98887,817	59858,672	15,927	752,86	0,9989817
	98886,949	59859,540	15,821	757,19	0,9989990
	98887,000	59859,489	15,821	757,99	0,9989991
	98890,383	59856,106	16,202	768,32	0,9989381
	98888,659	59857,831	16,057	769,24	0,9989618

Volume du cube à T°.	Volume du cube à 0°.	O. — C.
59,91950	59,88721	+ 0,00015
59,91920	59,88684	— 0,00022
59,91982	59,88736	+ 0,00030
59,91956	59,88719	+ 0,00013
59,91954	59,88695	— 0,00011
59,91969	59,88709	+ 0,00003
59,91952	59,88715	+ 0,00009
59,91946	59,88709	+ 0,00003
59,91973	59,88657	— 0,00049
59,92004	59,88717	+ 0,00011
Moy........	59,88706	

On déduit des résultats précédents pour la densité à $0°$ du quartz dont le cube est formé

$$D = \frac{158,746\,489}{59,887\,06} = 2,650\,764$$

et, par suite, en combinant cette valeur avec le résultat des pesées du premier groupe, pour le volume à $0°$ du cube intact,

$$V_0 = \frac{158,748\,444}{2,650\,764} = 59^{ml},887\,81.$$

QUATRIÈME GROUPE.

Les pesées qui composent le quatrième groupe ont été faites près d'un an après les précédentes, après l'achèvement des mesures de ses dimensions, faites à la Faculté des Sciences de Marseille.

Pesées dans l'air.

Les 8 premières pesées dans l'air ont été faites avant les pesées hydrostatiques; 4 autres ont été faites après.

1ᵉʳ avril 1904.   I.

$A = $ Cube $ + P_2$.
$B = $ Oe$(100 + 50 + 5 + 2 + 1 + 0,5 + 0,1 + 0,05 + 0,02 + 0,01 + 0,001) + P_1$.

$T = 8°,269$
$H = 755^{mm},10$
$f = 78,0$

| A B | 111,24 | 109,96 | 112,45 | 112,27 | 112,51 | 112,62 |
| B A | | 84,64 | 84,12 | 85,34 | 85,45 | 85,31 |

$[$Cube $+ P_2] - [158\,681^{mg},696 + P_1] = 65^{mg},284 = -13,43\,n.$

| A B | 112,62 | 112,70 | 112,86 | 113,13 |
| A B $+ s_2 + s_4$ | 93,08 | 93,46 | 93,57 |

$n = 0^{mg},037\,94.$

1ᵉʳ avril.   II.

$A = $ Cube $+ P_2$.
$B = $ Oe$(100 + 50 + 5 + 2 + 1 + 0,5 + 0,1 + 0,05 + 0,02 + 0,01) + q_1 + P_1$.

$T = 8°,402$
$H = 756^{mm},29$
$f = 80,0$

| A B | 101,66 | 103,20 | 102,60 | 102,85 | 101,53 | 103,55 | 102,64 |
| B A | 97,91 | 98,41 | 97,61 | 98,20 | 98,01 | 97,75 |

$[$Cube $+ P_2] - [158\,681^{mg},203 + P_1] = 65^{mg},350 = -2,30\,n.$

| A B | 102,64 | 102,50 | 102,72 | 102,93 |
| A B $+ s_2$ | 88,26 | 88,59 | 88,82 |

$n = 0^{mg},037\,07.$

2 avril.

III.

$A = \text{Cube} + P_2.$
$B = \text{Oe}(100 + 50 + 5 + 2 + 1 + 0,5 + 0,1 + 0,05 + 0,02 + 0,01) + P_1.$

$T = 8^a,267$
$H = 764^{mm},95$
$f = 78,9$

| A B | 109,93 | 108,02 | 107,21 | 107,94 | 107,69 | 106,86 | 106,42 |
| B A | | 88,85 | 87,50 | 86,93 | 88,16 | 86,94 | 87,58 |

$[\text{Cube} + P_2] - [158680^{mg},696 + P_2] - 66^{mg},137 = -10,03\,n.$

| A B | | 106,42 | | 106,21 | | 106,05 | | 106,14 |
| A B + s_2 + s_4 | | | 86,29 | | 86,36 | | 86,20 | |

$$n = 0^{mg},03706.$$

2 avril.

IV.

$A = \text{Cube} + P_2.$
$B = \text{Oe}(100 + 50 + 5 + 2 + 1 + 0,5 + 0,1 + 0,05 + 0,02 + 0,01) + P_1.$

$T = 8^a,456$
$H = 764^{mm},14$
$f = 78,8$

| A B | 102,98 | 103,71 | 103,57 | 103,17 | 103,50 | 103,36 |
| B A | | 90,45 | 90,51 | 90,54 | 90,92 | 91,03 |

$[\text{Cube} + P_2] - [158680^{mg},696 + P_2] - 66^{mg},021 = -6,34\,n.$

| B A | | 91,12 | | 91,63 | | 91,62 | | 91,61 |
| B A + s_1 | | | 103,76 | | 103,78 | | 103,93 | |

$$n = 0^{mg},03779.$$

3 avril.

V.

$A = \text{Cube} + P_1.$
$B = \text{Oe}(100 + 50 + 5 + 2 + 1 + 0,5 + 0,1 + 0,05 + 0,02 + 0,01) + P_2.$

$T = 8^a,397$
$H = 759^{mm},60$
$f = 78,9$

| A B | 93,77 | 93,09 | 92,45 | 92,67 | 92,24 | 92,56 |
| B A | | 102,73 | 102,69 | 102,47 | 102,56 | 103,26 |

$[\text{Cube} + P_1] - [158684^{mg},696 + P_2] - 65^{mg},641 = +4,97\,n.$

| A B | | 92,56 | | 92,60 | | 92,26 | | 92,20 |
| A B + s_1 | | | 104,60 | | 104,19 | | 103,89 | |

$$n = 0^{mg},03939.$$

4 avril.

VI.

$A = \text{Cube} + P_1.$
$B = \text{Oe}(100 + 50 + 5 + 2 + 1 + 0,5 + 0,1 + 0,05 + 0,02 + 0,01) + P_2.$

$T = 8^a,455$
$H = 760^{mm},64$
$f = 79,1$

| A B | 95,56 | 94,36 | 96,12 | 95,60 | 95,48 | 94,80 |
| B A | | 102,41 | 100,93 | 101,98 | 101,85 | 102,42 |

$[\text{Cube} + P_1] - [158680^{mg},696 + P_2] - 65^{mg},716 = +3,30\,n.$

| A B | | 94,80 | | 94,75 | | 94,65 | | 94,63 |
| A B + s_1 | | | 106,59 | | 106,46 | | 106,14 | |

$$n = 0^{mg},03983.$$

4 avril.

VII.

$A = \text{Cube} + P_1.$
$B = Oe(100 + 50 + 5 + 2 + 1 + 0,5 + 0,1 + 0,05 + 0,02 + 0,01) + P_2.$

$T = 8°,636$
$H = 760^{mm},74$
$f = 79,5$

A B	93,70	93,23	94,78	95,21	95,47	94,70	95,23
B A	102,08	102,51	102,64	102,13	101,22	102,36	

$$[\text{Cube} + P_1] - [158680^{mg},696 + P_2] = 65^{mg},680 = + 3,75n.$$

A B	95,23	95,81	95,76	95,72
A B + s_1	107,47	107,56	107,43	

$$n = 0^{mg},03926.$$

5 avril.

VIII.

$A = \text{Cube} + P_1.$
$B = Oe(100 + 50 + 5 + 2 + 1 + 0,5 + 0,1 + 0,05 + 0,02 + 0,01) + P_2.$

$T = 8°,591$
$H = 764^{mm},07$
$f = 79,4$

A B	103,69	103,38	105,12	103,31	103,45	103,40
B A	94,97	95,22	96,41	95,42	96,22	

$$[\text{Cube} + P_1] - [158680^{mg},696 + P_2] = 65^{mg},979 = - 4,04n.$$

A B	103,40	102,85	102,44	102,18
A B + s_2	89,45	89,00	88,69	

$$n = 0^{mg},03835.$$

29 avril.

IX.

$A = \text{Cube} + P_2.$
$B = Oe(100 + 50 + 5 + 2 + 1 + 0,5 + 0,1 + 0,05 + 0,02 + 0,01 + 0,001).$

$T = 12°,216$
$H = 758^{mm},78$
$f = 85,8$

A B	96,69	96,34	97,39	96,28	96,45	96,36	96,68
B A	102,97	103,79	103,75	103,65	104,34	103,78	

$$[\text{Cube} + P_2] - [158681^{mg},696 + P_2] = 64^{mg},615 = + 3,55n.$$

A B	96,68	96,78	96,79	96,92
A B + s_1	109,71	109,91	109,85	

$$n = 0^{mg},03573.$$

30 avril.

X.

$A = \text{Cube} + P_2.$
$B = Oe(100 + 50 + 5 + 2 + 1 + 0,5 + 0,1 + 0,05 + 0,02 + 0,01 + 0,001) + P_1.$

$T = 12°,041$
$H = 758^{mm},30$
$f = 85,0$

A B	96,96	96,43	96,01	96,14	96,21	96,54	97,66	96,92
B A	103,17	102,83	102,85	103,44	103,06	104,80	104,99	

$$[\text{Cube} + P_2] - [158681^{mg},696 + P_1] = 64^{mg},619 = + 3,49n.$$

A B	96,92	96,61	96,37	96,39
A B + s_1	109,55	109,24	109,25	

$$n = 0^{mg},03643.$$

3o avril. 　　　　　　　　　　XI.

A = Cube + P_1.
B = Oe$(100 + 50 + 5 + 2 + 1 + 0,5 + 0,1 + 0,05 + 0,02 + 0,01 + 0,001) + q_4 + P_2$.

$T = 12°,333$ | A B.　　98,91　　98,83　　97,97　　98,44　　98,05　　98,90　　98,51
$H = 757^{mm},10$ | B A　　　　103,35　　103,84　　103,73　　103,83　　104,65　　104,96
$f = 85,0$ |

$[Cube + P_1] - [158\,681^{mg},977 + P_2] - 64^{mg},445 = +2,77\,n.$

A B　　　　98,51　　　　98,36　　　　98,49　　　　98,42
A B + s_3　　　　　106,38　　　　106,38　　　　106,45

$u = 0^{mg},036\,36.$

1er mai.　　　　　　　　　　XII.

A = Cube + P_1.
B = Oe$(100 + 50 + 5 + 2 + 1 + 0,5 + 0,1 + 0,05 + 0,02 + 0,01 + 0,001) + q_4 + P_2$.

$T = 12°,206$ | A B　101,67　101,29　101,04　100,39　100,08　99,74　100,45　100,35
$H = 757^{mm},69$ | B A　　101,95　101,07　101,35　100,75　102,27　102,24　102,10
$f = 85,0$ |

$[Cube + P_1] - [158\,681^{mg},977 + P_2] - 64^{mg},526 = +0,52\,n.$

A B　　100,35　　　100,29　　　100,06　　　100,11
A B + s_3　　　108,25　　　108,15　　　108,14

$n = 0^{mg},036\,27.$

Ces pesées conduisent aux équations suivantes:

O. — C.

$$C_3 - (P_1 - P_2) = 158\,746^{mg},471　　　+0,011^{mg}$$
$$C_3 - (P_1 - P_2) = 158\,746,468　　　+0,008$$
$$C_4 - (P_1 - P_2) = 158\,746,461　　　+0,001$$
$$C_4 - (P_1 - P_2) = 158\,746,477　　　+0,017$$

$$C_3 + (P_1 - P_2) = 158\,746,533　　　+0,005$$
$$C_3 + (P_1 - P_2) = 158\,746,544　　　+0,016$$
$$C_4 + (P_1 - P_2) = 158\,746,523　　　-0,005$$
$$C_4 + (P_1 - P_2) = 158\,746,521　　　-0,007$$

$$C_3 - (P_1 - P_2) = 158\,746,438　　　-0,022$$
$$C_4 - (P_1 - P_2) = 158\,746,442　　　-0,018$$

$$C_3 + (P_1 - P_2) = 158\,746,522　　　-0,006$$
$$C_4 + (P_1 - P_2) = 158\,746,522　　　-0,006$$

D'où l'on déduit
$$C_4 = 158\,746^{mg},494,$$
$$P_1 - P_2 = +0,534,$$

avec les résidus inscrits à côte des équations.

XIV.　　　　　　　　　　　　　　　　　　C.11

Cinq comparaisons de contrôle, faites entre les plateaux auxiliaires P_1 et P_2, ont donné la valeur

$$P_1 - P_2 = + 0^{mg}, 042,$$

bien concordante avec la précédente.

Pesées hydrostatiques.

I.

14 avril 1904. (*Première eau.*)

$$\Sigma O\theta = O\theta(50 + 20 + 20^* + 5 + 2 + 1 + 0,5 + 0,2 + 0,1 + 0,05 + 0,005 + 0,002 + 0,002^*).$$

$T_{air} = 10^o,532$	A	98,76	97,83	97,96	98,83	$\Sigma O\theta$	$= 98859,787$
$T_{eau} = 10^o,796$	B	81,78	81,57	81,85	82,37	équil.	$= + \quad 3,551$
$H = 748^{mm},85$	C	103,77	104,03	104,38	104,34	poussée	$= - \quad 5,615$
$f = 79,0$	D	119,20	121,66	119,83	120,94	corr.	$= - \quad 0,011$
							$98857,712$

14 avril.

II.

$$\Sigma O\theta = O\theta(50 + 20 + 20^* + 5 + 2 + 1 + 0,5 + 0,2 + 0,1 + 0,05 + 0,005 + 0,002 + 0,002^* + 0,001).$$

$T_{air} = 10^o,186$	A	100,37	100,97	101,01	100,77	$\Sigma O\theta$	$= 98860,786$
$T_{eau} = 10^o,095$	B	82,98	84,71	84,50	84,37	équil.	$= + \quad 0,061$
$H = 747^{mm},86$	C	101,15	100,81	100,62	100,95	poussée	$= - \quad 5,614$
$f = 80,2$	D	116,06	118,41	115,88	117,40	corr.	$= - \quad 0,011$
							$98855,222$

15 avril. (*Deuxième eau.*)

III.

$$\Sigma O\theta = O\theta(50 + 20 + 20^* + 5 + 2 + 1 + 0,5 + 0,2 + 0,1 + 0,05 + 0,005 + 0,002 + 0,002^* + 0,001).$$

$T_{air} = 10^o,678$	A	99,80	100,07	100,20	100,08	$\Sigma O\theta$	$= 98860,786$
$T_{eau} = 10^o,242$	B	82,52	83,36	83,56	83,76	équil.	$= + \quad 0,356$
$H = 742^{mm},83$	C	100,44	100,65	100,32	101,08	poussée	$= - \quad 5,566$
$f = 79,6$	D	116,55	116,95	116,39	116,31	corr.	$= - \quad 0,011$
							$98855,565$

15 avril.

IV.

$$\Sigma O\theta = O\theta(50 + 20 + 20^* + 5 + 2 + 1 + 0,5 + 0,2 + 0,1 + 0,05 + 0,005 + 0,002 + 0,002^* + 0,001).$$

$T_{air} = 10^o,948$	A	100,17	101,46	101,16	100,59	$\Sigma O\theta$	$= 98860,786$
$T_{eau} = 10^o,294$	B	82,77	84,91	83,52	84,05	équil.	$= + \quad 0,273$
$H = 741^{mm},41$	C	101,07	100,91	101,62	101,61	poussée	$= - \quad 5,572$
$f = 79,9$	D	117,29	117,77	118,37	119,02	corr.	$= - \quad 0,011$
							$98855,476$

V.

16 avril. (*Troisième eau.*)

$$\Sigma Oe = Oe(50 + 20 + 20^* + 5 + 2 + 1 + 0,5 + 0,2 + 0,1$$
$$+ 0,05 + 0,005 + 0,002 + 0,002^* + 0,001 + 0,001^*).$$

T_{air} = 11°,011	A	99,79	100,27	100,63	100,68	ΣOe	= 98861,808
T_{eau} = 10°,831	B	80,90	83,91	83,75	84,35	équil.	= + 1,668
H = 750mm,36	C	102,73	103,20	103,44	102,97	poussée =	— 5,615
f = 81,9	D	117,97	119,99	118,67	119,23	corr.	= — 0,011
							98857,850

16 avril.

VI.

$$\Sigma Oe = Oe(50 + 20 + 20^* + 5 + 2 + 1 + 0,5 + 0,2 + 0,1$$
$$+ 0,05 + 0,005 + 0,002 + 0,002^* + 0,001 + 0,001^*).$$

T_{air} = 11°,081	A	99,03	98,95	98,97	99,86	ΣOe	= 98861,808
T_{eau} = 10°,790	B	81,34	80,86	81,51	83,04	équil.	= + 1,425
H = 751mm,04	C	101,24	101,04	101,85	102,32	poussée =	— 5,619
f = 80,3	D	116,26	116,47	116,47	119,14	corr.	= — 0,011
							99857,603

17 avril. (*Quatrième eau.*)

VII.

$$\Sigma Oe = Oe(50 + 20 + 20^* + 5 + 2 + 1 + 0,5 + 0,2 + 0,1$$
$$+ 0,05 + 0,005 + 0,002 + 0,002^* + 0,001 + 0,001^*).$$

T_{air} = 11°,143	A	95,63	96,03	95,69	95,71	ΣOe	= 98861,808
T_{eau} = 10°,972	B	77,25	79,49	79,23	79,45	équil.	= + 2,123
H = 753mm,29	C	98,95	99,23	99,36	99,55	poussée =	— 5,635
f = 80,3	D	115,82	115,78	114,99	115,36	corr.	= — 0,011
							98858,285

17 avril.

VIII.

$$\Sigma Oe = Oe(50 + 20 + 20^* + 5 + 2 + 1 + 0,5 + 0,2 + 0,1$$
$$+ 0,05 + 0,005 + 0,002 + 0,002^* + 0,001 + 0,001^*).$$

T_{air} = 11°,282	A	97,00	96,41	96,67	96,67	ΣOe	= 98861,808
T_{eau} = 10°,912	B	79,97	79,97	79,79	79,99	équil.	= + 1,795
H = 753mm,85	C	99,99	99,74	99,34	99,76	poussée =	— 5,636
f = 81,9	D	117,13	117,13	116,13	116,64	corr.	= — 0,011
							98857,957

Les observations précédentes conduisent aux résultats ci-après :

Masse du cube.	Masse apparente dans l'eau.	Masse de l'eau déplacée.	Temp. T.	Pression H + h.	Densité de l'eau à T° et sous H + h.
	98857,712	59888,782	10,796	758,41	0,9996536
	98855,222	59891,272	10,095	757,42	0,9997196
	98853,565	59890,929	10,242	752,39	0,9997062
158746mg,494	98855,476	59891,018	10,294	753,98	0,9997015
	98857,850	59888,644	10,831	759,92	0,9996502
	98857,603	59888,891	10,790	760,60	0,0006543
	98858,285	59888,208	10,972	762,85	0,9996361
	98857,957	59888,537	10,912	763,41	0,9996422

Volume du cube à T°.	Volume du cube à 0°.	O. — C.
ml	ml	ml
59,909 53	59,887 54	— 0,000 12
59,908 07	59,887 52	— 0,000 14
59,908 53	59,887 68	+ 0,000 02
59,908 90	59,887 94	+ 0,000 28
59,909 60	59,887 54	— 0,000 12
59,909 60	59,887 62	— 0,000 04
59,910 01	59,887 66	0,000 00
59,909 07	59,887 75	+ 0,000 09
Moyenne....	59,887 66	

La densité à 0° du quartz dont le cube est formé est donc

$$D = \frac{158,746\,494}{59,887\,66} = 2,650\,738;$$

et, par suite, en combinant cette valeur avec la masse du cube intact, on a, pour le volume à 0° de celui-ci,

$$V_0 = \frac{158,748\,444}{2,650\,738} = \mathbf{59,888\,39.}$$

RÉSULTATS.

En récapitulant, les quatre groupes de pesées faites sur le cube C_1 se résument dans les nombres suivants :

	Masse.	Volume à 0°.
	g	ml
Du cube intact	158,748 444	59,888 32
	158,748 049	59,888 26
Du cube endommagé.	158,746 489	59,887 06
	158,746 494	59,887 66

d'où résultent pour la densité et pour le volume du cube intact, les valeurs :

	Densité.	Volume à 0°.
		ml
	2,650 741	59,888 32
	2,650 737	59,888 42
	2,650 764	59,887 81
	2,650 738	59,888 39
Moyenne....	2,650 745	59,888 24

On voit que, tandis que les résultats des groupes 1, 2 et 4 sont extrèmement

concordants entre eux ([1]), celui du groupe 3 s'écarte notablement des autres.
L'examen détaillé des observations individuelles prouve que la discordance
existe systématiquement pour toutes les mesures de ce groupe, qui parait donc
avoir été affecté d'une cause d'erreur constante. Après avoir minutieusement
cherché, sans succès, cette cause d'erreur dans les conditions mêmes des expériences, dans leurs réductions et les données qui y ont été employées, on s'est
convaincu que la seule explication possible est d'admettre que le cube a encore
subi une petite perte de substance entre les pesées hydrostatiques du troisième
groupe et les pesées dans l'air qui les ont suivies. Il est très probable qu'une
écaille minuscule, produite lors de l'accident arrivé immédiatement auparavant,
mais restée encore adhérente pendant les premières, s'est détachée lorsqu'on a
essuyé le cube pour procéder aux secondes. Un calcul simple montre que la
masse de ce petit éclat devait être de $0^{mg}, 9$ environ; il était impossible de le reconnaître sur une pièce qui avait été déjà endommagée en quelques points.
Lorsque, après avoir fait les calculs, on s'est aperçu de cet écart anormal, le
cube avait été envoyé à Marseille pour les mesures de longueur, et il était trop
tard pour refaire les pesées hydrostatiques. Mais les opérations du quatrième
groupe, faites après le retour du cube de Marseille, paraissent lever tout doute
quant à l'exactitude de cette interprétation.

Quoi qu'il en soit, et bien que l'adjonction de cette série ne dût changer le
résultat final que d'une quantité très petite, et assez peu supérieure à son incertitude probable, il est indiqué d'écarter une observation suspecte; et nous
admettrons comme valeurs les plus probables les moyennes des trois autres
groupes. Nous aurons donc, pour le cube C_4,

$$\text{Masse} = 158^g, 748444,$$
$$\text{Densité} = 2,650739,$$
$$\text{Volume à } 0^\circ = 59^{mm}, 88838.$$

Or, on a vu plus haut (p. 60) que ce même volume, évalué en centimètres
cubes, est

$$\text{Volume à } 0^\circ = 59^{cm^3}, 88998 1.$$

Il en résulte

$$1^{cm^3} = 0^{ml}, 999 973 3.$$

et le volume du kilogramme d'eau à 4° est

$$1^{ml} = 1^{cm^3}, 000 026 7.$$

([1]) Ces résultats sont aussi très rapprochés de celui trouvé par M. Macé de Lépinay, qui avait
donné pour le même cube, dans ses anciennes mesures, la densité 2,650732, dans des conditions à peu
près identiques au point de vue de l'état d'aération de l'eau employée dans les pesées actuelles (*Ann.
Ch. et Phys.*, 7ᵉ série, t. XI, p. 142).

Ces nombres, toutefois, exigent encore une petite correction. En empruntant
en effet à la Table de M. P. Chappuis les densités des eaux dans lesquelles ont
été faites nos pesées hydrostatiques, nous avons supposé que ces eaux ne con-
tenaient pas d'air en dissolution. Mais, quelques soins que l'on ait pris pour éva-
cuer, par une exposition prolongée sous le vide, l'air contenu dans l'eau, il est
certainement illusoire de penser faire une pesée hydrostatique dans de l'eau
complètement privée d'air. A peine la pression atmosphérique rendue sur sa
surface, l'eau absorbe de l'air; et, pendant le temps nécessaire pour mettre le
vase en place, régler l'expérience et laisser ensuite disparaître les perturbations de température que ces manipulations ont produites, il s'en est dissous
déjà, avant qu'on puisse commencer la pesée, une quantité plus ou moins
grande. Cette quantité peut varier considérablement avec les circonstances : la
température, l'étendue de la surface libre de l'eau dans le vase, la profondeur
de celui-ci, l'état de repos ou de mouvement de l'eau elle-même ou des corps
qui y sont immergés. La correction due à cette cause est donc forcément assez
incertaine. Elle est heureusement très petite ; et, dans le cas actuel, il semble
qu'on puisse la fixer assez exactement en s'appuyant sur les résultats de la
série d'expériences que M. P. Chappuis a faites sur la question, dans des
conditions de tout point identiques à celles de nos pesées, c'est-à-dire dans le
même local, à peu près à la même température moyenne, avec le même vase et
les mêmes appareils accessoires ([1]).

Ces expériences ont montré que la dissolution, rapide dans les premiers mo-
ments après que le vase a été retiré de la cloche à vide, devient vite de plus en
plus lente. Dans les conditions indiquées, l'eau à 13°,5 n'avait encore absorbé,
après quatre jours environ, que les $\frac{1}{10}$ de l'air qu'elle peut contenir à l'état de
saturation.

Toutes nos pesées hydrostatiques, — aussi bien celles dont il sera rendu
compte ultérieurement que les précédentes, — ont été faites entre la première
et la huitième (au maximum) heure après que le robinet de la cloche avait été
ouvert. En prenant comme durée moyenne de l'exposition à l'air 4 ou 5 heures,
on peut évaluer, d'après le Tableau dressé par M. Chappuis, la quantité d'air
dissoute dans l'eau aux $\frac{3}{10}$ environ de la saturation complète. La température
moyenne dans les 18 pesées hydrostatiques conservées a été de 14°,1. A cette
température, la différence de densité de l'eau saturée et de l'eau complètement
privée d'air est, d'après les déterminations de M. Marek, — 0,0000025.
Admettant que la variation de densité est proportionnelle à la quantité d'air
dissous, on doit donc augmenter la masse trouvée pour le décimètre cube

---

([1]) P. CHAPPUIS, *Mémoire cité*, p. 69.

de 0,0000008 de sa valeur. Les nombres rectifiés sont, par conséquent,

$$1^{cm^3} = 0^{ml},9999741,$$

ou

$$1^{ml} = 1^{cm^3},0000259.$$

La dernière décimale n'a (il est à peine besoin de le dire) aucune valeur; et la précédente même ne saurait être garantie à une unité près.

CUBE DE CINQ CENTIMÈTRES.

Mesures des dimensions.

Repérage et mesures préliminaires. — Les faces du cube sont numérotées comme celles du cube C_1 et désignées de la même manière (*voir* p. 47).

Trois dimensions rectangulaires ont été déterminées au moyen d'un sphéromètre de Perreaux; celui de Brunner, qui avait été employé pour le cube C_4, n'a point une course assez longue pour mesurer C_5. Ce sphéromètre était surélevé sur trois colonnes de laiton, munies à leur partie supérieure du dispositif trou, plan et fente, et fixées sur la plaque en verre de base de l'instrument, à une hauteur telle que les lectures correspondissent à une position moyenne de la vis dans son écrou. Pour éviter l'interposition de poussière, la pièce à mesurer reposait sur trois billes d'acier mastiquées sur cette base. L'une de ces billes était disposée verticalement au-dessous de la pointe de la vis.

L'épaisseur étalon a été obtenue par la superposition de deux épaisseurs connues; celle du cube C_4, et celle d'une lame de 10^{mm}, antérieurement bien déterminée, formant un ensemble de 5^{cm}. Les mesures ont été bien concordantes, fixant chaque épaisseur à 1 ou 2 microns près. Elles ont donné, à 0° :

$$C_5[1\text{-}2\text{-}6]\ldots\ldots\ldots\ldots\quad 49,490$$
$$C_5[2\text{-}3\text{-}5]\ldots\ldots\ldots\ldots\quad 49,678$$
$$C_5[3\text{-}2\text{-}4]\ldots\ldots\ldots\ldots\quad 49,896$$

Mesures absolues. — L'observation des franges mixtes, tant en rayon ordinaire qu'en rayon extraordinaire, se fait sans difficulté, même pour le bleu. En leur appliquant la méthode des excédents fractionnaires, à l'aide des rapports d'indices tirés de l'étude d'un prisme provenant du même bloc de quartz, de 36^{mm} d'épaisseur, on précise les premières données qui viennent d'être indiquées.

J. MACÉ DE LÉPINAY, H. BUISSON ET J.-R. BENOIT.

C'est ainsi que, pour la direction 2-5, l'ordre des franges doit être voisin de 41850,6 pour le rayon rouge ordinaire, et de 42548,0 pour le rayon extra-ordinaire. L'extrait suivant, que nous nous bornons à reproduire, du Tableau des coïncidences, montrera la sûreté des résultats :

Franges ordinaires.

R(0,37).	V(0,90).	B(0,89).
41 849,37	53 560,63	56 946,56
41 850,37	**53 561,91**	**56 947,92**
41 851,37	53 563,19	55 949,28

Franges extraordinaires.

R(0,85).	V(0,61).	B(0,06).
42 546,85	54 463,42	57 909,69
42 547,85	**54 464,70**	**57 911,05**
42 548,85	54 465,98	57 912,41

Il n'y a aucune hésitation : en admettant pour le cube les indices du prisme, les franges ordinaires donnent, pour l'épaisseur à 0°, dans la région 2-1-5, en partant des trois radiations, les valeurs :

$$C_8[2-1-5]\dots\dots\dots 49\,677^\mu,66 \qquad 49\,677^\mu,66 \qquad 49\,677^\mu,64$$

Ces nombres peuvent comporter une erreur systématique provenant d'un écart entre les indices du cube et ceux du prisme, erreur qui pourrait s'élever à $0^\mu,5$, si l'on en juge par les différences d'indices qui ont été constatées entre ce prisme et trois lames, toutes tirées du même bloc de quartz que le cube, en des régions différentes encadrant ce dernier.

On a trouvé de même :

$$C_8[1-2-6]\dots\dots\dots\dots 49\,487^\mu,59$$
$$C_8[3-2-4]\dots\dots\dots\dots 49\,894^\mu,16$$

Dans ces expériences préliminaires, l'observation des anneaux bleus, qui étaient complètement invisibles, n'a pu se faire ; les anneaux verts n'étaient pas très bons ; les anneaux rouges seuls conservaient leur parfaite netteté. Des données suffisantes manquent donc pour pouvoir appliquer ici avec sûreté la méthode des excédents fractionnaires aux anneaux dans l'air. Ainsi, dans le cas de 2-1-5, leur ordre d'interférence, d'après l'épaisseur calculée par les franges, doit être, à 18°,24, voisin de 154352 pour la radiation rouge. Une observation à cette température a donné pour les excédents fractionnaires en rouge et en vert

$$R\,0,41, \qquad V\,0,97.$$

Formons donc le Tableau suivant :

154 349,41	195 400,86 *
50,41	02,12
51,41	03,39
52,41	04,66
53,41	05,92 *
54,41	07,19
55,41	08,45
56,41	09,72
154 357,41	195 410,98 *

Il semble que le choix

$$154 353,41, \qquad 195 405,97,$$

est celui qu'on doive faire. Toutefois la différence des épaisseurs correspondant à deux coïncidences successives étant seulement de $1^\mu,3$, quantité petite par rapport à l'incertitude de la mesure préliminaire de l'épaisseur, l'hésitation est permise; il faut nécessairement faire disparaître cette indétermination.

Nous avons essayé de le faire de la manière suivante. Adoptons successivement chacune des trois coïncidences du Tableau précédent, comme étant celle qui convient. Achevons le calcul de l'épaisseur, puis celui de l'indice. Nous trouvons (indice ordinaire) à $18°,24$:

	Ordre.	N rouge.	N vert.
Première hypothèse	154 349,41	1,5427022	1,5486530
Deuxième »	154 353,41	1,5426885	1,5486387
Troisième »	154 357,41	1,5426747	1,5486245

Or, à la même température, les indices du prisme tiré du même bloc de quartz sont

$$1,5426884, \qquad 1,5486386,$$

et ceux des autres lames prises dans les parties voisines diffèrent de ceux du prisme au plus de 50 unités du septième ordre. Or, ici, les écarts entre les indices calculés dans l'une ou l'autre des deux hypothèses extrêmes et ceux du prisme sont trois fois plus grands. Il est peu vraisemblable que l'hétérogénéité du quartz soit telle que la variation d'indice atteigne $+60.10^{-7}$. On est donc conduit à adopter finalement la deuxième hypothèse, qui donne pour l'épaisseur à $0°$:

$$C_8[2\text{-}1\text{-}5] \ldots\ldots\ldots\ldots\ldots \quad 49\,678^\mu,015$$

Pour les deux autres couples de faces, un contrôle tout semblable a fait rejeter de même deux coïncidences, qui avaient conduit à des indices par trop différents de ceux du prisme; et la coïncidence admise a fixé les épais-

XIV.   C.12

seurs à o° à :

$$C_5[1\text{-}2\text{-}6] \ldots \ldots \ldots \ldots \quad 49\,487^\mu,680$$
$$C_5[3\text{-}2\text{-}4] \ldots \ldots \ldots \ldots \quad 49\,894^\mu,792$$

Les réductions à o° ont été faites ici en se servant des coefficients de dilatation du quartz qui avaient été déterminés au Bureau international, par la méthode Fizeau, sur un échantillon de quartz fourni par M. Laurent ([1]), et qui ont été indiqués précédemment. L'expérience ayant montré plus tard que ces coefficients ne conviennent pas exactement au cube de cinq centimètres, on a dû en tenir compte, et modifier les nombres en conséquence.

Si, en supposant provisoirement les surfaces planes et parallèles, on fait le produit des trois dimensions acceptées, on obtient, pour le volume du cube C_5, en centimètres cubes, un nombre qui, comparé à son volume trouvé en millilitres, donne la relation $1^l = 1^{dm^3},000031$. Les deux autres hypothèses auraient conduit à des écarts de 80 millimètres cubes, en plus ou en moins, complètement inadmissibles d'après l'ensemble de toutes les déterminations modernes. Cette épreuve peut donc passer pour une seconde vérification a posteriori ([2]).

Quelle que soit la valeur de ces contrôles, on pouvait toutefois reprocher à ce mode d'opérer de faire intervenir l'indice et de ne pas être absolument indépendant des propriétés optiques du milieu. L'impossibilité de voir les anneaux bleus et la mauvaise visibilité des verts pouvaient faire craindre que, pour arriver à une pleine certitude, on fût obligé d'opérer en lumière transmise, les faces du cube étant recouvertes d'argentures transparentes. Mais argenter le cube est une opération délicate et dangereuse pour son intégrité ; le lavage des surfaces à la potasse expose peut-être à les altérer ; et toutes les manipulations nécessaires entraînent des chances de rupture, ou tout au moins de production d'écailles. D'autre part, en opérant en lumière transmise, on éprouve cet inconvénient, que les argentures introduisent à la réflexion une différence de phase dont il faut tenir compte. De plus, les mesures des franges mixtes, devant se faire avec le cube non argenté, ne peuvent être exécutées en même temps que les mesures des anneaux. Les épaisseurs se déterminent donc par des opérations séparées par des intervalles de temps plus ou moins grands, à des températures présentant entre elles des écarts plus ou moins notables ; ces conditions entraî-

---

([1]) J.-R. BENOIT, Mémoire cité.
([2]) C'est à cette période de travail (en octobre 1904) que M. Macé de Lépinay fut enlevé par une rapide maladie ; et, à partir de ce moment, M. Buisson se chargea seul de toutes les opérations optiques dont il sera rendu compte ci-après.

nent d'inévitables sources d'erreurs. Il y avait donc intérêt à tâcher de se passer d'argenture et d'opérer encore en lumière réfléchie, en améliorant tout d'abord autant que possible la lumière en quantité et en qualité.

Dans la direction de l'axe optique, la lumière n'a pas besoin d'être polarisée pour l'observation des anneaux, qui est la seule difficile. On augmente donc son intensité en remplaçant le prisme de quartz, séparant les diverses radiations par un prisme de crown, qui ne divise pas en deux chaque faisceau monochromatique. En outre, le bleu est alors mieux isolé du vert; car il n'y a plus que deux rayons, l'un bleu, l'autre vert, au lieu de quatre : le bleu et le vert ordinaires et extraordinaires; le bleu est ainsi plus pur, non mélangé de vert diffus. Dans ces conditions, avec un tube à cadmium fonctionnant bien, les anneaux bleus sont visibles et parfaitement mesurables. Pour observer les franges, on ajoute un polariseur (prisme de Foucault), comme aussi pour observer les anneaux produits dans des directions normales à l'axe du quartz.

On a alors recommencé les observations sur l'épaisseur 1 − 6, en les répétant un grand nombre de fois, afin d'éliminer le mieux possible les erreurs fortuites. Neuf séries, faites entre 13°,50 et 16°,50, et réduites à 15°, ont conduit aux résultats suivants.

Pour le bleu, la moyenne des excédents fractionnaires des anneaux dans le cube a été trouvée égale à 0,93 ; celle des franges égale à 0,57. Il en résulte, pour la partie fractionnaire des anneaux dans l'air, le nombre 0,79, avec une erreur certainement inférieure à 0,02.

A cette même température de 15°, les parties fractionnaires des anneaux dans l'air pour le rouge et le vert sont respectivement 0,68 et 0,46.

Appliquons à ces nombres, avec les rapports connus des longueurs d'onde, la méthode des excédents fractionnaires au voisinage du nombre 153 740, qui correspond à 15° au nombre obtenu à 18°,24 dans les premiers essais.

On forme ainsi le Tableau :

R (0,68).	V (0,16).	B (0,79).
153 736,68	194 625,16	206 218,28
37,68	26,43*	19,62*
38,68	27,70	20,96
39,68	28,96	22,30
40,68	30,23	23,64
41,68	31,49*	24,98*
42,68	32,76	26,33
43,68	34,02	27,67
44,68	35,29	29,01
45,68	36,56*	30,35

On voit que l'indétermination reste complète. Si la troisième concordance du Tableau de la page 89 est manifestement à rejeter, aucune des deux premières du Tableau actuel ne peut être choisie de préférence à l'autre; l'une comporte pour le bleu un ordre d'interférence trop fort ; l'autre en comporte un trop faible ; et les écarts sont les mêmes ; la partie fractionnaire observée $0,79$ est équidistante des deux excédents, $0,62$ d'une ligne et $0,98$ de l'autre.

Cet insuccès tient à ce que le rapport des longueurs d'onde bleues et rouges employé dans le calcul ne correspond pas d'une façon suffisamment exacte aux conditions de l'expérience actuelle. La complexité de la raie bleue cause une variation apparente de la longueur d'onde en fonction de la différence de marche. Or, ici, l'ordre d'interférence du bleu dans les anneaux dans le cube atteint la valeur considérable 319672, équivalente à une différence de marche de plus de 15 centimètres dans l'air, tandis que le rapport a été déterminé avec des différences qui n'ont pas dépassé 10 centimètres. Au contraire, le rapport du vert au rouge reste suffisamment exact ([1]).

L'épreuve est donc encore insuffisante ; on reste hésitant entre les deux nombres $153737,68$ et $153741,68$, dont la différence correspond à un écart de $1^{\mu},3$ sur l'épaisseur. Pour choisir, il faudrait évaluer celle-ci avec une précision au moins égale au quart de cet intervalle, soit à $0^{\mu},3$ près. On y est parvenu par le procédé optique suivant.

Le laboratoire de la Faculté des Sciences de l'Université de Marseille possède plusieurs lames de quartz, à faces bien planes et parallèles, dont l'épaisseur est parfaitement connue. Ce sont, soit les lames qui entouraient le cube de 5^{cm}, et qui ont été d'abord étudiées pour la mise au point de la méthode ; soit des étalons d'épaisseur qui avaient été mesurés antérieurement par M. Macé de Lépinay et qui ont été d'ailleurs repris par la méthode actuelle. En prenant parmi ces lames celles qui ont 1^{cm}, et les associant avec le cube de 4^{cm}, dans des directions convenables, on peut former des épaisseurs très voisines de celles du cube C_5.

Ainsi ([2])

$$C_4[1\text{-}4\text{-}6] = 39\,774^{\mu} \atop + W'_{10} = 9\,898 \Big\} = 49\,672^{\mu}$$

et

$$C_5[2\text{-}3\text{-}5] = 49\,678$$
$$\text{Différence}\dots\dots\dots 6$$

([1]) A.-A. Michelson, *Détermination du mètre en longueurs d'onde*, p. 160 (*Travaux et Mémoires*, t. XI).

On verra que le nombre exact des anneaux dans l'air pour le bleu est $206224,79$. L'écart avec le nombre calculé précédemment est donc de $-0,19$ sur 320000 environ. Le λ moyen doit être augmenté de $+\dfrac{0,2}{320000} = +6.10^{-7}$ de sa valeur, soit $+0^{\mu},0000003$. Le rapport $\dfrac{\lambda_R}{\lambda_B}$ devient $1,3413725$, au lieu de $1,3413733$.

([2]) W'_{10}, lame de 10^{mm} d'épaisseur, faisant partie des collections d'étalons d'épaisseur taillés par M. Werlein.

De même ([1])

$$C_4[1\text{-}4\text{-}3] = 39\,774^{\mu} \atop +J_{10} \qquad = 10\,265 \Bigg\} = 50\,039^{\mu}$$

et

$$C_5[3\text{-}2\text{-}4] = \qquad\qquad 49\,895$$

$$\text{Différence}\ldots\ldots\ldots \quad 144$$

De même encore

$$C_4[2\text{-}1\text{-}3] = 39\,052^{\mu} \atop +J_{10} \qquad = 10\,265 \Bigg\} = 49\,317^{\mu}$$

et

$$C_5[1\text{-}2\text{-}6] = \qquad\qquad 49\,488$$

$$\text{Différence}\ldots\ldots\ldots \quad 171$$

Ces nombres se rapportent aux épaisseurs à 0°.

On place (*fig.* 16) le cube C_5 sur un plan étalon dé verre (disque de 8^{cm} de diamètre) en faisant en sorte de ne laisser entre eux qu'une couche d'air très

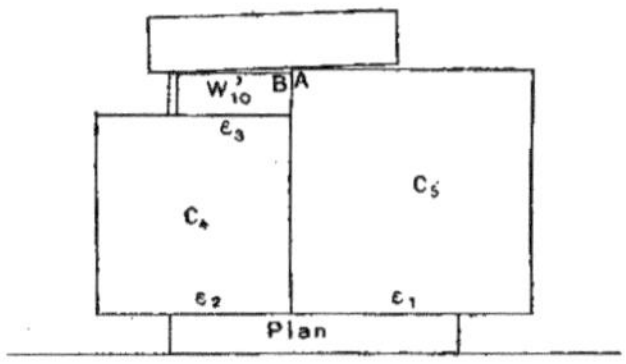

Fig. 16.

mince ε_1. A côté de lui, on dispose le cube C_4 surmonté de la lame de 10^{mm}, et l'on fait aussi en sorte que les deux couches d'air ε_2 entre le plan support et C_4, et ε_3 entre C_4 et la lame, soient minces et bien régulières.

Par l'emploi des franges des lames minces, en lumière blanche et en lumière du sodium, on précise les valeurs de ces épaisseurs, avec des erreurs inférieures à $0^{\mu},1$, en deux points au contact du plan vertical qui sépare les pièces accolées. Si l'on pose alors sur le tout une lame de verre à faces planes, on obtient deux lames d'air en forme de coin, l'une au-dessus de C_5, l'autre au-dessus de la lame de 10^{mm}. Il s'y forme des franges des lames minces, rectilignes et parallèles aux horizontales de la lame supérieure. Ces franges permettent de mesurer les épaisseurs de ces lames d'air, exactement aux points A et B de contact; et, par différence, d'obtenir la différence de hauteur des faces supérieures de C_5 et de la lame de 10^{mm} au-dessus du plan commun de support.

([1]) J_{10}, lame de 10^{mm} d'épaisseur, parallèle à l'axe optique, tirée du même bloc que C_4, taillée par M. Jobin.

Dans le premier des trois cas indiqués ci-dessus, l'épaisseur $C_3[2\text{-}3\text{-}5]$ est si proche de la somme $C_1[1\text{-}4\text{-}6] + W'_{10}$ que l'observation n'a présenté aucune difficulté. Les épaisseurs ε_1 et ε_2 étaient égales ; en lumière blanche, la même frange passait de C_4 à C_5 sans aucune brisure. Pour ε_3, les franges avaient l'aspect représenté figure 17 ; le point B tombait entre les deuxième et

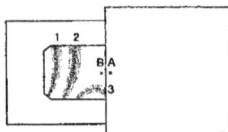

Fig. 17.

troisième franges noires du sodium, reconnaissables par les colorations en lumière blanche ; d'après ces colorations, on a évalué ε_3 à $0^\mu,74$.

On éclairait ensuite avec la lumière du sodium, renvoyée verticalement par une lame à $45°$, et l'on observait avec une loupe. La lame supérieure était inclinée du côté W'_{10} ; elle appuyait sur le bord de cette dernière ; et le contact était très bon, l'arête de W'_{10} étant vive. On y observait, en lumière du sodium, une frange, qui était la première, comme on pouvait s'en assurer en lumière blanche. On en comptait 27 jusqu'en A, la 27ᵉ passant par ce point. D'autre part, entre C_5 et la lame supérieure, se formaient aussi des franges, dont la première visible, très voisine du bord, n'était que la deuxième du sodium (vérifiée de la même manière ; on n'avait que légèrement appuyé la lame supérieure sur C_5 pour ne pas compromettre l'intégrité de l'arête). La différence de hauteur des faces supérieures de W'_{10} et de C_5 était donc représentée par 25 franges en lumière jaune.

L'expérience avait été réglée la veille au soir ; et, pendant l'observation, faite seulement le lendemain matin, un thermomètre placé à côté du quartz donnait la température.

Les résultats de cette observation se résument de la manière suivante :

$$C_5[2\text{-}3\text{-}5] = C_1[1\text{-}4\text{-}6] + W'_{10} + 0^\mu,74 + 25 \text{ franges du sodium, à } 11°,90.$$

$C_1[1\text{-}4\text{-}6]$ à $0°$............	$39\,774^\mu,3$
W'_{10} à $0°$................	$9\,898,4$
Dilatation de C_1	$3,4$
Dilatation de W'_{10}	$1,6$
ε_3	$0,74$
25 franges de Na.........	$7,4$
$C_5[2\text{-}3\text{-}5]$ à $11°,90$.......	$49\,685,8$
Dilatation de C_5	$-8,0$
$C_5[2\text{-}3\text{-}5]$ à $0°$............	$49\,677,8$ à $\pm 0^\mu,2$ près

Ainsi nous retombons sur le nombre qui avait été fixé par la considération des indices (49678,0, p. 89). L'indétermination est donc levée : des deux coïncidences entre lesquelles on pouvait hésiter, c'est la seconde qu'il faut prendre. L'ordre d'interférence des anneaux en lumière rouge est 153741,68 à 15°.

Pour les deux autres dimensions du cube C_5, les différences d'épaisseurs à mesurer étant plus grandes (140^μ et 170^μ), il faut un montage et un mode d'observation plus précis.

Les lames sont toujours groupées de la même façon. On emploie concurremment, en outre de la radiation du sodium, les trois radiations fournies par l'arc au mercure dans le vide. Un petit orifice, au foyer d'une lentille convergente, de 1 mètre de distance focale, est vivement éclairé par une image de l'arc qui

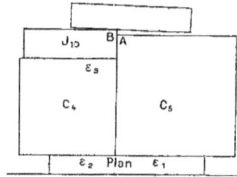

Fig. 18.

y est projetée. Le faisceau de lumière parallèle, ainsi obtenu, a une direction horizontale. Une lame de verre à 45° le renvoie verticalement, de façon à le faire tomber normalement sur l'épaisseur à étudier. Il s'y réfléchit, traverse la lame et vient converger au foyer d'une lentille convergente qui sert de loupe et permet de fixer la position de l'œil. La lame à 45° employée, n'étant pas à faces bien parallèles, partageait le faisceau en deux autres; l'un était arrêté au retour par un écran placé dans le plan focal de la loupe d'observation, et percé d'une ouverture pour le passage du second faisceau.

Des écrans absorbants convenables permettent d'isoler à volonté chaque radiation et d'opérer en lumière monochromatique.

On obtient ainsi des franges très nettes, parallèles au bord commun de C_5 et de C_4. Pour noter leur distance à ce bord, on a tracé, sur la lame à 45°, un trait qui sert de repère (on opère en lumière parallèle), et l'on déplace l'ensemble des cubes et des lames perpendiculairement à la direction des franges. A cet effet, tout cet ensemble est porté sur un support semblable à celui qui porte le cube lors des mesures définitives et permettant un déplacement horizontal. Une division fixe et un index mobile donnent la mesure des distances des franges au bord commun des deux cubes.

Nous reproduisons ici, à titre d'exemple, le détail d'une mesure faite sur C_5[3-2-4], qui était comparé à C_4[1-4-6] + J_{10}, assemblés comme l'indique la figure 18.

C_4 + J_{10} étant supérieur à C_5, la lame supérieure repose sur J_{10} en s'inclinant un peu vers C_5. Les franges ont l'aspect représenté figure 19.

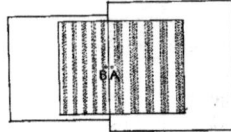

Fig. 19.

Mesure de l'épaisseur en B (petite). — On pointe :

1° Le bord commun ;

2° Les franges successives en vert, violet, jaune du mercure, et en jaune du sodium, du côté de J_{10}.

	Bord.	Franges.			
		Première.	Deuxième.	Troisième.	Quatrième.
Vert............	3,43	3,72	4,09	4,43	4,82
Violet..........		3,80	4,09	4,39	4,69
Jaune..........		3,80	4,18	4,56	4,96
Sodium		3,80	4,18	4,59	5,40

Ces nombres sont les lectures obtenues sur la division fixe.

Intervalle moyen de deux franges :

Vert.................... 0,37
Violet 0,30
Jaune...... 0,39
Sodium................ 0,40

Les distances du bord aux premières franges sont :

Vert.................... 0,29
Violet................. 0,37
Jaune.................. 0,37
Sodium 0,37

Les parties fractionnaires des ordres d'interférence en B, sur l'arête, sont les compléments des rapports des distances entre le bord et la première frange aux intervalles de deux franges de même espèce (l'épaisseur croit à partir du bord).

Ce sont donc :

Vert.................... 0,22
Violet 0,77
Jaune.................. 0,05
Sodium................ 0,07

Ces ordres d'interférence étant voisins de 2 ou de 3, sont immédiatement fixés :

		Calculé.
Vert........	2,22	
Violet.......	2,77	2,78
Jaune........	2,05	2,10
Sodium......	2,07	2,07

L'épaisseur en B correspond donc à 2,22 franges vertes du mercure.

Mesure de l'épaisseur en A. — En faisant les mêmes mesures du côté de C_3, on a trouvé :

Bord.	1ʳᵉ frange.	2ᵉ frange.	3ᵉ frange.	4ᵉ frange.	
3,43	3,15	2,69	2,20	1,75	Vert
	3,14	2,78	2,41	2,06	Violet
	3,08	2,59	2,11	1,61	Jaune

Intervalle moyen de deux franges :

Vert....................	0,47
Violet...................	0,36
Jaune....................	0,49

Distances des premières franges au bord :

Vert....................	0,28
Violet...................	0,29
Jaune....................	0,35

Parties fractionnaires des ordres d'interférence (comme les épaisseurs dé- croissent à partir du bord, ces parties fractionnaires sont ici les rapports des distances entre les franges et le bord aux intervalles de deux franges) :

Vert....................	0,60
Violet...................	0,80
Jaune....................	0,71

Nous savons que l'épaisseur en A est voisine de 141^μ, ce qui correspond à 519 franges vertes. Formons donc le Tableau suivant, en prenant les rapports des longueurs d'onde :

$$\frac{\lambda_{\text{vert}}}{\lambda_{\text{violet}}} = 1,2529, \qquad \frac{\lambda_{\text{vert}}}{\lambda_{\text{jaune}}} = 0,94476.$$

Vert.	Violet.	Jaune.
516,60	647,25	488,07
517,60	648,50	489,01
518,60	649,75*	489,96
519,60	651,00	490,91
520,60	652,26	491,85
521,60	653,51	492,80
522,60	**654,76***	**493,74***
523,60	655,02	494,68
524,60	657,27	495,62

Le numéro d'ordre des franges vertes à adopter sans aucune hésitation possible, les rapports des longueurs d'onde étant connus avec une précision plus que suffisante, est donc évidemment 522,60. Par suite, la différence des épaisseurs en A et en B est représentée par 520,38 franges vertes du mercure, à la température de 11°,80.

Une seconde mesure a donné 519,79 à 12°,50. On a adopté la moyenne 520,08 à 12°,15, ce qui correspond à 142$^\mu$,0.

D'autre part, on avait en même temps

$$\varepsilon_1 = 0^\mu,88, \qquad \varepsilon_2 = 0^\mu,66, \qquad \varepsilon_3 = 0^\mu,40.$$

L'observation se résume donc finalement de la façon suivante .

	μ
C_4 [1-4-6] à 0°	39 774,3
J_{10} à 0°	10 265,3
Dilatation de C_4	3,5
Dilatation de J_{10}	1,6
$\varepsilon_2 + \varepsilon_3 - \varepsilon_1$	0,2
	50 044,9
— 520 franges	— 142,0
C_8 [1-4-6] à 12°,15	49 902,9
Dilatation de C_8	— 8,1
C_8 [1-4-6] à 0°	49 894,8 ± 0$^\mu$,2

Ici encore, nous retrouvons le nombre qui avait été fixé par la considération des indices (49 894$^\mu$,8; p. 90).

L'expérience faite sur la troisième épaisseur a conduit à un résultat semblable.

L'indétermination est donc levée; et elle l'est dans le même sens pour les trois dimensions. Si ce sens avait varié, si deux déterminations avaient confirmé la conclusion déduite de la considération des indices et si la troisième l'avait infirmée, on aurait pu conserver quelque doute; car il aurait alors fallu admettre que les indices variaient énormément d'une région à une autre. Il n'en est rien heureusement, et aucune incertitude ne subsistant plus sur l'ordre d'interférence pour chacune des trois épaisseurs, on peut procéder en toute sécurité aux mesures absolues définitives; pour ces mesures, on n'aura plus besoin de se servir de la radiation bleue, et la radiation verte elle-même ne sera plus utilisée que comme contrôle.

Mesures définitives. — Ces mesures ont été faites du 6 janvier au 24 février 1905. Pendant ce temps, la température n'est pas sortie des limites de 10°,04 et 11°,62; soit 1,5 degré d'écart maximum; et, sauf pour trois mesures, elle est restée comprise entre 10°,40 et 11°,60.

Le programme de mesures qu'on s'est imposé a été plus serré que celui qui avait été suivi pour le cube C_1. Chaque détermination d'épaisseur en un point a été faite au moins deux fois, d'une façon complète, et calculée séparément. Comme on a opéré en huit points par couple de faces, il y a eu environ cinquante mesures absolues complètes.

Les anneaux dans le cube ont été observés, soit en rayon ordinaire, soit en rayon extraordinaire, suivant sa position; tandis que, pour les franges, on a toujours observé l'une et l'autre sorte. Celles d'une seule sorte, savoir celles qui correspondent aux anneaux, sont combinées avec ceux-ci pour donner l'épaisseur et l'un des indices; l'autre série sert, en utilisant l'épaisseur qui vient d'être déterminée, à connaître l'autre indice. On a ainsi, en chaque point, les indices ordinaire et extraordinaire, pour les deux radiations rouge et verte du cadmium.

Dans la direction de l'axe, on a toujours observé les franges en lumière circulaire droite et en lumière circulaire gauche.

Deux mesures de la même région ont toujours été faites, soit à deux jours différents, soit le matin et le soir, avec un intervalle de plusieurs heures ; et toujours longtemps après avoir installé le cube dans sa position, lorsqu'on changeait de région.

Nous reproduisons ici la copie du journal d'observations, pour une mesure complète.

Pour les anneaux, on a pointé deux fois chaque côté; pour les franges, on a pointé deux fois chaque frange, à droite et à gauche de la normale. Les parties fractionnaires, proportionnelles aux carrés des différences a des lectures, sont les produits des a^2 par des constantes (*voir* pages 16 et 18) dont les valeurs sont 0,04791 et 0,06042 pour les anneaux; 0,01299 et 0,01655 pour les franges, a étant exprimé en centimètres. Dans le cas des franges, il faut retrancher le rapport obtenu de 0,5 ou de 1,5.

Les excédents des anneaux dans l'air sont déduits des précédents.

Observation.

23 janvier 1905. — 6ʰ soir.

Région [1-3-6]. — Le cube a été installé le matin à 11ʰ.

Température observée.... 11°,25   Pression observée........ 77ᶜᵐ,26 à 11°,0
»   réduite...... 11°,22   »   réduite.......... 77ᶜᵐ,12

	Lectures de l'échelle.		*a.*	σ^2.	Ka^2.	ι.
Anneaux rouges	20,13	23,02				
	20,17	23,02				
	20,15	23,02	2,87	8,23	0,394	0,394
Anneaux verts............	19,69	23,41				
	19,75	23,46				
	19,72	23,43	3,71	13,76	0,831	0,831
Franges vertes (circ. g.)...	18,70	24,97				
	18,64	24,92				
	18,67	24,94	6,27	39,31	0,650	0,850
Franges vertes (circ. d.)...	25,31	18,31				
	25,30	18,28				
	25,30	18,29	7,01	49,14	0,813	0,687
Franges rouges (circ. d.)...	18,79	24,75				
	18,79	24,82				
	18,79	24,78	5,99	35,88	0,466	0,034
Franges rouges (circ. g.)...	24,99	18,60				
	24,91	18,65				
	24,95	18,62	6,33	40,07	0,520	0,980

Corrections du pouvoir rotatoire ...... ± 0,475 (R) et ± 0,083 (V)

Franges rouges (circ. d.)...... 0,034 + 0,475 = 0,509 ⎫
Franges rouges (circ. g.)...... 0,980 − 0,475 = 0,505 ⎬ Moy. : 0,507
Franges vertes (circ. d.)...... 0,687 + 0,083 = 0,770 ⎫
Franges vertes (circ. g.)...... 0,850 − 0,083 = 0,767 ⎬ Moy. : 0,768

Corrections de pression pour les franges. + 0,316 (R) et − 0,404 (V

Franges ramenées à 76ᶜᵐ,0 :

Franges rouges....... 0,507 + 0,316 = 0,823
Franges vertes........ 0,768 + 0,404 = 0,172

Les excédents fractionnaires sont donc :

	Rouge.	Vert.
Franges................	0,823	0,172
Anneaux cube	0,394	0,831
Anneaux air............	0,748	0,487

d'où l'on déduit les ordres d'interférence :

Franges	41 685,823	53 351,172
Anneaux cube	237 109,394	301 328,831
Anneaux air	153 737,748	194 626,487

Les indices de l'air, à $11°,22$, sont $1,0002803$ et $1,0002836$; d'où les deux valeurs de l'épaisseur : $49491^\mu,628$ et $49491^\mu,620$. On ne conserve que le nombre déduit du rouge. Retranchant la dilatation $(-3^\mu,929)$, on obtient finalement :

$$C_3[1\text{-}3\text{-}6] \text{ à } 0° = 49487^\mu,699.$$

D'autre part, le calcul des indices, à cette température de $11°,22$, conduit aux valeurs :

$$1,5427301 \text{ et } 1,5486791.$$

Comme on a mesuré, dans un intervalle de température allant de $3°$ à $38°$, les indices dans une certaine région, $[1\text{-}2\text{-}6]$, on peut calculer les indices de cette région de comparaison à $11°,22$; on constate alors que, dans la région $[1\text{-}3\text{-}6]$, il y a un excès de 12 unités du septième ordre pour le rouge et de 16 pour le vert. Une seconde mesure a conduit aux différences très voisines $+10$ et $+12$. On a adopté la moyenne générale $+12.10^{-7}$ pour l'excès de l'indice en $[1\text{-}3\text{-}6]$ sur l'indice en $[1\text{-}2\text{-}6]$ pris comme terme de comparaison.

De même que pour le cube de quatre centimètres, on a d'abord mesuré, par couple de faces, quatre régions de 3^{mm} sur 6^{min} de surface, et situées près des bords, en leur milieu. Ces mesures ont montré que les variations d'indice sont, dans C_3, beaucoup plus grandes (elles atteignent 50.10^{-7}) et plus irrégulières.

Voici en effet, pour chaque face, les écarts (en 7e décimale) avec la région de comparaison, observés suivant les deux directions qui se croisent au milieu de chaque face.

	Écarts.	Différences.
Face 2 [1-2-6]	0	17
[3-2-4]	—17	
Face 1 [2-1-3]	+10	22
[3-1-4]	—12	
Face 3 [2-3-5]	+ 3	9
[1-3-6]	+12	
Face 4 [1-4-6]	+ 9	12
[2-4-5]	— 3	
Face 5 [1-5-6]	+38	5
[3-5-4]	+33	
Face 6 [2-6-5]	+32	14
[3-6-4]	+18	

Il n'est plus possible de supposer ici que les variations d'indice sont fonction linéaire des coordonnées ; les différences de la dernière colonne ne devraient être alors que de quelques unités, comme c'est le cas pour le cube de quatre centimètres ; or on voit qu'elles s'élèvent jusqu'à 22 unités.

On a donc déterminé encore, pour chaque couple de faces, quatre autres régions situées aux angles. On a par conséquent mesuré de façon absolue 8 épaisseurs par couple de faces, soit en tout 24 déterminations absolues.

Voici le Tableau général des résultats de toutes ces mesures. Les épaisseurs sont ramenées à $0°$, à l'aide du coefficient de dilatation mesuré sur le cube lui-même, comme il sera indiqué plus loin. Elles sont déduites uniquement de la radiation rouge du cadmium. On a indiqué la température de la mesure.

Les mesures faites aux angles sont désignées par 4 chiffres, les extrêmes indiquant le couple des faces dont on donne la distance, et ceux du milieu les deux faces qui se coupent suivant l'arête mesurée.

Couple 1-6.

			μ
[1-2-6]	24 janvier........	10,475	49 487,778
	25 »	11,40	793
	4 février........	10,70	794
	6 »	10,04	809
	6 »	10,47	789
	7 »	10,82	792
		Moyenne...	49 487,792
[1-5-6]	7 janvier	10,97	49 487,640
	7 »	11,04	652
		Moyenne...	49 487,646
[1-4-6]	21 janvier	11,10	49 487,752
	23 »	11,07	727
		Moyenne...	49 487,740
[1-3-6]	23 janvier........	11,22	49 487,699
	24 »	11,19	707
		Moyenne...	49 487,703
[1-2-4-6]	8 février	11,23	49 487,859
	8 »	11,29	850
		Moyenne...	49 487,854
[1-4-5-6]	11 février	11,325	49 487,744
	11 »	11,37	752
		Moyenne...	49 487,748
[1-3-5-6]	13 février	10,07	49 487,743
	13 »	10,59	729
		Moyenne...	49 487,736

[1-2-3-6]	14 février	10,82	49 487,832
	14 »	10,88	837
	Moyenne...		49 487,834

Couple 2-5.

[2-1-5]	25 janvier	11,62	49 678,173$^{\mu}$
	26 »	11,52	188
	Moyenne...		49 678,180
[2-6-5]	1 février	11,19	49 678,168
	2 »	10,17	140
	Moyenne...		49 678,154
[2-3-5]	2 février	10,87	49 678,241
	3 »	10,455	242
	Moyenne...		49 678,241
[2-4-5]	3 février	10,67	49 678,090
	4 »	10,42	097
	Moyenne...		49 678,093
[2-4-6-5]	15 février	10,95	49 678,120
	15 »	11,01	127
	Moyenne...		49 678,123
[2-1-4-5]	16 février	10,99	49 678,134
	16 »	11,07	127
	Moyenne...		49 678,130
[2-1-3-5]	17 février	11,09	49 678,323
	17 »	11,09	324
	Moyenne...		49 678,323
[2-6-3-5]	18 février	11,07	49 678,279
	18 »	11,15	287
	Moyenne...		49 678,283

Couple 3-4.

[3-2-4]	26 janvier	11,615	49 894,963$^{\mu}$
	27 »	10,83	947
	27 »	11,11	944
	Moyenne...		49 894,951
[3-5-4]	28 janvier	11,17	49 894,719
	30 »	10,92	720
	Moyenne...		49 894,719
[3-1-4]	30 janvier	11,11	49 894,876
	31 »	10,62	885
	Moyenne...		49 894,880

[3-6-4]	31 janvier	10,97	49 894,860
	1 février	11,07	868
	Moyenne...		49 894,864
[3-1-5-4]	19 février	11,18	49 894,805
	19 »	11,19	801
	Moyenne...		49 894,803
[3-2-6-4]	21 février	11,12	49 895,000
	21 »	11,20	5,000
	Moyenne...		49 895,000
[3-1-2-4]	22 février	11,18	49 894,963
	22 »	11,31	960
	Moyenne...		49 894,961
[3-5-6-4]	24 février	11,29	49 894,753

La dernière épaisseur ne comporte qu'une seule détermination. L'une des mesures s'est trouvée affectée d'une erreur, dont on s'est aperçu trop tard pour faire une nouvelle opération, et ne peut par suite entrer en ligne de compte.

On peut constater, sur les nombres précédents, que rarement l'écart d'une mesure isolée avec la moyenne correspondante est supérieure à $0^\mu,01$. On peut donc compter sur une précision égale à $0^\mu,01$ pour la moyenne en chaque épaisseur, et, à plus forte raison, pour l'épaisseur moyenne relative au couple de faces.

Étude des différences d'épaisseur. — La méthode suivie est la même que pour le cube de quatre centimètres : on mesure les variations des anneaux dans le cube, et l'on tient compte de la variation de l'indice.

Celui-ci a été déterminé en même temps que l'épaisseur. Voici, en unités du septième ordre, les écarts qui ont été trouvés pour les régions mesurées de façon absolue :

Couple 1-6.		Couple 2-5.		Couple 3-4.	
[1-2-6]......	0	[2-1-5]......	+10	[3-2-4]......	—17
[1-5-6]......	+38	[2-6-5]......	+32	[3-5-4]......	+33
[1-4-6]......	+ 9	[2-3-5]......	+ 3	[3-1-4]......	—12
[1-3-6]......	+12	[2-4-5]......	— 3	[3-6-4]......	+18
[1-2-4-6]....	+ 3	[2-4-6-5]....	+31	[3-1-5-4]....	+27
[1-4-5-6]....	+25	[2-1-4-5]....	+ 4	[3-2-6-4]....	+16
[1-3-5-6]....	+27	[2-1-3-5]....	+ 2	[3-1-2-4]....	+31
[1-2-3-6]....	— 7	[2-6-3-5]....	+30	[3-5-6-4]....	+52

Considérons un couple de faces ; on a, pour ce couple, les valeurs des indices en huit points des bords. On peut alors tracer, sans trop d'incertitude, les courbes d'égal indice, et obtenir ainsi, par une interpolation graphique, l'indice en une région située au centre.

Ces courbes sont reproduites (*fig.* 20). L'incertitude qui peut exister sur le

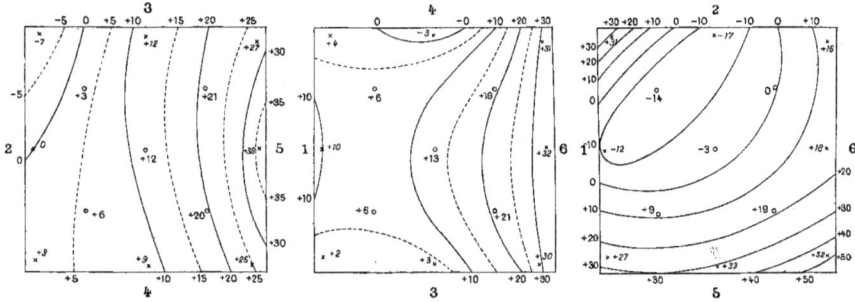

Fig. 20. — Courbes d'égal indice du cube C₃.

Couple 1-6.   Couple 2-5.   Couple 3-4.

tracé ne dépasse guère 5.10^{-7}, correspondant à une erreur de $0^k,015$ sur l'épaisseur.

Pour déterminer les différences d'épaisseur en différentes régions d'un même couple de faces, l'une de ces faces était, comme pour le cube C_1, recouverte d'un écran percé d'ouvertures carrées de 4^{mm} sur 4^{mm} (*fig.* 21). Huit d'entre elles

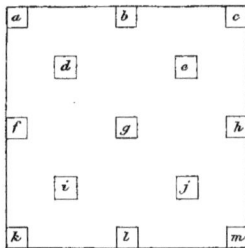

Fig. 21. — Écran recouvrant le cube C₃ pour l'étude des variations d'épaisseur.

correspondaient aux huit régions mesurées, comme on l'a vu, d'une manière absolue. On en a ajouté cinq autres seulement, une au centre de la face, les quatre autres sur les diagonales; l'étude du cube C_1 avait montré en effet que

XIV.   C.14

les faces taillées par M. Jobin étaient suffisamment planes pour qu'il fût inutile d'en mesurer beaucoup de points.

Les mesures ont porté seulement sur les anneaux rouges, bien visibles et bien nets.

Comme pour C_4, on a comparé chaque région au centre (g), où l'on a fait de fréquentes mesures, pour tenir compte de la variation de température. Puis, l'écran enlevé, on vérifie si les parties entières des ordres d'interférence des anneaux sont identiques, ou si elles diffèrent d'une unité.

Le calcul a été mené d'une manière un peu différente que pour C_4.

Soit Δn l'excès de l'indice en (g) sur l'indice en une autre région, (a) par exemple; soit ε l'excès de l'ordre d'interférence des anneaux dans le cube en (g) sur l'ordre correspondant en (a).

Δn équivaut à un excès d'ordre d'interférence d'anneau

$$\varepsilon' = \frac{2e}{\Lambda} \Delta n = 1,55 \, \Delta n \, 10^5.$$

Si l'indice était constant, on observerait un accroissement $\varepsilon - \varepsilon'$ dans l'ordre d'interférence, qui donnerait, en épaisseur,

$$\Delta e = \frac{\Lambda}{2n} (\varepsilon - \varepsilon') = 0^\mu,208 (\varepsilon - \varepsilon').$$

Pour le couple 1-6, par exemple, l'épaisseur au centre (g) peut se déduire des différences avec les huit points déterminés par les mesures absolues. L'indice en (g), obtenu par interpolation graphique, est, comme on le voit sur la figure 20, en excès sur l'indice en 1-2-6 (f) de $+12.10^{-7}$, etc. Les observations faites dans les huit régions ont conduit à former le Tableau suivant :

Régions.	ε.	$\Delta n.10^5$.	ε'.	$\varepsilon - \varepsilon'$.	Δe.	e.	$e + \Delta e$.	Écarts.
(a) [1-2-3-6]....	$-0,38$	$+19$	$+0,29$	$-0,67$	$-0,140^\mu$	$49\,487,834^\mu$	$49\,487,694$	$+0,008$
(b) [1-3-6].......	$-0,04$	0	$0,00$	$-0,04$	$-0,008$	$7,703$	$7,695$	$+0,009$
(c) [1-3-5-6]....	$-0,50$	-15	$-0,23$	$-0,27$	$-0,056$	$7,736$	$7,680$	$-0,006$
(f) [1-2-6].......	$-0,32$	$+12$	$+0,18$	$-0,50$	$-0,104$	$7,792$	$7,688$	$+0,002$
(h) [1-5-6].......	$-0,23$	-26	$-0,40$	$+0,17$	$+0,035$	$7,646$	$7,681$	$-0,005$
(k) [1-2-4-6]....	$-0,67$	$+9$	$+0,14$	$-0,81$	$-0,169$	$7,854$	$7,685$	$-0,001$
(l) [1-4-6].......	$-0,21$	$+3$	$+0,05$	$-0,26$	$-0,054$	$7,740$	$7,686$	$0,000$
(m) [1-4-5-6]....	$-0,52$	-13	$-0,20$	$-0,32$	$-0,067$	$7,748$	$7,681$	$-0,005$

Moyenne : épaisseur en (g)... $\quad 49\,487,686$

La concordance des huit valeurs indépendantes calculées pour l'épaisseur en (g) donne la mesure de la précision de chaque détermination. L'écart de chaque valeur avec la moyenne n'atteint nulle part $0^\mu,01$ ([1]) Il faut remarquer, d'ailleurs, que les erreurs commises dans les mesures de comparaison ne peuvent qu'augmenter ces écarts : on est donc assuré que l'erreur des mesures absolues est inférieure à cette limite, soit à $\frac{1}{5} 10^{-6}$.

L'épaisseur en (g) étant connue, celles des quatre autres points (d), (e), (i) et (j) s'en déduisent. On obtient alors les résultats donnés dans le Tableau ci-dessous, les ε et ε' étant cette fois les excès en chaque région par rapport à la région (g) :

			Indices [par rapport à (f)].			
			$(d)+3$.	$(e)+21$.	$(i)+6$.	$(j)+20.10^{-5}$.
	ε.	$\Delta n.10^{5}$.	ε'.	$\varepsilon - \varepsilon'$.	Δe.	e.
(d)........	$+0,08$	-9	$-0,14$	$+0,22$	$+0,046$	$49\,487,732$
(e)........	$+0,08$	$+9$	$-0,14$	$-0,06$	$-0,012$	$7,674$
(i)........	$+0,21$	-6	$-0,09$	$+0,30$	$+0,063$	$7,749$
(j)........	$+0,09$	$+8$	$-0,12$	$-0,03$	$-0,006$	$7,680$

Toutes ces mesures sont finalement résumées dans le Tableau suivant :

Régions.	Épaisseurs.	Régions.	Épaisseurs.
(a)......	$49\,487^\mu,834$	(h)......	$49\,487^\mu,646$
(b)......	$7,703$	(i)......	$7,749$
(c)......	$7,736$	(j)......	$7,680$
(d)....	$7,732$	(k)......	$7,854$
(e).....	$7,674$	(l)......	$7,740$
(f).....	$7,792$	(m)......	$7,748$
(g)......	$7,686$		

L'écart maximum de deux épaisseurs est $0^\mu,21$, c'est-à-dire que chaque surface est plane à $0^\mu,10$ près.

L'ensemble de ces valeurs permet de tracer les courbes d'égale épaisseur du couple de faces considéré. Ces courbes sont reproduites, pour le couple 1-6, dans le premier diagramme de la figure 22.

Épaisseur moyenne. — L'épaisseur moyenne se calcule sans difficulté. Il convient encore d'attribuer les poids 1 aux résultats des angles, 2 à ceux des bords et 4 aux autres. On trouve ainsi :

Épaisseur moyenne........ $C_3(1\text{-}6)$ à $0° = 49\,487^\mu,72$.

Il serait sans intérêt de reproduire, de la même manière, les détails des mesures des variations d'épaisseur pour les deux autres couples de faces; et nous nous bornerons à en donner les résultats. La concordance des détermina-

---

[1] Dans les premières mesures de Macé de Lépinay, une comparaison semblable indiquait des écarts environ dix fois plus grands.

tions indépendantes de l'épaisseur au centre s'est trouvée encore bonne, moins toutefois que pour le couple 1-6 : les écarts d'une détermination et de la moyenne ont atteint une valeur à peu près double. Cette différence sensible peut être attribuée : 1° à ce que, pour le couple 1-6, les franges mixtes sont mieux déterminées, ayant été pointées deux fois, en lumière circulaire droite

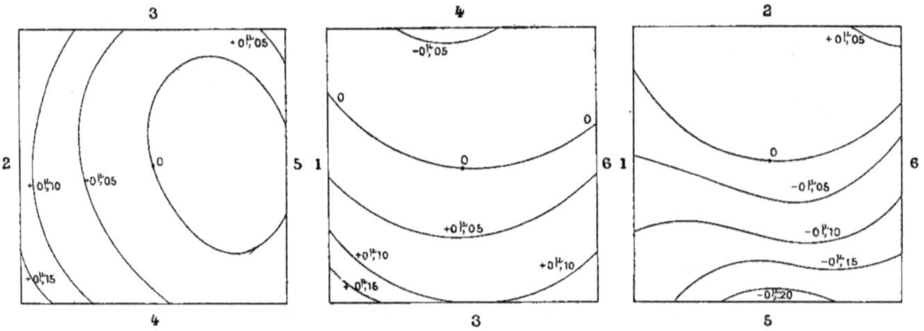

Fig. 22. — Courbes d'égale épaisseur du cube C^5.

Couple 1-6.   Couple 2-5.   Couple 3-4.

et en lumière circulaire gauche; 2° à ce que, pour le même couple, les indices varient plus régulièrement, et, 3° surtout, à ce que la dilatation de 1-6, dans le sens de l'axe du quartz, étant moitié de celle de 3-4 et de 2-5, les erreurs dues aux températures, lors des expériences de comparaison, sont plus élevées et à peu près doublées, pour ces deux dernières directions.

Les moyennes faites comme précédemment ont donné, épaisseur moyenne,

$$C_5(2\text{-}5) \text{ à } 0° = 49678^\mu,17,$$
$$C_5(3\text{-}4) \text{ à } 0° = 49894^\mu,89.$$

Vérification des angles. — Cette vérification a été faite de la même manière que pour le cube de 4^{cm} et avec le même dispositif. On a trouvé les angles parfaitement droits : il n'y a aucune correction à apporter de ce chef.

En faisant le produit des trois dimensions, on obtient enfin pour le volume du cube C_5 :

$$C_5 \text{ à } 0° = 122^{cm^3},66456.$$

Pesées.

Les pesées du cube C_5, tant dans l'eau que dans l'air, ont été menées jusqu'au bout, ainsi qu'on l'a déjà dit, grâce à quelques améliorations dans les appareils, sans qu'aucun accident se soit produit et que ce cube ait éprouvé aucun dommage. Elles forment, par conséquent, un groupe unique, dont nous reproduisons les données essentielles, de la même manière et sous la même forme que pour le cube C_1. Le mode d'opérer a d'ailleurs été exactement le même, et il n'y a rien à ajouter à ce qui a été expliqué plus haut à ce sujet.

Pesées dans l'air.

Les pesées dans l'air sont au nombre de 21; les 4 dernières ont été faites, à titre de vérification de l'intégrité du cube, après l'achèvement des pesées hydrostatiques.

I.

30 novembre 1903.

$A = $ Cube $+ P_1$.

$B = Oe(200 + 100 + 20 + 5 + 0,001) + q_2 + P_2$.

$T = 9°,447$	A B	93,35	93,37	93,56	95,01	95,54	95,86
$H = 735^{mm},01$	B A		94,40	94,84	94,38	94,91	95,29
$f = 82,5$							

$$[\text{Cube} + P_1] - [325\,001^{mg},656 + P_2] = 129^{mg},551 = +0,15\,n.$$

A B	95,86	96,43	96,55	96,62
A B $+ s_2$	83,94	84,08	84,41	

$$n = 0^{mg},04247.$$

II.

10 décembre.

$A = $ Cube $+ P_1$.

$B = Oe(200 + 100 + 20 + 5) + P_2$.

$T = 9°,146$	A B	103,25	102,42	102,80	102,45	102,64	101,35	101,96	100,39
$H = 742^{mm},83$	B A	85,56	85,77	89,39	88,76	89,29	90,05	90,52	
$f = 78,0$									

$$[\text{Cube} + P_1] - [325\,000^{mg},364 + P_2] = 131^{mg},110 = -6,84\,n.$$

A B	100,39	99,75	99,56	99,52
A B $+ s_2$	88,61	88,43	88,13	

$$n = 0^{mg},04594.$$

III.

11 décembre.

$A = $ Cube $+ q_1 + P_1$.

$B = Oe(200 + 100 + 20 + 5) + P_2$.

$T = 9°,126$	B A	90,68	89,13	87,22	85,87	84,53	85,25	82,91
$H = 745^{mm},65$	A B	101,32	102,31	100,96	101,00	101,52	100,50	
$f = 77,2$								

$$[\text{Cube} + P_1] - [324\,999^{mg},857 + P_2] = 131^{mg},623 = -7,38\,n.$$

B A	82,91	83,17	83,67	83,41
B A $+ s_1 + s_3$	102,51	102,43	102,40	

$$n = 0^{mg},03941.$$

IV.

15 décembre.

$A = \text{Cube} + Oe(0,001) + q_1 + P_1.$
$B = Oe(200 + 100 + 20 + 5) + P_2.$

$T = 9°,777$
$H = 749^{mm},90$
$f = 81,5$

| A B | 96,20 | 92,66 | 92,33 | 92,30 | 90,39 | 91,33 | 92,25 |
| B A | 107,58 | 106,10 | 108,33 | 111,40 | 109,75 | 111,61 | |

$[\text{Cube} + P_1] - [324\,998^{mg},857 + P_2] = 132^{mg},029 = +8,32\,n.$

| A B | 89,55 | 89,95 | 90,39 | 90,04 |
| A B + s_1 + s_3 | 108,30 | 108,41 | 108,58 | |

$$n = 0^{mg},04092.$$

V.

18 décembre.

$A = \text{Cube} + Oe(0,001) + P_1.$
$B = Oe(200 + 100 + 20 + 5) + P_2.$

$T = 11°,115$
$H = 750^{mm},53$
$f = 81,1$

| A B | 96,62 | 95,25 | 95,31 | 95,06 | 94,58 | 94,92 |
| B A | 110,18 | 111,73 | 112,94 | 113,39 | 113,77 | |

$[\text{Cube} + P_1] - [324\,999^{mg},364 + P_2] = 131^{mg},478 = +8,55\,n.$

| A B + s_1 + s_3 | 114,23 | 114,36 | 114,31 | 114,45 |
| A B | 96,78 | 97,08 | 97,20 | |

$$n = 0,04359.$$

VI.

6 avril 1904.

$A = \text{Cube} + P_2.$
$B = Oe(200 + 100 + 20 + 2 + 2^* + 0,5 + 0,2 + 0,2^* + 0,05 + 0,02 + 0,02^* + 0,005 + 0,002) + P_1.$

$T = 8°,958$
$H = 757^{mm},97$
$f = 83,1$

| A B | 112,24 | 111,99 | 112,03 | 110,76 | 110,17 | 110,42 | 110,22 |
| B A | 96,68 | 97,47 | 97,51 | 98,16 | 97,47 | 97,96 | |

$[\text{Cube} + P_2] - [324\,997^{mg},467 + P_1] = 133^{mg},856 = -6,79\,n.$

| A B | 110,22 | 109,55 | 109,33 | 109,93 | 109,66 |
| A B + s_2 + s_4 | 91,07 | 90,83 | 91,14 | 91,29 | |

$$n = 0^{mg},03957.$$

VII.

7 avril.

$A = \text{Cube} + P_2.$
$B = Oe(200 + 100 + 20 + 2 + 2^* + 0,5 + 0,2 + 0,2^* + 0,05 + 0,02 + 0,02^* + 0,005 + 0,002) + P_2.$

$T = 8°,823$
$H = 755^{mm},91$
$f = 82,9$

| A B | 100,68 | 100,25 | 100,98 | 100,50 | 99,18 | 98,27 | 98,68 |
| B A | 102,80 | 102,82 | 102,76 | 103,09 | 103,75 | 103,27 | |

$[\text{Cube} + P_2] - [324\,997^{mg},467 + P_1] = 133^{mg},559 = +1,64\,n.$

| A B | 98,68 | 98,18 | 97,98 | 97,80 | 98,46 |
| A B + s_4 | 93,41 | 92,42 | 92,32 | 92,95 | |

$$n = 0^{mg},03928.$$

VIII.

7 avril.

A = Cube + P_2.

B = Oe(200 + 100 + 20 + 2 + 2* + 0,5 + 0,2 + 0,2* + 0,05 + 0,02 + 0,02* + 0,005 + 0,002) + P_1.

T = 8°,947	A B	99,36	97,02	98,69	99,01	100,96	99,54	99,11
H = 756^{mm},18	B A	104,08	103,68	104,81	104,55	104,85	102,90	
f = 83,0								

$$[Cube + P_2] - [324\,997^{mg},467 + P_1] - 133^{mg},545 = + 2,52 n.$$

A B	99,11	98,84	98,75	99,24	99,50
A B + s_4	93,50	93,51	94,02	93,93	

$$n = 0^{mg},04002.$$

IX.

8 avril.

A = Cube + P_2.

B = Oe(200 + 100 + 20 + 2 + 2* + 0,5 + 0,2 + 0,2* + 0,05 + 0,02 + 0,02* + 0,005 + 0,002) + P_1.

T = 8°,891	A B	111,56	112,81	111,83	112,54	112,27	112,67	112,63
H = 758^{mm},36	B A	94,59	95,76	94,95	94,88	95,50	95,06	
f = 83,0								

$$[Cube + P_2] - [324\,997^{mg},467 + P_1] - 133^{mg},959 = - 8,60 n.$$

A B	112,63	111,39	110,91	111,26	111,56	111,12
A B + s_2 + s_4	93,70	92,76	93,20	93,35	93,30

$$n = 0^{mg},04052.$$

X.

8 avril.

A = Cube + P_1.

B = Oe(200 + 100 + 20 + 2 + 2* + 0,5 + 0,2 + 0,2* + 0,05 + 0,02 + 0,02* + 0,005 + 0,002) + P_2.

T = 9°,070	A B	109,36	108,87	108,05	108,62	108,83	109,04	109,72
H = 758^{mm},57	B A	97,73	97,99	98,52	98,00	98,36	98,71	
f = 83,8								

$$[Cube + P_2] - [324\,997^{mg},467 + P_1] - 133^{mg},902 = - 5,35 n.$$

A B	109,72	109,51	109,69	109,80	109,99
A B + s_2	96,66	96,80	96,95	97,22	

$$n = 0^{mg},04086.$$

XI.

9 avril.

A = Cube + P_1.

B = Oe(200 + 100 + 20 + 2 + 2* + 0,5 + 0,2 + 0,2* + 0,05 + 0,02 + 0,02* + 0,005 + 0,002) + P_2.

T = 8°,966	A B	112,61	113,31	112,87	113,21	112,59	113,14	112,56
H = 759^{mm},12	B A	92,80	93,41	94,60	94,93	95,20	94,89	
f = 83,7								

$$[Cube + P_1] - [324\,997^{mg},467 + P_2] - 134^{mg},054 = - 9,29 n.$$

A B	112,13	111,95	111,90	111,66	111,51
A B + s_2 + s_4	93,80	93,76	93,72	93,57	

$$n = 0^{mg},04074.$$

XII.

9 avril.

A = Cube + P_1.

B = O e (200 + 100 + 20 + 2 + 2* + 0,5 + 0,2 + 0,2* + 0,05 + 0,02 + 0,02* + 0,005 + 0,002) + P_2.

T = 9°,085	A B	104,27	103,67	103,53	102,75	101,21	102,76	103,25
H = 757^{mm},57	B A	102,57	103,73	104,06	103,97	104,87	103,39
f = 83,6							

[Cube + P_1] − [324 997^{mg},467 + P_2] − 133^{mg},718 = + 0,35 n.

A B	103,25	102,63	102,62	102,41
A B + s_4	97,61	97,51	97,43

$$n = 0^{mg},04109.$$

XIII.

10 avril.

A = Cube + q_1 + P_1.

B = O e (200 + 100 + 20 + 2 + 2* + 0,5 + 0,2 + 0,2* + 0,05 + 0,02 + 0,02* + 0,005 + 0,002) + P_2.

T = 9°,085	A B	107,27	107,91	107,67	107,37	106,90	106,75	107,96
H = 761^{mm},43	B A	97,81	97,84	98,66	97,67	97,40	97,36
f = 83,3							

[Cube + P_1] − [324 996^{mg},960 + P_2] − 134^{mg},403 = − 4,80 n.

A B	107,96	107,34	107,09	106,76	106,89
A B + s_2	94,55	94,50	94,22	93,95

$$n = 0^{mg},04064.$$

XIV.

11 avril.

A = Cube + q_1 + P_2.

B = O e (200 + 100 + 20 + 2 + 2* + 0,5 + 0,2 + 0,2* + 0,05 + 0,02 + 0,02* + 0,005 + 0,002) + P_1.

T = 9°,390	A B	102,17	103,01	102,85	102,21	102,05	102,31	102,11
H = 759^{mm},86	B A	107,17	106,71	106,64	107,32	107,53	107,96
f = 85,0							

[Cube + P_2] − [324 996^{mg},960 + P_1] − 133^{mg},962 = + 2,41 n.

B A	108,38	108,46	108,69	108,83	109,01
B A + s_2	95,48	95,68	95,94	96,06

$$n = 0^{mg},04070.$$

XV.

11 avril.

A = Cube + q_1 + P_2.

B = O e (200 + 100 + 20 + 2 + 2* + 0,5 + 0,2 + 0,2* + 0,05 + 0,02 + 0,02* + 0,005 + 0,002) + P_1.

T = 9°,490	B A	116,05	116,82	117,53	117,95	119,03	119,62	119,16
H = 757^{mm},95	A B	93,50	92,33	91,82	92,02	92,11	91,26
f = 84,1							

[Cube + P_2] − [324 996^{mg},960 + P_1] − 133^{mg},580 = + 12,92 n.

A B + s_1 + s_3	110,15	110,00	109,95	109,60	109,37
A B	91,41	91,41	91,34	91,07

$$n = 0^{mg},04081.$$

XVI.

12 avril.

$A = \text{Cube} + P_2.$

$B = O e (200 + 100 + 20 + 2 + 2^* + 0,5 + 0,2 + 0,2^* + 0,05 + 0,02 + 0,02^* + 0,005 + 0,002) + q_1 + P_1.$

$T = 9^n,432$
$H = 753^{mm},20$
$f = 83,8$

| B A | 104,94 | 105,39 | 107,47 | 107,07 | 108,28 | 109,34 | 110,84 |
| A B | 93,02 | 91,85 | 92,42 | 91,43 | 89,67 | 88,65 | |

$[\text{Cube} + P_2] - [324\,997^{mg},974 + P_1] - 132^{mg},768 = +\,8,22\,n.$

| A B | 87,57 | 87,38 | 86,85 | 86,32 | 86,07 |
| A B $+ s_1 + s_3$ | 106,71 | 106,28 | 105,76 | 105,26 | |

$n = 0^{mg},03941.$

XVII.

12 avril.

$A = \text{Cube} + P_2.$

$B = O e (200 + 100 + 20 + 2 + 2^* + 0,5 + 0,2 + 0,2^* + 0,05 + 0,02 + 0,02^* + 0,005 + 0,002 + 0,001) + q_3 + P_1.$

$T = 9^n,680$
$H = 749^{mm},98$
$f = 83,2$

| A B | 95,98 | 95,47 | 94,64 | 95,71 | 94,66 | 93,35 | 92,22 |
| B A | 103,66 | 104,37 | 104,11 | 104,44 | 104,79 | 107,17 | |

$[\text{Cube} + P_2] - [324\,998^{mg},759 + P_1] - 132^{mg},082 = +\,5,09\,n.$

| A B | 92,22 | 92,05 | 90,79 | 90,54 | 90,81 |
| A B $+ s_1 + s_2$ | 111,46 | 110,31 | 110,53 | 109,82 | |

$n = 0^{mg},03922.$

XVIII.

2 mai.

$A = \text{Cube} + P_2.$

$B = O e (200 + 100 + 20 + 2 + 2^* + 0,5 + 0,2 + 0,2^* + 0,05 + 0,02 + 0,02^* + 0,005 + 0,002 + 0,001) + q_1 + P_1.$

$T = 12^n,455$
$H = 757^{mm},83$
$f = 86,0$

| B A | 95,52 | 96,66 | 97,08 | 97,54 | 97,71 | 99,21 | 99,22 | 100,08 |
| A B | 99,02 | 97,80 | 98,68 | 97,96 | 96,71 | 96,31 | 95,57 | |

$[\text{Cube} + P_2] - [324\,998^{mg},974 + P_1] - 132^{mg},062 = +\,0,22\,n.$

| B A | 100,08 | 100,50 | 100,50 | 100,66 | 100,69 |
| B A $+ s_1$ | 95,06 | 95,27 | 95,44 | 95,51 | |

$n = 0^{mg},04141.$

XIX.

2 mai.

$A = \text{Cube} + P_2.$

$B = O e (200 + 100 + 20 + 2 + 2^* + 0,5 + 0,2 + 0,2^* + 0,05 + 0,02 + 0,02^* + 0,005 + 0,002 + 0,002^*) + P_1.$

$T = 12^n,692$
$H = 756^{mm},15$
$f = 85,7$

| A B | 101,74 | 101,15 | 100,18 | 99,82 | 99,76 | 98,81 | 99,17 | 97,80 |
| B A | 93,30 | 93,51 | 93,83 | 94,33 | 95,17 | 95,34 | 97,01 | |

$[\text{Cube} + P_2] - [324\,999^{mg},497 + P_1] - 131,650 = -\,2,56\,n.$

| A B | 97,81 | 97,48 | 97,47 | 97,33 | 97,35 |
| A B $+ s_4$ | 92,20 | 92,17 | 92,37 | 92,06 | |

$n = 0^{mg},04047.$

XIV.

XX.

3 mai.

$A = Cube + P_1$.

$B = Oe(200 + 100 + 20 + 2 + 2^* + 0,5 + 0,2 + 0,2^* + 0,05 + 0,02 + 0,02^*$
$+ 0,005 + 0,002 + 0,001) + q_1 + P_2$.

$T = 12°,727$	A B	97,72	97,81	97,60	97,93	98,74	98,46	99,15	99,17
$H = 759^{mm},33$	B A	97,22	97,81	97,02	97,45	97,53	97,71	97,56
$f = 86,5$								

$$[Cube + P_1] - [324\ 998^{mg},974 + P_2] = 132^{mg},185 = -0,42\,n.$$

A B	99,19	98,82	98,70	98,76	98,69
A B + s_1	93,67	93,58	93,54	93,50

$$n = 0^{mg},04070.$$

XXI.

3 mai.

$A = Cube + P_1$.

$B = Oe(200 + 100 + 20 + 2 + 2^* + 0,5 + 0,2 + 0,2^* + 0,05 + 0,02 + 0,02^*$
$+ 0,005 + 0,002 + 0,001) + q_1 + P_2$.

$T = 12°,922$	A B	93,47	92,01	91,35	90,28	89,72	89,61	90,21	89,57
$H = 758^{mm},42$	B A	103,94	105,35	105,45	105,72	106,97	106,22	108,13
$f = 86,0$								

$$[Cube + P_1] - [324\ 998^{mg},974 + P_2] = 131^{mg},931 = +7,59\,n.$$

A B	89,57	90,54	91,39	90,56	90,00	89,70
A B + $s_1 + s_2$	108,74	110,15	109,74	108,83	108,42

$$n = 0^{mg},03997.$$

Ces observations donnent :

	O.'— C.
	mg
$C_6 + (P_1 - P_2) = 325\ 131,213$	$+0,030$
$C_6 + (P_1 - P_2) = 325\ 131,159$	$-0,024$
$C_6 + (P_1 - P_2) = 325\ 131,189$	$+0,006$
$C_6 + (P_1 - P_2) = 325\ 131,227$	$+0,044$
$C_6 + (P_1 - P_2) = 325\ 131,215$	$+0,032$
$C_6 + (P_1 - P_2) = 325\ 131,055$	$-0,008$
$C_6 - (P_1 - P_2) = 325\ 131,091$	$+0,028$
$C_6 - (P_1 - P_2) = 325\ 131,113$	$+0,050$
$C_6 - (P_1 - P_2) = 325\ 131,078$	$+0,015$
$C_6 + (P_1 - P_2) = 325\ 131,150$	$-0,033$
$C_6 + (P_1 - P_2) = 325\ 131,143$	$-0,040$
$C_6 + (P_1 - P_2) = 335\ 131,200$	$+0,017$
$C_6 + (P_1 - P_2) = 325\ 131,168$	$-0,015$
$C_6 + (P_1 - P_2) = 325\ 131,021$	$-0,042$
$C_6 - (P_1 - P_2) = 325\ 131,068$	$+0,005$
$C_6 - (P_1 - P_2) = 325\ 131,067$	$+0,004$
$C_6 - (P_1 - P_2) = 325\ 131,041$	$-0,022$
$C_6 - (P_1 - P_2) = 325\ 131,046$	$-0,017$
$C_6 - (P_1 - P_2) = 325\ 131,044$	$-0,019$
$C_6 + (P_1 - P_2) = 325\ 131,142$	$-0,041$
$C_6 + (P_1 - P_2) = 325\ 131,208$	$+0,025$

On en déduit

$$C_5 = 325.131^{mg},123.$$
$$P_1 - P_2 = + 0,060.$$

La substitution de ces valeurs dans les observations individuelles conduit aux résidus inscrits sous O. − C. à côté des équations ; leur moyenne en valeur absolue est $0^{mg},025$. La masse du cube est donc déterminée avec une précision qui dépasse le $\frac{1}{6000000}$.

Pesées hydrostatiques.

I.

19 avril 1904. (*Première eau.*)

$$\Sigma Oe = Oe(200 + 2 + 0,2 + 0,2^* + 0,05 + 0,02 + 0,01 + 0,001).$$

$T_{air} = 11^\circ,609$	A	97,85	98,87	99,00	99,00	$\Sigma Oe = 202.481,198$
$T_{eau} = 11^\circ,061$	B	82,11	82,62	83,19	83,08	équil. $= + \quad 0,454$
$H = 753^{mm},20$	C	99,06	99,19	99,87	99,54	poussée $= - \quad 11,533$
$f = 80,2$	D	115,23	115,33	115,82	116,30	corr. $= - \quad 0,032$
						202.470,086

II.

19 avril.

$$\Sigma Oe = Oe(200 + 2 + 0,2 + 0,2^* + 0,05 + 0,02 + 0,01 + 0,001).$$

$T_{air} = 11^\circ,711$	A	98,73	98,05	97,91	98,37	$\Sigma Oe = 202.481,198$
$T_{eau} = 11^\circ,132$	B	82,38	82,41	82,21	82,74	équil. $= + \quad 1,032$
$H = 752^{mm},31$	C	99,96	99,67	99,67	100,41	poussée $= - \quad 11,501$
$f = 79,1$	D	116,17	116,45	116,33	116,16	corr. $= - \quad 0,032$
						202.470,697

III.

20 avril. (*Deuxième eau.*)

$$\Sigma Oe = Oe(200 + 2 + 0,2 + 0,2^* + 0,05 + 0,02 + 0,01 + 0,005 + 0,002).$$

$T_{air} = 11^\circ,701$	A	97,83	97,90	97,89	98,90	$\Sigma Oe = 202.487,249$
$T_{eau} = 11^\circ,712$	B	81,84	81,36	82,46	83,40	équil. $= + \quad 0,322$
$H = 751^{mm},81$	C	98,56	97,90	98,92	99,15	poussée $= - \quad 11,492$
$f = 81,4$	D	113,55	113,18	114,57	114,18	corr. $= - \quad 0,032$
						202.476,046

IV.

20 avril.

$$\Sigma Oe = Oe(200 + 2 + 0,2 + 0,2^* + 0,05 + 0,02 + 0,01 + 0,005 + 0,001).$$

$T_{air} = 11^\circ,879$	A	99,82	100,34	100,71	100,39	$\Sigma Oe = 202.486,218$
$T_{eau} = 11^\circ,444$	B	84,31	84,74	85,16	85,08	équil. $= - \quad 0,818$
$H = 755^{mm},31$	C	98,66	99,00	99,14	99,37	poussée $= - \quad 11,513$
$f = 79,7$	D	114,61	113,81	114,99	115,12	corr. $= - \quad 0,032$
						202.473,855

21 avril. (*Troisième eau.*)

V.

$$\Sigma Oe = Oe(200 + 2 + 0,2 + 0,2^* + 0,05 + 0,02 + 0,01 + 0,005 + 0,001).$$

$T_{air} = 12°,070$	A	98,78	99,14	98,96	115,67	ΣOe	$= 202\,488,249$
$T_{eau} = 11°,734$	B	82,89	84,13	83,74	99,19	équil.	$= -\quad 0,179$
$H = 756^{mm},70$	C	97,81	98,95	98,87	84,19	poussée	$= -\quad 11,552$
$f = 79,7$	D	114,68	114,32	114,44	99,06	corr.	$= -\quad 0.032$

$$202\,476,485$$

21 avril.

VI.

$$\Sigma Oe = Oe(200 + 2 + 0,2 + 0,2^* + 0,05 + 0,02 + 0,01 + 0,005 + 0,002 + 0,001).$$

$T_{air} = 12°,130$	A	99,19	99,09	99,61	99,28	ΣOe	$= 202\,488,249$
$T_{eau} = 11°,768$	B	83,71	83,54	82,48	84,22	équil.	$= +\quad 0,230$
$H = 757^{mm},14$	C	99,46	99,73	99,72	99,69	poussée	$= -\quad 11,557$
$f = 79,4$	D	115,65	115,70	114,08	115,29	corr.	$= -\quad 0.032$

$$202\,476,890$$

23 avril. (*Quatrième eau.*)

VII.

$$\Sigma Oe = Oe(200 + 2 + 0,2 + 0,2^* + 0,05 + 0,02 + 0,02^*).$$

$T_{air} = 12°,209$	A	97,88	98,75	99,23	98,97	ΣOe	$= 202\,490,167$
$T_{eau} = 12°,000$	B	82,20	84,13	83,69	83,83	équil.	$= +\quad 0,682$
$H = 751^{mm},84$	C	99,38	99,61	100,05	100,03	poussée	$= -\quad 11,472$
$f = 79,1$	D	114,11	116,25	116,17	115,95	corr.	$= -\quad 0,032$

$$202\,479,345$$

23 avril.

VIII.

$$\Sigma Oe = Oe(200 + 2 + 0,2 + 0,2^* + 0,05 + 0,02 + 0,02^*).$$

$T_{air} = 12°,387$	A	98,73	98,24	98,83	98,97	ΣOe	$= 202\,490,167$
$T_{eau} = 12°,014$	B	83,25	82,99	82,77	82,85	équil.	$= +\quad 0,451$
$H = 752^{mm},53$	C	99,07	99,74	99,85	99,79	poussée	$= -\quad 11,475$
$f = 79,9$	D	115,57	115,68	115,96	115,27	corr.	$= -\quad 0,032$

$$202\,479,111$$

24 avril. (*Cinquième eau.*)

IX.

$$\Sigma Oe = Oe(200 + 2 + 0,2 + 0,2^* + 0,05 + 0,02 + 0,02^* + 0,001).$$

$T_{air} = 12°,184$	A	97,71	99,34	98,81	98,01	ΣOe	$= 202\,491,167$
$T_{eau} = 12°,156$	B	82,31	83,20	83,37	83,20	équil.	$= +\quad 0,531$
$H = 759^{mm},71$	C	98,75	99,00	99,80	99,67	poussée	$= -\quad 11,594$
$f = 79,6$	D	115,41	115,49	115,70	115,46	corr.	$= -\quad 0,032$

$$202\,479,072$$

24 avril.   **X.**

$$\Sigma Oe = Oe(200 + 2 + 0,2 + 0,2^* + 0,05 + 0,02 + 0,02^* + 0,001).$$

$T_{air} = 12°,306$	A	98,89	99,16	99,17	99,37	$\Sigma Oe = 202\,491,\overset{mg}{167}$
$T_{eau} = 12°,119$	B	83,67	84,30	84,25	83,97	équi. $= +$ 0,579
$H = 759^{mm},51$	C	99,83	99,97	99,70	100,66	poussée $= -$ 11,585
$f = 79,8$	D	116,20	115,77	116,27	114,49	corr. $= -$ 0,032

$$202\,480,129$$

25 avril. (*Sixième eau.*)   **XI.**

$$\Sigma Oe = Oe(200 + 2 + 0,2 + 0,2^* + 0,05 + 0,02 + 0,02^* + 0,001).$$

$T_{air} = 12°,132$	A	98,59	98,98	98,91	100,47	$\Sigma Oe = 202\,491,\overset{mg}{167}$
$T_{eau} = 12°,050$	B	82,99	82,10	83,07	84,20	équi. $= -$ 0,037
$H = 758^{mm},74$	C	99,11	98,96	99,48	99,16	poussée $= -$ 11,580
$f = 79,9$	D	115,25	114,89	115,61	115,84	corr. $= -$ 0,032

$$202\,479,518$$

25 avril.   **XII.**

$$\Sigma Oe = Oe(200 + 2 + 0,2 + 0,2^* + 0,05 + 0,02 + 0,02^* + 0,001).$$

$T_{air} = 12°,278$	A	98,67	100,51	99,98	100,29	$\Sigma Oe = 202\,491,\overset{mg}{167}$
$T_{eau} = 12°,040$	B	83,50	84,37	83,91	83,95	équi. $= -$ 0,106
$H = 758^{mm},60$	C	99,10	99,92	99,88	99,86	poussée $= -$ 11,572
$f = 80,2$	D	115,42	116,02	116,03	116,63	corr. $= -$ 0,032

$$202\,479,456$$

26 avril. (*Septième eau.*)   **XIII.**

$$\Sigma Oe = Oe(200 + 2 + 0,2 + 0,2^* + 0,05 + 0,02 + 0,02^* + 0,002).$$

$T_{air} = 12°,127$	A	100,05	100,53	100,86	100,63	$\Sigma Oe = 202\,492,\overset{mg}{198}$
$T_{eau} = 12°,118$	B	84,66	85,46	85,54	85,53	équi. $= -$ 0,552
$H = 761^{mm},56$	C	99,26	99,80	99,51	100,03	poussée $= -$ 11,624
$f = 80,3$	D	115,84	115,84	116,65	116,01	corr. $= -$ 0,032

$$202\,479,990$$

26 avril.   **XIV.**

$$\Sigma Oe = Oe(200 + 2 + 0,2 + 0,2^* + 0,05 + 0,02 + 0,02^* + 0,001).$$

$T_{air} = 12°,178$	A	97,49	99,85	99,89	115,01	$\Sigma Oe = 202\,491,\overset{mg}{167}$
$T_{eau} = 11°,942$	B	84,86	84,54	84,61	98,61	équi. $= -$ 0,826
$H = 759^{mm},77$	C	98,44	98,44	98,51	84,24	poussée $= -$ 11,595
$f = 78,8$	D	114,66	113,34	114,66	99,90	corr. $= -$ 0,032

$$202\,478,714$$

27 avril. (*Huitième eau.*)   **XV.**

$$\Sigma\, Oe = Oe(200 + 2 + 0,2 + 0,2^* + 0,05 + 0,02 + 0,02^*).$$

$T_{air} =$ 12°,054	A	99,51	98,90	98,30	99,27	$\Sigma\,Oe$ = 202 490,167
$T_{eau} =$ 11°,830	B	83,18	83,27	83,17	83,64	équil. = — 0,971
H = 760mm,28	C	97,45	97,35	97,55	97,53	poussée = — 11,609
f = 78,6	D	113,35	112,11	113,67	113,84	corr. = — 0,032
						202 477,555

27 avril.   **XVI.**

$$\Sigma\, Oe = Oe(200 + 2 + 0,2 + 0,2^* + 0,05 + 0,02 + 0,02^*).$$

$T_{air} =$ 12°,368	A	99,15	99,90	99,30	99,70	$\Sigma\,Oe$ = 202 490,167
$T_{eau} =$ 11°,834	B	83,32	83,73	83,43	83,17	équil. = — 1,156
H = 759mm,44	C	97,75	97,41	97,60	97,76	poussée = — 11,581
f = 80,0	D	114,05	112,91	116,01	113,90	corr. = — 0,032
						202 477,398

28 avril. (*Neuvième eau.*)   **XVII.**

$$\Sigma\, Oe = Oe(200 + 2 + 0,2 + 0,2^* + 0,05 + 0,02 + 0,02^*).$$

$T_{air} =$ 12°,041	A	99,24	99,38	99,39	99,67	$\Sigma\,Oe$ = 202 490,167
$T_{eau} =$ 11°,909	B	84,30	84,66	84,60	84,96	équil. = — 0,431
H = 761mm,24	C	98,84	98,40	98,53	99,21	poussée = — 11,624
f = 78,8	D	115,38	114,17	115,41	115,91	corr. = — 0,032
						202 478,081

28 avril.   **XVIII.**

$$\Sigma\, Oe = Oe(200 + 2 + 0,2 + 0,2^* + 0,05 + 0,02 + 0.02^*).$$

$T_{air} =$ 12°,140	A	100,09	100,14	100,42	100,27	$\Sigma\,Oe$ = 202 490,167
$T_{eau} =$ 11°,900	B	84,66	84,87	84,94	85,36	équil. = — 0,574
H = 761mm,11	C	99,25	99,14	99,55	99,34	poussée = — 11,618
f = 78,5	D	115,87	115,73	115,85	116,09	corr. = — 0,032
						202 477,943

28 avril. (*Dixième eau.*)   **XIX.**

$$\Sigma\, Oe = Oe(200 + 2 + 0,2 + 0,2^* + 0,05 + 0,02 + 0,02^* + 0,001).$$

$T_{air} =$ 12°,341	A	95,88	95,64	95,68	95,15	$\Sigma\,Oe$ = 202 491,167
$T_{eau} =$ 12°,162	B	80,26	80,22	80,46	80,16	équil. = + 1,297
H = 759mm,65	C	97,56	97,26	97,93	98,05	poussée = — 11,586
f = 79,9	D	114,21	113,97	114,70	113,41	corr. = — 0,032
						202 480,846

28 avril.   **XX.**

$$\Sigma Oe = Oe(200 + 2 + 0,2 + 0,2^* + 0,05 + 0,02 + 0,02^* + 0,001).$$

$T_{air} =$ 12°,411	A	97,46	97,22	97,35	97,05	ΣOe	$= 202\,491,167$ mg
$T_{eau} =$ 12°,182	B	82,30	82,07	82,16	82,11	équil.	$= +$ 1,724
H $= 759^{mm},84$	C	99,75	100,06	99,84	100,20	poussée $= -$	11,586
$f =$ 79,8	D	116,34	116,31	116,64	115,52	corr.	$= -$ 0,032

$$202\,481,273$$

29 avril. (*Onzième eau.*)   **XXI.**

$$\Sigma Oe = Oe(200 + 3 + 0,2 + 0,2^* + 0,05 + 0,02 + 0,02^* + 0,001).$$

$T_{air} =$ 12°,117	A	100,06	99,94	99,79	100,08	ΣOe	$= 202\,491,167$ mg
$T_{eau} =$ 12°,113	B	83,25	83.60	83,16	84,11	équil.	$= +$ 0,315
H $= 760^{mm},72$	C	100,49	100,24	100,58	100,61	poussée $= -$	11,612
$f =$ 79,5	D	116,68	116,22	116,62	116,93	corr.	$= -$ 0,032

$$202\,479,837$$

29 avril.   **XXII.**

$$\Sigma Oe = Oe(200 + 2 + 0,2 + 0,2^* + 0,05 + 0,02 + 0,02^* + 0,001).$$

$T_{air} =$ 12°,249	A	100,14	100,12	100,30	100,46	ΣOe	$= 202\,491,167$ mg
$T_{eau} =$ 12°,101	B	84,03	84,19	83,85	84,46	équil.	$= +$ 0,123
H $= 760^{mm},24$	C	100,11	100,39	100,65	100,66	poussée $= -$	11,599
$f =$ 79,4	D	116,94	117,08	116,82	116,65	corr.	$= -$ 0,032

$$202\,479,659$$

Les observations précédentes conduisent aux résultats ci-après :

Masse du cube.	Masse apparente dans l'eau.	Masse de l'eau déplacée.	Tempér. T.	Pression H + h.	Densité de l'eau, à T° et sous H + h.
	202 470,086 mg	122 661,037 mg	11,061 °	763,76 mm	0,999 6270
	202 470,697	122 660,426	11,132	761,87	0,999 6196
	202 476,046	122 655,077	11,712	761,37	0,999 5574
	202 473,855	122 657,268	11,444	764,88	0,999 5868
	202 476,485	122 654,638	11,734	766,26	0,999 5552
	202 476,890	122 654,233	11,768	766,70	0,999 5514
	202 479,345	122 651,778	12,000	761,40	0,999 5249
	202 479,111	122 652,011	12,014	762,09	0,999 5233
	202 479,072	122 652,051	12,156	769,28	0,999 5073
325 131 mg,123	202 480,129	122 650,994	12,119	769,08	0,999 5116
	202 479,518	122 651,605	12,050	768,30	0,999 5195
	202 479,456	122 651,667	12,040	768,16	0,999 5207
	202 479,990	122 651,133	12,118	771,12	0,999 5118
	202 478,714	122 652,409	11,942	769,33	0,999 5320
	202 477,555	122 653,568	11,830	769,84	0,999 5447
	202 477,398	122 653,725	11,834	769,00	0,999 5442
	202 478,081	122 653,042	11,909	770,80	0,999 5359
	202 477,943	122 653,180	11,900	770,67	0,999 5369
	202 480,846	122 650,277	12,162	769,21	0,999 5066
	202 481,273	122 649,850	12,182	769,40	0,999 5043
	202 479,837	122 651,286	12,113	770,28	0,999 5124
	202 479,659	122 651,464	12,101	769,80	0,999 5137

Volume du cube à T^{o}.	Volume du cube à 0°.	$0 - C$.
ml	ml	mi
122,70681	122,66143	+0,00031
122,70710	122,66144	+0,00032
122,70939	122,66130	+0,00018
122,70797	122,66100	—0,00012
122,70922	122,66104	—0,00008
122,70928	122,66097	—0,00015
122,71008	122,66079	—0,00033
122,71051	122,66116	—0,00004
122,71151	122,66157	+0,00045
122,71092	122,66115	+0,00003
122,71057	122,66107	—0,00005
122,71048	122,66104	—0,00008
122,71104	122,66126	+0,00014
122,70984	122,66080	—0,00032
122,70944	122,66086	—0,00026
122,70966	122,66106	—0,00006
122,70999	122,66109	—0,00003
122,71001	122,66114	+0,00002
122,71082	122,66086	—0,00026
122,71068	122,66063	—0,00049
122,71112	122,66137	+0,00025
122,71114	122,66143	+0,00031
Moyenne.....	122,66112	

Le volume du cube C_5, exprimé en millilitres, est donc

$$\text{Volume à } 0^{o} = 122^{ml},66112.$$

Cette valeur, combinée avec celle de la masse donnée plus haut ($325131^{mg},123$), conduit pour la densité à

$$\text{Densité à } 0^{o} = 2,650645.$$

On a vu d'autre part (p. 108), que le même volume, exprimé en centimètres cubes, est

$$\text{Volume à } 0^{o} = 122^{cm^3},66456.$$

Il en résulte

$$1^{cm^3} = 0^{ml},9999720,$$

et le volume du kilogramme d'eau à 4° est

$$1^{ml} = 1^{cm^3},0000280.$$

Il reste à faire subir à ces nombres la petite correction relative à l'air dissous sur la densité de l'eau. En la calculant d'après les mêmes bases et de la même façon que pour le cube C_4, la température moyenne des pesées hydrostatiques ayant été de 11°,9, on trouve que la masse du décimètre cube doit être augmentée de 0,0000009 de sa valeur. Les nombres définitifs sont donc :

ou

$$1^{cm^3} = 0^{ml},9999729$$

$$1^{ml} = 1^{cm^3},0000271.$$

DILATATION DU CUBE DE CINQ CENTIMÈTRES.

On a dit précédemment que les déterminations d'épaisseurs faites sur les cubes C_1 et C_5 avaient amené à adopter, pour les réductions relatives à l'un ou à l'autre, des coefficients de dilatation différents. Il y a lieu de donner quelques explications sur ce point.

Les mesures préliminaires, faites sur le cube C_5 pour lever l'indétermination sur l'ordre d'interférence, avaient fourni de nombreuses valeurs de l'épaisseur à différentes températures. En ramenant toutes ces valeurs à 0°, à l'aide des coefficients de dilatation résultant des expériences faites, au Bureau international, sur le cube taillé par M. Laurent, on a reconnu que les différentes valeurs à 0° résultant de ce calcul présentaient entre elles des écarts systématiques, croissant avec l'intervalle de température des mesures.

Pour C_5[1-2-6] par exemple, on a obtenu les valeurs suivantes :

Température de la mesure.	Épaisseurs réduites à 0°.
°	μ
18,50	49487,680
16,04	49487,701
15,00	49487,719
13,49	49487,726
11,40	49487,738
10,50	49487,747

Le coefficient employé est évidemment trop grand.

De même, dans la direction perpendiculaire à l'axe du quartz, on a trouvé :

En C_5(1-2-5) :

°	μ
18,24	49678,019
11,57	49678,080

En C_5(3-2-4) :

°	μ
18,04	49894,795
10,97	49894,847

Dans ces deux directions encore, le coefficient employé est trop fort.

XIV.   C.16

On s'est alors décidé à déterminer directement la dilatation de ce cube, dans les deux directions, parallèle et perpendiculaire à l'axe du quartz, en ajoutant aux résultats déjà obtenus aux températures ambiantes, condition la plus facile et la plus favorable à l'exactitude, ceux de quelques observations faites à des températures plus extrêmes, voisines de 0° et de 38°.

La méthode de mesure était toujours la même. Le cube était placé à l'intérieur d'une boîte de cuivre épais de 5^{mm}, qui contenait aussi le réservoir du thermomètre.

Pour l'observation à basse température, l'enveloppe protectrice à double paroi, formant chemise d'eau, était constamment traversée par un courant d'eau froide, arrivant à la partie inférieure et sortant par la partie supérieure, et provenant d'un réservoir placé à un niveau plus élevé. Ce réservoir contenait un mélange d'eau et de glace pilée en grande quantité qu'on agitait fréquemment. A sa sortie de l'enveloppe à double paroi, le courant d'eau tombait dans un vase, d'où on le faisait remonter par aspiration dans le réservoir supérieur. Cette aspiration, du genre de celle qui produit le remontage automatique du mercure dans les trompes à marche continue, était entretenue par le courant d'air fourni par une trompe à eau. On avait ainsi un courant régulier d'eau froide, et l'on arrivait à maintenir une température parfaitement constante pendant plusieurs heures. On choisissait le moment où cette constance était bien établie pour faire la mesure.

La température était fournie par un thermomètre calorimétrique, divisé en cinquantièmes de degré, comparé au thermomètre étalon qui a servi pour les mesures absolues, et dont la colonne mercurielle émergeait à peine de la boîte protectrice.

Quatre déterminations ont été faites pour chacune des directions (1-2-6) et (2-1-5), entre 2° et 3°. Leurs écarts sont du même ordre que dans les observations faites aux températures ambiantes.

Pour opérer à l'autre température extrême, voisine de 38°, l'eau de l'enveloppe à double paroi était remplacée par du pétrole. Deux fils de maillechort, isolés des parois, traversaient, vers la partie inférieure, la couche de pétrole dans sa plus grande étendue. Ils étaient introduits dans le circuit d'une batterie d'accumulateurs de capacité suffisante pour fournir un courant constant pendant plusieurs heures. Une étude préalable avait fixé l'intensité nécessaire pour maintenir la température voulue. On commençait par forcer le courant pour échauffer l'appareil, et on le réglait ensuite à l'intensité convenable.

On employait le même thermomètre que précédemment; seulement, afin d'éviter la correction toujours incertaine de la *colonne émergente*, on avait séparé préalablement une quantité de mercure suffisante pour que, à la température choisie, la colonne émergeât de la quantité strictement nécessaire pour être bien vue. Le thermomètre étant dans ces conditions, avec la partie enlevée du mercure restant dans l'ampoule supérieure, on l'avait comparé au thermomètre étalon ; cette comparaison a été recommencée après les mesures. On n'a pas dépassé 40°, parce que c'était la limite de l'échelle du thermomètre étalon.

Dans chaque direction, on a fait quatre mesures, et on les a réduites à une température ronde moyenne, pour laquelle on a calculé l'épaisseur.

Les résultats obtenus sont les suivants :

Températures.	Épaisseurs.	Obs. — Calc.
2,3o	49488,577	—0,004
10,5o	49491,469	—0,009
11,5o	49491,814	—0,002
13,5o	49492,529	—0,003
15,00	49493,076	—0,005
16,00	49493,417	—0,015
18,5o	49494,345	—0,006
21,00	49495,267	+0,014
38,00	49501,652	—0,001

Ces résultats sont bien représentés par la formule (e étant l'épaisseur) :

$$e_t = 49487^{\mu},787 + 0^{\mu},344\,t + 0^{\mu},00055\,t^2$$

ou

$$e_t = e_0[1 + (6,951\,t + 0,0110\,t^2)10^{-5}].$$

Les écarts entre les valeurs observées et les valeurs calculées par cette formule sont de l'ordre de grandeur des erreurs qu'on peut commettre sur une mesure isolée.

Dans la direction perpendiculaire à l'axe (2-1-5), une étude semblable a donné :

Températures.	Épaisseurs.	Obs. — Calc.
3,00	49680,115	+0,003
11,57	49685,713	+0,001
18,20	49690,130	+0,004
20,00	49691,325	—0,011
38,70	49704,219	+0,003

d'où l'on tire

$$e_t = 49678^{\mu},180 + 0^{\mu},6418\,t + 0^{\mu},00080\,t^2$$

ou

$$e_t = e_0[1 + (12,920\,t + 0,0161\,t^2)10^{-5}],$$

avec des écarts du même ordre.

On voit que les mesures à 3° et à 38° sont bien d'accord avec la série intermédiaire.

Ces résultats ont été calculés exclusivement avec la radiation rouge du
cadmium. Mais on observait aussi en vert, pour établir les coïncidences; et,
en faisant un second Tableau des épaisseurs déduites seulement du vert, on est
retombé sur des résultats identiques.

Ce sont les formules de dilatation précédentes qui ont servi à ramener les
épaisseurs à 0°, aussi bien qu'à faire les réductions des volumes du cube dans
les pesées.

En même temps, on calculait les indices dans les mêmes limites de température. Les coefficients de variation trouvés ont été employés, lors de la comparaison des indices des différentes régions, pour ramener ces indices à la
même température.

Pour le cube C_1, les résultats avaient été sensiblement différents. Après
avoir achevé les mesures définitives des dimensions, à une température
de 11° environ, on en avait ajouté trois autres, une pour chaque direction,
vers 17°,5. Les épaisseurs, ramenées dans les deux cas à 0° par les coefficients
déterminés sur le quartz de M. Laurent, se sont trouvées concordantes à $0^\mu,010$
près, les écarts étant cependant tous dans le même sens. En essayant les coefficients du cube C_5, la concordance devient beaucoup moins bonne, et les écarts
sont tous de signe contraire aux précédents. Autant qu'on puisse tirer une conclusion d'observations faites avec une aussi faible différence de température,
on peut dire que le quartz du cube C_1 est intermédiaire, à ce point de vue, entre
le quartz du cube C_5 et celui du cube Laurent, mais beaucoup plus voisin de ce
dernier.

Cela étant, il a paru inutile de faire une détermination plus précise des coefficients de C_1. Il faut remarquer, en effet, que si t et t' sont respectivement les
températures des pesées hydrostatiques et des mesures d'épaisseur, la dilatation du quartz n'intervient dans le résultat que pour la différence $t - t'$. Si t
et t' étaient égaux, l'influence de la dilatation serait entièrement annulée. C'est
seulement pour la commodité du calcul qu'on ramène uniformément toutes les
mesures à la même température de 0°. Or, la température moyenne des pesées
hydrostatiques sur C_1 a été 14°,1. L'incertitude du coefficient de dilatation
pourrait entraîner, sur les réductions des volumes, une erreur d'un demi-
millionième environ: c'est un degré de précision qui n'est pas atteint, à beaucoup près, dans les pesées hydrostatiques de ce cube ([1]).

_____

([1]) Si l'on compare les coefficients admis respectivement pour le cube C_1 et pour le cube C_5, on con-

CONCLUSIONS.

En récapitulant les résultats des opérations dont il vient d'être rendu compte on a trouvé, pour le volume de 1^{kg} d'eau pure, privée d'air, à $4°$:

par le cube de 4^{cm}, après élimination d'une série d'expériences très probablement entachée d'une erreur systématique,

$$1^{ml} = 1^{cm^3}, 0000259;$$

par le cube de 5^{cm}

$$1^{ml} = 1^{cm^3}, 0000271.$$

Ces nombres sont très voisins et leur moyenne brute serait

$$1^{ml} = 1^{cm^3}, 0000265.$$

Pour plusieurs raisons cependant, il convient d'attribuer un poids supérieur au résultat obtenu par le dernier cube.

Si l'on supposait toutes les observations faites, tant pour les mesures des dimensions que pour celles des volumes, égales de part et d'autre en précision, les poids à attribuer à chacune des déterminations seraient proportionnels aux volumes des cubes, c'est-à-dire très sensiblement dans le rapport $\frac{2}{1}$.

Mais d'autres considérations tendent encore à forcer ce rapport.

En ce qui concerne les mesures de longueur, on s'est efforcé de montrer le mieux possible l'ordre de grandeur de chaque erreur qu'on peut commettre sur une détermination. La discussion des erreurs, tant de pointé que de température, a montré qu'une mesure isolée peut comporter une erreur maximum de $0^{\mu}, 02$. La comparaison des épaisseurs en différents points indique que cette limite n'est pas atteinte et que chaque épaisseur est connue à $0^{\mu}, 01$ près. L'étude des variations d'épaisseur ne paraît pas introduire d'erreur supérieure à $0^{\mu}, 02$, due aux incertitudes sur l'indice, mais ne portant que sur la moitié de la surface. Tout bien considéré, il semble qu'on puisse affirmer que chaque dimension moyenne est connue à $0^{\mu}, 01$ près, soit, dans le cas du cube de cinq

---

stale que le premier terme de ces coefficients est plus petit dans les seconds, tandis que le deuxième terme est plus grand. Il s'établit entre ces deux termes une compensation telle que, si l'on calculait les coefficients moyens pour des températures croissantes, ces coefficients se retrouveraient égaux vers 70°. Si l'on pouvait légitimement extrapoler jusqu'à une trentaine de degrés la formule trouvée pour C_5, on obtiendrait des dilatations qui, après s'être progressivement écartées jusque vers 35°, iraient en se rapprochant et deviendraient égales à 70°. La détermination du cube Laurent avait été faite entre 0° et 80°.

centimètres, $0,2 \times 10^{-6}$, et pour le volume $0,6 \times 10^{-6}$, ce qui correspondrait à $0^{mg},6$ sur le kilogramme.

Pour l'autre cube, chaque détermination a la même précision; mais les mesures des variations d'épaisseurs sont moins certaines. On a extrapolé vers les angles et admis une variation d'indice un peu hypothétique. De plus, le nombre des mesures absolues a été moitié moindre. L'erreur sur une épaisseur moyenne peut être comprise entre $0^{\mu},015$ et $0^{\mu},02$, soit, sur le volume, de 10^{-6} à $1,5 \times 10^{-6}$, correspondant à 1^{mg} ou $1^{mg},5$ sur le kilogramme.

En ce qui concerne les pesées, l'erreur portant sur la masse du cube n'excède certainement pas quelques dix millionièmes et est négligeable à côté des incertitudes des pesées hydrostatiques. On a vu que celles-ci ont été troublées, pour le cube de quatre centimètres, par quelques accidents, qui diminuent d'une façon appréciable la valeur de cette détermination. L'écart maximum entre les trois densités fournies par les séries d'observations conservées est de quatre unités sur la sixième décimale, soit $1,6 \times 10^{-6}$; on ne peut donc guère compter sur la précision du millionième dans le volume admis finalement. Pour le cube de cinq centimètres, la régularité et l'homogénéité des opérations, d'ailleurs assez nombreuses, permettent d'évaluer approximativement, en appliquant les règles ordinaires du calcul des erreurs, la précision du résultat. On trouve ainsi, pour son volume, une erreur probable de $\pm 0,00004$, soit à peu près $\pm 0,3 \times 10^{-6}$; il est donc permis de croire à l'exactitude du millionième. Il faut ajouter que les températures auxquelles ont été faites les expériences sur ce dernier cube sont plus rapprochées de celle qui réaliserait les conditions les plus favorables; c'est-à-dire de celle à laquelle les variations de la densité de l'eau et du quartz sont égales (entre 6° et 7°).

Ces comparaisons rendent explicable que les deux déterminations puissent, tout compte fait, présenter entre elles un écart de $1,5$ à 2 millionièmes, comme cela s'est produit effectivement. Elles montrent aussi que la seconde doit incontestablement être considérée comme meilleure; et il semble légitime de lui attribuer un poids trois ou quatre fois supérieur à celui de l'autre. On serait ainsi conduit aux valeurs compensées $1,000268$ ou $1,000269$. La dernière décimale étant manifestement illusoire, nous nous arrêterons, comme conclusion finale de tout ce travail, aux valeurs suivantes :

Volume du kilogramme d'eau $= 1^l,000\,027$

ou

Masse du décimètre cube d'eau $= 0^{kg},999\,973$.

NOTE SUR LES TUBES A VAPEUR DE CADMIUM.

Les tubes employés dans ce travail étaient tous de la forme adoptée par
M. Michelson, avec électrodes intérieures d'aluminium. Après y avoir introduit
le cadmium à l'état de limaille, on les reliait à une trompe à mercure; on
chauffait légèrement avant de couper la communication en scellant le tube. Il
ne faut pas pousser le vide trop loin, pour éviter un noircissement rapide des
parois par projection cathodique, qui entraîne la mise hors de service du tube.

Nous nous sommes bien trouvés du mode de préparation suivant. Après avoir
obtenu le meilleur vide que la trompe peut donner et chauffé le tube pour le
débarrasser des gaz adhérents aux parois, on laisse rentrer une petite quantité
d'air, toujours la même; il suffit à cet effet de mettre le tube en communication
avec une ampoule dans laquelle on a gardé de l'air sous faible pression. Le tube
donne alors, à froid, le spectre de l'azote, très brillant; ce spectre disparaît
complètement à chaud. Quand le tube, dont la vie est ainsi prolongée, finit par
mourir, il s'est noirci, est devenu beaucoup plus dur; quelquefois même la
décharge ne passe plus à froid; si elle passe, le spectre de l'azote a disparu et
est remplacé par celui de l'hydrogène.

La nature du verre du tube n'est pas sans importance. On a perdu beaucoup
de temps avec un lot de tubes dont le verre dégageait des hydrocarbures; dis-
paraissant par le vide, ils revenaient à la première chauffe. C'était surtout la
radiation verte du cadmium qui en était affectée. Elle ne pouvait donner d'interférences au delà de cinq ou six centimètres de différence de marche. On a
réussi à débarrasser le verre de ces gaz, en le chauffant à une température à
peine inférieure à celle du ramollissement, et en y faisant passer un courant
d'oxygène. Mais le plus simple est d'abandonner de tels tubes et d'en rechercher de meilleurs.

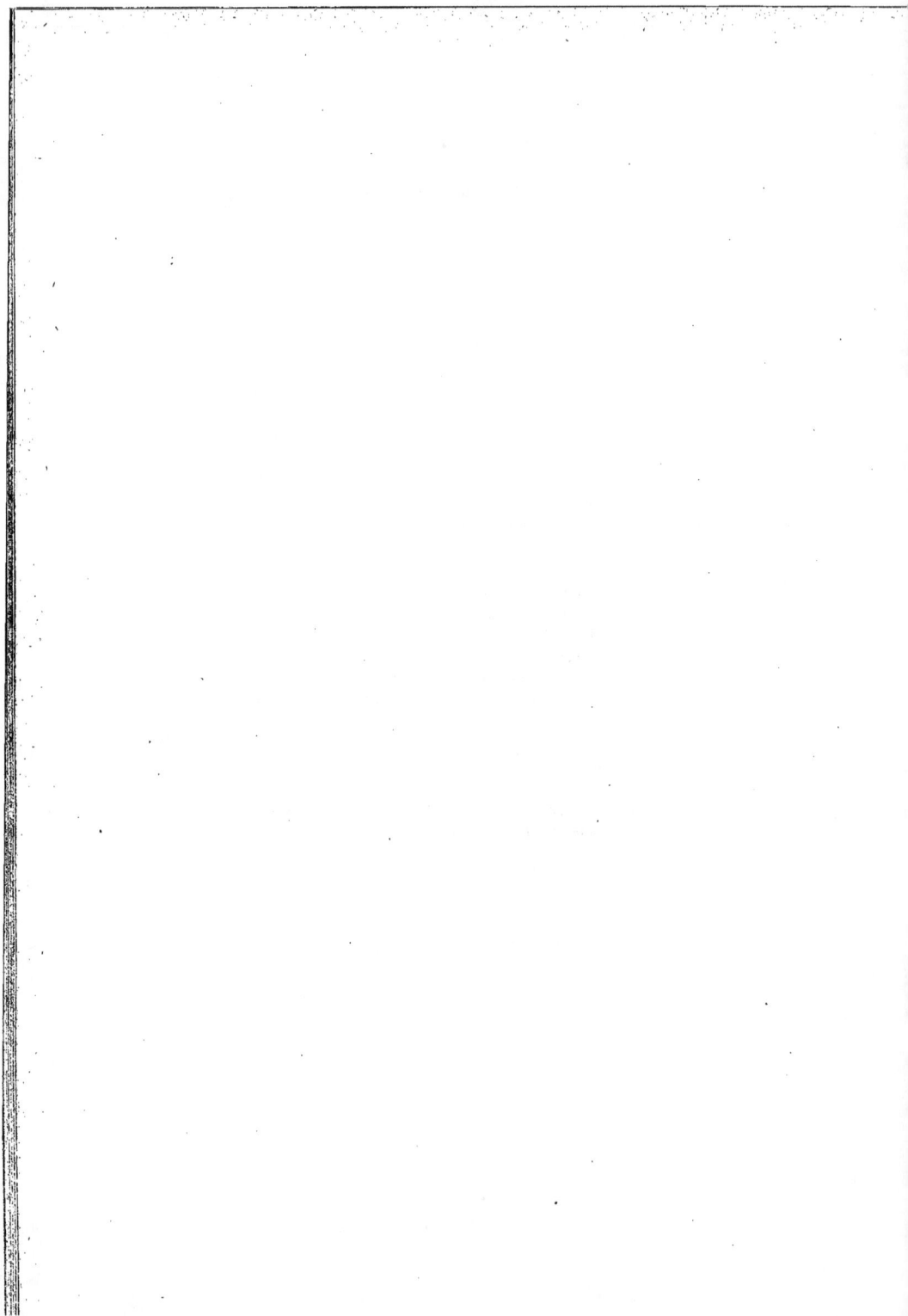

TABLE DES MATIÈRES.

RÉSUMÉ ET CONCLUSIONS GÉNÉRALES

DES

TRAVAUX RELATIFS AU VOLUME DU KILOGRAMME D'EAU.

Par M. J.-René BENOIT,

DIRECTEUR DU BUREAU INTERNATIONAL DES POIDS ET MESURES.

RÉSUMÉ ET CONCLUSIONS GÉNÉRALES

DES

TRAVAUX RELATIFS AU VOLUME DU KILOGRAMME D'EAU.

On a réuni, dans le présent Volume, trois Mémoires relatifs aux recherches qui ont été faites, dans ces dernières années, par le Bureau international des Poids et Mesures ou avec sa collaboration, sur le volume du Kilogramme d'eau. Depuis le travail fondamental exécuté, à la fin du xviiie siècle, par Lefèvre-Gineau et Fabbroni, pour l'établissement de l'étalon prototype du Kilogramme, la question de la masse spécifique de l'eau a été l'objet, en différents pays, d'un certain nombre de recherches expérimentales. Malgré les examens critiques, très étudiés, dont ces recherches ont été ultérieurement l'objet de la part de divers savants, il n'est pas facile de rendre exactement comparables entre eux leurs résultats, soit parce que les mesures ont été parfois faites et exprimées en unités dont les rapports avec les unités métriques sont un peu incertains, soit parce que des détails suffisants manquent sur quelques-uns des éléments qui sont intervenus dans ces déterminations. M. Guillaume en a fait, dans la première Partie de son Mémoire, un résumé très complet. D'après cette revision, dans laquelle il s'est efforcé d'introduire autant que possible les données les plus précises actuellement connues, les valeurs les plus probables qui paraissent pouvoir être déduites des travaux en question, pour l'importante constante dont il s'agit, sont les suivantes :

		Masse du décimètre cube d'eau.
		kg
1821.	Shuckburgh et Kater......................	1,000475
1825.	Svanberg, Berzélius, Akerman et Cronstrand.	1,000290
1831.	Stampfer.................................	0,999750
1841.	Kupffer.................................	0,999931
1893.	Chaney..................................	0,999850

Le travail original par lequel Lefèvre-Gineau et Fabbroni ont établi le premier étalon du Kilogramme a été également discuté à plusieurs reprises, et il donnerait, après corrections, pour cette même masse, au lieu de 1 kilogramme :

D'après la revision de O.-J. Broch (minimum) ...... $0,999\,880$

»   de Mendeleeff................ $0,999\,966$

»   de M. Guillaume. .... $0,999\,970$

Tous ces nombres présentent entre eux, comme on voit, des discordances notables et laisseraient encore incertain, même après discussion de la valeur relative de ces différents travaux, le sens même de l'écart existant entre la définition théorique originelle du Kilogramme et le Kilogramme réel, défini par son prototype.

Un progrès considérable marqua les premières déterminations dans lesquelles on eut l'idée d'utiliser, pour la mesure des corps soumis à l'expérience, la merveilleuse délicatesse des moyens que les phénomènes d'interférence mettent à la disposition du physicien. En 1897, le regretté Macé de Lépinay imagina une méthode fondée sur l'emploi des franges de Talbot et fit, sur un cube de quartz de 4^{cm} d'arète, une série d'expériences qui le conduisirent au nombre $0^{kg},999\,959$. Ce fut l'origine et le point de départ des recherches qui font l'objet du troisième Mémoire inséré dans ce Volume, et qu'il ne lui fut pas donné de poursuivre jusqu'à leur entier achèvement.

Peu de temps après (1899) MM. Fabry et Perot, en mesurant ce même cube de quartz par une autre méthode, fondée sur les interférences des lames argentées, et combinant leur résultat avec celui des pesées de Macé de Lépinay, fixèrent la masse du Kilogramme d'eau à $0^{kg},999\,979$, valeur qui se rapproche beaucoup de celle que les dernières recherches dont il est rendu compte dans ce Volume et que nous résumons ici brièvement, nous font considérer aujourd'hui comme la plus exacte.

La méthode générale, applicable au problème, consiste toujours à déterminer, par des mesures de longueurs rapportées au Mètre prototype, les dimensions et, par suite, le volume d'un solide de forme géométrique défini, cylindre ou cube par exemple, réalisé aussi parfaitement que possible; ensuite à déterminer par des pesées la poussée, rapportée au kilogramme prototype, éprouvée par ce même solide, immergé dans l'eau. Le quotient de l'un des nombres obtenus par l'autre, dans ces deux expériences, est le rapport cherché.

Des deux parties de l'opération, c'est la première dans laquelle se rencontrent les plus grandes complications et les plus sérieuses difficultés. Les instruments qui servent aux pesées ont atteint aujourd'hui un haut degré de perfection. Les balances que possède le Bureau international sont au nombre des plus parfaites qui existent actuellement. Les séries de poids employées sont des séries de premier ordre, en platine iridié, très soigneusement étalonnées. Pour les pesées hydrostatiques, des dispositifs, en usage déjà depuis longtemps au Bureau, permettent d'atténuer les difficultés spéciales qu'elles présentent, et de réduire au minimum l'effet des perturbations qui peuvent résulter des manipulations auxquelles elles obligent.

En ce qui concerne les mesures des dimensions, le problème a été abordé par trois méthodes distinctes, qui ont été appliquées, par des observateurs différents, à des corps de natures et de formes diverses.

M. Guillaume a employé la méthode bien connue de mesure par des contacts mécaniques, en en améliorant l'application dans tous les détails. C'était, au fond, la vieille méthode de Lefèvre-Gineau, modifiée par tous les perfectionnements de la Métrologie moderne. Elle a été appliquée, dans des expériences définitives, sur trois cylindres de bronze dont les hauteurs étaient respectivement de 10^{cm}, 12^{cm} et 14^{cm} et les diamètres correspondants de 10^{cm}, $11^{cm},5$ et 13^{cm}.

Le corps à mesurer, un cylindre par exemple suivant un de ses diamètres, est pris entre deux palpeurs, à extrémités arrondies, portant chacun un trait de repère et placés dans un comparateur, à côté d'une règle divisée étalonnée. Les contacts étant assurés par une légère pression, on détermine par comparaison avec la règle la distance des traits de repère. On enlève ensuite le corps, on rapproche les palpeurs jusqu'au contact, et l'on détermine de nouveau la distance des traits. La différence des deux longueurs ainsi mesurées donne la dimension cherchée.

Les deux palpeurs glissent sur deux coulisses alignées rigoureusement dans le prolongement l'une de l'autre. Le cylindre à étudier est porté, avec son axe soit vertical, soit horizontal, sur un support muni de tous les organes nécessaires pour le régler exactement en position. Ces réglages doivent être faits minutieusement; et la difficulté de l'application de la méthode réside précisément dans l'étude des conditions pour lesquelles les erreurs de réglage auront la plus faible influence; puis dans leur réalisation la plus parfaite possible.

La deuxième méthode a été appliquée par M. P. Chappuis, sur une série de cubes de crown, d'arêtes respectivement égales à 4^{cm}, 5^{cm} et 6^{cm}. Elle consiste dans une combinaison des procédés interférentiels de Fizeau et de M. Michelson. Le cube à déterminer est placé sur le banc du comparateur interférentiel Michelson, en avant et à une très petite distance d'un plan de verre qui le déborde latéralement. Dans une première expérience, on produit, au moyen d'une source à cadmium, un double système de franges circulaires sur la face antérieure du cube et sur la face du plan de verre, réglées exactement parallèles; et l'on mesure, par le procédé dit des *excédents fractionnaires*, la distance de ces deux surfaces, en longueurs d'onde de la lumière rouge du cadmium. Dans une deuxième expérience on établit, également en lumière monochromatique, un système de franges de Fizeau dans la lame mince interposée entre la face postérieure du cube et le plan de verre, et, par un procédé analogue, on évalue, en longueurs d'onde, l'épaisseur de cette lame. L'épaisseur du cube à déterminer est encore donnée par la différence des nombres fournis par ces deux mesures.

La troisième méthode, due à Macé de Lépinay, est un perfectionnement de celle dont il s'était servi dans le premier travail rappelé précédemment. L'application de cette dernière exigeait la connaissance de l'indice de réfraction du quartz employé, indice dont la détermination par le procédé du prisme, sur une autre pièce, limitait forcément l'exactitude à laquelle on pouvait prétendre. Macé de Lépinay imagina d'éliminer cette obligation par un procédé qui consiste dans une combinaison des interférences des lames parallèles épaisses et des interférences des lames mixtes. La détermination comprend encore deux expériences : dans la première, on projette sur un cube de quartz, normalement à une de ses faces, un faisceau monochromatique émis par une source à cadmium, et l'on fait interférer les rayons qui se sont réfléchis extérieurement sur cette face, avec ceux qui se sont réfléchis intérieurement sur la face opposée, après avoir traversé le cube. Dans la deuxième, on fait interférer ensemble les deux moitiés d'un faisceau, émis par la même source et dont l'une a traversé l'épaisseur du cube, près d'une de ses faces latérales, et l'autre une épaisseur égale d'air le long de cette face. Les deux systèmes de franges produits dans ces deux expériences donnent lieu à deux équations, dans lesquelles entrent comme inconnues l'indice de réfraction du cube et l'épaisseur traversée, qui peut, par conséquent, en être déduite. Cette méthode a été appliquée sur deux cubes de quartz, l'un de 4^{cm}, l'autre de 5^{cm} d'arête. Les mesures des dimensions ont été exécutées, au laboratoire de Physique de la Faculté des Sciences de Marseille par Macé de Lépinay, jusqu'à sa mort, et avec lui et après lui, par M. Buisson, tandis que les pesées ont été faites au Bureau international par M. Benoit.

Les corps employés dans ces études, cylindres de bronze, cubes de crown et cubes de quartz, ont été construits ou achevés par M. Jobin avec une remarquable perfection.

Nous récapitulons ici les résultats obtenus, après une revision générale de tous les calculs. Ces résultats peuvent être exprimés sous les deux formes réciproques suivantes :

	Masse du décimètre cube d'eau.	Volume du kilogramme d'eau.	Moyennes compensées.
Méthode de contact.			
Cylindre de bronze de 14 .... $0,9999749$	$1,0000251$		
» 12 .... $0,9999655$	$1,0000345$	$1,000029$	
» 10 .... $0,9999672$	$1,0000328$		

	Masse du décimètre cube d'eau.	Volume du kilogramme d'eau.	Moyennes compensées.

Méthode interférentielle par réflexion.

		Masse ^{kg}	Volume $^{dm^3}$	
Cube de crown de 4^{cm}.............		0,9999713	1,0000287	
»	5 { 1re mesure...	0,9999789	1,0000211	
	{ 2e » ...	0,9999784	1,0000216	
»	5 retouché......	0,9999731	1,0000269	1,000026
»	6.............	0,9999696	1,0000304	
»	5.............	0,9999731	1,0000269	

Méthode interférentielle par transmission.

		Masse ^{kg}	Volume $^{dm^3}$	
Cube de quartz de 4^{cm}.............		0,9999741	1,0000259	
»	5	0,9999729	1,0000271	1,000027

Les moyennes sont des moyennes *compensées*, c'est-à-dire dans le calcul des-quelles on a tenu compte des volumes des corps étudiés et, aussi bien que pos-sible, de la perfection relative attribuée à chacun des résultats partiels. On y a supprimé la septième décimale, qui est évidemment tout à fait incertaine; la précédente même pourrait être influencée et, pour certaines expériences, altérée d'une unité, par suite des incertitudes qui portent sur certains des nombreux éléments entrant dans les réductions, en particulier sur la dilatation de l'eau.

Si l'on considère les méthodes, il est certain que la première comporte, pour la détermination des longueurs, une précision beaucoup inférieure ; les mesures par les franges d'interférences laissent bien loin derrière elles les mesures faites par le micromètre. Par contre, elle présente l'avantage de permettre d'opérer sur des corps d'un volume beaucoup plus grand, ce qui diminue pro-portionnellement l'erreur relative sur le résultat. Les trois résultats se suivent d'ailleurs, comme on voit, de très près. Leur moyenne tombe entre 1,000027 et 1,000028 plus près du premier de ces nombres. En l'acceptant et se limitant encore à la sixième décimale, la conclusion finale de l'ensemble d'études dont il est rendu compte dans ce Volume est donc que le VOLUME DE 1 KILOGRAMME D'EAU PURE, PRIVÉE D'AIR, A 4° ET SOUS LA PRESSION NORMALE, EST

$$1^{dm^3},000027,$$

ou bien que LA MASSE DE 1 DÉCIMÈTRE CUBE DE CETTE EAU EST

$$0^{kg},999973.$$

L'incertitude de ces nombres ne dépasse probablement pas une unité sur le dernier chiffre, ce qui correspond à 1 milligramme sur le Kilogramme.

Ces résultats tranchent donc, avec une approximation qu'il semble difficile de dépasser dans l'état actuel de la science, une question discutée jusqu'à présent, celle de la véritable valeur du Kilogramme, unité de masse du Système métrique, par rapport à sa définition théorique originelle. Ils montrent de plus que le premier étalon du Kilogramme fut construit par Lefèvre-Gineau et Fabbroni avec une perfection admirable et tout à fait extraordinaire, si l'on considère les moyens dont ils disposaient et l'état général de la science à leur époque. Le Kilogramme serait en effet représenté par la masse d'un cube d'eau qui aurait pour arête, non pas exactement 1 décimètre, mais $1^{dm},000009$. Quelle que soit la part qu'on puisse attribuer, dans un pareil résultat, à une heureuse compensation d'erreurs, — et il faut sans aucun doute en admettre une —, il est certain qu'une pareille perfection, dans une question aussi difficile, ne pouvait être atteinte que par des physiciens possédant une entente complète des procédés de la Métrologie, secondée par des soins minutieux dans l'exécution des expériences, et un sens critique de premier ordre dans la discussion des observations.

Si on le voulait cependant, il serait incontestablement possible aujourd'hui, en s'appuyant sur les travaux modernes, de réaliser un étalon matériel sensiblement plus conforme que le Kilogramme actuel à la définition théorique que les créateurs du Système métrique avaient imposée à l'unité de masse. Y aurait-il un avantage quelconque à modifier dans ce but l'unité actuellement existante? On doit répondre hardiment que non, et que tout changement de ce genre comporterait infiniment plus d'inconvénients que d'avantages. L'approximation qui a été atteinte du premier coup est telle, en effet, que le litre, volume du kilogramme d'eau, peut être complètement identifié au décimètre cube, non seulement pour tous les besoins de la vie ordinaire, mais encore pour la très grande majorité des applications scientifiques. Ce n'est que dans des cas exceptionnels, lorsqu'il s'agit de mesures du plus haut degré de précision, qu'il y a lieu d'introduire, dans les volumes déterminés par l'intermédiaire de pesées, une petite correction, qui n'entraîne pour le physicien ni embarras, ni difficulté. Il est donc permis d'applaudir à la sage prévoyance de la Commission internationale du Mètre de 1872, qui, lorsque la question se posa devant elle à l'occasion de la construction des nouveaux Prototypes métriques, ne céda pas à la tentation de réformer l'unité de masse, en s'appuyant sur des données qui étaient encore très incertaines, ni même de laisser en suspens une décision sur un point qui, pour être tranché, devait exiger une trentaine d'années de travaux préliminaires ou définitifs; et résolut simplement de copier exactement l'ancien Kilogramme de Lefèvre-Gineau et Fabbroni dans le Kilogramme international qui l'a aujourd'hui remplacé comme Prototype fondamental.

ÉTUDE

DE

L'INFLUENCE DE L'AIR DISSOUS

SUR

LA DENSITÉ DE L'EAU.

Par M. P. CHAPPUIS,
MEMBRE HONORAIRE DU BUREAU.

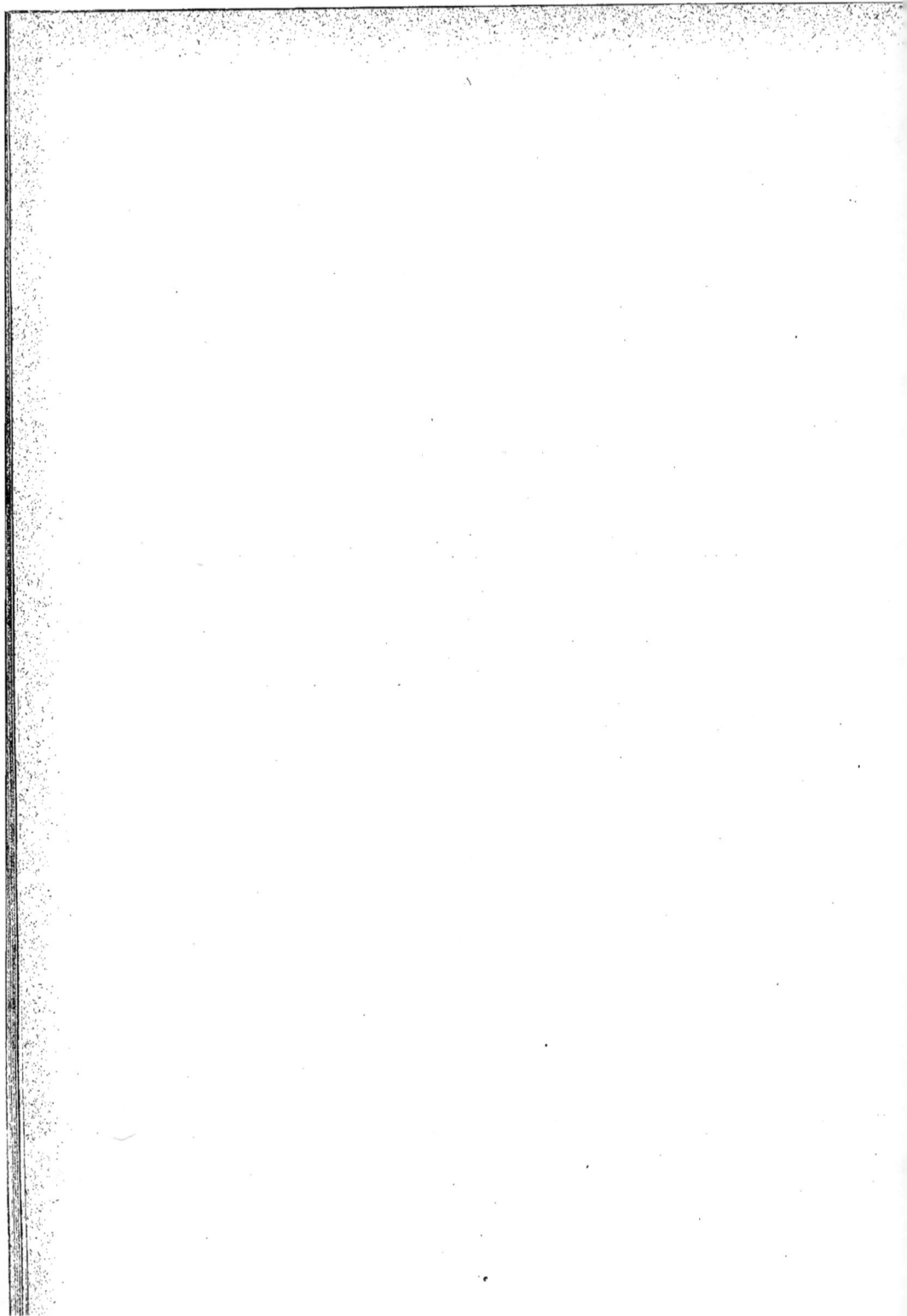

ÉTUDE

DE

L'INFLUENCE DE L'AIR DISSOUS

SUR

LA DENSITÉ DE L'EAU.

INTRODUCTION.

Dans les pesées hydrostatiques qui ont servi à déterminer le volume du kilogramme d'eau à 4°, l'eau, généralement privée d'air avant le commencement des observations, restait exposée à l'air pendant un temps qui a varié dans des limites assez étendues. L'air absorbé par la surface libre se propage peu à peu par diffusion dans la masse. Favorisée par les mouvements de convection du liquide et par les déplacements du corps suspendu à la balance, l'absorption est nécessairement assez variable, et ne saurait être définie avec précision. On peut cependant tirer quelques conclusions, sur la pénétration progressive de l'air dans l'eau, des expériences dont j'ai rendu compte, dans mon Mémoire *Détermination du volume du kilogramme d'eau* ([1]), au moyen desquelles j'ai cherché à déterminer les quantités d'air en dissolution dans l'eau, après une exposition plus ou moins prolongée et dans les conditions moyennes des pesées hydrostatiques effectuées sur les cubes de verre. Les échantillons d'eau étaient prélevés à un niveau moyen de 12^{cm} au-dessous de la surface.

Ces expériences, effectuées à une température moyenne de 13°,5, ont conduit aux résultats résumés dans le Tableau suivant :

Durée de l'exposition.	Volume d'air par litre à 0° et 760^{mm}.	Degré de saturation.
h	mi	
2...............	5,0	21,3 pour 100
10...............	8,9	38,0 »
25...............	12,4	53,0 »
50...............	14,7	62,8 »
100...............	17,4	74,3 »

([1]) *Ce Volume*, p. B.69.

A saturation complète, à la température de 13°,5, l'eau renferme 23^{ml},4 d'air par litre, valeur qui a servi au calcul du degré de saturation.

L'influence de l'air dissous sur la densité de l'eau a été étudiée par M. Marek [1], qui a résumé ses résultats dans un Tableau des différences $D'_\tau - D_\tau$ de l'eau aérée et de l'eau privée d'air à la température τ.

Les expériences qui ont servi de base au Tableau de M. Marek n'ont pas été publiées, et les indications que l'auteur a bien voulu nous communiquer ne nous permettent pas d'en tirer des conclusions certaines sur la précision qu'on doit leur attribuer. Quelques points cependant doivent être relevés.

La méthode suivie dans ces mesures a été décrite autrefois par M. Marek [2], et lui avait déjà servi dans ses premières recherches.

L'eau était privée d'air dans un vase de 30^{cm} de profondeur environ, sous le vide d'une machine pneumatique à une température de 20° à 30°. On la portait aussi vite que possible à la température voulue, et l'on effectuait dans cette eau une pesée hydrostatique d'une pièce de 1^{kg} en cristal de roche. Cette pesée fournissait la valeur de la poussée, relative à l'eau pure privée d'air. Une deuxième pesée effectuée après une exposition à l'air de 1 à 3 jours fournissait la valeur relative à l'eau aérée. L'auteur fait remarquer « que les désignations *eau privée d'air* et *eau chargée d'air* n'ont point ici le sens de *eau parfaitement privée d'air* et *eau saturée d'air*, mais qu'elles caractérisent, au contraire, deux états bien moins déterminés de ce liquide, qu'on rencontre généralement dans la pratique des pesées hydrostatiques ».

Il n'est donc pas exact d'admettre, comme je l'avais fait (*loc. cit.*, p. 69) avant d'avoir obtenu ces renseignements, que les valeurs $D' - D_\tau$ de M. Marek correspondent à la saturation complète.

Le Tableau des différences des densités $D'_\tau - D_\tau$ de l'eau chargée d'air et de l'eau pure, donné par M. Marek, a servi de base pour les réductions des pesées hydrostatiques des trois nouvelles déterminations fondamentales du volume du kilogramme d'eau exécutées par MM. Guillaume [3], Chappuis [4], Macé de Lépinay, Buisson et Benoît [5].

En raison de l'importance de la détermination du volume du kilogramme d'eau, il était indispensable d'effectuer une nouvelle mesure de l'influence de l'air dissous sur la densité de l'eau, afin de pouvoir fixer d'une manière plus précise les corrections à appliquer aux résultats.

Le Comité international a bien voulu me confier ce travail, que j'ai exécuté

---

[1] W.-J. MAREK, *Ann. der Phys. und Chem.*, Bd. XLIV, p. 171, 1891.

[2] W.-J. MAREK, *Travaux et Mémoires*, t. III, p. 82.

[3] CH.-ÉD. GUILLAUME, *ce Volume*.

[4] P. CHAPPUIS, *Ibid.*

[5] J. MACÉ DE LÉPINAY, H. BUISSON et J.-RENÉ BENOÎT, *Ibid.*

dans mon laboratoire, à Bâle. Mes anciens collègues du Bureau international m'ont très obligeamment prêté leur concours en se chargeant de la construction et de l'étude de quelques appareils et en mettant très gracieusement à ma disposition les ressources de leur expérience. Qu'il me soit permis de leur exprimer ici toute ma reconnaissance.

J'ai cherché à déterminer l'influence de l'air dissous sur la densité de l'eau par l'application de deux méthodes de mesure. La première, que j'appellerai *méthode du flacon*, consiste à mesurer le volume occupé successivement par des masses déterminées d'eau privée d'air et d'eau aérée dans un flacon de verre dont le col étroit, formé d'un tube capillaire divisé, permet d'apprécier de très petites fractions de la capacité totale.

La deuxième méthode, identique en principe à celle de M. Marek, consiste à peser successivement, dans l'eau privée d'air et dans l'eau aérée, un corps de grand volume, dont la dilatation est connue avec une approximation suffisante. Je désignerai ce procédé par *méthode des pesées hydrostatiques*.

Pour obtenir le maximum d'effet, il y a intérêt à opérer avec des eaux se rapprochant autant que possible des états limites de saturation; mais j'ai reconnu qu'il est extrêmement difficile d'éviter le dégagement des bulles dans l'eau parfaitement saturée. C'est là, sans aucun doute, une des principales causes d'erreurs des mesures résumées dans ce travail.

Cependant la séparation des bulles d'air a un effet inverse sur les résultats propres à l'une et à l'autre méthode; elle exagère les volumes mesurés dans le flacon, et fait apparaître ainsi une densité trop faible de l'eau saturée. Dans le cas des pesées hydrostatiques, au contraire, les bulles qui s'attachent au corps suspendu augmentent la poussée sur celui-ci, et conduisent à une valeur trop élevée de la densité de l'eau déplacée.

Quelle que soit la méthode, la mesure exacte de la température est une condition indispensable à l'obtention d'une précision suffisante, attendu que l'effet total à mesurer n'est guère supérieur à 3 millionièmes de la densité de l'eau pure. La variation assez rapide de la densité de l'eau rendant incertaines les mesures effectuées au-dessus de 10°, j'ai cherché à réaliser les conditions les plus favorables en opérant seulement dans l'intervalle de température compris entre 4° et 8°.

P. CHAPPUIS.

DÉTERMINATION PAR LA MÉTHODE DU FLACON.

Description et étude des appareils.

Description des flacons. — Il eût été désirable, pour la détermination des volumes, de disposer de vases sans résidus de dilatation. J'ai donc cherché à obtenir des ballons de quartz fondu d'une capacité de 500^{cm^3} environ; mais je n'ai pas réussi à m'en procurer dont les parois fussent assez épaisses pour fournir des garanties suffisantes au point de vue des déformations élastiques. Le verre à thermomètres d'Iéna, désigné par 59^{III}, a l'avantage de ne posséder que des résidus très faibles; mais il présente l'inconvénient d'être très difficile à graver. J'ai donc choisi le verre dur dont les résidus sont bien connus par les études de M. Guillaume; sa composition est peut-être moins constante que celle du verre d'Iéna, mais il se prête fort bien à la gravure.

Plusieurs ballons, d'environ 500^{cm^3} de capacité, et d'une épaisseur moyenne de paroi de $1^{mm},5$, furent commandés à la verrerie Guilbert-Martin, à Saint-Denis. M. Thurneyssen, à Paris, adapta à deux d'entre eux des tubes capil-

Fig. 1.

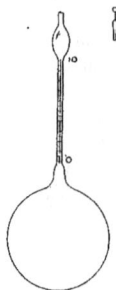

Flacon pour la mesure de la densité de l'eau.

laires d'environ $0^{mm},9$ de diamètre intérieur et de 10^{cm} de longueur. Ces tubes portent une division en millimètres, tracée par M. le Dr Benoit à l'aide de la machine à diviser du Bureau international.

La figure 1 représente le ballon avec la petite ampoule qui le termine et qui sert au remplissage.

L'un des deux ballons était spécialement destiné à la mesure des volumes;

l'autre, de capacité à peu près égale, servait de tare dans les pesées, afin de compenser les poussées et de diminuer les erreurs qui résultent de cette importante correction. Un petit bouchon de verre non rodé, représenté à côté de l'ampoule, était adapté sur chaque ballon pendant les pesées, afin de diminuer les pertes par évaporation.

Déterminations préliminaires. — Avant d'être sectionné pour être adapté aux ballons, le tube capillaire de verre dur a fait l'objet d'une étude exécutée au Bureau international sous la direction de M. Guillaume, en vue de déterminer ses corrections de calibre et sa capacité moyenne par unité de longueur.

Voici les corrections obtenues par un calibrage croisé pour les traits des centimètres o, 5, 10, 15, 20, 25 du tube, dont la section [o-10^{cm}] a été raccordée au ballon II, tandis que la section [10-20^{cm}] a été soudée au col du ballon I :

Traits.	Correction.
cm	mm
o............	+ 0,000
5............	+ 0,337
10............	+ 0,067
15............	— 0,058
20............	— 0,330
25............	— 0,325

On a obtenu, par interpolation graphique, les corrections suivantes pour les points intermédiaires :

Corrections de calibre.

Intervalle [o-10^{cm}], ballon II.

Les corrections sont exprimées en microns.

Centi-mètres.	Millimètres.									
	0.	1.	2.	3.	4.	5.	6.	7.	8.	9.
0...	o	+ 9	+ 17	+ 25	+ 33	+ 42	+ 51	+ 60	+ 70	+ 79
1...	+ 87	+ 96	+105	+115	+124	+132	+141	+150	+158	+165
2...	+172	+180	+187	+195	+201	+209	+216	+223	+231	+237
3...	+243	+250	+256	+261	+266	+272	+278	+284	+290	+297
4...	+301	+305	+310	+314	+319	+321	+326	+328	+331	+334
5...	+337	+340	+342	+342	+342	+341	+341	+340	+339	+337
6...	+334	+331	+325	+321	+316	+311	+305	+299	+294	+287
7...	+280	+273	+265	+259	+250	+241	+233	+226	+220	+212
8...	+201	+191	+182	+175	+169	+160	+152	+145	+138	+131
9...	+124	+119	+111	+103	+ 99	+ 94	+ 90	+ 84	+ 76	+ 71

P. CHAPPUIS.

Corrections de calibre (*en microns*) (suite).

Intervalle [10-20^{em}], ballon I.

Millimètres.

Cent^i-mètres.	0.	1.	2.	3.	4.	5.	6.	7.	8.	9.
10...	+ 67	+ 62	+ 58	+ 54	+ 51	+ 48	+ 42	+ 39	+ 33	+ 31
11...	+ 29	+ 26	+ 23	+ 21	+ 18	+ 16	+ 13	+ 11	+ 10	+ 9
12...	+ 8	+ 5	+ 3	+ 1	— 1	— 2	— 4	— 7	— 9	— 10
13...	— 11	— 13	— 15	— 17	— 19	— 21	— 24	— 26	— 28	— 29
14...	— 31	— 33	— 36	— 38	— 40	— 44	— 46	— 48	— 51	— 55
15...	— 58	— 61	— 65	— 69	— 72	— 75	— 78	— 82	— 85	— 89
16...	— 94	— 99	—103	—107	—110	—114	—118	—123	—128	—135
17...	—142	—147	—154	—160	—167	—175	—181	—189	—195	—202
18...	—208	—215	—221	—229	—235	—244	—249	—254	—260	—268
19...	—274	—282	—288	—295	—299	—305	—311	—317	—322	—326
20...	—330									

Les jaugeages, effectués par l'observation de deux colonnes de mercure, ont donné pour la capacité moyenne de 1^{mm} de longueur du tube capillaire :

Capacité moyenne par millimètre = 0,685 904 microlitre à 12°,9.

Coefficients de pression extérieure et intérieure du ballon II. — Comme le ballon destiné à la mesure des volumes est soumis à des pressions un peu variables, il

Fig. 2.

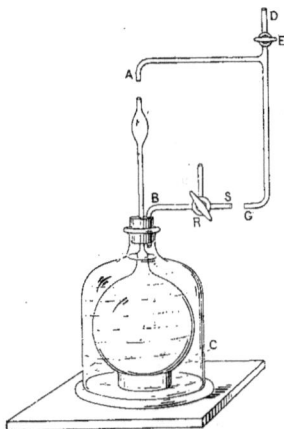

Appareil servant à la mesure des coefficients de pression.

a été reconnu nécessaire de déterminer les variations de volume qu'il éprouve lorsque les pressions extérieure et intérieure se modifient.

On a placé à cet effet le ballon sous une cloche C, qu'on a ensuite lutée à l'aide d'un mastic sur un plateau de verre (*fig.* 2).

Cette cloche est munie, à sa partie supérieure, d'une tubulure qui laisse passer, à travers un bouchon hermétique, le tube capillaire du ballon et l'une des branches d'un robinet à trois voies R.

Le ballon étant rempli d'eau jusqu'à un trait moyen de la division de son col, on remplit également d'eau bouillie la cloche jusqu'à quelques centimètres au-dessous du bouchon.

Le coefficient de pression extérieure peut être alors déterminé en faisant communiquer alternativement, par le jeu du robinet, l'intérieur de la cloche avec l'air extérieur et avec un réservoir de grande capacité, qu'on maintient à une faible pression à l'aide d'une trompe à eau.

Un manomètre à mercure indique la pression dans ce réservoir relié à la tubulure S du robinet. Les déplacements du ménisque dans le tube capillaire du flacon sont observés à l'aide d'une petite lunette.

Une série d'observations, effectuée le 27 mars 1907, a conduit à la valeur suivante du coefficient de pression extérieure β_e :

$$\beta_e = \frac{\text{variation de volume}}{\text{variation de pression}} = \frac{\Delta v}{\Delta p} = \frac{32^d,9}{688^{mm},4} = 0,0478 \text{ division par millimètre de pression.}$$

Dans les conditions ordinaires, le flacon subit les variations de la pression atmosphérique qui agit simultanément à son extérieur et à son intérieur; il importe donc de connaître les variations de capacité éprouvées dans ces conditions par le flacon.

Pour procéder à la détermination de ces changements de capacité, il suffit de relier l'ampoule terminale du ballon à la tubulure de la cloche au moyen du tube ADG, qui peut être mis en communication avec le réservoir évacué.

Deux séries d'observations, effectuées dans ces conditions le 27 mars 1907, ont donné les valeurs suivantes :

$$1^{re} \text{ série.} \quad \frac{\Delta v}{\Delta p} = \frac{32^d,94}{694^{mm},8} = 0,0474 \text{ division par millimètre de mercure}$$
$$2^e \text{ série.} \quad \frac{\Delta v}{\Delta p} = \frac{31^d,33}{667^{mm},5} = 0,0469 \text{ division par millimètre de mercure}$$
$$\text{Moyenne.} \quad \frac{\Delta v}{\Delta p} = 0,0472 \text{ division par millimètre de mercure}$$

On reconnaît aisément que la quantité ainsi déterminée n'est autre que la différence $\beta_i - \beta_e$ des coefficients de pression intérieure β_i et de pression extérieure β_e.

La valeur de β_e fournie par les observations étant $\beta_e = 0,0478$ division par millimètre de mercure, on obtient pour le coefficient de pression intérieure :

$$\beta_i = 0,0472 + 0,0478 = 0,095 \text{ div. par millimètre.}$$

On peut aussi calculer β_i en ajoutant à β_e la compressibilité des $526^{cm'}$ d'eau que renferme le flacon moins la compressibilité du verre. On trouve ainsi 0,092 div. par millimètre de mercure.

Les coefficients β_e, β_i et $\beta_i - \beta_e$ n'interviennent dans les réductions des observations que pour de faibles variations de pression, de sorte qu'on eût pu se contenter d'une détermination plus grossière de leurs valeurs.

Dilatation du verre. — Il est certain que différents échantillons de verre dur présentent des dilatations un peu différentes ; cependant, comme on s'est attaché à s'écarter peu d'une température constante pour effectuer les deux parties de la mesure, une connaissance approximative de la dilatation était tout à fait suffisante. J'ai donc admis le coefficient cubique du verre dur résultant de mesures antérieures :

$$\gamma = (21\,696,3 + 16,384\,T)\,10^{-9}.$$

Dans cette expression, la température T est rapportée au thermomètre à hydrogène.

Préparation de l'eau privée d'air. — L'eau employée dans ces recherches a été obtenue en redistillant de l'eau distillée du commerce, à laquelle on avait ajouté

Fig. 3.

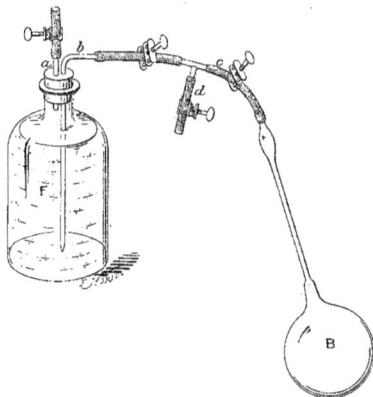

Remplissage du ballon.

quelques paillettes de permanganate de potasse. La vapeur dégagée du ballon de 4¹ qui servait de chaudière était condensée dans un tube d'argent, refroidi par une circulation d'eau. On n'utilisait pas les premières fractions de l'eau ainsi traitée, et l'on avait soin de cesser la distillation de la solution de permanganate avant la réduction au quart du volume primitif.

Cette eau était recueillie dans un flacon de 2ˡ de capacité, scrupuleusement nettoyé avant chaque nouvelle opération. Le flacon étant rempli aux quatre cinquièmes, on adapte sur son col un bouchon de caoutchouc soigneusement lavé, traversé par deux tubes de verre : l'un, *a* (*fig.* 3), s'arrête au niveau inférieur du bouchon et porte à son autre extrémité un tuyau de caoutchouc à parois épaisses qu'on peut fermer à l'aide d'une pince; l'autre, *b*, à canal étroit, se prolonge jusqu'au fond de la bouteille. La partie supérieure de ce dernier, recourbée horizontalement, porte également un tuyau de caoutchouc muni d'une pince.

Un tube en T, avec deux tuyaux de caoutchouc munis de pinces, est adapté au caoutchouc de *b*. Ce tube en T et ses accessoires servent au remplissage du ballon et n'ont pas d'emploi pour la préparation de l'eau privée d'air.

Pour obtenir l'expulsion à peu près complète de l'air dissous dans l'eau, on commence par porter la température du flacon F à 40° ou 50° environ en le chauffant doucement au bain-marie. On ferme alors *b* à l'aide de la pince, et l'on relie *a* à la trompe à eau. Il se produit bientôt une ébullition énergique qui chasse peu à peu l'air dissous. Au bout de quelques minutes, la production des bulles se ralentit; on la favorise en frappant avec un morceau de bois sur les parois de la bouteille.

Lorsque l'ébullition a été prolongée pendant 30 minutes, le dégagement des bulles devient extrêmement difficile. On les voit apparaître en différents points au moment de la secousse et disparaître aussitôt presque complètement, en ne laissant subsister que des bulles d'air microscopiques, dont quelques-unes s'agrandissent de nouveau brusquement à chaque coup, et qui finissent par monter pour crever à la surface.

Comme il ne s'agissait pas d'expulser totalement l'air dissous, je me suis contenté de traiter l'eau de cette manière pendant une demi-heure ou trois quarts d'heure au plus. Il eût fallu, sans doute, un temps beaucoup plus long pour extraire les dernières traces d'air, retenues encore par l'eau, mais qui ne sauraient avoir une influence appréciable sur la densité.

On ferme alors le tube *a* en pinçant le caoutchouc et l'on ramène l'eau à une température peu différente de celle des mesures.

Remplissage du ballon. — Pour introduire l'eau privée d'air dans le ballon, on passe le caoutchouc *c* sur le col et l'on fait le vide au moyen de la trompe à eau reliée à *d*. Il est avantageux de porter le ballon à une température un peu supérieure à celle de l'eau qui actionne la trompe, afin d'en mieux chasser l'air, mais on doit se garder de chauffer le ballon davantage, si l'on veut éviter les résidus de dilatation. Le vide étant poussé aussi loin que possible, on ferme *d* et l'on desserre la pince donnant accès au flacon. Comme le vide existe également dans celui-ci, il faut, pour chasser l'eau dans le ballon, introduire un peu d'air au-dessus du liquide du flacon; on ouvre donc la pince qui ferme *a* et l'eau se précipite dans le ballon, qu'elle remplit presque complètement. La bulle d'air qui reste dans le col peut être évacuée en répétant l'opération; quant aux dernières petites bulles qui persistent encore, on les fait aisément disparaître en les aspirant à l'aide d'un tube fin qu'on introduit dans le tube capillaire, où elles sont remplacées par l'excès d'eau affluant de l'ampoule.

Préparation de l'eau aérée. — Si l'on admet que l'eau distillée était parfaitement pure à l'origine, il est évident que son contact prolongé avec les parois du verre à la température de 50° et son passage dans les tuyaux de caoutchouc ont dû altérer sa pureté. L'eau privée d'air peut donc s'écarter plus ou moins de l'état de pureté parfaite suivant la durée des opérations.

Pour éviter toute hypothèse arbitraire, on a fait sur chacune des eaux ainsi préparées une détermination complète de l'influence de l'air absorbé sur la densité. Pour la mesure de la densité de l'eau privée d'air, on a utilisé l'eau introduite d'abord dans le ballon; pour la seconde partie de la mesure, on s'est servi invariablement de l'eau restée dans la bouteille, après l'avoir aérée en y injectant de l'air.

Avant de pénétrer dans la bouteille par le tube *b*, l'air traversait un tampon d'ouate destiné à retenir les poussières. Dans la majeure partie des expériences, on l'a fait barboter dans l'eau sous la pression atmosphérique; dans quelques-unes, à une pression un peu inférieure. Cette opération a été continuée pendant 5 heures au minimum.

L'eau aérée est introduite dans le ballon de la manière suivante : le col du ballon est mis en communication, comme précédemment, avec le tube de verre *b* qui plonge dans l'eau aérée; on comprime alors l'air dans le flacon F, à l'aide d'une poire en caoutchouc, de manière à faire passer une certaine quantité d'eau dans le ballon, puis on supprime l'excès de pression. Un volume d'air équivalent à celui de l'eau introduite s'échappe alors par le tube *b*, auquel on a donné un faible diamètre (1^{mm} environ), afin d'en réduire la capacité qui joue ici le rôle d'espace nuisible. Puis on comprime de nouveau; une nouvelle quantité d'eau passe dans le ballon. Ces opérations sont répétées jusqu'à ce que les quantités introduites deviennent minimes, ce qui se produit lorsque le ballon est à peu près rempli. On supprime alors la communication établie avec le flacon et, ayant rempli l'ampoule supérieure avec l'eau aérée, on refoule celle-ci dans le ballon par des compressions réitérées jusqu'à ce qu'il ne reste que de petites bulles à la naissance du col. Ces dernières bulles peuvent être aspirées à l'aide d'un tube fin qu'on introduit dans le tube capillaire.

Le mode de remplissage adopté a l'inconvénient de mettre l'eau aérée en contact réitéré avec de l'air sous une pression supérieure à celle qui correspond à l'équilibre définitif. L'eau absorbe donc un peu trop d'air, qui se sépare de nouveau peu à peu. Si l'on veut éviter cette cause d'erreur dans les mesures du volume, il convient de laisser reposer l'eau pendant plusieurs heures avant de terminer le remplissage du ballon.

Balance et poids. — Les pesées ont été effectuées à l'aide d'une balance de 5^{kg} de charge maxima, construite par Rueprecht à Vienne. Ses oscillations étaient observées à l'aide d'une lunette de Hartmann et Braun, qui portait une échelle gravée sur verre, placée à $2^m,5o$ du miroir fixé sur le fléau. Je me suis servi de poids compacts de nickel dont le dernier étalonnage a été fait en 1904, et dont les volumes ont été déterminés pour toutes les pièces supérieures à $5o^g$. Les valeurs de ces pièces sont reproduites dans le Tableau suivant :

Pièce.	Valeur.	Volume à 0°.	Pièce.	Valeur.	Volume à 0°.
	g	ml		mg	ml
500........	500,009 105	57,590 5	0,5........ ..	500,193	0,0574
200........	199,999 316	22,970 8	0,2........	200,052	0,0228
200*........	199,999 050	22,916 6	0,2*...... ..	200,025	0,0228
100........	99,999 507	11,408 3	0,1........	100,044	0,0114
50........	50,001 868	5,740 0	0,05........	50,030	0,0057
20........	20,003 291	2,282 0	0,02........	20,076	0,0023
20*........	20,001 924	2,281 9	0,02*..	20,056	0,0023
10........	10,000 441	1,140 9	0,01........	10,028	0,0011
5........	4,999 504	0,574 0	0,005.......	5,021	0,0006
2........	2,001 768	0,228 2	0,002.......	2,047	0,0002
2*........	2,001 061	0,228 2	0,002*......	2,022	0,0002
1........	1,003 658	0,114 5	0,001.......	1,022	0,0001
1*........	1,002 910	0,114 4	0,001*..	1,032	0,0001.

Les ballons dont les masses devaient être comparées étaient suspendus aux plateaux de la balance par l'intermédiaire de deux étriers de nickel ajustés à égalité de masse.

Un thermomètre dont le réservoir occupait le niveau des ballons indiquait la température de l'air dans la cage inférieure de la balance; un hygromètre à cheveu, l'humidité relative. Un autre thermomètre était placé dans la cage supérieure de la balance au niveau des plateaux.

Expériences.

Pesées. — Au sujet des pesées, il suffira de dire que j'ai employé la méthode de transposition en réitérant les opérations dans l'ordre inverse, de manière à terminer la pesée par la répétition de l'opération initiale.

Opérations accessoires. — Les pesées effectuées en premier et en dernier lieu ont servi à déterminer les différences des masses des ballons I et II et leurs capacités (¹).

Dans le résumé suivant des données fournies par ces opérations, les charges sont désignées par A et B, la température par T, la pression barométrique réduite par H, et l'humidité relative de l'air par f :

PESÉE N° 1.

16 décembre 1907.

A = Ballon I vide,
B = Ballon II vide + 10 + 1 + 0,5 + 0,2 + 0,1 + 0,02.

			d	d			mg
$T(^2) = 10^o,357$	A	B	63,63	63,13	I − II.......... =		11 834,464
$H = 746^{mm},48$	A + 0,002	B	45,10	45,55	c d'équilibre.... = −		5,687
$f = 64,5$	B	A + 0,01	51,51	51,49	P............. = +		4,040
					Ballon I vide − Ballon II vide....... =		11 832,817

Par raison de symétrie, les positions d'équilibre relatives aux charges A et B correspondent à la première et à la sixième opération, celles de A + 0,002 et B à la deuxième et à la cinquième, et celles de B et A + 0,01 à la troisième et à la quatrième. P désigne la différence des poussées.

Le ballon I ayant été rempli d'eau pure, à la température de $9^o,5$, jusqu'au milieu de la partie divisée, on a procédé par la pesée suivante à la détermination de la masse d'eau introduite :

PESÉE N° 2.

17 décembre.

A = Ballon I plein d'eau,
B = Ballon II + 500 + 20 + 20* + 2 + 2* + 0,2 + 0,1 + 0,05 + 0,02 + 0,005.

			d	d			mg
$T(^2) = 8^o,461$	A	B	52,36	51,37	I plein − II vide. =		544 392,373
$H = 750^{mm},07$	A	B + 0,002	74,04	70,08	c d'équilibre.... = −		2,380
$f = 63,3$	B	A + 0,002 + 0,002*	45,89	45,08	P............. = +		586,636
					Ballon I − Ballon II vide....... =		544 976,629

(¹) Il importe peu de mesurer exactement la capacité du ballon I, qui doit uniquement servir de tare ; mais il convient, pour éviter les pertes de l'eau qu'il contient, de faire en sorte que le niveau de l'eau ne s'élève jamais au-dessus de la partie étroite du tube capillaire.

(²) Dans les deux premières pesées, on n'a observé la température de l'air que dans la cage supérieure de la balance.

Une deuxième détermination de cette différence a été faite après l'ensemble des mesures :

13 janvier 1908.

A = Ballon I plein d'eau,
B = Ballon II + 500 + 20 + 20* + 2 + 2* + 0,2 + 0,1 + 0,05 + 0,010 + 0,005.

$T_{haut} = 5,709$	A	B	67,43	62,82	I plein — II vide . =	544 382,325
$T_{bas} = 4,808$	A + 0,002	B	50,74	42,28	c d'équilibre .... = —	0,591
H = $747^{mm},53$	B + 0,002	A	36,38	35,14	P.............. = +	592,974
f = 57,8						
				Ballon I plein — Ballon II vide....... =		544 974,708

On voit, par la différence des résultats des pesées du 17 décembre et du 13 janvier, que la masse d'eau renfermée dans le ballon I a diminué dans l'intervalle des mesures de 2^{mg} environ. Comme le ballon n'était pas hermétiquement fermé, cette diminution s'explique par l'évaporation. Or le ballon I chargé d'eau ayant servi de tare dans les expériences sur l'eau privée d'air et sur l'eau aérée, qui ne sont pas simultanées, mais se suivent toujours dans le même ordre, il y a lieu d'appliquer une correction pour l'évaporation. J'ai calculé cette correction en admettant

$$\text{Perte par heure} = \frac{1^{mg},92}{650} = 0^{mg},00295.$$

Pour le calcul des poussées et des autres réductions, j'ai admis la moyenne :

Ballon I plein — Ballon II vide................   544 975,$\overset{mg}{668}$.

Comme on a trouvé (*voir* p. 14) :

Ballon I vide — Ballon II vide................   11 832,817

on obtient :

Masse d'eau dans le Ballon I 533 142,851

Déterminations principales. — Après avoir résumé les déterminations accessoires, il me reste à indiquer la marche des observations qui constituent les mesures proprement dites et à en reproduire les résultats.

Le ballon II, parfaitement nettoyé et débarrassé intérieurement de toute trace de graisse par l'action d'une solution de permanganate de potasse dans l'acide sulfurique concentré ([1]), est d'abord rempli d'eau privée d'air par le procédé

([1]) On a dû procéder fréquemment au nettoyage du ballon par ce procédé. L'eau étant introduite dans le ballon par des tuyaux de caoutchouc, on a remarqué, en effet, après quelques remplissages, que le verre n'était plus parfaitement mouillé par l'eau, condition défavorable pour l'observation du ménisque et source certaine d'erreurs.

décrit page 11. On le place alors au milieu d'un bain constitué par un bocal rempli d'eau de 7^l environ de capacité (*fig.* 4), revêtu extérieurement d'un molleton d'ouate. Deux thermomètres à mercure, soigneusement étudiés, dont les réservoirs occupent le niveau moyen du ballon, servent à mesurer la température du bain, qu'on agite au moyen d'une palette de bois.

Fig. 4.

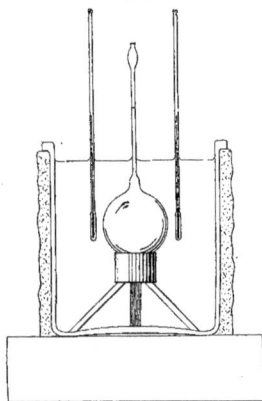

Ballon immergé pour la mesure du volume.

L'équilibre de température entre le ballon et le bain étant très lent à s'établir, on attendait généralement plusieurs heures avant de commencer les observations.

Lorsque le ménisque présentait la fixité désirable, on séchait avec soin les parois intérieures de l'ampoule et du tube capillaire en établissant dans ce tube une circulation d'air sec. On procédait alors, à l'aide d'une lunette, à la lecture des thermomètres et de la position du ménisque. Ces observations, espacées ordinairement de 10 en 10 minutes, étaient continuées pendant une heure et demie. Dans les premières séries, on s'est écarté légèrement de cette règle, adoptée dans la suite.

Dans la dernière colonne du Tableau ci-après et des Tableaux suivants, j'ai désigné par h la pression, réduite en millimètres de mercure, exercée par l'eau du bain sur le ballon.

EAU N° 1 PRIVÉE D'AIR.

Détermination du volume occupé par l'eau dans le Ballon II.

17 déc. 1907.	Thermomètres.		Lecture sur le tube capillaire.	Remarques.
Heure.	N° 14346.	N° 14347.		
h m			d	
2.25............	8,600	8,550	53,00	Niveau de l'eau
40............	602	552	52,52	au-dessus du milieu
55............	620	595	52,10	du réservoir $= 93^{mm}$
3.10............	600	550	52,18	$h = 6^{mm},8$
25............	598	549	51,80	$H_0 = 750,12$
40............	600	553	51,70	
55............	8,620	8,560	51,80	
	8,606	8,558	52,16	
c de calibre.....	— 51	— 13	c de calibre. + 0,34	
c de pression int..	+ 19	+ 21	p_i......... + 0,35	
c » ext.	0	0	p_e......... — 0,15	
c de zéro.......	— 115	— 109	52,70	
Réduct. au therm. à hydrogène...	— 44	— 44		
T.....	8,415	8,413		
Moyenne...	8°.414			

Après ces observations, le ballon a été essuyé avec un linge fin, muni de son bouchon de verre, placé sur son étrier et suspendu à la balance. La pesée effectuée le lendemain a fourni les observations suivantes :

PESÉE N° 4.

18 décembre 1907, $8^h 30^m$.

A = Ballon I plein d'eau,
B = Ballon II + eau privée d'air + 10 + 5 + 2 + 1 + 0,5 + 0,1 + 0,05 + 0,02 + 0,02*.

T_{haut}..	$= 7°,348$	A	B	d 70,49	d 64,25	I — II......	mg 18 695,770
H_0....	$= 750^{mm},08$	A + 0,002	B	50,72	47,56	c d'équilibre. —	0,664
f.....	$= 62,4$	B + 0,002	A	60,61	61,32	P............ +	11,651
					I plein — II plein.............		18 706,757
					I vide — II vide..............		11 832,817
				Masse d'eau dans I — Masse d'eau dans II			6 873,940

Après la pesée, j'ai fait une deuxième détermination du volume :

18 déc. 1907. Heure.	Thermomètres. N° 14346.	N° 14347.	Lecture sur le tube capillaire.	Remarques.
h m			d	
11. 5	7,653	7,605	25,16	$h = 6^{mm},8$
15	649	602	25,26	$H_0 = 748^{mm},9$
25	648	603	25,35	
35	648	603	25,38	
45	648	597	25,35	
55	647	597	25,38	
12. 5	648	598	25,37	
15	7,649	7,600	25,35	
	7,649	7,601	25,32	
c de calibre	− 48	− 13	+ 21	
p_l	+ 18	+ 20	+ 17	
p_e	0	+ 1	− 21	
c de zéro	− 115	− 109		
c_τ	− 40	− 40	25,49	
	7,464	7,460		
Moyenne	7°,642			

Ces mesures faites, on a retiré du ballon II l'eau privée d'air, et on l'a remplacée par l'eau aérée, préparée comme je l'ai indiqué page 13, avec le reste de l'eau privée d'air.

Les deux séries d'observations du volume de l'eau aérée dans le ballon et la pesée intermédiaire sont reproduites ci-après sous la même forme que les observations relatives à l'eau privée d'air.

EAU N° 1 AÉRÉE.

18 déc. 1907. Heure.	Thermomètres. N° 14346.	N° 14347.	Lecture sur le tube capillaire.	Remarques.
h m			d	
3. 4	7,768	7,731	57,50	
14	766	726	10	$h = 6^{mm},8$
24	800	748	00	$H_0 = 747^{mm},6$
34	792	746	00	
44	790	740	00	
54	812	762	00	
4. 4	800	758	10	
14	800	753	25	
24	795	747	23	
34	7,792	7,746	57,24	
	7,791	7,746	57,14	
c de calibre	− 49	− 13	+ 34	
p_l	+ 19	+ 20	+ 39	
p_e	+ 1	+ 1	− 22	
c de zéro	− 115	− 109		
c_τ	− 41	− 41	57,65	
	7,606	7,604		
Moyenne	7°,605			

19 décembre 1907, 11ʰ.

A = Ballon I + eau,
B = Ballon II + eau aérée + 10 + 5 + 2 + 1 + 0,5 + 0,1 + 0,05 + 0,002.

							mg
T_{haut}..	$= 8°,441$	A	B	55,76	56,83	I − II.......	18 675,714
T_{bas}...	$= 7°,931$	A + 0,002	B	37,82	38,39	c d'équilibre. +	1,585
H_0....	$= 745^{mm},65$	B + 0,002	A	65,65	66,78	P........... +	11,545
f.....	$= 62,7$						
							18 688,844

Masse d'eau dans I — Masse d'eau dans II = 6 856^{mg},027.

19 déc. 1907.	Thermomètres.		Lecture sur le tube capillaire.	Remarques.
Heure.	Nº 14346.	Nº 14347.		
h m			d	
3.22............	7,500	7,450	49,75	$h = 6^{mm},8$
32............	500	448	50,00	$H_0 = 744^{mm},0$
42............	500	452	50,08	
52............	506	462	50,45	
4. 2............	505	458	50,60	
12............	495	449	50,80	
22............	475	428	50,85	
32............	470	426	50,75	
42............	470	428	50,48	
52............	7,475	7,426	50,40	
	7,490	7,443	50,42	
c do calibre.....	− 47	− 12	+ 34	
p_l.............	+ 18	+ 20	+ 34	
p_c.............	+ 1	+ 1	− 44	
c de zéro........	− 115	− 109		
c_7.............	− 40	− 40	50,66	
	7,307	7,303		
Moyenne...	7°,305			

Les expériences faites sur les eaux 2, 3, 5, 7, 8, 9 et 10 sont reproduites dans les pages suivantes sous la même forme que celles relatives à la première eau, mais en supprimant les réductions des températures.

EAU N° 2 PRIVÉE D'AIR.

20 déc. 1907. Heure.	Thermomètres. N° 14346.	N° 14347.	Lecture sur le tube capillaire.	Remarques.
h m			d	
9.30............	7,200	7,160	49,30	$h = 6^{mm},8$
45............	200	150	49,00	$H_0 = 743^{mm},5$
55............	200	152	48,90	
10. 5............	190	140	48,75	
25............	182	142	48,50	
35............	202	155	48,40	
45............	206	160	48,45	
55............	206	163	48,48	
11. 5............	210	164	48,52	
15............	7,215	7,170	48,58	
	7,201	7,156	48,69	
T....	7,021	7,018	c de calibre. + 33	
			p_i........ + 33	
Moyenne...	7°,020		p_c........ − 46	
			48,89	

PESÉE N° 5.

20 décembre 1907, 2ʰ.

A = Ballon I + eau,
B = Ballon II + eau + 10 + 5 + 2 + 1 + 0,5 + 0,1 + 0,05 + 0,01 + 0,005.

				d	d			mg
T_h....	= 7°,921	A	B	50,00	48,16	I − II......		18670,687
T_b....	= 7°,860	A	B + 0,002	65,69	68,24	c d'équilibre. +		1,540
H_0....	= 742ᵐᵐ,47	B + 0,002	A	57,53	58,66	P.......... +		11,484
f.....	= 69,5							18683,711

Masse d'eau dans I − Masse d'eau dans II = 6850ᵐᵍ,894.

20 déc. 1907. Heure.	Thermomètres. N° 14346.	N° 14347.	Lecture sur le tube capillaire.	Remarques.
h m			d	
3.20............	7,395	7,340	52,80	$h = 6^{mm},8$
30............	395	344	60	$H_0 = 742^{mm},0$
40............	396	348	40	
50............	400	349	15	
4. 0............	400	350	05	
10............	400	350	00	
20............	400	352	02	
30............	400	355	02	
40............	400	354	00	
50............	7,398	7,352	00	
	7,398	7,349	52,20	
T....	7,216	7,210	c de calibre. + 34	
			p_i........ + 35	
Moyenne...	7°,213		p_c........ − 53	
			52,36	

EAU N° 2 AÉRÉE.

21 déc. 1907.	Thermomètres.		Lecture sur le tube capillaire.	Remarques.
Heure.	N° 14346.	N° 14347.		
h m			d	
10. 0..........	7,200	7,160	53,15	$h = 6^{mm},8$
10..........	188	146	53,20	$H_0 = 742^{mm},0$
20..........	225	180	53,20	
30..........	215	165	53,35	
40..........	209	158	53,40	
50..........	205	160	53,40	
11. 0..........	202	158	53,40	
10..........	202	160	53,35	
20..........	203	160	53,35	
30..........	7,200	7,158	53,25	
	7,205	7,160	53,30	
T....	7,025	7,022	c de calibre. + 34	
			p_i .... + 36	
Moyenne ...	7°,023		p_c .... — 53	
			53,47	

PESÉE N° 6.

21 décembre 1907, $2^h 20^m$.

A = Ballon I + eau,
B = Ballon II + eau + 10 + 5 + 2 + 1 + 0,5 + 0,1 + 0,05 + 0,01 + 0,005.

T_h....	= 7°,646	A	B	61,89 60,38	I — II.......	18670,687
T_h....	= 7°,540	A+0,002	B	42,24 44,82	c d'équilibre. —	0,300
H_0....	= 740^{mm},99	B+0,002	A	38,42 38,55	P........... +	11,471
f.....	= 72,7					18681,858

Masse d'eau dans I — Masse d'eau dans II = $6849^{mg},041$.

21 déc. 1907.	Thermomètres.		Lecture sur le tube capillaire.	Remarques.
Heure.	N° 14316.	N° 14347.		
h m			d	
3.35..........	7,352	7,303	56,18	$h = 6^{mm},8$
45..........	352	305	56,36	$H_0 = 741^{mm},0$
55..........	352	308	56,35	
4. 5..........	350	304	56,30	
15..........	351	304	56,28	
25..........	350	305	56,30	
35..........	352	305	56,25	
45..........	353	304	56,22	
55..........	7,352	7,308	56,25	
	7,352	7,305	56,31	
T....	7,170	7,167	c de calibre. + 34	
			p_i .... + 38	
Moyenne ...	7°,168		p_c .... — 58	
			56,45	

EAU N° 3 PRIVÉE D'AIR.

22 déc. 1907. — Heure.	Thermomètres. N° 14346. N° 14347.		Lecture sur le tube capillaire.	Remarques.
h m			d	
9.55..........	7,400	7,350	62,00	$h = 6^{mm},8$
10. 5..........	400	352	62,00	$H_0 = 743^{mm},7$
15..........	402	352	62,12	
25..........	403	360	62,20	
35..........	405	360	62,45	
45..........	400	360	62,50	
55..........	404	360	62,60	
11. 5..........	402	358	62,60	
15..........	404	358	62,66	
25..........	7,408	7,360	62,66	
	7,403	7,357	62,38	
T....	7,221	7,218	c de calibre. — 32	
			p_i .... + 42	
Moyenne...	7°,219		p_e .... — 45	
			62,67	

PESÉE N° 7.

23 décembre 1907, 9^h 10^m.

A = Ballon I + eau,
B = Ballon II + eau + 10 + 5 + 2 + 1 + 0,5 + 0,1 + 0,05 + 0,01.

T_h.... = 7°,546	A	B	50,60 50,27	1 — II......	18665,666
T_b.... = 7°,591	A	B + 0,002	68,08 69,17	c d'équilibre. +	0,940
H_0.... = 745^{mm},56	B	A	66,81 67,48	P.......... +	11,533
f..... = 75,6					
					18678,139

Masse d'eau dans I — Masse d'eau dans II = 6845^{mg},322.

23 déc. 1907. — Heure.	Thermomètres. N° 14346. N° 14347.		Lecture sur le tube capillaire.	Remarques.
h m			d	
11. 0..........	7,600	7,552	67,05	$h = 6^{mm},8$
10..........	600	550	66,95	$H_0 = 746^{mm},1$
20..........	600	552	66,80	
30..........	601	552	66,70	
40..........	604	553	66,60	
50..........	612	565	66,62	
12. 0..........	615	566	66,75	
10..........	612	566	66,85	
20..........	610	562	66,88	
30..........	608	564	66,90	
1.15..........	7,610	7,560	66,80	
	7,606	7,558	66,81	
T....	7,422	7,417	c de calibre. + 30	
			p_i .... + 45	
Moyenne...	7°,420		p_e .... — 34	
			67,22	

EAU N° 3 AÉRÉE.

23 déc. 1907.	Thermomètres.		Lecture sur le tube capillaire.	Remarques.
Heure.	N° 14346.	N° 14347.		
h m			d	
3.25.............	7,780	7,737	53,35	$h = 6^{mm},8$
45...........	785	740	53,15	$H_0 = 745^{mm},6$
55...........	795	750	53,00	
4. 5...........	790	742	53,00	
15...........	785	735	53,00	
25...........	780	736	53,00	
35...........	780	737	52,97	
45...........	776	735	52,90	
55...........	775	735	52,85	
5. 5...........	7,775	7,736	52,80	
	7,782	7,738	53,00	
T....	7,597	7,596	c de calibre. + 34	
			pi .... + 36	
Moyenne...	7°,596		pe .... — 36	
			53,34	

PESÉE N° 8.

24 décembre 1907, 9ʰ50ᵐ.

A = Ballon I + eau,
B = Ballon II + eau + 10 + 5 + 2 + 1 + 0,5 + 0,1 + 0,05 + 0,02 + 0,005.

				d	d			mg
T_h....	= 7°,316	A	B	58,08	57,83	I — II		18680,735
T_b....	= 7°,363	B +0,002	B	39,58	39,85	c d'équilibre. —		0,045
H_0....	= 747ᵐᵐ,15	B	A	57,56	56,73	P .... +		11,584
f.....	= 73,8							
								18692,274

Masse d'eau dans I — Masse d'eau dans II = 6859ᵐᵍ,457.

24 déc. 1907.	Thermomètres.		Lecture sur le tube capillaire.	Remarques.
Heure.	N° 14346.	N° 14347.		
h m			d	
11.30...........	7,416	7,370	45,00	$h = 6^{mm},8$
40...........	408	360	45,06	$H_0 = 747^{mm},1$
50...........	422	375	45,10	
12. 0...........	416	368	45,20	
10...........	410	360	45,30	
20...........	410	365	45,33	
30...........	411	365	45,30	
40...........	411	360	45,33	
50...........	410	360	45,36	
1. 0...........	410	363	45,38	
10...........	410	365	45,38	
20...........	410	362	45,36	
30...........	7,410	7,362	45,37	
	7,411	7,363	45,27	
T....	7,229	7,224	c de calibre. — 32	
			pi .... + 31	
Moyenne...	7°,226		pe .... — 29	
			45,61	

EAU N° 4 PRIVÉE D'AIR.

25 déc. 1907. Heure.	Thermomètres. N° 14346.	N° 14347.	Lecture sur le tube capillaire.	Remarques.
h m			d	
11. 7..........	7,260	7,216	55,65	$h = 6^{mm},8$
17..........	250	205	55,50	$H_0 = 742^{mm},1$
27..........	265	225	55,40	
37..........	280	235	55,45	
47..........	282	236	55,45	
57..........	272	230	55,60	
12. 7..........	300	250	55,60	
17..........	294	245	55,70	
27..........	290	240	55,85	
1. 7..........	300	250	55,85	
1.27..........	7,300	7,253	55,90	
	7,281	7,235	55,63	
T....	7,099	7,096	c de calibre. + 34	
			p_l........ + 38	
Moyenne...	7°,097		p_e......... − 53	
			55,82	

PESÉE N° 9.

26 décembre 1907, 9h 30m.

A = Ballon I + eau,
B = Ballon II + eau + 10 + 5 + 2 + 1 + 0,5 + 0,1 + 0,05 + 0,01 + 0,005.

			d	d		mg
T_h.... = 6°,778	A	B	57,74	55,77	I − II.......	18670,687
T_b.... = 6°,994	A+0,002	B	38,14	38,30	c d'équilibre. −	1,119
H_0.... = 735^{mm},42	B	A	37,05	36,34	P.......... +	11,403
f..... = 73,8						18680,971

Masse d'eau dans I − Masse d'eau dans II = 6848^{mg}s,154.

26 déc. 1907. Heure.	Thermomètres. N° 14346.	N° 14347.	Lecture sur le tube capillaire.	Remarques.
h m			d	
11.15..........	7,112	7,065	52,95	$h = 6^{mm},8$
25..........	102	055	53,00	$H_0 = 734^{mm},9$
35..........	100	050	53,00	
45..........	100	052	53,00	
55..........	098	050	52,95	
12. 5..........	091	045	52,90	
15..........	091	050	52,90	
25..........	090	048	52,90	
35..........	090	050	52,90	
1.10..........	7,100	7,053	52,85	
	7,097	7,052	52,93	
T....	6,918	6,915	c de calibre. + 34	
			p_l......... + 36	
Moyenne...	6°,916		p_e........ − 87	
			52,76	

EAU N° 4 AÉRÉE.

27 déc. 1907.	Thermomètres.		Lecture sur le tube capillaire.	Remarques.
Heure.	N° 14346.	N° 14347.		
9. 0	6,800	6,750	53,30	$h = 6^{mm},8$
20	786	740	53,05	$H_0 = 730^{mm},1$
40	800	752	52,90	
50	805	760	52,85	Le remplissage a été fait
10. 0	816	767	52,82	le 26 décembre. Le ballon
10	827	775	52,80	est resté dans le bain du
20	828	782	52,87	26 au soir au 27. Il est pro-
30	830	790	52,95	bable que de petites bulles
45	830	785	53,00	se sont séparées pendant
11. 5	830	785	53,04	la nuit; elles n'ont pas été
15	6,828	6,782	53,10	remarquées avant la pesée.
	6,816	6,770	52,97	
T....	6,641	6,636	c de calibre. + 34	
			p_i .... + 36	
Moyenne ...	6°,639		p_e .... — 1,10	
			52,57	

PESÉE N° 10.

27 décembre 1907, 3h40m.

A = Ballon I + eau,
B = Ballon II + eau + 10 + 5 + 2 + 1 + 0,5 + 0,1 + 0,05 + 0,01 + 0,005.

T_h....	= 7°,685	A	B	57,08	55,43	I — II......	18670,687
T_b....	= 7°,477	A + 0,002	B	36,81	36,99	c d'équilibre. —	1,152
H_0....	= 728mm,20	B	A	35,02	33,96	P.......... +	11,274
f.....	= 73,8						18680,809

Masse d'eau dans I — Masse d'eau dans II = 6847mg,992.

28 déc. 1907.	Thermomètres.		Lecture sur le tube capillaire.	Remarques.
Heure.	N° 14346.	N° 14347.		
9.35	6,500	6,450	49,00	$h = 6^{mm},8$
45	495	450	49,00	$H_0 = 726^{mm},7$
55	495	450	49,03	
10. 5	500	452	49,05	Avant la mesure du vo-
15	500	452	49,10	lume, j'aperçois une bulle
25	500	455	49,10	à la naissance du col; je
35	502	455	49,12	réussis à l'expulser.
45	498	453	49,15	
55	500	452	49,17	Au moment de vider le
11. 5	480	440	49,20	ballon, à 2h, je remarque
15	463	426	49,20	trois petites bulles près du
25	6,465	6,426	49,15	col.
	6,492	6,447	49,11	
T....	6,318	6,314	c de calibre. + 33	
			p_i .... + 33	
Moyenne ...	6°,316		p_e .... — 1,26	
			48,51	

XIV.   D.4

P. CHAPPUIS.

EAU N° 5 PRIVÉE D'AIR.

28 déc. 1907.	Thermomètres.		Lecture sur le tube capillaire.	Remarques.
Heure.	N° 14346.	N° 14347.		
$4.\ 0$	6,905	6,860	44,60	$h = 6^{mm},8$
10	904	860	44,30	$H_0 = 725^{mm},7$
20	902	855	44,22	
30	900	850	44,15	
40	895	850	44,00	
50	890	850	44,00	
5. 0	896	848	43,98	
10	910	865	43,90	
20	906	860	43,90	
30	942	900	43,90	
40	930	890	44,00	
50	6,936	6,890	44,06	
	6,910	6,865	44,08	
T.....	6,735	6,730	c de calibre. $+\quad 32$	
			p_i .... $+\quad 30$	
Moyenne...	6°,732		p_e .... $-\ 1,31$	
			43,39	

PESÉE N° 11.

29 décembre 1907, $10^h 5^m$.

A = Ballon I + eau,
B = Ballon II + eau + 10 + 5 + 2 + 1 + 0,5 + 0,1 + 0,05 + 0,02.

T_h.... $= 6°,276$	A		B	61,69	60,81	I — II	18675,714
T_b.... $= 6°,544$	A + 0,002		B	42,27	43,93	c d'équilibre. $-$	1,723
H_0.... $= 731^{mm},81$	B		A + 0,002	48,42	49,26	P.......... $+$	11,373
f..... $= 73,8$							18685,364

Masse d'eau dans I — Masse d'eau dans II = $6852^{mg},547$.

29 déc. 1907.	Thermomètres.		Lecture sur le tube capillaire.	Remarques.
Heure.	N° 14346.	N° 14347.		
11.40	6,402	6,352	37,30	$h = 6^{mm},8$
50	404	353	37,40	$H_0 = 732^{mm},0$
12. 0	404	362	37,52	
10	415	370	37,60	
20	400	355	37,80	
30	405	360	37,80	
40	408	364	37,80	
50	410	368	37,80	
1. 0	411	366	37,85	
10	412	364	37,84	
20	410	362	37,82	
30	6,410	6,360	37,80	
	6,408	6,361	37,69	
T.....	6,235	6,229	c de calibre. $+\quad 29$	
			p_i .... $+\quad 25$	
Moyenne...	6°,232		p_c .... $-\ 1,01$	
			37,22	

EAU N° 5 AÉRÉE.

29 déc. 1907. Heure.	Thermomètres. N° 14346	N° 14347.	Lecture sur le tube capillaire.	Remarques.
h m			d	
3. 5............	6,478	6,430	52,90	$h = 6^{mm},8$
15............	475	430	52,88	$H_0 = 733^{mm},3$
25......... ..	475	432	52,85	
35............	480	430	52,80	
45.	480	435	52,80	
55............	480	435	52,78	
4. 5............	480	433	52,80	
15............	480	435	52,80	
25............	480	433	52,80	
35............	6,480	6,435	52,80	
	6,479	6,433	52,82	
T....	6,304	6,300	c de calibre. + 34	
			p_i......... + 36	
Moyenne...	6°,302		p_e......... − 94	
			52,58	

PESÉE N° 12.

30 décembre 1907, 9h 30m.

A = Ballon I + eau,

B = Ballon II + eau + 10 + 5 + 2 + 1 + 0,5 + 0,1 + 0,05 + 0,01.

				d	d		mg
T_h....	= 6°,010	A	B	41,55	42,52	I − II.......	18665,666
T_b....	= 6°,278	A	B + 0,002	60,27	60,17	c d'équilibre. −	0,718
H_0....	= 737mm,05	B	A	54,49	55,09	P.......... +	11,454
f.....	= 73,8						
							18676,402

Masse d'eau dans I — Masse d'eau dans II = 6843mg,585.

30 déc. 1907. Heure.	Thermomètres. N° 14346.	N° 14347.	Lecture sur le tube capillaire.	Remarques.
h m			d	
10.35.........	6,270	6,225	54,00	$h = 6^{mm},8$
45.........	320	280	53,60	$H_0 = 737^{mm},3$
55.........	352	305	53,50	
11. 5.........	370	330	53,46	
15.........	365	325	53,75	
25.........	365	319	53,85	
35.........	362	318	53,95	
45.........	360	318	53,98	On remarque de petites
55.........	360	313	53,98	bulles d'air au col du ballon ;
12. 5.........	358	313	53,98	cette dernière série d'ob-
15.........	360	312	54,00	servations ne peut être uti-
25.........	6,357	6,312	54,00	lisée.
	6,350	6,306	53,84	
T....	6,177	6,174	c de calibre. + 34	
			p_i......... + 36	
Moyenne...	6°,176		p_e......... − 76	
			53,78	

EAU N° 6 PRIVÉE D'AIR.

3o déc. 1907. — Heure.	Thermomètres. N° 14346.	 N° 14347.	Lecture sur le tube capillaire.	Remarques.
3.25.............	$6,440$	$6,400$	$56,00$	$h = 6^{mm},8$
35.............	425	380	$55,60$	$H_0 = 736^{mm},6$
45.............	426	380	$55,40$	
55.............	420	375	$55,30$	
4.5.............	440	400	$55,00$	
15.............	440	395	$55,00$	
25.............	440	390	$55,00$	
35.............	465	415	$54,90$	
45.............	465	416	$55,00$	
55.............	465	416	$55,00$	
5.5.............	470	420	$55,00$	
15.............	$6,480$	$6,430$	$55,00$	
	$6,448$	$6,401$	$55,18$	
T.....	$6,274$	$6,267$	c de calibre. $+$ 34	
			p_i......... $+$ 37	
Moyenne...	$6°,270$		p_e.......... $-$ 79	
			$55,10$	

PESÉE N° 13.

31 décembre 1907, $9^h 30^m$.

A = Ballon I + eau,

B = Ballon II + eau + 10 + 5 + 2 + 1 + 0,5 + 0,1 + 0,05 + 0,005 + 0,002^s.

T_h.... $= 5°,668$	A	B	$50,13$ $46,85$	I -- II.......	$18662,681$	mg
T_b.... $= 5°,890$	A	B + 0,002	$67,14$ $68,74$	c d'équilibre. $-$	$0,358$	
H_0.... $= 734^{mm},22$	B	A	$43,39$ $40,37$	P........... $+$	$11,424$	
f..... $= 74,3$					$18673,747$	

Masse d'eau dans I — Masse d'eau dans II = $6840^{mg},930$.

31 déc. 1907. — Heure.	Thermomètres. N° 14346.	 N° 14347.	Lecture sur le tube capillaire.	Remarques.
10.30.............	$6,153$	$6,108$	$53,40$	$h = 6^{mm},8$
40.............	200	150	$53,00$	$H_0 = 734^{mm},2$
50.............	185	140	$53,20$	
11.0.............	172	130	$53,30$	
10.............	165	120	$53,25$	
20.............	240	195	$52,90$	
30.............	218	180	$53,05$	
40.............	217	165	$53,25$	
50.............	210	160	$53,30$	
12.0.............	205	160	$53,40$	
10.............	200	165	$53,45$	
20.............	$6,200$	$6,160$	$53,42$	
	$6,196$	$6,153$	$53,44$	
T....	$6,024$	$6,021$	c de calibre. $+$ 34	
			p_i......... $+$ 36	
Moyenne...	$6°,022$		p_e......... $-$ 91	
			$53,23$	

EAU N° 6 AÉRÉE.

1er janv. 1908. Heure.	Thermomètres. N° 14346.	N° 14347.	Lecture sur le tube capillaire.	Remarques.
h m			d	
10.25...........	6,100	6,050	58,60	$h = 6^{mm},8$
35...........	100	050	58,50	$H_0 = 736^{mm},0$
45...........	100	050	58,40	
55...........	110	060	58,25	
11. 5...........	112	063	58,20	Après les observations, je
15...........	115	066	58,20	remarque, au col du ballon,
25...........	120	070	58,30	de très petites bulles dont
35...........	118	070	58,36	j'estime le volume total
45...........	120	066	58,45	à $0^d,3$.
55...........	112	065	58,50	
12. 5...........	110	065	58,50	
15...........	6,110	6,060	58,50	
	6,111	6,061	58,40	
T....	5,940	5,930	Bulles...... — 30	
			c de calibre. -+ 34	
Moyenne...		5°,935	p_i.......... -+ 39	
			p_e.......... — 82	
			58,01	

PESÉE N° 14.

1er janvier 1908, 3b.

A = Ballon I + eau,
B = Ballon II + eau + 10 + 5 + 2 + 1 + 0,5 + 0,1 + 0,05 + 0,005.

			d	d		mg
T_h....	= 6°,847	A B	56,80	53,33	I — II......,	18660,659
T_b....	= 6°,348	A+0,002 B	36,21	37,25	c d'équilibre. —	0,41
H_0....	= 736mm,09	B A	48,34	46,96	P.......... +	11,316
f.....	= 73,8					18671,561

Masse d'eau dans I — Masse d'eau dans II = $6838^{ms},744$.

2 janv. 1908. Heure.	Thermomètres. N° 14346.	N° 14317.	Lecture sur le tube capillaire.	Remarques.
h m			d	
9.25...........	5,370	5,330	58,00	$h = 1^{mm},8$
35...........	360	310	58,00	$H_0 = 740^{mm},6$
45...........	395	346	58,60	
55...........	390	340	58,70	
10. 5...........	400	345	58,50	J'estime le volume total
15...........	400	350	58,40	des bulles visibles à $1^d,0$
25...........	410	365	58,30	du tube capillaire.
35...........	425	370	58,20	
45...........	420	380	58,15	
55...........	430	384	58,20	
11. 5...........	430	382	58,20	
15...........	5,425	5,385	58,20	
	5,405	5,357	58,29	
T....	5,241	5,231	Bulles...... — 1,00	
			c de calibre. + 34	
Moyenne...		5°,236	p_i.......... + 39	
			p_e.......... — 60	
			57,42	

P. CHAPPUIS.

EAU N° 7 PRIVÉE D'AIR.

2 janv. 1908.	Thermomètres.		Lecture sur le tube capillaire.	Remarques.
Heure.	N° 14346.	N° 14347.		
h m			d	
2.40............	5,800	3,750	49,50	$h = 6^{mm},8$
50............	798	750	49,40	$H_0 = 740^{mm},8$
3. 0............	795	750	49,38	
10............	792	748	49,30	
20............	800	752	49,20	
30............	805	766	49,12	
40............	810	763	49,10	
50............	820	775	49,02	
4. 0............	800	750	49,30	
10............	805	756	49,25	
20............	800	753	49,20	
30............	5,800	5,750	49,20	
	5,802	5,755	49,25	
T....	5,634	5,626	c de calibre. + 33	
			p_i........ + 33	
Moyenne...	5°,630		p_e........ — 59	
			49,32	

PESÉE N° 15.

3 janvier 1908, 9h.

A = Ballon I + eau,
B = Ballon II + eau + 10 + 5 + 2 + 1 + 0,5 + 0,1 + 0,05 + 0,005 + 0,002*.

			d	d		mg
T_A.... = 4°,625	A	B	49,07	44,38	I — II.......	18662,681
T_b.... = 5°,035	A	B + 0,002	67,08	59,98	c d'équilibre. +	0,509
H_0.... = 741^{mm},15	B	A	54,55	55,61	P.......... +	11,571
f..... = 67,6						18674,761

Masse d'eau dans I — Masse d'eau dans II = 6841^{mg},944.

3 janv. 1908.	Thermomètres.		Lecture sur le tube capillaire.	Remarques.
Heure.	N° 14346.	N° 14347.		
h m			d	
10.25............	5,180	5,130	50,90	$h = 6^{mm},8$
35............	165	128	50,75	$H_0 = 741^{mm},5$
45............	165	126	50,60	
55............	166	130	50,50	
11. 5............	170	131	50,50	
15............	173	135	50,45	
25............	175	135	50,40	
35............	175	136	50,38	
45............	175	138	50,36	
55............	176	137	50,36	
12. 5............	177	140	50,36	
15............	5,177	5,138	50,36	
	5,173	5,134	50,49	
T....	5,010	5,010	c de calibre. + 34	
			p_i........ + 34	
Moyenne...	5°,010		p_e........ — 56	
			50,61	

EAU N° 7 AÉRÉE.

3 janv. 1908.	Thermomètres.		Lecture sur le tube capillaire.	Remarques.
Heure.	N° 14346.	N° 14347.		
$\overset{h}{3}.\overset{m}{15}$...........	5,206	5,162	$\overset{d}{52},40$	$h = 6^{mm},8$
25..........	200	155	52,50	$H_0 = 740^{mm},6$
35..........	200	160	52,60	
45..........	200	150	52,60	
55..........	195	150	52,70	
4. 5..........	195	150	52,70	
15..........	200	151	52,60	
25..........	204	152	52,52	Après la série d'observa-
35..........	206	160	52,50	tions, je remarque, à la
45..........	218	165	52,50	naissance du col, deux
55..........	226	185	52,50	petites bulles que j'estime
5. 5.....	5,230	5,195	52,50	à $0^d,2$ au maximum.
	5,207	5,160	52,55	
			Bulles...... − 20	
T....	5,045	5,035	r de calibre. + 34	
			p_i......... + 36	
Moyenne...	5°,040		p_e......... − 60	
			52,45	

PESÉE N° 16.

4 janvier, $10^h 40^m$.

A = Ballon I + eau,
B = Ballon II + eau + 10 + 5 + 2 + 1 + 0,5 + 0,1 + 0,05 + 0,005 + 0,002*.

T_h....	= 4°,938	A		B	$\overset{d}{43},32$	$\overset{d}{45},03$	I − II.......	$\overset{mg}{18662},681$
T_b....	= 4°,750	A		B + 0,002	62,62	63,64	c d'équilibre. +	0,968
H_0....	= 742^{mm},71	B		A	61,84	62,39	P........... +	11,614
f.....	= 63,7							18675,263

Masse d'eau dans I − Masse d'eau dans II = 6842^{mg},446.

Comme on a constaté la présence de bulles dans le ballon, on n'a pas fait la mesure du volume après la pesée; et l'on a utilisé les observations faites avant la pesée, en soustrayant le volume de la bulle, soit 0,2 division, de la lecture sur le tube capillaire.

P. CHAPPUIS.

EAU N° 8 PRIVÉE D'AIR.

5 janv. 1908.	Thermomètres.		Lecture sur le tube capillaire.	Remarques.
Heure.	N° 14346.	N° 14347.		
h m			d	
8.45............	4,390	4,345	59,90	$h = 6^{mm},8$
55............	395	340	59,40	$H_0 = 746^{mm},7$
9. 5............	352	310	59,80	
15............	320	290	60,05	
25............	420	388	58,80	
35............	400	360	59,00	
45............	370	340	59,30	
55............	490	445	57,80	
10. 5............	465	425	58,00	
15............	450	410	58,10	
25............	436	400	58,35	
35............	420	390	58,50	
45............	413	383	58,57	
55............	4,400	4,360	58,80	
	4,409	4,370	58,88	
T.....	4,255	4,249	c de calibre. + 34	
			p_i........ + 40	
Moyenne...		4°,252	p_e........ − 31	
			59,31	

PESÉE N° 17.

5 janvier 1908, $2^h 30^m$.

A = Ballon I + eau,
B = Ballon II + eau + 10 + 5 + 2 + 1 + 0,5 + 0,1 + 0,05 + 0,005 + 0,002*.

			d d		mg
T_h.... $= 5°,577$	A	B	56,48 56,02	$l − ll$.......	18662,681
T_b.... $= 4°,860$	A + 0,002	B	37,46 38,69	c d'équilibre. +	0,151
H_0.... $= 746^{mm},16$	B	A	58,58 59,28	P........ +	11,668
f..... $= 63.7$					18674,500

Masse d'eau dans I − Masse d'eau dans II = 6841^{ms},683.

5 janv. 1908.	Thermomètres.		Lecture sur le tube capillaire.	Remarques.
Heure.	N° 14346.	N° 14347.		
h m			d	
3.50............	4,720	4,680	54,95	$h = 6^{mm},8$
4. 0............	710	675	54,92	$H_0 = 746^{mm},3$
10............	750	715	54,40	
20............	750	705	54,50	
30............	748	705	54,50	
40............	745	706	54,40	
50............	760	710	54,35	
5. 0............	760	715	54,25	
10............	764	720	54,20	
20............	768	726	54,16	
30............	777	733	54,08	
40............	4,788	4,740	54,00	
	4,753	4,711	54,39	
T.....	4,594	4,589	c de calibre. + 34	
			p_i........ + 37	
Moyenne...		4°,591	p_e........ − 32	
			54,78	

EAU N° 8 AÉRÉE.

6 janv. 1908. — Heure.	Thermomètres. N° 14346.	Thermomètres. N° 14347.	Lecture sur le tube capillaire.	Remarques.
h m			d	
9.40............	4,605	4,570	55,00	$h = 6^{mm},8$
50............	662	628	54,20	$H_0 = 749^{mm},0$
10. 0............	662	631	54,06	
10............	668	638	54,00	
20............	689	649	53,87	
30............	680	648	53,95	
40............	680	647	53,95	
50............	690	645	53,90	
11. 0............	695	648	53,88	
10............	695	652	53,85	
20............	690	650	53,90	
30............	4,680	4,640	53,98	
	4,675	4,637	54,05	
T.....	4,516	4,514	c de calibre. + 34	
			p_i........ + 37	
Moyenne...	4°,515		p_e........ — 20	
			54,56	

PESÉE N° 18.

6 janvier 1908, 2ʰ.

A = Ballon I + eau,
B = Ballon II + eau + 10 + 5 + 2 + 1 + 0,5 + 0,1 + 0,05 + 0,005 + 0,002*.

			d	d		mg
T_h.... = 7°,082	A	B	37,71	36,66	I — II.......	18662,681
T_b.... = 5°,331	A	B + 0,002	54,98	55,39	c d'équilibre. +	2,966
H_0.... = 746^{mm},74	B + 0,002	A	70,65	72,07	P........... +	11,671
f..... = 65,7						18677,318

Masse d'eau dans I — Masse d'eau dans II = $6844^{mg},501$.

6 janv. 1908. — Heure.	Thermomètres. N° 14346.	Thermomètres. N° 14347.	Lecture sur le tube capillaire.	Remarques.
h m			d	
3.45............	5,140	5,090	50,20	$h = 6^{mm},8$
55............	120	074	50,10	$H_0 = 746^{mm},3$
4. 5............	135	095	50,00	
15............	150	112	49,95	
25............	165	130	49,90	
35............	180	135	49,70	
45............	182	130	49,70	
55............	182	140	49,85	
5. 5............	190	136	49,82	
15............	180	138	49,95	
25............	174	135	49,95	
35............	5,170	5,135	49,96	
	5,164	5,121	49,92	
T...	5,001	4,996	c de calibre. + 34	
			p_i........ + 34	
Moyenne...	4°,998		p_e........ — 32	
			50,28	

EAU N° 9 PRIVÉE D'AIR.

7 janv. 1908. — Heure.	Thermomètres. N° 14346.	N° 14347.	Lecture sur le tube capillaire.	Remarques.
h m			d	
2. 0...........	6,005	5,965	51,98	$h = 6^{mm},8$
10...........	010	973	51,80	$H_0 = 738^{mm},3$
20...........	012	975	51,65	
30...........	010	970	51,50	
40...........	010	970	51,50	
50...........	012	974	51,50	
3. 0...........	017	975	51,40	
10...........	017	980	51,40	
20.....:......	020	982	51,40	
30...........	026	990	51,40	
40...........	030	994	51,38	
50...........	033	995	51,40	
4. 0...........	035	996	51,40	
25...........	6,030	5,997	51,50	
	6,019	5,981	51,51	
T...	5,850	5,851	c de calibre. + 34	
			p_i......... + 35	
Moyenne...	5°,850		p_e........ − 70	
			51,50	

PESÉE N° 19.

8 janvier 1908, 9h20m.

     A = Ballon I + eau,
     B = Ballon II + eau + 10 + 5 + 2 + 1 + 0,5 + 0,1 + 0,05 + 0,005 + 0,002*.

			d	d		mg
T_h ... = 4°,813	A	B	37,63	36,33	I − II	18662,681
T_b.... = 4°,564	A	B + 0,002	55,09	55,86	c d'équilibre . +	0,118
H_0.... = 724^{mm},22	B	A + 0,002	56,51	58,68	P........... +	11,335
f..... = 59,4						
						18674,134

Masse d'eau dans I — Masse d'eau dans II = 6841^{mg},317.

8 janv. 1908. — Heure.	Thermomètres. N° 14346.	N° 14347.	Lecture sur le tube capillaire.	Remarques.
h m			d	
2.10............	6,030	5,997	51,52	$h = 6^{mm},8$
20...........	048	6,000	51,50	$H_0 = 724^{mm},9$
30...........	053	6,010	51,60	
40...........	055	6,008	51,70	
50...........	046	6,000	51,90	
3. 0...........	042	6,000	51,95	
10...........	038	6,000	52,00	
20...........	028	5,995	52,00	
30...........	030	5,998	52,00	
40...........	050	6,000	51,95	
50...........	050	6,000	51,92	
4. 0...........	050	6,000	51,92	

8 janv. 1908. Heure.	Thermomètres. N° 14346.	N° 14347.	Lecture sur le tube capillaire.	Remarques.
h m				
4.10..........	6,025	5,980	52,05	
20..........	030	5,990	52,00	
30..........	6,036	6,000	51,98	
	6,042	5,998	51,87	
T.....	5,873	5,868	c de calibre. + 34	
			p_i......... + 35	
Moyenne...	5°,870		p_e......... – 1,33	
			51,23	

EAU N° 9 AÉRÉE.

9 janv. 1908. Heure.	Thermomètres. N° 11346.	N° 14347.	Lecture sur le tube capillaire.	Remarques.
h m				
9.35.........	6,060	6,025	57,80	$h = 6^{mm},8$
45.........	060	020	57,92	$H_0 = 724^{mm},1$
55.........	062	017	57,96	
10. 5.........	064	025	57,96	
15.........	075	035	57,96	
25.........	090	040	57,96	Je remarque au col du
35.........	100	050	57,95	ballon, après ces mesures,
45.........	105	060	58,00	de très petites bulles dont
55.........	112	062	58,00	j'estime le volume total à
11. 5.........	120	073	58,10	0,1 de division au maxi-
15.........	090	040	58,40	mum.
25.........	6,080	6,035	58,50	
	6,085	6,040	58,04	
T.....	5,916	5,912	Bulles...... — 10	
			c de calibre. + 34	
Moyenne...	5°,914		p_i......... + 39	
			p_e......... — 1,37	
			57,30	

PESÉE N° 20.

9 janvier 1908, 3h 10m.

A = Ballon 1 + eau,
B = Ballon II + eau + 10 + 5 + 2 + 1 + 0,5 + 0,1 + 0,05 + 0,005 + 0,002*.

	A	B			
$T_h.... = 6°,634$	A	B	65,68	65,00	I — II....... 18662,681
$T_h.... = 5°,808$	A + 0,002	B	45,44	46,45	c d'équilibre. — 1,831
$H_0.... = 726^{mm},01$	B	A + 0,002	49,66	50,40	P.......... + 11,312
$f..... = 64,4$					
					18672,162

Masse d'eau dans I — Masse d'eau dans II = 6839^{mg},345.

De nouvelles bulles s'étant séparées, il est impossible de faire la détermination du volume après la pesée.

EAU N° 10 PRIVÉE D'AIR.

10 janv. 1908. Heure.	Thermomètres. N° 14346.	N° 14347.	Lecture sur le tube capillaire.	Remarques.
h m			d	
9. 0............	6,610	6,566	50,80	$h = 6^{mm},8$
10............	595	550	51,20	$H_0 = 734^{mm},6$
20............	580	532	51,35	
30............	622	575	51,35	
40............	605	560	51,50	
50............	602	556	51,55	
10. 0............	600	554	51,60	
10............	610	560	51,60	
20............	605	560	51,60	
30............	620	572	51,50	
40............	610	565	51,50	
50............	6,630	6,580	51,52	
	6,598	6,552	51,42	
T.....	6,425	6,420	c de calibre. + 34	
			p_i .... + 35	
Moyenne ...	6°,422		p_e .... − 88	
			51,23	

PESÉE N° 21.

10 janvier 1908, 12ʰ.

A = Ballon I + eau,
B = Ballon II + eau + 10 + 5 + 2 + 1 + 0,5 + 0,1 + 0,05 + 0,005 + 0,002*.

			d	d		mg
T_h.... = 7°,925	A	B	35,51	35,55	I − II......	18662,681
T_b.... = 6°,540	A	B + 0,002	53,29	54,72	c d'équilibre. +	2,882
H_0.... = 736^{mm},45	B + 0,002	A	70,00	69,67	P........... +	11,466
f..... = 64,2						18677,029

Masse d'eau dans I − Masse d'eau dans II = 6844^{mg},212.

10 janv. 1908. Heure.	Thermomètres. N° 14346.	N° 14347.	Lecture sur le tube capillaire.	Remarques.
h m			d	
1.40............	6,795	6,750	53,50	$h = 6^{mm},8$
50............	795	748	53,50	$H_0 = 737^{mm},5$
2. 0............	796	749	53,55	
10............	796	750	53,52	
20............	795	748	53,60	
30............	793	748	53,60	
40............	790	748	53,60	
50............	788	740	53,65	
3. 0............	782	740	53,66	
10............	795	748	53,55	
20............	6,794	6,750	53,55	
	6,793	6,747	53,57	
T.....	6,618	6,615	c de calibre. + 34	
			p_i .... + 36	
Moyenne ...	6°,616		p_e .... − 74	
			53,53	

EAU N° 10 AÉRÉE.

11 janv. 1908. — Heure.	Thermomètres.		Lecture sur le tube capillaire.	Remarques.
	N° 14346.	N° 14347.		
h　m			d	
9.50............	6,120	6,090	63,15	$h = 6^{mm},8$
10. 0............	110	080	63,35	$H_0 = 748^{mm},7$
10............	105	065	63,40	
20............	106	068	63,30	
30............	103	065	63,40	
40............	100	060	63,35	
50............	103	060	63,35	
11. 0............	102	062	63,35	Aucune bulle n'est visible.
10............	103	063	63,32	
20............	103	064	63,30	
30............	6,103	6,060	63,30	
	6,105	6,067	63,32	
T.....	5,934	5,936	c de calibre. ＋ 32	
			p_i......... ＋ 43	
Moyenne...		5°,935	p_e......... — 21	
			63,86	

PESÉE N° 22.

11 janvier 1908, $2^h 15^m$.

A = Ballon I + eau,
B = Ballon II + eau + 10 + 5 + 2 + 1 + 0,5 + 0,1 + 0,05.

				d	d		mg
T_h....	= 7°,266	A	B	61,52	60,06	I — II.......	18655,638
T_b....	= 6°,053	A + 0,002	B	42,35	43,05	c d'équilibre. —	0,654
H_0....	= 748^{mm},73	B + 0,002	A	53,48	55,04	P........... ＋	11,655
f.....	= 60,1						18666,639

Masse d'eau dans I — Masse d'eau dans II = 6833^{mg},822.

11 janv. 1908. — Heure.	Thermomètres.		Lecture sur le tube capillaire.	Remarques.
	N° 14346.	N° 14347.		
h　m			d	
3.20............	6,105	6,065	64,00	$h = 6^{mm},8$
30............	100	065	63,95	$H_0 = 748^{mm},7$
40............	105	065	63,75	
50............	105	065	63,60	
4. 0............	115	080	63,36	
10............	120	080	63,40	Pas de bulles visibles.
20............	130	090	63,35	
40............	140	100	63,30	
50............	120	090	63,50	
5. 0............	6,110	6,065	63,60	
	6,115	6,076	63,58	
T.....	5,944	5,945	c de calibre. ＋ 32	
			p_i......... ＋ 43	
Moyenne...		5°,944	p_e........ — 21	
			64,12	

Calcul des expériences.

Les pesées ayant fourni les différences

Masse d'eau dans I — Masse d'eau dans II,

on peut en déduire la masse de l'eau contenue dans le ballon II si l'on connaît
celle que renferme le ballon I. Comme je l'ai indiqué page 15, la masse d'eau du
ballon I a varié un peu dans le cours des mesures. En admettant que la perte
de masse, due à l'évaporation, est proportionnelle au temps, j'ai obtenu le
coefficient

Perte par heure = $0^{mg},00295$

qui a servi à calculer le Tableau suivant :

				Masse d'eau	
Date.	Heure.	Durée.	Perte.	dans ballon I.	dans ballon II.
	h m	h m	mg		
17 déc.	9. 0	0. 0	0,000	533 143,812	mg
18 »	8.50	23.50	0,071	143,741	526269,80
19 »	11. 0	52	0,154	143,658	287,63
20 »	2	77	0,227	143,585	292,69
21 »	2.20	111.20	0,329	143,483	294,44
23 »	9.10	144.10	0,426	143,386	298,06
24 »	9.50	168.50	0,499	143,313	283,86
26 »	9.30	216.30	0,639	143,173	295,02
27 »	3.40	246.40	0,728	143,084	295,09
29 »	10. 0	289	0,853	142,959	290,41
30 »	9.30	312.30	0,923	142,889	299,30
31 »	9.30	336.30	0,993	142,819	301,89
1 janv.	3. 0	366	1,080	142,732	303,99
3 »	9. 0	408	1,205	142,607	300,66
4 »	10.40	433.40	1,281	142,531	300,09
5 »	2.30	461.30	1,363	142,449	300,77
6 »	2	485	1,432	142,380	297,88
8 »	9.20	528.20	1,560	142,252	300,93
9 »	3.10	558.10	1,648	142,164	302,82
10 »	12	579	1,710	142,102	297,89
11 »	2.15	615.15	1,810	533 142,002	526308,18

Si l'on désigne par D_T la densité de l'eau à la température T et par M la masse
d'eau renfermée dans le ballon II, les quantités $\frac{M}{D_T}$ représenteront les volumes
occupés par l'eau privée d'air dans les expériences effectuées à la température T.
Or, on a déterminé dans chacune des expériences la position du ménisque par
rapport aux traits de la division tracée sur le tube capillaire. On pourra donc
déduire de chacune des observations faites sur l'eau privée d'air la capacité
du ballon II, jusqu'à un même trait de la division. Prenons le trait 50 comme

limite; soient V_0 la capacité ainsi définie du ballon II à $0°$, γ le coefficient moyen de dilatation cubique du verre dur entre $0°$ et T; enfin désignons par ε l'excès de volume observé par rapport au trait 50.

Nous aurons alors

$$V_0(1 + \gamma T) + \varepsilon = \frac{M}{D_T},$$

d'où l'on calculera la valeur

$$V_0 = \frac{\dfrac{M}{D_T} - \varepsilon}{1 + \gamma T},$$

qui correspond à chacune des observations ([1]).

En appliquant le même calcul aux observations faites sur l'eau aérée, on obtiendra une valeur V'_0 un peu différente.

La différence entre les densités de l'eau privée d'air et de l'eau aérée a pour expression

$$\frac{V_0 - V'_0}{V_0}.$$

Le Tableau suivant résume toutes les expériences.

[J'ai indiqué page 10 le coefficient de la dilatation cubique du verre dur dont j'ai fait usage; pour le calcul de la densité de l'eau D_T, on peut utiliser indifféremment la Table des *Travaux et Mémoires* (t. XIII, p. D.40), ou les Tables de M. Thiesen ([2]).]

Date.	T.	Excès sur 50⁴		$\dfrac{M}{D_T}$		Moyennes.
		en divisions.	en microlitres. (ε).	$\dfrac{1}{1 + \gamma T}$.		
17 déc.	8,414	+ 2,70	+ 1,85	526 252,22	$V_0 = 526$ 250,37	526 250,25
18 »	7,462	— 24,51	— 16,81	233,33	250,14	
18 »	7,605	+ 7,65	+ 5,25	253,48	$V'_0 = 526$ 248,23	248,26
19 »	7,305	+ 0,66	+ 0,45	248,74	248,29	
20 »	7,020	— 1,11	— 0,76	249,80	$V_0 = 526$ 250,56	250,68
20 »	7,213	+ 2,36	+ 1,62	252,43	250,81	
21 »	7,023	+ 3,47	+ 2,38	251,60	$V'_0 = 526$ 249,22	249,17
21 »	7,168	+ 6,45	+ 4,42	253,55	249,13	

([1]) Comme ε est une petite fraction du volume et comme $1 + \gamma T$ est très voisin de 1, on peut écrire

$$V_0 = \frac{\dfrac{M}{D_T}}{1 + \gamma T} - \varepsilon.$$

([2]) M. Thiesen, *Untersuchungen über die thermische Ausdehnung von festen und tropfbarflüssigen Körpern, ausgeführt durch M. Thiesen, K. Scheel und H. Diesselhorst (Wissenschaftliche Abhandlungen der physikalisch-technischen Reichsanstalt.* t. III, p. 68).

P. CHAPPUIS.

Date.	T.	Excès sur 50^d en divisions.	en microlitres. (ε).	$\dfrac{M}{\dfrac{D_T}{1+\gamma T}}$.		Moyennes.
	$^{\circ}$	div	λ	λ	λ	λ
22 déc.	7,219	+ 12,67	+ 8,69	526 257,91	$V_p = 526$ 249,22 ⎱	249,18
23 »	7,420	+ 17,22	+ 11,81	260,96	249,15 ⎰	
23 »	7,596	+ 3,34	+ 2,29	249,71	$V'_0 = 526$ 247,42 ⎱	247,12
24 »	7,226	− 4,39	− 3,01	243,81	246,82 ⎰	
25 »	7,097	+ 5,82	+ 3,99	253,18	$V_0 = 526$ 249,19 ⎱	526 249,05
26 »	6,916	+ 2,76	+ 1,89	250,81	248,92 ⎰	
27 »	6,639	+ 2,57	+ 1,76	247,89	($V'_0 = 526$ 246,13) ⎱	526 246,09
28 »	6,316	− 1,49	− 1,02	245,04	(246,06) ⎰	
28 »	6,732	− 6,61	− 4,53	244,15	$V_0 = 526$ 248,68 ⎱	248,62
29 »	6,232	− 12,78	− 8,77	239,79	248,56 ⎰	
29 »	6,302	+ 2,58	+ 1,77	249,20	$V'_0 = 526$ 247,43 ⎱	246,54
30 »	6,176	+ 3,78	+ 2,59	248,25	245,66 ⎰	
30 »	6,270	+ 5,10	+ 3,50	251,58	$V_0 = 526$ 248,08 ⎱	247,93
31 »	6,022	+ 3,23	+ 2,22	250,00	247,78 ⎰	
1 janv.	5,935	+ 8,01	+ 5,49	251,68	$V'_0 = 526$ 246,19 ⎱	245,81
1 »	5,236	+ 7,42	+ 5,09	250,52	245,43 ⎰	
2 »	5,630	− 0,68	− 0,47	247,35	$V_0 = 526$ 247,82 ⎱	247,53
3 »	5,010	+ 0,61	+ 0,42	247,67	247,25 ⎰	
3 »	5,040	+ 2,45	+ 1,68	246,94	$V'_0 = 526$ 245,26 ⎱	245,26
5 »	4,252	+ 9,31	+ 6,39	252,41	$V_0 = 526$ 246,02 ⎱	246,23
5 »	4,591	+ 4,78	+ 3,28	249,72	246,44 ⎰	
6 »	4,515	+ 4,56	+ 3,13	247,36	$V'_0 = 526$ 244,23 ⎱	244,46
6 »	4,998	+ 0,28	+ 0,19	244,89	244,70 ⎰	
7 »	5,850	+ 1,50	+ 1,03	248,31	$V_0 = 526$ 247,28 ⎱	247,39
8 »	5,870	+ 1,23	+ 0,84	248,35	247,51 ⎰	
9 »	5,914	+ 7,30	+ 5,01	250,41	$V'_0 = 526$ 245,40 ⎱	245,40
10 »	6,422	+ 1,23	+ 0,84	248,69	$V_0 = 526$ 247,85 ⎱	247,95
10 »	6,616	+ 3,53	+ 2,42	250,47	248,05 ⎰	
11 »	5,935	+ 13,86	+ 9,51	255,87	$V' = 526$ 246,36 ⎱	526 246,33
11 »	5,944	+ 14,12	+ 9,68	526 255,98	246,30 ⎰	

Résultats.

Eaux. — Numéros.	$V_0 - V'_0$.	$\dfrac{V_0 - V'_0}{V_0}$.	Erreurs résiduelles $O - C$
	λ		
1	+ 1,99	$3,78 \times 10^{-6}$	$+ 0,11 \times 10^{-6}$
2	+ 1,51	2,87	− 0,80
3	+ 2,06	3,91	+ 0,24
4	(+ 2,96)	(5,62)	
5	+ 2,08	3,95	+ 0,28
6	+ 2,12	4,02	+ 0,35
7	+ 2,27	4,31	+ 0,64
8	+ 1,77	3,36	− 0,31
9	+ 1,99	3,78	+ 0,11
10	+ 1,62	3,08	− 0,59

Moyenne. $3,67 \times 10^{-6}$

On a constaté la présence de bulles d'air pendant les mesures des volumes de l'eau aérée n° 4, dont le résultat s'écarte notablement de la moyenne. Cette raison paraît suffisante pour exclure cette observation.

Comme je l'ai indiqué dans l'Introduction, page 5, on ne peut douter que la même cause d'erreur n'affecte plus ou moins quelques-unes des autres mesures dont la moyenne générale est

$$\frac{V_0 - V_0'}{V_0} = 3,7 \times 10^{-5}.$$

On peut donc considérer ce résultat comme représentant une limite supérieure de la variation de densité de l'eau produite par sa saturation d'air à la température moyenne de 6°.

DÉTERMINATION PAR LA MÉTHODE DES PESÉES HYDROSTATIQUES.

Description des appareils et détails de la méthode.

Appareils. — Deux ballons de verre dur, semblables à ceux dont on a fait usage dans les mesures que je viens de décrire, mais sans tube capillaire, ont servi à constituer les corps destinés aux pesées hydrostatiques.

La figure 5 représente ces deux corps chargés d'une masse de mercure excédant d'une centaine de grammes la poussée de l'eau (*fig.* 5).

L'un des ballons porte, fixée à son col, une lame de nickel présentant des

Fig. 5.

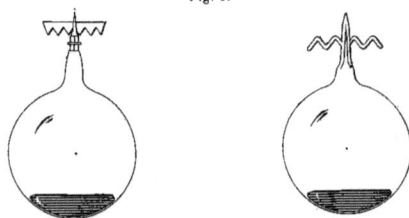

Corps de verre dur pour les pesées hydrostatiques.

encoches destinées à retenir les branches de l'étrier auquel il est suspendu durant les pesées. Une tige de verre recourbée en zigzag, adaptée à l'autre ballon, remplit le même rôle que la lame de nickel.

Avant de fermer ces ballons à la lampe d'émailleur, on a eu soin de faire le vide à l'intérieur, afin d'éviter les variations de volume que le ballon rempli d'air aurait subies par les changements de la pression intérieure sous l'influence des variations de la température. Les variations de la pression intérieure étant ainsi éliminées, il restait à étudier l'influence de la pression extérieure sur le volume des corps. J'ai procédé à cette étude après avoir adapté aux ballons des tubes capillaires de capacité connue, en suivant la méthode décrite page 8 (*fig.* 2), à propos des mesures analogues exécutées sur le ballon II.

J'ai obtenu ainsi, par deux séries d'observations sur le corps I avec lame de nickel :

$$\frac{\Delta V_I}{\Delta P} = 0,0473 \text{ microlitre par millimètre de mercure.}$$

Pour le corps II, entièrement en verre, utilisé dans la deuxième série de pesées hydrostatiques, j'ai trouvé

$$\frac{\Delta V_{II}}{\Delta P} = 0,0536 \text{ microlitre par millimètre de mercure.}$$

On peut faire à l'emploi de la méthode des pesées hydrostatiques pour la détermination de la densité de l'eau privée d'air une objection sérieuse : c'est que, l'eau étant en contact avec l'air par sa surface libre, il est impossible d'éviter l'absorption de l'air par les couches supérieures. On ne dispose donc dans les conditions ordinaires, pour effectuer les pesées dans l'eau privée d'air, que d'un temps assez court, tandis qu'il convient, pour mesurer exactement les températures et pour exécuter dans de bonnes conditions des mesures si délicates, de n'être pas limité par le temps.

J'ai cherché à réaliser des conditions plus favorables en séparant, autant que le permettaient les circonstances, la couche d'eau voisine de la surface de celles, plus profondes, dans lesquelles se trouvait le corps immergé.

La figure 6 représente l'ensemble de l'installation pour les pesées hydrostatiques; la figure 7 donne le détail de la partie supérieure de l'appareil. Celui-ci est constitué par un cylindre de verre de 50^{cm} de hauteur et de 28^{cm} de diamètre, à l'intérieur duquel le vase des pesées, également en verre, de 17^{cm} de diamètre intérieur et 30^{cm} de hauteur, est maintenu par un collier de bois qui s'appuie sur le bord supérieur de l'enveloppe.

Un tambour cylindrique E de laiton, dont la figure 7 représente une coupe verticale, est disposé à 2^{cm},5 au-dessous du bord supérieur du vase, qu'il obture à peu près complètement sur une hauteur de 7^{cm} environ. Il laisse cependant libre passage au fil de suspension par un tube central de 2^{cm} de diamètre, et, par deux tubes étroits, aux deux thermomètres de précision qui servent à mesurer la température de l'eau.

L'eau privée d'air, qui se trouve au-dessous de cet écran, ne communique avec la surface que par ces ouvertures et par l'espace étroit compris entre la paroi du vase et le tambour cylindrique de métal. La surface extérieure du tambour et toutes les pièces accessoires qui sont en contact avec l'eau sont fortement dorées; les tubes qui le traversent sont en argent.

Un support S, traversant le tambour à quelques centimètres de son axe, sert à maintenir une tige de nickel, dont la partie inférieure est munie d'une fourchette f de même métal. Cette pièce est disposée de telle manière qu'on puisse, en élevant la tige, saisir le corps au moyen de la fourchette et décharger ainsi l'étrier t sans entraver les oscillations de celui-ci. Ce mécanisme a permis d'appliquer la méthode de la double pesée. En faisant tourner de 180° l'étrier libéré et en abaissant la fourche, on pouvait, en outre, déposer le corps sur le support annulaire de nickel placé au fond du vase. Il eût été dangereux, en effet, de

Fig. 6.

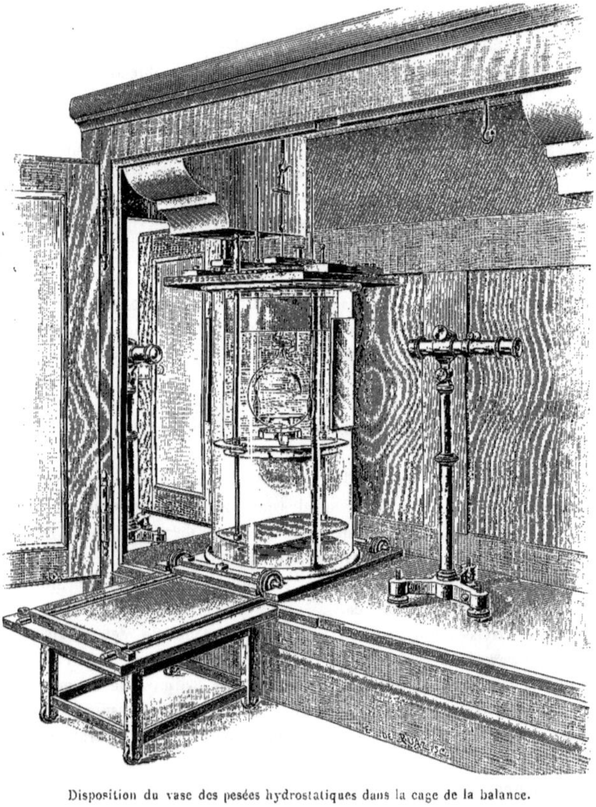

Disposition du vase des pesées hydrostatiques dans la cage de la balance.

laisser le corps suspendu pendant le changement des eaux et les opérations préparatoires qui l'exposent à des secousses.

Dans les conditions ordinaires des mesures, le corps et l'écran étant immergés, le vase des pesées contenait environ 5ˡ d'eau, dont la surface dépassait l'écran de 1ᶜᵐ au minimum.

Le grand cylindre extérieur était aussi rempli d'eau. Un agitateur vertical A permettait d'obtenir l'uniformité de température dans ce bain, auquel sa grande masse assurait la constance indispensable. Comme la courbure des parois du vase et les défauts de la surface eussent rendu l'observation des thermomètres

Fig. 7.

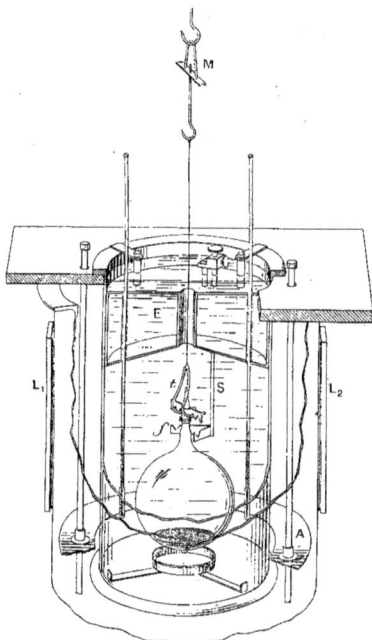

Détail de la partie supérieure du vase des pesées hydrostatiques.

très difficile, j'ai appliqué sur la paroi deux lames L$_1$, L$_2$ de glace taillée, jointées sur leur pourtour par un ruban de caoutchouc. Les glaces étaient fortement serrées sur le caoutchouc par des pièces de bois munies de brides et de tirants non représentés sur la figure. L'espace ouvert par le haut, compris entre la paroi et la lame, formait une cuve qu'on remplissait d'eau. Deux petites lunettes, placées en face de ces fenêtres, servaient à l'observation des thermomètres.

Préparation des eaux. — Comme l'emploi de la méthode des pesées exige de grandes masses d'eau distillée et qu'il ne s'agit ici que de mesures relatives, je n'ai pas employé exclusivement de l'eau distillée dans l'appareil à réfrigérant d'argent, décrit à propos des expériences précédentes. Dans la plupart des cas, j'ai fait usage d'eau distillée du commerce de bonne qualité.

L'extraction de l'air avait lieu dans une bouteille à parois épaisses, de 10^l de capacité, dans laquelle on introduisait à peu près 8^l d'eau, et qu'on portait à la température de 50° environ.

On fermait alors la bouteille à l'aide d'un bon bouchon de caoutchouc muni d'une tubulure qu'on reliait à la trompe à eau. L'ébullition provoquée par l'abaissement de la pression était entretenue pendant près d'une heure, tandis qu'on favorisait la formation des bulles par des coups répétés, frappés sur les parois de la bouteille. L'opération terminée, on fermait la bouteille sous le vide en pinçant le caoutchouc, et l'on ramenait sa température à celle du laboratoire en la plaçant sous un filet d'eau.

Remplissage du vase des pesées par l'eau privée d'air. — J'ai procédé de diffé-rentes manières à ce remplissage. Dans les premières expériences, l'eau privée d'air a été introduite sous le vide dans le vase qu'on avait placé sous une grande cloche pneumatique. Celle-ci portait à sa partie supérieure une tubulure, ad-mettant au travers d'un bouchon de caoutchouc, d'une part le tube de commu-nication avec la pompe, d'autre part l'extrémité d'un tube de verre relié à la bouteille d'eau privée d'air, qu'on maintenait renversée. Lorsque le vide avait été poussé aussi loin que possible, on ouvrait la pince qui fermait la bouteille, et l'eau privée d'air s'écoulait dans le vase des pesées sans entrer en contact avec l'air extérieur.

La rupture accidentelle de la cloche m'obligea à adopter dans la suite un pro-cédé de déplacement qui a l'avantage d'être plus simple et d'exiger moins de manipulations.

Avant de procéder à l'ébullition de l'eau pour en chasser l'air, on avait intro-duit dans la bouteille de 10^l un tube de verre traversant le bouchon et plongeant jusqu'à 1^{cm} du fond. Ce tube, fermé par un tuyau de caoutchouc pincé, con-stitue la branche supérieure d'un siphon dont la branche inférieure pénètre dans le vase des pesées, traverse l'écran par le canal réservé à l'un des thermo-mètres, et se termine à une très petite distance du fond.

Le vase des pesées renfermant encore l'eau qu'il s'agit de remplacer, on com-mence par porter la température de l'eau privée d'air à quelques degrés au-dessous de celle de l'eau du vase, afin de lui donner une densité un peu plus forte.

Cette condition étant remplie, on laisse pénétrer l'air au-dessus de l'eau privée d'air, et, desserrant la pince, on amorce le siphon. L'eau privée d'air, prise au fond de la bouteille, est alors entraînée vers le fond du vase des pesées, où elle quitte le siphon et, se répandant horizontalement, déplace peu à peu l'eau qui s'y trouvait. L'eau déplacée, dont le niveau s'élève et qui finirait par déborder, est enlevée par aspiration près du bord supérieur du vase. Comme la bouteille renferme un excédent d'eau privée d'air, on peut effectuer le remplacement d'une manière complète, sans emprunter à la bouteille la couche d'eau voisine de la surface, restée quelque temps en contact avec l'air.

Après avoir rempli le vase, on le replace dans le bain. Un petit chariot monté sur rails permet d'amener le vase dans la position précise qu'il doit occuper dans la cage inférieure de la balance.

Fil de suspension. — Le fil de suspension en platine iridié a un diamètre de trois dixièmes de millimètre environ. On l'a recouvert d'une couche de noir de platine, comme je l'ai indiqué dans la relation des pesées hydrostatiques relatives aux cubes de verre ([1]). Cette opération a dû être renouvelée de temps en temps.

Pour faciliter les manipulations et achever le réglage en hauteur et en direction de l'étrier qui porte le corps, on a suspendu le fil de platine à la balance par l'intermédiaire d'un crochet vissé dans un petit étrier M (*fig. 7*).

Aération de l'eau. — Après l'achèvement des pesées relatives à l'eau privée d'air, on détachait le corps de manière à le laisser reposer sur le support annulaire, et l'on enlevait l'écran avec l'étrier. On injectait alors dans l'eau, à l'aide d'un tube effilé, de l'air emprunté au laboratoire et qu'on avait filtré en le faisant passer à travers un tampon d'ouate. On avait soin d'ailleurs, avant et pendant cette opération, d'éviter toute cause d'altération de l'air du laboratoire. L'aération de l'eau était généralement effectuée pendant une nuit.

Les bulles qui s'étaient déposées pendant l'aération sur le corps immergé étaient soigneusement enlevées en soulevant le ballon hors de l'eau et en l'y introduisant avec précaution; puis on replaçait l'écran et l'on remettait le vase en place pour procéder aux pesées.

On sait que des bulles d'air se dégagent de préférence sur les arêtes vives des corps métalliques plongés dans l'eau. J'ai constaté effectivement à deux reprises que, malgré les précautions prises d'arrondir les angles de la lame de nickel qui faisait partie du premier corps, des bulles avaient dû s'y déposer; c'est en vue d'éviter cet inconvénient que j'ai employé le deuxième corps, tout en verre, qui ne présentait aucune arête vive, et qu'on pouvait nettoyer parfaitement.

([1]) *Travaux et Mémoires*, t. XIV, p. 62.

Pesées hydrostatiques. — J'ai procédé aux pesées des corps dans l'eau de la manière décrite à propos des pesées relatives aux cubes de verre (*Travaux et Mémoires*, t. XIV, p. 64). Le corps étant suspendu au plateau gauche de la balance de Rueprecht de 5^{kg} de portée, mentionnée dans la première Partie de ce travail (p. 13), on établissait l'équilibre au moyen d'une tare. La position d'équilibre déterminée, on ajoutait une surcharge de 2^{mg} sur l'un des plateaux, afin de mesurer la sensibilité; puis, relevant la fourche, on libérait l'étrier et rétablissait l'équilibre en ajoutant sur le plateau gauche une masse déterminée équivalant à la masse apparente du corps dans l'eau. Ces observations étaient répétées dans l'ordre inverse.

Les thermomètres étaient observés immédiatement avant, après la pesée et au milieu de celle-ci.

J'ai fait usage des séries de poids de nickel dont les valeurs ont été indiquées page 13.

Expériences.

Les données expérimentales des pesées sont résumées dans les pages suivantes :

T_{air} désigne la température, réduite à l'échelle normale, de l'air dans la cage supérieure de la balance;

T_{eau} la température moyenne de l'eau, réduite à l'échelle normale, mesurée au niveau moyen du corps immergé;

H_0 la pression barométrique moyenne, réduite à $0°$ et à la pesanteur normale, correspondant à la pesée;

f l'humidité relative de l'air;

P la correction de poussée.

Les deux positions d'équilibre correspondant aux charges A, $A - 0,002$ et B sont indiquées en divisions de l'échelle de la balance.

RÉSUMÉ DES OBSERVATIONS.

PESÉES DU CORPS I.

Première eau privée d'air.

1er février 1908, 11^{h}15^m.   N° **1.**

A = Corps I + étrier dans l'eau,
B = Étrier dans l'eau $+(100 + 20 + 5 + 2 + 0,2 + 0,2^* + 0,05 + 0,01)$ dans l'air.

T_{air}... = $8°,182$	A	$46,41$	$42,81$	A	$127\,464,205$
T_{eau}.. = $7°,341$	$A - 0,002$	$62,38$	$61,96$	c d'équilibre. —	$0,502$
H_0.... = $733^{mm},80$	B	$57,78$	$57,95$	P........... —	$17,595$
f..... = $55,3$				Masse apparente dans l'eau......	$127\,446,108$

Première eau privée d'air.

1er février 1908, 2h 20m.   N° **2.**

Mêmes charges.

		^{d}	^{d}		^{mg}
T_{air}... $= 8'',444$	A	41,26	36,30	A	127 464,205
T_{eau}... $= 7°,433$	A — 0,002	57,47	55,07	c d'équilibre . +	1,424
H_0.... $= 733^{mm},51$	B	50,99	50,91	P .... —	17,570
f.... $= 55,6$					

Masse apparente dans l'eau...... 127 448,059

Première eau privée d'air.

1er février 1908, 3h 30m.   N° **3.**

Mêmes charges.

		^{d}	^{d}		^{mg}
T_{air}... $= 8°,310$	A	41,81	38,46	A	127 464,205
T_{eau}... $= 7°,464$	A — 0,002	58,32	57,52	c d'équilibre . +	2,207
H_0.... $= 733^{mm},64$	B	58,82	59,80	P .... —	17,582
f.... " $= 56,3$					

Masse apparente dans l'eau...... 127 448,830

Première eau privée d'air.

3 février 1908, 11h.   N° **4.**

A = Corps I + étrier dans l'eau.
B = Étrier dans l'eau + (100 + 20 + 5 + 0,2 + 0,2* + 0,05 + 0,005) dans l'air.

		^{d}	^{d}		^{mg}
T_{air}... $= 7°,456$	A	59,70	63,65	A	127 459,198
T_{eau}... $= 6°,977$	A + 0,002	42,24	46,32	c d'équilibre . —	1,811
H_0.... $= 742^{mm},90$	B	45,36	47,09	P .... —	17,861
f.... $= 53,0$					

Masse apparente dans l'eau...... 127 439,526

Cette pesée a été faite pour voir si l'eau privée d'air protégée par l'écran a absorbé de l'air en quantité notable pendant les 48 heures de son séjour dans le vase. Après la pesée, j'ai insufflé de l'air dans la première eau.

Première eau aérée.

4 février 1908, 10h 10m.   N° **5.**

A = Corps I + étrier dans l'eau,
B = Étrier dans l'eau + (100 + 20 + 5 + 2 + 0,2 + 0,2* + 0,2* + 0,02 + 0,02* + 0,005) dans l'air.

		^{d}	^{d}		^{mg}
T_{air}... $= 5°,559$	A	42,32	42,67	A	127 449,300
T_{eau}... $= 6°,015$	A — 0,002	59,30	62,10	c d'équilibre . —	0,580
H_0.... $= 739^{mm},94$	B — 0,002	55,43	55,64	P .... —	17,917
f.... $= 48,3$					

Masse apparente dans l'eau...... 127 430,803

XIV.   D.7

P. CHAPPUIS.

Première eau aérée.

4 février 1908, 12ʰ.   N° **6.**

Mêmes charges.

		^{d}	^{d}		mg
T_{air}... $= 6°,412$	A	46,98	45,73	A..........	127 449,300
T_{eau}... $= 5°,941$	A $-$ 0,002	64,48	63,51	c d'équilibre . $-$	0,514
H_0.... $= 740^{mm},51$	B $-$ 0,002	59,27	59,86	" P.......... $-$	17,875
f..... $= 47,9$					
				Masse apparente dans l'eau......	127 430,911

Première eau aérée.

4 février 1908, 3ʰ.   N° **7.**

Mêmes charges.

		^{d}	^{d}		mg
T_{air}... $= 7°,863$	A	46,41	41,33	A..........	127 449,300
T_{eau}... $= 5°,999$	A $-$ 0,002	62,57	61,22	c d'équilibre . $+$	0,227
H_0.... $= 740^{mm},99$	B $-$ 0,002	63,66	64,13	P.......... $-$	17,792
f..... $= 47,8$					
				Masse apparente dans l'eau......	127 431,735

Après ces pesées, j'ai retiré l'écran, soulevé le ballon hors de l'eau afin d'enlever les bulles qui auraient pu y adhérer, et remis tout en place. J'ai fait alors les pesées suivantes :

Première eau aérée.

5 février 1908, 3ʰ.   N° **8.**

Mêmes charges.

		^{d}	^{d}		mg
T_{air}... $= 7°,126$	A	59,92	58,82	A..........	127 449,300
T_{eau}... $= 5°,613$	A $+$ 0,002	41,34	42,51	c d'équilibre . $-$	1,319
H_0.... $= 749^{mm},03$	B	48,16	48,09	P.......... $-$	18,034
f..... $= 47,6$					
				Masse apparente dans l'eau......	127 429,947

Première eau aérée.

5 février 1908, 4ʰ 55ᵐ.   N° **9.**

Mêmes charges.

		^{d}	^{d}		mg
T_{air}... $= 6°,922$	A	58,92	57,33	A..........	127 449,300
T_{eau}... $= 5°,704$	A $+$ 0,002	40,63	42,01	c d'équilibre . $-$	0,997
H_0.... $= 749^{mm},77$	B	49,55	50,33	P.......... $-$	18,066
f..... $= 47,3$					
				Masse apparente dans l'eau......	127 430,237

Deuxième eau privée d'air.

7 février 1908, 11h35m.   N° 10.

Mêmes charges.

		d	d		mg
T_{air}...	$= 6°,627$	A	49,49	44,95	A............	127 449,300
T_{eau}...	$= 5°,286$	A — 0,002	65,23	65,03	c d'équilibre. —	2,616
H_0....	$= 755^{mm},26$	B — 0,002	42,88	42,89	P............ —	18,223
f.....	$= 41,1$					

Masse apparente dans l'eau...... 127 428,461

Deuxième eau privée d'air.

7 février 1908, 2h30m.   N° 11.

Mêmes charges.

		d	d		mg
T_{air}...	$= 7°,102$	A	41,29	39,75	A............	127 449,300
T_{eau}...	$= 5°,374$	A — 0,002	58,38	59,08	c d'équilibre. —	2,227
H_0....	$= 753^{mm},59$	B — 0,002	39,07	38,73	P............ —	18,149
f.....	$= 44,2$					

Masse apparente dans l'eau...... 127 428,924

Deuxième eau privée d'air.

7 février 1908, 5h.   N° 12

Mêmes charges.

		d	d		mg
T_{air}...	$= 6°,887$	A	37,82	37,24	A............	127 449,300
T_{eau}...	$= 5°,528$	A — 0,002	54,61	56,39	c d'équilibre. —	2,180
H_0....	$= 753^{mm},47$	B — 0,002 — 0,001	44,83	45,84	P............ —	18,159
f.....	$= 46,0$					

Masse apparente dans l'eau...... 127 428,961

Deuxième eau privée d'air.

8 février 1908, 9h50m.   N° 13.

Mêmes charges.

		d	d		mg
T_{air}...	$= 5°,225$	A	39,14	39,38	A............	127 449,300
T_{eau}...	$= 5°,380$	A — 0,002	56,94	58,56	c d'équilibre. —	2,771
H_0....	$= 751^{mm},45$	B — 0,002 — 0,002*	51,22	50,72	P............ —	18,220
f.....	$= 48,1$					

Masse apparente dans l'eau...... 127 428,309

L'eau privée d'air, restée dans la bouteille de 10¹, a été aérée et a servi aux premières pesées avec la deuxième eau aérée. Le remplissage a été effectué par la méthode de déplacement décrite page 45 à propos de l'eau privée d'air, afin d'éviter de mettre le corps immergé en contact avec l'air.

Deuxième eau aérée.

10 février 1908, $11^h 40^m$.   N° **14.**

Mêmes charges.

T_{air} = 6°,409	A − 0,002	$\overset{d}{46,78}$	$\overset{d}{48,52}$	A..........	$\overset{mg}{127\,449,300}$
T_{eau} = 5°,870	A − 0,002 − 0,002	63,44	66,53	c d'équilibre. +	0,418
H_0.... = $749^{mm},57$	B − 0,002	51,70	51,18	P.......... −	18,092
f..... = 53,0					

Masse apparente dans l'eau......   127431,616

Deuxième eau aérée.

11 février 1908, $9^h 45^m$.   N° **15.**

Mêmes charges.

T_{air} = 5°,517	A − 0,002	$\overset{d}{58,65}$	$\overset{d}{59,59}$	A..........	$\overset{mg}{127\,499,300}$
T_{eau} = 5°,682	A	40,47	42,58	c d'équilibre. −	1,311
H_0.... = $752^{mm},88$	B − 0,002	47,71	48,06	P.......... −	18,228
f..... = 53,0					

Masse apparente dans l'eau......   127429,761

Deuxième eau aérée.

11 février 1908, 12^h.   N° **16.**

Mêmes charges.

T_{air} = 6°,789	A	$\overset{d}{44,41}$	$\overset{d}{43,13}$	A..........	$\overset{mg}{127\,449,300}$
T_{eau} = 5°,663	A − 0,002	61,97	60,22	c d'équilibre. −	0,918
H_0.... = $752^{mm},40$	B − 0,002	53,41	53,35	P.......... −	18,134
f..... = 51,7					

Masse apparente dans l'eau......   127430,248

Deuxième eau aérée.

11 février 1908, $3^h 15^m$.   N° **17.**

Mêmes charges.

T_{air} = 6°,911	A	$\overset{d}{38,51}$	$\overset{d}{38,55}$	A..........	$\overset{mg}{127\,449,300}$
T_{eau} = 5°,793	A − 0,002	57,15	56,52	c d'équilibre. −	0,505
H_0.... = $752^{mm},14$	B − 0,002	52,30	52,33	P.......... −	18,120
f..... = 51,7					

Masse apparente dans l'eau......   127430,675

La deuxième eau privée d'air ayant servi aux pesées n°s 10 à 13 inclus a été aérée et substituée à celle des pesées 14 à 17 en employant le même mode de remplissage que pour cette dernière eau. On fait alors les pesées suivantes :

Deuxième eau aérée.

12 février 1908, 3ʰ.   Nᵒ 18.

Mêmes charges.

T_{air}... $= 8°,352$ A $45,24$ $43,12$ A........... $127\,449,3oo$

T_{eau}... $= 5°,675$ A — 0,002 $63,33$ $60,01$ c d'équilibre. — $0,373$

H_0.... $= 750^{mm},16$ B — 0,002 $58,39$ $58,57$ P........... — $17,978$

f..... $= 5o,8$

Masse apparente dans l'eau...... $127\,43o,949$

Deuxième eau aérée.

12 février 1908, 5ʰ 5ᵐ.   Nᵒ 19.

Mêmes charges.

T_{air}... $= 8°,143$ A $36,14$ $33,88$ A........... $127\,449,3oo$

T_{eau}... $= 5°,926$ A — 0,002 $52,14$ $52,31$ c d'équilibre. + $0,467$

H_0.... $= 749^{mm},5o$ B — 0,002 $55,86$ $56,45$ P........... — $17,975$

f..... $= 51,7$

Masse apparente dans l'eau...... $127\,431,792$

La masse du corps I avait été déterminée les 14 et 15 août par deux pesées dans l'air. Comme cette masse n'a besoin d'être connue que d'une manière approchée, je n'indique ici que le résultat de ces pesées :

Masse du corps I $= 792\,678^{mg},891$.

PESÉES DU CORPS II.

Troisième eau privée d'air.

24 février 1908, 10ʰ 25ᵐ.   Nᵒ 20.

A = Corps II + étrier dans l'eau,
B = Étrier dans l'eau + (5o + 20 + 5 + 2 + o,1) dans l'air.

T_{air}... $= 8°,688$ A $74,94$ $77,00$ A........... $77\,106,475$

T_{eau}... $= 8°,368$ A + 0,002 $58,13$ $60,84$ c d'équilibre.. — $2,3o1$

H_0.... $= 731^{mm},92$ B $56,46$ $58,42$ P........... — $1o,635$

f..... $= 67,3$

Masse apparente dans l'eau...... $77\,093,539$

Troisième eau privée d'air.

25 février 1908, 9ʰ 45ᵐ.   Nᵒ 21.

A = Corps II + étrier dans l'eau,
B = Étrier dans l'eau + (5o + 20 + 5 + 2 + o,o5 + o,o2 + o,o1 + o,oo5) dans l'air.

T_{air}... $= 7°,721$ A $54,09$ $57,57$ A........... $77\,091,586$

T_{eau}... $= 7°,990$ A + 0,002 $33,19$ $38,48$ c d'équilibre.. + $2,oo3$

H_0.... $= 73o^{mm},73$ B + 0,002 $55,46$ $55,34$ P........... — $1o,654$

f..... $= 67,4$

Masse apparente dans l'eau...... $77\,082,935$

P. CHAPPUIS.

Troisième eau privée d'air.

N° **22.**

Mêmes charges.

		d	d		mg
T_{air}... $= 8°,056$	A	$61,77$	$60,45$	A............	$77\,091,586$
T_{eau}... $= 7°,960$	A $+ 0,002$	$43,18$	$43,31$	c d'équilibre.. $+$	$1,651$
H_0.... $= 731^{mm},52$	B $+ 0,002$	$57,85$	$57,46$	P............ $-$	$10,653$
f..... $= 67,6$					
				Masse apparente dans l'eau......	$77\,082,584$

Troisième eau privée d'air.

N° **23.**

Mêmes charges.

		d	d		mg
T_{air}... $= 8°,118$	A	$59,75$	$57,58$	A............	$77\,091,586$
T_{eau}... $= 7°,958$	A $+ 0,002$	$41,76$	$39,96$	c d'équilibre.. $+$	$1,994$
H_0.... $= 731^{mm},54$	B $+ 0,002$	$58,16$	$58,25$	P............ $-$	$10,651$
f..... $= 66,9$					
				Masse apparente dans l'eau......	$77\,082,992$

Troisième eau aérée.

N° **24.**

Mêmes charges.

		d	d		mg
T_{air}... $= 8°,191$	A	$43,35$	$39,44$	A............	$77\,091,586$
T_{eau}... $= 7°,785$	A $- 0,002$	$60,03$	$59,14$	c d'équilibre.. $-$	$0,870$
H_0.... $= 737^{mm},57$	B $- 0,002$	$52,09$	$51,61$	P............ $-$	$10,735$
f..... $= 67,6$					
				Masse apparente dans l'eau......	$77\,079,981$

Troisième eau aérée.

N° **25.**

Mêmes charges.

		d	d		mg
T_{air}... $= 8°,242$	A	$41,10$	$36,48$	A............	$77\,091,586$
T_{eau}... $= 7°,861$	A $- 0,002$	$57,33$	$54,81$	c d'équilibre.. $+$	$0,949$
H_0.... $= 738^{mm},63$	B	$47,02$	$46,58$	P............ $-$	$10,749$
f..... $= 68,2$					
				Masse apparente dans l'eau......	$77\,081,786$

Troisième eau aérée.

N° **26.**

Mêmes charges.

		d	d		mg
T_{air}... $= 7°,671$	A	$42,27$	$46,88$	A............	$77\,091,586$
T_{eau}... $= 7°,860$	A $- 0,002$	$61,13$	$65,96$	c d'équilibre.. $-$	$0,021$
H_0.... $= 737^{mm},88$	B	$44,83$	$43,93$	P............ $-$	$10,760$
f..... $= 68,6$					
				Masse apparente dans l'eau......	$77\,080,805$

Troisième eau aérée.

27 février 1908, 12^h.   N° 27.

Mêmes charges.

T_{air}... $= 7°,810$ A $53,81$ $54,37$ A............ $77\,091,586$ ^{mg}
T_{eau}... $= 7°,806$ A — $0,002$ $71,67$ $72,68$ c d'équilibre.. — $1,274$
H_0.... $= 737^{mm},32$ B — $0,002$ $60,49$ $61,35$ P............ — $10,746$
f..... $= 68,9$

                              Masse apparente dans l'eau.. ... $77\,079,566$

Quatrième eau privée d'air.

1er mars 1908, 3^h.   N° 28.

A = Corps II + étrier dans l'eau,
B = Étrier dans l'eau + ($50 + 20 + 5 + 2 + 0,05 + 0,02 + 0,005$).

T_{air}... $= 8°,118$ A $36,46$ $32,68$ A............ $77\,081,558$ ^{mg}
T_{eau}... $= 7°,365$ A — $0,002$ $52,51$ $50,52$ c d'équilibre.. + $2,047$
H_0.... $= 726^{mm},52$ B — $0,002$ $67,83$ $69,08$ P............ — $10,577$
f..... $= 64,5$

                              Masse apparente dans l'eau...... $77\,073,028$

Quatrième eau privée d'air.

1er mars 1908, 4^{h}45^m.   N° 29.

Mêmes charges.

T_{air}... $= 8°,098$ A $49,15$ $45,53$ A............ $77\,081,558$ ^{mg}
T_{eau}... $= 7°,432$ A — $0,002$ $65,77$ $64,40$ c d'équilibre.. + $3,392$
H_0.... $= 726^{mm},57$ B + $0,002$ $62,02$ $58,63$ P............ — $10,578$
f..... $= 64,5$

                              Masse apparente dans l'eau...... $77\,074,372$

Quatrième eau privée d'air.

2 mars 1908, 9^{h}30^m.   N° 30.

Mêmes charges.

T_{air}... $= 7°,242$ A $52,18$ $51,72$ A............ $77\,081,558$ ^{mg}
T_{eau}... $= 7°,165$ A — $0,002$ $69,54$ $69,12$ c d'équilibre.. — $2,428$
H_0.... $= 729^{mm},35$ B — $0,002$ $48,71$ $48,73$ P............ — $10,653$
f..... $= 62,8$

                              Masse apparente dans l'eau...... $77\,068,477$

Quatrième eau privée d'air.

2 mars 1908, 11^{h}35^m.   N° 31.

Mêmes charges.

T_{air}... $= 7°,731$ A $50,16$ $47,80$ A............ $77\,081,558$ ^{mg}
T_{eau}... $= 7°,164$ A — $0,002$ $66,66$ $65,46$ c d'équilibre.. — $1,862$
H_0.... $= 729^{mm},54$ B — $0,002$ $50,54$ $50,51$ P............ — $10,637$
f..... $= 63,0$

                              Masse apparente dans l'eau...... $77\,069,059$

P. CHAPPUIS.

Quatrième eau privée d'air.

2 mars 1908, 5ʰ. N° 32.

Mêmes charges.

		d	d		mg
T_{air}... $= 7°,731$	A	34,12	31,91	A............	77 081,558
T_{eau}... $= 7°,257$	A — 0,002	50,53	50,32	c d'équilibre.. —	0,019
H_0.... $= 729^{mm},29$	B — 0,002	50,35	50,17	P............ —	10,663
f..... $= 62,8$					

Masse apparente dans l'eau...... 77 070,906

Quatrième eau aérée.

3 mars 1908, 2ʰ50ᵐ. N° 33.

A = Corps II + étrier dans l'eau,
B = Étrier dans l'eau + (50 + 20 + 5 + 2 + 0,05 + 0,01 + 0,005 + 0,002*).

		d	d		mg
T_{air}... $= 7°,399$	A	41,89	39,81	A............	77 073,532
T_{eau}... $= 6°,559$	A — 0,002	60,44	59,13	c d'équilibre.. —	0,338
H_0.... $= 732^{mm},88$	B — 0,002	56,58	55,82	P............ * —	10,696
f..... $= 61,6$					

Masse apparente dans l'eau...... 77 062,498

Quatrième eau aérée.

3 mars, 4ʰ50ᵐ. N° 34.

Mêmes charges.

		d	d		mg
T_{air}... $= 7°,490$	A	44,08	39,70	A............	77 073,532
T_{eau}... $= 6°,681$	A — 0,002	60,31	58,38	c d'équilibre.. +	0,895
H_0.... $= 733^{mm},20$	B	49,69	49,35	P............ —	10,696
f..... $= 61,4$					

Masse apparente dans l'eau...... 77 063,731

Quatrième eau aérée.

4 mars 1908, 9ʰ30ᵐ. N° 35.

Mêmes charges.

		d	d		mg
T_{air}... $= 6°,625$	A	48,71	48,49	A............	77 073,532
T_{eau}... $= 6°,690$	A — 0,002	66,21	66,73	c d'équilibre.. —	0,003
H_0.... $= 737^{mm},22$	B	48,64	48,51	P............ —	10,793
f..... $= 61,2$					

Masse apparente dans l'eau...... 77 062,736

Quatrième eau aérée.

4 mars 1908, 2ʰ30ᵐ. N° 36.

Mêmes charges.

		d	d		mg
T_{air}... $= 7°,352$	A	46,90	42,48	A............	77 073,532
T_{eau}... $= 6°,723$	A — 0,002	64,80	61,97	c d'équilibre.. +	0,837
H_0.... $= 737^{mm},82$	B	52,65	51,20	P............ —	10,772
f..... $= 62,2$					

Masse apparente dans l'eau...:.. 77 063,597

Quatrième eau aérée.

4 mars 1908. 5ʰ.   Nᵒ 37.

Mêmes charges.

T_{air}... $= 7°,414$ A $51,17$ $48,24$ A............ $77\,073,532$
T_{eau}.. $= 6°,810$ A $- 0,002$ $67,87$ $66,41$ c d'équilibre.. $+$ $1,981$
H_0.... $= 737^{mm},58$ B $66,86$ $66,30$ P............ $-$ $10,766$
f..... $= 62,1$

Masse apparente dans l'eau...... $77\,064,747$

Cinquième eau privée d'air.

5 mars 1908, 2ʰ40ᵐ.   Nᵒ 38.

A = Corps II + étrier dans l'eau,
B = Étrier dans l'eau $+ (50 + 20 + 5 + 2 + 0,05 + 0,01 + 0,005)$ dans l'air.

T_{air}... $= 6°,975$ A $49,78$ $47,15$ A............ $77\,071,510$
T_{eau}... $= 6°,638$ A $- 0,002$ $67,80$ $65,28$ c d'équilibre.. $-$ $1,304$
H_0.... $= 741^{mm},79$ B $- 0,002$ $54,92$ $55,12$ P............ $-$ $10,846$
f..... $= 61,9$

Masse apparente dans l'eau...... $77\,059,360$

Cinquième eau privée d'air.

5 mars 1908, 5ʰ10ᵐ.   Nᵒ 39.

Mêmes charges.

T_{air}... $= 7°,173$ A $44,62$ $41,02$ A............ $77\,071,510$
T_{eau}... $= 6°,698$ A $- 0,002$ $60,25$ $60,12$ c d'équilibre.. $-$ 518
H_0.... $= 742^{mm},51$ B $- 0,002$ $55,45$ $56,14$ P............ $-$ $10,848$
f..... $= 62,2$

Masse apparente dans l'eau...... $77\,060,144$

Cinquième eau privée d'air.

6 mars 1908, 9ʰ30ᵐ.   Nᵒ 40.

Mêmes charges.

T_{air}... $= 7°,093$ A $42,04$ $39,26$ A............ $77\,071,510$
T_{eau}... $= 6°,731$ A $- 0,002$ $59,02$ $59,17$ c d'équilibre.. $-$ $0,731$
H_0.... $= 737^{mm},87$ B $- 0,002$ $52,20$ $52,82$ P............ $-$ $10,783$
f..... $= 62,2$

Masse apparente dans l'eau...... $77\,059,995$

Cinquième eau privée d'air.

6 mars 1908, 11ʰ3ᵐ.   Nᵒ 41.

Mêmes charges.

T_{air}... $= 7°,636$ A $34,46$ $32,91$ A............ $77\,071,510$
T_{eau}... $= 6°,773$ A $- 0,002$ $52,11$ $51,90$ c d'équilibre.. $+$ $0,285$
H_0.... $= 736^{mm},68$ B $- 0,002$ $54,80$ $54,30$ P............ $-$ $10,744$
f..... $= 62,4$

Masse apparente dans l'eau...... $77\,061,051$

XIV.   D.8

Cinquième eau aérée.

7 mars 1908, $9^h 20^m$.   N° **42.**

A = Corps II + étrier dans l'eau,
B = Étrier dans l'eau +(50 + 20 + 5 + 2 + 0,05 + 0,02 + 0,002) dans l'air.

		d	d		mg
T_{air}... $= 7°,510$	A	40,58	35,63	A............	77 078,541
T_{eau}... $= 7°,137$	A — 0,002	57,58	54,19	c d'équilibre.. +	0,414
H_0.... $= 737^{mm},72$	B — 0,002	59,52	59,45	P............ —	10,765
f..... $= 63,1$					
				Masse apparente dans l'eau......	77 068,190

Cinquième eau aérée.

7 mars 1908, 11^h.   N° **43**.

Mêmes charges.

		d	d		mg
T_{air}... $= 7°,692$	A	38,93	34,47	A............	77 078,541
T_{eau}... $= 7°,213$	A — 0,002	56,46	54,71	c d'équilibre.. +	1,736
H_0.... $= 738^{mm},62$	B	53,05	52,38	P............ —	10,770
f..... $= 64,1$					
				Masse apparente dans l'eau......	77 069,507

Cinquième eau aérée.

7 mars 1908, 3^h.   N° **44**.

Mêmes charges.

		d	d		mg
T_{air}... $= 7°,876$	A	35,40	32,34	A............	77 078,541
T_{eau}... $= 7°,303$	A — 0,002	52,62	50,45	c d'équilibre.. +	3,444
H_0.... $= 738^{mm},97$	B	63,89	63,33	P............ —	10,768
f..... $= 63,7$					
				Masse apparente dans l'eau......	77 071,217

Cinquième eau aérée.

N° **45**.

7 mars 1908, $4^h 55^m$.   Mêmes charges.

		d	d		mg
T_{air}... $= 7°,946$	A	47,60	46,41	A............	77 078,541
T_{eau}... $= 7°,353$	A — 0,002	64,63	66,08	c d'équilibre.. +	4,150
H_0.... $= 739^{mm},27$	B + 0,002	66,12	65,59	P............ —	10,770
f..... $= 63,5$					
				Masse apparente dans l'eau......	77 071,921

La masse du corps II, déterminée par deux pesées du 20 février 1908, a été trouvée égale à

Masse du corps II $= 755 896^{mg},443$.

Les données de ces expériences sont résumées dans les Tableaux suivants; les masses de l'eau déplacée qui y sont indiquées sont les différences :

Masse du corps — masse apparente dans l'eau.

La pression moyenne P est la pression totale de l'atmosphère et de l'eau au niveau moyen du corps immergé :

PESÉES HYDROSTATIQUES DU CORPS I.

Date.	Eau.	Masse apparente dans l'eau.	Masse de l'eau déplacée.	T.	Pression moyenne $P = H_0 + 14^{mm},0$.
		mg	mg	°	mm
1er février...	I privée d'air	127 446,108	665 232,783	7,341	747,8
1 » ...	»	448,059	230,832	7,433	747,5
1 » ...	»	448,830	230,061	7,464	747,6
3 » ...	»	439,526	239,365	6,977	756,9
4 février	I aérée	127 430,803	665 248,088	6,015	753,9
4 »	»	430,911	247,980	5,941	754,5
4 »	»	431,735	247,156	5,999	755,0
5 »	»	429,947	248,944	5,613	763,0
5 »	»	430,237	248,654	5,704	763,8
7 février	II privée d'air	127 428,461	665 250,430	5,286	769,3
7 »	»	428,924	249,967	5,374	767,6
7 »	»	428,961	249,930	5,528	767,5
8 »	»	428,309	250,582	5,380	765,5
10 février	II aérée	127 431,616	665 247,275	5,870	763,6
11 »	»	429,761	249,130	5,682	766,9
11 »	»	430,248	248,643	5,663	766,4
11 »	»	430,675	248,216	5,793	766,1
12 »	»	430,949	247,942	5,675	764,9
12 »	»	431,792	247,099	5,926	763,5

PESÉES HYDROSTATIQUES DU CORPS II.

Date.	Eau.	Masse apparente dans l'eau.	Masse de l'eau déplacée.	T.	Pression moyenne $P = H_0 + 14^{mm},0$.
		mg	mg		mm
24 février	III privée d'air	77 093,539	678 802,904	8,368	745,9
25 »	»	082,935	813,508	7,990	744,7
25 »	»	082,584	813,859	7,960	745,5
25 »	»	082,929	813,514	7,958	745,5
26 février	III aérée	77 079,981	678 816,462	7,785	751,6
26 »	»	081,786	814,657	7,861	752,6
27 »	»	080,805	815,638	7,860	751,9
27 »	»	079,566	816,877	7,806	751,3
1er mars.....	IV privée d'air	77 073,028	678 823,415	7,365	740,5
1 »	»	074,372	822,071	7,432	740,6
2 »	»	068,477	827,966	7,165	743,4
2 »	»	069,059	827,384	7,164	743,5
2 »	»	070,906	825,537	7,257	743,3
3 mars......	IV aérée	77 062,498	678 833,945	6,559	746,9
3 »	»	063,731	832,712	6,681	747,2
4 »	»	062,736	833,707	6,690	751,2
4 »	»	063,597	832,846	6,723	751,8
4 »	»	064,747	831,696	6,810	751,6

P. CHAPPUIS.

Date.	Eau.	Masse apparente dans l'eau.	Masse de l'eau déplacée.	T.	Pression moyenne $P = H_0 + 14^{mm},0$.
		mg	mg	o	mm
5 mars......	V privée d'air	77 059,360	678 837,083	6,638	755,8
5 »	»	060,144	836,299	6,698	756,5
6 »	»	059,996	836,447	6,731	751,9
6 »	»	061,051	835,392	6,773	750,7
7 mars......	V aérée	77 068,190	678 828,253	7,137	751,7
7 »	»	069,507	826,936	7,213	752,6
7 »	»	071,217	825,226	7,303	753,0
7 »	»	071,921	825,522	7,353	753,3

Calcul des observations.

Le calcul des observations est extrêmement simple. Chaque pesée fournissant la masse M de l'eau déplacée, on obtiendra le volume de l'eau déplacée en divisant cette masse par la densité D_T de l'eau à T^o et sous la pression normale, donnée par les Tables (*Travaux et Mémoires*, t. XIII, p. D.40, ou *Wissenschaft. Abh. der physik-techn. Reichsanst.*, Bd. III, p. 69). Le volume de l'eau déplacée est égal au volume occupé par le corps à T^o. Si l'on désigne par γ le coefficient cubique de dilatation du verre dur entre 0° et T^o (*voir* p. 10), on aura, pour le volume du corps à 0° : $\dfrac{M}{D_T(1 + \gamma T)}$. Comme la pression P au niveau moyen du corps diffère de 760^{mm}, on aura à faire une correction pour la variation de densité de l'eau déplacée. Or, pour une augmentation de pression de 1^{mm} de mercure, le volume V d'eau pure diminue de $V \times 0,063.10^{-6}$, ce qui donne :

Pour le corps I........ $V_I = 665^{cm^3}$, $\Delta V_I = 0,0419$ microlitre par millimètre
Pour le corps II....... $V_{II} = 679^{cm^3}$, $\Delta V_{II} = 0,0428$ microlitre par millimètre

Cette variation de volume augmente la poussée.

D'autre part, le corps éprouve en même temps, par l'augmentation de la pression extérieure, une diminution de volume déterminée qui est, d'après les mesures (p. 42) :

Pour le corps I......... $\Delta V_I = - 0,0473$ microlitre par millimètre
Pour le corps II........ $\Delta V_{II} = - 0,0536$ microlitre par millimètre

La somme de ces variations, savoir :

Pour le corps I........... $+ 0,0419 - 0,0473 = - 0,0054$ microlitre
Pour le corps II.......... $+ 0,0428 - 0,0536 = - 0,0108$ microlitre

représente la variation de volume due à un accroissement de pression de 1^{mm} de mercure. Pour rapporter à la pression normale les volumes déterminés sous la pression P, on aura donc à y ajouter une correction proportionnelle à l'excès de pression (P — 760) et aux coefficients ci-dessus changés de signe. Cette correction est :

Pour le corps I...................... (P — 760) 0,0054 microlitre
Pour le corps II...................... (P — 760) 0,0108 microlitre

Les réductions indiquées ne sont rigoureusement applicables qu'aux volumes d'eau privée d'air. En les appliquant aussi aux volumes d'eau aérée, on trouve pour les volumes réduits des valeurs qui diffèrent des premières de quantités représentant précisément les différences cherchées des volumes occupés par une même masse d'eau privée d'air et d'eau aérée.

Les résultats des expériences sont résumés dans les Tableaux suivants :

RÉSUMÉ ET CALCUL DES PESÉES HYDROSTATIQUES DU CORPS I.

Date.		Eau.	Volume de l'eau déplacée $\dfrac{M}{D_\tau}$	Volume du corps à 0° $\dfrac{M}{D_\tau(1+\gamma T)}$	Correction de pression (P—760)0,0054.	Volumes réduits.	Moyennes.
			microlitres	microlitres	microlitres	microlitres	
1er février..	I	privée d'air	665 290,85	665 184,29	—0,06	665 184,23	
1 » ..		»	292,10	184,21	—0,06	184,15	microlitres
1 » ..		»	292,39	184,10	—0,06	184,04	665 184,22
3 » ..		»	285,73	184,49	—0,02	184,47	
4 février...	I	aérée	665 269,71	665 181,50	—0,03	665 181,47	
4 » ...		»	268,07	181,93	—0,03	181,90	
4 » ...		»	268,45	181,44	—0,02	181,42	665 181,76
5 » ...		»	262,84	181,49	+0,01	181,50	
5 » ...		»	264,15	181,47	+0,02	181,49	
7 février ...	II	privée d'air	665 259,34	665 182,71	+0,05	665 182,76	
7 » ...		»	260,15	182,32	+0,04	182,36	
7 » ...		»	262,50	182,41	+0,04	182,45	665 182,63
8 » ...		»	260,89	182,93	+0,03	182,96	
10 février ...	II	aérée	665 263,91	665 180,83	+0,02	665 180,85	
11 » ...		»	264,23	181,88	+0,03	181,91	
11 » ...		»	263,41	181,33	+0,03	181,36	
11 » ...		»	265,38	181,43	+0,03	181,46	665 181,21
12 » ...		»	262,97	180,75	+0,02	180,73	
12 » ...		»	266,86	180,92	+0,02	180,94	

RÉSUMÉ ET CALCUL DES PESÉES HYDROSTATIQUES DU CORPS II.

Date.	Eau.	Volume de l'eau déplacée $\dfrac{M}{D_r}$	Volume du corps à o° $\dfrac{M}{D_r(1+\gamma T)}$	Correction de pression $(P-760)0{,}0108$	Volumes réduits.	Moyennes.
		microlitres	microlitres	microlitres	microlitres	
24 février ...	III privée d'air	678 902,89	678 778,88	−0,15	678 778,73	
25 » ...	»	897,34	778,96	−0,16	778,80	microlitres
25 » ...	»	896,47	778,57	−0,15	778,42	678 778,50
25 » ...	»	896,05	778,21	−0,15	778,06	
26 février ...	III aérée	678 892,08	678 776,76	−0,09	678 776,67	
26 » ...	»	893,27	776,86	−0,08	776,78	678 777,20
27 » ...	»	894,25	777,83	−0,09	777,74	
27 » ...	»	893,31	777,71	−0,09	777,62	
1er mars...	IV privée d'air	678 883,55	678 774,47	−0,21	678 774,26	
1 » ...	»	884,59	774,49	−0,21	774,28	
2 » ...	»	881,33	775,24	−0,18	775,06	678 774,47
2 » ...	»	880,67	774,58	−0,17	774,41	
2 » ...	»	881,95	774,50	−0,18	774,32	
3 mars.....	IV aérée	678 869,17	678 772,78	−0,14	678 772,64	
3 »	»	871,27	772,37	−0,14	772,23	
4 »	»	872,54	773,51	−0,09	773,42	678 772,87
4 »	»	872,63	773,12	−0,09	773,03	
4 »	»	873,92	773,12	−0,09	773,03	
5 mars.....	V privée d'air	678 874,48	678 776,26	−0,04	678 776,22	
5 »	»	875,33	776,16	−0,04	776,12	678 776,32
6 »	»	876,43	776,78	−0,09	776,69	
6 »	»	876,60	776,34	−0,10	776,24	
7 mars.....	V aérée	678 880,66	678 774,97	−0,09	774,88	
7 »	»	881,86	775,02	−0,08	774,94	678 775,00
7 »	»	883,20	775,00	−0,07	774,93	
7 »	»	884,26	775,32	−0,07	775,25	

Résultats.

	Volume du corps.			
	Eau privée d'air.	Eau aérée.	Différence.	Variation de densité.
	microlitres	microlitres	microlitres	
Première eau..........	665 184,22	665 181,76	2,46	$3{,}70 \times 10^{-6}$
Deuxième eau.........	182,63	181,21	1,42	2,13 »
Troisième eau.........	678 778,50	667 777,20	1,30	1,91 »
Quatrième eau........	774,47	772,87	1,60	2,56 »
Cinquième eau........	776,32	775,00	1,32	1,94 »
			Moyenne......	$\mathbf{2{,}41 \times 10^{-6}}$

En réalisant, comme j'ai essayé de le faire pour les pesées hydrostatiques, les conditions les plus favorables, on pouvait espérer atteindre des résultats plus précis que par la méthode du flacon. Le résumé précédent montre qu'il n'en est rien. Si l'on compare entre eux les résultats obtenus successivement pour les mêmes eaux, on reconnaît que ceux relatifs aux eaux privées d'air sont plus concordants que ceux des eaux aérées. Ceci paraît indiquer qu'on n'a pas toujours réussi à éviter le dégagement de bulles sur le corps immergé. Le volume de l'eau déplacée étant augmenté par les bulles, il en résulte une variation trop faible de la densité mesurée.

RÉSUMÉ ET CONCLUSIONS.

Comme nous venons de le voir, les pesées hydrostatiques donnent, à cause du dégagement des bulles, une limite inférieure de la variation de densité, tandis que les mesures de volume fournissent une limite supérieure.

La moyenne des résultats :

	Différence de densité.
Méthode du flacon	$3,7 \times 10^{-6}$
Pesées hydrostatiques	$2,4 \times 10^{-6}$
Moyenne	$3,0 \times 10^{-6}$

peut être considérée comme représentant, à quelques dix-millionièmes près, la diminution de densité que l'eau éprouve en se saturant d'air, aux températures comprises entre 5° et 8°.

AVIS AU RELIEUR

Cet *Errata* doit être placé dans le Tome XIV immédiatement avant la Table des matières.

ERRATA.

DÉTERMINATION DU VOLUME DU KILOGRAMME D'EAU
(*Mesures par la méthode des contacts*).

Page 220, ligne 2, après : Cylindre n° 2, *au lieu de :* 130^{mm}, *lire :* 120^{mm}.
» 241, » 4, » 782207$^{mm^3}$,65, » 786207$^{mm^3}$,65.
» 247, » 3, en remontant, » 0$^{dm^3}$,0000292, » 1$^{dm^3}$,0000292.

DÉTERMINATION DU VOLUME DU KILOGRAMME D'EAU.
(*Mesures par la deuxième méthode interférentielle*).

Page 53, ligne 20, *au lieu de :* février 1905, *lire :* février 1904.
» 85, » 27, » 59$^{m^3}$,88838, » 59$^{m^3}$,88838
» 85, » dernière du texte, » 1^{ml} = 1$^{cm^3}$,0000267, » 1^l = 1$^{dm^3}$,0000267.
» 120, » 4 en remontant, » 1^{ml} = 1$^{cm^3}$,0000280, » 1^l = 1$^{dm^3}$,0000280.
» 124, » 5 en remontant, *après :* 14°,1, *ajouter :* et celles des mesures d'épaisseur 12".
» 125, » 6, 8 et 10, *au lieu de :* ml et cm³, *lire :* l et dm³.
» 126, » 20, » ± 0,00004, » 0^{ml},00004.
» 126, » 3, en remontant, » 1^l,000027, » 1$^{dm^3}$,000027.

ÉTUDE DE L'INFLUENCE DE L'AIR DISSOUS SUR LA DENSITÉ DE L'EAU.

Page 14, après : Pesée n° 1, *au lieu de :* 11832,817, *lire :* 11842,817.

Cette correction entraîne celle des nombres qui en découlent. Elle est sans influence sur le résultat final.

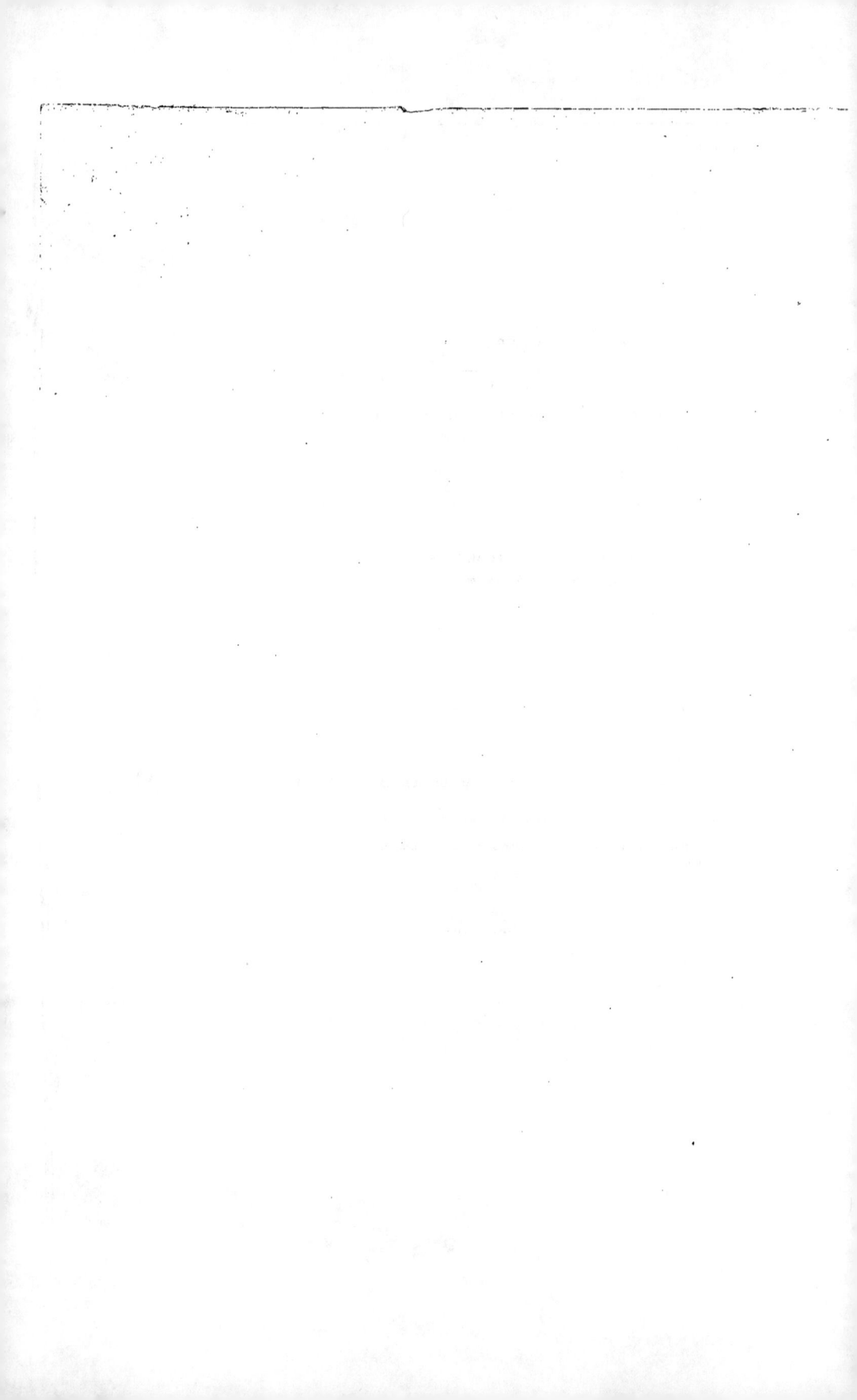

TABLE DES MATIÈRES.

XIV.

E.1

DÉTERMINATION DU VOLUME DU KILOGRAMME D'EAU

(MESURES PAR LA PREMIÈRE MÉTHODE INTERFÉRENTIELLE);

Par M. P. Chappuis.................

Application des méthodes interférentielles à la mesure des cubes de verre.

Cube de quatre centimètres.

Cube de cinq centimètres.

DÉTERMINATION DU VOLUME DU KILOGRAMME D'EAU
(MESURES PAR LA DEUXIÈME MÉTHODE INTERFÉRENTIELLE);

Par MM. J. Macé de Lépinay, H. Buisson et J.-René Benoît.   1 à 127

TABLE DES MATIÈRES.

RÉSUMÉ ET CONCLUSIONS GÉNÉRALES
DES TRAVAUX RELATIFS AU VOLUME DU KILOGRAMME D'EAU;

Par M. **J.-René Benoit**...............

ÉTUDE DE L'INFLUENCE DE L'AIR DISSOUS SUR LA DENSITÉ DE L'EAU;

Par M. **P. Chappuis**...............

ERRATA.

A la page 14, *lire* 11822,817 *à la place de* 11832,817. Cette correction entraîne celle des nombres qui en découlent. Elle est sans influence sur le résultat final.

39892   PARIS. — IMPRIMERIE GAUTHIER-VILLARS,
Quai des Grands-Augustins, 55.

www.ingramcontent.com/pod-product-compliance
Lightning Source LLC
Chambersburg PA
CBHW031445210326
41599CB00016B/2118